클라우제비츠와
한반도,
평화와 전쟁

−제2 핵시대, 신냉전과 동북아, 2013년 체제 한반도 조화 안보·통일의 과제−

이 연구는 서울과학기술대학교 교내학술연구비 지원으로 수행되었습니다.

클라우제비츠와
한반도,
평화와 전쟁

―제2 핵시대, 신냉전과 동북아, 2013년 체제 한반도 조화 안보·통일의 과제―

강진석 지음

도서출판 ┃ 동인

동북아지역에 영토갈등과 함께 신냉전이 진행되고 있다. 4개국 모두 새 지도자들이 들어서면서 보수화 경향으로 회귀하며 강경정책들을 채택하고 있어 한치 앞을 분간하기 어렵게 되었다.

북한은 2013년 2월 12일 제3차 핵실험에 성공하였다. 이를 바탕으로 핵보유국임을 천명하고 핵과 미사일을 앞세워 한반도 전쟁위기를 고조시키며 새로운 차원의 고강도 벼랑 끝 전술을 구사하고 있다. 온 국제사회가 한반도를 주시하고 있다. 북한의 변수가 인류를 제2차 핵시대2'nd Nuclear Era에 들어서게 할 것인지 국제사회의 평화질서 구축에 있어 문제의 핵심으로 부각되었고 험난한 여정이 예고되고 있다.

역사적으로 한반도는 숙명처럼 이러한 위험과 안보취약성 속에서 5천여 년을 이어 왔다. 우리는 어떻게 이 고비를 슬기롭게 넘기고 통일의 대업을 달성하며 번영된 미래를 담보할 수 있을까?

저자는 클라우제비츠를 통하여 그 해법을 모색해 보았다. 클라우제비츠를 현대적으로 재해석하여 그 교훈을 도출해 내고 3위일체 이론을 확대하여 현대 국가안보의 방향을 검토함으로서 우리 한반도가 처한 안보 딜레마 상황을 현명하게 헤쳐 나갈 수 있는 조화 안보·통일 전략 방향을 도출하였다.

이를 위한 접근방법은 제1단계에서 클라우제비츠의 현대적 해석을 통하여 시대를 초월한 클라우제비츠의 교훈을 도출해 내고 제2단계에서는 이를 기초로 현대전쟁의 논리와 철학을 검토하여 현대국가에 있어 요구되는 건전한 전쟁철학과 안보철학 방향을 모색하였으며 제3단계에서는 이를 바탕으로 한반도 통일과정에서 요구되는 바람직한 조화 안보·통일 전략 방향을 검토하였고 제4단계에서는 이러한 통일의 대업을 안전하고 평화롭게 이끌어갈 수 있는 통일안보지도자를 기다리며 이러한 리더의 역량$_{Statecraft}$이 무엇인지를 검토하여 보았다. 제2단계 주제인 '현대전쟁의 논리와 철학'은 분량이 많아 편의상 분책하여 별도로 발간하였다.

따라서 본서는 총 3부로 구성되었다. 제1부 클라우제비츠 현대적 해석과 교훈은 한국전쟁을 통하여 되살아났던 클라우제비츠가 북한이 핵무장으로 새로운 도발을 하고 있는 이때, 어떠한 교훈을 주는가 하는 데에 초점을 맞추어 클라우제비츠의 현대적 유용성에 관해 분석하였다. 현대 핵전략 이론과 군사혁신, 정보전, 제4세대 전쟁이론 등의 등장과 이에 따른 클라우제비츠 비판 및 유용성과 한계성을 검토하였고 손자병법 이론과의 관련성도 비교·분석하였다.

제2부 한반도 조화 안보·통일 전략 방향 연구에서는 지난 30여 년 간 추진되어 왔던 강·온 양면의 대북정책들을 되돌아보면서 박근혜 정부의 서울 프로세스를 포함, 가장 최근에 제시된 통일접근 제안(프로세스)들을 검토해 보고 이러한 접근들이 결여하고 있는 안보적 측면의 검토를 포함하여 이를 연계한 안전하고 평화로운 통일의 새로운 대안으로서 종합적인 조화 안보·통일 전략을 구상하여 보았다. 때마침 북한이 제3차 핵실험을 하여 국내외적으로 충격을 주면서 다양한 안보대안들이 제시되고 있는 가운데 안보를 중심으로 한 이러한 조화 안보·통일 전략의 논리적, 체계적 검토가 시의 적절하게 되었다.

제3부는 한반도의 복잡한 안보통일 상황의 이중성과 모순을 극복해 낼 수 있는 통일한국의 지도자(대통령 리더십) 역량을 검토하였다. 향후 2013년 체제, 한반도 통일과정과 그 이후에 요구되는 국가통치능력$_{Statecraft}$ 차원의 안보전략가로서의 리더십 역량은 무엇인가? 통상 대통령학에서 다루어지는 대통령 리더십으로서 2012년 대선과정에서 그 필요성이 많이 지적되었듯이 그간 우리나라에서 이 문제는 연구가 많이 부족하다. 클라우제비츠는 삼위일체 전쟁이론에서 3극極의 긴장과 모순이 발생하고 이를 극복할 수 있는 자로서 군사적 천재天才를 상정하고 있다. 우리의 험난한 통일과정에서 수많은 난관과 모순을 극복하고 이를 조화롭게 통합 및 통일을 이루어 낼 수 있는 지도자$_{Leader}$는 누구인가? 어떤 자질과 역량이 요구되는가? 안보전략가들이 갖추어야 할 리더십 컨피던시$_{Confedency}$를 검토해 보았다.

이러한 작업은 사실 너무 방대하고 지난한 작업이다. 또한 자칫하면 이념적으로 편파 되어 폄훼貶毀 될 수도 있다. 그럼에도 불구하고 저자가 이 험난한 작업을 고집스레 해온 것은 국가의 안보와 통일을 염원하는 간절한 소망 때문이다. 조국통일의 대업에 작은 디딤돌이라도 되었으면 하는 바람이다. 천학비재淺學非才한 저자의 졸견拙見에 용서를 빌며 호질虎叱을 달게 받고자 한다.

2013년 4월
서울과학기술대학교 연구실에서
강진석

C O N T E N T s

클라우제비츠의 현대적 해석   / 66

클라우제비츠의 현대적 의의와 한반도에 주는 교훈 　　　　/ 320

제2부

한반도 평화와 전쟁: 조화 안보·통일 철학과 전략

문제의 인식: 접근 　　　　　　　　　　　　　　　　/ 337

기반안보　　　　　　　　　　　　　　　　　　　　　　　　　/ 399

 남북 상생안보 협력　　　　　　　　　　　　　　　　　　/ 462

제3부

천재를 기다리며: 통일한국 지도자론

서론 ― 477

chapter 1

조화 안보·통일 리더십: 과제와 요구되는 역량　　　　/ 479

2 밀리터리 리더십 컨피던시 / 509

3 결론 / 521

안전하고 평화로운 통일의 길

I

한반도의 2013년 체제가 시작되는 새해가 열렸다. 산업화시대와 민주화 시대를 거쳐 이제는 통합과 통일의 새로운 역사의 시대가 펼쳐진 것이다. 이러한 모든 국민들의 희망과 바람을 비웃기라도 하는 듯 북한은 제3차 핵실험을 하고 핵보유국임을 천명하며 노골적으로 전쟁을 위협하며 한반도는 물론 전 국제사회에 긴장을 고조시키고 있다.

북한의 핵무장이 현실화됨으로서 한반도비핵화를 전제로 했던 기존의 대안들은 무용지물이 되었다. 보수논객들은 북한의 정권을 바꾸어야 한다는 레짐체인지론부터 핵개발 및 전술핵 재배치 등 강경한 어조로 정치적 수사를 양산하고 있지만 막상 써먹을 수 있는 대안이란 별로 없다. 이러한 상황을 예측하고 대안을 발전시켜 미리미리 대비책을 강구해 내지 못한 전략가들의 한숨도 결국은 우리가 할 수 있는 대안들이 근본적인 한계가 있었기 때문이다.

한반도 통일의 필요성과 시급성을 모두가 부인하지 않는다. 우리는 모두 전쟁 없는 안전한 통일을 원한다. 국내외를 막론하고 수많은 이론가들과 책사들이 수없는 정책 대안들을 제시하고 추진하여보았지만 신묘한 해결책은 아직 나오지 않고 있다. 그렇다면 핵으로 무장한 북한을 상대하여 안전하고 평화롭게 통일하는 길은 정녕 없는 것인가? 있다면 그것은 무엇인가? 이 책은 그 해답을 클라우제비츠와 손자로부터 구하고자 하였다.

클라우제비츠는 아이러니칼하게도 한국전쟁을 통하여 현대적으로 부활하였다. 소위 정치적 현실주의자들에게 클라우제비츠는 아주 유용한 이론적 퍼스펙티브를 제공해 주었으며 그것은 현대 국가안보 이론의 기초가 되었다. 그의 교훈은 전쟁은 정치의 계속이며 정치는 평화와 정의의 실현에 있고 이것은 여러 가지 다차원의 혼돈과 모순, 그리고 이중성을 극복하는 실천적 지혜實踐智를 통해 이루어진다는 것이다.

이러한 교훈을 기초로 조화롭고 안전한 '조화 안보·통일 전략' 방향을 도출해 보았다. 이를 위한 접근은 4단계로 이루어졌다. 그 첫 번째는 클라우제비츠의 현대적 해석을 통한 교훈의 도출이다. 북한은 현재 핵·미사일 전쟁, 혁명전쟁, 사상전쟁, 사이버전쟁 등 제4세대전쟁을 수행하며 통일전선전술을 구사하고 있다. 이 시대에 클라우제비츠 이론은 어떤 유용성이 있고 그 가르침은 무엇인가.

두 번째는 이 교훈을 통하여 "현대전쟁의 논리와 철학"을 규명하는 작업을 하였다. 전쟁이란 무엇이고 왜 해야 하는가? 어떻게 해야 하는가? 전쟁과 평화는 어떤 관계인가? 정의롭고 정당한 전쟁의 수행은 가능한가? 전쟁과 평화는 어떤 관계에 있는가? 하는 물음들에 대한 해답을 모색하여 보았다. 정치와 전쟁본질의 규명을 통해 '평화와 정의' 분석, 전쟁과 군사전략의 논리규명을 통해 '전략의 철학' 도출, 그리고 전쟁과 윤리·도덕의 논리 규명을 통해 '전쟁과 정의'의 철학을 규명하고 이를 통하여 '오센틱Authentic 전쟁철학 모형'을 도출해 내었고

세 번째는 이러한 전쟁철학을 한반도 통일과정에 적용하여 혼돈과 모순되는 상황들과 남북관계의 이중성을 극복하고 안전하게 통일을 이룩할 수 있는 조화 안보·통일 전략 방향을 도출해 내는 작업을 하였다.

네 번째로는 이러한 역사적 과업을 이룩해 낼 수 있는 사람을 기다리며 (클라우제비츠가 말하는 천재) 통일안보지도자 역량Statecraft이 무엇인지를 검토함으로써 우리들에게 어떠한 준비가 필요한지 검토해 보았다.

II

첫 번째 주제 클라우제비츠와 현대전쟁 연구에 있어서, 정치나 군사에 관심이 있는 사람이라면 누구나 한번쯤 손자孫子나 클라우제비츠Karl von Clausewitz를 말하지 않는 사람이 없을 것이며, 그들의 서가에서 『손자병법』孫子兵法이나 클라우제비츠의 명저 『전쟁론』戰爭論, On War 한 권쯤 발견하기란 그리 어려운 일이 아닐 것이다. 그러나 그것을 제대로 읽고 그의 전략사상이나 전쟁철학을 정확히 해석하고 이해하고 있는 경우는 그다지 많지 않다.[1]

저자는 클라우제비츠 사상의 재조명을 통하여 정치와 전쟁간의 본질적 성격을 규명하고, 특히 현대의 핵시대적核時代的 상황에서 클라우제비츠의 유용성과 그가 말한 "전쟁은 타 수단에 의한 정치의 계속이다"라는 명제에 대한 해석의 재음미再吟味를 통하여 국가안보정책 및 전략에 대한 실천적 이해의 기초(전략철학)를 규명하였다.

---

1) 대부분 군사전략 사상을 전쟁철학으로 막연히 이해한다. 그러나 군사전략 사상은 전쟁철학의 한 분야일 뿐이다.

그 핵심은 정치적 전쟁관과 전쟁은 정치의 계속이라는 언명의 당위성에관한 것으로서 전략의 철학적인 면이다. 클라우제비츠의 전쟁관, 즉 그의 전쟁철학은 무엇이며, 그는 과연 무엇을 말하고자 하였던가를 분석하는 것이다. 클라우제비츠의 '정책政策의 수단'으로서의 전쟁개념에 있어서 "합리적 도구"合理的道具라는 개념이 지닌 논리적論理的 위험성으로 인하여 비판이 제기되었고 이것은 전쟁이 자칫 자의적恣意的인 수단으로 인식될 경우 절대전적 사상과 동일한 맥락을 이루게 되어 비평화적非平和的인 결과를 초래하게 된다는 점이다. 이와 관련된 저자의 기본적 입장은 클라우제비츠가 전쟁은 본질적으로 두 가지 면을 가질 수 있다고 보아 절대전과 현실전－여기서 절대전은 정치의 붕괴 차원이며, 현실전은 정치의 연장차원임－을 동시에 상정하여 전쟁의 이중성을 제시하였으며, 그는 전쟁보다는 평화를 추구하고자 한, 현대에 있어 가장 유용한 시각을 제공하고 있는 전쟁철학자였다고 보고 이를 규명하였다.

핵무기의 등장으로 인해 전략 환경의 변화함에 따라 클라우제비츠의 유용성에 관해 대 논쟁이 있었다. 또한 과거와는 다른 전쟁을 치렀던 베트남 전쟁과 첨단과학무기가 동원된 이라크전 등 정보화 시대가 되면서 또한 제4세대 전쟁이론 등이 클라우제비츠에 대해 도전하였다. 그러나 그 어떤 도전도 클라우제비츠를 무력화시키지 못하였다.

이러한 차원에서 손자병법과도 연계된다. 많은 사람들은 손자와 클라우제비츠는 정 반대의 전략사상, 전쟁이론으로 이해하고 있다. 매우 잘못된 일천한 생각이다. 결론은 두 사람 모두 현실주의적 전쟁관에 입각한 전쟁이론가라는 것이다. 클라우제비츠가 정치적 전쟁관을 제시하고 전쟁은 정치의 계속이어야만 한다는 전쟁 본질을 이야기하면서 그 전쟁의 본질이 인적, 지적, 우연의 요소로 구성된 정부와 국민과 군대가 상호 균형을 이루고 상호 모순되고 이중적인 혼돈을 극복하기 위해서는 실천지가 요구되며 이러한 실천지를 통하여 정의와 평화를 구현하고자 하였고 이의 구현을 위한 군사적 천재를 제시하였다. 손자도 마찬가지이다. 정치적 전쟁관으로 싸우지 않고 이기는 것이 최선의 방책이라 선언하고 부득이 하게 싸우게 된 때에 정의롭게 싸워 이기는 방법들에 관하여 기술한 것이 손자병법이다.

이러한 고찰을 통하여 현대국가의 "국가안보"라는 당위적當爲的 현실적 요구에 있어서 그 목적과 수단에 존재하는 이론적 '딜레마'를 극복하기 위한 인식론적 대안을 클라우제비츠로부터 찾을 수 있었다. 그리고 이로부터 정책지향적인 대안의 검토, 즉 국가안보정책 수립 시 고려사항을 결론적으로 도출하였다. 현대는 총력전 시대로서 모든 국가와 국민은 항재전장恒在戰場의 개념 하에서 평시에도 항상 상비군常備軍을 유지하고 전쟁에 대비해야 한다. 이를 위해 요구되는 실천적實踐的 분별分別의 지혜를 우리는 클라우제비츠로부터 얻을 수 있는 것이다.

III

두 번째 주제 "현대전쟁의 논리와 철학"에 있어서, 클라우제비츠 현대적 연구를 통하여 그의 정치적 전쟁이론이 제시하는 것은 전쟁을 정치적으로 해야 한다는 당위적_{當爲的}인 것이고 그 정치는 평화와 정의의 추구여야 한다는 것을 정치와 전쟁의 본질을 규명함으로써 도출할 수 있었다. 이러한 교훈으로부터 '현대전쟁의 논리와 철학' 모형을 도출하였다.

'현대전쟁의 논리와 철학'에서 다루는 제1주제는 전쟁과 정치이다. 전쟁과 정치는 전쟁의 본질에 관한 것으로서 정치의 수단에 관한 것이다. 전쟁은 정치의 계속이어야만 한다는 당위적 측면이다. 전쟁이 정치의 계속이라는 단서는 클라우제비츠로부터 제기되었다. 현대 전쟁의 연구가 클라우제비츠의 유명한 이 언명으로부터 시작되며 기본적으로 인용되는 어구이다. 여기에는 두 가지 함정이 존재한다. 첫 번째 함정은 정치적 도구로서 자제성_{自制性}과 자의성_{恣意性} 또는 남발성_{濫發性}의 문제이다. 통상 자의적_{恣意的}인 정치의 도구로 임의적으로 사용될 때 그것은 전쟁지상주의가 될 것이고 따라서 자제적_{自制的}인 정치의 도구로 사용될 때 그것은 이성적인 정치의 도구로 전쟁이 사용될 수 있다.

두 번째 함정은 전쟁을 도구로 사용하는 정치의 순수성_{純粹性}이다. 전쟁이 정치의 도구로 사용된 그 정치의 법적, 제도적, 이성적, 합리적, 국제적, 국민적 근거가 확립되어야 한다는 것이다. 그러한 토대에 입각한 정치의 정책적 도구로서의 전쟁이어야 한다는 것이다. 많은 논란이 있음에도 불구하고 그것은 최종적으로 민주주의적 이념과 절차에 의한 것이어야 하고 평화 지향적이어야 한다는 것이다.

전쟁은, 특히 현대에 이르러 핵전쟁은 그 가공할 파괴력과 살상력으로 인하여 핵전쟁은 절대 있어서는 안 되고 핵무기는 폐기되어야 한다고 소리 높여 외친다. 주로 좌파 평화론자들이 주동이 된 반전 평화운동은 무조건적 전쟁과 핵무기의 폐기를 주장하고 있지만 현실은 전혀 그렇지 않다. 2차 대전을 끝으로 전면전쟁은 핵 균형과 억제에 의하여 종식되었지만 국지적 차원의 전쟁들은 끊이지 않고 있으며 특히 9.11 테러공격 이후에는 국제사회가 이제는 새로운 전쟁환경을 맞게 되었고 이러한 비 국가단체에 의한 테러의 핵위협은 새로운 차원의 문제를 야기하고 있다.

따라서 현실주의자들은 이러한 상황에 적극적인 군사적 조치의 필요성을 강조하였고 이에 따라 이라크전과 같은 새로운 전쟁들이 수행되었으며 대량살상무기 통제를 위한 새로운 국제 레짐이 구축되었다. 현실주의자들에게는 국가이익 수호를 위한 국가안보의 중요성이 무엇보다 우선하여 강조되었고 따라서 정의전쟁론자들의 주장에 흔쾌히 동조하지 않았다. 그러나 이제 현금에 이르러서의 상황은 현실주의 안보이론과 철학만으로는 한계에 부딪히고 있으며 새로운 안보 패러다임이 요구되고 있다. 그것은 바로 인류의 이념을 실현할 수 있는 진정한(오센틱Authentic) 전쟁철학과 안보철학이다. 이러한 개념 하에서 핵을 비롯한 대량살상무기와 테러, 그리고 종교적 이념적 갈등 속에서 도덕적으로 수용 가능한 전쟁정책과 안보정책의 내용은 무엇인가? 어떤 국제적 노력과 협력이 창출되어야 하는가? 하는 문제를 다루었다.

제2주제는 전쟁과 전략이다. 전쟁과 군사전략 측면의 논리는 전쟁수행에 대한 것이다. 전략 전술은 주어진 전쟁의 정치적 목표를 달성하기 위한 것이다. 어떠한 전략이어야만 하는가 하는 윤리적 측면에 대한 검토이다.

현대전략은 중심, 체계, 기동의 측면에서 진화해 왔다. 국가중심이냐 탈 국가중심의 군사전략이냐 또는 단일체계이냐 복합체계이냐, 진지전이냐 기동전이냐 또는 이 둘의 혼합이냐에 따라서 그 내용과 양태를 달리한다. 이러한 군사전략은 핵전략과 함께 국가안보정책, 국가전략 차원의 전략, 즉 절대안보와 공동안보, 협력 안보 그리고 포괄적 안보로 발전된 현대 국가안보·군사전략으로 발전되었다. 군사전략은 현대 과학기술의 발달로 군사적 변혁transformation을 이루고 있다. 이에 따라 전쟁의 개념과 무기체계가 변화하고 그 변화의 핵심은 비살상, 정밀타격, 단기 속결전이다. 이러한 전쟁수행의 개념과 기술의 발달은 전쟁이 정치의 도구로서 사용되어질 수 있도록 그 범위와 내용이 제한되고 합리적으로 사용될 수 있도록 정의의 전쟁수행개념에 의해서 적용 가능한 방향으로 지침이 제공되며, 전쟁수행 현장에서 이행될 수 있도록 교전법규에 의해 강제되고 있다고 볼 수 있다.

제3주제는 전쟁과 윤리倫理이다. 전쟁에 대한 윤리적 성찰, 곧 전쟁윤리학the ethics of war은 크게 두 분야로 이루어진다. 전쟁 자체에 대한 도덕적 성찰, 곧 전쟁도덕morality of war과, 전쟁 발발 후 전쟁수행 간에 발생하는 도덕적 문제들에 대한 윤리적 성찰, 곧 전시도덕morality in war이 그것이다. 전쟁 도덕이 다루는 분야는 주로 전쟁개시 및 참전에 대한 윤리적 논의로서 정당한 전쟁론('정의전쟁론'theory of just war)이 주를 이루며, 전시도덕 분야는 비전투원의 살상, 제한된 무기 사용 및 시설 파괴 등에 대한 도덕적 논의가 주를 이룬다. 이런 까닭에 전쟁도덕의 논의 대상은 전쟁의 직접적인 책임자인 정책결정자들인 반면, 전시도덕의 대상은 전쟁을 수행하는 전투현장의 군인들이라 할 수 있다. '정의전쟁론'은 결과론적 평가측면의 성격이 강하다. 정당한 전쟁이라 할지라도 그것의 수행과정에서 부정의하게 변질될 수도 있다. 따라서 전쟁정책의 결정과 전투수행의 현장에서는 고도의 도덕적 판단과 갈등을 극복할 수 있는 실천적 지혜가 요구된다. 한 이슈에 관련된 도덕적 판단은 여러 가지 다른 도덕적 고려사항들과 함께 중요성을 가지고 있기 때문에 최종적 판단은 규칙에 의해서보다는 아리스토텔레스가 '프로네시스'phronesis라고 부른 '실천적 지혜', 즉 '실천지'實踐智에 의해서 이루어진다. 영어로 말한다면 주의 깊은,

사려 깊고 절제한다는 의미의 프르던스Prudence라 할 수 있다. 그러나 이 실천적 지혜는 논리적 일관성의 법칙보다 우선하지 않는다. 도덕의 영역에서 논리적 일관성이 의미하는 바는 예외성을 배제하는 것으로서, 어느 특별한 경우에 대한 도덕적 판단은 똑같은 도덕적 고려사항들이 적용되는 모든 다른 경우들에 대해서도 같은 판단이 이루어져야 한다는 것이다. 일관성의 규칙, 즉 '보편화 가능성'universaliz ability의 규칙은 인종주의, 국가주의, 그리고 다른 어떤 '주의'ism들에 의한 예외적인 특별한 도덕적 평가를 금하며, 도덕적 판단을 내리는 자들에게 순화된 마음이라는 엄격한 시금석을 제공한다.

이상의 3가지 주제를 검토하여 이들을 종합한 조화적 전쟁철학을 제시하였다. 그것은 진정한authentic 전쟁철학으로서 분별력 있는 실천지에 의한 평화의 구축이다. 그것은 전쟁과 정치적 측면에 있어서 현실주의를 기반으로 이것을 넘어서는 신구성주의新構成主義와 자유주의적 접근과 전쟁과 전략에 있어서는 진정한 제한전쟁을 추구하고 인도주의적인 개입과 자위를 추구하는 오센틱authentic 전쟁철학을 추구하는 것이다. 이것은 국가안보전략 리더들에게 요구되는 안보철학 개념으로서 저자가 최초로 제시하는 개념이다.

오센틱Authentic이란 '진정한'이란 뜻을 가진 그리스 철학에서 기원한 오센티서티Authenticity에서 유래한 말이다. 순수한genuine, 믿을만한reliable, 신뢰할만한trustworthy, 실제의real, 진정한veritable 등의 의미를 포함하고 있다(Luthans, 2005). 이것은 최근 리더십 연구에서 제시되고 있는 개념으로 오센틱 리더십authentic Leadership은 윤리적 리더십을 포함한 진정한 리더십을 표방하는 것으로서 기존의 리더십과 이론들이 지나치게 조직의 이익과 성과에 치중, 공공성이 취약하여 사회적으로 문제가 야기되어 이에 대한 반성으로 윤리적 리더십과 함께 새로이 대두된 개념이다.

전쟁철학으로서 오센틱 전쟁철학과 리더십을 제시하는 것은 '자신이 어떻게 생각하고 행동하는지에 대해 깊이 인식하고 자신과 주변의 사람들로부터 가치 및 도덕적 관점, 지식, 강점을 인식하고 있다고 지각되는 분별력 있는 리더' 그리고 '자신이 운영하는 상황적 맥락을 인식하는 리더'로, 또한 이와 더불어 '자신감, 희망, 낙관주의, 적응유연성을 가지며 높은 도덕적 특성을 가진 안보전략가들의 리더십 철학'이라고 정의할 수 있다.

요약하면 현대에 있어 진정한(오센틱) 안보전략가는 합리적이고 도덕적인 국가이성과 분별지의 균형을 통한 자위自衛를 위한 제한전쟁을 추구하고 군비통제와 국제협력을 통한 국가/국제안보와 인간안보人間安保를 추구해 나가야만 한다. 그러할 경우에 전쟁은 정의로울 수 있으며 정의로운 전쟁의 수행이 가능한 것이다.

이러한 논리적 귀결은 아이러니컬하게도 클라우제비츠의 전쟁철학으로 복귀한다. 현대적 정치, 군사, 철학개념으로 설명한 이러한 개념이 이미 클라우제비츠가 제시한 그 유명한 언명言明

'전쟁은 타 수단에 의한 정치의 계속'이라는 말에서 모두 설명이 가능하다. 클라우제비츠의 현대적 해석과 연구가 필요한 이유이다. 이러한 분석을 기초로 다음과 같은 오센틱 전쟁철학 접근 모형의 구상이 가능하다(표).

오센틱(authentic) 전쟁철학 접근 모형

이상적 & 좌파적 접근법	절대적 패권주의 이상주의/자유주의 • 국제법, 국제연합 • 평화조약	이념형(Ideal Type) 좌파적 접근: 절대평화 이론 방어적 방어 민간주도방위(CBD) 절대전 이론: 총력전,전면전 핵전략: 대량보복 ※ 클라우제비치안	평화주의 정의전쟁론 • 세계경찰 정의전쟁론 • 종교적 정의전쟁론 좌파적 정의전쟁론 • 마르크스/레닌 정의 전쟁론(유물사관세계)
	오센틱 전쟁철학: 분별력 있는 실천적 평화 구현		
조화적 접근법	신자유주의/구성주의 • 구제의 정치 • 다자안보협력 • 문화적 기반확충 • 집합정체성 구축	오센틱 제한전쟁(정의구현) • 제한전쟁과 군비통제 (핵 및 재래식) • 현대적 국가이성 구현 • 핵안보(3S) 실현 ※ 클라우제비츠의 규범성 영역	오센틱정의(正義)전쟁론 • 인도주의적 개입 • 분별적 자위(自衛)
현실적 접근법	상대적 패권주의 현실주의 • 세력균형/다자개입	현실전쟁 이론: 제한전 핵전략: 제한핵전 ※ 네오 클라우제비치안	현실주의 정의전쟁론 • 민족주의 정의전쟁론 • 핵억제와 제한전쟁 • 다국적 개입
연구 주제	주제 1: 정의와 정치는 어떤 관계인가? 전쟁은 정치(政治)에서 무엇인가? (전쟁과 평화) 정치와 전쟁의 본질 국가 및 국제안보 평화와 국제협력 〈정치철학〉	주제 2: 전쟁은 어떻게 수행되어야만 하는가? 용납될 수 있는 전쟁은 존재하는가? (전쟁준비 및 수행) 전쟁 및 군사이론 군사전략 및 전쟁법규 핵전략 및 군비통제 〈전략 철학〉	주제 3: 정의(正義)로운 전쟁은 가능한가? 정당한 전쟁의 조건은 무엇인가 (전쟁과 도덕) 전쟁 개시의 정의 전쟁수행의 정의 전쟁종결 정의 〈도덕 철학〉
영역	전쟁과 정치 (정치가/전쟁지도자)	전쟁과 군사(전략) (군인)	전쟁과 윤리 (철학, 법학, 윤리학자)
	전쟁철학: 평화의 구현		

한국의 안보군사 연구에서 이러한 접근은 최초의 시도이다. 특히 정의의 전쟁관련 분석은

2010 천안함 폭침 및 연평도 민간인 피격 시 전쟁법과 교전규칙 논란이 야기되면서 관심이 고조되었으나 참고할 만한 서적이 없었고 정치학 및 군사학 연구에 있어 전쟁철학 분야 참고서지가 흔하지 않다. 국내 최초로 이런 분야의 논의를 총 정리하였다. 세부적 검토 내용은 분량이 많아 별도로 『현대전쟁의 논리와 철학』이란 이름으로 분책하였다.

IV

세 번째 주제 "조화 안보·통일 전략 방향" 연구에 있어서 우리는 현재 통일을 목전에 두고 있으면서 진보와 보수 간의 이념 논쟁이 진행 되고 있다. 북한의 핵개발과 벼랑 끝 전술 등 끝없는 군사도발은 우리국민들을 지치게 하고 있다. 무엇이 정의인가. 무엇이 옳고 무엇이 그른 것인가? 북한이 끊임없이 추구하는 공산주의 혁명전략 전술은 정의로운 것인가? 우리사회에서 주장되고 있는 종북주의자들의 북한식 주장에 대하여 어떠한 논리로 대응하고 국민들을 이해시켜야 할 것인가? 평화통일 과정에서 어떻게 북한을 이해하고, 어느 선까지 양보하고 양보해서는 안 되는 문제들은 무엇인가. 어떻게 실타래처럼 얽힌 문제들을 정리하고 극복해 나가야 하는가?

한국군은 2015년 전시작전권을 환수하기로 하였다. 독자적인 전쟁시행 계획(전역계획; Campaign Plan)을 수립할 때 가장 기본적으로 고려되어야 할 것이 군사목표 달성을 위한 승리전략과 함께 윤리전략이어야 할 것이다. 건전한 전쟁철학이 기본이 된 군사전략과 전역계획이 수립되고 작전술과 전술이 적용, 실천되어야 할 것이다. 또한 평시 이를 기초로 한 군사교리가 준비되고 발전되어야 함은 물론이다. 다가오는 통일의 미래를 바라보며 우리 국민들이, 안보전략가들이 가져야할 바람직한 전쟁철학과 안보관은 무엇인가?

2013년 2월 12일 북한이 제3차 핵실험을 함으로써 동북아는 세계에서 가장 전쟁 위험이 높고 위험한 지역이 되면서 제2차 핵시대의 주무대로 부상하였다. 남북은 물론 주변 4강이 초긴장상태에 들면서 통일 논의는 당분간 잠수가 불가피하게 되었다. 그러나 북한이 노리는 다음 수순은 통일논의이다. 다양한 평화공세와 함께 통일공세가 뒤따를 것이다.

우리는 이에 대응할 준비가 있어야 한다. 안전이 보장되며 평화롭게 통일에 접근할 수 있는 방법은 무엇인가? 그것은 통일논의 이전에 튼튼한 안보기반을 갖추어 놓는 것이며, 북한이 노리는 전략적 꼼수에 휘둘리지 않는 건전한 대책들을 발전시키는 일이다. 그것의 기초는 국민들의 건전한 전쟁관을 갖는 것으로부터 출발한다. 제주해군기지 사태에서처럼 맹목적 평화론이나 천안함 연평도 피격 사태에서 보았듯이 정부를 불신하고 국론이 분열되어서는 안 된다.

따라서 건전한 전쟁철학의 정립이 중요하며, 이를 기초로 한 기반안보전략, 그리고 통일을 지향한 협상안보전략이 발전되어야 한다. 기반안보전략은 3가지 차원으로 이루어지며 그것은 클라우제비츠가 말한 인적요소, 지적요소 그리고 우연의 요소로 구성된 국민, 정부 그리고 군사 차원의 전략이다. 이러한 기반안보는 군사태세 완비, 국방개혁, 한미동맹체제의 공고화, 국제안보협력, 북한의 통일전선전술에 대한 대응책 발전 등이다. 이를 토대로 단계적인 상생을 위한 협상안보가 지원된다.

국민들의 건전한 전쟁철학, 흔들림 없는 굳건한 기반안보의 확립 그리고 한반도 평화프로세스의 단계적 접근, 이 세 가지야말로 조화 안보·통일의 핵심이며 거북선안보철학이라 할 수 있다.

클라우제비츠는 전쟁을 인적요소, 지적요소, 그리고 우연의 요소로 기묘한 삼위일체를 이루고 있으며 이들은 각각 모순과 혼란 그리고 이중성의 연속으로 구성되어 있다고 말하고 이의 실천을 위해서는 이의 균형을 위한 고도의 실천적 지혜가 요구된다고 말한바 있다. 이를 현대적 개념으로 재개념화 해 보면 국민적 요소, 정부적 요소, 그리고 군사적 요소로 되며 이 세 요소의 복합적 교호작용이 현대 국가안보의 핵심이라 할 수 있다.

클라우제비츠 3위일체 이론을 기초로 구성해본 조화 안보·통일 전략(삼원전략, Triad Strategy)은 다음 5개 차원의 3위일체로 구성된다. 그것은 가장 기저가 되는 전쟁철학戰爭哲學체계로부터, 국제안보國家安保체계, 기반안보基盤安保체계, 상생안보相生安保체계, 국가가치國家價値 체계로 구성된다. 앞선 선행체계를 기반으로 그 다음의 체계가 생명을 유지 존속해 나갈 수 있는 순환체계를 구성하고 있다.

첫 번째로 가장 기본이 되는 것이 전쟁철학체계이다. 이것은 전쟁과 평화, 전쟁과 정의 그리고 전략의 철학으로 구성된다.

두 번째로 국제안보체계이다. 국제안보체계는 국제사회체제안보, 국제체제안보, 개별국가안보체제 3가지로 이루어진다.

세 번째로 기반안보체계이다. 개별국가 내에서 기반안보체계는 인적요소(국민), 지적요소(정부), 우연, 불확실요소(군대)로 구성되어 있다.

네 번째로는 상생안보체제이다. 이것은 미래 통일을 지향하는 협상안보 차원으로서 북한의 핵 위협을 극복하고 주변국들과 협조하여 한반도 평화체제를 구축하고 더 나아가 동북아 평화체제를 구축해 나가는 과정에서의 안보를 말하며, 비핵론, 평화론, 통일론으로 구성된다.

다섯 번째는 국가가치의 실현이다. 국가가치는 궁극적으로 이러한 다차원의 삼위일체를 통하여 우리가 추구하고자 하는 완성태完成態로서 최고의 가치이다. 자유민주주의와 시장경제체제를 기본으로 이를 넘어서는 미래지향적이고 범우주적 가치라 할 수 있다. 그것은 성통광명, 제세이화, 홍익인간으로서 단군조선의 건국이념이다. 이 국가가치의 정립은 통일의 과정에서 발생하는 이념적 혼란을 극복하고 단군 후손으로서 중국과 상대하여 지리적, 역사적 정통성을 확보할 수 있는 이념적 지표라 할 수 있다. 이러한 각 차원의 3위일체 요소들은 균형과 조화를 통해서 완성되며 이들 요소들에는 이중성이 존재하고 신중한 접근이 요구되며 실천지實踐智, Prudence에 의해 통제된다.

그동안 우리 학계에서는 무수한 통일관련 논의들이 있어왔다. 마치 통일이 전부인 것처럼, 그것을 이야기 하는 것이 지식인의 사명처럼 목소리를 높이며 상대적으로 국가안전보장에 대해서는 낙관론적 기대를 가지고 있었다. 설마 전쟁이야 일어나겠어? 우리 군사력은 현대화된 첨단 군사력이잖아? 그리고 그런 문제는 군인들이 알아서 하는 것 아니야? 하는 근거 없는 낙관적인 기대와 북한이 상대하는 것은 미국이지 한국이 아니며, 미국의 패권 야욕을 분쇄해야만 한반도 평화가 오고, 이제 중국의 힘이 막강해졌으므로 미국과 동맹을 관계청산하고 중국과 동맹관계를 맺어 말을 갈아타자는 등의 종북·좌파들의 논리에 이르기까지 끝이 없었다. 그러다보니 무조건적 평화논리에 의한 국가안보의 폄훼현상이 극에 달하여 천안함 폭침 자작극 논란, 연평도 피격 사태 및 제주도 해군기지 건설을 반대하는 사태까지 이르렀다.

또한 국민 생활 향상으로 복지소요가 증가함에 따라 정부부문에서 차지하는 국방예산이 축소되고 이것이 누적되어 계획되었던 국방개혁은 제자리에 머물고 있고 그러는 사이 군사 장비들이 노후화되어 현저한 군사력 약화를 초래하고 있다.

정치가들은 선거와 표에 도움이 되는 통일과 평화체제 구축 선동에, 학자들은 연구비 획득에 도움이 되는 통일관련 연구와 평화프로세스 개발에만 관심이 집중되고 이것을 뒷받침하는 기반안보에는 관심이 없었다. 또한 군인들은 자군 이기주의에 빠져 단일군으로 상부지휘구조를 바꾸어야 한다며 자중지란에 빠져 있고 전시작전권 환수를 눈앞에 놓고 시급한 국방개혁은 그 계획 자체가 개혁의 대상이 되는 등 대책발전이 미진한 상태이다.

2013년 2월 12일 북한이 제3차 핵실험을 단행하였다. 전 세계를 상대로 그러한 무모한 막장전략 추구가 가능하다고 믿는 시대착오적 권력집단의 오기를 언제까지 지켜보아야 하는 것인지, 그런 집단과 평화와 통일을 논의해야 한다는 것이 안타까울 뿐이다. 따라서 이 시점에서 분명히 해야 한다. 통일이 중요하지만 안보를 전제하지 않은 통일은 위험하고 무의미하다. 국론만 분열될 뿐이다. 과열된 통일관련 논의는 안보를 전제로 이와 연계하여 재정립되어야 한다. 다행인 것은 국민일각에서 이러한 문제점을 인식하고 안보통일 포럼이 결성되는 등 인식이 제고되고 있다는 점이다.

그렇다면 안전하게 통일에 접근하는 방법은 무엇인가? 이러한 문제인식 하에 저자는 조화안보·통일 개념과 접근방법을 제시한다. 그것은 5차원 삼원전략 접근법으로서 거북선 통일안보접근법이며 앞에서 제시한 개념체계 하에서 다음과 같은 전략구도를 가진다.

제1단계: 국가가치체계 정립.
제2단계: 건전한 전쟁철학, 국가안보관 확립
제3단계: 국제안보체제 이해 및 구축
제4단계: 기반안보체제 구축
제5단계: 상생안보체제 구축

V

2012년 가을 대선을 맞이하여 대통령에게 요구되는 리더십 역량이 무엇이냐 하는 논란이 부각되었다. 대통령에게 요구되는 것은 일반적인 리더십 역량과는 다르다는 것이 공통적인 인식이다. 일반조직 또는 CEO에게 요구되는 역량과는 다르다.

일반적으로 리더십이란 영향력을 말하며 조직차원 인적자원차원 그리고 관리차원으로 그 영역이 구분된다. 조직차원은 기본적인 조직 성원과 리더간의 상호 교호작용을 통한 영향력 행사를 말하며 공적, 개인적 일반적인 조직이 그 예이고, 관리차원은 조직경영 관리차원의 조직목표 달성을 위한 권력Power과 영향력관계로서 기업경영 차원에서 CEO의 예를 들 수 있고, 인적차원에서는 순수 인간관계 차원에서 카리스마를 기반으로 이루어지는 지배와 복종관계로서 군 리더십이 대표적인 예이다.

그러나 대통령의 국가통치역량Statecraft은 이러한 일반적인 리더십 역량과는 차원이 다르다. 우선 국가란 일반적인 조직 개념으로 볼 수 없다. 국가란 영토·국민·주권을 기반으로 하는 정치공동체로서 역사성, 정통성 그리고 집합적 특성을 가지고 있으며 공공성을 핵심가치로 하고 있다.

이러한 국가통치역량은 국가가 독점하고 있는 물리력의 유지와 행사를 원만하게 관리하면서 여러 종류의 크고 작은 국가행위자agent들을 유지·감독하는 일을 시작으로, 각종 제도들을 유지 발전시키고 외적 환경을 관리하는 것이라 할 수 있으며 특히 근대 국민국가에 이르러서는 이에 더하여 주권자를 이루는 구성원들의 인간적 품성과 시민적 덕성을 관리하고 또 이들을 형성하는 제諸 세력들의 힘의 분포를 관리하면서 일반의지를 도출해 내는 과제를 안고 있다.

따라서 스테이트크래프트는 다음과 같은 역량을 요구하고 있다. 첫째, 총체적 거시적 관점과 시각, 둘째, 구체적이고 현실적인 측면, 특히 상황적 맥락의 중시, 셋째, 국정운영에 있어 직면하게 되는 상황들의 딜레마적 성격과 이에 따른 결단과 선택, 시공간상의 환경중시 및 개방성이며 이를 한마디로 요약하자면 국가를 유지 발전시켜나가는데 필요한 실천지實踐智로서 제도가 갖는 특성과 더불어 외부 환경적 요인이라는 제약 속에서 딜레마적 선택에 따르는 유·불리를 저울질하여 총체적으로 '상대적으로 덜 나쁜 것'을 받아들이는 것을 핵심 내용으로 하고 있다.

미래 통일한국 지도자	조화통일 오센틱 리더	
	○ 공공리더십 역량 ○ 안보/통일 리더십 역량	○ 정치적 리더십 역량
정치·안보 지도자	정치적 리더	안보·통일 리더
	• 공공성(정의성)과 도덕성 • 올바른 역사관과 사명감 • 국가 비전과 통찰력 • 이슈 창출 능력 • 커뮤니케이션 능력과 조직력 • 건강과 폭넓은 식견 • 책임감과 국민에 대한 진솔한 애정	• 건전한 전쟁철학과 평화관 • 건전한 국가관/통일관 • 정의의 실현의지 • 노블레스 오블리제 • 전략적 비전
공공지도자	공공 리더	
	• 그린green 리더십 역량 • 융합fusion리더십 역량	• 창조creative리더십 역량 • THE리더십 역량
지도자 교육/훈련 시스템		

2013년 3월에 취임하는 대통령은 대한민국의 산업화시대와 민주화시대를 넘어선 통합과 통일의 새로운 시대를 여는 첫 대통령이라는 역사적 의의가 있다. 눈앞에 산적한 과제가 있다. 크게 우선적으로 국민생활 안정 경제발전 그리고 북한의 핵·미사일위협 극복, 동북아 신 냉전체제의 효과적 대응, 통일의 추진 등이다. 앞에서 한반도 평화 프로세스와 이에 따른 안보전략 발전 방향을 검토해 보았다. 본고는 이러한 임무를 추진해 나갈 수 있는 안보지도자들에게 요구되는 리더십 컨피던시가 무엇인가 하는 것을 검토해 보기로 한다. 기본 개념은 일반적인 리더에게 요구되는 컨피던시와 그리고 정치인들에게 요구되는 정치적 컨피던시를 기초로 특별히 한국적 상황에 맞는 스테이트크래프트가 별도로 요구된다.

제1부

클라우제비츠와 현대전쟁
―『전쟁론』의 현대적 해석과 교훈―

전쟁의 문법(Grammar)은 전쟁 자체에 내재하지만
전쟁의 논리(Logic)는 정치로부터 주어진다.
―클라우제비츠―

서론
클라우제비츠에게 한반도 해법을 묻는다

전쟁을 승리하는 방법에 관한 연구는 인류의 역사와 같이 해온 주제이다. 소위 『전쟁론』은 제왕학帝王學의 제1교과목이었고 구약의 다윗과 알렉산더 대왕, 칭기즈칸, 나폴레옹과 이순신 등 동·서양의 군사천재들이 영웅으로 숭앙된다. 역사상의 전쟁을 연구하여 승리하는 법을 저술한 교과서로 동양에서 『손자병법』孫子兵法과 서양에서 클라우제비츠의 『전쟁론』On War을 대표적으로 든다. 통상 손자는 "싸우지 않고 이기는 것이 최상의 방책이다"라는 말로 대표되는 부전주의不戰主義 병법가兵法家로 숭앙받고 클라우제비츠는 섬멸전殲滅戰을 주창한 1, 2차 대전의 참화를 초래케 한 악惡의 화신禍神으로, 호전주의好戰主義 병법가로 비난받고 평가 받아왔다. 과연 그런가?

아이러니하게도 클라우제비츠가 다시 살아난 것은 한국전쟁을 통해서다. 그 계기는 막 2차 대전을 핵폭탄으로 끝내고 난 인류가 당면한 또 다른 핵전쟁의 선택을 앞에 놓고 고민하게 되었고 그 결과는 핵전을 피하고 제한전을 수행하면서 정치 현실주의자들은 그 논리를 클라우제비츠로부터 찾아내게 되었다. 다시 읽은 클라우제비츠의 전쟁론 속에는 전혀 새로운 내용이 있음을 발견해 내게 되었는데 그것은 정치적 전쟁이론이었고 전략가들은 그러한 전쟁을 제한전쟁 및 현실전이라 이름 하였다.

이제 우발전쟁을 제외하고 핵전쟁이나 세계적인 전면전쟁의 가능성은 희박해졌으며, 노력 여하에 따라서는 전쟁은 피할 수 있는 것으로 되어 가고 있다. 군사력 건설 자체는 비현실적(또는 비이성적)인 것이 아니다. 다만 그 군사력이 국가대전략國家大戰略을 지배하게 되면 그 군사전략은 비현실적(또는 비이성적)이 된다. '진정한 현실주의'Authentic Realism는 이상과 현실의 두 요소에 근본을 두고 하위의 목표와 전략을 상위의 목표와 전략에 순응시키는 것이다.

클라우제비츠는 '전쟁중심적 전쟁이론가'가 아닌 '평화중심적 전쟁이론가'로서, 전쟁과 정치 간의 관계를 규명하고, 전쟁과 전략의 방향을 모색하고자 한 전쟁철학가戰爭哲學家였다. 현대의 국가안보 개념인 포괄적 안보, 협력적 안보 등 전략의 철학적 기초를 제공할 수 있는 안보·군사 이론을 제시하고 있는 클라우제비츠의 사상과 그 지혜의 혜안은 놀랍기만 하다. "평화를 원하거든 전쟁에 대비하라"는 베지티우스의 경고나 "평온할 때 전쟁을 생각하지 않으면 위태롭다"는 사마양저의 충고는 클라우제비츠의 '현실전' 개념과 상통한다 할 수 있다.

이러한 개념들은 우리 한반도의 상황에도 명확한 안보철학과 전략의 방향을 제시해 주고 있다. 우리에게 있어서 진정한 현실주의는 평화통일과 동북아 지역의 안정과 평화를 위해 우리의 국가대전략을 수립하는 것이다. 국가대전략이 조국의 평화적 통일을 지향하는 것이라면 국제적 협력의 제도화는 불가결不可缺한 것이며, 국가안보 대전략의 근본은 민족번영과 통일을 지향한 통일안보統一安保여야 하고 그것은 이제 이웃이나 우방과의 공동협력뿐만 아니라 적과도 협력하는 상호안보, 협력안보이어야 하며, 상대방의 불안을 나의 안전으로 삼는 일방적인 절대적 안보가 아니라 상대방이 안전해야 나도 안전하게 느끼는 상대적 안보여야 할 것이다.

이러한 맥락에서 보면 군비통제나 군비축소는 안보대전략적 차원에서 고려될 수 있는 것이며, 이 점에서 군대의 역할에 관한 전통적 사고에서 벗어날 수 있는 '진정한Authentic 조화적 신사고'調和的 新思考를 지향할 수 있을 것이다.

북한의 핵보유가 현실화되면서 우리는 머리에 핵을 이고 살게 되었다. 우리는 제2차 핵시대(신냉전)의 한반도, 영토분쟁이 재연되는 근대의 동북아, 그리고 생태, 온난화, 환경 위기 등의 탈근대적 위기를 동시에 해결해야 하는 숙제를 안고 있다. 21세기 통일 코리아의 과정에 산적한 난제를 풀 수 있는 묘책은 없는가? 한국전쟁을 통하여 되살아난 클라우제비츠에게 또 다시 묻는다.

본고本稿는 '클라우제비츠의 현대적 해석과 교훈'은 졸저『전략의 철학』(1996) 내용을 기초로 대폭적인 수정 및 증보한 것이다. 클라우제비츠 개요, 최근 대두된 클라우제비츠 비판론으로서 제4세대 전쟁이론의 도전, 문화 문명전쟁과 관련성 논쟁, 클라우제비츠와 손자와의 비교 등의 연구결과가 추고되었다.

클라우제비츠 개요

연구·접근방법: 지식사회학적 고찰

어떤 이론이나 사상, 가치관 등을 고찰하기 위해서는 그 이론과 사상이 출현된 '시대적 배경'과 '사회적 상황'을 알지 않고서는 그 이론 및 사상을 제대로 고찰하기 어렵다. 이러한 관점에서 접근하는 것이 '지식사회학'sociology of knowledge에서의 방법론이다.[2] 지식사회학은 지식이 사회적 상황에 따라 만들어지고, 변할 수 있는 것이라는 학설로서 지식이 절대적 '참'을 진술하는 것이 아니며 지식은 만들어질 때의 상황에 따라 '조성' 내지는 '구성'된 것으로 본다. 따라서 참임을 보장 못하며 그것은 만들어질 때 그 학자가 처한 상황에 구속되어 형성된 것이라고 인식한다.

지식사회학은 사상의 절대적 진리성을 부정하고, 사상을 사회적 문화적 상황과 의 관련 속에서 이해하며, 그렇게 함으로서 사상은 그것을 낳은 상황에 보다 관련되어 있다는 사실, 즉 사상의 이데올로기성을 밝히려 한다. 더 나아가 개개의 사상은 따로따로 존재하는 것이 아니라 상관관계에 있으며, 따라서 그 사상들은 종합적으로 다루어져야 한다고 본다. 지식사회학적 접근방법은 사상들을 그 전체성과 동적·역사적 시각으로 파악하는 접근법이다.

군사학 고전인 클라우제비츠의『전쟁론』이나『손자병법』그리고『주역과 병법』등은 클라우제비츠나 손무 등이 살았던 그 당시의 시대적 상황의 고려 없이는 이해하기 힘들다. 어떤

---

2) 지식 또는 학문 일반을 사회적 요인과의 관련에서 분석하는 사회학의 한 분야. 지식의 성립·구조·내용 등에 관해 사회학의 입장에서, 즉 지식과 사회의 관계를 사회학적인 방법으로 파악하는 연구이다. 지식사회학이란 지식 또는 학문이 사회적 요인과 긴밀한 관계를 맺고 있다는 전제 하에 그것을 분석하고 이해하는 사회학의 한 분야다. 지식사회학에 따르면 지식은 사회로부터 생성된다. 때문에 지식은 반드시 사회적인 맥락 속에서 사회적 요인을 통해 분석되어야 한다. 지식 속에 내포된 사회 요인이 사회에서 어떠한 기능을 수행하는가를 확인하는 것도 지식사회학의 중요한 목표이다. 마르크스는 그의 저서『정치경제학 비판』에서 인간의 의식은 결코 사회적 배경에서 자유롭지 못하며 인간의 의식에서 생산되는 지식 역시 사회의 영향력 안에 있다고 주장했다. 마르크스가 논의하기 시작한 이 같은 의견을 '지식사회학'이라고 학술적으로 정의, 확장한 최초의 사람은 막스 셸러와 칼 만하임이다. 막스 셸러는 자신의 장편 논문『지식사회학의 문제들』(1924)에서 '지식사회학(Soziologie des Wissens)이라는 용어를 처음으로 사용했다. 한편 칼 만하임은 자신의 저서『지식사회학』(1954)에서 지식사회학을 '사상의 사회적 혹은 존재적 조건화에 대한 이론'이라고 폭넓게 정의, 존재구속성을 역사 이론적으로 분석하고자 했다.

사상가의 사상은 그 시대의 주도적인 사고방식에 의해 영향을 받기 때문이다. 다시 말해, 개인적 사상과 사회적 상황 간에는 긴밀한 관련이 있으며 아울러 그 시대의 사상 및 이론 그리고 가치는 또한 그 시대의 환경에 영향을 미쳐 새로운 사회적 상황과 환경을 만들어 낸다는 점을 염두에 두고 앞으로 전쟁관련 고전들을 탐구해야 진정한 연구가 될 수 있다.

따라서 클라우제비츠가 완성하지 못한 저술 전쟁론의 진정한 이해를 위해서는 이러한 접근법을 통한 통 시대적, 맥락적 이해가 없이는 불가능하며 단순한 언어나 단락적 이해로는 참 이해가 불가능하다 할 수 있다.

클라우제비츠의 시대적, 사회적 상황과 생애

클라우제비츠Carl Von Clausewitz, 1780-1831[3]는 1780년 6월 1일 탄생하여 1831년 11월 6월에 콜레라로 병사하였다. 불후의 명작 『전쟁론』Vom Kriege: On War은 1832년 6월 그의 부인 브륄Marie von Brühl, 1779-1836에 의해 유고집으로 출간 되었다. 초고를 완성한 클라우제비츠는 완성된 저작에 불만을 느끼고 미완성이라고 평가하면서 많은 부분을 수정 보완해야 한다고 하며 다시 쓰기 시작해 1장 1편만을 수정완료 한 채로 세상을 떠난 것이다. 그가 어떤 면에서 불만을 느끼고 전면적으로 다시 쓰기로 마음먹었는지를 유추 해 볼 수 있는 것은 오직 이 1장 1편 내용뿐이다. 그럼에도 불구하고 이 짧은 수정 내용 중에는 '전쟁은 타 수단에 의한 정치의 계속이다'는 전쟁 본질에 관한 철학적 명상들이 잘 정리 되어 있고 현대적 해석의 단초를 제공해 주고 있다.

가난하지만 전문 직업을 가진 중산층 가문에서 태어난 그는 1792년 12살에 프로이센군에 소년 기수로 입대하였다. 그는 1831년 병사할 때까지 모두 39년 동안 직업군인 생활을 하였는데 51세의 젊은 나이로 세상을 떠났다. 2012년 현재로 보면 그가 떠난 지 180여년이 되었다.

1795년 그가 15세 되던 해 프랑스 혁명군과 벌인 라인 전투 때 장교로 임관되어 이후 수년간 수비대에 근무했으며, 그곳에 근무하는 동안 장기 휴가를 받아 1801년에 베를린에 있는 '청년장교학교'에 입교하여 2년 동안의 정식 교육을 받게 된다. 이러한 노력으로 1801년 베를린에 있는 육군대학 입학허가를 받았고, 베를린의 육군대학에서 스승 '샤른호스트'Gehard von Scharnhost 의 지도로 군사학을 배웠고 철학과 문학을 공부하였다. 1803년 샤른호스트의 소개로 궁정에 들어가 황태자의 시종무관이 되었으며 뒤에는 샤른호스트의 보좌관이 되어 프러시아의 군제개혁 작업에 일익을 담당하였다. 여기서 장래에 아내가 될 마리 폰 브륄 여백작과 만났고 샤른호스트의 주선으로 아우구스트 대공의 부관에 임명되었다. 대공의 부관으로 예나 전투(1806)에

---

3) Carl Von Clausewitz 중 독일의 성(姓)에 'Von'이 들어가는 경우가 간혹 있는데 이들은 대개 귀족 출신이다. 엄밀히 말하면 Von도 성이기 때문에 '본 클라우제비츠'로 써야 하나 여기서는 관례상 그냥 '클라우제비츠'로 사용하기로 한다. 예) 독일 대통령 중 리하트 본 바이체거(Richard Von Weizsäker) 사례 참고

참전했다가 프렌즐라우에서 프랑스군에게 사로잡혔으며, 1808년 프로이센으로 돌아왔다.

29세인 1809년 대위가 되었고 그 이듬해인 1810년에 소령으로 진급하여 '샤른호스트'와 '티데만'Tideman의 휘하에서 참모업무에 종사하였다. 이해부터는 사관학교에 출강하면서 군사교리 연구 발전 업무도 수행하게 되면서 능력을 발휘하기 시작하였다.

클라우제비츠는 소령의 고급계급으로 사관학교 교수요원(강사)이면서, 프로이센 군참모부의 주요 핵심요원이고, 황태자의 스승 역할을 수행하였다.

그런데 1812년에 프러시아 국왕Fridrich Wilhelm은 프랑스의 나폴레옹에게 무릎을 꿇고 러시아를 공격하는 연합전선을 형성하게 되었다. 클라우제비츠는 국왕의 정책에 불만을 품고 1812년 나폴레옹의 러시아 침공 시 다른 프러시아 애국자들처럼 러시아군에 들어가 1812년 원정에서 그는 러시아군 참모장교로서 두각을 나타내었다.

1813년에 프로이센군으로 돌아왔으며 1814년 국왕의 특명에 의해 대령으로 승진하였고 1815년 3월부터는 프러시아군 총참모부에 합류하여 나폴레옹 전쟁의 최후를 장식한 '라이프찌히'와 워터루 및 와브루 전투에 참가하였다. 워털루 전투 때는 군단 참모장을 맡았다. 이 전투를 통하여 군사 천재인 '나폴레옹'의 명멸을 눈으로 확인하게 된다.

1818년 5월 베를린의 사관학교 교장으로 임명되었고 그 이듬해 9월 38세의 클라우제비츠는 대령에서 소장으로 특진을 하게 된다. 12년 동안 교장으로 재직하면서 그는 전쟁론을 집필하게 되는데 그는 프리드리히 대제와 나폴레옹의 전투 경험을 기초로 승패를 결정짓는 요인들을 밝혀내는데 심혈을 기울였다.

클라우제비츠는 『전쟁론』을 완성하기 전에 브레슬라우로 전속되었고 1830년의 폴란드 혁명을 감시하기 위해 배치된 프로이센군을 맡았다. 그러나 브레슬라우에서 돌아온 직후인 1831년 11월 16일 콜레라로 51세의 젊은 나이로 사망하였다. 그의 원고는 대부분 원고형태의 글인 수고手稿, manuscript나 단편 논문들이었으나 헌신적인 아내(미망인)에 의해 편집, 출간되었다.

그의 저서는 외국에서도 널리 읽혀져 프랑스어 등 수많은 외국어로 번역이 되었다. 『전쟁론』의 영어판이 1873년에 나왔고, 마르크스와 엥겔스도 그의 저서에 관해 논의했고, 레닌은 스위스 망명 기간에 그의 정치이론을 연구했다. 제국주의 전쟁과 같은 전쟁의 본질에 대한 공산주의자들의 이론은 주로 그에게서 도출된 것이다.

클라우제비츠의 사상 형성과 집필 활동[4]

1. 뷜로우(Bülow) 논문에 대한 비판

클라우제비츠는 1804년 24세에 사관학교를 수석으로 졸업하고 아우스투스 황태자Crown Prince August of Prussia의 시종부관이 되었다. 또한 샤른호스트의 추천에 의해 저명한 군사잡지『신 전쟁여신』Neue Bellona의 편집책임을 맡게 된다. 1805년 클라우제비츠는 그의 최초의 논문을 이곳에 기고하는데 그것은 당대의 거물 군사이론가 '뷜로우'Heinrich Dietrich von Bülow, 1757-1807의 논문에 대한 반론으로서 청년장교 다운 패기에 찬 것이었다. 그것은 '뷜로우'가 1798년과 1805년에 각각 전·후편으로 출간한 『근대 전략전술 체제의 기본 정신』[5]에 대한 것이었다. 이 당시 뷜로우의 논문들은 나폴레옹 전략전술에 대한 독일의 해석가로서 명성과 권위가 있었다. 뷜로우의 1805년 저작은 1798년의 저술에서 정립한 기하학적 전략이론의 원칙들을 도입하여 1800년의 전쟁사례들을 분석한 것이다.

뷜로우가 중요시한 것은 '기지基地, The Base 개념'이었다. 근대의 발전된 화포무기를 사용하여 전쟁을 수행하는 데에 있어서는 기지가 작전운영에 있어서 가장 기본적인 핵심요소라는 것이다. 그는 군사작전에 있어 가장 중요한 결정적 요인은 지리적 목표와 작전기지 간의 기하학적 상관관계에 있다고 하며 수학적 원리를 원용하면서 근대 무기체계의 변화를 감안하여 몇 가지 이론적 가정을 제시하였는데 그것은 다음과 같다.

첫째, 그는 장차 근대전쟁수행에 있어서는 대량의 우세한 전투병력 집단과 물량적 우세가 전쟁의 승리를 결정하는 주요 관건이 될 것이다

둘째, 따라서 장차에 있어서는 소국이 대국을 정복한다는 것은 불가능하게 될 것이며, 반

---

4) 이 부분은 레이몽 아롱(Raymond Aron)의 『클라우제비츠에 대해 생각한다』(Penser la guerre: Clausewitz)와 Michael Howard and Peter Paret 『전쟁론』 서문의 요약 발췌 및 추가 내용이다.

5) The Sprit of the System of Modern Warfare; Geist des neueren Kriegssystenems und des Feldzuges von 1800; l'Esprit du Systéme de la Guerre Moderne

대로 소국은 대국의 먹이가 되고 말 것이다. 따라서 유럽은 언젠간 몇몇 큰 나라들의 세력권으로 분할될 것이다.

셋째, 제국의 군사력이 무한대로 팽창해 나간다 할지라도 기지의 원칙론을 감안할 때, 그들이 배치된 지역으로부터 다른 관구지역으로 부대 이동을 거듭할 때에는 그 군사력의 힘은 분산, 약화 될 것이고 이들 군사력은 특정의 자연적 제약 여건 속에서만 결정적 행동을 하게 될 뿐이다.

넷째, 근대 전쟁의 전략전술에 있어서는 성질상 전투원들의 탁월한 능력보다는 '수량의 힘'force of numbers이 본질적인 가치를 갖는 것이며, 따라서 금일의 전쟁수행에 있어서는 항상 정의와 자유의 편에 서서 싸우는 것이 유리한 고지를 점하는 것이다.

다섯째, 유럽의 제국 군대들은 조만간 각기의 제한된 자연국경선natural limits 내에서만 존립 활동을 하게 되는데 그 이유는 일국의 정부가 주어진 자연환경을 벗어나 확정된 국경선 밖에서 군사작전을 벌이는 일은 위험하고도 부질없는 일이기 때문에, 각국의 군대가 자국의 영토 내에서만 주어진 기능과 역할을 한다면 유럽에 영구평화를 깃들게 하는 것은 가능하다

이렇듯 '뷜로우'의 이론은 기하학적 방법론을 주창하였고 이에 대하여 클라우제비츠가 3가지로 반박하였던 것이다. 클라우제비츠는 첫째, 전략과 전술에 대한 정의에 있어서 뷜로우가 적의 포사격 거리 밖의 군사행동이 전략, 그 반대로 포사거리 내의 군사행동을 전술이라고 정의한 것에 반하여 클라우제비츠는 전술은 전투에 있어서 무력사용에 관한 이론을 구성하는 것이며 전략은 전쟁의 목적 달성을 위하여 전투를 활용할 줄 아는 이론을 형성하는 것이라고 정의하였다. 둘째로 뷜로우의 전쟁관은 실현 불가능한 비현실적인 것이다. 기하학적 전쟁관은 수학적 원리와 지리적 요소만 고려되었을 뿐, 적의 행동작용과 전투행위의 물리적 및 심리적 제반 효과 문제를 고려하지 않았기 때문에 비현실적인 것이다. 셋째로, 뷜로우의 이론은 전쟁 본질을 배제한 공허한 이론으로서 거시적 이론이 아닌 미시적 이론이며, 전쟁이론 전개에 있어 군대의 사기와 지휘관의 심리상태도 중요한 요소라고 말하였다.

이와 같은 클라우제비츠의 뷜로우의 기하학적 전쟁관에 대한 비판은 이후 4반세기에 동안에 걸친 논쟁의 시발이 되었다. 클라우제비츠는 전쟁을 물리적 도덕적 법칙을 넘어선 어떤 일정한 룰을 넘어선 정신적 철학적 과정으로 인식하였던 것이다.

2. 황태자 교육 교과서 『전쟁의 제 원리』(*Principles of War*)

1812년 자신이 가르치는 황태자에게 바친 전쟁강의 겸 교과서인 『전쟁의 제 원리』*Principles of War*

가 중간단계의 클라우제비츠 전쟁사상을 살펴 볼 수 있는 자료이다. 이 문건은 1만 1천 5백자의 다분히 교과서적인 서신으로 자신이 스승으로서 프러시아 황태자에게 제시한 전쟁학 교육내용이었다. 그러나 이곳에서는 클라우제비츠 전쟁론에서 논란이 되고 있는 '전쟁의 이중성' 문제나 '전쟁의 두 가지 종류'같은 내용들은 발견되지 않으며, '전쟁과 정치의 상관관계' 등의 설명이 미흡하다. 그럼에도 불구하고 이 문건은 클라우제비츠가 전쟁론 집필을 위한 예비단계의 생각들이 정리된 문건으로서 중요하다.

3. 1830년 미완성의 비망록

끝으로 클라우제비츠 사상형성 및 정립과정에 있어서 중요한 또 하나의 문건은 그의 유작 전쟁론 속에 남겨진 「1827년 7월 10일자의 비망록」과 1830년에 쓴 「미완성의 비망록 소감」이다. 이들 두 비망록 속에서 클라우제비츠는 자신의 저작물이 아직도 많은 부분을 수정 보완하여 개작을 필요로 하는 '미완성'의 작품임을 스스로 인정하고 있다. 이 두 문건의 중요 내용은 첫째, 『전쟁론』의 처음 6편까지의 내용은 제책製册이 되긴 하였지만 아직 형태가 잘 갖추어지지 못한 원고뭉치에 지나지 않는 것이며 전면적인 재정리 작업이 필요하다고 말하고 있다. 그리고 이 수정 보완 작업에 있어서는 무엇보다도 서로 목적을 달리하는 '두 가지 종류의 전쟁'에 관한 모든 면에서의 분별 구분을 명확히 해두는 일이라고 하였다. 그렇게 함으로써 전쟁에 대한 모든 고려요소가 명확해질 것이며, 전쟁 상황이나 이론의 일반적 성향을 더욱 뚜렷하게 표기해 놓을 수 있을 것이며, 나아가서는 그러한 생각과 이론을 보다 구체적인 현실 사례에 원용 가능한 방법모색이 명백해 질 것이라고 말하였다.

　　클라우제비츠가 생각하고 개념정의한 두 개의 전쟁 종류 중에서 그 하나는 전쟁목적이 '적을 타도·전복'하는 것인데, 이 일은 곧 적의 정치적 무기력 상태를 유도하거나 아니면 군사적으로 적을 무기력하게 만들어 우리가 원하는 평화조건에 무조건 응해오도록 강제할 수 있는 그러한 전쟁을 말하는 것이다.

　　다른 하나의 전쟁의 종류는 그 목적이 '적국 영토의 국경선에 접경해 있는 일부 지역을 단순히 점령하는 것'인데 이 일은 또한 이 점령지역을 아방我方에 영구적으로 병합하던가 아니면 평화교섭·강화講和 담판의 유리한 교섭조건으로 활용할 수 있는 그러한 전쟁을 의미한다고 설명하였다.

　　위의 두 가지 전쟁은 각기의 본질적 성질이 판이하기 때문에 어디까지나 구체적인 사실관계에 입각해서 양자의 차이를 명확하게 구분해서 분석 고찰하는 일이 중요하다고 강조해 두었다. 다만 이 일보다 더욱 필요 불가결한 중요한 실질 문제는 '전쟁이란 타 수단에 의한 정책의 연장'이란 명제를 가장 명백하게 의미부여하여 전쟁현상의 제 국면을 분석 고찰하는 일이라고 말하였다. 이 일의 확고한 처리를 위하여 항상 생각을 굳게 갖는다면 결국 전쟁연구를 더욱 활발하게 촉진 할 수 있을 것이며 나아가서는 분석 고찰의 작업도 한층 쉽게 될 것이라고 강조하기도 하였다. 그런데 이 문제의 주된 설명이나 중점적인 적용에 관해서는 책의 제8편까지는 다루지 않을 것이지만 그러나 이 문제는 책의 제1편에서 먼저 잘 정리되고 또한 설명되어 전개되어야만 할 것이고, 이 같은 수정보완 작업은 책의 처음 6편의 전편을 통하여 수정작업의 기초가 될 것이라고 강조하였다. 말하자면 책의 전면적인 개정 작업을 통해서 불필요한 설명 대목을 제거하고, 산만하고 허술한 틈이 메워질 것이며, 전쟁 연구를 위한 보다 명확한 틀을 갖추어 생각을 정리해서 전쟁의 보다 분명한 개념 파악이 가능해질 것이라고 말하였다.

제6편의 '방어'On Defense에 관한 것, 제7편의 '공격'On Attack에 관한 것, 그리고 제8편의 '전쟁계획'War Plans에 관한 제 단락들도 모두 완결되지 못한 초고를 모아놓은 것이기 때문에 이것들에 대해서 앞으로 전면적 또는 부분적으로 소정 보완이 요구된다고 여러 차례 반복하여 강조였다. 그리하여 전편의 본격적인 수정보완 작업은 제8편을 일단 완결해 놓은 다음에 착수하게 될 것이라고 말하였다.

클라우제비츠는 자신의 죽음을 예감했음인지 이 글에서 말하기를, 자신의 논저 집필 작업이 완결되기 전에 자신에게 죽음이 일찍 다가온다면 지금까지 자신이 써 놓은 원고 뭉치는 전혀 다듬어지지 않고 형태도 제대로 갖추지 못한 잡다한 생각과 쓸모없는 산만한 개념세계만을 엮어 놓은 '원고의 무더기'a shapeless mass of ideas로 간주되게 될지도 모른다고 하였다. 만일 그렇게 된다면 자신에 대한 많은 오해와 설익은 비판들만 난무할 것이라고 예견하였다. 클라우제비츠는 6편의 책 속에 전개된 자신의 전쟁이론 및 이론의 전개와 구성이 하나의 혁명적인 출발점이 될 것이라는 점을 강조하면서 1827년의 비망록은 끝을 맺고 있다.

1830년의 미완성 비망록備忘錄, 誌記에서도 클라우제비츠는 지금까지의 집필원고에 대하여 만족스럽게 생각하지 못하며 '방어'문제를 다룬 제6편은 하나의 엉성한 초고나 소묘에 지나지 않으며 이것을 전면적으로 재구성하여 다시 쓰기로 마음먹었다고 밝히고 있다. 그리고 '전쟁계획'을 다룬 제8편에서는 특히 자신이 생각하는바 '전쟁의 정치적인 인간적 측면'을 파악해 보려고 노력했다고 말하고 있다. 클라우제비츠는 이 글에서 제1편의 제1장(전쟁이란 무엇인가?)만이 유일하게 '완성된 것으로 간주한다'고 밝혔다. 그러니까 적어도 이 제1장만은 책의 전편을 통해서 자신의 이론을 전개하고자 한 전쟁의 제 문제를 분석 고찰하는데 필요한 기본입론의 방향을 제시해 놓은 줄거리로 삼은 것임을 알 수 있다. 이와 같이 전쟁론에서 클라우제비츠는 전쟁의 본질을 밝히고자 시도 하였고 미완성인 채로 '정당한 전쟁' '부당한 전쟁' 같은 전쟁의 윤리적 측면은 철학자들의 몫으로 남겨두었는데, 이후 이것은 정치철학자들의 중요한 탐구의 대상이 되었다.

제4절
클라우제비츠의 영향

1. 총력전 시대의 대두

나폴레옹 전쟁의 불길이 사그라진 뒤에 유럽의 정치사는 국민국가 간의 치열한 전쟁으로 점철되었다. 국민국가들은 모두 주권평등, 독립자주, 통일박애의 민주주의 정치 이념과 명분을 표방하며 국민대 국민간의 국민전 양상이 치열하게 전개되었다. 제국민은 국민주의, 국민의식, 조국애로 뭉치고 애국심의 발로와 군대애로 단결하여 국민의 적에 대항하여 조국전쟁, 국민전의 총력전이 전개되었다. 자연히 자국민의 생존을 스스로 지키기 위하여 국민개병國民皆兵 사상이 싹트고 동원혁명動員革命, leveé en masse의 시대로 접어들게 되었으며, 단위국가별 대단위 집단군으로서의 병력집단화도 함께 따르게 되었다. 대병력 집단을 투입하여 대전쟁, 대회전大會戰을 치르기 위해서는 이들 대규모 군대를 지휘통솔, 훈련 지도를 할 수 있는 사령부 조직과 편재개혁을 불가피하게 만들었다. 참모부, 장교단 등으로 조직된 이른바 군부사회société militaire가 독립되고 세력을 확장하는 특수한 상황이 강화되어 갔다. 병력 규모뿐 아니라 병참·무기·장비·수송·보급 등의 물량전 우선 시대, 곧 총력전 시대가 전개되었다.

1832년 클라우제비츠의 『전쟁론』이 세상에 나오자 사람들은 이 책의 심오한 내용보다는 차라리 당시의 프러시아 군제개혁 운동에 앞장서고 있었던 선두주자의 한 사람으로서의 클라우제비츠를 인정하였고, 동시에 샤른호스트의 아끼는 제자로써 그리고 그나이제나우Gneiseneau의 가까운 동료로서 클라우제비츠의 평판을 존중하는 마음에서 그의 책을 이해하고 받아들이는데 그쳤다.

그로부터 20년 뒤에 그의 처남 '브륄'Fredrich von Brühl 백작에 의해 수정 증보판을 낼 때까지도 초판본 1,500부의 재고가 남아 있었다. 그러다가 1957년에 이르러 전기를 맞게 되는데 프러시아의 총 참모장이 되었던 '몰트케'Heinrich von Moltke, 1800-1891에 의하여 독일 국민들에게 소개되고 주목과 관심을 받게 된다. 몰트케는 『전쟁론』을 호머나 성경과 동격으로 생각하고 자신의 사상형성에 결정적인 영향을 준 작품으로 추천하고 극찬하였다. 그는 클라우제비츠의 전쟁이론과 실천과 행동으로 입증하기도 하였다. 그러나 클라우제비츠가 힘주어 강조하였던 정치적 목적을 위해서는 군사수단이 여기에 종속되어야 한다는 사실은 정확하게 인식하고 이해하지 못하였다. 몰트케에게 있어서의 전쟁은 인간의 불가피한 숙명으로서 정책의 수단이 아니었다. 전쟁은 극기심을 가지고 냉철하게 그리고 효과적으로 잘 지도하고 수행 실천하면 되는 것으로 그는 생각하였다. 그는 정치와 군사, 전쟁과 정책간의 상호관계를 이해하는 시각과 관점에서 클라우제비츠와 견해를 달리하였다. 몰트케의 이러한 생각은 내각과 정치지도자들에 대한 군사지도자들의 발언권을 강력히 반영하는 동기부여가 되었으며, 19세기 말까지 독일제국을 지배한 군부의 지배적 논리가 되었다.

2. 제1, 2차 세계대전

대체로 19세기 후반부터는 본격적인 유럽 국가들의 식민지 제국건설 및 제국주의, 팽창주의 정책이 세계정치를 주름잡았다. 마침내 세계 도처는 세력 국가들 간의 무력충돌, 전쟁사태가 끊임없이 전개되었으며 1, 2차 세계대전이 발발하였다.

『전쟁론』 제4판은 1880년에 나왔다. 클라우제비츠의 명성은 고조되었고 최고의 전쟁교과서로 추앙되었다. 1905년 제5판이 출판되었고 여기에는 당시 독일의 참모총장이었던 슐리이펜Alfred von Schlieffen, 1883-1913의 서문이 곁들여졌다. 1차 대전 전까지 또 다른 판본의 3판이 발간되었으며 대전이 진행되는 가운데 5판까지 출간되는 기록을 남겼고 유럽 각국에서 번역본이 나왔다. 이시기에 클라우제비츠는 산업혁명과 근대화에 따른 시대적 상황과 맞물려 프러시아 독일의 저작으로서가 아닌 세계적인 저작으로 명성을 얻어갔다.

1849년 프랑스에서 불역본이 나왔고 1870년 보불전쟁에서 패한 뒤 나폴레옹 전쟁방식과 이론의 해설가로서 클라우제비츠에 대한 관심이 제고되었고 1884년에 사관학교 정규과목으로 채택되었다. 1895년의 프랑스 '야전교범조례'는 거의 완벽할 정도로 '신 클라우제비츠파 사상'Neo-Clausewitian ideas을 대변해 놓은 것이었다.

한편 1904-1905년간의 러일전쟁을 전후하여 일본에서도 클라우제비츠의 전쟁론이 번역되었으며, 러일전쟁 당시에는 일본군들이 클라우제비츠의 전쟁교리에 심취하고 이를 실제 전투에 활용하였다. 영국에서는 독일에서의 원본 출판 42년이 지난 1874년 그라함J.J. Graham에 의하여 영역본이 나왔으나 별 관심을 끌지 못하였고 이로부터 35년이 지난 1909년 머과이어T.M. Maguir의 번역본이 출판되었고 동시에 그라함 판의 재판이 출판되었는데 여기에 모오드F.N. Maude의 서문이 수록되었다.

이 시기를 전후하여 영국에서 뿐만이 아니라 유럽 대륙의 많은 참모대학Staff Colleges에서 클라우제비츠의 전쟁론은 교과서로 채택되었으며 관심의 초점이 되었다. 그라함과 모오드의 영역본은 영·미 독자들에게 가장 많이 읽힌 번역서이다.

영국에서의 클라우제비츠에 대한 평가는 다른 유럽 국가들과는 달랐다. 앵글로 색슨Anglo-Saxon의 입장에서 보면 독일과는 적대관계에 있었던 1차 대전 전후의 사정을 감안할 때 자유주의론자自由主義論者들은 클라우제비츠를 '피에 굶주린 프러시아주의Prussianism의 예언자'라고 간주하였으며 독일 군국주의의 원흉이라고 폄하하였고 이러한 사조가 클라우제비츠를 오해하고 비판·매도하는 영국적 풍조가 성행하였다.

1930년대 초에 리델하트B.H. Lidell Hart에 의해 클라우제비츠가 혹독하게 비판되었는데 그 비판 논조는 대부분 클라우제비츠의 기본 사상과 이론을 잘못 이해하고 출발하였다고 지적 받았다. 그는 클라우제비츠가 "전국민의 무장에 의한 '폭력의 무제한 사용'을 통해 주권 국민국가간의 정복·공격 논리를 정당화 시켜 주었을 뿐 아니라 군사행동의 힘이 모든 것을 지배한다는 교리를 정립시켜 주었다"고 보았기 때문이다. 리델하트는 그의 저서 『나폴레옹의 망령』The Ghost of Napoleon, 1933을 통해서 클라우제비츠의 '절대전 이론'에 대해서도 혹평하고 평가절하 하였다. 당시 영어권의 저명한 군사이론가였던 리델하트의 이 같은 클라우제비츠 이해는 부정확하고 왜곡된 것이었는데 영어권에서는 2차 대전에 이를 때까지 일반적인 것으로 받아들여졌다.

같은 시기에 독일에서는 클라우제비츠의 인기가 지속되었다. 1933년에 전쟁론 14판이 슐리이펜의 100주년 탄생기념으로 출간되는가 하면, 1937년에는 새로운 완간본이 나오기도 하였다. 전체주의 독일 히틀러의 시기에도 그 인기는 하늘을 찔렀다.

3. 2차 세계대전 이후: 미국의 전쟁전략과 한국전쟁

2차 대전을 치루면서 클라우제비츠의 전쟁사상과 군사이론은 미국으로 건너가 자리를 잡게 되었고 그에 대한 본격적인 연구는 2차 대전 이후에 활발히 전개되었다. 특히 1950년대의 한국전쟁 이후부터 클라우제비츠 연구와 그에 대한 재조명 작업이 고조되고 본격화 되었다는 점은 흥미 있는 일이다. 미국에서 클라우제비츠 영역본이 나온 것은 1943년이었다. '졸르'O.J. Mattijs Jolles에 의해 번역되고 출판된 이 책은 영국 그라함이 번역한 영역본을 수정 보완한 신역본이다. 같은 해에 에드워드 미드 얼E. M. Earls이 편집한 『현대전략 사상가』Makers of Modern Strategy, 1943에 클라우제비츠 전문연구가인 '로스펠스'Hans Rothfels가 '클라우제비츠' 부분의 해설을 담당, 장문의 연구논문을 기고하였다. 이 논문은 1914년 이래로 영어권에서 이루어진 클라우제비츠에 대한 오해와 부정적 인식을 바로 잡고 새로운 세대들에게 클라우제비츠의 진면목을 보여주려는 의도로 집필되었다.

미국에서는 독립전쟁 이래로 '조미니'Antonie Henri Jomini, 1779- 869의 영향이 지배적이었다. 1차 세계대전 후에 클라우제비츠 사상이 미국 대륙으로 건너가 전파되었다. 그리하여 1923년 미 육군의 『야전교범』US Army Field Service Regulation에는 클라우제비츠의 전쟁교리를 그대로 반영하여 사용하였다. 이 같은 미국의 클라우제비츠의 전쟁이론을 수용한 전쟁교리는 제2차 세계대전시 '마샬'Marshall 장군의 대 독일전략에도 그대로 적용되어 사용되었다.

다음으로 1950년대 한국전쟁 시기에 클라우제비츠에 대한 재조명 작업이 심각하게 대두되었다. 왜냐면 미국 정부는 한국전을 수행하면서 두 가지 중대한 과제에 직면하였다. 그 하나는 전쟁수행에 있어서 정치권의 민간정치 권력과 군부 군사권력 사이의 조화 문제와 또 다른 하나는 적의 총체적 완전괴멸을 궁극적 목표로 삼지 않는 범위 내에서, 바꾸어 말하면 '제한적 전쟁목표 달성'을 위해서 어떻게 하면 전쟁지도conduct of war를 잘할 수 있는가의 심각한 문제에 봉착하였던 것이다. 유엔군 사령관인 맥아더Douglas MacArther 장군의 확신에 찬 군사논리의 주장과 고집은 당시 미국 행정부의 한국전 수행 정책에 엄청난 도전을 제기하였으며 서방진영 전체에 2차 대전 이후 처음 겪는 전쟁정책과 군사전략 이론상의 심각한 고민을 안겨 주었다. 핵무기 사용 가능성까지를 포함한 군사적 해결방안을 택할 경우 그 파괴력은 전쟁의 정치적 목적 범위를 초과하는 것으로서 더 이상의 정치적 수단이 아니었던 것이다.

이러한 이유로 '제한전' 개념의 유용성이 대두되었고 그 이론적 근거를 클라우제비츠로부터 찾아내었다. 그 대표적인 학자들이 현실주의 정치학자들인 오스굿Robert Osgood, 브로디Bernard Brodie, 핼퍼린H. Halperine 등이다.

마이클 하워드Michael Howard는 이상에서 논의한 바와 같이 현대에 있어서 클라우제비츠의 영향에 대하여 연구하고 재평가하였으며 다음과 같은 몇 가지를 거듭 강조하면서 결론짓고 있다. 첫째, 현대에 이르러 전쟁을 수행하는 군인들 뿐 아니라 국제평화의 실현을 위해 노력하는 국제정치학자들 모두 클라우제비츠의 전쟁철학을 이해하려는 노력이 활발히 진행되고 있으며 둘째, 19세기 시각과 관점에서는 클라우제비츠가 분석한 '사기'moral force에 관심이 집중되었다면 현대에 있어서는 '정치목적 우선'the primary of the political aim의 여러 문제에 대하여 연구가 집중되어야 한다. 세 번째, 클라우제비츠의 『전쟁론』은 각종 군사학교뿐만이 아니라 일반대학에서도 연구하고 교육되어야 한다고 주장하였다.

4. 핵시대의 대두와 클라우제비츠 유용성 논쟁: 레이몽 아롱과 아나톨 라포포트

핵전쟁과 관련한 클라우제비츠 이론의 유용성에 관한 논란의 시발은 전술한 바와 같이 한국전쟁으로부터 촉발되었고 뜨거운 논쟁으로 비화하였다. 핵시대에 있어 클라우제비츠 이론 적용 문제의 검토를 위해서는 다음 몇 가지 개념검토가 필요하다.

첫째, 핵과 관련하여 다양한 글로벌한 국제관계 속에서 관념적 차원의 국가이성reason of state 과 실천영역인 국가정책state policy 간의 상호관계를 어떻게 설정할 것인가

둘째, 핵시대에 있어서도 전쟁의 본질은 변하지 않았는가 하는 문제로서 핵시대에서의 전쟁본질의 이중적 성격, 즉 적의 타도·전복과 전쟁은 타 수단에 의한 정책의 연장이라는 전쟁의 이중적 성격의 유효성 문제

셋째, 폭력개념과 절대전 문제, 이성의 힘force of reason 또는 핵시대에 알맞은 합리적 정치적 목적 설정과 정책 구현의 문제, 도덕·사기의 중요성 문제

넷째, 공격과 방어의 갈등문제. 이 문제는 핵 제한전쟁 그리고 '핵전쟁과 핵 평화' 등의 문제와 관련되어 있다.

다섯째, 클라우제비츠 전쟁철학이 마르크스주의적 군사사상에 미친 영향

여섯째, 최근의 신 클라우제비츠 추종자들Neo Clausewitzian의 이론과 시각들에 대한 분석

이러한 초점에 맞추어 현실주의 정치학자들에 의한 다양한 분석과 논란들이 이루어졌는데 그 대표적인 학자로 레이몽 아롱Ray Mond Arong과 아나톨 라포포트Anatol Rapport이다. 클라우제비츠 현대적 연구의 거장인 프랑스의 저명한 정치학자 레이몽 아롱은 그의 저서 『전쟁을 생각한다, 클라우제비츠론』 마지막 장은 "핵시대의 질서; 이성에의 도박시대"라는 제목으로 핵시대에 있어서 클라우제비츠 이론의 유용성을 논하고 있다. 아롱은 여기에서 미국의 게임이론가인 라포포트의 네오 클라우제비치안들에 대한 비판에 대한 분석을 하고 있다.

라포포트는 아롱을 포함하여 미국의 신현실주의 학파 국제정치학자들과 전략이론가들을 네오클라우제비치안Neo-Clausewitzian으로 간주하고 이들에 대하여 통렬히 비판했는데 수학자이기도 한 그는 현대 전쟁 및 군비, 전략 등에 대한 철학적 사고, 본질의 분석, 그리고 날카로운 비판적 시각을 제시하였다. 그는 『클라우제비츠 전쟁론』Clausewitz, On War에서 네오 클라우제비치안들을 "철저한 현실주의 입장에서 클라우제비츠의 기본명제인 정치적 수단으로서의 전쟁 개념에 뿌리를 박고 있으며 이 같은 전제 하에 국가이익 개념을 표방하여 특히 미국의 국가이익 목표 달성을 위한 방편으로 '힘의 합리적 사용방법 원칙'을 중요시하는 가운데 군사력의 위용을 바탕으로 힘에 의한 세계정치 및 군사·외교 전략을 정당화하는데 여념이 없다"고 비판하면서 아

롱도 프랑스인이면서도 미국의 이 같은 정책을 옹호하고 있다고 비판하였다.

아롱은 라포르트의 이 같은 지적에 대하여 현시대의 세계질서를 이해하기 위해서는 클라우제비츠의 제 명제를 현시대 감각에 원용하면서 제 국면의 실상을 검증하는 것이 중요하다고 말하며 핵시대에의 연관성문제의 검증을 위하여 3개의 화두를 장으로 설정, 서술하였다. 그것은 '핵억지 전략의 보증수표' '전쟁은 카멜레온이다' '정책 혹은 인격화된 국가지성의 표현법'의 3가지이다.

(1) '핵억제전략의 보증수표'에서 아롱은 핵시대에 있어서 전쟁은 더 이상 정책의 수단이 될 수 없다고 단호하게 말하였다. 따라서 전쟁의 제한은 대단히 중요한 요점이며 핵억제전략은 결국 도덕적 윤리적 문제로 귀결된다. 핵무기에 관한 모든 추론적 사고는 결국 이 무기를 사용한 수백 만 명의 인명살상을 전제로 한 가정으로부터 출발하는데 이 같은 핵전략 이론가들의 자기합리화는 본질적으로 비도덕적이라는 점을 밝혔다. 요컨대 전쟁을 시작하는 것은 무기가 아니라 사람, 특히 세계정치와 국방정책을 담당하는 실천 전략가들이라는 점을 감안할 때, 결국은 핵 폭력의 힘과 지성의 힘이 어떻게 조화를 이루며 수단으로서의 폭력 사용을 제어하고 핵 위협을 배제하여 전쟁을 방지할 수 있을 것이냐 하는 도덕적·윤리적 문제임을 강조하였다.

(2) '전쟁은 카멜레온이다'에서는 다음과 같은 문제들이 논의되었다. 현대의 국제사회는 이질적인 국제관계 질서를 형성하고 있으며 전쟁에 직접적인 영향 요인들은 첫째, 핵 군비를 포함한 군비체제의 다원성 둘째, 이데올로기의 대립 셋째, 두 개의 초강대국과 여타국가들 사이의 힘의 공백이다. 아롱은 이렇듯 현대 핵시대의 국제정치관계 질서의 구조적 특색을 조감하면서 전쟁의 본질을 카멜레온에 비유한 클라우제비츠의 명제를 현대에 적용하여 분석하였다. 즉 핵시대에 있어서 정치적 목적과 군사목표, 그리고 수단과 방법이 환경여건에 따라 적용되고 실천되는 민족해방전쟁 및 혁명전쟁의 제 국면의 실상을 분석하였다.

2차 대전 후 발생한 전쟁들을 '고전적 형태의 전쟁'으로 규정하고 베트남 전쟁과 라틴아메리카의 분쟁들도 중점을 두어 분석하였다. 또한 아롱은 C. 슈미트의 『빨치산 이론』*Theori des Partisanen*을 인용하여 클라우제비츠의 전쟁철학과 관련해서 본 현대의 빨치산 전쟁의 유형에 관한 제 문제를 논하고 의미를 부여하였다.

(3) '정책이냐 혹은 인격화된 국가지성의 표현이냐'에서는 아롱은 독일의 관념철학자 헤겔Hegel과 비유하여 클라우제비츠를 묘사하였다. 아롱은 여기서 헤겔이나 클라우제비츠는 공히 국가 간의 무력투쟁을 하나의 사실로서 인식한 점은 공통되지만 그러나 군인으로서의 클라우제비츠는 국가주의*nationalism* 시대의 선각자였던 데 반하여 철학자인 헤겔은 프랑스 제국의 형성

을 하나의 사상의 성취로 받아들였다는 점에서 두 사람은 본질적 차이가 있다고 지적하고 있다. 그리하여 국민국가체계의 옹호론과 헤겔로부터 마르크스주의를 거쳐 형성되어온 마르크스·레닌주의 간의 대화가 재개되기 시작하였다.

이들 양자는 클라우제비츠를 서로 상이한 입장에서 해석하였는데 한쪽에서는 폭력을 '국가지성'의 표현으로서 정책의 보조수단으로 간주하였고, 다른 한 쪽에서는 인격화된 '인민정신'의 표현으로 '무산계급'proletariat의 시녀요 봉사자로 폭력을 이해하고 원용하게 되었다. 이러한 전쟁에 대한 인식의 차이는 자연스럽게 국가관을 달리하는 현실세계로 연계되어 동일한 전쟁에 대하여 한 쪽에서는 '정의의 전쟁'으로 간주되는가 하면, 한 쪽에서는 '부정의unjustice의 전쟁'으로 간주되게 되었다. 뿐만 아니라 마르크스·레닌주의자들은 민주국가 체제를 인민이 아닌 오직 압박계급으로만 구성된 체제로 인식했으며 반면, 민주진영국가들에서는 전체주의 국가체제를 구축하려는 공산진영의 프롤레타리아 국가체제를 인정하지 않고 대립하는 시각으로 일관되었다.

이상과 같은 핵시대와 관련한 클라우제비츠의 유용성에 관한 논점들을 분석한 아롱은 핵시대 전략의 몇 가지 불확실성과 관련한 문제를 제시하였다. 그것은 첫째, 과연 핵시대 전략은 고전적 전략과 유사한 것인가 전혀 다른 것인가? 둘째, 클라우제비츠의 전략은 과연 절대전 개념을 면제 해줄 수 있는가 아니면 핵무기의 존재에도 불구하고 절대전 개념은 어떤 의미를 가질 수 있는가? 셋째, 공포의 균형과 핵무장에 의한 감시활동(영국적 위협)은 전쟁과 평화의 구분을 어렵게 하는데 과연 그 구분은 무엇인가? 하는 것들이다.

현대의 국제정치 현실은 이제 클라우제비츠의 개념화 세계를 훨씬 뛰어넘는 사태들이 수없이 전개되고 있다. 이제 더 이상 '전략'이란 말은 군사행동이나 군사 지도자들에게만 적용되는 전유물이 아니게 되었다. 이제는 국가 간의 모든 총체적 자원을 투입하여 싸우는 전쟁은 사라졌다. 그러면서도 군사적 수단은 여전히 자국의 존립과 유지를 위하여 '도구적 방편'으로 남아있다. 아롱은 핵시대에 있어 국가이성으로 표출되는 국가이익문제, 그리고 핵전쟁에 대한 정책결정이 국가지도자 한사람에 의해 결정될 수 있다는 점에서 인격화된 국가정신의 표현으로서 국가정책에 의미를 부여하고 있다.

이 같은 시각정리를 통하여 다음으로 이어지는 문제가 바로 정책의 합리성 문제이다. 아롱은 우선 클라우제비츠로부터 현재의 미국중심의 핵시대 전략에 이르기까지 '합리성'에 관한 투영과정을 분석하였다.

첫째, 레닌에게 있어서는 '국가이익'은 전적으로 부정되었다. 그리고 '계급이익'만 인정하였다. 그리고 국가이익은 계급투쟁을 배제하는 것으로 상정하였다.

둘째, 모택동은 정치라는 것은 어떤 기술이나 대량파괴무기로부터 인민들이 자신들의 방위를 위하여 도모하는 일보다도 훨씬 더 우선하고 중요한 것이라고 인식하였다.

셋째, 특히 미국의 핵전략이론가들에게 있어서는 대량파괴무기로 무장하는 일은 현금계산서에서 제외되는 것으로 이해되고 있다. 적어도 이 일을 현금계산서로 간주할 경우 그것은 곧 두 결투자간의 '준 공동자살행위'의 위험을 초래할 것으로 인식하기 때문이다. 이들은 적의 완전 괴멸을 통하여 승리를 획득한다는 것은 불가능하다고 인식한다.

넷째, 전쟁위험의 상승작용과 에스칼레이션의 문제이다. 말하자면 절대전쟁에 대한 기준이 결여되어 있는 상태에서 어떻게 적과의 교섭이나 상호통제를 해나갈 것이냐 하는 문제이다. 왜냐하면 경험적으로 적과의 상호 협상은 예상 피해 결과를 전제로 성립될 수 있기 때문이다.

이러한 기본적인 인식과정을 통하여 클라우제비츠 이론에서의 합리성과 핵시대에 있어서의 합리성 문제가 접속이 되었다. 핵시대에 있어서 미국의 전략가들에게 부여된 핵심 이슈는 무엇보다도 경쟁적 초강대국인 미국과 소련이 서로 괴멸되지 않고 공존할 수 있느냐 하는 공동이익이었으며 이 공동이익 개념은 전쟁위험의 극한상태로의 에스칼레이션을 방지하는 고리역할을 하였다. 따라서 군비통제나 억제전략에 관계된 두 가지 해결 방책은 곧 서로 분리하여 생각할 수 없는 정치적 및 전략적인 문제인 것이다.

클라우제비츠가 표방하고 철학했던 수많은 명제들은 오늘날 핵 시대에 이르러서도 현대 전쟁 유형의 제 국면을 통찰하고 분석하는데 영향을 주고 있으며 그의 재조명 작업이 계속되고 있다. 정치와 전쟁, 국가와 전쟁, 정책과 전쟁의 문제들을 이 핵시대에서 어떻게 수용하고 역사적 해석을 내려야 할지 관심에 고조되고 있다. 왜냐하면 세계평화를 위협하는 크고 작은 폭력사태가 세계 도처에 건재하고 있기 때문이다. 따라서 클라우제비츠가 제기한 명제들, 즉 전쟁본질의 이중적 성격, 이성의 힘, 정치적 목적을 달성하기 위한 국가정책 실천에 있어 합리성 및 국가이성의 제고, 공격과 방어에 있어 자기분열증세의 극복을 위한 책략 도모 등의 중요성이 재음미되며 더 나아가 현실로서의 결전사상이나 이론은 퇴색되었으며 전통적 의미의 무조건 항복이나 총체적 전쟁승리가 불가능해진 핵시대에 있어 전쟁목표 설정에 있어서 한계수위와 자기구속을 전제하지 않으면 설명이 불가능해지게 되었다. 이러한 현대적 상황이 네오클라우제비치안들의 이론과 사상 및 실천 논리가 여전히 핵시대에 있어서 유용성과 적실성을 갖는 것이다.

『전쟁론』 개요

『전쟁론』은 전 3권으로 구성되어 있다. 제1권(제1편~제4편), 제2권(제5편~제6편), 제3권(제7편~제8편). 클라우제비츠의 『전쟁론』이 난해한 이유는 그가 스스로 고백한 대로 "전쟁에 관한 단상들을 나열해 놓은 것들에 불과한 것"으로서 그가 초고를 작성해 놓고(절대전쟁론적 관점) 나서 전쟁의 현실적 측면(현실전쟁론적 관점)을 반영하는 방향으로 전면적인 수정의 필요성을 통감하고 재집필을 시작하였으나 제1장 1편만을 완성한 채로 죽었다. 그의 사후 그의 부인에 의해 이 미완성 원고들이 임의로 편집되어 출판되었기 때문에 논리적 일관성이 없는 것이다. 클라우제비츠 이후 대부분의 독자들이 이 부분에 대한 이해 없이 자의적인 무리한 해석으로 많은 오류를 범했으며 그러한 오해는 지금도 계속되고 있다. 클라우제비츠의 저작을 완성된 저작으로 판단하고 있는 것이다.

클라우제비츠의 진의를 현대 정의전쟁론적 용어를 빌려 설명하자면 유스애드 벨룸(전쟁 개시의 정의) 차원에서 전쟁의 본질과 정치적 전쟁개념을 제시하였으며 세부적인 작업으로 유스인 벨로(전쟁 수행에 있어서의 정의) 차원에서 원고의 대대적인 수정작업을 추진하다 중단되었다고 할 수 있다. 따라서 『전쟁론』의 완전한 이해를 위해서는 이 점을 염두에 두어야 한다. 과연 클라우제비츠는 이 부분, 이 주제를 어떻게 다시 쓰려 했을까? 개략적인 『전쟁론』의 개요를 소개한다.[6]

---

6) 이 부분은 독일어 원본을 최근 완역한 김만수 역 『전쟁론』(서울: 해오름, 2006)의 장절과 해설을 참조하였다.

제1편은 8개의 장으로 이루어져 있는데, 『전쟁론』 제1권에서 가장 중요한 부분이라고 할수 있다. 전쟁을 '나의 의지를 실현하기 위해 적에게 굴복을 강요하는 폭력행위'라고 정의하여 전쟁이 인간의 '의지의 행위'임을 분명히 밝혔다. 이 정의에 따라 전쟁의 목적, 목표, 수단도 체계적으로 규정된다. 의지를 실현하는 전쟁의 목적은 정치적 성격을 띠게 되며, 이 목적을 실현하는 폭력행위는 군사적 성격을 띠게 된다. 추상세계에서 일어나는 절대전쟁(극단적인 전쟁)과 현실세계에서 일어나는 현실전쟁을 개념상으로 구분하여 현실전쟁에서 일어날 수 있는 개연성과 우연성을 고찰한다. 이로부터 현실전쟁에는 폭력성, 우연성, 정치성이라는 삼중적 성격이 존재한다는 전쟁의 본질을 이끌어낼 수 있다.

여기에서는 또한 전쟁의 목표에 이르는 방법을 체계적으로 정리하고 전쟁의 수단을 무기뿐만 아니라 무기를 사용하는 인간(병사)으로 확대하여 설명하였다. 전쟁은 본질적으로 위험하고 불확실하며 우연히 개입되는 영역이고 전쟁에는 육체적 긴장과 고통이 수반된다. 전쟁에 '마찰'을 일으키는 이러한 요소들을 극복하기 위해서는 용기, 날카로운 지성, 풍부한 경험, 체력과 정신력이 요구된다. 한마디로 말해 용기(결단력)와 지성(통찰력)이 요구된다. 이러한 특성은 지휘관의 단호함이나 완강함 등으로 드러난다. 치밀하고 폭넓은 안목을 갖춘 냉철한 인간이 훌륭한 (최고)지휘관의 자질이라고 할 수 있다.

6개의 장으로 이루어진 제2편에서 클라우제비츠는 전쟁의 본질을 싸움이라고 보고, 병사들을 징병하여 훈련시키고 무기와 장비를 갖추는 모든 활동(싸움을 하기 위한 준비활동)을 싸움 자체와 구분하고 있다. 싸움은 좁은 의미의 전쟁술이며 준비활동은 넓은 의미의 전쟁술이다. 칼 잘 만드는 사람이 칼싸움도 잘하는 건 아니기 때문에, 전쟁에서 '준비'와 '싸움'은 분명히 구분되어야 한다.

준비와 관련된 물질적 대상으로 전쟁이론을 제한하는 당시의 실증적 전쟁이론은 계산하고 예측할 수 있는 결과에 이를 수는 있겠지만, 전쟁을 수행하는 지휘관과 병사들의 정신을 전혀 고려하지 않기 때문에 폐기되어야 한다. 진정한 전쟁이론은 인간의 정신적 요소를 파악하여 적대감정, 위험이 불러일으키는 감정, 적의 반응, 정보의 불확실성을 간파할 재능 등을 고려하는 이론이 되어야 한다. 즉 전쟁이론은 전쟁의 구성요소를 구별해주고 수단의 특징과 효과를 설명하며 목적을 규정하고 비판적 관찰을 하여 지휘관의 정신을 길러주어야 한다. 전쟁이론은 행동지침이 아니며, 전쟁활동은 지식으로 알게 되지만 지식은 지위(계급)에 맞는 지식이라야 하며 능력으로 발전되어야 한다. 지식과 관련된 것이 학문이고 능력과 관련된 것이 기술이라면 전쟁학보다는 전쟁술이라는 말이 더 적절한 용어가 될 것이다.

나아가 전쟁이론은 과거의 전쟁을 비판적으로 연구함으로써 미래의 교훈으로 삼을 수 있다. 전쟁에 사용된 여러 가지 수단을 검토하는 것은 그 중에서 가장 중요하다고 할 수 있다. 다시 말해 전쟁이론가는 전쟁사의 중요성을 인식하고 있어야 한다. 전쟁사를 통해 이론가는 자신의 이론을 설명하고 응용하며 증명할 수 있고 전쟁사로부터 교훈을 얻을 수도 있다. 물론 어려운 언어, 전문용어, 사례를 남용하여 박식을 과시하는 것은 전쟁이론에서 피해야 한다.

18개의 장으로 이루어진 제3편에서는 전략과 전략의 다섯 가지 요소를 상세히 다루고 있다. 전투에서 모든 수단을 100% 투입하는 전투는 아마 없을 것이다. 즉 전투에는 언제나 제한이 따른다. 전략은 전투를 사용하는 것이니, 전략에서는 전투의 사용을 제한하는 다섯 가지 요소를 살펴보아야 한다. 정신력, 무덕, 대담성, 끈기는 정신적 요소이고, 병사들의 수(數)의 우세, 기습, 책략, 전투력의 공간적 집중과 시간적 집중, 예비병력, 병력의 절약 등의 문제는 물리적 요소이다. 이 두 가지 요소가 전략에서 가장 중요한 요소이다. 그런데 물리적 요소가 '나무로 만든 칼자루'라면 정신적 요소는 '번쩍번쩍하게 갈아놓은 칼날'이라고 할 수 있다. 두 요소 이외에도 전략에서는 축성이나 진지 구축과 관련된 수학적(기하학적) 요소뿐만 아니라 별로 중요하지는 않지만 지리적 요소와 통계적 요소도 고려해야 한다.

제1권의 마지막 부분인 전투는 14개의 장으로 구성되어 있다. 전투는 본래의 전쟁활동이며 적을 파괴하는 것을 목적으로 삼는다. 물리적 전투력이나 정신적 전투력에서 적에게 큰 손실을 입히고 적이 그들의 계획을 포기하도록 만들면 전투에서 승리를 거둘 수 있게 된다. 공격적 전투에서는 적의 전투력을 파괴하고 적의 지역을 점령하며 목표로 한 대상을 획득해야 할 것이고, 방어적 전투에서는 적의 전투력을 파괴하고 아군의 지역과 대상을 방어해야 할 것이다. 전투에서 전투기간은 전투의 본질과 관련된 매우 중요한 전략적 요소라고 할 수 있다. 또한 전투의 승패에 중대한 영향을 미치는 요소로 전투병력 이외에 예비 병력의 유무와 규모를 들 수 있다.

전투 중에서 가장 중요한 전투를 주력전투라고 한다. 주력전투의 승패는 최고지휘관과 군대는 물론 전쟁을 치른 당사국에도 심대한 영향을 미친다. 또한 승패 이후에 일어나는 전쟁과정에도 큰 영향을 미친다. 주력전투의 승리를 더욱 확실하게 하기 위해서는 패배한 적을 계속 추격해야 하며, 주력전투에서 패배했다면 후퇴를 효과적으로 수행해야 한다.

• 제2권 •

제5편은 총 18개의 장으로 이루어져 있다. 전투력을 고찰하는 제5편에서는 전투를 하지 않는 상태에서 전투력의 인원과 편성을 살펴보고 전투력에 중요한 식량 보급의 문제를 다룬다. 또한 전투력이 여러 형태의 지형에서 어떻게 활동할 수 있는지 알아본다.

이 편의 핵심 개념은 군대, 전쟁터, 전투다. 병력과 병과(보병, 기병, 포병)의 적절한 비율 문제는 군대의 개념으로 살펴본다. 전쟁터는 장소의 문제이므로 정적인 상태의 개념으로 살펴본다. 전쟁터에 전투력을 어떻게 배치할 것인지, 전위와 전초 그리고 선발부대는 어떻게 배치하고 어떠한 효과를 내는지를 다룬다. 전투는 활동이며, 전투 중에는 대개 이동을 하게 된다. 그래서 전투와 밀접한 관련을 갖는 개념은 야영, 행군, 사영 등과 같은 전투의 동적인 측면이다. 기지와 병참선, 지형과 고지 등과 같은 지리적이고 지형적인 측면도 전투력이 전투를 수행할 때 중요하게 고려해야 하는 요소다. 이런 요소에서 클라우제비츠는 식량 보급, 기지, 병참선, 지형, 고지 등에 관한 이전의 연구와 논쟁을 벌이며 그 연구를 비판적으로 검토하고 있다.

제6편은 총 30개의 장으로 이루어져 있으며 『전쟁론』에서 제일 많은 분량을 차지하고 있다. 방어의 개념은 적의 공격을 막는 것이고, 방어의 특징은 적의 공격을 기다리는 것이다. 일반적으로 방어는 공격보다 쉽다. 그래서 방어는 공격보다 강력한 전쟁 수행 형태다. 공격은 집중성을 갖고, 방어는 분산성을 갖는다. 전쟁에서는 병사 외에 민병대, 요새, 국민, 의용대, 동맹국 등도 아군의 방어에 참여할 수 있다.

제6편의 많은 분량은 다양한 상황에서 어떻게 방어를 수행해야 하는지 다루는데 할애되어 있다. 즉 제6편은 방어의 여러 종류를 언급하고 있다. 요새, 진지, 보루, 산악, 하천, 늪지대, 침수지, 숲, 초병선, 나라의 중요한 관문, 측면진지 등에서 수행하는 방어를 역사적인 사례를 들며 자세하게 검토하고 있다. 적이 공격하면 나라 안으로 깊숙이 후퇴하는 것도 방어의 방법이 될 수 있겠지만, 이는 러시아와 같이 넓은 면적을 갖는 나라 말고는 쓸 수 없을 것이다. 국민이 무장하여 방어하는 것도 방어의 방법이 될 수 있다. 그런데 전투를 수행할 때 중요한 것은 전쟁터를 어떻게 방어하느냐 하는 것이다. 그 전쟁터에서 결정적인 전투를 치를 것인지 아닌지에 따라 전쟁터의 방어도 다른 양상을 보일 것이다.

제7편의 주제는 공격이다. 공격 편은 총 21개의 장으로 되어 있지만 초고를 고려하면 22개의 장이라고 할 수 있다. 공격은 방어를 뒤집어서 이해할 수 있다. 그래서 분량도 적다. 공격이 정점에 이르면 전투는 방어로 전환해야 한다. 그래서 이 편에서는 방어의 수많은 종류에 나오는 지역, 진지, 장소들을 어떻게 공격해야 하는지 언급하고 있다. 즉 이 편에서는 방어의 종류에 상응하는 공격의 종류를 볼 수 있다. 도하 방법, 방어진지에 대한 공격, 보루진지에 대한 공격, 산악 공격, 초병선에 대한 공격, 기동작전, 늪지대에 대한 공격, 침수지에 대한 공격, 숲에 대한 공격, 결전을 치르려고 하는 경우와 그렇지 않은 경우에 전쟁터에 대한 공격, 요새에 대한 공격, 수송대에 대한 공격, 사영하는 적군에 대한 공격, 견제, 침략 등이 방어의 종류이며 공격 편에서 다루는 주제들이다.

　　총 9개의 장으로 된 전쟁계획 편에서 우리는 제1편의 논의를 다시 확인할 수 있다. 즉 전쟁의 본질, 절대전쟁과 현실전쟁, 전쟁과 정치의 관계를 좀 더 명확하게 파악할 수 있다. 그래서 제8편의 제목은 전쟁계획이 아니라 전쟁의 본질이라고 이해할 수도 있다. 모든 자원(병력, 무기, 국민, 영토 등)을 한꺼번에 쏟아 붓는 절대전쟁은 현실에서는 일어나기 힘들다. 이는 모든 상황을 전체적으로 정확히 파악할 수 없는 인간 지성의 한계 때문이기도 하다. 현실에서는 현실의 전쟁이 일어난다. 그러니 현실전쟁의 목표는 제한적인 것일 수밖에 없다.

　　전쟁은 정치적인 교류의 일부이며 하부 개념이다. 전쟁을 정치에서 독립된 것으로 보아서는 안 된다. 전쟁은 총으로 하는 외교이며, 외교(국제 정치)는 말로 하는 전쟁이다. 전쟁은 정치의 수단이다. 전쟁을 순전히 군사적인(병사, 무기, 화력 등) 판단에 따라 수행해서는 안 되며, 이는 오히려 해로운 생각이 된다. 왜 전쟁을 하는지(해야 하는지) 생각하지 않고 총만 쏘는 행위는 무모하다. 이렇게 이해하면 공격의 목표뿐만 아니라 방어의 목표도 제한될 수밖에 없다. 나폴레옹의 말, "불가능이란 단어는 어리석은 자의 사전에만 있다." 그렇지만 『전쟁론』의 마지막 문장은 다음과 같다. "불가능한 것을 얻으려고 지금 얻을 수 있는 것을 놓치는 사람은 바보다."

비망록(클라우제비츠의 메모: 개작방향)

클라우제비츠의 사상형성 및 정립과정에 있어서 그의 유작『전쟁론』속에 남긴 「1827년 7월 10일자의 비망록」과 1830년에 쓴 것으로 알려진 「미완성의 비망록 소감」은 클라우제비츠의 진의를 추정하는데 아주 귀중한 단서이다. 이 두 비망록은 초고 상태인 전쟁론 원고를 대폭 수정해야 할 필요성과 그 방향을 메모한 것이기 때문이다.

1830년의 비망록 형식의 주기에서 클라우제비츠는 자신이 지금까지 써온, 적어도 지금상태에서 보면 자신이 죽은 다음에야 발견되겠지만 모두 전쟁이론을 정립하기 위하여 모아둔 자료들의 수집물에 불과하다고 이야기하고 있다. 특히 지금까지 집필한 원고 대부분에 대하여 만족스럽게 생각하지 못하고 있다는 것과, '방어'문제를 다룬 제6편은 오직 하나의 엉성한 초고이며 소묘에 불과한 것으로서 전면적으로 재집필하기로 하였다고 밝히고 있다. 그리고 '전쟁계획'을 다룬 제8편에서는 특히 자신이 생각하는 바, '전쟁의 정치적 및 인간적 측면'을 파악해 보려 노력하였다고 말했다. 이 글에서 제1편의 제1장(전쟁이란 무엇인가?)만이 유일하게 '완성된 것으로 간주한다'고 밝혔다. 여기서는 1827년의 비망록을 살펴보기로 한다.

■ 1827년의 비망록

제1편부터 제6편까지의 원고는 정서가 되었지만 전반적으로 다시 한 번 개작되어야 할 거친 원고 모음에 불과한 것으로 간주된다. 개작에 들어가면 두 가지 유형의 전쟁에 좀 더 명확하게 유의함으로써, 모든 관념의 의미와 성향이 좀 더 정확하고 분명해짐은 물론 그 적용도 한층 상세하게 이루어질 것이다. 두 가지 유형의 전쟁이란, 적의 타도를 목적으로 하는 전쟁과 단순히 국경지대에서 몇몇 지역의 정복을 목적으로 하는 전쟁을 일컫는다. 예컨대 전자의 전쟁은 적을 정치적으로 격멸하거나 단순히 방어 불능의 상태로 만들어서 우리 측에 유리한 평화를 강요하는 것이다. 반면 후자의 전쟁은 적 지역을 점유하거나 점령한 지역을 유용한 교환 수단으로 하여 평화 협상 시 활용하는 것이다. 전자의 전쟁에서 후자의 전쟁으로 또는 그 반대 방향으로 변이될 가능성은 얼마든지 상존하고 있다.

그러나 두 가지 유형의 전쟁이 추구하는 목적이 완전히 다르다는 사실은 항상 명백하며 따라서 상호 모순되는 요소들은 선별되어야 한다. 양측의 전쟁 사이에 실제로 존재하는 이러한 차이점 외에도, 실제로 명확하고 정확한 필수적 관점이 확립되어야 한다. 이것은 전쟁이란 다른 수단들을 가지고 행하는 정치와 다를 바 없다는 관점이다.

이 기본 관점에 입각하여 우리는 일관성 있는 고찰을 하고 모든 문제를 쉽게 풀어 나가게 될 것이다. 이 기본 관념은 주로 제8편에 적용되지만, 제1편에서도 완전히 이 기본 관점에 의한 논리 전개가 이루어져야 하며, 제1편부터 제6편까지의 개작 과정에서도 일관되게 적용된다. 제1

편부터 제6편까지의 개작을 통해 잡티와 같은 내용들은 제거되고, 분열과 균열은 결합되며 보편적인 사실들은 보다 확고한 사상과 형태로 변화될 수 있을 것이다.

공격에 관해 논술된 제7편은 제6편과 대조되는 내용을 담고 있으며, 각 장 별 초고는 이미 작성되어 있으므로 곧바로 앞서 제시한 기본 관점에 입각하여 편집되어야 할 것이다. 그러면 제7편은 더 이상의 개작이 불필요해짐은 물론이고 제1편부터 제6편까지의 원고를 개작하는데 표준 역할을 할 것이다.

제8편은 전쟁 계획, 즉 전쟁 전반의 설계에 관한 몇 개의 장으로 구성되어 있다. 이 장들은 결코 진정한 자료로 간주될 수 없는 것으로 진정한 문제들이 무엇인가를 파악하는 작업에 필요한 철저한 자료 연구에 불과하다. 나의 연구는 이러한 목적을 달성했으며 나는 제7편의 연구를 마친 후에 곧바로 제8편을 완성하는 작업에 들어갈 수 있다고 생각한다. 이 과정에서 주로 앞서 논급한 두 가지 유형의 전쟁에 관한 관점을 적용하고 모든 내용을 단순화시킴과 아울러 정신이 스며들도록 해야 할 것이다.

제8편은 전략가와 정치가들의 수많은 고민거리를 일거에 해결해줄 것이며, 최소한 무엇이 문제이고 나아가 전쟁에서 무엇이 고찰 대상이 되어야 하는가를 제시해줄 것이다. 제8편이 완성됨으로써 관념은 명확하게 정리되고, 전쟁의 주요 특징도 명백하게 제시될 것이다. 그렇게 되면 제1편부터 제6편에 이러한 정신을 이입시키고 전쟁의 주요 특징을 모든 곳에 은은하게 투사시키는 작업이 좀 더 수월해질 수 있을 것이다. 이러한 절차가 완료되면 비로소 제1편에서 제6편까지의 개작에 착수하게 될 것이다.

내가 일찍 죽게 되어 이 작업이 중단될 경우 이 저작은 단지 불완전한 형태의 사유의 모음집으로 불릴 수 있다. 그렇기 때문에 나의 저작에 대한 몰이해가 계속되면서 미숙한 비판이 쏟아지게 될 것으로 예견된다. 왜냐하면 이 문제에서는 누구나 펜을 드는 순간 최초로 떠오르는 것들을 글로 옮겨 출판하는 것을 정당하다고 여기고, 이러한 자신의 생각을 '2x2=4'라는 등식처럼 자명하다고 단정하기 쉽기 때문이다. 그러나 내가 여러 해 동안 이 주제에 대해 심사숙고하고 항상 이 주제를 과거의 전쟁사와 비교하는데 몰두했던 것처럼 그렇게 노력하려는 사람이라면 나의 저작을 비판하는 데 매우 조심스러운 태도를 취하게 될 것이다. 이 저작이 미완성의 형태를 갖추고 있음에도 불구하고, 선입견 없이 진리와 신념을 갈망하는 독자라면 제1편에서 제6편까지 읽으면서 전쟁에 관한 오랜 심사숙고와 연구의 결실들을 간과하지 않을 것이고, 나아가 그 속에서 전쟁 이론의 일대 혁명을 일으킬 핵심 사상들을 발견하게 되리라고 확신한다.

−1827년 7월 10일 베를린에서 칼 폰 클라우제비츠

한국에서의 클라우제비츠 연구

한국에서 클라우제비츠의 연구는 이종학 교수로부터 시작되었다.[7] 최초의 번역본이 이종학 역으로 1965년『전쟁론』으로 출간되었으며, 이후 많은 번역서들이 나왔고 육군본부와 육군대학 그리고 국방대학원에서 수많은 전술교리 관련 학생장교 연구에서 클라우제비츠『전쟁론』이 연구되고 인용되었다.

클라우제비츠의 정치적 전쟁관에 대한 현대적 해석에 관한 종합적인 연구는 국방대학교 류재갑 교수와 서울대학교의 김홍철 교수에 의해 이루어졌다. 김홍철 교수는 1977년 4월 「전쟁과 평화의 연구: 현대전쟁유형의 이론과 실제」를 출판하였는데 이 책은 군사정권에 의해 출판되자마자 금서로 묶이고 판금조치를 당했다. 그 이유는 국민전 이론으로서 클라우제비츠 전쟁이론을 기초로 맑스 레닌주의 군사사상과 모택동의 인민전쟁 및 빨치산 전쟁이론, 그리고 그 후예들에 대한 분석이 주요 내용을 이루고 있다는 것이었다. 10여년이 지난 후에야 해금되었고 1987년에 이 책은 재 출판되었다.[8] 저자는 재 출판된 저서 서문에서 자신의 저서가 판금조치 되었던 이유를 아직도 잘 모르겠다고 서술하고 있다. 1989년『전쟁론』이란 제목의 클라우제비츠 연구를 위한 자료집이 김홍철 교수에 의하여 출판되었고(이 책은 2008년 재출판 되었다) 같은 해에 류재갑·강진석 공저로 클라우제비츠 현대적 해석에 관한 저술『전쟁과 정치』(서울: 한원, 1989)가 출판되었으며, 2005년 강진석이 이를 발전시켜 월남전과 이라크전에 관한 분석 자료를 포함하여『전략의 철학』(서울: 평단문화사, 1996)이란 이름으로 출판하였다. 이 두 저술은 그동안 국방대학교 등에서 교재로 사용되었다.

우리말 번역본은 이종학의 전쟁론(원본: 서울, 대양서적, 1972)과 (우원본: 서울: 일조각, 1974)을 시초로, 권영길(원본: 서울: 河西出版社, 1972) 허문열(원본: 동서문화사, 1981), 김홍철

---

7) 그는 공군사관학교와 국방대학교 교수를 역임하였고 충남대학교 평화안보대학원에 사재를 출연하여 풍석장학 기금을 만들었다. 제1호 명예 군사학 박사학위를 취득하였다.

8) 『전쟁과 평화의 연구: 현대전쟁유형의 이론과 실제』(서울: 박영사, 1987)

(원본: 서울: 삼성출판사, 1982), 류재승(원본: 서울: 책세상, 1998), 정토웅(원본: 지만지, 2008), 허문순(원본: 동서문화사, 2009) 등의 번역본이 있이 있고 최근 김만수(원본: 서울: 갈무리, 2006~2009)에 의해 독일어판 원본 번역이 나왔다.

일반저술로는 정토웅의 『클라우제비츠의 전쟁원칙과 리더십론』(육군사관학교 화랑대연구소, 1999), 이종학 편저『전략이론이란 무엇인가: 손자병법과 전쟁론을 중심으로』(서라벌군사연구소 출판부, 2002), 이종학『클라우제비츠와 전쟁론: 클라우제비츠의 생애와 사상』(주류성, 2004) 등이 있다.

학술 논문으로는 군 초창기 이덕숭의 「전쟁론의 비판」이『군사평론』창간호(진해: 육군대학, 1956)에 실린 것을 시초로 조태환의 『병학론』(서울: 육군사관학교, 1964) 내에서의 'Clausewitz'라는 제목의 해설이 있었고 국내대학의 석·박사학위 논문으로는 다음과 같은 것들이 있다.

강경옥, 「클라우제비츠의 마찰의 개념과 정신요소」(국방대학원, 1988)
강진석, 「클라우제비츠에 있어서의 전쟁의 이중성: 정책의 붕괴로서의 전쟁과 정책의 계속으로서의 전쟁」(국방대학원, 1985),
길정우, 「카알 폰 클라우제비츠의 정치적 전쟁철학과 레닌의 수용」(서울대학교, 1982),
김규빈, 「비스마르크 독일 통일 분석: 클라우제비츠 "전쟁론의 3위일체"를 중심으로」(한남대 국방전략대학원, 2006)
김성훈, 「마키아벨리와 클라우제비츠의 군사사상 비교: 전쟁의 불확실성과 그 대안에 대한 연구를 중심으로」(국방대학교, 2005)
김종민, 「현대해양전략의 관점에서 본 「클라우제비츠」의 전략사상」(국방대학원, 1986)
김종민, 「클라우제비츠 전쟁론의 현대 해양전략에서 적용성 연구」(경기대 정치전문대학원, 2006)
김찬구, 「클라우제비츠의 전쟁종결 사상에 관한 연구: 제1차 세계대전과 한국전쟁 사례를 중심으로」(한남대 행정대학원, 2005)
김효성, 「클라우제비츠에 있어서 정치의 연장이론에 관한 연구」(경북대 교육대학원, 1975),
남경중, 「전략적 수준에서의 효과중심작전(EBO) 적용에 관한 연구: 클라우제비츠 전쟁이론을 중심으로」(국방대 안전보장대학원, 2009)
문성준, 클라우제비츠의 3위일체론에 입각한 4세대전쟁의 이론과 실제 분석」(국민대 정치대학원, 2011)

민형홍, 「클라우제비츠 전쟁론의 관점에서 본 마케팅 전략에 관한 연구」(경남대 경영대학원, 2004)

성연춘, 「클라우제비츠의 '적 전투력 격멸' 개념에 대한 현대적 해석: 진의 규명과 영속적 함의를 중심으로」(국방대학교, 2005)

손주영, 「클라우제비츠의 전쟁철학에 대한 고찰: 도박성을 중심으로」(서울대 대학원, 1994)

신종필, 「제4세대 전쟁의 특징과 클라우제비츠 삼위일체론 비교분석」(충남대 평화안보대학원, 2011)

신진희, 「손자와 클라우제비츠 전쟁사상 비교: 국가정책 수단으로서의 전쟁」(국방대학원, 1995)

이정웅, 「삼위일체와 마찰구조의 전쟁분석 이론 연구」(경기대 정치전문대학원, 2008)

이종호, 「군사혁신의 전략적 성공요인으로 본 국방개혁의 방향: 주요 선진국의 사례와 한국의 국방개혁」(충남대 대학원, 2011)

이중희, 「클라우제비츠의 전쟁론과 손자병법의 전쟁성격 비교연구」(경북대학교 교육대학원, 1978)

이현숙, 「존 키건의 클라우제비츠 비판 논공: 전쟁은 정치의 수단인가?」(국방대학교, 2007)

천성준, 「클라우제비츠 3위일체론에 입각한 미국의 대이라크 전쟁 평가」(고려대 대학원, 2010)

황성칠, 「북한군의 전쟁수행 전략에 관한 연구: 클라우제비츠의 마찰이론을 중심으로」(고려대 대학원, 2008)

황현덕, 「클라우제비츠 전쟁철학이 핵시대에 가지는 의미」(고려대 대학원, 1988)

그리고 일반 논문은 다음과 같다.

강성학, 「21세기 군사전략론: 클라우제비츠와 손자간 융합의 필요성」, 국방대학교 안보문제연구소, 『국방연구』(2009년)

김만수, 「수량 표현과 문화의 이해 ─클라우제비츠의 『전쟁론』을 중심으로」, 한국번역학회 『번역학 연구』(2010년)

이규원, 「아테네의 시실리아 원정의 실패요인 분석과 함의 ─클라우제비츠의 삼위일체론의 관점에서」, 한국군사학회 『군사논단』(2011년)

이재유, 「클라우제비츠의 『전쟁론』에 대한 철학적 고찰 ─근대적 주체의 해체와 새로운 주체 가능성을 중심으로」, 한국철학사상 연구회, 『시대와 철학』(2009)

이은득, 「서평: 클라우제비츠와 전쟁론」, 국방대학교 안보문제연구소, 『국방연구』(2004)

이종학, 「특별기고: 클라우제비츠『전쟁론』재번역에 관한 단상」, 한국군사학회, 『군사논단』
    (2002년)

_____, 「전쟁론 연구: 클라우제비츠의『전쟁론』연구(2) ―전쟁이론이란 무엇인가―」, 한국군
    사학회, 『군사논단』(2003년)

_____, 「전쟁론 연구: 클라우제비츠의 전쟁론 연구 (3) ―전쟁의 목적, 목표 및 수단에 대하여
    ―」, 한국군사학회, 『군사논단』(2004년)

_____, 「전쟁론 연구: 클라우제비츠의『전쟁론』연구(4) ―공격과 방어의 변증법―」, 한국군사
    학회, 『군사논단』(2004년)

_____, 「전쟁론 연구; 클라우제비츠의『전쟁론』연구(최종회) ―각국에서의『전쟁론』수용에
    관하여」, 한국군사학회, 『군사 논단』(2004년)

클라우제비츠의 현대적 해석

클라우제비츠 『전쟁론』 해석 개관

정치나 군사에 관심이 있는 사람이라면 누구나 한번쯤 손자孫子나 클라우제비츠Karl von Clausewitz를 말하지 않는 사람이 없을 것이며, 그들의 서가에서 손자병법孫子兵法이나 클라우제비츠의 명저 『전쟁론』戰爭論, On War 한권쯤 발견하기란 그리 어려운 일이 아닐 것이다. 그러나 그를 제대로 읽고 그의 전략사상이나 전쟁철학을 정확히 해석하고 이해하고 있는 경우는 그다지 많지 않다.

클라우제비츠가 2세기 전에 항구적으로 가치 있는 전쟁이론을 확립하고자 『전쟁론』을 집필하였으나 스스로 완성하지 못하고 그의 부인에 의해 발간되었음은 주지의 사실이다. 그 후 이 불후의 명저는 보는 이의 필요에 따라 해석되고 부분적으로 인용됨으로서 지지와 거부, 그리고 많은 오해를 유발하였으며, 오늘날과 같은 핵시대에 있어서 그의 이론의 적용과 평가에 관한 논의 또한 분분한 것이 사실이다.

클라우제비츠의 『전쟁론』에 대한 곡해가 독일로 하여금 두 차례의 세계대전을 유발하는 무모함을 저지르게 하는데 일익을 담당하였다면, 이는 한 사상에 대한 오해나 의도적인 악용이 인류에게 얼마나 큰 재앙을 몰고 올 수 있는지를 극명하게 입증해 주고 있다. 클라우제비츠에 대한 오해는 "전쟁은 타수단他手段에 의한 정치의 계속繼續이다"라는 그의 언명言明으로부터 시작된 다. 즉 이 말 자체는 전쟁을 자의적恣意的 목적 추구의 수단으로 해석할 수 있어 얼마든지 전쟁을 오용誤用할 수 있고 남용濫用할 수 있다는 것이다. 따라서 클라우제비츠의 이론을 단적으로 인용하거나 평가하기에 앞서 그의 저작을 정확히 이해 할 필요성이 대두된다. 그러나 이러한 요구에도 불구하고 그를 포괄적으로 해석하고 이해하려는 노력이나 현대의 핵시대에 있어서도 그의 사상이 유용한가에 대한 논의는 아직 미흡한 것이 사실이며 논란이 되고 있다.

본고에서는 클라우제비츠 사상의 재조명을 통해 정치와 전쟁간의 본질적 성격을 규명하며, 특히 현대의 핵시대적核時代的 상황에서 클라우제비츠의 유용성과 그가 말한 "전쟁은 타 수단에 의한 정치의 계속이다"라는 명제에 대한 해석의 재음미再吟味를 통하여 국가안보정책 및 전략에 대한 실천적 이해의 기초(전략철학)를 규명해 보기로 한다.

본고의 특징은 클라우제비츠의 전쟁론을 해석적解釋的인 차원에서 이해함으로써『전쟁론』에 내재된 논리를 규명하고 있다는 점이다. 본고는 클라우제비츠에 관한 해석적 이해와 현대 핵시대에 있어서의 그의 적합성에 관한 고찰을 통하여 "전쟁의 이중성 – 정치의 계속으로서의 전쟁과 정치의 붕괴로서의 전쟁 – 을 규명하였다. 또한 클라우제비츠의 절대전과 현실전 사상을 중심으로 그가 범하고 있는 논리적 모순과 철학적 혼돈, 그리고 이로부터 연유하는 오해의 근원적 뿌리를 규명하였다. 그뿐만 아니라, 클라우제비츠의 심원深遠한 사상을 군사전략적 차원에서는 물론 국가대전략國家大戰略적 차원에서 인식하고, 후대後代를 일깨워 주고자 한 그의 지혜를 이해함으로써 국가의 대외정책방향 설정의 기초를 제시하였다.

이른바 "공포恐怖의 균형시대"라고 일컬어지는 냉전 시대와 총력전總力戰, total war 시대를 지나 협력안보, 포괄안보, 상호안보의 시대에 새롭게 대두된 제4세대전쟁과 테러위협 등 새로운 전쟁의 위협으로 아직도 모든 국가와 국민은 항재전장恒在戰場의 개념 하에서 평시에도 항상 상비군常備軍을 유지하고 전쟁에 대비해야 함은 두말할 필요가 없다. 따라서 이를 위해 요구되는 실천적實踐的 분별分別의 지혜를 우리는 클라우제비츠로부터 얻을 수 있을 것이다.

제2절

전쟁철학의 접근과 클라우제비츠

일반적으로 수용되고 있는 전쟁의 개념은 학자들에 따라 다양하게 해석되고 있으나, 기본적으로 이해되고 있는 것은 전쟁이 무력분쟁armed conflict의 행위로 구성되며, 무장한 정치단위체에 의해 정치적 목적을 위하여 수행된다는 것이다. 다시 말하면 전쟁은 군사적 폭력을 포함하여 수행되는 국가나 사회집단 간에 발생하는 분쟁의 한 현상이며, 정치적 목적을 달성하기 위하여 수행되는 무력분쟁이라고 정의되고 있다.9) 그래서 전쟁은 기본적으로 두 가지 요소―무력분쟁과 정치목적―로 구성되어 있음이 일반적으로 인식되고 있다.

그런데 전쟁현상의 해석에 관한 견해는 유혈 무력투쟁의 현상적 국면(목표달성의 수단적 국면)을 강조하는 입장과 전쟁의 궁극적인 정치적 목적을 강조하는 입장에 따라 차이를 노정시킨다.

전쟁을 보는 정치적 견해에는 상이한 해석의 가능성, 즉 전쟁을 수행하는 정책과, 전쟁에 의해서 현실화된 정책 간에 따라, 또는 국가 간의 정치(국제정치)상, 국가의 이익을 쟁취하기 위한 것이냐 아니면 국내적인 원인에 의한 것이냐에 따라 정치적 목적의 범위가 규정된다. 또한 무력분쟁armed conflict이란 개념도 전쟁의 범위 내에서 다양한 논의가 야기될 수 있는데 전쟁본질 면에서 이것은 정치와 전쟁의 핵심 적인 관성 문제와 연계된다. 따라서 전쟁은 단순한 무장폭력 armed violence이 사용된 분쟁conflict의 유형으로서나 또는 정치적 목적으로 사용된 무장폭력의 유형으로서 고려될 수 있다.

따라서 전쟁의 분석에 있어서 대두되는 난점은 적절하지 아니한 전쟁의 정의에서 기인하는 두 개의 함정이 있는데, 그 중의 하나는 전쟁이 무장촉력의 수단에 의한 정책의 계속이라는 언명의 부정확성에서 나타난다. 그 이유는 그것이 오직 군사적 수단에만 치우치는 경우에는 '가장 전쟁다운 전쟁은 가장 폭력적인 전쟁'이라는 폭력극대화의 경향이 지배하게 되어 현실세계를 이탈하는 현상이 되어 버리는 함정이며, 다른 하나의 경우인 '정치의 도구로서의 전쟁관'은

---

9) Julian Lider, *Military theory* (England: Gower pub. Company, Ltd., 1983), p.158.

전쟁의 정치의 자의적 도구인지 이성적인 정치행위의 일환인지 혼동되어 버리는 함정이다. 만약 전쟁이 정책의 자의적인 도구가 될 때에는, 전쟁은 침략적이고 부당한 행위가 될 수 있으며, 극단적 폭력이 될 수 있기 때문에 첫 번째의 폭력 극대화의 경우와 같은 현상이 됨을 면치 못하게 된다.

　　이렇듯 전쟁과 정치의 상호관계에 대한 분석에 있어서, 대두되는 문제는 전쟁이 폭력성을 의미하는 것으로서 정치의 단절이라는 견해와, 합리적인－적절하게 표현한다면 이성적인－정책의 연장으로서 전쟁의 제한성을 의미하는 두 견해가 대립하고 있다. 따라서 본서의 목적은 바로 이 전쟁의 이중적 성격을 클라우제비츠의『전쟁론』에 입각하여 분석 평가하고자 하는 데 있다.

　　1970년대 이후 핵의 교착상태는 강대국 간의 전쟁은 방지했다 하더라도 모든 전쟁을 다 방지하는 못했으며, 핵무기 보유국들은 비핵국가들과 재래식 전쟁을 해온 게 사실이다. 군소국 간에 있었던 최근의 전쟁 중 어떤 것은 그 나라의 지도자들이 아직도 전쟁을 국가정책의 유용한 수단이라고 생각하고 있으며 세계대전으로 인한 대량파괴와 핵전쟁으로 초래될 수 있는 더 큰 파괴의 가능성이 클라우제비츠의 교훈, '전쟁은 타 수단에 의한 국가정책의 계속'이라는 명제에 대하여 도전했으나 그 교훈을 완전히 무력화시키지는 못했다. 이 점에 대하여 지글러David W. Ziegler는 "문제는 전쟁이 정말로 정책의 유용한 수단이라는 데 있는 것이 아니라 지도자들이 아직도 전쟁을 정책의 유용한 수단이라고 생각하는데 있다"[10]고 말하고 있으며 이에 반하여 버나드 브로디Bernard Brodie는 전쟁의 수행과 전략의 계획은 국가정책의 목적에 따라 조건 지워져야 한다고 말하면서 군대에 대한 문민통제文民統制, military mind의 중요성을 강조, 군사적 성향의 변덕스런 기행奇行에 각별한 주의를 환기시키고 있다.[11]

　　이러한 양 견해는 바로 전쟁과 정치의 상호관계에 내재하는 본질에 관한 문제로서 정치의 도구로서 고려되고 있는 전쟁에 대한 상이한 해석의 관점이라고 할 수 있다. 즉 지글러가 말하는 '전쟁지도자들이 정책의 유용한 수단으로서 생각하는 전쟁'을 '전쟁의 정치적 자의성', 즉 '정치붕괴로서의 전쟁'에 관한 경고이며 브로디의 '전쟁의 정치적 목적 종속성從屬性'은 '정치 계속으로서의 전쟁', 즉 '전쟁의 정치적 합리성'에 관한 지적이다

　　따라서 전쟁이 완전히 제거될 수 없고 군사력armed force이 국가의 필요한 수단이라고 할 때, 이에는 두 가지 해석이 가능하게 된다. 그 하나는 사회적 현상으로서 전쟁의 인식이며, 이 경우에 있어서 전쟁은 그 자체의 논리와 진행과정을 가지고 있어 한번 시작되면 시초와는 달리 통

---

10) David W. Ziegler, *War, Peace and International politics*(Boston: Little Brown Company, 1977) p.145.
11) 류재갑, 전쟁과 정치: 전쟁지도론, Bernard Brodie, *War and Politics*(서평), 국방연구, 23권 2호, 국방대학원 (1983), p.400.

제의 한계를 벗어나 무한절대전으로 치닫게 된다. 이것은 총체전total war을 의미하며 이의 지지자들은 전쟁의 핵심적 본질을 파악하고 총체적 승리total victory를 획득할 때까지 무제한적으로 이 전쟁의 본질을 활용하는 방법을 찾아내려 한다.12) 따라서 일단 전쟁의 시작은 국가 간의 협상과 타협의 요지를 말살하는 것이며 이로써 정치는 단절되고 만다. 그러나 또 다른 하나의 인식으로서 전쟁을 정치의 계속으로(규범적인 측면으로서) 인식할 때 이 경우에 전쟁은 제한이 되며 '정당한' 전쟁으로 수행될 수 있게 된다.13)

따라서 제한전과 정당한 전쟁의 개념에 따르는 사람들은 정책의 도구로서의 전쟁을 도덕적으로 받아들일 수 있는 목표의 설정과 제한의 범위를 정립하려 한다. 왜냐하면 현실의 전투를 결정하는 것은 군사력이지만 지불할 대가와 전쟁의 격렬성 여부를 결정하는 것은 정치적 목표이기 때문이다.14)

그런데 현대에 있어서의 상황은, 사회적 발전과 경제적 성장, 그리고 기술의 비약적 발전으로 인하여 전장 상황이 크게 변화하였는데, 이에 따라 핵이라는 절대적 무기가 전쟁의 본질을 변화시켜 종래의 전쟁개념을 무용하게 만들어 버렸다고 지적하는 논자도 있다. 여기에서 제기되는 문제는 과연 전쟁의 본질은 변화되었는가? 변화되었다면 어떤 변화인가? 하는 것이며, 그것은 결국 전쟁의 상호관계interrelationship와 정치적 목적달성을 위한 전쟁의 역할이 변화되었느냐 하는 점이다. 이에 대해서는 또한 여전히 두 가지 논리가 상충하고 있다. 그 하나는 핵전이 초래할 수 있는 상호공멸성은 이로 인해 더 이상 전쟁을 정치의 수단으로 사용할 수 없게 만들었으며 따라서 핵전은 더 이상 정치의 계속이 될 수 없고 정치의 단절이므로, 전쟁 —특히 핵전쟁— 은 결국 정치의 단절을 의미한다는 입장이며, 다른 하나는 핵전쟁의 상호공멸성을 인식하고 자타공멸에서 생존하기 위해서는 전쟁—특히 핵전쟁—은 '정치계속'으로 인식되어야 하고 '정치의 합리적인 도구'가 되어야 한다는 입장이다.

이러한 입장은 특히 현대에 이르러 정치이상주의와 정치현실주의의 맥락에서 대립되고 있는 견해이다. 그러나 현실적으로 현대국가에 있어서 국가의 안전보장이라는 측면에서 전쟁위협이 상존하고 있다는 점을 상기할 때 전쟁은 정치적 목적이 있을 때에만 수행되어야 하고 그 수단은 목적에 부합하여야 한다.15) 여기서 '전쟁은 정치의 계속'이어야만 한다는 뜻은 전쟁은 정치적 목적으로 제한되어야만 하고, 전쟁을 정치의 이성적 도구로 채택하는 정치적 결정과 이

---

12) 류재갑, "전쟁의 본질과 전쟁의 개념", 『연구보고서』, 국방대학원(1983), p.23.
13) William V. O'brien, *The Conduct of Just and Limited War*(New York: Preager, 1981), p.3.
14) H. A. Kissinger, Nuclear Weapons and Foreign Policy, 이춘근 역 『핵무기와 외교정책』(서울: 청아출판사, 1980), p.132.
15) George Hunt Douse, "A Comparative Study of Conflict Theory," Unpublished Ph. D. Dissertation(University of Maryland, 1974), p.302.

것의 수행에 있어서는 건전한 공동체의 윤리와 합의에 의한 현실적 분별력을 지녀야 함을 의미한다.

이러한 논리는 바로 평화추구에 대한 정치이상주의와 정치현실주의의 실천적 결합을 의미하는 것으로서 정치와 전쟁에 대한 현실적 관계의 본질이라고 할 수 있다. 따라서 '전쟁은 정치의 도구이다'라는 언명은 정치현실주의 입장에서 보면 '전쟁은 이성적인 정치의 이성적 도구이어야만 한다'는 언명으로 대체되어야 하며, 전쟁계획war planning과 전쟁결정war decision 간에 내재하는 상호관계의 현실적 조정이라고 할 수 있다.

이상에서 제기한 전쟁의 이중성에 관한 논의는 이미 오래전 칼 폰 클라우제비츠에 의하여 제기되었던 문제이며 따라서 현대의 전쟁철학과 논리를 이해하기 위해서는 클라우제비츠로 돌아가야 할 필요성이 대두된다. 클라우제비츠가 2세기 전 항구적으로 가치 있는 전쟁이론을 확립하겠다는 의욕으로 시도한 『전쟁론』이 미완인 채로 그의 부인에 의하여 발간된 이래, 그의 저작은 그가 우려한 대로 해석자들마다 각기 자기 필요대로 부분적으로 인용하고 단정 지음으로써 인해 수많은 지지와 거부, 그리고 곡해를 불러일으켜 왔으며, 핵시대에 있어서의 그의 유용성 여부 및 평가 또한 논의가 분분하다.

그러나 국제정치사에 미친 클라우제비츠의 거대한 영향에 비추어 '전쟁은 타 수단에 의한 정책의 계속이다'[16]는 그의 언명과 그가 제시한 이율배반적인 논리들이 의미하는 바에 대한 포괄적인 해석이나 규명을 위한 노력들은 상대적으로 미흡했던 것이 사실이며, 그의 사상이 핵시대에도 유용하고 적합한가 하는 논의들도 과히 이러한 범주를 벗어났다고는 볼 수 없다. 이 방면의 대표적 연구가로 꼽히는 레이몽 아롱이나 아나톨 라포포트까지도 그 핵심적인 문제에 있어서는 클라우제비츠의 부분적인 해석과 왜곡의 범주를 벗어나지 못하고 있다.[17]

분명히 클라우제비츠의 논리는 모순적이며 많은 부분은 현대에 있어 쓸모없는 것이 된 감이 있다. 또한 '전쟁이란 타 수단에 의한 정책의 계속'이란 말 자체는 그렇기 때문에 전쟁을 수단으로써 얼마든지 오용이나 남용이 가능하고 극단적으로 추구될 수 있다는 자의적 목적추구의 수단으로서 해석을 가능하게 되고, 이로부터 그에 대한 오해는 시작되고 있다. 그러나 전쟁에 대한 전스펙트럼spectrum을 커버하기 위한 절대전과 현실전이라는 두 종류의 전쟁을 이분법dichotomy적으로 전개하고 보다 중요한 이들의 결합을 완성하지 못한 채 미완성으로 남긴 그의

---

16) Karl von Clausewitz, *On War,* ed. and trans, by Micheal Howard and Peter Paret (N.J.: Princeton Univ. Press, 1976), p.87. 이후 클라우제비츠의 『전쟁론』 인용은 Clausewitz, *On War*로 표기하기로 한다. 특별한 해석자의 견해가 요구될 때에만 별도의 각주를 사용하며 역서는 김홍철 역, 『전쟁론』(서울: 삼성출판사, 1982)을 참고로 하였음을 미리 밝혀 둔다.

17) Jurg Martin Gabriel, "Clausewitz Revisited: A Study of His Writings and of the Debate over Their Relevance to Deterrence Theory," Unpublished Ph. D. Dissertation(The American Univ., 1971), p.83

저작에 대한 포괄적인 이해의 노력 없이 이를 부분적으로 인용한다거나 평가한다는 것은 지금 껏 계속되어 온 일방적인 이해의 계속에 불과할 뿐이다.

따라서 본서는 정치와 전쟁의 본질을 클라우제비츠사상에 재조명하여 봄으로써, 실천지實踐智, prudence로서의 국가대외정책 수립 방향설정의 기초를 제공해 줄 수 있는 정치와 전쟁 간에 내재하는 논리와 성격의 규명을 시도하자 한다. '전쟁은 타 수단에 의한 정치의 계속이다'라는 언명이 초래한, 그의 추종자들과 이의 비난자들이 일방적으로 이해한 논리의 본질을 규명하여 보고, 현대의 상황에서 그의 유용성이 왜 다시 대두되고 있으며, 그의 언명은 어떻게 해석되어 야만 하는가를 고찰해 봄으로써 전쟁과 정치에 있어서의 본질과 당위의 문제를, 정책의 결정과 전쟁계획 수립 시 고려되어야 할 요소들 사이의 상호관계와 연결, 재조명하여 봄으로써 국가안 보정책 및 전략에 대한 실천적 이해의 기초, 즉 전략의 철학을 정립하고자 하는데 본서의 목적 이 있다.

이를 위한 접근방법으로서 클라우제비츠를 분석하고자 하는데 그 접근 방법은 클라우제 비츠의『전쟁론』은 그가 군인으로서 직접 체험한 경험과 구라파의 역사적 현실을 바탕으로 한 통찰의 결집으로서, 경험과 인식의 세계에서 우러난 그 나름의 사상을 개진한 것이다. 이것은 새로운 전쟁사와 세계사에 대한 철저하고도 비판적인 연구 및 논리학과 더불어 철학적·변증법 적 방법론의 혼용과, 사실의 본질을 파악하는 시각을 보여주는 한편 나폴레옹 시대의 정치적· 군사적 유산에 대한 통찰력 있는 접근을 보여주고 있다.[18] 이러한 접근은 현대의 방법론적 입 장에 비추어 보면 사실과 경험이 중요한 '과학적 가치상대주의'[19] 접근법과 일맥상통한다고 볼 수 있다. 따라서 필자는 이『전쟁론』에 대한 이해가 해석적 차원에서라야 가능하며 이로써만이 『전쟁론』에 내재된 논리를 규명할 수 있을 것으로 본다. 따라서 이 해석적인 방법은 그 시대적 상황과, 클라우제비츠의 정열과 마음을 연관시켜 그의 관점을 재구성해 보는 작업이라 할 수 있을 것이다. 이렇게 하지 않으면 안 되는 주된 이유는 클라우제비츠 자신의 말대로 그의 저작 이 단순한 부분적인 연구들의 조합에 불과하며, 매우 논란의 여지가 많은 것들이고 단편적으로 는 모순된 사상들이기 때문이다.[20]

---

18) Karl von Clausewitz, Vom kriege: Hinterⅼassenes Werk, Achzehnte Auflage mit Erweitorter Historisch Kritischer Würdigung von Professor Dr. Werner Hahlweg(Bonn: Perd Dümlers Verlag, 1973), p.4

19) 과학적 가치상대주의란 Berchet의 정치이론에서 소개된 것으로서 정치학에서는 사실의 영역과 가치의 영역을 모두 다루어야 하며 사실에 관한 영역은 과학적 방법에 의해서 연구되어야 하나 가치의 영역은 과학적 방법에 의해서 다루어질 수 없음을 지적하고 가치는 상대적으로 다루어질 수밖에 없다는 것을 그 내용으로 하고 있다.

20) 이러한 해석의 과정에 대해서는 Raymond Aron, Clausewitz, Philosopher of War, trans. by Christine Booker and Norman Stone (New York: A Touch Stone Book, Sinon and Schuster Inc. 1986), pp.1-7 참조. 레이몽 아롱은 역사 해석론에 대하여 언급하면서 "클라우제비츠를 이해하기 위해서는 무엇보다도 먼저 그가 무엇을 말했는지, 그가 말하고자 하는 바를 위해 어떤 가정으로부터 출발 했는지를 먼저 이해하지 않으면 안 된다"고 말하면서

클라우제비츠 저작물에 대한 해석적 이해와 더불어 클라우제비츠 전쟁이론에 대한 후대의 제반 논의들과, 핵시대에 있어서의 적합성에 관한 논의들의 문헌연구를 중심으로 정치적 전쟁철학에 고나한 통시대적diacronic, 통맥락적full connection 고찰을 전개함으로써 정치계속으로서의 전쟁과 정치붕괴로서의 전쟁의 이중성에 대한 규명을 시도해 보기로 한다.

제1단계에서는 클라우제비츠에 대한 해석의 관점, 즉 그를 보는 다양한 논리가 어떻게 변화되어 왔는가를 개관하였다. 다시 말해 클라우제비츠 이후 현재까지 전개되어 온 그의 이론에 대한 적합성 여부에 관한 논의의 근거가 어디에 있는지를 검토함으로서 클라우제비츠가 후대後代에 이해되어진 야누스적 측면이 있음을 설명하였다. 이러한 검토를 위하여 자유진영에서의 수용 논리와 공산진영에서 수용되고 있는 논리로 대별하여 고찰하였고, 후자에 대해서는 맑스·레닌주의의 정치적 전쟁관은 클라우제비츠논리와는 다른 차원의 이데올로기로 변형된 논리라는 점에서 이의 오류를 규명하였다. 전자前者에 대해서는 절대전과 현실전 개념에 입각한 논리 속에 내재하고 있는 "전쟁의 도구성"道具性에 관하여 논의하였는데, 정치의 자의적恣意的 도구로서의 전쟁 남발성濫發性과 정치의 연장延長으로서의 전쟁(이성적 도구성) ─ 이성적 판단에 기초한 분별력 있는 힘의 사용이라는 이성적 자제성理性的의 측면 ─ 의 논리에 대하여 검토하였다. 이러한 맥락에서 필자는 클라우제비츠가 "정치의 붕괴崩壞로서의 전쟁"과 "정치의 연장延長으로서의 전쟁"이란 두 가지 전쟁개념을 동시에 제시하고 이 둘의 통합을 시도하였음(비록 그의 갑작스런 죽음으로 인해 뜻을 이루지 못하였지만)을 인식하고 클라우제비츠의 해석의 신 논리를 모색하였다.

제2단계에서는 클라우제비츠의 전쟁의 본질에 대한 파악이 어떻게 발전되고 있는가를 단계별로 검토하였으며, 어떻게 하여 클라우제비츠가 최초의 폭력중심의 전쟁 정의에서 두 가지 전쟁유형(절대전과 현실전)의 관계를 설정하고 최종적으로 정치 중심의 전쟁정의로 전환하고 있는지를 고찰하였다. 이를 위해 필자는 클라우제비츠의『전쟁론』에 대한 후대後代의 해석은 세 갈래라는 점을 염두에 두고 논의를 전개하였다. 그 첫 번째는 독일 군부의 군사사상의 주류로서 클라우제비츠를 절대전絶對戰 논자 및 결전주의자決戰主義者로 이해하고 "전쟁은 나의 의지意志를 적에 강요하기 위한 폭력행위"라는 그의 정의를 받아들여 적군 섬멸殲滅을 군사적 미덕美德으로 칭송하는 소위 클라우제비치안Clausewitzian들이다. 이들은 섬멸전殲滅戰 전통을 수립한 군국주의軍國主義 독일 군부의 후예들로서 슐리이펜Shliffen, 소小 몰트케Moltke, 루덴도르프Ludendorff로 연결되어 독일을 전쟁의 광신국狂信國으로 만든 장본인 들이다.

두 번째 해석은 제2차 세계대전 후 영·미의 이론전략가理論戰略家들에 의해 제기된 입장으로서, 앞의 클라우제비치안들과는 정반대의 해석을 내린다. 즉, 신新 클라우제비치안Neo-Clausewitzian

---

그의 시대와 의도를 이해하여만 한다고 말하고 있다.

이라 불리는 이들은 핵무기의 파괴력이 '공포恐怖의 균형均衡'을 조성하였기 때문에 결국 "전쟁은 다른 수단에 의한 정치의 계속이다"라는 클라우제비츠의 전쟁정의定意를 지지하는 국제정치학자들로서 오스굿Robert E. Osgood, 버나드 브로디Bernard Brodie, 헨리 키신저Henry A. Kissinger 등이 대표적이다.

세 번째 해석은 앞의 두 해석을 모두 수용하는 입장으로서 클라우제비츠가 전쟁의 이중성二重性을 제시하였다고 보는 견해이다. 이 부류에 속하는 학자들로는 한스 델뷔르크Hans Delbruk, 레이몽 아롱Raymond Aron 등이 있다. 저자는 이 세 번째 해석의 관점에 따라 논의를 전개하고 있다. 즉 전쟁의 목적은 섬멸적殲滅的 승리 추구의 대담성大膽性과 정치현실을 반영하는 신중성愼重性의 양면을 지니고 있지만, 최종적 결정은 정치적 목적에 종속된다는 이중성을 지닌다는 것이다.

제3단계에서는 지금까지 전개되어온 클라우제비츠에 대한 비판적 시각批判的 視覺을 대표적인 견해를 중심으로 검토하였다. 클라우제비츠에 대한 해석의 관점은 다양하며, 해석하는 사람에 따라 상이相異한 시각에서 그를 이해하고 각기 비판적 견해를 갖고 있다. 따라서 절대전과 현실전現實戰 사상에 대한 비판을 구분하여 검토하였는데 전자前者에 대해서는 리델하트B. H. Liddel Hart, 루덴도르프Erich Ludendorf, 로스펠스Hans Rothfels, 티볼트Edward A. Tibault 등의 견해를, 그리고 후자後者에 대해서는 오스굿Robert E. Osgood, 브로디Bernard Brodie, 키신저Henry A. Kissinger, 파레트Peter Paret, 깁스Norman H. Gibbs, 코트Wendell J. Coat 등의 견해를 고찰하였다. 이와 같이 각 해석자들의 논리에 대한 구체적인 검토를 통하여 정치의 계속으로서의 전쟁과 정치의 붕괴로서의 전쟁에 대한 비판적 견해를 조감鳥瞰하였다.

제4단계에서는 클라우제비츠의 인식방법認識方法에 관한 논의로서 전쟁원칙 중심의 교리주의적敎理主義的 경직성硬直性이 어떻게 대두되고 발전되었으며, 전쟁술戰爭術 사상은 어떠한 배경으로 대두되고 발전되었는가를 고찰하고, 나폴레옹전쟁이 클라우제비츠에 미친 영향과 그 수용受容에 대하여 검토하였다.

19세기에 있어서 나폴레옹의 등장은 당시의 전쟁이론가들에게 있어 핵심적인 논의의 대상이 되었었다. 그 시기에 있어서 전쟁술에 관한 사고는 주로 계몽주의啓蒙主義적 전쟁이론에 경도傾倒되어 있었는데 이러한 경향은 전쟁원칙 및 기하학幾何學적 전쟁이론 등 일반화된 과학적 전쟁수행원리戰爭遂行原理 추구에 있었으며, 뷜로우von Bulow 등이 그 대표적인 이론가였다. 뷜로우의 이론은 계몽주의시대―합리주의적 자연과학주의 지식논의의 황금시대―의 정신을 반영하는 대표적인 것이었다. 현대에 있어서도 이러한 경향성의 추구(즉 합리주의적 자연과학주의)는 다른 모습으로 재현되고 있는데 전쟁수행론에 있어 고도의 과학적 접근방법War Game, OR이론 등들이 바로 그것이다.

클라우제비츠는 나폴레옹과 프랑스 대혁명의 대중이 뷜로우식 자연적 한계限界를 무너트리고 인간 마음의 완전한 창조성을 보여주었으며, 여기에 작용한 가장 큰 힘이 물질적物質的인 것이 아니고 정신적精神的인 것임을 보았다. 따라서 클라우제비츠는 나폴레옹으로부터 두 가지 서로 상반相反된 전쟁이론에 착상하도록 영향을 받았다.

한편으로 그는 나폴레옹 전쟁을 자신의 이론을 위한 문제제기問題提起의 차원에서 보았고, 다른 한편으로는 전쟁수행을 위한 해답解答의 차원에서 보았다. 즉 전쟁의 항구적恒久的 불확실성을 제기하면서도 실용적實用的 해결의 당위성當爲性에 입각하여 전쟁의 새로운 지침이 될 새 이론을 구상하려 하였던 것이다. 따라서 이러한 검토는 클라우제비츠의 전쟁관을 이해할 수 있는 기초를 제공한다.

제5단계에서는 클라우제비츠의 전쟁관, 즉 그의 전쟁철학은 무엇이며, 그는 과연 무엇을 말하고자 하였던가를 분석하였다. 클라우제비츠에 대한 해석에는 절대전과 현실전 사상에 대한 논의가 편재적偏在的으로 상충되어 왔다. 그에 대한 비판은 기본적으로 두 가지 관점에서 이루어지고 있는데, 그 하나는 클라우제비츠이론의 현대적 유용성有用性에 관한 문제이고, 다른 하나는 이와 관련한 그의 평화지향성平和指向性 여부에 관한 논의이다.

이러한 맥락에서 클라우제비츠에 대한 지지支持와 거부拒否가 나타나고 있으나, 전쟁이란 소극적인 방법으로서 보다는 적극적인 노력으로서만이 회피할 수 있음을 인식하고 현실적으로 가능한 모든 방법을 모색하려는 노력이 정치현실주의자들을 중심으로 전개되어 클라우제비츠의 재적용再適用이 시도되기 시작하였는데 이것은 바로 그의 정치적 전쟁관에 관한 것이다. 그러나 클라우제비츠의 "정책政策의 수단"으로서의 전쟁개념에 있어서 '합리적 도구'合理的道具라는 개념이 지닌 논리적論理的 위험성으로 인하여 비판이 제기되고 있는데, 이것은 전쟁이 자칫 자의적恣意的인 수단으로 인식될 경우 절대전적 사상과 동일한 맥락을 이루게 되어 비평화적非平和的인 결과를 초래하게 된다는 점이다.

이와 관련된 저자의 기본적 입장은 클라우제비츠가 전쟁은 본질적으로 두 가지 면을 가질 수 있다고 보아 절대전과 현실전—여기서 절대전은 정치의 붕괴 차원이며, 현실전은 정치의 연장차원임—을 동시에 상정하여 전쟁의 이중성을 제시하였으며, 그는 전쟁보다는 평화를 추구하고자 한, 현대에 있어 가장 유용한 시각을 제공하고 있는 전쟁철학자였다고 보고 이를 규명糾明하였다.

제6단계에서는 핵무기의 등장으로 인한 전략 환경의 변화와 클라우제비츠의 유용성에 관한 논쟁을 레이몽 아롱Raymond Aron과 라포포트Anatol Rapport의 견해를 중심으로 비판적으로 고찰하였다. 이 두 사람은 핵전核戰과 클라우제비츠이론의 관련성 및 유용성에 관한 대표적인 학자들인

데, 아롱은 클라우제비츠이론의 핵전쟁과의 관련성關聯性을 제시하고 있으나 라포포트는 아롱과 상반相反된 결론을 내리고 있어서 양자兩者는 핵시대에 대한 클라우제비츠의 유용성에 대한 해석에 있어 완전히 상충되는 견해를 보여주고 있다.

보다 구체적으로 여기에서는 아롱과 라포포트의 논쟁의 핵심과 공통점 및 상이점은 무엇이며 또 어떤 점에서 클라우제비츠를 곡해曲解하고 있는가 하는 것을 분석하였다. 그리하여 현대에 있어서 핵전과 클라우제비츠의 관련성을 규명하고, 이에 따라 현대전에 있어서의 전쟁의 이중성에 대한 이해의 기초를 제공한다.

제7단계에서는 6단계의 검토를 기초로 하여 현대전에 있어서의 전쟁의 이중성을 고찰하였는데, 먼저 현대의 핵전략이론과 클라우제비츠이론의 상관성에 대하여 검토한 후, 이러한 논리의 적용이 왜 현대에도 유용한가 하는 문제를 중점적으로 논의하고 있다. 여기서 저자는 핵논리核論理가 갖는 이중성 속에 내재한 전쟁의 본질 인식이 궁극적으로는 클라우제비츠의 전쟁의 이중성과 연계된다는 것을 밝히고 "현대에 있어서의 정치연장政治延長의 두 의미"에 대한 이해를 통하여 현대전의 이중성을 규명하였다.

제8단계에서는 결론적으로 클라우제비츠가 종결짓지 못한 최종적인 대안代案에 대한 고려를 지금까지의 해석적 분석解釋的 分析과 현대적 정치철학에 연결시켜 그가 궁극적으로 제시하고자 했던 최종적인 결론을 추론推論해봄으로써 클라우제비츠의 현대적 의미를 재조명 하였다.

이러한 고찰을 통하여 저자는 현대국가의 '국가안보'라는 당위적當爲的 현실적 요구에 있어서 그 목적과 수단에 존재存在하는 이론적 딜레마를 극복하기 위한 인식론적認識論的 대안代案을 제시하고, 이로부터 정책지향적政策指向的인 대안의 검토, 즉 국가안보정책國家安保政策 수립 시 고려사항을 결론적으로 도출하였다.

결론적으로 독자들은 클라우제비츠가 공동안보시대의 초현대적 국가안보 개념과 그 철학적 기초를 제공하고 있다는 것을 깨달을 수 있게 될 것이다. 이렇듯 본서가 클라우제비츠의 '절대전'과 '현실전'을 중심으로 다루는 이유는 이것이 그의 이론의 핵심이며, 그가 스스로 완성되었다고 보는 제1장의 주제이기 때문이기도 하지만, 더 중요한 것은 "전쟁은 타수단에 의한 정책의 계속이다"라는 언명이 추론되어지는 가장 핵심적인 '개념적 분석의 틀'conceptual framework 일 뿐만 아니라, 이로부터 클라우제비츠가 범하고 있는 논리적 모순 및 철학적 혼돈과 이로부터 유래되는 오해의 근원적 뿌리의 규명이 가능하며 『전쟁론』 속의 이율배반적二律背反的인 이론들의 논리적 재구성에 대한 해답이 주어질 수 있다고 믿기 때문이다.

클라우제비츠에 대한 해석의 논리: 접근

클라우제비츠의 전쟁의 이중성에 관한 분석에 들어가기 전에 독자들의 문제인식에 도움을 주기 위하여 본 절에서는 먼저 클라우제비츠를 보는 다양한 관점과 논리가 어떻게 변화되어 왔는가 하는 것을 개관하여 보기로 한다. 이를 통하여 독자들은 클라우제비츠 이후 현재까지 전개되어 온 그의 이론에 대한 적합성 여부에 관한 논쟁들이 어떻게 지지되고 비판되어 왔는가를 검토해 볼 수 있고, 후대들에게 이해되어진 클라우제비츠의 야누스적 양면을 포착할 수 있을 것이다.

이러한 검토를 위하여 우선 자유진영에서 수용되었던 논리와 구 공산진영에서 수용되었던 논리로 구분하고, 마르크스-레닌주의의 정치적 전쟁관은 클라우제비츠의 논리와는 다른 차원의 이데올로기로 변형되었던 논리라는 점에서 이의 오류 규명에 초점을 맞추며 자유진영에서의 논리는 그간 있어 온 해석의 논리대로 절대전과 현실전 개념에 입각한 논리 속에 내재하고 있는 '전쟁의 도구성'에 관한 것으로서 우선 '정치의 자의적 도구'로서의 논리와 '정치의 연장'으로서의 논리, 즉 '이성적 판단에 기초한 분별력 있는 힘의 사용'으로서의 논리, 즉 '이성적 판단에 기초한 분별력 있는 힘의 사용'이라는 측면의 논리에 대한 검토를 하기로 한다. 이러한 검토들은 클라우제비츠 이후에 전개되었던 숱한 오해와 비판 그리고 지지와 옹호에 대한 논리들의 핵심적 내용들에 대한 일단의 정리가 될 것이며 이와 더불어 파생된 핵시대와의 관련성에 관한 논의들의 기저에 작용하고 있는 논리, 소위 클라우제비츠파Clausewitzaian와 신 클라우제비츠파Neo-Clausewitzian 논리의 맥락 또한 비교·검토될 수 있을 것이다. 마지막으로는 이러한 검토들을 기초로 클라우제비츠 관련 해석을 종합적으로 평가하여 봄으로써 그간의 클라우제비츠 해석의 논리가 지니고 있는 문제점과 한계점들이 무엇인가 분석될 수 있을 것이며 여기서 우리는 클라우제비츠가 주장하고 있는 두 전쟁 논리의 포괄적 이해방법의 대안을 발견해 낼 수 있을 것이다. 즉 정치 붕괴로서의 전쟁과, 정치 계속으로서의 전쟁 논리가 갖는 포괄적 의미의 규명이 가능해지며 이로서 클라우제비츠 해석의 신논리 모색이 가능해질 것이다.

1. 총론

최근 클라우제비츠에 대한 관심이 미국과 영국의 민간지식인들과 군사전문가들 사이에 고조되고 있다.[21] 한 세기를 훨씬 지나 클라우제비츠는 찬양을 받거나 비난을 받거나 간에 현재까지 유럽 대륙의 지도적 군사이론가로 인정되어 왔으며 그는 이해되어지는 것보다는 더 많이 인용되어 왔다는데 일반적인 일치가 이루어지고 있다.[22] 즉 한편에서는 위대한 사상가이며 철학자로 칭송되고 있으며 한편에서는 '악의 화신', '피의 사도'로 매도되는 등 그에 대한 평가는 다양하게 이루어져 왔으며, 역사 전개에 따라 그의 이론의 유용성 또한 지지받거나 거부되어 왔다.[23] 이 점에 대하여 마이클 하워드는 최근의 그의 저서에서 클라우제비츠를 마이카벨리와 비교하여 '유럽과 미국의 문화적 전설에서의 도깨비'[24]라고 표현하고 있다.

이처럼 클라우제비츠에 대한 해석은 다양하며 특수한 시대 및 상황과의 관련성에 따라 많은 논의가 있어 왔으나, 피상적이고 단편적인 것들이 대부분이 이었으며 본질적이 측면에서 논의가 되기 시작한 것은 불과 최근의 일로 한국전과 월남전을 계기로 이루어졌다.

대부분의 논의들은 클라우제비츠의 이론이 현대 핵시대에도 적용 가능한 유용한 이론이며 그의 언명 '전쟁은 타 수단에 의한 정치의 계속이다'라는 말이 타당한가 하는데 대한 것이다. 이에 따라 미국과 유럽의 주요 핵이론가들은 그들 저작들 속에서 클라우제비츠를 인용하고 있고 클라우제비츠를 정확히 이해하고 있다고 주장하고 있으나 실제에 있어 대부분은 단편적인 것들에 불과하며 일반적으로 포괄적이며 본질적인 심층적 분석들이 결여되어 있다. 따라서 클라우제비츠의 현대적 연구 측면에서 포괄성 및 특수한 경우의 핵전에 대한 적합성과 본질적 연구의 필요성이 대두되고 있다.

최근의 클라우제비츠 재해석 논의들이 표방하고 있는 것은 역사인식이며 대부분 통시대적, 통맥락적 관점에서 접근이 이루어지고 있는데 한델_{Michael I. Handel}은 『전략연구』_{The Journal of}

---

21) John Tashjean, "The Transatlantic Clausewitz, 1952~1982", Naval War College Review (November-December, 1982), pp.69-68; 또한 John M. Gates, "Vietnam: the Debate Goes on". Parameters(Spring, 1984), pp.15-25.

22) Wendell J. Coats, "Clausewitz's Theory of War: An Alternative View", Comparative Strategy, 5/4(1986), p.351

23) 그의 서거 후 35년이 채 못 되어 클라우제비츠는 '항구적인 저작'으로 「투키디데스」와 비교되기 시작하였으며 <W. Rustow, Feldberrnkunst des Neunzebnten Jabrbundert (Leipzig: F. Schultheiss, 1867), 100-1> 그 이후로 그는 괴테(Goethe)와 <C. Von der Goltz, Das Volk in Waffen (Berlin: Decker, 1883), p.1> 또한 「셰익스피어」와 <S.I. Murray. The Reality of War(London: Hugh Ree's, 1906), p.VIII> 그리고 마키아벨리와 <Benrnard Brodie, War and Politics (New York: Macmillan, 1973), p.436> 연계되어 논의되어졌고 아나톨 라포포트는 펭귄판 『전쟁론』 서문에서 그를 베이컨, 홉즈, 마르크스 그리고 아담 스미스와 비교하고 있다.

24) Michael Howard, Foreward to Roger Parkinson, Clausewitz: A Biogaphy (New York: Stein and Day, A Searborough Book, 1979), p.11. cf. 또한 Howard, Clausewitz (Oxford: Oxford Univ. Press, 1983); "Jomini and the Classical Tradition in Military Thought", Studies in War and Peace (New York: The Viking Press, 1959), pp.21-36.

Strategic Studies, 1986 June/September의『클라우제비츠와 현대전략』특집 서문에서 클라우제비츠 해석과 관련한 해석의 지침으로서 저명 정치, 철학 저술의 비판 기준을 들고 있는데 그것은 첫째, 그 저작이 주어진 문제와 시대의 정신에 어떤 영향을 미쳤는가? 둘째, 특수 당면(현안)문제의 해결이나 설명에 그 이론이 어떤 기여를 하였는가? 셋째, 시대와 환경의 변화에 따라 그 저작이 어떻게 해석되어졌는가? 넷째, 어떻게 이론이 진부화되었는가? 하는 것이며, 핸들은 이 네 가지의 기준으로 클라우제비츠의 유용성에 대한 재해석을 시도하고 있다.[25]

또한 레이몽 아롱Raymond Aron은 역사 해석론에 대하여 언급하면서 클라우제비츠를 이해하기 위해서는 무엇보다도 먼저 그가 무엇을 말했는지, 그가 말하고자 하는 것을 위해 어떤 가정으로부터 출발했는지를 이해하지 않으면 안 된다고 지적하면서 그의 시대와 의도를 이해하여야만 한다고 말하고 있다.[26] 코트Wendell J. Coat는 클라우제비츠의 이해를 위해서는 다음과 같은 세 가지 측면에서『전쟁론』을 분석해야 하며 그것은 첫째, 클라우제비츠가 다루고 있는 주요 관심사의 본질은 무엇인가? 둘째, 그것을 다루기 위해 그는 어떤 방법론을 제안하고 있는가? 셋째, 클라우제비츠의 이론화 형식을 우리시대에 맞게 어떻게 이해하여야 하는가? 하는 세 가지로 분석의 초점을 맞추어 이해되어야 한다고 말하고 있다.[27].

그간의 클라우제비츠의 해석을 개관해 보자면 클라우제비츠 사후 클라우제비츠 작품의 영속적인 가치에 주의를 환기시킨 사람은 몰트케였다. 그렇지만 몰트케는 클라우제비츠가 수미일관되게 주장하고 있는 사상, 즉 전쟁이 정치적 목적에 봉사할 수 있기 위해서는 전쟁이 융통성이 있어야 된다는 점에 대하여 이해하지 못하였다. 그러나 당시 독일 내에서 클라우제비츠의 명성은 골츠Colmar Baron Von der Goltz에 의해 더욱 증가되었으며 그가 1883년에 저술, 출간한『무장국가』武裝國家, *Das Volk in Waffen*[28])에서 골츠는 "클라우제비츠 이후 전쟁을 논하려는 군사이론가는 마치 괴테 이후 파우스트를 또는 셰익스피어 이후에 햄릿을 다시 쓰는 모험을 치르는 것과 같다. 전쟁의 본질에 관해 중요한 모든 것은 그 위대한 군사사상가 클라우제비츠 작품 속에 정형화되어 나타나고 있다"[29])고 말할 정도였다. 이렇듯 몰트케와 골츠의 클라우제비츠에 입각한 군사저술은 전쟁이론가 및 군인들에게 있어 성경과 같은 영향력을 발휘하였다. 그러나 20세기 초에 들어와 클라우제비츠 이론에 대한 논쟁이 30여 년에 걸쳐 이어져 왔는데 그것은 적의 섬멸

---

25) Michael I. Handel, "Introduction", The Journal of Strategic Studies (June/september, 1986), p.4. 본서 부록 참조

26) Raymond Aron, *Clausewitz, Philosopher of War*, trans. by Christine Booker and Norman Stone (New York: A Touch Stone Book, Simon and Schuster Inc., 1986), pp.1-7 참조

27) Wendell J. Coat, "Clausewitz's Theory of War: An Alternative Strategy," Comparative Strategy 5/4(1986), pp.35-373 참조

28) 동저서는 The Nations in Arms란 제목으로 영역되기도 하였고 1905년 당시 참모총장 슐리이펜의 추천사를 붙여 5판을 발간하는 등 1차 대전 말까지 모두 13판이 발간되었다.

29) Colmar bon der Goltz, *The Nation in Arms* (London, 1913), p.1.

이 항상 옳은 것인가? 또한 클라우제비츠의 두 개의 전쟁이론이 소모전이라는 형태의 다른 대안을 내포하고 있지 않은가? 하는 것에 관한 것이었다. 영국에서는 1909년 머과이어T.M. Magyure에 의해 『전쟁론』이 부분 번역되었고 동시에 그레험 대령의 번역판도 발간되었다. 바로 이 영역본이 지난 30여 년 간 영미학자들이 알고 있는 『전쟁론』의 영역본이다. 1914년 이후 영국의 독자들은 베른 하르디, 골츠같은 사람들에 의해 소개된 클라우제비츠를 영국인들이 상대해 싸워야 했던 피에 굶주린 프로이센주의의 예언자로 보았고, 영·미 양국의 자유주의자들은 전쟁과 정책 사이의 관계에 대한 클라우제비츠 가르침의 직접적인 결과라고 인식하였다. 한편으로 영국에서는 클라우제비츠가 영국군의 지속적인 공격을 정당화하는데 이용되었으며 전후의 주도적 비판가 리델하트B.H. Liddel Hart는 클라우제비츠의 절대전쟁 개념을 다음과 같이 맹렬히 비난하면서 제한적 목적의 전략(간접접근)을 제안하였다.

> 그는 절대전쟁 이론, 즉 끝까지 싸우라는 이론의 선구자이다. 이 이론은 전쟁은 다른 수단에 의한 정책의 연속일 뿐이다 라는 데부터 시작하여 정책을 전략의 노예로 만드는 데서 끝난다. . . . 클라우제비츠는 전쟁의 끝만 보고 전쟁을 넘어선 단계의 다음 평화 시기는 보지 못했다.

리델하트는 당대의 영·미 세계에서 가장 널리 읽힌 군사이론가였으며 그의 클라우제비츠에 대한 인식은 2차 대전까지 일반인들에게 옳은 것으로 널리 인정되었다. 이에 반하여 독일 내에서는 클라우제비츠의 인기가 여전하였으며 독일의 역사학 및 군사학 학술지에 린네바흐Karl Linnebach, 로스펠스Hans Rothfels, 로진스키Herbert Rosinski, 쉐링Walter Schering 및 커셀Eberhart Kessel 등의 논문이 자주 게재되었다.[30] 독일 내에서 클라우제비츠는 독일 민족주의 창시자 중의 한사람으로서 잘못 인식된 까닭에 나치정부에 의해 숭앙되기도 하였는데 가장 뛰어난 클라우제비츠 학자 중 유태인인 한스 로스펠스와 로진스키는 인종적 박해를 피해 미국으로 망명하였다.

한스 로스펠스의 연구에 의하여 클라우제비츠의 이해는 새로운 전기를 맞게 되는데 로스펠스는 얼Edward Mead Earle이 편찬한 『현대전략사상가』Makers of Modern Strategy, 1943 속에서 클라우제비츠에 관한 선구적인 논문을 발표함으로써 1914년 이래 영·미 세계의 사람들이 갖고 있던 클라우제비츠에 관한 그릇된 이미지를 씻기 시작하였다. 한편으로 1943년에는 졸스O. J. Mattis Jolles에 의해 새 영역판이 출판되어 그레험 판에서의 모호성이 제거되었다.

---

30) 특히 1953년 및 1943년도의 Historische Zeitschrift 그리고 1931, 1933 및 1936년도 Wissen und Wehr를 참조. 이 중 Historische Zeitschrift, 167(1943): 41에서 역사가 Gerhard Ritter는 클레우제비츠의 전쟁의 정치적 의미에 관한 예리한 분석을 하고 있는데 20세기에 있어서 클라우제비츠 사상 적용에 따른 어려움을 지적하고 있다. 이 논문은 그의 논문집 Staatskunst und kriegshard Werk(Munchen, 1954)에 다시 수록되어 있다.

영·미 양측에서 클라우제비츠를 다시 진지하게 연구하게 된 것은 한국전쟁 때의 일이었으며 바로 이 전쟁 동안 미국은 클라우제비츠가 가장 깊이 몰두한 두 가지 문제를 붙잡고 심각히 고민하였다. 두 가지 문제란 즉 전쟁수행에 있어서 민간정부와 군부와의 관계와 제한된 목적을 위한 전쟁의 수행, 즉 적의 완전한 붕괴를 목적으로 하지 않는 전쟁의 수행법에 관한 것들이었다. 즉 한국전쟁 동안 미국과 그 연합국들은 그들 자신이 알지 못하는 사이에 클라우제비츠적 제한전쟁을 치르고 있었던 것이다.[31]

2차 대전 이후 핵시대와 관련한 제한전쟁 이론가들 특히 1950년대에 제한전쟁에 관하여 저술한 수많은 이론가들 중 대부분은 클라우제비츠 이론과는 무관하게 자신들의 이론을 전개시켰으며 거의 아무도 클라우제비츠에 대한 빚을 인정할 필요를 느끼지 않았다.[32] 그들은 제한전쟁이 핵무기의 등장으로 인한 그 개념 자세로 완성된 것이라고 생각하였다.

그러나 일부 이론가들은 클라우제비츠에게서 그들의 이론 발전에 상당한 기여를 하고 있는 사고양식思考樣式을 발견하고 있다. 따라서 이들 및 다른 이론가들의 영향력을 통하여 클라우제비츠는 다시 연구되기 시작하였으며 이전보다 훨씬 많은 독자를 확보하게 되었다.[33]

이 시기를 통하여 클라우제비츠와 핵시대에 관련한 현대적 적용에 대하여 벌어진 논쟁이 프랑스의 정치철학자 레이몽 아롱과 미국의 수학자이자 게임 이론가인 아나톨 라포포트 간의 대공방이다.

본서 제7절에서 이 논쟁이 구체적으로 다루어지겠지만 라포포트는 1967년 펭귄판 『전쟁론』 서문에서 레이몽 아롱을 포함한 클라우제비츠 연구가들에 대하여 "신 클라우제비츠 추종자Neo-Clausewitzian들은 악의적이라기보다는 괴이하게 보인다. 현실주의란 이름으로 그들은 인류를 파국의 직전까지 몰고 갔던 이미 낡아버린 집단적 사고방식을 영속화시키고 있다. 여기서 떨쳐 나오는 것은 비극이 아니라 소름끼치는 웃음거리다.[34]라고 비난하여 소위 클라우제비츠파Clausewizian와 신 클라우제비츠파Neo-Clausewizian의 논쟁을 야기시켰고 이에 대하여 레이몽 아롱은 그의 저서 『전쟁철학자, 클라우제비츠』Penser la Guerre, Cluasewitz에서 "라포포트 교수의 언명, 즉 국제정치의 목표는 권력Power이며 폭력violence을 유지함으로써 획득된다는 명제는 나로서는 인정할 수 없다. 폭력이나 무력의 사용은 국제관계의 한 부분으로 남아 있긴 하나 그것들이 목적이

---

31) Anatol Rapport, (ed)., *Karl von Clausewitz: On War*(Baltimore: Penguin Books, 1968), p.46.

32) 이 시기에 있어서의 제한전쟁에 관한 문헌은 Morton H. Helperin, *Limited War in the Nuclear Age* (New York, 1963)에 잘 정리되어 있다.

33) Robert E. Osgood, *Limited War: The Challenge to American Strategy*(Chicago, 1957); Bernard F. Brodie, *Strategy in the Missile Age* (N.J.:Princeton, 1959); Raymond Aron, *Peace and War: A Theory of International Relations*, trans. by M. Howard and A. Fox (New York: Praeger, 1966).

34) Clausewitz, *On War*, ed. and abridged by Anatol Rapport (Hamondsworth: penguin, 1967).

나 궁극적인 수단을 의미하지는 않는다"고 반박하면서 "나는 라포포트 교수가 말하는 클라우제비츠파나 신 클라우제비츠파에 대한 논의를 원하지 않는다. 단지 나는 오늘날의 세계를 이해하기 위하여 클라우제비츠의 명제들을 현대에 적용가능한지 시험해 보려는 것뿐이다"[35]고 말하고 있다.

그레험, 졸스 그리고 라포포트에 의한 영역본의 모호성과 오류에 대한 불만에 따라 마이클 하워드와 피터 파레트는 1976년 공동으로 『전쟁론』을 영역하고 장문의 서문을 통해 클라우제비츠의 현대에서의 유용성을 논의하고 있으며 최근 대부분의 독자들은 이 영역본을 근간으로 하고 있다.

월남전 이후 월남전을 분석·평가하는 작업에서 클라우제비츠의 현대에의 유용성에 관한 논의는 더욱 활발해졌으며 최근의 국제관계 및 전략연구 저작 및 학술지에서 빈번히 다루어지고 있는 주제가 되고 있다. 독일에서는 클라우제비츠 탄생 200주년을 맞아 기념 논문집을 발간, 클라우제비츠 이론의 유용성을 재조명한바 있고 미국의 전략학술지 『전략연구』*The Journal of Strategic Studies*는 1986년 6-10월 호에서 「클라우제비츠와 현대전략」이란 이름의 특집으로 다루어 관심을 표명하였다.

미육군대학 교수인 서머즈Harry G. Summers Jr.는 월남전의 평가를 클라우제비츠 전쟁이론에 입각하여 분석함으로써 최고의 월남전 평가 저술로 호평 받았으며[36] 92년에는 걸프전에 대한 평가도 클라우제비츠 이론에 입각하여 분석함으로써 현대전 연구에 가장 유용성에 있음을 증명하였다.

클라우제비츠는 최근에 이르러 다시 전쟁수행에 관심이 있는 군인들뿐만 아니라 평화유지에 관심을 두고 있는 국제정치이론가들 사이에 광범위한 관심을 불러일으키고 있는데 19세기 독자들이 클라우제비츠의 정신력에 대한 가르침을 강조하였던 것에 비해 20세기 중엽 이후로는 정치적 목적의 우위성에 대한 그의 이론에 관심을 집중하고 있는 것이다. 이렇듯 클라우제비츠에 대한 해석은 특수한 시대 및 상황과 관련성에 따라 여러 논의가 있어 왔으며 특히 한국전과 월남전, 그리고 걸프전을 계기로 클라우제비츠에 대한 관심은 더욱 새로워졌고 전술한 바와 같이 미국과 유럽의 주요 핵 이론가들은 그들의 저작 속에서 클라우제비츠를 인용하고 있으나 불행히도 이러한 언급들은 대부분 단편적이고 부분적이며, 일반적으로 클라우제비츠의 현대

---

35) Raymond Aron, *Penser la Guerre, Clausewitz* (1976, Gallimond) trans.,Christine Booker and Norman Stone, *Clausewitz, Philosopher of war* (New York; A Touch Stone Book, Simon and Schuster, Inc., 1986), p.315.)
36) Harry G. Summers, *On Strategy I.: The Vienam War in Context* (Carlisle Barrack, PA: U.S Army War College, 1982) 또한 *On Strategy II: A Critical Analysis of the Gulf War* (Carlisle Barrack, PA:U.S. Army War College, 1992) 참조

적 연구에 있어 포괄적인 연구나 특수한 경우의 핵전 그리고 최근에 대두된 제4세대 전쟁 등에 대한 적합성에 있어서 심층적인 분석이 되지 못하고 있는 실정이다.

따라서 이러한 문제 인식에서 클라우제비츠의 현대적 조명을 시도해 보려는 것이 본서의 목적이고 이후 다루어 나가야 할 주제이다.

이상에서 검토해 본 클라우제비츠 해석의 역사적 검토와 함께 독자들의 이해를 돕기 위하여 그간 대두된 클라우제비츠 해석의 신경향 즉 정치적 목적의 우위성에 관한 그간의 논의를 대략 검토해볼 필요가 있다.

이러한 측면에서 클라우제비츠를 현대적으로 재해석한 가브리엘은 "현금現今에 있어 클라우제비츠에 대한 해석들 중에는 레이몽 아롱과 아나톨 라포포트의 관점이 가장 중요하게 대립되고 있으며 . . . 아롱은 『전쟁론』의 많은 부분이 핵전쟁이론에 적용될 수 있다고 생각하는 반면 라포포트는 엄밀히 반대된다고 생각한다"[37]고 지적하면서, "이들은 나폴레옹이 클라우제비츠에게 준 두 가지 충격을 간과했을 뿐 아니라 결과적으로 핵전쟁과 핵억제의 논의에 있어 클라우제비츠의 완전한 관련성을 보는데 실패하였다"[38]고 말하고 있다. 즉 이 두 사람은 클라우제비츠를 한 범주 내에 귀착시키려고 노력하였으며, 독일의 유명 역사가 『한스델뷰르크』Hans Delbrüek에 의하여 이루어진 클라우제비츠에 대한 위대한 통찰을 무시하였다. 즉 『전쟁론』은 매우 상이한 두 가지 주제를 포함하고 있으며 이 두 가지 이론이 상충하고 있다는 사실을 간과하였다.[39]고 논평하고 있다.

델브류크는 주장하기를 클라우제비츠는 결코 공세와 신속한 적의 섬멸만을 강조하는 단순이론single theory을 전개시킨 것이 아니며 오히려 두 유형의 전쟁을 상정하였는데 그 하나는 섬멸전이며 다른 하나는 소모전이라고 말하고 있다.[40] 그렇기 때문에 클라우제비츠가 두 가지 전쟁을 지지하는 것처럼 알려졌고, 그것은 당시 대부분의 클라우제비츠 해석가들에게 맹렬히 거부되었던 것이다.

1차 대전 후 클라우제비츠의 정치적 전쟁철학의 기반이 되는 최후이성ultima ratio: 무력으로서의 국가관이 치유될 수 없는 상처를 입어 이후 모든 전쟁이 '국가이성'으로서 정당화될 수 없게 되자 클라우제비츠의 철학은 일시적으로 퇴조하게 되었고[41] 클라우제비츠는 폭력의 화신이 되

37) Jurg Martin Gabriel, "Clausewitz Revisited: A Study of His Writings and of the Debate over Their Relevance Theory," Unpublished Ph. D. Dissertation(Washington, D. C.: The American University. 1976), Introduction.
38) 위의 책
39) Gabriel, 앞의 책
40) Gordon A. Craig, "Delbruek: War Historian", in Edward M. Earle(eds.), *Makers of Mordern Strategy: Military Thought from Machiavelli to Hittler*(Princeton: Princeton University Press, 1943), 육군본부 역, 『현대전략사상가』, p.234. Delbrueck와 Clausewitz의 논리 및 사상의 유사성과 상이점에 관해서는 Raymond Aron, *Clausewitz, Philosopher of War*, 앞의 책, pp.74-81 참조

어 비판받게 되었다. 이러한 클라우제비츠에 대한 견해는 2차 대전 중 독일의 슐리이펜 계획을 완전히 클라우제비츠파Clausewitzian적[42) 사상이라고 주장함으로써 절대전적해석의 대표적 예가 되었는데 그 이유는 슐리이펜 계획이 공세와 결정적인 유일한 행동을 강조하였기 때문이다.

2차 대전 후 핵무기의 등장으로 인한 상호공멸의 위협과 전쟁양상의 변화 및 핵전략의 발전은, 특히 한국전의 경험을 토대로 제한전에 대한 논의가 심각히 대두되면서 정치적 전쟁철학으로 다시 부활 되었고 클라우제비츠에 대한 관심이 고조되게 되었다.

이러한 제한적 논의가 대두되게 된 배경에는 정치현실주의 맥락에서 유래되는 신 클라우제비츠파Neo-Clausewitzian적 견해의 대두가 중요한 역할을 하였는데 이들은 전쟁을 현실적으로 인식하고, 현실적으로 추구할 수 있는 전쟁의 가능한 방법을 모색하였으며, 핵에 의한 공포의 균형을 전제로 전략가들의 관심은 검증 가능한 제항전쟁 이론에 심취하게 되었다.[43)

클라우제비츠의 현대에의 유용성은 특히 영·미 학계에서 진지한 논의로 대두되어 레이몽 아롱Raymond Aron, 로버트 오스굿Robert E. Osgood, 헨리 키신저Henry A. Kissinger, 버나드 브로디Bernard Brodie, 피터 파레트Peter Paret, 마이클 하워드Michael Howard 등이 클라우제비츠의 이론을 현대의 상황에 적용시키고 있는데, 이들은 공통적으로 클라우제비츠 사상에 있어 '전쟁의 정치에의 종속'과 '제한되고 통제된 전쟁의 결과'에 관심을 가지고 있다. 따라서 클라우제비츠에 있어서 폭력이 순기능적으로 남아 있기 위해서는 제한되고 통제되어야 한다는 점에서 현대에 있어서 유용성이 나타나고 있다.

이러한 클라우제비츠의 유용성에 관한 논의에 반하여 티볼트Edward A. Tibault는 "클라우제비츠 이론의 재평가: 정책의 붕괴로서의 전쟁"[44)이라는 제목의 소논문에서 '전쟁은 타 수단에 의한 정책의 연장'이란 클라우제비츠의 이론은 널리 알려진 사실이지만 그 이면에 내포되어 있는 뜻을 추리해 보려는 노력은 거의 행하여지지 않았다고 지적하면서, 어떠한 정책이 전면적인 핵전쟁에서 계속 수행될 수 있는가? 하는 의문을 제기, 논리적으로 정책의 연장으로서의 전쟁개념은 전쟁 중이거나 전쟁 후에 정치적 관계가 불가능한 핵전의 경우에는 적용 될 수 없으며,

---

41) Anatol Rapport(ed.), *Karl von Clausewitz: On War* (Baltimore: Penguin Books, 1968), p.562

42) 클라우제비치안(Clausewitzian)들은 일반적으로 클라우제비츠의 저작을 안다고 주장하는 사람들 뿐 아니라, 그들이 클라우제비츠의 관련성을 특별한 문맥 속에서 주장하고 있다는 면에서 클라우제비츠를 인정하고 있는 사람들을 말한다. 특히 네오 클라우제비치안(Neo-Clausewitzian)들이란 Anatol Rapport에 의하여 붙여진 이름으로서 오늘날 핵시대에서 클라우제비치안적 사고를 하는 사람들을 지칭하여 붙인 용어이다

43) 국제체계에서 수행되고 있는 제한전쟁은 17세기에 그 개념이 사용된 이래 나폴레옹 시대의 국민전쟁을 거쳐 제 1, 2차 대전 시대의 총력전으로 그 모습이 사라졌다가 현대의 핵시대에 접어들면서 새로이 적용되기에 이른 것이다.

44) Edward A. Thibault, "War as Collapse of Policy: A Critical Evolution of Clausewize", *Naval War College Review* (may-june, 1973), pp.42-56.

클라우제비츠의 이론을 단지 제한되고 특수한 경우에만 적용이 가능한 것이며, 따라서 클라우제비츠의 '전쟁은 정책의 연장'이라는 교훈은 현재에 있어 전혀 실제적인 가치가 없는 낡은 사고방식이라고 말하고 있다. 즉 정책의 연장으로서의 전쟁관은 전쟁이 비이성적인 것으로서 무분별한 폭력이 아니라 정책의 연장이나 정책의 합리적 수단이 되며 일반적으로 우리가 대외정책을 '국가 간의 상호관계를 실질적으로 지배하는 합리적인 계획'이라고 말할 때 만일 그 정책 자체가 비합리적이라면 정책의 연장으로서의 전쟁도 자연히 비합리적이 되며, 만일 정책이 합리적이라면 전쟁 또한 합리적이 된다는 논리상의 모순이 발생하게 된다는 것이다. 즉 이러한 정치적 전쟁관은 생존(자위)전쟁뿐만 아니라 계획적인 전쟁까지도 내포하고 있어 이성의 기준에 맞지 않는다는 것이다.

따라서 우리는 여기에서 전쟁과 정책과의 관계를 고찰해야 할 필요성이 대두된다. 국가가 존재하려면 국가상호 간의 관계가 있어야 하고 따라서 정책이란 필요불가결한 것이다. 또한 전쟁이 단지 정책의 연장이라면 국가 상호간의 관계를 유지하기 위해 전쟁이란 불가피하고 당연한 것이 된다. 즉 전쟁과 평화는 더 이상 문제되지 않고 다만 전쟁과 정책만이 남게 된다.

전쟁 그 자체에 의미가 있다는 말에 관해서는 많은 이견이 있다. 전쟁은 그 자체의 문법을 갖고 있다고 주장한 클라우제비츠도 전쟁이 그 나름대로 논리를 갖고 있다는 것을 인정하지 않았다.[45] 클라우제비츠는 정치적 목적이 군사적 목적에 선행한다고 하면서도 장군은 정치적 결정에서 독립되어야 한다는 생각과 그 자신이 장군들에게 영향을 미칠 수 있는 위치에 있어야 한다는 생각을 굳게 가지고 있었다.[46] 따라서 전쟁을 정치의 연장이라고 할 때, 여기서 대두되는 문제는 이러한 전쟁개념 즉 정치적 목적이 항상 명확히 예견되고 정치적 목적이 군사계획에 가장 중요한 요소로서 항상 인정될 수 있겠느냐 하는 것이다.

이러한 문제는 결국 전쟁과 정책의 구별에 관한 문제와, 전쟁에 있어서 도덕적 정당성의 문제에 대한 고려의 필요성을 야기 시키게 되는 것이다.

따라서 이러한 문제를 고찰해 보기 위하여 이를 정책의 붕괴로서의 전쟁과, 정책의 연장으로서의 전쟁의 두 논리로 구분하여 논의해 볼 필요가 있다. 이러한 두 논리의 구분은 결국 전자가 폭력의 절대화를 의미하는 전쟁 그 자체에 대한 논의가 될 것이며 후자는 다시 구분되어 정치의 자의적 도구성과 현실적 자제의 전쟁 논리로 양분되어 여기서 정치의 자의적 도구성의 논리가 종국적으로 폭력의 절대화를 초래하게 되는, 정책의 붕괴로서의 전쟁과 동일한 맥락을 이루게 됨을 고찰함으로써, 이상에서 대두된 제 문제에 대한 규명의 논리로서 '도덕적으로 정당

---

45) Clausewitz, On War, p.605: 국역, p.47.
46) 위의 책, pp.607-608, 국역, pp.420-423.

성 있는 전쟁논리'의 분석을 시도해 보기로 한다.

2. 전쟁은 정치의 단절(붕괴)일 뿐이라는 논리

전쟁을 정책의 붕괴라고 보는 관점은 클라우제비츠의 전쟁은 정책의 연장이라는 명제에 대하여 그 타당성에 관해 회의적인 관점이다. 즉 클라우제비츠의 전쟁이 정책의 연장이라는 이론은 전쟁 중에도 교전국간의 정치적 관계는 계속되며 본질적으로 변화하지 않는다는 주장에 기초를 두고 있는데 이와 같은 생각은 전쟁에 필연적으로 수반되는 증오, 폭력 또는 혼란 등을 고려해 볼 때 용납하기 어렵다는 것이다.

와일리 제독은 이에 대하여 "전쟁이 발발한 이후에도 국가의 정책이 지속된다는 생각이 옳은 것인가? 전쟁이란 정말로 정책의 연장인가? 본인의 생각은 그렇지 않다. 피침략국의 입장에서 전쟁이란 사실 정책의 완전한 붕괴이다. 전쟁이 일다 발발하면 거의 모든 전쟁 전의 정책은 효과가 없어진다. 왜냐하면 그 정책이 현실과 전혀 맞지 않기 때문이다. 전쟁이 일어나면 우리는 즉시 극단적으로 아주 다른 세계로 뛰어드는 것이다. 2차 대전의 참전국 중에서 어느 국가도 전쟁이 시작된 후 전쟁이 끝나면 세계가 어떻게 변화할지 명확히 알 수 없었다. . . . 전쟁을 고의로 시작한 침략국의 경우, 전전과 전후의 정책 간에 상당한 지속요소가 있을 것이지만 피침략국의 경우 전쟁의 발발은 대개의 경우 정책의 완전한 붕괴라고 일반적으로 말하여도 괜찮을 것 같다."[47]고 말하고 있으며, 프리드리히Carl J. Fredrich 교수는 "클라우제비츠의 '전쟁이란 타 수단에 의한 정책의 연장'이란 명제는 그 자체가 틀린 것이거나 아니면 오히려 폭력의 사용으로 인한 정치의 포기를 의미한다. . . . 인간이 무력을 사용하게 되는 것은 그들의 정치적 모색에서 실망했을 때이다."[48]라고 말하고 있다. 따라서 기존 세력관계의 파괴를 추구하는 국가에게는 전쟁이란 정책의 연장일지 모르나 이념적으로 평화적인 대외관계를 원하는 국가에 있어서 전쟁이 정책의 연장이란 필연적으로 정책의 완전한 수정이나 전혀 새로운 정책의 수립을 뜻한다는 것이다.

특히 클라우제비츠가 불가능하다고 생각하고 그렇기 때문에 그의 계산으로부터 제외시킨 하나의 가능성, 즉 열핵무기의 등장으로 인한 국가존망의 위협은 심각하며, 이것은 도덕적으로 용납되지 않을 뿐 아니라 이러한 열핵전熱核戰에 의한 대결심大決心은 정책의 계속으로서 용납할

---

47) J.C. Wylie, *Military Strategy: A General Theory of Power Control*(New Brunswick, N.J.: Rutgers University Press, 1967), pp.80-81.

48) Carl J. Fredrich, "War as a Problem of Government", Robert Ginsberg(ed.), *The Critique of War: Contemporary Philosophical Explorations* (Chicago: Regnery.1969), p.168.

만한 수단이 아니라는 것이다.49)

　이러한 해석의 논리는 클라우제비츠의 절대적 전쟁개념에 대한 비판적 입장에서 출발한 것인데 실제 전쟁에 있어서 승자는 처음 생각했던 것보다 전쟁의 목적 및 기대를 상승시키며 따라서 그는 당초 생각했던 전쟁의 목적을 재검토하게 되고 최초 전투에서 실패한 자는 당초 전쟁을 야기했던 정치적 목적을 포기하든지 아니면 최초 전쟁을 야기했던 정치적 명분을 옹호, 유지하기 위해 더욱 매진하든지 하는 두 가지 불분명한 선택에 직면하게 되고 결국 승자와 패자 모두는 당초 생각했던 목표와 수단, 정책과 전략과의 관계에 있어서 실패하게 되며, 더욱이 이러한 실패는 전쟁의 투입규모와 야심의 확대를 초래하게 된다는 것이다.

　여기서 "전쟁이란 절대적 현상으로 나가게 되는 것이다"는 공식이 생겨나는데 전쟁이 이 같이 절대로 나갈 때 목적, 이성에 대한 통제보다도 전쟁과 군사적 운영에 관한 기회주의가 나타나고 전략이 정치를 지배하여 수단이 목적을 지배하게 된다.

　이러한 점에 관하여 잇졸드Thomas H. Etzold는 "전쟁에 대한 클라우제비츠의 관점에 있어서, 불분명한 목적을 갖는 것은 용납하기에 바람직하지 않다. 그러나 그것은 또한 후일의 많은 전쟁에 있어서 국가와 지도자들이 대부분 비슷한 조건이 없다는 것 또한 놀랄 만한 일이 못된다. 전쟁은 통제 불능이 되고, 정책의 붕괴가 되며 무력은 목적이 변경되고 여기서 수단을 지배하는 목적의 통제로부터 모든 이성적인 제한이 파괴된다."50)고 말하여 클라우제비츠와 이의 추종자들의 논리에 경종을 울리고 있다.

　이렇듯 절대전적 개념에 입각한 해석 추종자들에 의하여 독일에서는 몰트게로부터 슐리이펜, 루덴도르프, 그리고 히틀러 등이 클라우제비츠의 전쟁이론을 국가목적을 달성하기 위한 대량공세 전쟁개념으로 대부분 해석하였고,51) 전쟁을 오로지 군사적인 것, 침략, 대승리, 그리고 대량유혈로 보았으며, 이러한 영향을 받은 히틀러의 독일 나치정권과 전체주의 및 군국주의적 국가였던 이탈리아와 일본은 파멸과 쇠퇴로 끝나는 절대전을 현실화하려는 오류를 범하게 되었던 것이다.52)

---

49) Edward M.Collins (trans. & ed.), *Karl von Clausewitz: War Politics and Power*(Chicago: Henry Regnery Co., a gateway ed., 1962), p.3.

50) Thomas A. Etzold, "Clausewitzian Lessons for Modern Strategists" Air University Review(May-june, 1980), p.27 또한 Jhon P. Stewart and Arthur F. Lykke,(trans.), Military Strategy: Theory and Application.(U.S. Army War College, 1982), pp.2-21.

51) Vincent J. Esposito, "War as a Continuation of Politics, Military Affairs", NO. 18,(Spring, 1954), p.21.

52) Collins, 앞의 책, p.56

3. 전쟁은 정치의 계속(연장)이라는 논리

(1) 자유진영에서의 수용

클라우제비츠의 개념에 있어서 가장 논란이 많고 혼란을 가져오는 것 중의 하나가 바로 전쟁이 정책의 효과적인 도구라는 개념이다. 흔히들 간과하고 있는 것 중의 하나는 '정책의 연장으로서의 전쟁' 개념과 '정책의 도구로서의 전쟁' 개면에 대한 혼란이다. 보통 이의 관계에 대하여 정책의 연장으로서의 전쟁을 정책의 한 부분으로서 정책의 이성적 도구로 생각하는 것이 아니라 자의적인, 정책 수립자가 그의 마음대로 취하는 수단 중의 하나라고 인식하는 데 있다.53)

엄밀히 구분하면 정책의 연장이란 의미는 전쟁을 정치의 이성적 통제에 종속시키고 분별력 있게 구가의 힘을 사용한다는 뜻이다. 이 경우 정책의 도구로서의 전쟁관은 자칫 수단의 이성적(합리적)인 사용과 절대목적 위주 수단남용의 절대전쟁관과의 혼돈을 초래하게 된다. 이점이 클라우제비츠의 정치적 전쟁관에 대한 오해의 핵심적 부분이다. 따라서 '정치 도구로서의 전쟁' 개념에 내재하는 두 논리, 즉 자의적 도구성과, 이성적 자제성에 대한 명확한 논리적 구분이 없이는 클라우제비츠에 대한 끝없는 논란에 대해 해답이 주어질 수 없게 된다. 티볼트의 클라우제비츠 비판도 이 자의적 도구성에 대한 일측면의 논의에 불과할 뿐, 이의 종합적인 고찰에 있어서는 실패하고 있다.

① 정책의 자의적 도구로서의 전쟁(남발성)

"전쟁은 타 수단에 의한 정치의 계속이다"라는 언명으로 대변되는 클라우제비츠의 현실적(정치적) 전쟁관에 대한 하나의 해석은 전쟁을 국가정책의 자의적 도구54) 보는 데서 출발한다. 이 개념에 의하면 전쟁이란 단순히 주권국가가 그들의 정치적 목적을 달성하기 위하여 임의로 사용하는 수단 중의 하나이며 따라서 전쟁은 정치에 종속되어야 한다고 인식된다. 이 경우 그 정치가 비록 부도덕한 것이고 유해한 것이라 할지라도 전쟁은 극단적인 상황 하에서는 가장 효과적인 수단으로 봉사할 수 있다는 확대해석을 가능하게 한다. 이러한 견해는 현실적 정책대안으로서 전쟁의 결정이 명분이야 어떻든 결과적으로 국가이익 추구의 궁극적 수단이기 때문에 침략적 전쟁도 합목적적이면 그 수단과 방법이 비이성적일지라도 정당화됨을 의미하는 관

---

53) Thibault, 앞의 글, p.46. 그는 여기서 '정책의 계속으로서의 전쟁'과 '정책의 자의적 도구로서의 전쟁'의 구분을 중시하지 않고 동일시하고 있다.
54) 여기서 '자의적'이란 이성적 목적의 타당성과 상관없이 계산적 사고에 근거한 수단과 방법면의 객관적 효율성을 의미하는 것으로 개념 짓는다.

점이다.

전쟁을 정책의 도구로서 인식하는 전통은 19세기 중엽 이후에도 여러 유형의 이념들이 당시의 정치가나 역사가들에 의하여 개진된 바 있으며, 이들 논의의 대부분은 보통 세력균형balance of power의 개념으로 주권국가간의 상호관계 인식에서 출발한다.55) 제1, 2차 대전은 바로 전쟁이 비엔나 체제 이후의 세력균형을 파괴하게 되는 임의적·무한계적인 정책도구의 자의적 수단으로 작용했던 대표적인 예라고 볼 수 있다.56)

나폴레옹 시대 이래의 서구세계에서 국가단위의 권력정치 현실에 지나치게 민감했던 국수주의적 지도자 또는 팽창적 지배자와, 이를 뒷받침하는 군국주의자들은 전쟁의 자의성을 정당화하고 절대목적과 절대수단을 신봉한 대표적인 사람들이었다. 이들에게 있어서 전쟁은 국가간의 관계에 있어서 정상적인 행위일 뿐 아니라 필요불가결한 수단으로 인식되고 있었기 때문에 필요시 군사력에 바탕을 둔 외교정책을 수행하였으며, 이 무장외교 또는 협박외교가 아무런 효과가 없을 때에는 전쟁을 통해서 상대를 제압 또는 제거하려 했던 것이다. 여기서 정치는 절대적 목표를 추구하게 되고 전쟁은 절대적 수단으로 활용되게 되었던 것이다. 이 경우에 있어서 전쟁은 이미 이성적인 목적을 상실하게 되고 이성적인 수단이 되지 못하고 만다. 그래서 결국 '정책의 자의적 도구로서의 전쟁'은 '정책의 붕괴'가 되고 마는 것이다, 따라서 전쟁을 정책의 도구로 간주 할 때, 이에는 다음과 같은 위험성이 있다. 즉 정책수립자가 전쟁을 그의 임의적 정치목적을 위하여 사용하기 쉽게 할 가능성이 많고, 그들로 하여금 전쟁이 정책을 달성시키는 도구가 아니라 정책을 파괴시키는 도구가 될 수도 있다는 생각을 잊게 할 가능성이 많다.57) 즉 정치의 자의적 도구로서의 이'자의적'이란 말은 목적(정치목적) 개념에 종속되는 수단(도구)으로서의 전쟁을 의미하는 것으로서 목적 자체에 대한 이성은 포함되지 않고 있음으로 인하여 비합리적 목적에 대한 물리적으로 효과적인 수단으로 사용하게 된다는 문제가 발생하게 된다.

예를 들어 정치목적을 영토확장과 적섬멸 및 유태인 축출에 두었던 히틀러의 순수 게르만 민족을 위한 '생존권'Lebensraum정책이나, 군국주의시대 일본의 '대동아공영권' 이념정책이 정부의 정치목적으로 채택되었다면 전쟁은 여기에 봉사하여야 하는 것이 '자의적 정책도구'로서의 전쟁이 되는 것이다.

이 경우에 있어서 전쟁이란 정치적 목적만 있다면 (그 정치적 목적이 무엇이든 간에) 수단으로서 사용이 가능하고, 경우에 따라서는 절대섬멸전도 가능하다는 정당화 논리가 되어 버리

---

55) Peter Paret, *Clausewitz and The State* (New York: Oxford University Press, 1976), pp.336~340.
56) Henry A. Kissinger, *Nuclear Weapons and Foreign Policy*, 이춘근 역, 『핵무기와 외교정책』(서울: 청아출판사, 1980), p.133 참조.
57) Thibault, 앞의 글, p.47.

는 것이다.

따라서 이러한 정책의 자의적 도구로서의 전쟁논리는 목적의 자의성에 따라 전쟁이 결정되며 경우에 따라서는 침략전도 될 수 있고 섬멸전도 가능하다는 논리가 되어 결국 클라우제비츠의 절대적 전쟁이론과 동일한 맥락을 이루게 되며 이 절대전은 곧 정치의 붕괴가 되는 것이다.

② 정치 연장으로서의 전쟁(이성적 도구성)

20세기에 들어서 전개되는 전쟁의 양상은 클라우제비츠의 절대전과 유사하게 닮아 가고 있기 때문에 실제로 전쟁을 수행함에 있어서 정치적으로 의도하는 바가 무엇이며 군사적으로 가능한 방도가 무엇인가에 대한 고려가 선행되지 않으면 안 되게 되었다. 따라서 정치현실주의자들이 주장하고 있는 문제들로서 정책결정자로서의 인간들의 상호관계와 행위, 세력의 본질, 외교정책의 목표들, 권력을 관리하는 기술들, 정치형태에 관한 환경의 영향, 그리고 정치지도자들을 인도해야 할 목표들과 실천 등에 관한 문제는 현대의 상황에 많은 시사를 주고 있는 것이다.[58] 이러한 정치현실주의자들에게 있어서 전쟁은 정책의 계속으로서 인식되어 왔다.

정치현실주의자들의 전쟁에 대한 인식은 클라우제비츠의 현실전 개념에 입각하고 있는데 클라우제비츠는 이점에 대하여 다음과 같이 언급하고 있다.

> 전쟁의 전체적인 현상을 지배하는 경향은 첫째, 증오와 적개심 둘째, 개연성과 우연성 셋째, 지적도구로서 이러한 것들이 미묘한 삼위일체를 이루고 있다. 이 세 가지 가운데 첫째는 주로 국민과 둘째는 군대와, 셋째는 정부와 관계가 있다. 이 세 가지 경향은 전쟁의 본질에 뿌리를 박고 있는 별개의 법칙과 같이 보이지만 그들의 상호관계는 언제나 일정한 것이 아니다. 따라서 이 중 어느 한 가지를 무시하거나 억지로 이들과의 관계를 설정하려는 군사이론은 현실세계와의 모순으로 인하여 무가치한 이론이 되어 버린다.[59]

따라서 이러한 전쟁의 삼위일체 즉 국민, 정부, 군대가 서로 균형을 유지할 수 있는 이론에 입각하지 않고서는 가치게 없게 된다. 또한 전쟁은 그 전쟁이 일어나게 된 전후관계, 전쟁이 추구하는 목적, 적절한 목적을 성취하기 위하여 취해지는 행동을 규제하는 지성적인 규범의 유무에 의하여 분석되어야 한다.[60] 즉 행동이란 그 전후관계가 있고 목적이 있어야 하며 규범에 의하

---

58) James E. Dougherty and Robert L. Pfaltzgraff, Jr., *Contending Theories of Inthernational Relations* (New York:J.B. Lippincott Company, 1971), p.126.

59) Clausewitz, 앞의 책, p.89, p.79.

60) A. C. Genova, "Can War be Rationally Justified?", Robert Ginsberg(ed.), *The Critique of War. Contemporary*

여 행해져야 한다. 따라서 어떤 행동이 이성적이 되기 위해서는 행동을 규제하는 규범이 있어야 하고, 그 목적을 달성하는 데 적당하여야 한다. 이러한 관점에서 볼 때 전쟁은 비이성적 행위이 며 그 이유는 정치적 목성을 달성하는 데 적절한 수단이라고 할 수 없기 때문이다. 즉 전쟁이라 는 정책적 도구는 전쟁을 일으키게 하는 전형적인 문제 – 국경선 문제, 정치적 이념의 차이, 경 제적 여건 – 들을 해결하기에 적절치 않으며, 따라서 수단으로서 전쟁이란 국가가 추구하기에는 비이성적인 정치과정임에는 틀림없다. 엄밀한 의미에서 전쟁의 개념에는 침략적 행위와 자위적 행위의 개념이 동시에 내포되어 있고 전쟁행위를 평가하는 데 있어서는 모든 면에서 이 두 가 지 행위가 서로 반대적인 것으로 나타난다. 즉 자위로서의 전쟁은 이성적인 것으로 볼 수 있고 자기보존을 위한 정책으로서 생각될 수 있다. 따라서 방위행위는 방위자의 생존문제에 한하여 정당화되며 자위의 정도는 침략이나 전쟁에 의하여 정해지기보다는 전쟁을 방지할 수 있는 예 방책으로서의 규범에 의하여 정해져야 한다. 바로 이러한 면에서 현대적 개념으로서 국가이성 의 안보적 정당성이 존재한다고 볼 수 있다.

그러나 역사적으로 전쟁은 평화를 달성하기 위한 자체적인 자위로서보다는 침략적인 행 위로서의 자위개념으로 명분화 되고 인식되어왔다. 특히 현대전이 총력전 경향으로 발전되어 옴에 따라 이 총력전은 그 자체의 성격으로 인하여 클라우제비츠가 말하는 절대적·이념적 전쟁 에 극도로 접근된 것으로 볼 수 있으며,[61] 따라서 수단과 목적의 절대화를 반영하는 이러한 총력전은 현대 핵전의 공멸 위협 하에서는 받아들일 수 없는 입장이 되어 버린다.[62] 그래서 전쟁이 정치의 건전한 수단이며 본질적으로는 국가정치의 연장으로 존재하기 위해서는 정치의 자의적 수단으로서의 전쟁을 폐기하고 정치이성으로서의 전쟁을 수단으로 선택해야 하는 문제 가 제기된다.

이러한 전쟁관에 입각하고 있는 정치적 현실주의자들은 대체로 헨리 키신저Henry A Kissinger, 오스굿Robert E. Osgood, 볼George Ball, 브로디Bernard Brodie, 하워드Michael Howard 등으로 이들의 논지는 대략 다음과 같은 다섯 가지로 요약될 수 있다.[63]

첫째, 세계에는 정치적 분쟁이 산재하고 있으며 그들 가운데 어떤 것은 무장된 폭력을 통 해서만 해결될 수 있다. 둘째, 클라우제비츠 당시에 비해 주권국가의 수는 엄청나게 증가하였으

Philosophical Exploration (Chicago: Regnery, 1969), pp.198~221.

61) 高稿甫 著「百萬人의 戰爭科學 戰力의 構造との構造と運動의 理論」, 국방대학원 역, 『현대총력전론』, p.29.

62) 'Total war'는 통상 '총력전'으로 번역되고 있으나, 이 경우는 주로 전쟁수단의 절대화를 의미하는 뉘앙스를 풍긴다. 따라서 수단과 목적의 절대화를 동시적으로 반영하는 경우에는 이 용어로서 '총체전'이라고 번역할 수도 있을 것이다.

63) Julian Lider, "War and Politics: Clausewitz Today", Cooperation and Conflict 12,(1977), p.192. 또한 Julian Lider, *Military Theory* (England: Gower Pub. Company Ltd., 1983), p.66 참조. 그는 여기서 전쟁의 본질이 변화하였는 가 하는 주제로 정치현실주의자들의 입장을 지지하는 논쟁들을 요약하고 있다.

며 각기의 국가이익을 가진 이들 국가가 늘어났다는 사실이 바로 전쟁발발의 주된 요소가 늘어 났다는 것을 뜻한다. 셋째, 전쟁이란 여전히 특정한 국가의 목적을 달성하는 데 있어서 실제적 이고 어떤 의미에서 필요한 방법이며 더욱이 정치적 목적과 관련하여 합리적으로 행사될 때는 더욱 그러하다. 넷째, 전쟁이 국가정책의 연속이며 또한 도구라는 이론적 논의는 어떤 특별한 종류의 전쟁이 그러한 도구로써 유용한지에 대한 의문과 혼동되어서는 안 된다. 만약 전쟁이 일어나면 그 이유는 단지 그 분쟁이 중대한 것일 경우에도 정치적 목적을 달성하기 위한 적절 한 수단이 되는 어떤 종류의 전쟁이 없기 때문이다. 이러한 의미에서 전면적인 핵전쟁은 아무런 정치적 의도에도 부합할 수 없기 때문에 발생이 불가한 것이다. 따라서 클라우제비치안들의 도 식formula이 무용하기는커녕 그 유용성이 확인된다. 다른 한편으로 현실주의자들은 만약 열핵전 쟁이 일어난다면 그것은 아마도 정치적 목적에 의하여 통제될 수 없다는 점을 인정한다. 열핵전 쟁의 통제불가성 인정이 전쟁관의 한 변화일 수도 있다. 그러나 그들은 정치적 행위로서의 전쟁 의 기본 사상에 대한 타당성이 그러한 변화에 의하여 도전받을 수 없다고 주장한다. 왜냐하면 그러한 전쟁은 클라우제비츠의 절대전쟁처럼 하나의 가정적 상황으로만 간주되어야 한다는 것 이다. 또한 대량의 파괴력을 사용해서는 어떠한 가치도 성취할 수 없기 때문에 핵전의 도발은 어떤 이성적 행동도 될 수 없다는 것이다. 다섯째, 따라서 각국은 역사상 수많은 전쟁이 그러하 듯 국가정책의 수단으로서 제한적 전쟁을 택하여 왔다. 실제적으로 역사의 교훈은 제한전쟁이 정치적 목적에 따라 행사되었다는 많은 사례가 있다. 즉 전력과 전술은 변화하는 상황에 대한 적응능력을 강조하면서 상대방에 대한 적개심 유발의 억제, 또는 적을 되도록 많이 살상하는 것보다는 적군의 사기를 떨어뜨리는 쪽으로 유도되어 왔다.

이와 같은 사상의 발전에 의하여 클라우제비츠는 최근 서구의 전쟁연구에서 재발견되었 으며, 더욱이 현대전략 문헌은 신 클라우제비츠파Neo-Clausewitzian에 의해 장악되게 되었다.[64] 이 들은 현대의 핵전쟁과 관련하여 일단 정쟁이 발발하면 정치적 의도에 따라 통제될 수가 없기 때문에 이런 의미에서 핵무기를 혁명적인 것으로 인식, 전쟁의 개념이 변화되었다고 생각하고 있으나, 반면에 이러한 변화는 정치적 행위로서의 전쟁의 기본 개념에는 상반된 것이 아니라고 주장한다. 그 이유로 핵전쟁이 클라우제비츠식의 절대전과 같이 하나의 가정적 상황으로만 생 각하면 되기 때문이라는 것이다. 이와 같은 철저히 파괴적인 핵전쟁에서는 얻을 수 있는 정치적 가치란 있을 수 없으므로 가능한 모든 형태의 현실적 전쟁에서는 여전히 전쟁수행에 대한 정치 의 우위란 타당하다는 것이 이들의 주장이다.[65]

---

64) Ken Booth, "The Evolution of Strategic Thinking", in J. Baylis, Ken Booth, John Garnet, and Phil Williams, *Contemporary Strategy Theories and Politics*, 5th ed., (New York: Holmes and Meier Pub. Inc., 1982), p.25
65) Thibault, 앞의 글, p.45

이들은 일반적으로 전쟁의 적절한 계획이 전쟁의 가공할 만한 잠재적 요인을 억누른다고 생각하며 따라서 현대 전략가들은 가능한 한 혁신적인 인도주의적 정책을 통하여 자제적 계획에 따라 전쟁을 수행하면 군사면에 있어서 불확실한 면을 통제할 수 있다고 생각한다.

이러한 개념은 클라우제비츠의 현실전 개념에 입각한 것으로서 마찰의 개념에 의한 절대적 전쟁추구의 정지suspended개념에 근거하고 있다. 클라우제비츠는 이러한 자제의 한 요소로서 당시의 유럽 국가들을 공동이익을 추구하는 주권국가들의 연합체community of nations로 파악, 모든 국가들은 이러한 관계에서 변혁을 가져오기보다는 오히려 안정을 유지하고자 한다고 생각하고 있다.

클라우제비츠는 이 같은 안정을 향한 경향이나 현상유지의 성향을 진정한 의미에서의 세력균형이라고 파악하고 있었으며, 이런 의미에서 볼 때 문명국가간의 확대된 관계가 이루어지고 있는 어떠한 곳에서도 이러한 성향은 존재한다고 인식하였다. 이러한 개념은 바로 19세기 '세력균형'의 개념으로 주권국가의 군력장악 및 국가이익 추구를 위해서 국제관계에서 균형을 유지하기 위한 수단의 방책으로서 자제된(또는 통제된) 전쟁을 생각한 전쟁관과 상통한다. 그런데 전쟁은 결코 계획에 따라 수행되지 않으며 작전상, 도표상의 전쟁은 실제의 전쟁으로부터 갈려나와 목적과 수단관계의 혼란을 초래한다. 따라서 클라우제비츠는 군사 전략가들이 무슨 일이 있어도 군사적 노력과 정치적 관계간의 상호측면을 확대하는 오산을 갖지 않을 것을 바라고 있다.66)

전쟁은 실제적으로 극히 정교하지 않으면 오점투성이다. 따라서 전쟁 자체의 내재문맥에서 나오는 정치적 목적을 위해 군사력을 이용하는 무모함은 많이 논박되어야 한다. 전쟁은 승자, 패자에게 공히 같은 결과를 준다. 즉 그들 누구도 전쟁을 통제하지 못하는 결과가 된다. 따라서 군사력이 정치 목적에 종속 되었느냐를 묻기 전에 그 정치적 목적은 정당하였는가 하는 의문이 필요하다. 정치적 목적이 정당하기 위해서는 건전한 국가이성이 요구되며 이를 기반으로 한 정치의 이성적 통제에 속하는 분별력 있는 힘의 사용결정, 즉 정치적 목적이 건전하게 설정되어야 한다. 즉 이것은 폭력의 자의적 행사를 부정하는 것이며 폭력지향성 전쟁을 통제하는 것이고, 이러한 정당한 정치목적이 설정된다면 평화를 모색할 수 있는 길이 열리게 되는 것이다.67)

만일 이 경우에 있어서 전쟁이 정치적 목적에 의한 통제성을 위반하여 발발하게 된다면 그것은 정치의 붕괴가 되며, 전술한 바와 같이 전쟁 그 자체의 모순 속으로 빠져들게 되는 결과

---

66) Clausewitz, 앞의 책, pp.372-374
67) Edward M. Collins, trans. & ed., *Karl von Clausewitz: War, Politics and Power* (Chicago: Henry Regnery Co. a Gateway, 1962.), p.59.

를 초래하여 비이성적·비도덕적 결과를 초래할 수밖에 없게 된다. 이러한 논리에서 클라우제비츠의 언명 "전쟁은 타 수단에 의한 정치의 계속"이라는 말은 결국 '전쟁은 정치의 계속이어야만 하고', 이것은 곧 '전쟁은 통제되어야만 한다'는 당위적·규범적 명제로 대체되어 이해되어야 하며, 이로써 클라우제비츠에 대한 포괄적인 이해가 가능하게 될 수 있는 것이다.

(2) 공산진영에서의 수용

클라우제비츠의 가르침은 마르크스와 엥겔스에게 깊은 감명을 주고 그들을 통하여 레닌과 트로츠키에게도 커다란 영향을 미쳤다. 이들에게 있어서 전쟁은 정책의 도구이며, 정책은 근본적인 사회적 요인의 산물이고, 이 요인을 먼저 파악해야만 올바른 군사적 이론을 세울 수가 있다고 이해되었다. 마르크스 - 레닌주의의 교의는 이러한 객관적 요인들objective factors을 과학적으로 통찰할 수 있게 만들었다고 믿어졌다. 레닌의 책에는 클라우제비츠에 대한 아첨 섞인 언급이 나오는데, 그 덕분에 부르주아출신 군사연구가라는 그의 배경에도 불구하고 마르크스 - 레닌주의자들이 그의 사상을 기꺼이 받아들였다. 이것은 아퀴나스가 아리스토텔레스에게 경의를 표했기 때문에 중세의 교회가 그 철학자를 인정한 것과 마찬가지로 러시아 혁명과 내전 이후 소비에트연방에 의해 재건된 새로운 군대는 전쟁과 정책의 관계에 대한 클라우제비츠의 신조를 군사사상의 기초로서 채택했다. 또한 소비에트 군사교과서 가운데 그 이론을 한 번이라도 언급하지 않은 책은 거의 없을 정도였다.

구소련에서의 클라우제비츠 해석은 서방세계와 근본적으로 상이한 전쟁관 때문에 크게 두 가지 면에서 변질되어졌다. 마르크스 - 레닌의 저술들에 의하면 전쟁본질은 그 해석에 있어 정책과 무장폭력armed violence의 관계가 기초적인 것으로서 철학적인 것과 사회·정치적인 것의 두 가지로 구성된다. 그들은 철학적인 면에서 전재의 본질, 구성요소에 대해 변증법적인 두 가지 범주로서 접근하고 있다.[68]

이러한 해석 하에서는 전쟁의 본질이 일반적인 것과 특별한 요소들의 통합으로 설명되는데, 이들에 의하면 정책도구로서의 전쟁의 기능은 일반적인 것이며 이러한 기능을 수행하는 무장폭력은 특수한 요소이다. 이 두 가지 요소는 종속관계를 이루는 분리할 수 없는 전쟁의 본질을 구성하고 있는데, 그것은 바로 계급이 경제에 이초하고 있는 것처럼 정치는 전쟁의 본질이며 따라서 전쟁의 본질이며 종속된 수단은 무장폭력이다.

---

68) 마르크스-레닌주의자들은 본질의 인식을 형상들의 발전방향을 결정하는 사건의 측면(사건, 과정) 또는 내부적인 기저로서 해석하였다. 따라서 본질은 대부분 중요하고 필수적인 현상의 형태를 구성하고 있으며 이러한 현상은 계급이나 개인적 실체에 공통적인 것으로 해석하였다. J. Lider, Military Theory, 앞의 책, p.104 참조.

사회·정치적 측면에서 전쟁의 주된 관련성은 본질과 현상으로서 표출되며 본질이 사회적 행동에 대한 내부적 관점이라면, 현상은 사회적 행동의 표출과 표현양식으로서 외부적인 속성과 관련성이 혼합적으로 구성된 것이다. 따라서 전쟁은 본질에 있어서 정책의 계속이며 그것은 현상에 있어서 전쟁의 여러 방법과 형태로서, 또한 경제, 외교, 이데올로기적 투쟁으로서 나타나게 되는 것이다.

구소련 군사학자들의 전쟁의 본질에 대한 사회·정치적 분석에 있어서 정책과 전쟁, 또는 전쟁의 사회·정치적인 것과 기술·군사적인 것은 동일시되지만 강조점은 정책의 우위에 두며 전쟁의 비군사적인 수단을 포함하는 여러 가지 수단의 사용을 상정하고 무장투쟁의 역할이 중요시되었다.

이렇듯 국가정책과 전쟁은 근본적으로 마르크스주의자들의 계급 개념에 의하여 규정되어 왔으며, 보다 광의의 전쟁규정에 있어서 정책의 계속행위로서의 클라우제비츠의 전쟁관이 주권국가 간의 전쟁뿐 아니라 내전internal war에도 역시 적용되어 왔다. 레닌에 의해 도입되고[69] 스탈린에 의하여 수정되었으며 트로츠키[70] 등에 의해 보강되어졌던 구소련의 정치전쟁관은 클라우제비츠의 이론에 대한 각색으로서, 비판 논의와 함께 구소련 정치·군사 사상의 근간을 이루었는데, 핵미사일 시대의 상황은 구 소련학자들로 하여금 전쟁의 본질이 정책의 계속으로서, 또는 정책의 붕괴로서 변화되어야 할 것인가를 고려하도록 만들었다. 그 일반적인 결론은 변화될 수 없는 전쟁본질의 기본적인 핵심이 존재하나 몇 가지 요소들은 변화되었다고 보았는데 그것은 다음과 같이 요약, 정리될 수 있다.[71]

① 변화 불가한 요소

㈎ 특별한 전쟁을 지배(수행)하는 정책은 전쟁이 발생한 시대와 개별적인 특수성에 의존한다.

---

69) 클라우제비츠 『전쟁론』에 깊은 감명을 받은 레닌의 클라우제비츠 이해 및 해석과 이것이 구소련의 전쟁관 및 전략·전술에 미친 영향 및 평가에 대해서는 Raymond Aron, *Clausewitz: Philosopher of War*, trans by Christine Booker and Norman Stone(New York: A Touch Stone Book, Simon and Schuster, Inc., 1986), pp.267-277 참조.
70) 트로츠키(Trotskii)의 전쟁이론과 실전에 대한 기여는 후에 당으로부터 배척되었으며 배척되지 않은 것들은 후에 후룬제(Frunze)나 다른 자들이 기여한 것으로 변형되어 당교리에 흡수되었다. P. H. Vigor, *The Soviet View of War, Peace and Neutrality*, 이민용·권인태 역, 『소련의 전쟁관, 평화관, 중립관』(서울: 형성사, 1984), p.200.
71) Lider, 앞의 책, po. 105. 이 점에 대하여 A.S. 밀로도프는 "전쟁의 본질에 대해서 다음의 두 가지를 알아둘 필요가 있다. 즉 안정적, 영구적 그리고 절대적 측면과 활동적, 그리고 가변적인 측면을 이해해 두는 것이 필요하다."고 말하고 있다. "Filosofskiy Analiz Voyennoy Mysil", 『Krasnaya Zvezda(Red Star)(Moscow:17 May 1973), pp.2-3. in *Selected Soviet Military Writings: 1979-1975.* edited by The United States Air Force(Washington: U.S. Government Printing Office, 1976).

㈏ 전쟁의 발발과 그것의 발생경로에 대한 정치적 영향은 다양하다.

㈐ 무장폭력military violence이 행사되는 방법은 다양하게 적용된다.

㈑ 전쟁의 수단은 변화한다.

이러한 관점은 서방세계의 전쟁본질 인식과는 크게 구별되는 것으로서, 이러한 인식의 기저에는 클라우제비츠의 수용과 적용에 있어 독자적인 비판과 수정의 결과를 내포하고 있는데, 레닌 이후 구소련에서 클라우제비츠를 어떻게 수용하였는가 하는 그 해석의 전이과정 추적은 본서의 주제범위를 벗어나는 것이므로 여기서는 스탈린이 평한 클라우제비츠의 비판 고찰로 대신하기로 한다.72)

스탈린은 라신Razin과의 대화중에서 정치·군사 이데올로기와 클라우제비츠의 명제가 근거하고 있는 정치적 전쟁철학에 대하여 다음과 같이 비판하고 있다.73)

첫째, 클라우제비츠의 주된 개념은 절대전인데 이것의 순수한 형태는 정의상 정치적 고려와는 별개인 것으로서 전쟁을 폭력행위로 파악한 일면과 정치적 행위로서 인식한 전쟁개념 규정이 그 균형의 측면에서 잘못 다루어졌다. 그 이유는 정치의 역할이 사용되는 폭력을 가능한한 제한하는 것이기 때문에 전쟁의 정치적 요소는 부차적인 것에 불과하다.

둘째, 전쟁의 이념형으로서의 절대전에 대한 클라우제비치안들의 전반적인 인식은 구 소련학자들에게는 납득할 수 없는 것으로서 서방학자들이 해석하는 절대전이란 분방한 동물적 본능의 발현이며 물리적 폭력의 다량행사이고 법칙이나 규범에 의하여 규제되지 않는 전쟁행위인 것이다. 따라서 절대전을 인간이 추구할 수 있는 완전한 형태의 이념형으로 파악하는 태도는 클라우제비치안들에 의한 '반동계급'의 해석이다.

셋째, 전쟁을 정치적 행위로 인식하고 있는 요소에 대한 잘못된 해석으로 인하여 전쟁을 왜곡되게 인식하고 있다. 이와 관련하여 클라우제비츠는 정치와 전쟁을 통치자의 자의적 행위의 결과로서 파악하고 있어 오류이다.

이러한 스탈린의 비판과 더불어 구 소련학자들의 클라우제비츠에 대한 비판을 종합하자면, 클라우제비츠는 정치를 비계급적 현상으로 인식하고 있고 전쟁을 국가 간의 정치에만 국한하고 있으며 국가의 통치자에 의하여 수행되는 정책이 곧 전인민의 이익을 구성하게 된다는

---

72) 구소련의 군사저술들은 대부분 클라우제비츠의 사상이 레닌에 의해 수용된 이래 소련 군사사상의 근간을 이루면서 클라우제비츠에 대해서는 언급이 없다. 레닌이 각주와 해석을 첨부하면서 숙독한 클라우제비츠의 『전쟁론』 역본이 구소련에서의 클라우제비츠 해석 추적의 대표적인 자료이며 1917년 스탈린이 라신과 대화중 언급한 클라우제비츠 전쟁철학 비판이 가장 대표적인 명시적 논의이다.

73) Razin과 Stalin의 대화내용, 1947, 2 <Bolshewik誌>, J. Lider, *Military Theory* (1983), pp.193-194에서 재인용.

가정 하에서 출발하고 있는 오류를 범하고 있다는 것이다.[74]

　이러한 논의들과 함께 전술한 바와 같이 핵미사일시대의 전개에 따른 전쟁본질의 변화요소에 대한 인식의 결과 이들은 전쟁본질에 대한 이론뿐만이 아니라 무력투쟁armed struggle이라는 전통적인 전쟁 개념을 극복해 보려는 시도들이 행하여지고 있는데 그것은 첫째, 전쟁은 여전히 국가정책의 계속인가? 둘째, 전쟁이란 여전히 정치목적을 달성하기 위한 실천적이며 또한 바람직한 수단인가? 셋째, 이러한 의문에 대한 답변이 마르크스 - 레닌주의의 전쟁이론에서 근본적으로 그 중요성을 가지고 있는 전쟁 불가피론과 어떤 관계를 가지는가? 하는 점들에 대한 것들이다.

　이러한 논의에도 불구하고 정치의 계속으로서의 전쟁에 대한 논의에서 구 소련학자들은 클라우제비츠의 기본적인 명제는 여전히 타당성을 가지고 있다고 말하고 있다.[75] 이들에 의하면 전쟁의 부담을 크게 증가시킨 핵무기의 등장과 평화적 수단을 통해서도 혁명의 목적을 달성할 수 있도록 그 상황여건을 조성해 준 소위 사회체계의 발달이 국가정책 수행의 수단으로서 전쟁의 의미와 계속하여 관련을 맺고 있다는 것이다.

　결국 공산주의의 전쟁관은 클라우제비츠의 개념을 도입, 정치적 전쟁관을 확립하였는데, 이들은 정치의 연장으로서 전쟁과 정책의 도구로서의 전쟁관을 공히 망라한 개념으로서 사용하고 있으며 이들에게 있어서 '전쟁이 정치의 연속'이란 개념은 공산주의 투쟁이념에 의하기만 하면 어떠한 폭력도 정당화되며, 따라서 자본주의 국가에서의 전쟁은 모두 불의의 전쟁이며 공산주의에 의한 전쟁(혁명전쟁)은 이성적이며 합리적이고 정당한 것으로서, 폭력도 정당화될 수도 있다는 논리가 된다.[76]

---

74) 계급과 정치개념과의 관계에서 클라우제비츠의 전쟁과 정치의 인식과 마르크스주의자들과의 상이점에 관해서는 J. Lider, "War and Politics: Clausewitz Today" *Cooperation and Conflict*, 12, No.3. (1979), pp.194-195 참조 그는 여기서 그 차이점을 첫째, 클라우제비츠가 전쟁을 외교정책만의 계속으로 이해한 반면, 마르크스주의자들은 내외정책 모두의 연속된 행위로서 전쟁을 파악하고 있으며 둘째, 클라우제비츠가 정치를 주권국가의 최고지성의 결정체로서 해석한 반면 마르크스주의자들은 정치를 계급의 수단으로서 이해하고 셋째, 클라우제비츠가 전쟁과 정치에 대한 이상주의적 철학을 가지고 전쟁을 봄으로써 특정한 전쟁의 근원과 특성을 모호하게 하는 반면, 마르크스주의자들은 전쟁과, 전쟁을 야기 시킨 계급체계에 대한 유물론적은 해석을 한다고 말하고 있다. (※ 라이더의 클라우제비츠 이해가 맞는 것이냐 하는 것은 별개의 문제로서 본서의 주제 범위를 벗어나는 것이므로 구체적 논의는 생략하고 여기서는 마르크스주의자들의 클라우제비츠 이해를 규명하는 차원에서 일단 용인하기로 한다.

75) A. S. Miloviodov, "Filosofsky Aanaliz Voyennoy Mysli", Krasnaya Zvezda(Red Star), Moscow, (17 May 1973), pp.2-3. (eds.), *The United State Air Force, Selected Soviet Military Writings*, (Washington, D.C. , U.S. Government Printing Office, 1976). 국방대학, 「소련군사사상」 <안보총서 17>, (서울, 국방대학원 안보문제 연구소, 1983), p.100. 또한 *Marxism-Leninism on War and Army*(Moscow Progress Pub. 1972./U.S. OPO., 1973), pp.28-30. 위에서 제기한 세 가지 의문과 그 해결의 모색에 관한 논의는 위의 책, pp.57-66 참조

76) 구소련의 전쟁관은 '정당한' 또는 '부당한' 전쟁으로 분류하고 전자를 지지하며 후자를 반대하였다. 이들이 말

이러한 논리에 의하면 결국 어떠한 폭력이라도 전쟁의 연속인 것이며 여전히 정치의 연장이다. 따라서 공산주의 정치는 바로 폭력의 행사가 된다는 논리가 성립하며, 이로써 정치연장으로서의 전쟁과 정책수단으로서의 전쟁개념의 유용성에 대한 논리적 증거를 확립하게 된다. 따라서 구소련은 전쟁을 타 수단에 의한 정책의 연속으로서 더 나아가 정책의 중요한 수단으로 간주하였다.[77] 즉 전쟁이란 정치적 목표들을 달성하는 임의적이고 자의적인 수단으로 간주하였던 것이다.

이러한 클라우제비츠 해석과 수용은 스탈린이 클라우제비츠에 대한 비판에서 제기한 정치와 전쟁을 통치자의 자의적 행위의 결과로 파악했던 오류를 공산주의자 스스로가 다시 범하고 있는 것이다. 전쟁은 정책의 자의적 도구로 선택할 경우에는 앞서 살펴본 바와 같이 결국 정책의 붕괴로 치닫게 되고 만다. 이러한 점에서 구소련과 동구 공산권의 몰락은 역사의 필연적 결과였던 것이다.

이러한 점에서 북한을 살펴보면 참으로 흥미롭다. 북한은 아직도 전쟁을 정치적 목표 달성을 위한 임의적이고 자의적인 수단으로 간주하고 있다. 특히 혁명전쟁을 정의의 전쟁이라고 인식하는 공산주의 전쟁관 하에 폭력을 아무 거리낌 없이 사용하면서 인류의 이념을 벗어난 대단히 정의롭지 못한 행태를 벌이고 있는 것이다. 북한의 핵무장을 통한 국제폭력 행사는 결국 정책의 붕괴로 이어질 것이며 이것은 예정된 수순이라 할 수 있다.

4. 평가

전쟁이 정치의 계속인가, 정치의 붕괴인가 하는 논의의 시각은 그것이 전쟁의 본질인식에 있어서 어떠한 관점을 갖느냐 하는 것과 같은 것으로서 마르크스-레닌주의에서 논의되었던 계급적 정치전쟁관과는 구별되는 맥락이다.

하는 정당한 전쟁이란 사회적 억압으로부터 해방하기 위해 행해지는 전쟁(즉 내전), 또는 민족적 억압으로부터 해방하기 위해 인민에 의해 행해지는 전쟁(즉 민족해방전쟁), 민족의 독립을 수호하기 위해(즉 외세의 공격에 대항하여) 행해지는 전쟁, 그리고 제국주의의 침략에 대항한 사회주의 국가들에 의한 전쟁들이다. 반면 '피착취 계급'이나 '민족의 자유를 위한 투쟁을 억압'한다든가 '타국민의 영토를 빼앗거나 그들을 노예로 만들고 유린하기 위해 착취계급에 의해 행해지는 전쟁'은 '부당한 전쟁'이라고 최근 소련의 간행물은 공표하고 있다. P.H. Vigor, *The Soviet View of War, Peace and Neutrality*, 이민용·권인태 역, 『소련의 전쟁관, 평화관, 중립관』(서울: 형성사, 1984), p.41. 또한 *Maxism-Leninism on War and Army* (Moscow: Progress Pub., 1972/U.S. opo., 1973), pp.67-69 참조

77) P.H. Vigor, 위의 책, p. 210. 이와 더불어 클라우제비츠 해석에 있어 레닌, 모택동 등 공산주의자들의 현대전과 핵에 미친 클라우제비츠 영향평가 및 해석의 오류에 대한 논의는 *Raymond Aron, Clausewitz: Philosophier of War*, 앞의 책, p.6 참조

전쟁의 정치적 속성에 관한 논의는 역사적으로 정치, 사회, 경제, 기술적 변화가 함께 진행되어 왔다. 특히 핵 및 과학기술의 발달과 전쟁형태의 다원화는 전쟁의 도구라는 명제에 대한 의문을 제기하였다. 즉 무장폭력armed violence이 한편에서는 과대평가되어 전쟁은 무장투쟁武裝鬪爭, armed struggle으로 격하되었으며 순수한 군사기술적 행위, 즉 물리적 파괴를 구성하는 과정으로 묘사되어, 이러한 논리에 의하면 전쟁은 정치적 통제에 종속되지 않는 독립적, 자발적 행위이며 전쟁은 정책의 지도로부터 분리되어 존재하게 된다.

따라서 이 경우에 전쟁이란 사용되는 무장폭력의 양에 의해서 규정되어지는 것이다. 그러나 현실전으로서의 제한전에 관한 논의에 있어서 정책의 도구로서의 전쟁에 대한 관점은 수단의 절대화가 목적의 절대적 추구를 비현실적인 것이 되게 하였음에 주목하고 있다. 즉 현대에 있어서 핵에 의한 수단의 절대화는 목적 및 목표의 절대화를 불가능하게 만들었음을 인식하기에 이른 것이다.

그럼에도 불구하고 현대 국제체제 하에서의 국가의 기본조건은 어떤 형태로든 무력수단을 준비하지 않으면 안 되는 현실에 직면하고 있어 정치·도덕적 정당성을 갖는 수단을 고려하지 않으면 안 되게 되었다. 더욱이 현대의 핵무기는 그 수단에 상응하는 적합한 목표를 가질 수 없기 때문에 핵전은 합리적인 목적을 가지기가 어렵게 되었고 따라서 제한적 수단으로 사용될 수 있는 다른 형태의 전쟁이 아직도 정치적 목적을 달성할 수 있는 가능한 행동의 과정으로 선택이 고려될 수 있게 되었다. 그런데 한 사회를 위한 목표의 결정은 그 공동체가 이 세계에서 추구하려는 목적과 역할에 대한 공통적인 의식과 감정을 정의하려고 시도함으로써 발전되는 한 과정이다. 어떤 목표는 공동체의 생존에 결정적으로 중요하다고 믿어지며, 이러한 공통적인 공감의 목표는 본질적으로 공동체 의식에 기여한다. 이 공동체 의식과 감정은 사회에 따라 각기 다르기 때문에 그들의 목표도 다르고, 서로 대립되고 중복되는 목표들 간에 경쟁과 분쟁이 발생한다. 이러한 목표들 간의 경쟁과 분쟁이 국제정치의 본질이다.78)

전쟁은 이 분쟁에 있어서 필수적이며 불가피한 결과가 아니며 단지 여러 대안 중에서 하나의 가능한 결과에 불과한 것일 뿐이다. 따라서 분쟁상황에서 국가의 정치지도자나 정책결정자들이 수단을 신중히 고려하지 않거나 공동체의 생존을 저해하는 목표를 추구하게 될 때 정치적으로 합당한 전쟁을 할 수 없게 되는 것이다.

따라서 전쟁을 정치로부터 분리시킬 수 없으며 군사지도나 정치가는 이 점을 이해하고 그들의 목표를 수립하여 정책을 결정하지 않으면 안 된다. 즉 전쟁 본질에 있어서의 전쟁의 속성과 이를 관리, 조정하는 정치의 속성에 대한 고려를 통하여 현실적인 전쟁 이해의 접근이 가

---

78) 유재갑, 「전쟁의 본질과 전략의 개념: '술(術)로서의 전략」, 국방대학원 연구논문 (서울: 국방대학원, 1983), p.26.

능하여지는 것이다.

　이러한 논리 하에서 전쟁에 대한 인식은 다음 두 가지로써 접근이 이루어지게 된다. 전쟁의 본질(불변요소), 즉 '전쟁 그 자체'는 절대絕對, the absolute를 지향하게 되며 폭력적인 것이고 따라서 이 경우에 있어서는 어떤 것이나 정치의 붕괴가 되는 한편, 정치(정책)로서의 전쟁(정치를 위한 전쟁)은 '정치(정책)의 연장'으로서 이성적으로 수행되어야 한다는 점이다. 이러한 이성적이고 분별력 있는 전쟁이란 전술한 자제적, 자위의 개념으로서의 정당방위적인 제한전(수단, 목표의)이 되는 것이며 이 경우에 있어서만이 목적과 수단이 조화되는 전쟁이 될 수 있는 것이다. 바로 이 점이 '전쟁의 이중성'이다.

　이러한 맥락에서 볼 때 수많은 클라우제비츠의 논의에도 불구하고 소위 그의 정치적 전쟁철학의 대명사처럼 인용되고 있는 '전쟁은 정치의 한 도구이다'라는 언명에 대한 구체적인 의미의 분석은 미흡하였던 것이 사실이다. 이 언명이 내포하고 있는 자제성과 남발성에 있어서 통상 정책의 도구라는 한 측면의, 편리한 외교정책의 한 도구로서 전쟁을 인식하여, 이것이 마치 그의 정치적 전쟁철학에 대한 대표적인 이해로 간주되어 왔으며, 이러한 경향에 비추어 티볼트Edward A. Thibault는 전쟁을 정책의 붕괴로서 파악하고 클라우제비츠를 비판하고 있는 것이다.

　전쟁의 도구적 남발성과 규범적 자제성에 있어서 클라우제비츠는 과연 어떠한 입장이었던가? 정치의 연장이라는 의미와 정치의 도구란 말은 같은 의미로 사용된 것인가? 클라우제비츠는 정책의 붕괴로서의 전쟁과 정치의 연장으로서의 전쟁 중 어느 한쪽만을 제시하였는가? 둘 다 제시하였는가?

　필자는 필라우제비츠가 이 두 가지 전쟁개념을 동시에 제시하고 이 둘의 통합을 시도하였으나 결국 뜻을 이루지 못했음(실패하지는 않았다 할지라도 갑작스런 죽음으로 인해 그의 작업을 중단하게 됨으로써)을 주목하면서 논의를 전개하기로 한다.

클라우제비츠 해석의 여러 시각들

클라우제비츠의 해석의 관점은 다양하고 해석자들마다 상이한 시각에서 접근하고 있다. 클라우제비츠 이래 그에 대한 비판은 수없이 제기되어 그 타당성과 유용도가 시대적 상황에 따라 각기 입증된 것처럼 보였던 적도 있으나 항구적인 가치를 발휘하지는 못한 채 쉽게 퇴색되어 버린 것들이 많았다. 따라서 본 장에서는 클라우제비츠에 대한 비판적 견해가 그간 어떻게 전개되어 왔는가를 고찰해 보기 위하여 대표적인 것들을 중심으로 검토하여 보기로 한다.

이러한 고찰은 본서의 주제범위 내에서 편의상 전대전과 현실전 사상에 대한 비판으로 구별하여 검토하며, 일부 해석자 특유의 논리에 대해서는 좀 더 구체적으로 고찰해 봄으로써 본서의 주제인 '정치의 계속'으로서의 전쟁과, '정치의 붕괴'로서의 전쟁에 대한 비판적 견해를 조감하여 보기로 한다.

이러한 검토는 앞에서 고찰한 클라우제비츠해석의 논리가 구체적으로 어떠한 비판적 견해에서 유래되었는가를 보기 위한 것이며, 독자들은 이를 통하여 클라우제비츠 전쟁관 규명에 필수적인 기초적 이해를 도모할 수 있게 될 것이다.

1. 절대전 사상의 숭배와 비판

(1) 리델하트의 견해

리델하트는 1933년 출판된 『나폴레옹의 망령』the Ghost of Napoleon에서 "그(클라우제비츠)는 '절대전쟁'의 이론, 즉 끝까지 싸우라는 이론의 선구자이다. 이 이론은 '전쟁은 다른 수단에 의한 국가정책의 연속'일 뿐이라는 데서 시작하여 정책을 전략의 노예로 만드는 데서 끝난다. . . . 클라우제비츠는 전쟁의 끝만 보고 전쟁을 넘어선 단계의 다음 평화 시기는 보지 않았다"[79]

---

79) B. H Liddel Hart, *The Ghost of Napoleon*(London, 1933), p.121.

고 말하면서 클라우제비츠에 대한 파문선고를 하고 있다.

또한 1941년의 저서『전략론』[80])에서는, "클라우제비츠는 군사목적을 정의함에 있어 너무 정열적인 나머지 순수이론에만 치우쳤으며 절대전 사상에 대한 그의 이론적 설명과 강조의 효과는 더욱 나쁜 영향을 남겼을 뿐 아니라, 전쟁은 '타 수단에 의한 국가정책의 계속이다'라고만 정의함으로써 정책을 전략의 노예화하는 모순된 결론으로 유도하였으며 이것은 전략을 악전략으로 타락시킨 것"[81])이라고 비판하였다. 리델하트는 이러한 경향이 "전쟁철학에 중용의 원칙을 도입하는 것은 도리에 맞지 않는다. . . . 전쟁은 극한 지점까지 추구되어야 하는 폭력행위이다."[82]) 라는 언명에 의해서 조장되었고 이 선언은 현대 전면전쟁의 어처구니없는 모순에 대한 기반으로서 역할을 해왔을 뿐만 아니라, 제한 없는 그리고 비용을 계산하지 못한 힘의 이론은 증오로 미쳐 날뛰는 폭도에게만 적합한 이론으로서 이것은 정치가의 책임부정인 동시에 정책목적에 봉사하여야 하는 현명한 전략에 대한 부정이라고 비판하고[83]) '제한적 목적의 전략'을 제안하고 있다.

또한 그는 클라우제비츠가 도처에서 말하고 있는 바와 같이 전쟁이 정책의 계속이라면 그것은 필연적으로 전후의 이익이라는 관점에서 실시되어야 하며, 그러므로 이러한 극한점에 이르도록 국력을 소비하는 국가는 자국의 정책을 파탄시킬 뿐 아니라, 클라우제비츠가 남긴 교훈은 이해 없이 받아들여져 제1차 대전의 원인과 성격 양면에 큰 영향을 미쳤고, 그것은 또한 너무 논리적인 채로 계승되어 2차 대전까지 큰 영향을 주었다고 말하고 있다.

어떤 국가는 경제적 또는 해군의 행동이 문제를 결정짓겠지만, 기다리기를 원하거나 군사적 노력을 영구히 제한하기를 원할 수도 있다. 또한 그 나라는 적국의 군사력을 붕괴시키는 것이 자신의 능력을 넘어선다고 계산할 수도 있고 또한 그러한 노력을 기울일 가치조차 없다고 생각할 수도 있으며, 또는 전쟁목적이 영토를 점령함으로써 달성된다고 계산할 수도 있다. . . . 이러한 '보수적' 군사정책이 전쟁수행이론 중의 한자리를 허용 받을 가치가 있는지의 여부에 대해서는 좀 더 연구해 보아야 할 일이다.[84])

"진정한 목적은 전투를 추구하는 것이 아니라 유리한 전략적 상황을 추구하는 것이며 여기서 유리한 정도는 그 자체로서는 전쟁의 결과를 산출하지 못할지라도 전투에 의해서 그 유리한 위치를 계속 확보하면 틀림없이 전쟁의 목적을 달성할 수 있다"[85])라고 주장하고 간접적인

---

80) Liddel Hart, *Strategy: The Indirect Approach* (London: Faber & Faber, 1941), 강창구 역,『전략론: 간접접근전략』(서울: 병학사, 1978) 참조

81) 위의 책 p.377.

82) Clausewitz, 앞의 책, p.76: 국(國), p.55.

83) Liddel Hart, 앞의 책.

84) Liddel Hart, 앞의 책.

방법은 전쟁을 야만적인 폭력의 사용보다 고상하게 높일 수 있는 지성의 자질을 전쟁 그 자체에 부여한다86)고 지적하면서 간접접근전략을 제시하고 있다.

(2) 루덴도르프의 견해

루덴도르프는 그의 저작 『국가총력전』*Der Total Krieg*87)에서 클라우제비츠를 비판, 전쟁에 대한 본질파악은 전쟁의 발전단계에 따라서 그때그때의 시대적인 의미를 파악하는 사고방식에 의하여 이루어져야 한다는 견해 하에서 "정부의 전쟁이나 한정된 정치목표로서 수행하는 전쟁의 시대는 이미 지나갔다"88)고 말하고, 따라서 클라우제비츠가 전쟁에는 여러 가지 유형이 존재한다고 말한 그 시대는 이미 지나갔으며 "전쟁수단이 현실을 위하여 사용되며 또한 사용되어야 하는 것"89)으로서 총력전은 그 본질상 국민전체가 그 생존을 위협받고, 이와 같은 전쟁을 스스로 맡을 각오를 정하였을 때만 일어날 수 있다면서,90) 전쟁과 정치와의 관계를 다음과 같이 말하고 있다.

> 총력전의 본질상 참으로 필연적인 각종 근본적인 결론이 생긴다. 클라우제비츠이래, 즉 그 이후 약 100년간에 전쟁의 본질이 변화한 것과 마찬가지로 정치와 전쟁지도와의 관계도 변화되었으며 따라서 특히 정치자체 또한 변화하지 않을 수 없었다. 나는 전에 클라우제비츠의 『전쟁론』에서 정치와 전쟁지도와의 관계에 대한 그의 의견을 소개한 바 있거니와 . . . 그는 이 대외정치의 가치를 전쟁의 가치보다도 훨씬 중시하고 전쟁과 정치지도를 강력히 대외정치에 귀속시켰다. . . . 전쟁의 본질이 변화하고 정치의 본질도 변화한 이상 정치와 전쟁지도와의 관계도 또한 변화하지 않을 수 없는 것이다. 클라우제비츠가 수립한 모든 이론은 이제 전부 폐기하지 않으면 안 된다. 전쟁 및 정치는 공히 국민의 생존의지의 최고표현인 것이다. 따라서 정치는 전쟁지도에 봉사하여야 하는 것이다.91)

이와 같은 루덴도르프의 주장은 총력전에 있어서의 전쟁의 본질파악 및 전쟁과 정치의 상관관계 규정에 있어 자칫 잘못하면 빠지기 쉬운 심리적 약점에 빠져들어 갈 유혹적인 위험한

---

85) Liddel Hart, 앞의 책, p.387.
86) Liddel Hart, 앞의 책, 서문, p.4.
87) Erich Ludendorf, *Der Totale Kriege* (Munchen: Ludendorfs verlag, 1935): 최석 역, 『국가 총력전』(서울: 대한민국 재향군인회, 1972).
88) Ludendorf, 위의 책, p.23.
89) Ludendorf, 위의 책, p.22.
90) Ludendorf, 위의 책, p.24-32.
91) Ludendorf, 위의 책,

논리를 내포하고 있는데, 특히 전시에 있어서의 전쟁지도가 정치가의 손에서 떠나 군부에 장악되었던 독일이나 일본 등에 있어서는 이 논리가 그릇된 군사우선의 개념을 도입시켜 양국을 파멸로 이끌게 되었다.[92]

(3) 로스펠스의 견해

로스펠스Hans Rothfels는 얼Edward Mead Earl이 편찬한 『현대전략사상가』[93]에서 클라우제비츠의 진정한 의도와 업적을 고찰하면서 클라우제비츠의 진정한 의도와 업적을 고찰하면서 클라우제비츠의 저작이 유명한 이유는 그 저작이 전쟁의 구조적 요소들의 분석과 비독단적인 신축성 및 위대한 식별력을 결합시켰다는 사실에 있다고 논평하면서, 경험과 철학적 사색이 그가 절대전쟁絕對戰爭, absolute 또는 완전전쟁完全戰爭, perfect war이라 칭한 전쟁개념으로 유도하였다고 말하고 있다. 이 말은 총력전과 동일한 말은 아니나 일상용어에서는 양자가 어느 정도 혼용되고 있다면서, 이에 대하여 언급하기를 "클라우제비츠의 절대전쟁 개념은 전쟁 그 자체의 본질로부터 나오고 있으며 그는 절대전쟁의 이론적 중요성을 강조하고 있는데 그것은 절대전쟁을 철학적 의미의 이념형ideal type으로 보고, 또 매우 다양한 제 현상에 '통일성'과 '객관성'을 부여하는 조절개념regulative ideal으로 보았다. 이것은 결코 달성될 수는 없으나 항상 추구되는 예술상의 완전미와 같은 개념으로서 그는 군인의 직업적인 열정과 의무감에서 극단추구를 이상으로 삼았으며 그는 이 형태에서 전쟁의 완전형을 보았을 뿐 아니라, 그는 이것을 추상개념의 전쟁 또는 탁상의 전쟁war on paper으로 인식하였다"고 말하고 있다. 로스펠스[94]는 강조하기를 클라우제비츠의 사상은 오히려 사물의 역逆도 진리임을 지적하고 있는 것이라고 봐야 한다면서,[95] 전쟁이란 사회 전체의 일부에 불과한 것이며 그것은 단지 특정수단 때문에 전체와 구별된다고 말하고 있다. 따라서 군사적 필요성이 정치적인 제 목표에 아무리 강력하게 작용하는 경우라 할지라도 그것은 정치적 목표를 수정하는 것이라고 간주할 수 있을 뿐이라는 것이다. 왜냐하면 정치적 목표는 목적이고 전쟁은 수단이며 따라서 수단이란 목적 없이는 생각할 수 없는 것이기 때문이라는 것이다.[96]

로스펠스는 클라우제비츠가 정치의 개념을 넓게, 즉 개개의 것을 초월하는 여러 가지의 고제를 추구하는 통찰력과 의지력에 의한 노력이라고 정의한데 반하여 클라우제비츠의 생애에

---

92) 高稿甫 著 『百萬人의 戰爭科學』(東京: 健民社, 1953): 국방대학원 역, 『현대총력전론』, p.28
93) Edward Mead Earl, (eds.) *Makers of Modern Strategy: Military Thought from Machiaveli to Hittler* (Princeton: Princeton University Press, 1943): 육군본부 역, 『현재전략사상가』 참조
94) Earl, 위의 책, p.112.
95) Earl, 위의 책, p.114.
96) Earl, 위의 책.

있어서의 정치는 조직화의 원리였다고 주장하고 있다.

(4) 티볼트의 견해

티볼트_{Edward A. Thibault}는 「정책의 붕괴로서의 전쟁」이라는 소논문에서[97] 클라우제비츠의 '전쟁은 타 수단에 의한 정책의 연장'이라는 이론은 널리 알려진 사실이지만 그 이면에 포함되어 있는 뜻을 추리해 보려는 노력은 거의 행하여지지 않았다고 지적하고, 클라우제비츠 이론이 갖는 문제점에 대하여 그는 시대에 뒤진 사람이며 칸트의 영향을 아주 조금 받았거나 아니면 아주 무시했다고 볼 수 있고, 그의 전쟁개념은 이성의 기준에 맞지 않을 뿐 아니라 전쟁이란 본질적으로 정책의 계속이 아니라 정책의 붕괴현상이라고 말하면서 보불전쟁_{普佛戰爭}을 예로 검증을 시도하고 있다.

그는 첫째, 클라우제비츠 이론의 현대적 유용성에 있어서 바츠_{Alfred Vagts}가 말하는 바 "클라우제비츠의 이론은 전쟁이 시간적 조건에 의해 양상이 항상 다르다고 하는 역사적인 측면을 전혀 무시한 사람들에 의해서 읽혀졌고 설명되어 왔다"[98]는 점에 동의를 표하고, 전장에서 군인들 간의 충돌이라는 클라우제비츠의 전쟁개념은 재래식 무기에 의한 도시의 완전파괴와 핵무기에 의한 국가의 완전파괴가 인간의 능력으로 가능해진 현대에 있어서는 시대에 뒤떨어진 것이 틀림없다고 말하면서 핵무기를 혁명적으로 인식, 논리적으로 클라우제비츠의 정책의 연장으로서의 전쟁개념은 전쟁 중이거나 전쟁 후에 정치적 관계가 불가능한 핵전의 경우에는 적용될 수 없다고 보고 있다. 클라우제비츠의 주장은 단지 제한된 전쟁에만 적용 가능한 것으로서, 이렇듯 단지 제한되고 특수한 경우에만 적용가능하다면 그것은 시대를 초월하는 철학적 주장도 아니고 로스펠스_{H. Roothfels}와 그 밖의 사람이 주장하듯, 군대의 역사와 움직임의 모든 단계에 적용될 수 있는 것[99]도 아니라는 것이다.

둘째, 철학적인 문제에 있어서 클라우제비츠는 가장 비철학적인 전쟁에 관하여 철학적으로 접근하려 기도한 것이 문제를 발생시켰는데, 대부분의 사람들이 전쟁을 비이성적인 것으로 간주하고 있는데 어떻게 사람들이 이성을 가지고 비이성적인 것을 정당화할 수 있는가[100]라고 질문하면서 클라우제비츠는 그의 옹호자들에게 감히 생각할 수 없는 것을 생각하게 하였고 따

---

97) Edward A. Tibault, "War as Collapse of Policy: A Critical Evolution of Clause witz", *Naval War College Review*, (May-June. 1973), pp.42-56,국방 대학원 역, 「정책의 붕괴로서의 전쟁: 클라우제비츠 이론에 대한 재평가」, 『국방연구』, 제18권 제1호, pp.205-219.

98) Alfred Vagts, *A History of Militarism: Civilian and Military*, rev. ed., (New york: Free Press, 1959), p.182.

99) H. Rothfels, "Clausewitz", Edward M. Earle (ed.), *Makers of Modern Strategy* (New york: Atheneum, 1967), 육군본부 역, 『현대전략상가』 p.120.

100) Thibault, 앞의 논문, p.208.

라서 전쟁은 무분별한 폭력이 아니라 정책의 연장이나 정책의 합리적 수단이 되었는데 이것은 훌륭한 철학이 될 수 없다는 것이다. 또한 그가 칸트파 철학자라는 것이 기정사실화되었는데 『전쟁론』을 보면 그가 칸트의 주제적 철학을 닮은 데는 없으며 만약 그가 칸트파라면 그는 매우 학문의 깊이가 한정된 사람이라고 말하고 있다. 즉 칸트는 전쟁은 있어서는 안 된다는 것을 거의 절대적으로 생각했는데, 이것은 클라우제비츠의 생각과는 정반대의 것이며 따라서 칸트의 영향을 조금 받았거나 무시했다고 볼 수 있다는 것이다.

셋째, 정책의 연장으로서의 전쟁에 대한 이성 여부에 있어서, 티볼트는 전쟁이란 도저히 이성적인 행동이 될 수 없는 것이며 그 이유는 모든 행동이란 도저히 이성적인 행동이 될 수 없는 것이며 그 이유는 모든 행동이란 그 전후관계가 있고, 목적이 있어야 하고 규범에 의해 행해져야 하는 것이며, 어떤 행동이 이성적인 것이 되기 위해서는 이를 규제하는 규범이 행동의 전후관계에 적절히 적용될 수 있어야 하고 그 목적을 달성하는 데 적당하여야 하는데 전쟁은 목적을 달성하는 데 적절한 수단이 아니기 때문에 비이성적인 행동이라는 것이다.101) 이것은 전쟁을 국가의 생존을 위한 자위적 방책으로만 생각하는 데 문제가 있는 것으로서 클라우제비츠가 전쟁을 정책의 연장이라고 주장했을 때, 그는 단지 생존정책에만 목적을 둔 자위전쟁에만 제한시켜 이야기한 것이 아니라 오히려 정치적 목적을 달성하기 위한 계획적인 전쟁을 말한 것이 되어 이성의 기준에 맞지 않는다는 것이다.

넷째, 전쟁과 정책의 구분에 있어서 클라우제비츠사상의 압도적인 경향은 군사목적보다 정치적 목적이 선행한다는 것인데 이같이 전쟁을 정책의 연장으로 생각할 대 전쟁의 현실은 그 이론을 부정하게 되며, 이것은 정치적 목적이 항상 명확히 예견되고 군대가 정치적 요인으로 완전히 인식되며 정치목적이 군사계획에 가장 중요한 요소로서 인정되고 있는 상태에서 전쟁 개념이 상상할 수 있는 가장 순진하고 허황된 꿈이라는 것이다. 즉 전쟁이 단지 정책의 연장이라면 국가 상호간의 관계를 유지하기 위하여 전쟁이란 불가피하고 당연한 것이 되어, 여기서는 전쟁과 평화는 더 이상 문제가 되지 않고 다만 전쟁과 정책만 남게 되기 때문인 것이다. 클라우제비츠는 전쟁과 정책이 구별될 수 없고 구별되어서도 안 된다고 생각하였으며, 이 같은 생각이 그로 하여금 전쟁을 정책의 표현이고 '그 정책이란 지면에 써놓은 것이 아니라 전쟁에서 싸우는 것이다'102)라는 말을 할 수 있게 하였는데, 만일 전쟁에서 싸우는 것과 지면에서 쓰는 것의 근본적인차이를 구별하지 못한다면 전쟁과 평화, 친구와 적, 그리고 논쟁과 결투의 모든 구별이 없어질 것이라고 티볼트는 말하고 있다.

---

101) Thibault, 앞의 논문, p.210.
102) Roger A. Leonard, (ed.), *A Short Guide to Clausewitz: On War*(New York: Capricorn Books, 1968), p.14.

다섯째, 정책의 연장으로서의 전쟁의 의미에 있어 전쟁이 정책의 연장이라는 클라우제비츠의 이론은 전쟁 중에도 교전국간의 정치적 관계는 계속되며 본질적으로는 변화하지 않는다는 그의 주장에 기초를 두고 있는데 이와 같은 생각은 전쟁에 필연적으로 수반되는 증오, 폭력 또는 혼란 등을 생각해 볼 때 용납하기 어려운 것으로서 어떤 정치적 관계란 적대관계 속에서도 계속 될 수 있는지 모르지만 이 같은 경우란 일국이 타국에게 조건부든 무조건이든 항복하라고 권유할 때나 가능한 것으로서, 따라서 전쟁은 실질적으로 완전한 정책의 붕괴라는 것이다. 즉 기존 세력관계의 파괴를 추구하는 국가에게는 전쟁이란 정책의 연장일는지 모르나 이념적으로 평화적인 대외관계를 원하는 국가에 있어서는 성립이 불가하며 따라서 정책의 연장이란 정책의 붕괴로서 필연적으로 정책의 완전한 수정이나 전혀 새로운 정책의 수립을 뜻한다는 것이다.103)

여섯째, 정책의 도구로서의 전쟁에 관하여 티볼트는 정책의 연장으로 보게 되면 전쟁이란 정책의 일부가 되고, 정책의 도구로 보게 되면 전쟁이란 정책과는 성질이 다르긴 하나 긴밀한 관계에 있는 것으로서 정책수립자의 마음대로 취해지는 수단 중의 하나가 된다. 따라서 전쟁을 정책의 도구로서 간주한다는 것은 다음과 같은 위험성이 있는데 그것은, 첫째, 정책수립자가 전쟁을 그의 정치적 목적을 위하여 사용하기 쉽게 할 가능성이 많고, 둘째, 그들로 하여금 전쟁이 정책을 달성시키는 도구가 아니라 정책을 파괴시키는 도구가 될 수도 있다는 생각을 잊게 할 가능성이 많다는 것이다.104) 티볼트는 긴스버그Robert Gginsberg의 말을 인용, '전쟁이란 정책의 도구라는 이론을 주장하는 사람이 자신의 정치적 목적을 달성시키는 데 전쟁이 과연 성공적인 것이었는가? 전쟁에서 성공이란 것이 반대자를 없앤다는 것뿐이지 어떠한 이념이 보존되었다는 것을 의미하지는 않는다'105)고 말하면서, 이 점이 클라우제비츠의 가장 큰 실수라고 지적하고 있다. 또한 실용주의적 입장에서 역사적으로 전쟁이 정책수행의 효과적 도구였는가를 생각하면 실제에 있어서 정치적 이유로 싸운 전쟁이 거의 없었기 때문에 전쟁이 정책수행의 효과적 도구는 아니었다는 것이다. 따라서 전쟁은 자유, 민주주의 그리고 정의 등 이념을 표방하기는 하지만 정치적 목표를 달성하려는 경우는 극히 드물기 때문에 정책수행의 효과적 도구가 아니라는 것은 의심할 여지가 없다고 티볼트는 결론짓고 있다.

---

103) Thibault, 앞의 논문, p.213.
104) Thibault, 위의 논문, pp.213-214.
105) Warren E. Steinkraus, "War and the Philosophyer's Duty", Robert Ginsberg(ed.), *The Critique of War: Contemporary Philosophical Explorations*(Chicago: Regnery, 1969), p.19.

2. 현실주의자들의 수용과 현대 핵시대에서의 적용

(1) 오스굿의 견해

오스굿Robert E. Osgood은 핵시대와 관련하여 클라우제비츠를 체계적으로 다룬 학자이며 핵시대의 맥락에서 클라우제비치안적인 사상을 개진하고 있다. 그는 클라우제비츠를 전쟁의 논리속에 조리 있게 종합함으로써 후속연구의 길을 열었다.

오스굿은 클라우제비츠를 '탁월한 설득력으로 정치적 우위의 원칙을 주장했던 이론가'[106]로서 서술하고 있으며, 그의 전쟁본질에 관한 언명을 인용 '전쟁은 그 자체로서 독립적인 것을 의미하지 않으며 국가 간의 광범한 정치적 교섭의 국면'이라고 말하고 있다. 오스굿은 이에 부가하여 '전쟁이 무엇이 되어야 하느냐는 언명은, 보편적인 윤리원칙과 국가자체의 이익을 조화시키는 유일한 관점이다. 따라서 이것은 군사력을 목적으로서 보다 수단으로서의 사용과 일치되는 유일한 관점[107]이라고 말하고, 클라우제비츠의 정치가 전쟁의 우위라고 규정한 다른 많은 어구들을 인용하고 결론짓기를 "만약 그렇다면 정치우위의 원칙은 군사력의 필요성에 대한 고려를 무시하는 것이며, 이때 정치가의 임무는 이러한 어려움을 최소화하고 정치적 통제에 대한 잠재력을 극대화하는 것이다."[108]라고 말하면서 정치가 전쟁의 통제를 확실하게 하는 세 가지 방법을 제시하고 있다. 그의 세 가지 방법은 정치가와 민간인간의 기본적이고 갈등적인 관계를 나타내고 있는데, 그 중 하나는 갈등을 극대화하는 것이고 다른 하나는 그것을 최소화하는 것이다. 오스굿은 한국전에서 트루먼과 맥아더의 논쟁을 이 관점에서 설명하고 있는데, "정치적 고려가 우선하여 군사적 노력을 한정적으로 제한하지 않으면 안 된다"[109]고 말하면서 "정부는 본질적으로 적과 협력하여야 하며 따라서 갈등보다 협력을 극대화하여야 한다"[110]고 말하고 있다.

전사戰史 연구를 통하여 워털루Waterloo 전역으로부터 1차 대전에 이르는 동안에 전쟁이 제한된 이유와, 그 이후 그 제한이 반복해서 허물어지게 된 이유를 규명하고 미국이 무제한적인 전쟁을 추구하려는 경향을 가지게 된 근원이 무엇인지 규명해 내려 한 오스굿은 그러한 경향의 원인을 군사력이 정책의 도구로부터 이탈하는 데 기인되는 것으로 믿고 핵시대에 있어서 미국과 전 세계를 핵 파멸로부터 구하기 위해서는 정책은 제한된 목적에 군사력의 사용을 한정시키

---

106) Robert E. Osgood, *Limited War: The Challenge to American Strategy*(Chicago, The University of Chicago Press, 1957), p.21.
107) Osgood, 앞의 책.
108) Osgood, 위의 책.
109) Osgood, 위의 책, p.176.
110) Osgood, 위의 책.

도록 보장해야 하며, 또한 전쟁목표의 제한이 전쟁을 제한시키는 요체가 된다고 결론짓고 있다.111)

(2) 버나드 브로디의 견해

브로디Bernard Brodie는 그의 저서 『미사일시대의 전략』에서 클라우제비츠의 비교조적非敎條的, non-dogma인 융통성을 칭찬하면서, 그는 천부적인 재능으로 지식이론에 적합한 철학적 문제를 다루었다112)고 말하고 있다. 브로디에 의하면 이것은 전형적으로 계몽주의적인 기하학적 전쟁의 계산을 추구하고 있는 조미니와 극단적으로 대립되는 것으로서, 현시대에 와서도 그의 많은 부분이 부각되고 있는 이유는 그가 제시한 전쟁술에 관한 원칙의 설명에 있는 것이 아니라 전쟁의 본질에 관한 논쟁을 제기한 그의 지혜에 있다고 말하고 있다.

"클라우제비츠의 경우, 이 지혜는 그 자신이 그토록 밝히고자 했던 기본적인 아이디어(역자주: 전쟁원칙 등)에는 예외와 제한이 있을 수밖에 없다는 그의 통찰력에 내재하는 폭넓은 포괄성comprehension에 나타나 있다"113)고 말한 브로디는 "이러한 일련의 제한은 많은 오해의 소지가 되기 쉬우며 또한 이것은 대부분 오늘날에 있어 헤겔의 변증법적 방법에 대한 문제에서 계속되는 논쟁점이며"114)이 변증법은 그의 이론과 실제 간의 구별에 특별히 붙여진 것으로서, 따라서 '그의 방법은 전체를 통하여 그의 연구에 대한 탐구정신의 자연적 성향에 더하여 클라우제비츠를 어느 곳에나 인용할 가치가 있게 만들었고, 이러한 면에서 오히려 심히 오용되기도 했다'115)는 것이다.

클라우제비츠는 우리 시대에 있어 특히 핵전쟁에 관한 그 어떤 논의보다도 적합성을 갖고 있다고 말한 그는 현대 핵전에 관한 기타의 논의들은 대부분 클라우제비츠가 보여준 깊이와 범위를 결여하고 있으며, 특히 어떤 순간에 있어서도 전쟁은 반드시 의미 있는 정치적 목적에 따라 합리적으로 인도되어야 한다는 사상을 끈질기게 추구하는 정신이 아쉽다고 말하고 있다.116) 또한 최근의 그의 저서 『전쟁과 정치』War and Politics에서 "우리가 왜 싸우는가 하는 문제가 싸우는 수단에 관한 고려를 지배한다."117)고 말하고, 전쟁을 제한시키는 가장 중요한 요소는

---

111) Osgood, 앞의 책, p.4, "The decisive limitation upon war is the limitation of the objective of war".

112) Bernard Brodie, *Strategy in the Missile Age* (N.J: Princeton University Press, 1959), p.34.

113) Brodie, 앞의 책, p.36.

114) Brodie, 위의 책, p.38.

115) Brodie, 위의 책.

116) Bernard Brodie, "The Continuing Relevance of On War" in *Clausewits, On War,* (eds. & Trans.) by Michael Howard and Peter Paret (Princeton, N. J.: Princeton University 1979), p. 51. 대표적으로 Herman Kahn의 On Thermonuclear War의 경우도 월남전에 관해서는 아무런 현실성도 갖지 않아 클라우제비츠의 보충으로 여겨질 수는 있으나 대신할 수는 없다고 말하고 있다.

목적이 아니라 수단에 대한 신중한 자제deliberate restraint이며, 단지 목표의 제한은 그 전쟁이 수단 면에서 계속 제한되어 수행되면 가능한 결과로 나타나는 것으로 보았다. 그래서 그는 클라우제비츠의 명제로 돌아가 전쟁의 수행과 전략의 계획은 국가정책의 목적에 의하여 조건 지워져야 한다고 믿고 문민통제civil control의 중요성을 강조하는 한편 군사적 성향의 변덕스런 기행에 각별한 주의를 기울이고 있다.

(3) 헨리 키신저의 견해

키신저Henryn A. Kissinger는 클라우제비츠가 종종 잘못 해석되어 왔다고 지적하면서, "클라우제비츠는 오직 군사적 수단에 의한 적敵 의지의 굴복을 주장하지는 않았다. 그의 핵심적 교훈은 국가 간의 관계가 전쟁이라는 오직 한 가지 전망으로 구성되어 있다는 점에서 다이나믹한 과정이라고 한 점에 있으며, 평화의 기간조차도 국가의 의지를 구현하는 수단이 될 수고 있다고 한 그의 주장에 있다"[118]고 말하고 있다.

키신저는 총력전에 대하여 "총력전은 재래식 전쟁과 전혀 별개인 것으로서 이것은 오히려 특수한 경우에 행하여진다. 총력전은 정치 지도자가 인가하였을 경우 또는 적의 완전섬멸이 유일하게 추구할 보람이 있는 전투 목표라고 생각될 정도로 적대자간의 갈등이 심각한 경우에 발생한다"[119]고 말하고, "근대무기의 파괴력은 총력전의 승리로부터 역사적 의의를 박탈하는 것이며 대 손실을 주는 쪽 자신이 그 의지를 적에게 강요하기 위하여 충분한 수단을 사용할 수 없는 경우도 있을 수 있다"[120]고 하면서, "총력전이 만일 발생한다면 미·소는 동시에 공멸할 것이다"[121]라고 결론적으로 말하고 있다. 따라서 그는 "제한전쟁은 특정한 정치목표에 의하여 행하여지며 정치목적이 사용하는 병력과 설정된 목표의 관계를 조정한다"[122]고 말하고 있는데, 그 이유는 목적과 목표가 일치하는 일은 드물기 때문에 클라우제비츠가 말한 것처럼 절대적인 형태에 접근하는 일은 없고 (적어도 강대국의 입장에서) 군사적 요소보다는 정치적인 요소가 많게 되는 경향을 나타내게 된다는 것이다.

그는 국제체계의 안정성이 평화추구에서 나오는 것이 아니라 일반적으로 수락된 정통성에서 유래되어 왔다[123]고 말하고 있다. 키신저의 정의에 따르면 이 정통성legitimacy이란 "실행할

117) Bernard Brodie, *War and Politics*(New York: Macmillan, 1973), p.vii.
118) Henry, Kissinger, *Nuclear Weapons and Foreign Policy*(New York: Harper and Brothers, 1957, 1957), p.341.
119) Henry, Kissinger, *Kernwaffen und Auswartige Politik*(Munhen, 1959), p.73.
120) Henry, Kissinger, *Nuclear Weapons and Foreign Policy*(New York: Harper and Brothers, 1957), 위의 책 p.76.
121) Kissinger, 위의 책, p.106.
122) Kissinger, 위의 책, p.119.
123) Henry, Kissinger, *A World Restored-Europe After Napoleon: the Politics of Conversation in Revolutionary*

수 있는 타협의 성격, 그리고 허용할 수 있는 외교정책의 목표와 방법에 관한 국제적 합의"124) 인데, 이것은 "협상을 통한 이견의 조정"125)을 통해서만 가능하며 이러한 안정된 질서의 회복 은 다음과 같은 세 가지 요인에 의하여 좌우된다고 말하고 있다. 그것은 첫째, 정통성의 지지 세력들이 무력을 행사할 태세도 갖추면서 동시에 혁명세력과도 협상할 용의가 있어야 하며 둘 째, 총력전의 발발을 회피할 만한 능력을 정통성 지지 세력들이 가지고 있어야 하고 셋째, 각 단위국가들이 제한된 목표를 달성하기 위해 제한된 수단을 사용할 능력(역량)을 가지고 있어야 달성가능하다는 것이다.

따라서 '제한전쟁을 수행함에 있어서는 적으로 하여금 목표를 위해 치를 대가가 그 목표 의 가치에 비해 엄청나게 크다는 사실을 인식시킴으로써 전면전쟁에 호소하지 않고도 제한된 목표달성이 가능하며 이를 위한 제한된 수단을 개발시킬 필요가 있다'126)는 것이다. 따라서 '전 부가 아니면 무'all or nothing라는 군사정책을 취한다면 그것은 '항복이나 자멸 같은 무서운 대 안'127)에 지나지 않으므로 이를 회피하기 위해서는 대규모의 재래식 군사력과 전술핵무기를 보유하지 않으면 안 된다고 말하고 있다.

이렇듯 키신저는 미국이 양동작전으로 핵전을 고려하면서도 전 국가 역량을 동원한 공격 보다는 이의 회피를 위해 왔으며 그는 스탈린과 모택동이 클라우제비츠의 유명한 격언을 거꾸 로 표현한 '만약 전쟁이 타 수단에 의한 정치의 계속이라면 또한 평화는 타 수단에 의한 투쟁의 계속이다'128)로 복귀하고 있다고 지적하고 이런 것이 현대의 클라우제비치안들이 범하고 있는 하나의 실수라고 말하고 있다. 키신저가 클라우제비츠에 대한 언급을 길게 하고 있지 아니함에 도 불구하고 그의 저서 『핵무기와 외교정책』 독일어판 발행자가 그를 미국의 클라우제비츠라 고 말하고 있을 정도로 키신저는 클라우제비츠의 사상을 수용하고 있는 것이다.129)

(4) 피터파레트의 견해

파레트Peter Paret는 『전쟁론』 역서 서문에서 전쟁의 이중성과 전쟁의 정치적 특성이라는 밀

Age(New York: Grosset and Dunlap: Universal Library, 1964), p.9.

124) Kissinger, 위의 책, p.9.

125) Kissinger, 위의 책, p.2.

126) Henry, Kissinger, abridged(ed.), *Nuclear Weapons and Foreign Policy*(New York: W. W. Norton and Co. , 1969), p.120.

127) Kissinger, 위의 책.

128) Kissinger, 위의 책. p.343.

129) J. Gabriel, "Clausewits Revisited: A Study of His Writings and of the Devate over Their Relevance to Deterrence Theory", Ph. D. Dissertation (Washington, D.C.: The American University, 1976), p.25. J.F.C Fuller.도 그의 『전 쟁지도론』에서 키신저의 이론이 클라우제비츠의 이론과 다를 바 없다고 말하고 있다.

접히 관련된 두 가지 가설을 염두에 둘 경우 최소한 클라우제비츠의 본래 의도에 접근할 수 있다고 말하고 있다.[130) 클라우제비츠의『전쟁론』은 그 기원과 지적 맥락을 먼저 이해해야만 전체적인 이해가 가능할 뿐 아니라 그가 규명해내고자 했던 정치적 및 군사적 현상을 이해할 수 있다고 보고 있다. 즉 클라우제비츠의 입장에서 올바른 분석의 방법론적 과제는 무엇이었는 가를 고려할 때, 그의 사상의 발전과『전쟁론』의 여러 부분에 걸쳐 전제되고 있는 그의 사고의 제반 형식에 대한 이해를 할 수 있게 된다는 것이다.

특히 전쟁의 정치성에 대한 클라우제비츠의 분석이 위대하고 통찰력이 풍부하며 그리고 창조력이 많은 인식이라는 것이 오늘날 더 명확히 의식되고 있는데, 그것은 클라우제비츠가 전쟁의 기본적인 성격을 일단의 정치적 의지의 표출이라고 확신함으로써 그것에 의해 그는 미지의 것을 합리적으로 규명할 수 있게 되었다는 것이다.[131) 따라서 클라우제비츠야말로 최초의 전쟁의 전체의 모습을 분석하는 정의 속에 정치를 집어넣어 하나의 개념과 방법론을 발전시켰으며 이 방법론에 의해 주목해야 할 전쟁의 3요소Trinity, 즉 '폭력성과 개연성 및 우연성의 유희' 하는 기본 요소들 간의 관계에 있어서 정치적 구성요소에 대한 조직적 분석이 가능해지게 되었다는 것이다.

파레트는 우리가 클라우제비츠의 저술이나 작품에 계속 관심을 가지는 이유가 이들 작품에 내재하는 무한한 가능성에도 불구하고 군사이론과 군사적 실천에 미친 영향이 비극적일 정도로 한정적이며 피상적인 것이었다는 사실에 있다고 지적하고, 지난 세기에 세계가 입는 정신적·육체적 황폐는, 전쟁의 정치적 성격에 대한 여론의 합의가 이론적으로는 인식되고 있었으나, 그것의 실천에 있어서는 너무 자주 경시되었기 때문이라고 보고 있다. 따라서 클라우제비츠가 주장한 군사적 행동을 위한 '틀'을 설정하는 것뿐 아니라 군사력 자체를 통제하는 것을 포함하여 전쟁을 정치적 차원으로 위치시켜 놓는다는 것이 어려웠으며, 특히 군부의 정치적 관심이란 대부분(외교에 관한 한) 그 틀 속에서 군이 그것에 적합한 수단을 가지고 효과를 발휘할 수 있는 '이성 있는 정치'를 정부가 실시해 주기를 바란다는 소망 혹은 요구에 한정되어 있었다[32)는 것이다.

그러나 클라우제비츠는 정치목적이 국가의 군사적 수단과 일치되어야 한다는 것의 필요성을 강조하고 (어떤 경우라도 가능하다면) 국가의 존립을 위한 전쟁은 사용수단이 불충분하다 해도 수행되어야 한다고 보고 있으며, 이러한 일반적 인식하에 클라우제비츠는 전쟁의 정치적

---

130) Peter Paret, "The Genesis of on War", in *Clausewitz, On War*, p.4
131) Peter Paret, "클라우제비츠의 정치적 견해," 클라우제비츠 탄생 200주년 기념 논문집:「Friheit oh ne Krieg?」, 국방대학원 역, 『전쟁없는 자유란?』(서울: 국방대학원,1984), p.421.
132) 『전쟁없는 자유란?』, 앞의 책, p.422.

성격에 대한 이해와 군사작전의 성과를 최후의 승리획득을 위해 결부시키고 있다고 파레트는 보고 있다. 이러한 파레트의 견해에 의하면 클라우제비츠의 사상에 있어 핵심적인 정치적 성격의 요체는 '전쟁이란 결코 군사라는 진공 속에서 지도되는 것이 아니'라는 점으로서, 전쟁은 한나라의 정치의지의 표상이며 따라서 정부는 군대의 이성적 사용, 정치지도자 및 군사조언자 간의 효과적 협동작업 및 가능한 이 협동작업의 범위 내에서 군에 대한 임무부여에 대해서는 국가와 사회가 그 책임이 있다는 것이다.[133]

클라우제비츠는 정치지도가 이론적으로 우선(선행)하는 것이며 최선의 지식과 양심에 따르면, 그것은 국가의 참다운 이익을 대표한다고 하는 가정을 전제하고 있었다. 이것 때문에 클라우제비츠는 지금까지 비판되어 왔으며 따라서 그의 『전쟁론』은 전쟁에 대한 역사적 분석도 아니고 정치적 이론에 대한 연구도 아니며, 그것은 비논리적·비정신적 제원칙을 배제하기 위한 연구이며 클라우제비츠는 그것이 옳다는 것을 굳게 믿고 있었다. 따라서 그는, 정부란 맹목적으로 복종하거나 모든 비판을 무시해서는 안 된다고 믿었으며, 종국적으로는 '전쟁은 같은 것으로 대표될 수 있는 정치적 이익의 충돌에서 일어날 수 있다'고 믿고 있었다.[134] 따라서 클라우제비츠는 현대의 영·미 사상계에서는 최근까지 수용하기 어려웠던 점을 인식하고 있었다고 파레트는 말하고 있다.[135]

실제로 클라우제비츠는 그의 만년에 들어서 프로이센의 참모총장이 마련한 전략계획서 속에서 피아간의 군사적인 면은 상술하고 있으면서도 정치목적에 관해서는 아무 언급이 없는 것을 용납하지 않았으며 동 계획서에 대한 논평을 요구받고 당사국의 정치적 여건을 고려치 않는 계획안을 마련할 수 없는 것이라고 지적하였다. 파레트는 이것을 클라우제비츠의 편지를 통해 인용하고 있는데 그것은 다음과 같다.

전쟁이란 고립된 현상이 아니고 다른 수단에 의한 정치의 연속이다. 따라서 모든 전쟁계획은 본질상 대체적으로 정치적인 것이며 그 정치적인 성격은 그것이 전투기반과 국가전체에 연관될수록 증가한다. 전쟁계획은 제3국에 대한 전쟁당사국들의 관계뿐만이 아니라 당사국의 정치적 여건에서 직접적으로 도출되는 것이다. . . . 따라서 대전략적 문제에 관한 단순한 군사적 평가나 그것을 해결하기 위한 단순한 군사적 방책이란 있을 수 없는 것이다.[136]

---

133) 『전쟁없는 자유란?』, 앞의 책, p.423.
134) 『전쟁없는 자유란?』 앞의 책, p.424.
135) 위의 책.
136) 클라우제비츠가 C. Von Roeder 에게 보낸 편지 (1872. 12. 22), *Militarwissen Scaftliche Rundschau*, No. 2 (March, 1937), p.6: Peter Paret, *Karl Von Clausewitz*, 위의 책, p.6에서 재인용.

이렇듯 그의 정치적 신조는 그의 이론의 정치적 분야에서는 보편화된 것이 아니지만 정치적 분야를 부각시키고 있는 것이며 따라서 이것은 그의 전쟁론에서의 논거와 현대에서의 그의 논거와의 결부(관련성) 및 클라우제비츠의 전통과 전쟁 이외의 타 분야에서의 그의 견해와의 결부라는 의미에서 그의 정치적 신조가 관심사가 되고 있다고 파레트는 말하고 있다.

파레트는 단적으로 클라우제비츠 이론의 타당성은 특정한 정치사상을 초월하는 것이며, 우리들이 인식하는 유추로서는 그의 사상의 기반과 경향이 정서적이며 또한 이성적이라 할 수 있다고 말하면서, 그는 진실로 무엇이 일어나며 그리고 장래 가능성으로 무엇이 예상되는가를 인식할 필요에서 전쟁을 연구했던 것이며 이 같은 견지에서 정치문제를 관찰했던 것으로서, 이로써 그는 그가 가지고 있던 많은 이데올로기적, 사회적 편견을 극복할 수 있었던 것[137]이라고 파레트는 보고 있다.

(5) 노만깁스의 견해

깁스_{Norman H. Gibbs}는 지난 30여 년 간 클라우제비츠의 전쟁론에 관한 저술과 논의들이 대부분 '전쟁은 타 수단에 의한 정책의 연장'이라는 클라우제비츠의 주장에 관해서만 이루어졌다고 비판하고, 문제는 클라우제비츠 사상에 대한 논의가 너무 자주 그 점에서 멈춰 버리는 데 있다고 말하면서 그 중요도에 있어서 정신력_{moral force}의 중요성에 대해서도 논의가 이루어져야 하며, 바로 이 점에서 클라우제비츠의 논의는 새 방향으로 접어들게 된다고 말하고 있다.[138]

즉 정신력의 문제를 다룸으로써 클라우제비츠는 이데올로기 개념의 중요성을 분석하고 있는데, 이데올로기는 정치적 신조일 뿐만이 아니라, 전쟁분석 더 나아가 모든 사회분석에 있어 가치 있는 것이 되기 위해서 이데올로기는 단순히 정치적 주장을 넘어서는 포괄적인 것으로 여겨져야 한다고 깁스는 말하고 있다.

즉 그것은 인간의 심성과 정신 속에서 작용하여 인간으로 하여금 어떤 행동을 하게끔 작용하는 그 무엇으로 보아야 한다는 것이다. 따라서 그는 클라우제비츠가 사용하고 있는 정신력이란 말을 심리적이란 말로 대체하여 이해한다.[139]

---

137) 『전쟁 없는 자유란?』 앞의 책, p.440.

138) Norman H. Gibbs, "Clausewitz on the Moral Force in War", Naval War College Review, No. 27 (Jan-Feb., 75), pp.15-22: 또한 B. Mitchell Simpson III, *War, Strategy, and Maritime Power*(New Brunswick: Rutger University Press, 1977), pp.49-62.

139) Norman H. Gibbs, 앞의 논문, p.16. 깁스는 인간의 행동을 유발하게 하는 그 '무엇'이 자주 정치사상과 같은 것으로 생각되어 왔고 또한 이것이 전쟁발발의 원인이 되어 온 것도 사실이나 그럼에도 불구하고 이데올로기라는 말의 의미를 정치신조로 국한한다는 것은 잘못된 것이며 실제로 클라우제비츠 자신이 전쟁일반과 특히 1972~1815년간의 전쟁을 다룰 때 이데올로기라는 말의 넓은 해석을 채택하고 있다고 보고 있다. 이러 맥락에

클라우제비츠 절대전은 개념으로서의 전쟁이며 이것은 어디까지나 논리적인 명제일 뿐 현실세계의 기술은 아닌 것으로서, 따라서 클라우제비츠의 견해에 있어서 실제로 발생하는 전쟁, 즉 현실전이 이상적 전쟁인 절대전과 차이가 나는 점은 두 가지가 있는데 그것은

첫째로 정치적 상황, 즉 실제전쟁의 목적으로서, 어떤 특정상황이 주어졌다고 할 때 우리가 관심을 두는 것은 전면 파괴로 이르는 맹목적 힘의 발휘가 아니라 어떤 특정인 또는 특정관계에 기반을 둔 확률의 계산이며 둘째로, 인간적인 요소로서 클라우제비츠가 말하고 있는 바와 같이 '전쟁은 반드시 인간적 요인을 고려해야만 하는 것이다. 또한 이론은 용기와 대담성과 저돌성까지도 포함시켜 고려해야 하는 것이며 그렇기 때문에 실제에 있어서는 어떤 절대적인 것이라든가 실증적인 것에는 결코 도달할 수가 없는 것'140)으로서, 이 두 가지 차이점은 다시 말하여 정치적 및 심리적인 요인으로서 이들은 대체로 같은 방향으로 작용하며 이러한 점에서 볼 때, 클라우제비츠 저작전체는 결국 제한전쟁을 주장하는 것이라고 보는 것이 합리적인 관찰이라는 것이다.

이러한 견해 하에서 깁스는 클라우제비츠가 전쟁은 정치의 연장이라는 주장 이외에 정신력의 중요성에 대해서도 관심을 기울였다고 주장하면서 이로부터 다음과 같은 두 가지 결론을 도출하고 있다.141)

첫째, 전쟁을 정치적 목적을 갖는 정치적 행위로 설명하는 클라우제비츠의 접근법은 분명히 합리적인 측면을 포함하고 있으며, 대체로 전쟁은 분명한 원인과 효과를 갖는 것인데 클라우제비츠는 이러한 설명에 머무르지 않고 그가 반복해서 우리들에게 주의를 환기시키고 있는 점은 전쟁이 다른 어떤 활동보다 개연적 요인에 영향을 받는다는 점이며, 이 개연성에는 여러 가지가 살아 있고 반응하는 힘이 내재되어 있어 "죽어 있는 물질세계에서 발전하는 것과 같은 그러한 법칙을 추구하게 되면 거듭되는 실수를 면치 못하게 될 것"64)이며, 이러한 법칙작성을 할 수 없게 만드는 전쟁의 여러 요인 중 가장 중요한 것이 정신적 또는 심리적 요인이다.

둘째, 클라우제비츠는 대병력주의大兵力主義나 군국주의자라는 비난과는 거리가 멀다. 그는 그의 선임자들의 이론들을 환상적 이론이라고 비웃었으며 수량을 정신력 뒤에 두고 있다(제3편 전쟁), 또한 그가 강조하고 있는 기습은 혼란을 초래하게 하며 용기를 상실하게 하여 숫자나 물자면에서 더 우세한 측도 패배시킬 수 있는 것이다. 또한 클라우제비츠는 정책도구로서 전쟁의 가치가 갖는 한계성도 분명히 이해하고 있었는데 만일 독일의 후세대가 다른 식으로 생각하고 행동했다면(예: 비스마르크) 잘못된 점은 클라우제비츠를 교과서로 사용한 것이 아니라, 그

서 정신력(Moral Force)은 곧 심리적 (Psychological)인 것으로 인식될 수 있다는 것이다.
140) Clausewitz, *On War,* P.86: 국역, p.73.
141) Gibbs, 앞의 논문, pp.21-22

것을 잘못 해석한 그들에게 있다는 것이다. 따라서 깁스는 정치목적을 위한 전쟁의 가치에 대한 보다 비판적인 클라우제비츠의 견해에 있어, 정신력의 중요성에 대한 그의 인식이 중요한 역할을 하고 있다고 강조하고 있다.

(6) 웬델 코트의 견해

코트Wendell J. Coat는 『비교전략』Comparative Strategy 지(1986, 5/4)에 기고한 「클라우제비츠의 전쟁이론: 신견해」라는 제하의 논문에서, 최근 클라우제비츠에 대한 관심의 부활은 방어와 억제 간의 관계에 대한 폭넓은 이해를 위하여 그의 이론의 계속적인 유용성과 연계되어 새로운 문제를 제기하고 있다고 말하고 이것은 클라우제비츠가 저술한 『전쟁론』이 의미하는 것은 무엇인가 하는 것이며 이러한 문제를 고찰해 보기 위해서는 다음과 같은 세 가지 측면에서 『전쟁론』을 분석해야 하는데 그것은 첫째, 클라우제비츠가 다루고 있는 주요관심사의 본질은 무엇인가? 둘째, 그것을 다루기 위하여 그는 어떤 방법론을 제안하고 있는가? 셋째, 클라우제비츠의 이론화 형식을 우리 시대에 맞게 어떻게 이해하여야 하는가? 하는 세 가지로 분석의 초점을 맞추어 클라우제비츠를 재조명하고 있다. 코트의 분석을 요약하면 다음과 같다.[142]

첫째로, 클라우제비츠가 다루고 있는 주요관심사의 본질에 관한 것이다. 클라우제비츠는 역사적으로 전쟁에 있어서 공통이 되는 일반적인 요인을 도출해 내기 위하여 노력하였으며 그의 주요 핵심사는 무력사용에 있어서 정치적(형벌적), 그리고 군사적(저항적) 형태를 모두 망라한 것으로 정치적 권력과 법을 실행하고 대항 무장병력의 사용을 조건화하는 데 있었다. 결과적으로 그는 전쟁 철학으로 지향해 있었으며 의도된 정치적 결과를 달성하기 위하여 무력을 정치적·군사적·혼합적으로 사용하는 것에 대한 전체적인 이해의 탐구에 진력하였다. 이와 같이 클라우제비츠가 직면한 문제는 군사적 목적과 정치적 목적이 정책의 행위로서 전쟁에 어떻게 재접합될 수 있는가 하는 것이었다.

둘째로, 클라우제비츠가 주요관심사의 본질을 다루는 데 있어서 어떤 방법론을 제안하고 있느냐 하는 문제에 있어서 이것은 다음과 같은 세 가지 하부요인을 가지고 있다. 즉 1) 절대전 모델 2) 왜 실제의 전쟁은 절대전과 다른가 하는 분석 3) 정책행위로서 전쟁의 재정의이다.

첫 번째 하부요인으로서 절대전 모델의 분석에 있어서 클라우제비츠는 만족스런 이론은 실제로 유용하며 현실과의 갈등이 없어야 한다고 생각하면서도 그는 주요관심사에 대한 지적

---

142) Wendell J. Coat "Clausewitz's Theory of War: an Alternative Strategy", *Comparative Strategy* 5/4 (1986), pp. 351-373 참조.

통제를 확립하기 위하여 이상적(또는 합리적; rational)인 절대전 모델을 설정하고 있는데 이 모델의 논리는 무장병력이 상대의 무장병력과 대결할 때 논리적으로 병력간의 상호행동 결과를 설명하며 이것은 규정적인 원칙, 이성의 산출, 순수한 개념으로 모든 가능한 경험을 초월하는 것으로서 칸트의 사상과 유사하다. 이것은 명백히 이론적 차원에서 고유성과 일치성을 제공하는 것이며 군사행동의 정책과 행동의 공식으로 우리의 판단을 유도하며 이 논리에 의하여 정치적 상황간의 대결에 있는 각 적국은 정치적 경쟁자로서 상대방의 생존을 위협하고 있는 것이 된다. 이러한 대결의 관념은 각자가 자신의 이익을 위하여 행동하는 정치적 의지(적대적 의도)와 물질적 능력을 전제로 하고 있으며 이로부터 적대적인 세 가지 상호행동이 유발되며 극단으로 치닫게 된다. 클라우제비츠는 이렇듯 추상적인 아이디어로써 절대전 모델로 전쟁을 정의하고 나서 유용성 있는 현실 속의 실제 가이드로서 전쟁이론을 설립하고, 현실에 순응하고자 이것을 수정한다. 이러한 사상은 칸트파적인 아이디어이며, 이론과 실제에 관한 칸트 철학은 클라우제비츠 전쟁이론의 전개에 있어 이론의 기능과 현 실태로의 진화하는 본질 및 전쟁행위의 구체적인 활동의 의미와 방향을 제공하려는 작업에 심오한 통찰의 가능성을 제공하여 준다. 칸트에게 있어서 의무의 개념에 기초를 둔 이론들은 궁극적으로 의지력의 자유를 반영하는 것으로서 경험의 실체적인 규칙에 기초를 두고 있다. 이런 형태의 이론들은 근본적으로 개인적 행위와 정치적 및 국제적 권리의 실행에 있어서 윤리적 선택과 관계되어 있다. 두 번째 하부요인으로서 왜 실전은 절대전과 다른가? 하는 분석에 있어서 클라우제비츠는 절대전 모델을 만들고 난 후 이것이 현실적 가이드로서 적용될 수 있는 이론으로 성의 수정 가능성 여부에 대하여 의문을 제기하였으며 그는 이것을 다음과 같은 세 가지 이유 때문에 가능하다고 믿었다. 1)전쟁은 결코 현실에서 고립된 행위로 나타나지 않으며 또한 먼저 발생한 사건들과도 독립되어 발생하지 않는다. 2)현실에서의 전쟁은 단독적이고 순간적인 일격만을 포함하지는 않는데 왜냐면 전쟁수행을 위해 쓸 수 있는 주요한 자원들(국가의 무장병력, 물질적 특성과 인구, 동맹국들)은 순간적으로 동원되고 교전 될 수 없다. 3)전쟁의 결과는 언제나 최종적인 것으로 간주되지 않고 조금 시일이 경과한 후의 정치적 또는 군사적 치료를 위한 가능성을 개방한 채로 놓아둔다.

클라우제비츠는 이론에서 극단의 법(적을 정복하여 무장해제시키려는 의지)이 그 힘을 잃어 감에 따라 평화정착을 위한 기초로서의 정치적 목적을 주장하였다. 평화정착이 명령에 의한 것이든 협상에 의한 것이든 그것은 정치적 목적으로 군사행동을 취하기 위한 여건(정당화)를 갖춘 전쟁을 수행하기 위한 근본적인 동기이며, 이것을 지원하는 군사적 목적을 달성하는 데 필요한 노력의 수준인 것이다. 하지만 정치적 목적은 이론상으로 군사적·정치적 성공에 실제로 요구되는 노력의 정도는 될 수 없다. 즉 그것은 적의 저항 가능 여부에 의하여 결정되는 것이다. 하지만 클라우제비츠에게 있어서 이론적으로 전반적인 군사적 상호행동의 속도에 따른 정지나, 중단을 설명할 수 있는 것이 그의 분석에서는 결여되어 있었다. 그에게 있어서 상대협력간의 균형 그 자체가 정지를 설명할 수 없으며 오히려 가깝게 교전하는 세력(병력) 간의 균형이 군사 행동의 연속을 유지하기 위하여 압력을 증가시키며 이로써 극단으로 치닫게 된다. 따라서 클라우제비츠는 선제initiative로서 군사적 조절개념을 갖는데 문법으로서 선제의 상징적 의미는 교전 하는 각 병력이 조직화될 전력으로서 상대방에게 취하는 상호적인 위협을 통하여 상대방의 행동을 통제하는 개념이다. 따라서 선제에 의한 군사적 통제는 현실적인 의미에서 그 자체가 군사적 목적이 된다. 이렇듯 연기나 중단은 실제전쟁의 특징이며 따라서 이론이 타당하다면 군사적 상호작용의 정지에 대한 합리적인 설명을 제공할 수 있어야 한다.

클라우제비츠는 이러한 연기나 중단의 이유로 다음 두 가지를 제시하고 있는데,

1) 공격과 방어에 있어서 공자攻者로부터 먼저 공격을 당하더라도 방어가 더 강한 형태이다. 이것은 적의 패배를 더욱 확실하게 하는 형태이며 방어는 다른 가능성을 제공하여 소극적인 목적을 가진 약한 쪽의 공격력을 상실하게 만들고 그들의 비교적인 위치를 반전시키게 만든다.

2) 전쟁에서 어떠한 지휘관도 모든 상황에 대한 완전한 지식을 갖지는 못했다. 일반적으로 적의 힘을 과대평가하려는 경향이 있으므로 제한되고 부분적인 정보는 이론적으로 양측에 불확실성의 압력을 가중시킨다. 그 결과로 연기의 의구심과 가능성이 촉진, 증가되어 군사적 상호작용의 속도를 늦추게 한다. 이렇듯 상호작용의 속도가 늦어질수록, 군사행동의 과정에서 정지가 빈번할수록 지휘관은 절대전의 개념적 모델을 특징짓는 정점을 전환시키는 다른 방법의 모색 기회가 많아지며 따라서 현실의 전쟁은 도박과 같은 성격을 띠게 되고 결과적으로 '신중한 판단'을 포함하는 용기의 중요성이 대두되게 된다.

세 번째 하부요인으로서 정책행위로서 전쟁의 재정의 문제에 있어서 클라우제비츠는 실제전쟁의 비평적 측면의 상호의존성과 절대전의 개념적 모델을 분석적으로 설정한 후에 전쟁의 보다 실질적이고 통일된 정의를 내리려 추구하는데 클라우제비츠에게 있어서 군사적·정치적 안정은 궁극적으로 평화나 법률law; 제법을 의미이 현실적으로나 인식적으로나 전장에서 방어하는 것과, 전투에서 적을 물리친다는 두 가지의 소극적 목적과 함께 군사적 능력에 달려 있다고 보았다. 따라서 직접으로 평화로 인도되지 않는 어떤 공격도 바로 방어로 끝나야 하며, 전쟁의 이론과 실제 모두가 함께 검토되어야 하는 것은 바로 이러한 견지에서이다.

전쟁은 명백한 삼위일체인 것으로서 폭력, 증오, 적대감 같은 맹목적인 자연의 힘과 창조적인 정신이 최대로 발휘될 수 있는 기회의 활용, 그리고 정책의 도구로서 이성에의 종속이 바

로 그것이다. 이것 중의 첫째는 국민과, 둘째는 군대와 세 번째는 정부와 그의 정책에 관련되어 있다. 클라우제비츠는 이 세 가지 각기 다른 요인들을 국가정책으로 조화시킬 때 하나의 행동체계를 구성한다고 생각하고 있으며 이로부터 전쟁의 진보된 이론적 기초가 제공된다. 그 이론은 역사적 경험에 바탕을 두고, 현실에 적용할 수 있으며 그리고 필연적으로 똑같은 전략적 문제를 당면한 적에 대해 실제적으로 적용가능하게 한다. 따라서 전쟁이론의 기본기능은 이 세 가지 경향의 균형을 제공하는 것으로, 즉 문법으로서 대중의견과 군사작전은, 문법으로서의 정책공식(정치적인, 대내적 및 대외적)과 연계되어 성공적인 전략의 논리logic 수립을 위한 지적 기초를 제공한다. 따라서 클라우제비츠 이론의 기본구조는 그가 공식화했던 전쟁의 예비개념에 기초하여 현재의 정치적 그리고 군사적인 현실을 수행하기 위한 이론으로 수정된다.

셋째로, 클라우제비츠의 이론화 형식을 우리 시대에 맞게 어떻게 이해하여야 하는가 하는 문제에 있어서 클라우제비츠의 이론 형태와 보조를 같이하여 생각할 수 있는 문제는 그의『전쟁론』이 오늘날에도 적용될 수 있느냐 하는 문제가 아니라 어떤 의미로서 적용될 수 있느냐 하는 것이며 이것은 바로 다음과 같은 두 가지 문제를 야기시키는데 그것은 1) 핵시대에 적용할 수 있는 실행의 지침으로서 전쟁이론의 유용성에 관한 것과 2) 클라우제비츠의 전쟁개념이 전쟁이론을 발전시키는 데 적합한 개념적 기준, 즉 현대의 기술적 발전과 역동적인 사회·정치적 변화에 적용될 수 있는 기준을 제시해 줄 수 있느냐 하는 두 가지 문제이다.

먼저 핵시대에 있어서의 전쟁이론의 유용성 문제에 있어서, 오늘날 이해되는 전쟁억제 이론은 전쟁을 대신할 보복의 위협을 기초로 하고 있으며 적극적 정치목적을 가진 적이 형벌적 행동의 위협으로 인해 정치의 동결을 변화시키는 무력을 사용하지 못하도록 하는 것을 전제로 하고 있다. 이러한 전쟁억제의 상호행위는 무력사용을 통한 정치목표에 대한 투쟁이며 이는 클라우제비츠가 정의내린 것처럼 전쟁행위이며 절대전의 변형이다. 그렇다면 분명 보복위협에 기초한 전쟁억제 이론은 클라우제비츠의 전쟁이론과 대체될 수 없다. 왜냐하면 이것은 클라우제비츠의 이론을 수정한 변형으로 볼 수 있고, 똑같이 정책도구로서 전쟁을 다루는 것을 제시하고 있을 뿐만 아니라, 오히려 군사적 상호작용의 속도에서 정지와 연기에 대한 확실한 설명(정당성)을 제시하지 못하고 있다. 따라서 억제모형의 논리는 무모하다. 억제이론에서 이론상 적의 가능한 패배가 없는 한 전쟁억제 구조를 유지하기 위하여 요구되는 상호 정치적·군사적 저지를 이해하는 데는 좀 더 설명이 요구된다. 전쟁은 보복의 위협에 의하여 저지되지 않으며 오히려 저지하는 보복의 위협은 결국 그 어느 편도 원하지 않는 전쟁의 가능성 하에 놓이게 된다. 따라서 보복의 위협에 기초한 전쟁억제 이론의 중요한 결점의 하나는 그것이 정책의 도구로서 공격적이거나 방어적인 전쟁을 다루기 위하여 정책입안자나 군사전문가 및 일반국민들에게 전쟁을 이해시킬 수 있는 개념상의 도구를 제시하지 못하고 있다는 데에 있다. 따라서 핵시대에 있어서도 적절한 전쟁이론의 요구는 과거 역사의 어느 때와 마찬가지로 중요성이 감소되지 않고 있다.

두 번째 문제에 있어서 클라우제비츠의 전쟁개념이 전쟁이론을 발전시키는 데 있어 현대의 상황적·기술적 변화에도 불구하고 적합한 개념적 기준을 제시해 줄 수 있느냐 하는 문제를 다루기 위해서는 클라우제비츠가 전쟁을 정책행위로 규정한 경우 해결하려고 한 문제를 다시 살펴보는 것이 가장 좋은 방법이다. 정책행위로서 전쟁의 중심적 문제는 전쟁에서 군사목표를 정치목표의 입장을 택하는 것을 인정하면서 이 두 가지를 조화시키는 것이다. 『전쟁론』에서 클라우제비츠는 '균형'의 전통개념(전쟁의 목적과 수단 간의 공평한 관계)과 '군사력의 필요성' (전쟁에서 군우세에 대한 최소한의 요구) 간의 개념적 차이에 대하여 언급하였다. 이 문제는 이론상 전쟁이 어떻게 정책에 대하여 안전하게 행해질 수 있느냐 하는 것이다. 이것은 바로 전략적 문제이며 전쟁의 보편적 요소이고 모든 시대의 군사이론가가 우선적으로 관심을 가져야 하는 문제이다. 이 문제에 대한 클라우제비츠의 이론상의 해결은 다음과 같은 전제에 근거를 두고 있다. 즉 공격적이면서 방어적인 형태의 투쟁은 방어를 부정적인 정치목적을 가진 좀 더 강한 형태의 전쟁으로 만드는 방법으로 이루어질 수 있다. 그가 분명히 이해한 것으로 전쟁억제와 방어는 이 과정에서 핵심을 이룬다.

코트는 이상과 같은 검토를 기초로 다음과 같이 결론을 짓고 있다. 즉 정책행위로서 전쟁 개념을 다루는 핵시대에서의 적절한 전쟁이론은 부득이 클라우제비츠의 연구에 그 개념적 기초로 둘 수밖에 없다. 브로디 교수의 말처럼 클라우제비츠의 『전쟁론』은 가장 위대할 뿐만 아니라 전쟁에 관한 유일한 명저이다.

3. 현대전과 국가안전보장: 군사적 시각(해리 서머즈의 견해)

이상에서 고찰해 본바 대로 클라우제비츠 전쟁이론의 현대에서의 유용성에 대한 논의는 현실주의적 시각으로서 주로 정치학자들에 의하여 주창되었다. 이들은 전쟁을 정치적 목적과 결부시켜 해석하여 왜 현실적으로 전쟁을 수행하지 않으면 안 되는가의 규명에 관심이 집중되어 있다.

그러나 미 육군대학 교수인 서머즈Harry G.Summers, Jr.는 이러한 정치학자들 중심의 분석에 이의를 제기하고 군사적 견해를 제시하고 나섰는데 그는 정치학자들의 견해에는 전문적인 군사전략 개념이 결여되어 있으며 궁극적으로 전쟁이 평화를 달성하기 위한 것이라면 어떻게 싸워야 할 것인가 하는 것도 대단히 중요하며 이것은 군인들의 몫이라고 하면서 '군사전문가가 군사전략과 국방정책에 대해 저술한 책은 극히 드물며 군사전략과 국방정책에 대해 논하는 사람의 대부분이 민간인이다'는 체계분석가들의 말을 인용, 불만을 표시하고 클라우제비츠 해석에 있어 군사전략적 해석의 필요성을 제시하고 있다.

서머즈는 현대전을 포괄적으로 설명할 수 있는 전쟁이론은 클라우제비츠의 『전쟁론』이외에는 없다면서 클라우제비츠의 분석틀Frame Work에 의거 월남전과 최근의 걸프전을 명쾌히 분석함으로써 현대전 분석의 최고 저술로 평가받고 있다.

1984년에 출간한 『미국의 월남전 전략』On Strategy: The Vietnam War in Context, New York, Dell Publishing, 1984에서 미국의 패인을 분석하면서 미국에서 현대전쟁 연구의 중요한 요소가 150년이나 된 클라우제비츠의 『전쟁론』에 대한 연구 분석으로 복귀하고 있는 이유는 19세기 초 클라우제비츠에 의해 제기되었던 것과 같은 문제점들이 월남전에서 그대로 재현되었기 때문인데 그것은 전쟁 본질에 관한 것으로서 항구적인 것이라고 말하고 있다.

오늘날에 있어 대중의 지성은 사고의 남발과 혼동으로 상처를 입었으며 전쟁지도에 있어 일관된 견해가 부재하여 만족할 만한 결론 없이 막연한 일반화의 바다에 표류하고 있고 이 같은 현상은 클라우제비츠가 18세기의 전쟁을 평가하여 '정부 자신이 국가의 전부라고 믿고 정부 단독으로 전쟁을 수행하였다.'라고 말한 것과 유사성이 있으며 현대전이 민·관·군의 중요한 3요소로 구성되어 있는 것과는 대조적으로 2차 대전 이후 미국이 세계를 책임지고 있는 동안 클라우제비츠의 경고는 무시되었고 안보위해요소에 대한 신속한 대처라는 미명하에 국가는 무지하게 18세기적 방법으로 전쟁에 접근함으로써 미국은 국민들을 철저히 전략공식에서 제외시켜버렸고, 선전포고 없이 한국전에 개입하므로 미 국민과 군대와의 관계를 악화시켰으며 동일한 실수가 월남에서 반복되었다는 것이다. 이에 따라 월남전은 존슨의 전쟁, 닉슨의 전쟁 그리고 군대의 전쟁이 될 수밖에 없었으며 따라서 패배란 당연한 귀결이었다는 것이다.

한편 1992년 걸프전을 분석한 저서 『미국의 걸프전 전략』On Strategy II: A Critical Analysis of the Gulf War에서, 미국은 걸프전에서 승리함으로써 미국인이 가졌던 베트남증후군[143]을 말끔히 떨쳐 버렸으며 미국은 주목할 만한 군사적 부흥을 하였고 이로서 미국은 유일한 최강대국 지위를 유지하고 있음이 증명되었으며 새로운 세계질서를 주도해 나갈 수 있는 자신감을 갖게 되었다고 말하고 있다.

이 책에서 서머즈는 미국은 월남전 실패에 뼈저린 교훈을 거울삼아 그간 미국이 어떻게 군사전략과 전술을 발전시켜 왔으며 어떻게 걸프전을 준비하고 수행하여 승리를 달성할 수 있

---

143) 지미 카터(Jimmy Cater) 전 대통령은 미국의 패배로 끝난 월남전에 대하여 '국민적 불쾌감'이라고 하였고 부시(George W. Bush)대통령은 '베트남 증후군'이라고 불렀다. 이는 미국인들이 월남전에서 입은 국민적 상처를 표현하는 것이며 군사적 활력을 상실하는 등 그 후유증이 심각하였음을 보여준다.

었는지 클라우제비츠의 전쟁이론과 고전적인 전쟁원칙을 이용하여 설명하고 있다. 이의 구체적인 내용은 본서의 주제범위를 벗어나기 때문에 서머즈의 견해가 잘 나타나 있는 이 두 저서의 서문을 소개하는 것으로 이의 검토를 대신하기로 한다.

(1) 전술적 승리, 전략적 패배(『미국의 월남전 전략』 서문)

미 육군의 견지에서 월남전을 볼 때, 미국에서 가장 좌절감을 맛보게 한 것은, 전술과 군수지원에 관한 한 우리가 어느 작전에서나 성공하였는데도 불구하고 월남전을 승리로 이끌지 못했다는 것이다. 미 육군은 연간 백만에 가까운 병력을 월남에 수송하고, 먹이고 입히고 재우고 무기와 탄약을 공급하는 등, 전투에 임했던 과거 어떤 전쟁보다도 충분한 보급을 제공해 주었다. 지구의 반대편에 파견되어 있는 그 정도 규모의 군사력을 유지한다는 것은 군수 및 관리면에서 엄청난 작업이었으며 우리는 그러한 과업을 훌륭하게 수행했다.

실제 전장에서도 미 육군은 무적이었다. 전투에 전투를 거듭할 때마다 베트콩Viet Cong과 월맹 육군은 막대한 손실을 입고 패주했다. 그러나 종국에 와서 승자로 부각된 것은 미국 아닌 월맹이었다. 우리는 매 전투마다 계속 승리를 거두었는데 결과적으로 비참한 패자가 된 것은 무슨 이유인가? 이러한 괴로운 의문을 풀어보기 위해 본 저자는 이 책을 썼다.

여태껏 많은 분석들이 나왔지만 그 중에는 월남전을 전체적인 전략에 비추어 고찰하지 않고 월남이라는 특수지역 탓으로 돌린 의견이 적지 않았다. 이렇듯 잘못된 견해는 제2차 세계대전 이후 핵시대의 군사전략 부재에 기인한다. 군사전략에 관한 대부분의 전문적인 문헌은 민간인 분석가들, 즉 학계의 정치학 교수들과 국방관계의 체계 분석가systems analyst에 의해 쓰인 것들이다. 국제정치학자인 브로디Bernard Brodie의 그 유명한 저서 『전쟁과 정치』War and Politics는 전편에 걸쳐 전문적인 군사전략 개념이 결여되어 있다. 체계분석가인 애토븐Alain C. Enthoven과 스미스K.Wayne Smith도 이와 같은 의견에 동의하여, "군사전문가가 군사 전략과 국방 정책에 대해 저술한 책은 극히 드물며 군사전략과 국방 정책에 대해 논하는 사람의 대부분이 민간인이다."라고 논평했다. 심지어 미국의 새로운 전략이라 불렸던 유연반응전략Flexible Response Strategy도 군사 전문가가 아닌 민간인의 발상이었다.

그렇다고 해서, 민간인 전략가의 의견이 모두 틀렸다는 것은 아니다. 정치학자들은 전쟁을 정치적인 목적과 결부시켜 해석하는 데 일익을 담당하여 미국이 '왜'Why 전쟁을 수행하지 않으면 안 되었는가에 대한 해답을 제시하였으며, 이와 같은 방법으로 체계분석가들은 우리가 '어떤 수단'Means을 사용해야 하는가에 대한 해답을 주었다. 그러나 이와 같은 논리의 전개 과정에서 꼭 필요한 부분이 빠져 있다. 즉, 위와 같은 수단을 '어떻게' 사용하여 정치학자들이 제시한 목적을 달성하느냐 하는 '방법'이 빠져 있는 것이다. 따라서 이 부분은 마땅히 군사 전략가의 전략에 의해 채워졌어야만 했다. 그러나 전쟁을 어떻게 수행해야 할 것인가에 대한 전문적인 군사전략을 제시해야 할 군은 체계분석가들과 함께 전쟁에 사용해야 할 물질적인 수단을 결정하는 데에만 열중했다. 실제로 많은 미 육군 장교들은 '육군은 전략을 만들지 않는다.' 또한 '육군의 전략이란 존재하지 않는다.'라는 판에 박힌 안이한 사고방식에 젖어 있었다. 즉 전략이란 국가 예산 운용에 관한 것이며 주로 자원을 할당하는 기능이라는 일반적인 개념이 군에 팽배해 있었던 것이다.

그들의 생각으로는 육군의 임무란 국가방위체제를 위하여 물자와 무기와 장비를 계획하고 조달하여 병력을 편성, 훈련, 장비시키는 것뿐이라고 믿고 있었다. 이러한 태도는 육군의 임무를 피상적으로 해석한 소치이다. 그러나 국가안전보장법에 의해 작전지휘권이 국방성에 위임되어 있고, '현역과 예비군을 편성하고, 훈련시키고, 장비시킬' 책임이 있다. 따라서 합참의장이나 통합군 사령부의 J-3, J-5로 보직된 육군 장성들에게는 지상군 전략을 수립할 책임이 있는 것이다. 어떤 사람들은 미국에서는 대통령만이 '전략을 수립할 수 있다.'고 말하고 있는데 이것은 잘 몰라서 하는 말이다.

왜냐하면 대부분의 경우에 있어서 대통령은 자신이 직접 군사전략을 세우는 것이 아니라 군인과 민간으로 구성된 국가안보담당 관계관들이 건의한 군사전략에 대해 최종 결심만을 내리는 것이 통상이기 때문이다.

이러한 군의 전략에 대한 기피 자세는 부지불식간에 군 사고능력의 퇴보를 가져왔다. 이미 1971년 초, 미 육군사관학교 역사학과의 브리트Albert Sidney Britt 중령은 그의 저서에서 "국민이나 의회의 관여가 필요 없다는 제한전쟁의 개념은 18세기 전쟁형태에서 유래한다"고 말한 바 있다. 브리트 중령의 견해는 19세기의 전쟁형태에 관한 고전적인 비판을 가한 클라우제비츠의 『전쟁론』On War에 근거를 둔 것이다. '전쟁기술'the art of war에 대해 가브리엘Richard Gabriel과 사바지Paul Savage는 널리 인용되고 있는 그들의 저서 『지휘에 있어서의 위기』Crisis Command라는 책에서, 미군은 군사 전략보다 군 자체관리에 더 중점을 두었다고 혹독하게 비난하였는데 이는 150년 전에 쓰인 『전쟁론』에서 클라우제비츠는 이 점에 관해서 다음과 같이 기술하고 있다.

18세기에 있어 '전쟁기술'the art of war 혹은 '전쟁과학'science of war이라는 말은 물질적인 요소에 관계되는 지식이나 기술의 총체를 지칭하는 데에만 사용되었다. 다시 말하면 무기의 제조와 사용, 육군 내부편성과 군의 기동방법에 관한 것들만이 군사지식과 군사기술의 본질을 이루고 있었던 것이다.

전쟁기술과 전쟁과학에 대해 이러한 기준을 적용한다면 군사전략보다 자체 관리에 중점을 둔 그 자체는 훌륭했다고 말할 수도 있고, 그 조직체에 맡겨진 임무는 무엇이든지 다 했다는 주장이 나올 수도 있다. 이러한 주장은 젤브Lelie H.Gelb와 베트Richard K. Betts가 쓴 월남전 당시의 정치 및 관료체제 분석에 대한 육군의 견해에서도 찾아볼 수 있다. 그들은 이러한 관료체제 구조를 검토한 후, 당시의 정치 및 관료체제가 하도록 계획된 일은 모두 해냈다고 분석하였다.

그러나 몇몇 사람들이 주장하고 있는 바와 같이 만약 육군이 단순히 "현역과 예비군을 편성하고, 훈련시키고, 이들을 장비시키는" 임무만 가진 군수 및 관리체제라고 한다면 그러한 군대는 완전한 임무를 수행할 수 있는 군대가 아니었다고 할 수 있다.

따라서 이러한 분석의 비논리성의 군사이론을 잘못 이해한 데에 기인한다. 클라우제비츠는 그의 군사이론에서 전쟁행위를 크게 두 가지 범주로 나누었다. 그 하나는 '전쟁을 준비'preparation for war하는 것이고 또 하나는 '전쟁 그 자체'war proper를 수행하는 것이다. 즉 전자는 잘 장비되고 훈련된 전투부대라는 '완제품'the end product을 만들어내는 과정이며 "전쟁 그 자체에 대한 이론은 일단 만들어진 전투부대라는 수단을 전쟁목적을 위해 어떻게 사용하느냐에 관한 것이다"라고 말하고 있다. 월남전에서 우리는 이 두 가지 행위에 대해 혼동하고 있었다. 어떤 사람들은 전략이라는 말에 대해 혼동하고 있었다. 어떤 사람들은 전략이라는 말에 대해 서로 상충되는 정의가 너무 많이 난무하여 우리가 갈 바를 잃었다고 말하고 있으나, 이런 변명은 여러 가지 사실에 비추어 볼 때 타당치 못했다. 1979년도 미 합참이 발간한 『군사용어사전』Dictionary of Military and Associated Terms에 의하면, 군사전략의 공식적인 정의란 "무력을 사용하거나 혹은 무력으로 위협하여 국가정책의 목표를 달성하기 위하여 군대를 운용하는 기술"이라고 되어 있다. 우리가 이미 살펴본 바와 같이, 민간인들이 전략이론을 전개하면서 '빠뜨린 부분'missing link인 정치적인 목표를 달성하기 위하여 군사적인 수단을 '어떻게' 사용하느냐 하는 문제에 대해 언급하지 않은 것이다. 그러나 이 빠진 부분은 우리 군이 내린 군사전략의 정의에 군사전략이란, 국가정책목표를 달성하기 위하여 군대를 운용하는 것이라고 명시되어 있다.

우리가 월남전에서 무엇을 잘못했는가 알아보기 위해, 본 저서의 제2부 전투Emgagement 편에서 월남에서의 군사전략을 상세히 검토해 보겠지만 이 시점에서 군 자체에서 내린 군사전략의 정의에 비추어 볼 때 우리는 월남에서 미국의 국가목표를 달성하기 위한 군의 운용이 적절하지 못했다는 것을 지적하고 싶다. 또한 클라우제비츠가 말한 바와 같이 '전략의 궁극적인 목표는 평화를 달성하는 것이다'라는 최종적인 분석을 염두에 둔다면 우리의 월남에서의 전략은 결국 실패했다는 것이다.

18세기의 전쟁에 대한 개념이 전장에서뿐만 아니라 정부의 제반조치와 미 국민의 의식에도 영향을 미쳤다. 앞으로 상세히 언급하겠지만 그러한 개념은 정부보다도 국민의 의식에 더 많은 영향을 미친 것으로 생각된다. 이러한 전장에 미친 영향은 전쟁준비를 위한 행정 요소the administrative requirements와 전쟁 자체를 수행하기 위한 작전요소the opreational requirements를 혼동하는 것으로 나타났으며, 정치적인 면에 있어서는 육군을 정부의 도구로 보느냐 아니면 국민의 도구로 보느냐 하는 견해차이가 발생하고 있다. 클라우제비츠는 다음과 같이 말하고 있다.

> 18세기에는 . . . 전쟁이란 오로지 정부가 행하는 것이었기 때문에 국민의 역할이란 단지 전쟁을 수행하는 정부의 도구에 불과한 것이었다. 외국과의 관계에 있어서 국가를 대표하는 것은 행정부였으며 국민의 존재는 완전히 도외시되었다. 따라서 전쟁은 정부만의 관심사였고 정부는 국민의 의사를 무시하고 정부가 곧 국가 그 자체인 것처럼 행동하였다.

왜 미국정부가 국민들을 동원하지 않기로 결정하였으며, 왜 선전포고를 하지 않았는가? 왜 많은 미국 사람들이 월남전을 미국국민의 전쟁이라고 하지 않고 '존슨Johnson의 전쟁' '닉슨Nixon의 전쟁' 혹은 '육군의 전쟁'이라고 불렀는가? 하는 이유는 이러한 18세기 식 전쟁개념의 부활에 기인된 것으로 설명할 수 있다.

클라우제비츠에 의하면 "전쟁의 전체적인 현상을 지배하는 경향은 첫째, 증오와 적개심, 둘째 개연성과 우연성, 셋째 정치의 도구로서 이러한 것들이 묘한 삼위일체를 이루고 있다. 이 세 가지 가운데 첫째는 주로 국민과, 둘째는 군대와, 셋째는 정부와 관계가 있다. 이 세 가지 경향은 전쟁의 본질에 뿌리를 박고 있는 별개의 법칙과 같이 보이지만 그들의 상호관계는 언제나 일정한 것은 아니다." 따라서 "이 중 어느 한 가지를 무시하거나 억지로 이들과의 관계를 설정하려는 군사이론은 현실세계와의 모순으로 인하여 전혀 무가치한 이론이 되어 버리고 만다." 군사이론가의 임무는 이러한 전쟁의 삼위일체, 즉 국민·정부·군대가 서로 균형을 유지할 수 있는 이론을 발전시키는 것이다.

따라서 필자는 제1부 작전환경Environment 편에서 미국국민과 육군과의 관계를 검토해 보기로 한다. 여기에서는 국민여론의 지지가 전략수립에 얼마나 중요한 요소인가? 그리고 의회는 그러한 국민의 지지에 적법성을 부여하기 위해 헌법상 어떤 책임이 있는가에 중점을 두었으며, 다음으로 미국국민과 군대 사이에 존재하는 마찰을 검토하고 미국의 국가안보를 맡고 있는 관료들 간의 마찰과 우리 육군이 사용하고 있는 교리로 인하여 발생되는 마찰에 대하여 고찰하고자 한다.

제1부와 제2부에서 대부분의 분석을 클라우제비츠가 150년 전에 저술한 전쟁론에 근거하는 것은 무리가 있는 것처럼 보일지 모르나 이 전쟁론은 현재로서는 가용한 가장 현대적인 병

서라 할 수 있다. 경제문제에 있어서는 아담 스미스Amad Smith까지 거슬러 올라갈 필요까지는 없겠지만 프리드맨Milton Friedman, 갈브레이드 사무엘슨John Kenneth Galbraith 등의 저서를 읽으면 경제이론에 대한 기본적인 지식은 얻을 수 있을 것이다. 정치학에 대해서는 플라토Plato까지는 가지 않는다 하더라도 현대의 각종 정치학 관계서적을 읽으면 되고, 군사과학에 대해서는 클라우제비츠의 전쟁론이 아직까지는 기본교과서가 되어 있다. 근래에 작고한 브로디가 지적한 바와 같이 클라우제비츠의 전쟁론 이러한 분야의 몇 안 되는 저서 중에서도, 현대의 저서들이 도달하지 못한 깊은 통찰력을 가지고 쓰인 아직 독보적인 위치를 차지하고 있다. 월남전을 논하는데 참고서적으로 전쟁론이 적합한 책이냐 하는 문제에 대해 브로디는 "아무리 최근에 쓰인 책이라 할지라도 전쟁론만큼 월남전과 관계가 깊은 책은 없다"라고 말한 바 있다.

클라우제비츠의 이 이론은 월맹의 작전을 이해하는 데도 도움이 될 것이다. 우리는 흔히 월맹의 작전을 모택동의 인민전쟁People's War 이론을 사용하여 설명하고 있지만 마르크스-레닌Marx-Lenin주의의 선언도 클라우제비츠의 전쟁론에서 끌어낸 것임을 유념할 필요가 있다. 1971년 9월 미국의 일리노이Illinois 주립대학의 데이비스Donald E. Davis와 콘Walter S.G. Kohn 교수는 클라우제비츠가 마르크스-레닌주의자들의 군사사상에 매우 중요하고 커다란 영향을 끼쳤다는 사실에 주의를 환기시켰다. 더 최근의 일로는 1980년 6월 클라우제비츠에 관한 독일의 최고 권위자 중의 한 사람인 사람은 클라우제비츠가 세계 공산주의의 창시자인 마르크스Karl Marx와 엥겔스Friedrich Engles 그리고 레닌Leninism에 이르기까지 미친 영향에 대해 저술한 바 있으며 특히 은 클라우제비츠의 이론을 변형하여 레닌주의Leninism의 일부로 만들었다.

소련에서는 클라우제비츠의 전쟁론을 육군사관학교Frunse Military Academy의 필수과목으로 지정하여 교육하고 있고, 차츰 공산주의국가로 퍼져나가 중국도 클라우제비츠를 연구하기 시작했다. 서독수상 헬뮤트 슈미트Helmut Schumidt가 북경을 방문하였을 때, 모택동이 클라우제비츠의 전쟁철학을 매우 높이 평가하고 있었다고 했다.

현대적인 편견에 의하여 왜곡되지 않는 클라우제비츠의 원전과 비교하여 월남전을 분석해 봄으로써 지금 우리의 문제점이 되고 있는 군사이론의 착오에 대해 좀 더 나은 견해를 가질 수 있게 될 것이며 또한 장차 예상되는 변화에 대한 애해를 증진시킬 수 있을 것이다.

"모든 이론의 가장 근본적인 목적은 복잡하게 얽혀진 여러 가지 개념과 사고방식을 명확하게 정립하는 데 있다"라고 클라우제비츠가 말한 바와 같이 본 책자의 목적은 월남전 경험을 매개로 하여 하나의 이론을 수립해 보자는 데 있다.

(2) 패배로부터 승리를 이끌었다(『미국의 걸프전 전략』 서문)

걸프전에서의 미국의 승리를 이해하려면 먼저 월남에서의 패배를 이해해야 한다. 월남전의 정글 속에서의 전투경험이 합참의장 콜린 파웰 장군과 미군사령관 노만 슈워츠코프 장군으로부터 육·해·공군 장성들과 여단 및 연대를 지휘하는 대령들을 결속시켜 주는 공통 고리 역할을 하였다. 앞으로 논의되겠지만, 월남의 정글에서 얻어진 교훈은 위에 인용한 한 동양 외교관과 미국인을 포함한 전 세계인들이 갖고 있는 일반적 인식과는 엄청난 차이가 있다. 월남전에서 촌뜨기 농군에게 패하고, 이란에서 있었던 사막 1호Desert One 작전과 베이루트 병영에서의 해병 작전의 불상사, 그라나다와 파나마에서의 성공적인 작전이 잘못된 일을 한 것으로 오도되어지는 등 미군은 언론에서 '총도 똑바로 쏘지 못하는 패자'로 조롱받았다.

신문이나 TV에서 보고, 들은 것으로만 군에 대해 알고 있는 사람들이 미국의 전투력을 탐탁하지 않게 생각하는 것은 당연하다. 걸프전 초기에 사막에서 고도 정밀장비가 잘 작동할 것인지, 군이 얼마나 잘못된 곳에서 잘못된 전쟁을 준비해 왔는지. 지원병에 불과한 군인들은 첫 총성에도 무너지지는 않을까 하는 각종의 이야기가 난무하였다.

일부에서는 미국이 사담 후세인을 자만에 빠지도록 하기 위해 거대한 언론매체를 유도한 것으로 보았고 이러한 언론조작은 어려운 일이 아니었을 것이다. 후세인은 파산한 사회주의 제국으로부터 돈을 벌기 위해 이라크에 입국한 월남인들을 통해 미국의 무력함을 들어왔기 때문에 더욱 자신감을 얻었다. 비록 나중에 언론들은 정부에 의해 이용당했다고 불만을 토로했지만, 나쁜 뉴스는 과장하고, 좋은 뉴스는 무시해 버리는 부정적 시각의 보도가 미국을 그릇되게 인식시켜 주는 원인이었다. 이러한 미국보도의 형태를 미국인들은 잘 이해하고 무의식적으로 무시해 버리지만 해외에서는 완전히 왜곡될 수 있었다. 어쨌든, 이러한 보도 형태로 미국은 걸프전에서 상당한 심리적 우위를 갖게 되었고, 이러한 우위는 더 좋은 결과를 가져오게 되었다.

상황이 진전됨에 따라, 미국은 보기에는 무서우나 실상 이빨 빠져 있는 종이 호랑이란 인식은 멘켄H. I. Mencken의 말과 같이 '간결하고, 그럴 듯하지만 잘못된 것'이라는 것이 드러났다. 이 책은 왜 미국이 종이호랑이가 아닌가에 관해 저술한 것이다.

이미 발간되었던 『전략론 I: 월남전의 분석』에서와 마찬가지로 이 책은 걸프전의 역사를 기록한 것은 아니다. 이 책은 전쟁에 대한 심층분석이다. 심층분석이란 '잘못을 찾아내려는 비판적인' 의미가 아니라 '상세한 분석과 판단에 의해 기술되어지는'이라는 의미이다.

클라우제비츠 이론과 전쟁의 고전적 원리를 이용하여 월남의 패배로부터 걸프전의 승리가 어떻게 이루어졌는지를 고찰하였다. 무엇보다 이 책은 월남전의 전철을 밟지 않으려고 하였고, 군 외부에는 잘 알려지지 않은 전후 군 내부의 변화와 재래전에서 미국식 전쟁수행 방법을 급격히 변화시킨 교리의 변화를 살펴보았다.

　　이 책의 의도는 『전략론 I』에서와 같이 전력과 전쟁기술의 깊은 이해를 제공하려는 것이다. 그렇게 함으로써, 위험하고 불확실한 세계 속에서 미국인들이 그들의 안보와 안전을 위해 필요한 수단을 어떻게 사용해야 되는가를 이해시키는 것이다.

클라우제비츠의 전쟁 인식방법과 영향

1. 전쟁술 사상의 변천: '전쟁원칙' 중심의 교리주의적 경직성의 대두와 발전

19세기 초엽 이래 서방세계의 군대에서는 전쟁수행의 '학'學 또는 '논리화'의 시도가 두드러진 하나의 현상이었다.144) 특히 군대교육기관에서 행한 군사사軍事史의 교육은 대체로 일반화된 '원칙들'에 대한 '과학적'연구에 집중되었다. 예를 들면, 서방세계의 각국 군사관학교, 병과학교, 지휘참모학교 등에서 가르친 군사사는 프러시아군을 제외하고는 나피Napier, 조미니Jomini 및 찰스Charles 공과 같은 경험 있는 군인들이 나폴레옹 전쟁 동안에 치른 전역戰域에서 연역해낸 전쟁원칙들의 '과학적 연구'를 강조했다. 대부분의 교과서들은 이 원칙들이 어떻게 성공적으로 적용되었는지를 보여주기 위해 고대의 전쟁과 근대의 전쟁을 예로 들어 이들 원칙들을 구체적으로 설명하려 하였다. 이론상 '이 원칙들의 올바른 적용은 평균적인 지적 능력을 지닌 사람이라면 누구 의해서나 쉽게 습득될 수 있다'145)는 전제 위에서 제시되었다. 이들 원칙들의 보편적은 타당성 강조는 계몽주의 시대 이래의 시대적 사조를 반영하는 것이기도 하다. 어떠한 행위에서든지 일반적인 법칙이 존재한다는 생각—자연과학에서처럼—이 전쟁수행 문제를 과학화하려는 유행을 가져왔다고 볼 수 있다.

    이러한 일반화된 원칙의 강조는 중세 이래 팽배하여 온 기하학적인 전투수행방식을 집대성한 독일의 폰 뷜로von Bülow146)가 기하학적인 법칙을 제시한 이래 하나의 독립적인 기반을 형

---

144) 예컨대, Dietrich Adam Heinrich von Bülow의 *The Spirit of the Modern System of War*(London: c Mercier & co., 1806); B Henry de Jomini, *Summary of Art of War*(Philadelphia: Lippincott & Co., 1862); George F. R. Henderson, *The Science of War: A Collection of Essays and Lectures, 1891-1903,* ed., by Neil Malcom(London: Lonman, Green, and Co., 1919); Rudolf von Caemmere, *The Development of the Strategical Science During the 19th Century,* trans by Karl von Donat(London: Macmilan , 1905); P. L. Macdouqall, *The Theory of War: Illustrated by Numerous Examples from Military History*(London: Lonman, Brown, Green, Longman & Roberts, 1856); J. F. C. Fuller *The Foundaation of Science of War*(London: Hutchinson & Co., 1926) 등이 대표적인 교리주의적 작품들이다.

145) Macdouqall, 앞의 책, p.V.

성하기에 이르렀다. 뷜로의 이론은 참으로 계몽주의시대(합리주의적 자연과학주의 지식논의의 황금시대)의 정신을 반영하는 대표적인 군사작품이었다. 이러한 논리에 의하면 전쟁은 구체적인 '전쟁의 법'의 형태로 존재하는 과학적 법칙성에 따라 수행될 수 있으며, 이 법칙은 기하학적이고 수학적으로 표현되며 전장에서 지휘관에게 명명백백한 지침을 제공한다는 것이다.[147] 그도 그럴 것이 계몽주의시대에는 지식의 객관적 근거를 믿고 있었고 지식 또는 진리(과학)는 대상(자연)으로부터 연유하기 때문에 사람들은 단순히 그것을 발견하기만 하면 된다고 생각했기 때문이다. 자연대상이 진리와 질서 및 체계의 보유자이기에 그 내적 모습이 표출되기만을 기다리면 되는 것으로 인식되었다.

그래서 사람은 단순히 관찰자에 불과한 존재로 전락해 버린다. 그러나 계몽주의시대의 사상가(과학자)들은 실제로 인간이 어떻게 자연의 신비를 벗길 수 있는지를 설명할 수는 없었던 것이다. 왜 사과나무에서 떨어진 사과가 다른 사람에게는 아무 일도 아니었던 것이 나무 밑에 앉아 있던 뉴턴에게만 위대한 발견의 단서가 되었던 것인가를 숙고하지 아니하였던가?

지식을 습득하는 실제적인 과정이 어떠하였든지[148] 뷜로는 자연 대상이 그에게 기지$_{Base}$의 원칙을 제공해 준다고 믿었기 때문에 이 '주어진 목적'에 '수단'을 계산하기만 하면 되는 것이었다. 즉 군수軍需의 문제가 최우선적인 것으로 주어졌기 때문에 (자연의 원직에 의해) 목적달성을 위해 최선의 전략을 논리적으로 선책하기만 하면 되는 것이었다. 이 일은 단순히 수학적 방식에 의존하는 순수한 환원적 방법이면 되는 것이었다.

당시의 군대는 왕에 의해 고용된 용병군이었기 때문에 물질적 자원의 절약이 가장 중요한 문제였던 것이다. 그래서 기지는 계몽주의시대의 전쟁에서 가장 중시되었던 물질자원의 근거지를 나타내는 대명사였다.

군대는 기지라고 명명된 보급선에 밀착되어 있었고 이 기지로부터 군대는 주어진(자연법칙으로 정해진) 효율적인 작전 반경 내에서 행동해야만 했다. 그래서 기지의 개념은 군대의 노력을 극대화해야 하는 양적 실체였다. 따라서 기지의 개념이 작전전략 그 자체에 직접적인 지침을 제공하는 척도였다. 뷜로에 의하면 '장군은 적에 대한 고려보다는 그 자신의 군수기지를 마

---

146) Bülow, 앞의 책.

147) 예를 들면 뷜로는 보급요소가 가장 중요하다고 믿었기 때문에 군대가 작전을 펼치고 있는 기준선 양 끝에서 늘인 선과 목표물이 이루는 각도가 90도 이하여서는 안 된다고 주장하였다. 이러한 가정에 의거하여 그는 모든 난해한 계산들을 해결해 나갔다. Michael Howard, *Clausewitz*(Oxford, New York: Oxford Univ., 1983), p.23 참조.

148) 예를 들면 뷜로는 보급요소가 가장 중요 하다고 믿었기 때문에 군대가 작전을 펼치고 있는 기준선 양끝에서 늘인 선과 목표물이 이루는 각도가 90도 이하여서는 안 된다고 주장하였다. 이러한 가정에 의거하여 그는 모든 난해한 계산들을 해결해 나갔다. Michael Howard, *Clausewitz* (Oxford, New York: Oxford Univ. 1983) P.23 참조

련하고 그의 작전의 주요 목적인 보급선의 안전을 유지해야 하며 . . . 전투, 트기 정면전투는 회피해야 하는 것'149)이었다. 지휘관의 주된 목적은 전투를 회피하는 것이며 '주력군에 의해 적을 격퇴시키는 것보다도 적의 주위를 이동하면서 그의 보급선에 대한 위협을 경고하는 것이 적을 물러가게 하는 훨씬 확실하고 경제적인 방법'150)으로 생각되었다. 따라서 전쟁수행의 핵심은 전투가 아니라 보급선 차단이었다. 그래서 물질적 자원의 계산에 입각한 전쟁은 최적의 효율성 반경을 자동적으로 갖게 되며, 이 기지의 원칙에 근거하여 군대는 '자연적인 한계'를 넘어서 전투에서는 안 되며 이 자연적 한계를 넘어서 작전을 수행하는 것은 뷜로의 사상에 따르면 무용하고 위험한 것이었다.151) 이처럼 뷜로의 '전쟁과학'의 본질은 자연의 본성에 의해 주어지는 것이다. 즉,

> '전쟁술'의 영역이 극복할 수 없는 자연적 한계로 인해 좁혀질수록 그와 반대로 전쟁의 '과학'은 확대될 것이며, 이전쟁의 과학이 최고수준에 도달하게 될 때에는 마침내 전쟁수행상의 가능성과 불가능성을 몇 개의 원칙으로 축소 환원시킬 수 있을 것이다. 그렇게 되면 이 원칙의 적용을 쉽게 이해할 수 있게 될 것이고 '術' 그 자체는 '과학'이 될 것이며 '과학' 안에서 '술'은 그 기능을 잃게 될 것이다. 그러나 사람은 무엇이 공통적인 것인지를 구분하기가 곤란할 것이기 때문에 결과적으로 군사적 영광을 위한 열정은 사라질 것이고 영구적 평화가 쉽게 구축될 것이다.152)

이 주장은 계몽주의시대의 전형적인 사상으로서 어떤 '올바른' 사상의 내적 힘에 대한 지나친 신뢰를 반영한다. 인간이 물질적 한계에 도달하면 자연법으로 되돌아가야하고 그들의 정열을 억누르고 과학과 평화, 조화와 질서 및 정의의 판정을 받아들여야 한다는 사상을 반영한다. 인간의 마음을 한정적인 것으로 인식하는 이 사상은 군대의 물질적 영역의 반경이 또한 인간의 지적 반경임을 전제로 한다. 뷜로는 인간 마음의 창조적 능력, 즉 '기지적'인 '자연적' 제한이나 '주어진' 제한을 초극할 수 있는 인간의 정신적·지적 능력을 지극히 과소평가했다. 계몽주의시대의 사조를 반영하는 또 하나의 '원칙'주의의 주창은 나폴레옹 전역을 관찰한 조미니Jomini에서도 분명히 나타났다. 조미니는 클라우제비츠와 더불어 나폴레옹을 관찰한 2대 역사적 군사상가이지만 그 관점에 있어서는 너무나 상이하다. 클라우제비츠는 뷜로의 사상을 정면으로 거부하였지만(후술함) 조미니는 뷜로와 사상적으로 동일선상에 있었다.

---

149) Bülow, 앞의 책, pp.81-82.
150) 위의 책, p.82.
151) 위의 책, Chapter IV/VI 참조.
152) Bülow, 앞의 책, p.228

조미니에 의하면 '올바른 원칙에 기초를 두고 실제적인 전쟁을 통해 입증되고 전쟁사에 수록되어 있는 합당한 이론은 참으로 장군을 교육시키는 데 필수적인 것'이며 '방법은 변해도 원칙은 불변'이다.[153]

조미니에 의해서 일단 기틀을 잡은 '전쟁원칙'의 강조는 몇몇 전략사상가와 군 지휘관들의 사상을 제외하고 나면[154] 이론의 발전을 저해하는—다소 진전이 없었던 것은 아니나—원인으로 작용했다.

다시 말하면 대체로 전쟁수행의 이론(전략이론)은 다른 여러 가지 군사장비들처럼 무게가 가벼워지고 전장으로 운반하기 좋게끔 간편하고 용이하게 포장되어졌다. 그래서 오래 발전되어 온 몇몇 전략의 아이디어들은 곧 수용되지 못하고 껍질이 벗겨진 채 알맹이만 남아서 '금언'金言, maxim식으로 전환되어 '원칙'이라 불리는 고정된 교리가 되어 버렸던 것이다.[155]

이들 단순화된 원칙들은 그 정당성·적합성 및 역사적 적용면에서 성공적인 경우도 있었지만 잘못되었던 경우도 많았다. 이들 전쟁원칙들은 당초에는 다수의 이론가들의 작품에서 유래하였지만 당초의 사려 깊은 아이디어들은 '공리적 금구'公理的 金句, axiom에는 거의 반영되지 아니하였거나 잘못 반영되었다. 그러나 이들 원칙들은 실제로 가장 실용적이고 실제적인 것으로 인식되어 대단한 권위를 지니게 되었다. 그래서 전쟁수행의 술(전략)은 지휘관에 의해 단순히 '과학'science 또는 '술'art로 일컬어 오게 되었다.[156]

소위 '전쟁원칙'들은 통상 7~11개의 금언으로 표현되어 왔는데, 이들 원칙들의 기저에 존재하는 제반 요소들의 끊임없는 변화에도 불구하고 이들 원칙들은 불변을 전제로 하기 때문에 그 일반성이 너무나 광범위하여 그 적용적 유용성이 한정된다. 실제로 이 '신성한' 원칙들은 섭리적인 것이 아니라 본질적으로 상식적 명제이며 전쟁수행에 예외적으로 중요한 것은 아니다.[157] 이 명제들은 통상 다음과 같은 바람직스러운 작전행위를 강조한다.

(1) 결정적 지점에서의 우세를 습득하기 위한 기회를 극대화하기 위해 병력의 부당한 분산을 피하고(집중의 원칙)

---

153) Baron de Jomini, *Summary of Art of War*, or *A New Analytical Commend of the Principal Combinetions of Strategy, of Grand Tactics and of Military Policy* (Philadelphia: J. B. Lippincott & Co., 1862), p.325

154) 예를 들면 Napoleon, Clausewitz, Frederick, Moltke, Henderson 등은 대표적인 '전쟁술'의 사상가이며 실천가들이었다. Jay Luvaas, "Thinking at the Operatinal Level", *Parameter*: Journal of the Army War College, 16/1(Spring 1986), pp.2-6 참조

155) Bernard Brodie, Strategy in the Missile Age (Princeton, N.J.: Princeton University Press, 1959), p.21.

156) Andre Beaufre, *An Introduction to Strategy*, trans. by R.H. Barry(New York and Washington: Frederick A. Praeger, 1965), p.19.

157) Brodie, 위의 책, p.23.

(2) 아군의 행동과정을 군건히 하고 방해의 압력에서도 일관성을 지속할 수 있도록 행동목
    표를 분명히 선정하여(목표의 원칙)

(3) 이미 얻은 이점(특히 전투승리 후)을 적극적으로 확대하며(추격의 원칙)

(4) 적절한 시간에 기설을 취하고 유리한 결정을 위해서 이 기선을 활용하고(공격의 원칙)

(5) 적의 기습공격에 대비하여 공격중에도 병참선과 병력을 보호하며(안전의 원칙)

(6) 기만과 속임수를 활용하고(기습의 원칙)

(7) 가용한 모든 군대를 최대한 효과적으로 사용하며(병력절약의 원칙) 등

이러한 일곱 가지 요약적 원칙 외에 이 원칙을 제시하는 개인이나 국가에 따라, 그리고 시대에 따라 몇 가지를 더 추가하거나 삭제하여 명제화해 왔다.

전쟁의 원칙을 단순화하려는 시도는 대체로 지식을 단순화하려고 했던 근대의 습성이거나 악습을 반영하는 것이었다.[158] 어떤 원칙은 단순화의 결과로 원래의 의미가 변질되기도 하였다.[159] 실제로는 전쟁을 수행함에 있어서는 항상 병력사용에 대한 지휘관의 다원적 아이디어와 요구가 반영되었으며 이들 원칙 중 몇몇은 무시되기도 하고 어떤 것은 그 지휘관의 생각에 따라 보다 강조되기도 하였다. 역사적으로 볼 때에도 이 고전적 원칙을 위배하는 지휘관의 수는 적지 않았다.[160] 이 고전적인 원칙은 실상 단순화된 상식적 명제에 불과함으로 대체로 일상생활에도 적용될 수 있는 사항들이다. 따라서 전쟁수행의 유용한 강제적 지침이 되기에는 너무나 추상적이고 일반적이다.

이들 원칙이 유용하려면 그 요약적 명제 이면에 존재하는 것을 사려 깊게 탐색해야 한다. '금구'는 가장 심원한 사상이 축약될 수는 있지만 '슬로건'이어서는 안 된다. 지나치게 축약되고 일반화되면 무의미하게 되어 버린다.[161] 처칠Winston Churchill이 관찰한 바와 같이 "성공적인 전쟁수행은 절대적인 요청이지만 이 성공적인 전쟁수행을 지배하는 원칙은 항상 상이하고 다양한 개차적 환경에 적합해야 하기 때문에 결과적으로 행동지침을 제공할 수 있는 어떠한 원칙도 있을 수 없다."[162]

---

158) Brodie, 앞의 책, p.24: Brodie, "Strategy as a Science", *World Politics,* 1/4(July, 1849), p.468.

159) 단순화의 결과로 원래의 의도가 변질되기도 했던 예를 들면, '병력절약(economy of force)'의 19세기적 의미는 대체로 군대의 합법적인 관리(judicious management)를 뜻하는 것으로서 군사력을 합당한 좋은 정치적 목적에 사용해야지 함부로 사용하면 안 된다는 점을 강조한 것이었다. 그 이후 이 용어는 점차 전장에서의 "병력절약"을 의미하게 되었다.

160) Brodie, *Strategy in the Missile Age*, p.26; "Strategy as a Science", p.469.

161) 위의 책, p. 25; "Strategy as a Science", p. 470; 역사상 정통성인 원칙을 벗어난 사례를 지적한 책으로는 Frederick Maurice, *Principles of Strategy*(New York: R. R. Smith, 1930) 및 Julian S. Corbett 제독의 Some Principles of Maritime Strategy (London: Longmans, Green and Co., 1918)가 있음.

요약컨대 전쟁수행활동은 해답이 하나밖에 없는 '학'學이나 '원칙'principles 또는 rules의 영역에 고정되지 않고,163) 여러 가지 해답을 상황과 의도에 따라 선택하는 '술'art의 영역에 속하는 '자유의지'의 활동이다. 그렇다면 '술'적 차원에서 전쟁수행 활동을 생각하고 논의한 역사적 맥락은 어떠한가?

2. 나폴레옹 전쟁과 클라우제비츠의 인식방법: 비판적 분석

나폴레옹과 프랑스혁명의 대중이 뷜로 식의 자연적 한계를 무너뜨리고 인간 마음의 완전한 창조성을 보여주었으며, 가장 큰 힘은 물질적인 것이 아니고 정신적인 것임을 보여주었다. 현대작전술의 가장 훌륭한 실행자 중의 한 사람인 나폴레옹은 전쟁원칙을 실전에 적용해서 성공한 지휘관으로 알려져 있지만 실상은 원칙의 경직된 고정화에 반대한 인물이었다. 그는 전쟁사의 많은 자료와 교훈적인 정보를 전해 준 조미니의 우수성을 높이 평가하면서도 그의 전쟁원칙의 강조에는 견해를 같이하지 아니하였다. 나폴레옹은 그의 부하 장군들에게 서면명령을 통하여 '술의 원칙'을 자주 암시하기는 하였지만 "천재는 영감에 의해 행동한다"고 주장했다. 그래서 나폴레옹은 조미니의 원칙주의를 수용하기보다는 조미니의 사료史料 제공이 "젊은이들의 마음 속에 우수한 아이디어를 영감적으로 불러일으키는 데 기여했다"고 생각했던 것이다.164) 따라서 나폴레옹은 "원칙이란 순전히 구부러진 나무토막을 다듬는 도끼의 역할로 고려되어야 하며, 어떤 경우에는 훌륭한 것이라도 다른 경우에는 부적당한 것이 된다"165)고 주장하였다.

> 전술기동 및 공학과 포병학은 지리학과 같은 이론에서 배울 수는 있으나 더 고차원적인 전쟁의 지식은 다만 대지휘관의 전쟁과 전투의 연구와 경험에 의해서만 습득될 수 있다. 이런 전쟁의 지식은 정확하고 고정된 규칙rules을 갖지 않는다. 모든 것은 자연이 장군에게 준 특성, 즉 그의 자질, 그의 결점, 부대의 특성, 무기의 선택, 계절, 결코 동일할 수 없는 수많은 환경에 의존한다.166)

---

163) Brodie, *Strategy in the Missile Age*, p. 27; "Strategy as a Science", p. 472; Wiston Churchill, *The World Crisis* (New York: Scriber's, 1981), p.576; Brodie, *Strategy in the Missile Age*, p.27에서 인용.

163) 1985년도에 한국의 군 교육기관을 졸업한 외국군소령 한 사람이 필자에게 한국군교육기관의 특성을 "해답을 하나밖에 제시하지 않는 기이한 교육"이라고 지적한 바 있음을 상기하고 싶다.

164) 조미니는 그의 『전쟁론개요』를 저술하기 전에 정치기술학교(Ecole Polytechnique) 및 여러 군사학교에서 Frederick 왕의 전역에 관해 강의하였다. 그는 나폴레옹의 전쟁수행방식을 보고 그의 '전쟁원칙'론은 발전시켰던 것이며, 나폴레옹은 조미니의 사상을 생전에 익히 알고 있었던 것이다. Luvaas, 앞의 책, p.2 참조

165) General Gourgaud, *Sainte-Helene, Journal Inedit*(1815~1818), 2 vols. (Paris: E. Flammarion, 1899), II, p.20; 위의 책, p.2에 인용.

166) Correspondence de Napoleon ler, 32 vols. (Paris: Henri Plon, J. Dumaine, 1870), P. xxxi, 365; Luvaas, 앞의

이처럼 나폴레옹은 '우리의 대모델'로서 역사상의 훌륭한 실전지휘자의 이상형을 제시하고 그의 결정의 기반을 이해하고 그 모델을 모방하며, 그의 성공의 비결을 연구함으로써 그의 위치에 도달할 수 있다고 주창했다. 나폴레옹의 이런 사상은 그가 마지막 임종시에 침대 맡에 앉은 그의 아들에게 한 유언에서 더욱 분명해진다.

> 위대한 실전지휘자의 실전경험을 심독하고 숙고하라. 그것만이 전쟁술을 배우는 유일한 길이다.167) 알렉산더Alexander, 한니발Hannibal, 구스타프스Gustavus, 투렌드 유잔Turenne Eugene, 그리고 프레데릭Frederick을 심독하고 또 심독하여 그들을 너의 모형으로 삼아라. 그것만이 대장군이 되는 유일한 길이며 전쟁수행의 비결을 완전히 습득하는 방법이다.168)

나폴레옹이 주장한 바는 전쟁사의 '창조적 심독'을 의미하는 것이지 원칙이나 규칙의 진부한 복습을 의미하는 것이 아니다. 왜냐하면 전쟁사의 경험적 요소는 어떤 과학적 체계형태로 이루어져 있지는 않기 때문이다. 나폴레옹 전쟁술의 지적 기반을 반영하는 이러한 태도는 전쟁술에 있어서 창조적 자유의지와 판단의 중요성을 강조한 것이다.

프레데릭도 이미 나폴레옹처럼 금구적 원칙보다는 지휘하는 사람을 중시하여, 각각의 상이한 군사적 상황에 대해 적의 관점에서 관찰할 필요성을 강조하고 군사문제를 공부하려면 성공적인 지휘관의 '사고과정'을 전반적인 차원에서 세밀히 관찰하고 그와 동등하게 생각하는 방법을 배우도록 권고했다.169) 나폴레옹이나 클라우제비츠가 프레데릭을 높이 평가했던 이유도 프레데릭의 '술'을 강조하고 실전의 지휘에서 보여준 그의 탁월한 응용능력 때문이었다.

교리적 원칙에 치우친 기하학주의적 작전방식에 대한 거부는 클라우제비츠 사상의 저변을 흐른다. 그는 군사사와 군사이론을 군사행동을 위한 특수한 교리나 '행동방식서'maual로 보지 않고 과거나 현재의 전역연구를 위한 '틀'을 마련하는 것으로 보았던 것이다. 나폴레옹 전쟁수행방식을 관찰한 조미니가 보다 구체적이고 '실제적'인 행동지침을 제공하기 위하여 '구체적인 원칙'에 도달하려고 노력한 반면에 동일한 전역을 관찰한 클라우제비츠는 보다 형이상적이기는 하지만 '비교조적인 융통성'undogmatic eial sticity을 보여주고 있다. 그의 작품이 오늘날까지도 살아 있는 이유는 바로 전쟁원칙의 명쾌한 제시보다는 이를 논의한 그의 현명한 지혜-원칙 위에 서는 사람의 지혜-때문이다.170)

책, p.2에 인용.

167) Correspondence, p. 379; Luvaas 앞의 책, p.2에 인용

168) Brodie, Strategy in the Missile Age, p.33; "Strategy as a science", p.470에 인용.

169) Jay Luvaas, ed. and trans., Frederick the Great on the Art of War (New York: Free Press, 1966), p.50.

170) Brodie, *Strategy in the Missile Age*, p.34-37 참조.

나폴레옹 전쟁은 클라우제비츠로 하여금 두 가지 서로 상반된 전쟁이론을 착상토록 했다. 한편으로 그는 나폴레옹을 그 자신 이론의 문제제기 대상으로 보았지만 다른 한편으로는 나폴레옹을 전쟁수행을 위한 해답의 차원에서 보았던 것이다. 전자의 경우 그는 나폴레옹 전쟁을 통해 전쟁의 항구적 불확실성과 실용적 해결의 당위성을 보았지만 후자의 경우 그는 전쟁의 새로운 지침이 될 새 이론을 구상하려 했던 것이다.

클라우제비츠 생애 초기에 있어서 프랑스혁명과 나폴레옹 전쟁은 기존의 기동전 규칙에 매달려 있지 아니하였기 때문에 비결정성과 불확실성으로 보였던 것이다. 왜냐하면 기존의 군사교리의 기반이 된 전쟁의 '과학적 법칙'은 프랑스의 정열적인 국민군에 의해 하룻밤 사이에 무너져 버리고 말았기 때문이었다. 다시 말하면 야전에 나가 있던 프러시아 장군으로서는 다음 단계에는 무슨 일이 일어날지 알 수가 없었던 것이다. 프랑스군이 진격을 할 것인지 또는 그들의 보급선과 기지보호에 진력할지, 아니면 정변공격을 시도할 것인지, 전쟁의 승리를 협상 테이블에서 외교적 이점을 얻기 위해 사용할 것인지, 아니면 프러시아군을 전멸시키기 위해 더 큰 군사적 승리를 추구 할 것인지 알 수 없었던 것이다. 의문이 의문을 낳게 되었으나 그 해답은 막연했다. 종래의 회의석상에서 끝나기 일쑤였던 안이한 방식의 '기하학적 게임'은 사라지고 말았던 것이다.

이러한 관찰이 클라우제비츠로 하여금 기존의 '기하학적 전쟁수행(작전)이론'에 대한 통렬한 비판자가 되게 만들어 버렸다. 그는 잠시 동안 초기 개혁시대를 제외하고는 프러시아 군사상과 행동을 지배해 온 군사제도에 대해 끊임없는 저항과 비판의 자세를 취하고 있었던 것이다. 클라우제비츠의 사상이 바로 단시의 대표적인 프러시아군의 사상이었던 뷜로 장군의 저서 『현대전체계의 정신』The Spirit of the Modern System of War, 1805[171])에 대한 강력한 비판에서 시작한다는 점[172])은 주목할 만하다.

클라우제비츠에 있어서 뷜로의 책은 그 제목과는 달리 전혀 현대적이 아니었으며 이미 시대착오적인 개념-기지와 기동-에 입각해 있었던 것이다. 클라우제비츠의 초기작품뿐 아니라 『전쟁론』On War도 여러 부분에서 계몽시대의 전쟁방식에 대한 혹독한 비판과 특히 「뷜로」의 이론에 대한 비판을 담고 있다.

뷜로의 사고방식과 실체적인 내용까지를 거부하는 클라우제비츠는 그의 「전쟁술과 과학」의 논문에서 '판단으로부터 인식perception 분리의 난점'[173])을 지적하고 '모든 사고는 실로 술'이

---

171) Bülow, 앞의 책.

172) Karl von Clausewitz, "Bemerkungen ueber die reine und angewandte Strategie des Herrn von Bülow order Kritik der darin enthaltenen Ansichten", in *Neuen Bellona*, vol 9(Leipzig, 1805); "Historische Briefe ueber die grossen Kriegsereignisse in October 1806", in *Minerva*, vols. 61/62(1807).

173) Clausewitz, 앞의 책, p.148.

며, '마음의 인식까지도 판단임'을 주장한다. 그는 "만일 인간이 순전히 판단이 결여된 인지cognition의 능력이나 인식이 결여된 판단의 능력을 소유하는 것이 불가능하다면 '술'과 '과학'도 그러하며 결코 판단과 인식은 분리될 수는 없다"174)고 결론짓고 있다.

뷜로에 대한 클라우제비츠의 방법론적 거부는 지식의 근원에 관한 '객관적' 관점의 비판에 잘 나타나 있다. 클라우제비츠에 있어서는 인간의 마음의 법칙과 과학 창조의 원동력이다. 따라서 인간의 마음에 의해 창조된 어떠한 법칙과 과학도 '현실'reality을 완전히 반영할 수는 없기 때문에 이론과 행동의 세계 간에는 깊은 차이가 존재하게 된다. 인간의 마음, 즉 그의 판단이 개입하게 되면 뷜로가 거부한 인간의 창조적이고 자유스러운 면이 발현되게 되며 과학의 객관성을 제한하게 된다. 그래서 클라우제비츠의『전쟁론』은 계몽주의 사조에 의해 인식된 과학적 방법을 포기함으로써 현실과 과학간의 자연스런 조화사상을 거부했다. 과학과 현실을 쉽게 연결시키는 이 계몽주의적 끈은 전장에서 지휘관을 과학적으로 지도하기보다는 오히려 방해하는 역기능을 하게 된다. 그러한 이론(원칙)은 '전장에서 지휘관을 따라다니는 준수지침이 아니라 전장에 나아갈 장차 지휘관의 마음을 교육시키거나 자훈적self-instructional으로 그를 유도해야만 하며 전 생애를 통해서 현명한 교사처럼, 그에게 배운 제자들을 지침적인 끈으로 속박하지 않고 젊은이의 지적 발전을 촉진시켜야 한다'175)는 것이다.

인적요소(도덕적 힘, 정신적 힘 또는 사기)의 중요성에 대한 강조가 바로 클라우제비츠로 하여금 당시에 지배적이었던 기존의 계몽주의 과학관을 송두리째 거부하게 한 주요 요인으로 작용하였다.

> 도덕적인 힘은 전쟁 전반을 지배하는 정신이며 초기단계에서 이 힘은 전 군사력을 이동시키고 지휘하는 의지와 밀접한 관련성을 형성한다. . . . 불행히도 이 힘은 과학적 지혜에 종속되지는 않는다. 이 힘은 분류될 수도 계산될 수도 없는 것이다. . . . 이 힘은 감지되고 느껴져야 하는 그런 힘이다. . . . 만일 전쟁의 이론이 이 요소를 우리들에게 상기시키는 것 이상이 아니라면, 그리고 도덕적 힘에 완전한 가치를 주지 않고 이 힘을 숙고할 필요성을 보여주지 않는 것이라면, 그것은 그 지평을 확대해야만 할 것이다. . . . 만일 이론이 물질적 요소만의 분석에 근거한다면 비난받아 마땅할 것이다.176)

인적요소의 강조는 전쟁 수행의 보편적 원칙을 구하는 기본요소이다. 클라우제비츠에 의하면 전쟁이란 결코 동일하게 되풀이되는 것이 아니기 때문에 폭력의 절대적 경지에 이른 나폴

---

174) Clausewitz, 위의 책.
175) Clausewitz, 앞의 책, p.141
176) Clausewitz, 앞의 책, P.184.

레옹 시대의 전쟁이라도 결코 필연적으로 재생되는 것이 아니라서 하나의 전쟁이론은 매 시대의 매 전쟁을 그 자체의 특성에 입각하여 별개의 것으로 취급해야 하며, 이론은 항상 스스로 변화에 순응해야 한다는 것이다.177) 이 같은 전쟁 발발의 개차적個差的 인식과 수용은 그의 역사 연구와 이론적 유용성에 있어서 '비판적 분석'의 방법, 즉 '실제적 사건에 이론적 진리를 적용하는' 방법을 취하게 하였다.

여기서 클라우제비츠는 이론의 세계와 행동의 세계를 명백히 구분하고 있다. 그는 반복해서 '행동에 관련되는 법칙의 아이디어는 전쟁수행의 이론으로 사용될 수는 없다. 왜냐하면 전쟁수행에는 그 현상의 다양성과 변화로 인해서 법칙의 이름을 붙일만한 일반적 성격의 결정성이 존재하지 않기 때문'이라고 강조한다. 이러한 지식의 근원에 관한 '주관적' 관점은 또한 그로 하여금 전쟁의 '과학'과 영구평화의 자동적인 연결을 제시하는 계몽주의적 오류를 거부하게 했다.

과학적 방법의 부당성을 주장하는 클라우제비츠의 태도는 실체적인 내용면의 논의에서도 나타난다. 그가 명명한 체계수립가system-makers들에 대한 공격이 바로 그것이다.

> 이들(체계수립가)은 결정성을 지닌 양量을 추구하지만 전쟁에서는 모든 것이 비결정적이기 때문에 계산은 항상 이 가변적인 양에 입각해서 이루어져야 한다. . . . 이들은 물질력에만 관심을 지향하나 모든 군사행동은 지적인 힘과 그들의 효과에 의해 지배된다. . . . 이들 체계론자들은 단지 활동의 일방적인 면에만 관심을 갖지만 전쟁이란 끊임없는 상호적 행동상태 이며 그 효과 또한 상호적인 것이다.178)

계몽주의적 전쟁수행이론에 대한 클라우제비츠의 저항과 비판을 종합하면 체계수립가들이 전쟁에 있어서 '인적요소'人的要素(또는 도덕적 힘)를 등한시하고 전쟁을 일방적이고 고립적인 행위로 간주함으로써 국가의 '지적요소'知的要素, intelligent force를 배제해 버렸으며, 적의 상황과 적의 동기를 고려치 않음으로써 '우연성'chance과 '불확실성'uncertainty의 문제를 주시하지 못하였다는 점이다. 이들 세 요소는 클라우제비츠의 사상전개의 핵심이다.179)

구 이론에 대한 클라우제비츠의 공격은 그의 '천재' 의 논의에서 절정에 이른다. "이 초라한 철학(계몽주의적 체계수립가들의 사상: 논자 주)인 부분적 관점의 지류에 의해서는 얻어질 수 없으며 모든 것은 과학의 영역 밖에 있고 그것은 곧 자신을 규칙보다 위에 위치시키는 천재의 영역에 속한다."(강조: 원저자)180) 원칙 위에 위치하는 천재, 즉 어떠한 지적, 체계적, 법칙적

---

177) 위의 책, p.593.
178) 위의 책, p.136.
179) 이 세 요소에 의한 클라우제비츠 사상분석은 본서 제5장 참조

틀에 의해서 구속될 수 없는 행위자가 클라우제비츠 철학에 등장하는 주체이다. "천재가 하는 일이 곧 모든 규칙 중에서 최선의 규칙인 것이며 이론은 천재가 어떻게 하며 왜 그렇게 하는지를 보여주는 것 이상은 할 수가 없는 것이다."[181] 따라서 클라우제비츠는 실제 유용한 이론이란 '천재의 규칙'임을 명시하고 이의 가능성을 논의한 후에 '이러한 관점에 서면 이론은 가능하게 되고 그 이론이야말로 실천세계에 비로소 모순되지 않게 된다'[182]고 결론짓고 있다.

3. 클라우제비츠 인식방법의 영향

전쟁사에 있어서 전쟁경험에 대한 비판적 시각은 독일군의 대ㅅ몰트케에 의해서도 수용되었다. 클라우제비츠가 독일사관학교Kriegsakademie의 교장이었을 때에 그의 학생이었던 몰트케Moltke는 자신의 교수방법 강론서인 『교수법』Order of Teaching에서 다음과 같이 지적하고 있다.

> 이 강의(전쟁사 강의: 논자주)는 수행되지 아니하였던 군사적 사건의 단순한 서술로 전락되어서는 안 될 것이다. 이 강의 내용은 인과관계의 맥락에서 사건을 고려하고, 지도력과 관련해서 생각하며 동시에 각 시대의 독특한 전쟁의 아이디어를 다루어야 할 것이다. 강사가 그의 학생들의 판단을 연습시키는 데 성공한다면 그 강의는 큰 가치를 지닐 것이다. 이 판단은 . . . 순전한 부정적 비판으로 전락되어서는 안 되며 무엇이 이루어졌어야만 했고 무엇이 결정되어야만 했는지에 대해 명백한 제시의 형태로 이루어져야 할 것이다.[183]

몰트케 자신이 쓴 1859년의 이탈리아 전역사에 대한 영국의 군사평론에 따르면 몰트케의 전쟁사에 대한 방법론적 인식은 뚜렷하다.

> 이 책은 실증적 비판주의Positive criticism의 전형적인 예이다. 매 단계에서 저자는 그 자신이 번갈아가면서 양측진영의 입장에 서서 그자신의 견해에 입각해서 매순간마다 가장 적합한 조치가 무엇인지 구체적으로 분명히 제시하고 있다. 그것은 의심할 여지없이 장군의 술을 가르치는 참된 방법이며 최고의 지휘경지에 도달한 사람들을 위해 고안해낼 수 있는 가장 좋은 평시의 연습이다.[184]

---

180) Clausewitz, 위의 책, p.13, 184 참조
181) Clausewitz, 위의 책, p.136 참조
182) 위의 책, p.142.
183) Spenser Wilkinson, *The Brain of an Army: A Popular Account of the German General Staff* (London: Macmillan and Co., 1890), p.88; Luvaas, 앞의 책, p.5에 인용
184) Luvaas, 앞의 책, p.5에 인용.

1983년 초에 독일 일반참모부 역사편찬실에서는 단행본의 역사서를 출판하기 시작하였는데 그 목적은 '지휘관의 술에 관계되는 중요 문제를 고찰하고' 나아가서 역사적 전례를 통해 '전쟁의 본질에 대한 통찰력을 풍부하게 하고 전쟁 사태와 관련된 인물들에 대해 보다 심층적이고 올바른 판단을 가능케 하기 위한 것'[185]이었다.

1866년 보오전쟁普墺戰爭과 1870년의 보불전쟁普佛戰爭에서 프러시아군이 승리하게 되고 유럽의 여러 나라의 군인들이 프러시아군의 군사제도와 현황을 연구하기 시작했다. 그러나 그 중에서 클라우제비츠가 소개한 비판적 분석방법에 관심을 기울인 사람은 그리 많지 아니하였다. 영국의 핸더슨 대령은 비판적 분석방법에 관심을 가진 소수의 장교 중 탁월한 군인이었다. 그는 오랫동안 영국 참모대학교관으로 재직하면서 기존의 군사교과서가 전쟁수행의 정신, 정신적 영향, 그리고 신속성과 기습 및 기략의 효과를 등한시한 채 외형적인 전쟁원칙만을 강조하고 있다는 사실에 환멸을 느끼고, 전역의 윤곽서술과 원칙설명을 걷어치우고 매상황마다 지휘관 자신이 생각했으리라는 바를 서술하고 지휘관 자신의 방법과 심리적 반응에 관심을 집중시켰다.[186] 그의 기존 군사교과서에 대한 비판은 너무나 명쾌했다.

> 위대한 장군들이 그들 나름대로 승리를 거둔 방법은 전술 교과서에서는 거의 언급되지 않고 있으며, 햄레이Hamley의 『작전론』Operations of War에도 도덕적 힘(인적 요소)의 지배적인 영향력에 대해서는 단지 한 구절로 기술하고 있을 뿐이다. 간단히 말해서 장군의 보다 고차적인술은 . . . 시방서示方書. manual도 아니고 교과서도 아니다.[187]

이처럼 헨더슨 자신의 전략에 대한 관점은 클라우제비츠처럼 각각의 특수한 전쟁 상황에 관심을 둔 그 자신의 역사적 판단에 입각해 현실적 시각을 중시한 것이었다. 그의 저작인 『스피처렌 전투』Battle of Spicberen에서 보여준 그의 입장은 체험적 지능은 현실에 부딪혀야만 형성된다는 것이었다. 그는 프러시아 지휘관들의 지휘방식에 특히 관심을 집중시키고 다음과 같이 주장했다.

> 다른 사람들의 경험을 활용함으로써 거의 전국면의 군대업무에 실질적으로 익숙할 수 있는 효과적인 대체법을 찾을 수 있다. 그러나 우리가 타인의 경험을 자신의 것으로 소화시키려면 그 경험을 체계적으로 다루어야 한다. 전역이나 전투에 관해서 읽고 듣는 것만으로는 불충분하다.

---

185) Wilkinson, 앞의 책, p.98; Luvaas, 앞의 책, p.5.
186) Henderson은 미국 남북전쟁시 남군지휘관 Stonewall Jackson의 전기서술에서 특히 이 방법을 사용했다. Henderson, 앞의 책, 특히 Chapter VII~IX, pp.187~337 참조
187) Henderson, "Strategy and It's Teaching", *Journal of the Royal United Service Institution*, (July 1889), p.767; Luvaas, 앞의 책, p.5에 인용.

. . . 한 사건관계로부터 내부적인 역할을 수행한 사람들의 마음속에 찍혀 있는 것과 동일한 인상-거의 본능적인 직관을 창조하는 인상-을 얻기 위해서는 '마음의 눈'에 비친 모든 국면에 대한 뚜렷한 모습을 가질 수 있도록 작전 중에 발전된 상황을 고찰할 필요가 있다. 또한 상상에 의해 이러한 상황에 대처하기 위해 필요로 하는 지휘자의 책임을 전제로 하여 실제적인 사건을 통해 중대한 결정에 도달하고 그 결정의 건전성을 검정할 필요가 있다.188)

골츠Colmar Baron von der Goltz로부터도 '원칙'에 회의를 제기하는 소리를 들을 수 있다. 골츠에 따르면 "군사작전이 수행되는 환경은 다양해서 두 상황이 정확히 똑같은 경우는 거의 발견되지 않는다. 그러나 이런 경우가 발생한다 해도 두 경우의 당사자들은 서로 다르게 행동할 것이고 결과적으로 사태는 결코 동일한 합동삼각형처럼 일치하지는 않을 것이다."189)고 말한다. 다시 말하면 전쟁수행에 그 가치가 무너질 수 없는 어떤 법칙이 있을 수 있다는 수학공식의 결과처럼 결코 항상 동일한 결과를 생산하는 것은 아니라는 점을 강조했다.

우리는 실로 성공을 확실하게 하기 위하여 그 당시에 존재하는 특정 환경에다 건전한 판단good judgement으로 이런 법칙을 적용할 필요가 있을 뿐이다. 그러므로 전략의 법칙이 지니는 순수한 지식의 가치는 의심스럽다. 이 법칙의 실제적 적용에서의 성공은 여러 가지 부닥치는 조건에 의존한다. 만일 이 법칙이란 것을 적용함에 있어 적절한 주의가 기울여지지 않으면 지식이란 치명적인 망상에 빠지는 원이 될 것이다.190)

그래서 골츠는 "지식은 쉽게 사람을 배신하여 법칙과 승전의 요령에 맹종하게하고 결국은 그 법칙 자체의 재능에 대한 과대평가에 빠지게 만든다"191)고 경고했다. 그래서 그는 상당수의 군사학교에서는 군대교육의 주체로서 군의 지침이론을 만들려는 생각을 이미 포기하고 각자는 스스로 군사사의 연구, 부대의 광범한 연습에 대한 세밀한 관찰, 개인적인 탐색으로부터 이 원리들을 습득하도록 유도하고 있다고 지적했다.192) 따라서 이론서는 항상 '교육을 위한 지침'일 뿐이며, 어려운 실제 환경 하에서 전쟁을 수행하는 일은 클라우제비츠가 올바로 지적한 바와 같이 자신이 고찰한 원리self-devised principles에 의존한다193)는 점을 강조하고 여러 권의 이론서보

---

188) Henderson, *The battle of spicheren: A study in Practical Tactics and War Training*, 2nd ed. (London: Gale & Polden, 1906), p.vi.
189) Colmar Baron von der Goltz, *The Conduct of War: A Brief Study of Its Most Important Problems and Forms*, trans. by Joseph T. Dickman (Kansas City, MO: The Hudson-Kimberly Pub. , 1896), p.9.
190) Goltz, 앞의 책, p.9.
191) 위의 책.
192) 위의 책. p.10.
193) 위의 책. p.12.

다 과거의 대전수행의 연구가 더 중요함을 권고했다.

예를 들면 전쟁수행의 일반 법칙과 이의 적용 간의 분명한 모순이 나타날 수 있는데 전략의 일반이론에 따르면, 특정 환경 하에서 공격에 익숙한 특정 군대에 있어서는 상황이 공격에 아주 유리함에도 불국하고 유일한 올바른 행동과정으로써 방어를 의도적으로 선택할 수 있는 점을 제안했다.[194] 그래서 제한 없는 교훈을 주는 전쟁원칙은 없다는 점을 지적하고 기존의 전쟁법칙도 역사적인 비교연구를 통해서 심사숙고할 것을 권고했다.[195]

비판사학적 방법은 바벨Wavell의 강의에서도 발견된다. 2차 대전 직전에 영국 참모대학에서 바벨은 "군사사의 연구로부터 가치를 찾아내는 실질적인 길은 특정상황을 세밀히 고찰하고 가능한, 중요결정을 행한 사람들의 피부 속으로 들어가서 여러분이 그들로부터 개선할 수 있었으리라고 생각되는 방법을 찾아보는 것"[196] 이라고 주장했다. 바벨의 방법도 모든 전쟁수행 행위를 규제하는 보편적인 원칙보다는 각각의 전쟁에 대한 개차성個差性을 인정하고 그 개별사건과 수행주체간의 내적 정신을 통찰하도록 권하고 있다.

기계화전과 전격전이론의 창시자로 알려져 있는 영국의 풀러Fuller도 1차 대전 직후(당시 대령) 영국 참모대학의 한 강의에서 '여러분이 여러분 자신을 어떻게 가르칠 것인가를 배울 때까지는 여러분은 결코 다른 사람에 의해 가르쳐질 수는 없을 것'[197] 이라고 지적했다. 먼저 자기 자신을 가르치는 방법이란 바로 타인의 경험과 사상에다 비판적 분석방법을 사용하여 자신을 투신하는 방법인 것이다.

타인의 경험을 자신의 것으로 소화시키기 위한 방법론적 발전 – 관념론에다 비판사학의 방법을 결합하고 간주체적間主體的 체험을 통한 해석학적 방법을 가미한 – 은 프레데릭, 나폴레옹, 클라우제비츠, 몰트케, 헨더슨, 골츠, 바벨, 그리고 풀러 등을 통해서 나름대로 또는 부분적으로 주창되어 왔지만 제1차 대전의 전쟁수행에서는 이런 제안들이 송두리째 무시되어 버렸고, 제2차 대전에서도 정도의 차이는 있으나 이런 방법은 거의 도외시되고 물량주의적 전쟁수행의 과학이 지배적이 되어 버렸다. 뿐만 아니라 2차 대전 핵무기의 등장과 거대한 상비군의 유지및 평시의 총력전 준비를 위해서 참으로 '전쟁수행과학'이 판을 치는 듯했다. 모든 실전의 수행은 전쟁예방의 전략인 '억제의 과학'으로 대체되는 듯하였고 전쟁역량(인적, 물적)준비와 유지관리에 활용되는 관리과학적 방법 – 즉 '비용 대 효과분석방법' – 가 실전수행 전략사상을 대체하기까지 하였다. 물질과학의 첨단국가인 미국이 수행한 한국전쟁이나 베트남 전쟁은 실상 억제의

---

194) 위의 책. p.13.
195) Goltz, 앞의 책, p.10.
196) John Connell, *Wavell: Scholar and Soldier*, vols.(London: Collins).
197) J.F.C Fuller, *Memories of an unconventional Soldier* (London: Ivor Nisholson & Watson, 1936), pp.417-418.

사고와 관리과학적 사고가 전장의 지휘가를 속박했던 전쟁이었던 것이다.198)

그러나 베트남전 이후의 시계는 우선 전쟁 수행면에서 많은 지적인 변화를 시도하고 있는 듯하다. 다시 '전쟁의 과학'에 빼앗겼던 '전쟁술'의 자리를 찾아내고 이를 재생시키고자 하는 노력이 현저히 나타나고 있다.199) 예를 들면 미국과 소련 측의 작전술 연구의 강조나 미국의 각 군 고급 군사학교에서 작전술교육을 강화하는 모습들은 전 쟁술 재생노력의 단적인 증거이다.

현대 핵시대에 있어서도 작전술을 강조하는 몇몇 이론가들도 있다. 브로디Brodie나 보프르Beaufre도 그중에 속한다. 프랑스의 보프르의 전략사상은 전쟁수행의 술術적 성격을 명쾌히 제시한 대표적인 예에 속한다. 그의 개념에 의하면 전략(전쟁수행의 술: 논자주)이란 분쟁의 해결을 위해 무력을 사용하는 두 상반된 의지의 변증법적인 술200)로서 한정된 교리가 될 수 없고 하나의 전략이 있게 마련이다.201) 따라서 어떤 상황에서는 유리한 전략이 다른 상황에서는 불리할 수 있는 것이다. 전략은 개연성probabilities의 수학적 평가에 바탕을 두기보다는 가능성probabilities의 전 영역에 기초를 두어야 하고202) 전장에서의 전략에는 '적에 대해 어떤 심리적인 효과를 달성'해야 하기 때문에 심리적인 요소가 무엇보다도 중요하다203)고 인식하고 있다. '행동자유의 극대화'를 전략의 궁극적인 목표로 삼고 있는204) 보프르의 개념에서 보면 전쟁수행 활동은 근본적으로 인간 사고의 자유스러운 변증적 활동에 의존하게 된다. 이처럼 클라우제비츠 이래 전쟁수행의 활동이 과학이기보다는 인간의 마음 작용에 의존하는 '술'이고, 모든 개별 사건은 그 나름의 독특한 고유의 정신을 갖는 실체로 관념될 수 있다. 따라서 클라우제비츠를 분석할 때는 그의 인식방법의 특수성을 감안하여 그의 마음 안을 투시하는 '핵심적 방법'核心的 方法을 취해야 할 것이다.

---

198) Harry G. summers, Jr., *On Strategy the Viennam War in Context* (Carlisile Barracks, Penn: U.S Army War College, 1981); A Critical Analysis of the Vietnam War (beverly hill, calif: sage pub, 1981), 특히 chap.4의 pp.27-32 참조

199) 위의 책: Edward N, Luttwak, *Strategy and History* (New Brunswick: transaction books,1985); *On the Meaning of Victory: Essay on Strategy* (New York: Simon and Schuste, 1986) 참조

200) Andre Beaufre, *An Introduction to Strategy*, trans. by R.H. Barry (new york: frederick A. Praeger, 1965), p.22

201) 위의 책, p.13.

202) 위의 책, p.45.

203) 위의 책, p.23/p.24/p.57

204) 위의 책, p.25/p.36/p.135

제6절

클라우제비츠의 전쟁관: 전쟁의 이중성

1. 절대전 이론

전쟁을 정책의 붕괴로 보는 관점은 클라우제비츠의 절대전 이론과 상통한다. 이 절대전 이론에 서는 극한추구의 정신이 반복되어 강조되고 있고, 이것은 그가 말한 전쟁의 정의 "전쟁의 적대 적인 의지의 두 국가가 폭력을 사용하여 추구하는 극단행위"라는 데서부터 유래되고 있다. 이 렇듯 1차적인 전쟁의 정의에서 전제되고 있는 것은 상대방에 대한 섬멸의 가정이며 사투duel로 부터 출발하여 확전escalate되어 절대적 극단으로 치닫게 되는 필연적인 과정이다.

절대전 이론에 의하여 클라우제비츠는 마치 그가 이것만을 강력히 주장하였으며, 이것이 그의 사상의 전부인 것처럼 호도되어 전면전을 조장하여 온 '악의 화신'인 것처럼 인식되어 왔 다. 이 경우에 정치적 교섭과 협상이란 아예 불가능한 것으로서 정치는 전쟁 그 자체이며 정치 적 목적은 전쟁 자체의 목적으로 대치되는 결과를 초래하게 되어 더 이상의 정치적 관계란 있 을 수 없고 단절되고 만다.

그렇다면 클라우제비츠는 비난받는 바와 같이 과연 절대전쟁만을 주장한 전쟁광이었는 가? 소위 클라우제비치안들 및 이의 비판가들이 제기하고 있는 것처럼 호전적이고 군국주의적 사상의 기초가 된 전쟁제일주의의 대부였는가?

이러한 질문에 대한 답은 그 반대이다. 오히려 그는 이러한 전쟁의 미래 발발 가능성에 대한 우려와 경고를 하고자 했던 것이며[205] 이의 회피에 골몰했던 사상가인 것이다. 이러한 분 석은 오직 『전쟁론』 자체를 그의 다른 저술들과 함께 해석적인 방법으로 분석함으로써만이 가 능하고, 그의 철학적 입장, 접근방법, 논리전개 방식, 그리고 강조사항에 대한 포괄적comprehensive 인 이해verstand로써만이 클라우제비츠 자신이 범하고 있는 이론적 모순들과 철학적 혼돈을 규명

---

205) Eberhard Wagemann, 「클라우제비츠는 유용한가?」, 클라우제비츠 탄생 2백주년 기념 논문집, 국방대학원 역, 『전쟁없는 자유란?』, p.38.

할 수 있으며 이들을 분석, 재구성함으로써만이 클라우제비츠의 본의에 도달할 수 있다.

이러한 목적을 위해서는 그의 '도그마' 이론(절대전)에 대한 몇 가지 분석차원을 설정할 수 있는데 그것은 첫째, 클라우제비츠의 전쟁을 보는 시각과 전쟁이론에 대한 견해 둘째, 사물의 본질에 대한 인식으로서 철학적 입장 셋째, 실천적 차원의 대안으로서 이들 차원이 어떻게 복합적으로 상호 관련되어 기술되고 있는가에 대한 종합적인 해석적 분석 등이다.

(1) 전쟁과 전쟁이론에 대한 클라우제비츠의 견해

클라우제비츠는 계몽된 이성은 통일될 수 있다고 믿었다. 즉 클라우제비츠는 그의 '도그마'적 논의에서, 전장에서의 나폴레옹이 이해될 수만 있다면, 그리고 그 전쟁의 의도가 가정(예측)될 수 있다면, 나폴레옹은 '문제의 제기자'로서가 아니라 '해답자'로서 인식되며 완성품으로 인식될 수 있는 것으로 이해하고 있다. 즉 그는 나폴레옹 전쟁을 인간투쟁의 자연적 성향이 발현된 대표적인 예이며 이것은 알려져 있는 마음known mind으로서 1차원적인 것으로 보고 있다.[206] 예를 들어 게임이론에서 '게임'은 항시 알려진 것(규칙이 존재하는 것)으로서 '어떤 것' —즉 rule—을 전제하는 것이며 이러한 전제하에서만 이론화가 가능한 것이다. 도그마적 논의에서 나폴레옹을 전쟁의 인식에 있어서 딜레마에 대한 하나의 해답이며 실제의 복잡성에서 해방된 하나의 이론을 구성하는 것으로 보고 있으며, 따라서 이러한 믿음은 '삼위일체'trinity를 완전히 와해시키고 있기 때문에 전쟁이론 개발에 대한 독특한 복귀를 의미하게 된다.[207]

만약 삼위일체가 계몽주의적 설명에 대한 1차원의 거부이며 2차원의 '딜레마'에 대한 완전한 수용이라면, 도그마는 전쟁지도의 확실성을 행위자에게 제공해주는 1차원의 어떤 유형으로의 복귀를 의미하는 것이다. 즉 어떠한 경향과 그것으로부터 분리 가능한 경향이란 존재론적으로 독립해서 성립할 수 없는 것이다.[208]

따라서 클라우제비츠는 삼위일체 논의에서 계몽주의에 의한 합리적 이론을 배격하고 천

---

206) Jung Martin Gabriel, "Clausewitz Revistied: A Study of His Writings and of the Debate over Their Relevance to Deterrence Theory", Unpublished Ph. D. Dissertation (Washington, D.C.: The American University, 1971), p.99.

207) 위의 논문.

208) 예를 들어 클라우제비츠는 삼위일체에서 계몽주의적인 합리적 이론을 거부하고 실용적인 이론을 강조하고 있는데 그에 의하면 건전한 지성(상식)을 상실한 현실과 동떨어진 실체가 없는 이론을 비판하면서, 또한 단순한 실천가를 비판하고 있다. 따라서 1차원 또는 2차원적이란 용어는 구 이론에서 무시한 행동의 다른 한편의 사실을 강조한 클라우제비츠의 이론을 구분하여 사용하고 있는 용어로서 가브리엘은 이에 대해 1차원적 이론이란 비인간적인 일에 기초하고 있는 것을 말하며 클라우제비츠는 1차원적 이론을 거부하고 2차원적 이론을 주장하고 있다. 그러나 도그마적 입장은 다시 2차원적 이론에서 1차원적 이론으로 복귀하는 이중적 모순을 나타내고 있다.

재성을 강조하며 전쟁의 비결정성과 2차원성two dimension을 수용하고 있으나 도그마적 논의에서는 이 비결정성을 극복하려는 신념으로 인하여 천재에 대한 규칙을 다시 강조하게 되었고, 결과적으로 원칙(계몽주의적 합리적 원칙)으로부터 해방되었던 천재를 다시 구속하게 됨으로써 1차원으로 복귀하게 되어 전쟁의 과학화를 다시 만들어 내게 되는 결과를 만들었으며, 이것은 바로 클라우제비츠가 삼위일체에서 부인했던 것으로 다시 되돌아감을 의미한다.

클라우제비츠는 전쟁의 자연적 경향natural tendency을 제시하기 위해 다시 자연의 인식으로 복귀하게 된 것인데 이로부터 나온 개념이 바로 자연적인 전쟁natural war이다. 이것은 클라우제비츠가 이론화가 가능하다고 보는 제2의 길로서 그가 구 이론가들을 비판하면서 '전쟁이론은 목적과 수단의 본질을 고찰해야 하며'[209] 전쟁과학은 전쟁술(실제적 능력)이 되어야만 한다.[210]고 주장하는 데서 나타난다. 즉, '만일 대부분의 경우에 적용시킬 수 있는, 어떤 경우에도 전적으로 무용화되지 않을 그러한 이론을 원한다면 그 이론은 마땅히 가장 일반적으로 사용되는 수단에 기반을 두어야만 하고 또 이와 관련해서 이러한 수단을 사용함으로써 발생하는 실질적인 결과에만 기반을 두어야 한다'[211]고 전제하고, 전쟁에 관한 이론을 구성하는 데는 여러 가지 어려움이 있지만 이 어려움을 탈피할 수 있는 두 가지 길이 남겨져 있다[212]고 지적한다. 그것은 전략이론보다는 전쟁이론 수립이 훨씬 용이하고, 이론을 구성하는 제2의 길은 이론이 반드시 행동의 지침일 필요는 없다고 보는 데 있다. 일반적으로 하나의 행동에 있어서 대부분이 동일한 목적과 수단을 가지고 동일한 대상을 계속 추구해 나가는 경우에는 언제나 다소의 변화와 수정이 있고 상호조합의 다양성이 있다고 할지라도, 그것들은 모든 합리적인 연구의 주제가 될 수 있는 것이며 더구나 그런 연구야말로 모든 이론의 가장 본질적인 부분이며 또 사실상 그 이름으로 표제를 삼게 된다'[213]고 말하고 있다.

이렇듯 클라우제비츠에 있어서 이론이란 반드시 실증과학에서 말하는 적극적 법칙positive rule 체계일 필요는 없고—즉 행동의 지침일 필요는 없고—어떤 행동이 계속적으로 동일한 사물, 목적, 수단을 취하고 있을 때 사물에 대한 이성과감정의 관찰이 가능한 것이며 이것이 바로 이해의 근간이 되며 이것이 제2의 길이 된다는 것이다.

다시 말하면 이것은 클라우제비츠가 지식을 규명하고 전쟁이론을 정립할 수 있는 본질적 방법을 찾아내었다는 것을 의미하는데, 유사하지 않은 것의 구분, 간단한 행동의 비교, 정확한

---

209) Karl von Clausewitz, *On War*, eds. & trans. by Michael Howard and Peter Paret (Princeton, N. J.: Princeton University, Press, 1976), p.142: 국역, p.169.
210) Clausewitz, 앞의 책, p.147: 국역, p.176
211) 위의 책, p.145.
212) 위의 책, p.167.
213) 위의 책

관찰 등을 포함하고 있다.214) 이러한 논리에 따르면 진리참는 논리logic를 확립할 수 있는 것이며, 이로써 형성된 이론은 마음의 자연성(논리와 규칙)에 반대되는 것이 아니다. 왜냐하면 그것은 진리(참)가 관찰 가능한 동일사물에 근거하면 이러한 '참'은 사물로부터 자연히 생기는 것이며, 따라서 전쟁이론은 지식발견의 자연적 방법에서 그 규칙성이 발견되어질 수 있다는 것이다.215) 이렇듯 관찰된 대상에서 그 규칙성을 발견한다는 것은 사물이 동일한 것을 갖고 있기 때문에 (본성, 목적)가능한 것이며, 따라서 자연적 방법이란 비교 관찰에 의한 '참'의 규명이며 이것이 실증과학의 근본원리이다. 만약 있는 그대로 보는 순수관찰이 자연적으로 실현될 수 있다면 마찬가지로 자연적인 전쟁실체의 규명도 실현이 가능한 것이다.

따라서 전쟁의 본질은 기초적인 것과 논리적인 것을 모두 포괄하는 관점에서 전쟁개념이 극복되며 천재가 대결전great battle을 목적으로 하는 전쟁이 자연적인 전쟁이며 이것이 비 일관적인 것이 될 수 없고 고유한 필연성에 의해서 지배되게 되는데, 그 이유는 자연적인 형태를 규정하는 것이 바로 이성이기 때문이다.216) 이 점에 대하여 클라우제비츠는 다음과 같이 말하고 있다. "대결심에 의한 전쟁은 가장 단순한 것이 아니라 보다 더 본질적인 것이다. 이것은 모순으로부터 보다 더 자유로운 것이며 보다 목적적이고 법에 대한 고유의 필요성에 의하여 지배된다. 여기서 이성은 그것에 대한 형태와 법을 강제할 수 있는 것이다."217)

이러한 맥락에서 클라우제비츠의 『전쟁론』은 순수형의 관념형이며, 『전쟁론』의 여러 군데에서 이러한 언명은 반복되고 있다. 따라서 클라우제비츠의 본심은 리델하트가 '군대행진곡'Prusian marseillaise과 비교하면서 클라우제비츠를 국가주의의 대부代父 또는 전면전의 창시자라고 비판하는 대목과는 다르다. 클라우제비츠 지지자들은 이러한 구절들이 단순히 이론적 강조이며 이것은 단순히 추상적이고 본질적인 절대전쟁으로부터 나오는데 그것은 그러한 수준에서의 포괄적인 타당성을 갖는 것이 아니며 더구나 행동을 유도하는 것은 더욱 아니라고 주장하고 있다. 클라우제비츠가 제기하고 있는 '전투론'에 대하여 이들은 이러한 인식이 단지 경고라는 점을 결코 잊어서는 안 되는 것으로서, 즉 절대전으로 치닫지 못하게 하는 경고라는 것이다. 다시 말하면, 이론적으로 적의 격멸은 실제에 있어서는 필요하지 않고, 단지 참고로서 남아 있기만 하면 되며, 실제로는 정치적인 요소가 언제 적의 격멸을 모색할 것인가, 아니면 언제 그렇지

---

214) Gabriel, 앞의 책, p.100.

215) 이 점에 대하여 클라우제비츠는 다음과 같이 말하고 있다. "만일 여러 가지 원칙이나 규칙들이 이론을 형성하는 여러 가지 고찰로부터 자연히 만들어지는 것이라면, 즉 진리가 수정체가 만들어지듯 스스로 고착되어지는 것이라면 결국 이론도 이와 같은 정신세계의 자연법칙을 거역하지는 않을 것이다." Clausewitz, On War, p.141: 국역, p.168.

216) Gabriel, 앞의 책, p.101.

217) Clausewitz, on war, trans, by j.j Graham (First Edition, 1873) New and Revised Edition with an Introduction and Notes by Colonel F. N. Maude, C. B. (Late R. E.) Ninth impression, 2 vol. (London, 1968), p.409.

않을 것인가를 결정한다는 것이다.218)

그렇다면 왜 클라우제비츠는 도그마적 차원에서 자연적 법칙을 강조하려 하였는가? 클라우제비츠는 파괴를 동반하는 사건결정의 뿌리가 무엇이냐 하는데 의문을 가졌다. 그 뿌리란 바로 어떤 추측이나 가정hypothesis인 것으로서, 모든 행위란 그 행위가 가장 유리하다는 추측을 내포하기 때문에 취해진 결정이며 따라서 모든 전쟁행위는 바로 무력행위가 유리한 것으로 전제되어 있고 이것이 바로 전쟁의 본질이라고 인식하고 있었음으로 해서, 여기에서 클라우제비츠가 범하고 있는 중대한 오류의 하나가 발생하게 되는데, 그것은 가정과 이론적 지침이 일치하지 않는다는 것이다.

클라우제비츠는 『전쟁론』 서문에서 상대방에게 자신의 법을 강요하는 사투를 예로 들어 절대전을 정의하고 있다. 이때 사투자들은 그렇게 하는 이유로서 그들이 상호 극단적인 가정 하에서 행동하기 때문이라고 말하고 있는데, 이 차원에서 클라우제비츠의 근본적인 과오는 인식perception과 판단judgement을 중시하면서도 추측(가정)이 단순한 이론적 지침이 될 수 없다는 사실을 간과하고 있다. 즉 그가 전제하고 있는 사투와 이것의 절대적 확대는 극단적인 경우의 자연적인 가정natural supposition of the extremecase이기 때문에 절대적 결과가 초래되며219) 이러한 법은 극단가정의 법absolute supposition으로서 쌍방이 다 섬멸의 가정 하에 행동하기 때문에 절대적으로 발전하게 되는 것이다. 따라서 여기서 문제되는 것은 섬멸의 가정이 거의 마찰 없이 절대의 극과 일치될 것이라고 상정한 점이다. 클라우제비츠는 이것을 경제적 예를 들어 설명하고 있는데 신용 경제하에서 모든 대출자들은 은행으로부터 돈을 빌릴 수 있을 것이라는 가정 하에 행동한다. 그러나 이러한 상태에서는 신용경제가 이루어질 수 없다. 왜냐하면 무한정한 주문쇄도主文殺到를 가정하고 운용되는 은행이란 있을 수 없기 때문이며, 대출자는 어떤 경우에나 그의 모든 자산을 담보 잡히지 않으면 안 되기 때문에 이러한 것들이 은행 대출을 억제하게 된다. 이것을 전쟁에 대입하여 보면 분명해지는데, 만약 어떤 자가 자기가 완전히 파멸될 수도 있다는 것을 인식하고(격멸의 가정) 행동하게 되면 그 사람은 현실주의자고 이때 우리는 전쟁 속에서 함께 살 수 있게 된다(교착상태, 또는 공포의 균형). 1차 세계대전이 이러한 교착상태가 유지되었던 좋은 예이며 따라서 1차 대전이 클라우제비츠의 도그마적 이론 위에서 무자비한 절대전을 추구되었다는 일부 사상가들의 논의는 사실과 다르다.220) 즉 절대전은 상호신용경제가 배제되었을 때 발생하게 되고 공포의 균형유지가 되며, 전시에는 종말을 예상할 수 있게 된다. 그러므로 절대전은 양측이 극단적인 상호섬멸을 가정하고 있을 때에는 피할 수 없는 것이며, 따라서 모든

---

218) Gabriel, 앞의 책, p.103.
219) Gabriel, 앞의 책.
220) 위의 책. p.106.

국가들이 격멸을 요구하는 의지를 가지고 있을 때 국가 간에는 전쟁과 평화에 있어 현실적인 공포의 균형이 이루어지게 되는 것이다.[221]

이러한 공포의 균형은 17-18세기로부터 유래되는 것으로서 이시기의 국가들은 이러한 매너manner와 이로부터 유래되는 실제적인 협력으로서의 인식보다는 갈등conflict으로 인식하였고 따라서 다른 한편으로 전쟁이 진실로 타 수단에 의한 정치의 계속(협력, 자제적인 차원)이었다, 그러나 한때 격멸의 가정은 전쟁이론의 기초로 인식되어졌으며 특히 파괴력이 극대화될 때 이 언명은 반전되어 정치는 타 수단에 의한 전쟁의 계속으로 되어 버렸다. 즉 수단이 목적을 지배하게 되어 결과적으로 전쟁이 정치는 이때 국가를 집어삼켜 버리고, 따라서 국가는 없어지고 전쟁만이 남게 되는 것이다.

따라서 도그마의 논리에서는 삼위일체에서 제시한 이성이 끝나게 되며 순수분쟁이 극으로 치닫게 된다. 이것이 바로 클라우제비츠가 범하고 있는 모순으로서 삼위일체에서 말하는 게 경향 중 어느 하나라도 파괴되면 이론이 파괴된다는 것이 여기에서 증명되고 있으며, 이로써 정치는 절대전과의 구별이 불가능하게 되어 버린다.

그러면 클라우제비츠는 왜 이렇듯 18세기적인 1차원적 시각으로 복귀하게 되었는가 하는 의문이 일게 된다. 이에는 두 가지 중요한 이유가 있는데 한 가지는 인식론적 차원의 이유이며 또 한 가지는 당시 유럽 상황에 대한 낙관적 인식의 결과이다. 인식론적 차원에서 클라우제비츠는 칸트의 지식철학을 불완전하게 수용함으로써 잘못된 판단을 하게 되었는데 그는 순수분쟁에 대한 합리적 이론 수립의 가능성에 대한 확신으로 자연적 인식natural perception의 신념에 집착함으로써 정치와 군사의 개념을 결합하게 되었고, 그 결과 목적과 목표가 혼합되어 버림으로써 절대정치화를 초래하게 된 원인이 되었던 것이다.[222] 또한 당시 유럽사회의 특징적인 세 가지 실체적인 것에 대한 가정이 이러한 오류를 초래하게 된 원인이 되었는데 클라우제비츠는 유럽의 평형(세력균형)이 자동적으로 이루어지고 있으며 국가 간의 '게임'으로서 전쟁이 유지되고, 기술은 정체되어 있으며 대중의 성향은 예전과 다름없이 변하지 않을 것이라고 믿었으며 이러한 '보이지 않는 손'hidden hand의 상정이 그로 하여금 군인정치가는 언제나 섬멸의 가정 하에서 행동하더라도 이러한 섬멸은 결코 발생하지 않는 것이고 이 보이지 않는 손이 섬멸로 치닫는 것을 예방한다고 가정했기 때문이다.

이렇듯 그는 비실체적인 것을 실체적인 것으로 생각함으로써 보이지 않는 힘hidden force이 절대정치를 조절하게 될 것이라고 전제하고 있는데, 이는 그가 게임과 싸움을 구별하지 못하고

---

221) 위의 책.
222) Gabriel, 앞의 책, p.112.

혼돈하고 있는 데서 연유한다. 즉 전쟁은 게임이 아니기 때문에 개념적으로 규칙 내에서의 절대 전, 즉 현실전으로 된다는 것은 불가능한 것이다. 결국 마찰로서 '보이지 않는 손'이 존재하여 절대전이 억제되고 현실전으로 된다는 것은, 실제에 있어서 '보이지 않는 힘'hidden force이 조절해 주기보다는 갈등conflict을 재촉하게 되는 결과가 되는 것이다.

이 '보이지 않는 손'이 왜 클라우제비츠의 기대처럼 될 수 없는가 하면 첫째, 대중적 복종 면에 있어서, 대중이 격정적이거나 정열적일 때나 공히 그것이 국가의 행위를 구성하지 않기 때문이다. 대중은 계몽된 복종을 한다는 신념이 클라우제비츠의 대중관인데 이 계몽된 복족을 하는 국민이란 결국 부하라는 개념과 동일한 것으로서 국가가 주도권을 갖고 국민을 수용한다 는 것이 되며, 이러한 개념에 의하면 자동적 가부장제도authoritic paternalism가 성립하게 되어 국가에 의한 주도가 되는 것이다. 이 점은 클라우제비츠의 시민군Militia 개념에 의한 것인데 이 시민군이 없으면 외침의 위협이 증가하고 이것이 있으면 혁명의 위험성이 있는 '딜레마' 관계에 있는 것 으로서 클라우제비츠는 역사상 혁명이 없었다는 점에서 이 시민군을 중시하고 있다. 그러나 이 점은 그가 프랑스 혁명을 오해하고 있는 데서 기인되며[223] 국민의 이익과 국가의 이익을 동일 시한 낭만적 휴머니즘을 찬미하고 있는 데서 연유된 것이다. 즉 이런 개념에 의하면 국내정치는 주어진 것given, 즉 아무런 문제가 없는 것이 되기 때문이다.

이러한 자동적 복종에 대한 기대가 국내정치domestic politics의 경시를 반영한다. 루덴도르프 나 기타의 해석가들은 주로 이러한 경시를 지적하고 있다. 역사적으로 독일의 대중이 제1차 대 전의 목적에 복종하지 않았으며 이러한 점에서 클라우제비치안적인 가정이 취약하다는 것은 명백하다.

루덴도르프는 클라우제비츠를 다음과 같이 맹렬히 비난하였는데 "전쟁 전과 전쟁 중에 정 부, 관료, 국민 심지어 많은 장교들까지 클라우제비츠의 교훈에 현혹되어 현실을 올바로 보지 못하였다. . . . 국민들은 하나의 몸(신체)으로써 군대와 그들 자신을 위해 최선을 다해야 한다는 것을 이해하여야만 한다"[224]고 지적한 그는 클라우제비츠가 정치문제에 있어서 주로 국외문제 를 다루었으며 국가 간의 관계만 상정하고, 전쟁을 선포하거나 평화를 유지하는 국제정치만 다 룸으로써 또 다른 정치(국내 정치)는 생각조차 하지 않았다고 비난하고 있다. 이점은 사실이다. 그러나 루덴도르프는 클라우제비츠가 국내적인 것을 '주어진 것'given으로 가정한 것을 보는 데 는 실패하고 있는 것이다.

둘째, 유럽의 자동적 평형에 대한 신념에 있어서 클라우제비츠는 유럽을 복잡한 거미집으

---

223) Gabriel, 앞의 책, p.159.
224) Erich Ludendorf, *Der Total Krieg* (Munich; Ludendorf's Verlag, 1935), p.8; 최석 역, 대한민국재향군인회 편, 『국가총력전』, p.26.

로 보고 서로 얽혀 상호견제하고 있는 현상유지가 된다고 본 결과이다. 즉 자발적으로 각국은 현상이익을 고수하기 위하여 싸울 수 없는 것이라는 생각은 그가 이 균형이 자동적인 것이며 '주어진 것'이라고 생각하고 이러한 상황 내에서 절대전을 추구해도 극단에까지는 이르지 않는 다는 생각에서 나온 결과이다. 그러나 실제에 있어 이러한 균형은 의식적인 노력 없이는 불가능 한 것이고, 이렇듯 균형과 절대전의 의식은 공존 불가한 것으로 이것을 공존 가능한 것으로서 상정한 점이 클라우제비츠의 오류이다.

셋째, 클라우제비츠의 문명에 대한 낙관적 평가에 있어서 문명과 야만에 대한 보다 명확한 구분이 요구되는데, 휴징거Huzinga는 전쟁은 어떤 규칙에 의해 행하여질 때만 문명화 하는 기능을 가지며 만일 적이 상대방의 격멸을 목표로 할 때 전쟁은 문명화하는 기능을 가질 수 없다[225]고 말하고 있다. 그것은 오히려 원시상태야만상태를 촉진시킬 뿐이라는 것이다. 그러나 클라우제비츠의 도그마 논리에서는 섬멸전쟁과 문명화는 대등하게 진행된다. 이에 의하면 실제로 큰 전쟁일수록 더 문명전이었다. 이러한 문명의 정의에 따르면 히틀러는 대문명의 상징이며 슐리이펜과 루덴도르프 역시 마찬가지이다. 그러나 클라우제비츠가 문명화에서 의미 했던 것은 이러한 파괴의 원시주의가 아니라 보다 지적이고 도덕적인 국가의 발전을 의미한다. 이러한 맥락에서 클라우제비츠는 사회진화론적 사고를 적용시킨 것이라고 볼 수 있다.[226] 이러한 생각은 사회적인 역동성에서 유래하는 것인데 단일행위자가 야만적이라고 한지라도, 이것이 전쟁에 있어서 절대적인 것을 될 수 없다는 것이다.

이렇듯 클라우제비츠가 문명에 대한 낙관적인 선입관을 갖게 된 이유는 그의 낙관적인 문명관으로부터 가인되는 것이며, 문명 자체가 파괴력으로 작용한다는 사실을 인식하지 못했고 극단주의적인 민족주의를 맹신하고 있었기 때문에 나온 발상이다.

(2) 철학적 입장

이상 세 가지가 도그마 이론의 핵심으로서 순수분쟁의 합리적 이론을 형성하는 것은 보이지 않는 손이며, 섬멸의 가정 위에서 행하여지는 전쟁에 대한 가정된 제한인데, 여기서 문제되는 것은 과연 자연적 인식natural perception이 무엇이냐 하는 것이다. 클라우제비츠는 수시로 진眞, truth, 지식, 또는 이론이 이 자연적 인식에 대한 순수관찰의 산물이라고 지적하고 있다. 즉 진이

---

225) Gabriel, 앞의 책, p.165.
226) 19세기 후반 Fredreich Von Bernadie 같은 사람은 전쟁을 생존과 사회의 변증법적 가정에서 청소의 역할을 하는 것으로 간주하였다. 즉 세계에서 불결하고 부패한 종족을 추방하고 가장 적합한 인간이 지배하도록 만든 다는 것이다. 이러한 생각은 1차 대전에서 일부에게 환영받은 반면, 대부분의 인본주의자들에게는 퇴보라고 비난받았다.

란 자연적 인식의 결과인데 이것은 방법론적으로 추구가 불가한 것이다. 왜냐하면 과학적 이론은 체계적이며 간접적인 연구인 반면, 자연적 법은 직접적인 것이며 인위적인 체계가 존재하지 않기 때문이다. 그것은 단순한 것이며 순수한 것이다.

　　베루나 할베크W. Hahlweg는 "클라우제비츠의 이론은 '도그마'적인 구조로 되는 것을 피하지 않으면 안 되며 이론은 진의 검증 가능성으로서의 과학이 될 수 없다는 언명이 오늘날에도 유효하다"227)고 지적하고 있다. 그것은 오직 사물의 본질에 대한 인식, 즉 현상계world에 대한 본질적인 의미로서 일뿐이라는 것이다. 이 점에 있어서 클라우제비츠는 '체계적인 과학은 검증이 가능하지만 자연적 관찰은 진眞이다"228)라고 말하고 있다. 이것은 어떻게 가능한가? 그 해답은 쉐링Schering이 지식에 대한 순수철학이라고 부른 것으로부터 찾을 수 있다.

　　이 순수지식 철학은 지식과 진리가 정사회精査化하는 주관보다는 물체에 대한 정밀한 관찰에 의하여 나온다는 것이다. 229) 따라서 전쟁 그 자체war-as-such는 자연인식의 계시로서 이러한 관점은 지식의 원천에 대한 선 칸트Pre-Kantian적 관점일 뿐 아니라 이것은 더 나아가 칸트적 관점과 잘 혼합되어 있다. 즉 삼위일체 이론에서 클라우제비츠는 칸트적 관점을 수용하고 있는 반면 도그마 이론(절대전 이론)에서는 이것을 거부하고 있다.

　　인간의 지식은 가장 순수한 철학에서 나온다. 즉 진리는 대상 그 자체에 들어 있기 때문이다. 칸트는 이해될 수 없는 것을 물자체thing-as-such라 하였다. 그러나 클라우제비츠의 도그마 이론에서는 이것을 주로 완전 인식 가능한 것으로 보고 있어 여기에서 오류가 발생하고 있다.

　　쉐링은 이 점에 관하여 다음과 같이 말하고 있다.

　　칸트에 있어 물자체物自體, thing-as-such─클라우제비츠가 전쟁 그 자체로서 사용한─에 대한 지식은 불가능한 것이다. 클라우제비츠는 다른 한편으로 이러한 언명이 논리적 추상의 기초 위에 성립이 가능하다고 믿었다. 칸트에 있어서 법칙과 같은 규칙성은 주체subject의 측면에 놓여 있으나 클라우제비츠에 있어서는 용체물자체, object에 놓여 있어 클라우제비츠의 관점은 근본적으로 칸트와 다른 것이다.230)

이렇듯 클라우제비츠는 자연적 인식natural perception을 완전인식 가능한 것으로 봄으로써 자연적

227) Werner Hahlweg, *Karl von Clausewitz, Soldatpolitiker ─Denker*(Goettingen; Muster Schmidt Verlag, 1957), p.66; J. Gabriel, p.155. 재인용.
228) Karl von Clausewitz, *On War* (Baltimore: Penguin Books, 1968), p.205; Translation by J.J Graham.
229) Gabriel, 앞의 책, p.15.
230) B.H. Liddel Hart, "Das ziel im Kriege-Schlacht oder Manoever?", in *Wehrwissenschaftliche Rundschau*, Vol.3(1953), p.107; J. Gabriel, 앞의 책, p.116 재인용.

지식의 규칙성의 보다 순수한 관찰에서 생기며 이러한 규칙성은 자연적인 실체reality에서 발생한다고 보고 있으나, 칸트는 질서 및 규칙이 체계적인 것으로서 인간의 마음라고 보고 있어 클라우제비츠의 개념과는 반대되고 있는 것이다.

바로 이러한 점이 클라우제비츠가 칸트의 정신에는 따르지 않고 용어만 사용하고 있다고 비판되는 이유이며 리델하트가 '간접적인 칸트의 제자로서 철학적 정신의 진수에 대한 개발 없이 자신의 이론을 강화시키기 위해 철학적 방법을 사용하고 있다'[231]고 비판하는 이유인 것이다.

(3) 실천적 대안

이러한 해석들은 끝없는 반론을 야기시키고 있는데 대표적인 예가 라포트이다. 그는 클라우제비츠의 국가정책의 합리적 도구로서의 전쟁관과, 클라우제비츠가 늘 전쟁이 무엇이 되어야 하느냐고 말하는 것의 의미는, 그것은 바로 합리적인 것이 되어야만 한다ought to be rational는 것이며, 합리적 도구이어야만 한다ought to be an instrument는 것인데 라포트는 "우리는 클라우제비츠의 전쟁철학을 그의 교훈에 따라 '전쟁이 무엇이어야 한다'what war ought to be는 점으로 요약하였다. 그러나 실제에 있어서 클라우제비츠는 전쟁이 현실적으로 존재하는 그대로 설명하였다"[232]고 지적함으로써 클라우제비츠의 관점을 인정하고 있다. 또한 그는 "그가 말한 전쟁과 실제의 많은 전쟁이 일치하지 않는 점을 그의 무지에 돌려서는 안 되며 . . . 그 이유는 에 있어서 현실과 당위what ought to be의 차이는 오늘날과 같은 보다 경험주의 시대에서 여겨지듯이 그렇게 날카로운 것이 아니었기 때문이다"[233]고 지적하면서 만일 클라우제비츠가 지금 우리 시대에 살아 있으면 국제정치가 바로 다른 수단에 의한 전쟁의 계속이 된 사실을 인정했을 것이다[234]고 언급하고 있다.

이렇게 볼 때, '전쟁이란 무엇이냐'what war is가 도그마적 입장이며, 삼위일체 이론에서의 입장은 칸트적인 '전쟁은 무엇이 되어야 하느냐'what does war ought to be의 입장이 되고 있다. 따라서 클라우제비츠의 '전쟁은 정치의 연장'what war is이라고 한 언명은 칸트적인 입장으로 바꾸면 '전쟁은 정치의 연장이어야만 한다'what war ought to be가 되는 것이다. 따라서 클라우제비츠의 『전쟁론』 이해에 있어 그의 논란 많은 언명은 전쟁은 정치의 연장이 되어야만 한다로 대체되어 이해되어야만 철학적 혼동을 극복할 수 있는 것이다. 이 같은 결과는 클라우제비츠가 인간에게

---

231) Gabriel, 앞의 책, p.111
232) Anatol Rapport (ed.), *Karl von Clausewitz, On War* (Baltimore: Penguin Books, 1968), Introduction, p.11.
233) 앞의 책
234) Anatol Rapport, *Strategy and Conscience* (New York: Harper and Row, 1964), introduction.

는 순수이성적 차원이 있기 때문에 전쟁이 자연적인 경향으로 이해되어야 한다고 생각한 데서 연유한다. 즉 전쟁의 본질은 그렇게 될 수밖에 없다는 것이다. 이 말은 현실로서의 전쟁은 절대적 전쟁이며 정치의 붕괴나 현실은 그렇다 치더라도 우리가 수행하여야 할 전쟁(규범적·당위적)이란 무엇이냐 하는 것이다. 즉 실천적 차원實踐的 次元, 실천이성의 전쟁은 무엇이냐 하는 것이 클라우제비츠의 핵심적 주제라고 할 수 있는 것이다.

전쟁이 실천적인 것이 되기 위해서는 스스로의 제한이 필요한 것이다. 따라서 클라우제비츠는 "아는 것과 행하는 것은 틀리다"[235])고 말하고 있다. 즉 전쟁이란 다원적인 원인의 산물로서 이러한 전쟁이론의 처방적 측면이란 미래의 정치가와 장군을 교육, 인도하는 것으로서 이들의 마음을 열게 하여, 전장 이전의 문제, 성숙된 판단의 기초를 제공하여 힘을 발휘할 수 있는, 이론의 마음에서 동화역할을 하며, 결정decision이 아닌 결정의 필요성necessity of decision을 가르치는 것이다.

2. 현실전 이론

클라우제비츠의 정치적 전쟁관의 핵심은 그의 삼위일체 논의에서 유래된다. 이 삼위일체의 기본개념은 순수분쟁 동기가 에스컬레이션 되어 절대전으로 치닫는 추상적 전쟁에 있어서 그것이 극단으로 치닫지 않도록 제동을 거는 마찰이 존재하는데 이에는 이를 구성하는 세 지주가 각기 작용하고 있어 극단으로 치달으려는 절대전쟁을 정지suspend시킨다는 것이다.

따라서 이 세 지주는 전쟁을 현실적으로 되게 하는 핵심적 요소인데 이러한 마찰에 의하여 전쟁은 필연적으로 정치적 영역으로 향하게끔 된다는 것이다. 보통 이러한 개념은 그것의 구체적인 의미를 따져보지 않은 채, 그간 클라우제비치안들에게 큰 의미를 주지 못한 채, 또는 의식적으로 경시된 채, 절대전 개념을 보강해 주는 보조개념으로 군사우위적 사상으로 경도되어 온 경향이 있었다. 즉 절대전 개념과 전혀 다른 개념으로서의 이 현실전 개념이 간과되어 왔다.

그러나 최초로 이의 의미를 간파한 사람이 델브류크HansDelbruek이며, 그는 클라우제비츠가 전혀 다른 두 개의 주제를 다루고 있으며, 그것은 섬멸전과 소모전이라고 하였다.

최근의 신 클라우제비츠파들의 논의는 대부분 이 현실전의 맥락에서 그 유용성을 인식하고 있고 이에 따라 제한전 사상의 근간을 이루고 있지만, 이 역시 정치의 도구성에 관한 논의로 일관되고 있으며 정확한 이 도구성에 대한 의미의 분석은 피상적인 점에 그쳐 클라우제비츠의

---

235) Clausewitz, *On War,* p. 148: 국역, p.178

본의와는 상당한 거리가 있다고 할 수 있다. 따라서 클라우제비츠의 진의가 무엇이었으며, 무엇을 말하고자 하였던가를 고찰해 볼 필요가 있다. 그가 말하는 마찰의 세 지주, 즉 삼위일체 요소의 하나하나에 대한 해석적 분석이 요구된다. 따라서 이 세 요소, 즉 인적 요소, 지적 요소, 그리고 우연의 요소에 대한 구체적 분석을 시도하여 보기로 한다.

앞서 살펴본 바와 같이 클라우제비츠는 이론이 천재를 위한 교육으로서만 유효한 것이며, 따라서 이론은 전쟁의 모든 양상을 다 보여줄 수 있어야 한다고 생각하였다. 즉 사고와 행동의 세계를 공히 망라하여 전쟁을 규명해야 하는데 그것은 이론에 의해서는 불가하며 오직 천재성에 의해서만 가능한 것으로 보았다.236) 그는 전쟁을 '그 성질에 있어서 카멜레온과 같은 것'으로 보았으며, 그 이유는 그것이 '각기 독특한 경우에 따라 또한 정도에 따라 색깔이 변화하기 때문'이라고 말하고 있다.237) 따라서 전쟁은 맹목적인 충동과 증오 그리고 폭력을 낳게 된다. 이러한 것들은 전장의 환경에서 우연성 또는 개연성의 지배를 받으며 또한 전쟁주체자의 이성의 산물에 의하여 지배받음으로써 이 세 가지 즉 맹목적인 충동, 전장환경, 그리고 전쟁주체자의 이성적 산물이 세 지주를 형성하고 있으며 이것들은 항시 같이 가는 것으로서, 이것이 전쟁을 극단 내지 야만으로 가는 것을 정지시킨다고 보고 있다.238) 여기서 맹목적 충동이란 인간의 자연적 집단 심리를 말하는 것으로서 국민적 차원이고 우연적 요소는 전장환경 또는 장수, 그리고 이성은 정부의 소임이다. 따라서 전쟁을 국가적 차원에서 어떻게 수행하여야 하겠느냐 하는 것이 삼위일체 논의의 핵심이다.

전쟁이론은 이 세 가지를 모두 정지시킬 수 있어야 하는데 이것은 이론에 의해서는 불가하며 궁극적으로 오직 천재에 의해서만 가능하다는 것이다. 구식 사고방식은 이 세 가지를 무시하고 어느 한쪽만을 강조하고 있어 규칙성에 종속되고 있으나 이 세 가지의 종합적인 고려는 규칙성을 해방하는 것이며, 창조성을 최대한 발휘하는 것이 되고 판단력을 십분 발휘하는 것이 된다. 그러나 클라우제비츠는 역설적이게도 나폴레옹으로부터 규칙성을 탈피하고, 천재성을 강조하다 보니 다시 도그마로 빠지게 되는데 이 도그마 논의는 앞에서 상세히 다루었으므로 여기서는 삼위일체 입장에서의 맹목적 본능에 관한 정지이론suspended theory에 관해 논의하고자 한다.

클라우제비츠는 모든 이론이 주관성을 보유하고 있다고 보고 이론의 기능이 천재의 교육으로만 유효하다고 말하면서 계몽주의적 합리적 이론을 배격하였는데 삼위일체 이론의 목적은 분명히 순수이성뿐만 아니라 순수본능 그리고 순수기회에까지 영향을 미치려는 데 있다. 그리고 이것은 또한 모든 이러한 경향에서 정지된 것으로서 남아 있지 않으면 안 된다.

---

236) Clausewitz, *On War*, p. 145: 국역, p.174.
237) 위의 책, p.89: 국역, pp.78-79.
238) 위의 책.

(1) 이론의 본질: '삼위일체' 상태의 포괄적 수용

클라우제비츠는 천재의 중요성과 교육의 역할에 대해 삼위일체이론에서 구체적으로 설명한다. 전쟁은 각각의 특정한 경우마다 어느 정도 그의 색깔을 변경시키는 '카멜레온'과 같은 성격을 지니며, . . . 전체적인 현상으로서의 전쟁을 지배적인 세 가지 극$_{pole}$ 또는 경향을 구성한다.[239] 이 세 가지 경향이란 각각 그 고유한 개별적 본질에 깊이 뿌리박고 있고 다양하고 상이한 법을 만들어 내는 것 같지만 하나의 통합을 구성하게 되는 경향이다. 이 세 가지 경향은, 맹목적인 자연적 본능이라고 생각되는 원시적인 폭력과 증오 및 적대감정, 창조적 정신이 자유롭게 발휘될 수 있는 우연과 확률성이 지배하는 환경의 역할, 그리고 이성의 영역에 속하는 종속의 요소, 즉 정책의 도구가 되는 지적 경향이다.

이 세 가지 중 첫 번째 것은 주로 국민 대중에 관한 것이고 둘째 것은 전장 환경 하의 지휘관과 군대를 의미하며 세 번째 경향은 정부(국가)에 관한 것이다. 전쟁에서 타오르는 정열은 항상 대중에게 내재하며, 우연과 확률성이 지배하는 전장 환경에서 생기는 기와 재능의 역할정도는 지휘관과 그 군대의 독특한 특성에 의존하지만 정치적 목적은 정부만의 업무이다.[240]

여기서 클라우제비츠는 하나의 이론은 이 세 가지 경향을 균형 있게 포괄해야 함을 다음과 같이 지적하고 있다.

> 하나의 이론이 이들 세 가지 경향 중 어느 하나를 무시하거나 그들 사이의 자의적인 관계를 설정하려고 시도한다면 그것은 현실에 모순될 것이며, 그 이유 하나만으로도 그 이론은 전체적으로 무용한 것이 될 것이다. 그러므로 우리의 할 일은 마치 자석 사이에서 그 자석의 당기는 힘에 의해 교묘하게 지탱되고 있는$_{schwwebend;\ suspended}$ 물체처럼 이 세 가지 경향 간에 균형을 유지하는 이론을 발전시키는 일이다.[241]

결국 이러한 이론의 목적은 순수본능과 정열을 반영하는 것도 아니며 순수한 우연성을 반영하는 것도 아님을 나타낸다. 그것은 이 세 가지 경향 전체 사이에서 '균형 있게 버티어야 함'$_{suspended}$을 의미한다. 이 '균형 있게 지탱하고 있는' 상태가 곧 하나의 통합적 전체로서의 '삼위일체'$_{trinity}$의 상태인 것이다. 이론의 본래적인 역할과 현실적인 유용성의 한계를 규명하기 위해서는 클라우제비츠의 삼위일체 개념을 보다 구체적으로 고찰해야 할 필요가 있다.

---

239) Clausewitz, *On War*, p.89.
240) Clausewitz, *On War*, 위의 책.
241) 위의 책, p.89.

① 인적요소: 열정과 증오

클라우제비츠는 17-18세기의 계몽주의 사상에 반발하여 물질지향적인 이론material oriented theories은 가치가 없다고 보고 인적·심리적·정신적 요소의 중요성을 전쟁이론에 도입하게 되었다.[242] 따라서 그는 종래의 인적 요소의 의미를 비인적 요소로 정의하였는데, 즉 물질적인 것, 수량적인 것, 그리고 측정 가능한 것들은 비인적 요소이며, 인적 요소로 느껴지는 것들은 용기, 정열enthusiasm, 도덕virtue, 대담성, 지구력, 증오, 적대감정 등의 맹목적 본능이라고 보았다. 문제는 이러한 요소들 자체가 클라우제비츠 자신이 많은 다른 의미로 사용하고 있고 또한 수많은 번역자나 해석자들이 각기 다른 의미로 사용하고 있다는데 있다. 따라서 이 개념은 상당한 혼동을 초래하고 있으며 이를 극복하기 위해서는 그의 사상에 대한 지적 논의를 통하여 평가되지 않으면 안 된다.

클라우제비츠에 있어서 인적 요소는 단순히 요즘 우리가 흔히 듣고 있거나 피상적으로 말하고 있는 전투원의 사기나 용기 또는 도덕성 정도만을 의미하는 데 국한된 것은 아니다. 오히려 특정한 경우에 행동으로 표출되는 인간의 본성에 내재하는 종합적인 심성을 의미한다.

그는 인적 요소를 측정과 계량이 가능한 물질적 실체와 대립시키면서[243] "그것은 느낌, 흥분, 열정, 야망 및 정열이며, 군사적 미덕, 대담성, 지구력이기 때문에 체계 수립가들과 이들의 과학적 틀에 해당되지 않는 요소[244]라고 말하며 이것을 '증오와 적대감정'으로 정의하고 맹목적인 자연적 폭력blind natural force; blind instinct; original violence으로 간주한다.[245] 이 맹목적 폭력은 그 자체가 목적이며 인간의 통제를 벗어나는 것이므로 자연발생적으로 일어나는 현상에 속하는 것이다. 인간적 목적을 갖지 않고 인간의 통제영역 바깥에 있는 힘이라면 그것은 자연적 천재지변(홍수, 화재, 역병 등)에 해당되며 그 발생 원인을 알 수 없는 형상인 것이다.

클라우제비츠는 이러한 요소들을 단지 보이거나 느껴지는 것으로서 체계적 분석가나 그들의 과학적 틀로부터 이탈되는 것이라고 말하고 있다. 그는 이것들을 맹목적 본능으로서 관찰될 수 있는 증오, 원한 또는 본질적 폭력 등이라고 불렀다.

그런데 여기서 중요한 것은 클라우제비츠의 이 인적 요소에 대한 정의가 그의 절대전絕對戰, absolute war 개념의 기초가 된다는 점이다. 전투원의 투쟁동기가 바로 순수형태로 표출되는 열정,

---

242) 리델하트는 클라우제비츠가 전쟁이론에 심리적(psychological) 요소 도입한 것이 최대의 공헌이라고 지적하고 있으며 아나톨 라포트는 클라우제비츠가 무엇보다도 인적요소(human elements)를 강조하고 있다고 지적한다. B.H. Liddel Hart, *Strategy: The Indirect Approach*(New York: Fred. A. Praeger, 1967), p.430; Anatol Rapport(ed.), *Kal von Clausewitz, On War* (Baltimore; Penguin Books).

243) Clausewitz, *On War,* p. 184.

244) 위의 책, pp.186-193 참조

245) Clausewitz, 앞의 책, p.89. 인간의 동물적인 원시적 투쟁본능을 지칭.

본능, 흥분 및 증오심이며 이런 본능적 심성이 삼위일체의 첫 경향(극)을 형성한다. "절대적 형태에서는 모든 것이 그 자체의 자연적이고 필연적인 원인의 결과이며 이런 형태의 사태는 자연발생적이고 급속한 속도로 연속적으로 일어나게 됨으로 . . . 중립적인 상태가 없다."246) 따라서 절대전은 모든 요소의 교류가 불가능한 단일한 일방향적 흐름의 기능만을 갖게 된다. 그래서 이런 형태의 절대전은 아이디어 상으로만 존대하는 형태, 즉 관념상의 전쟁ideal war이 된다.

두 사람간의 사투duel는 이 절대전 형태의 좋은 예에 속한다. 왜냐하면 양측은 상대를 전멸시키려는 단 하나의 목적만을 가지며 이 두 투쟁자의 목적 사이에는 중립지대가 없다. 그 자신의 목적만을 추구하는 절대적 대결에서는 "양측의 동기가 각 상대방에 대해 자신의 법만을 일방적으로 적용하기 때문에 결국 이론적으로 끝나게 되는 일종의 상호적 양극행위reciprocal action; interaction가 발생하게 된다.247)

절대전이 순수형태의 전쟁으로서 '전쟁 그 자체'krieg-an-sich; war-as-such를 위한 전쟁이라면 그것은 불확실성(확률성)을 반영하는 제2의 경향 및 인간의 지성과 이성(정책)을 반영하는 제3의 경향에 대립된다. 우연성이 순수증오의 전쟁에서는 일단 전쟁이 시작되면 정치적 고려는 완전히 끝나고 순수증오에서 생기는 생과 상의 전쟁만이 인식된다.248) 그래서 국가 간의 생사투쟁은 정치가 존재하지 않는 절대전의 한 예가 된다.

이러한 제1의 극단적인 경향만을 반영하는 전쟁은 클라우제비츠의 삼위일체 개념에서는 이상적인 전쟁의 형태로 고려되지는 않는다. 그의 '균형점 지탱이론'suspended theory에 따르면 순수형의 전쟁은 현실세계와는 무관한 것이다. 그래서 그는 이 점을 다음과 같이 밝히고 있다.

> 만일 우리가 절대적 형태에 매달려서 붓의 움직임에 따라 단 한 줄의 논리로 모든 현실적 어려움을 피하고 논리만의 엄격성을 주장하게 되면 매 경우마다 극단이 목적이 될 수밖에 없게 되고, 궁극적인 노력은 그한 방향으로만 지향된다. 이러한 순수논리의 전개는 순수한 종이 위의 법에 불과하며, 어떠한 경우에도 현실세계에는 적용될 수 없는 것이다.249)

목적본능은 라포포트Anatol Rapport가 말하는 격변cataclysm과 동일한 것으로서,250) 인간이 인적 요소에만 의지할 때 전쟁은 절대전으로 가게 되며, 이러한 경향의 대표적인 것이 클라우제비츠가 상정하고 있는 사투이다. 따라서 이로부터 유래하는 상호 극단추구의 행위로서 나타나는 전

---

246) 위의 책, p.582.
247) 위의 책, p.77.
248) Clausewitz, 앞의 책, p.607.
249) 위의 책, p.78.
250) Gabriel, 앞의 책, p.50.

쟁이 순수분쟁pure war으로서 전쟁 그 자체이다. 이러한 차원에서 맹목적 전쟁을 전제할 때 전쟁은 절대전이 되며, 국가의 전쟁은 사투적 속성을 지니게 되어 전쟁 의도는 확대되고 전쟁은 정치의 단절이 되고 만다. 그러나 이렇게 되지 못하도록 정지시키는 요소가 존재하는데 그것은 제3의 요소로서 인간의 지적 또는 이성적 요소이다. 이렇듯 클라우제비츠는 명백히 전쟁의 이상적 유형model으로서 이러한 경향을 고려한 것이 아니다. 그의 여러 가지 정지suspended 이론에 대한 정의는 이것을 거부하고 있다. 물론 그가 말하고 있는 '탁상의 법'paper law 또는 war on paper은 논리와 엄밀성을 가정하고 있는 것이기는 하나, 이것이 현상세계와의 관련성은 결여된 것으로서 이러한 비관련성을 극복하고 전쟁이 현실세계와 무관할 수 없음을 분명히 제시하기 위하여 클라우제비츠는 다른 두 가지 경향, 즉 지적 능력과 우연성의 맥락에서 이 첫 번째 경향(순수증오)을 상정하고 있는 것이다.251)

절대전의 경향(1극)과 대비하기 위해서 먼저 국가지성의 경향(제3의 극)을 먼저 논의하고자 한다.

② 지적 요소: 국가(지적 통합실체로서)의 이성적인 자아통제능력

클라우제비츠는 삼위일체 논의 및 기타 많은 곳에서 정부, 국가, 그리고 정치나 정책을 지적인 것intelligence 또는 이해적인 것, verstand과 동일시하고 있다. 또한 그는 이것의 기능이 전쟁을 조절control하여 전쟁을 종속적인 도구로 만드는 것이라고 말하고 있다. 따라서 클라우제비츠에 비해서 이것은 전쟁을 종속적 도구로 만들며 전쟁을 통제하고 전쟁을 분별 있게 하며 목적적이고 합리적(이성적)으로 만드는 것이 된다. 즉 인간의 지적 요소는 인간으로 하여금 '목적적인 힘'으로 작용할 수 있게 하는 힘을 제공하는 것인데 클라우제비츠는 이것을 이해verstand의 개념을 사용하고 있다. 따라서 여기서 지적 요소란 이성, 합리성, 지성 또는 이해 등을 말한다.

그렇다면 과연 무엇이 이해인가? 이것은 자연적인 맹목적 성향에 반대되는 것으로서 극단보다는 균형, 파멸보다는 조화, 일방의 제거보다는 상호공존, 그리고 무지보다는 지식을 의미하는 것이다.252)

가장 잘 알려져 있고 많이 인용되는 클라우제비츠의 유명한 전쟁의 정의는 "전쟁은 다른 수단에 의한 정치(목적)의 계속에 지나지 않는다"253)는 표현이다. 그의 삼위일체 논의에서 이 정의는 더욱 발전되어 있다. 즉 국가의 지적 역량은 순수한 수단으로써 정신적 힘(인적요소)을 사용하는 목적을 설정하고 유지하는 힘이다. 감성적 힘(인적요소)은 순전히 '사물 그 자

---

251) Clausewitz, 앞의 책, p.54.
252) Clausewitz, 앞의 책, p.55.
253) 위의 책, p.87.

체'things-as-such이며 목적을 갖지 아니한 상태의 힘이다. 그러나 국가의지가 작용함으로써 비로소 '목적을 지닌 수단'이 되어 실천적인 의미를 지니게 되는 것이다. 다시 말하면 국가의 마음은 고립적인 단순한 대상 또는 사물(사물 그 자체)을 어떤 목적을 위해 통합시키는 능력을 지니고 있다는 뜻이다.

즉 국가는 전쟁 그 자체war-as-such를 정치를 위한 전쟁war-for-politics으로 전환시키는 능력을 지니고 있음을 의미한다.254) 포괄적 이해verstand란 그러므로 고립적인 사물 그 자체를 보다 광범하고 포괄적comprehensive인 전체whole로 통합시키는 과정을 뜻한다.255)

이렇듯 이해verstand는 고리적인 존재를 전체로서 통합하는 과정이며 지식으로서의 포괄적인 이해를 의미한다. 따라서 여기서 제기되는 문제는 과연 안다는 것(지식)이 무엇을 의미하는 것인가 하는 것이고 이에 대한 규명이 요구되는데 그것은 목적과 수단, 수렴convergence의 상태, 의지적 투신commitment과 자아통제self-control면에서 고찰될 수 있다.

■1 목적과 수단

많은 클라우제비츠의 제자들은 그의 강경한 목적과 수단 간의 강조에 주목하여 왔다. 결국 그것은 그 유명한 신 클라우제비츠파적 어구인 '전쟁은 단지 타 수단에 의한 정치의 계속에 불과하다'에 귀결된다. 삼위일체에서도 역시 이것을 볼 수 있는데 국가의 지적 힘은 단지 수단으로서의 정신적morale 힘을 사용하는 목적을 구현한다. 정신적 힘은 단지 물자체thing-as-such이며 목적이 없는 것을 목적적인 국가의지로 확대시키며 그것을 목적으로 만드는 수단이 된다.

한편 국가의 마음은 고립적인 실재thing-as-such를 통합하는 능력을 가지며 단순한 물자체things-itself나 객체object를 의미 있는 부분으로 만드는 능력을 지닌다.256) 즉, 국가는 전쟁 그 자체를 정치를 위한 전쟁war for politics으로 바꾸는 능력을 지닌다. 따라서 국가의 마음 그 자체로는 무의미하며 그것이 의미가 있기 위해서는 부분으로서의 기능이 부여되어야 하며, 그것은 곧 통합 능력을 만하는 것으로서 이 능력이 있을 때 비로소 국가는 전쟁 그 자체를 정치적 목적을 갖는 전쟁으로 바꾸는 힘이 발생하게 되는 것이다.

한 국가가 사고능력을 지닌 실체로 인정되면 정의에 따라 국가는 사물thing을 통합시킬 수

---

254) 그러므로 한 국가 또는 정부가 '전쟁 그 자체'를 '정치를 위한 전쟁'으로 전환시킬 수 있는 능력을 결여하고 있다면 전쟁수행결정(목적설정제시)의 정통성을 잃게 되고 국민적 동의를 얻지 못하게 되어 전쟁수행의 공동체적 명분을 상실하게 되는 것이다.

255) 가브리엘은 'Verstand'를 보다 광범하고 일반적인 용어인 'understanding', 'explanation', 'science', 'theory' 또는 'Knowledge'와 구별하여 보다 협의의 한정적인 개념인 'rationality' 또는 'rational comprehension'과 유사어로 사용하고 있다. Gabriel, 앞의 책, pp.55-56/pp.66-67 참조.

256) Gabriel, 앞의 책.

있는(목적을 고려할 수 있는) 능력을 갖게 되는 것을 의미한다. 현실국가와 현실사물−인간−을 전제로 하면 사고하는 국가는 그 자신의 창조적 역량에 힘입어 인간을 순수한 '사물적 인간'men-things으로부터 '인간적 인간'men으로 통합시키는 능력을 갖게 된다. 따라서 하나의 인간은 국가에 의한 통합을 통해서만 인간(실천적 의미와 역사를 지닌)이 된다.

따라서 클라우제비츠에 있어서 국가의 지적 능력이란 곧 판단의 시각을 의미하는 것으로서 국가가 사물을 목적적인 것으로 인식하는 능력 또는 목적적인 것으로 변경하는 능력을 보유한 것으로 보아 결국 이 국가의 지적 능력이란 분별력, 사고의 자유 또는 천재성을 의미하고 있다. 따라서 국가를 사고능력을 가진 하나의 실재라고 인식할 때 국가는 정의에 의하여 물자체를 통합하여 목적또는 universe을 이해하는 능력을 갖게 된다. 실재국가와 실재사물인간; human being의 가정은 여기서 사고하는 국가가 창조적인 힘으로서 미덕virtue에 의해 인간을 통합하거나, 단순한 인간존재men-thing로부터 인간(조화로운)을 만드는 능력을 갖추지 않으면 안 된다는 것을 의미한다.

이러한 관점에 의하여 인간은 국가에 의한 결합을 통해서만 인간으로 될 수 있는 것이며, 클라우제비츠가 국가를 행위의 주체로 파악하고 있는 것은 헤겔의 역사주의historicism를 반영하고 있는 것으로서 이것은 일종의 순환론이다.257) 즉 국가역사주의는 순환론에 기초하고 있는데 이에 의하면 인간은 국가의 지적 힘인 미덕virtue에 의하여 비로소 인간이 된다는 것이다. 이러한 순환론에 의하면 국가가 국민과 동일하게 되어 순환을 이루게 되는데 이때 인간(또는 국가)의 사고능력이 인간자체men-thing로서의 인간을 만든다는 것이다. 이것은 다른 말로는 사람(국가)의 사고능력이 '사물적 인간'men-thing을 하나의 인간으로 만든다면 사고가 인간을 '인간적 인간'으로 만드는 힘이며, 결국 '올바른' 아이디어의 사고가 사람을 '인간적인 인간'human으로 전환시키게 된다는 뜻이다. 그러나 인간적인 인간이 어떤 인간이냐 하는 문제는 실체적인 내용의 문제이다. 이 논의에서 다루어져야 할 문제는 클라우제비츠나 다른 역사주의자들이 사용한 이 이해理解, verstand라는 개념이 두 가지 차원을 갖는다는 점이다. 그 하나는 국가의 마음과 개인의 마음 사이의 상호작용에 관한 것이며, 다른 하나는 '이해해야 하는 마음'comprehending mind과 '이해되어야 하는 마음'mind-to-be comprehend, 즉 설명인자explanan와 피설명인자explicandum 간의 상호관계이다.258)

---

257) 헤겔의 역사주의에 관한 구체적 논의는 Karl R. Popper, *The Open Society and Its Eninies* (New York; Harper & Row, 1962), Vol. 2, pp.1-80, 특히 pp.31-35 참조.
258) 슐라이어마허(scheliermacher)는 이에 대하여 다음과 같이 말하고 있다. "개개의 것은 전체 속에서 이해되고 전체는 개개의 것으로부터 이해된다. 이해하는 자는 그가 이해하여야 하는 자와 마찬가지로 하나의 자아이고 자체에 있어서 총체성(totalität in sich)이기 때문에 그것의 총체성은 개개의 표출에 의해서 보충되고 개개의 표출은 그것의 총체성에 의해서 보완된다. 이해는 분석적인 동시에 종합적으로 연역적인 동시에 귀납적이다." schleiermacher, hermeneutik undKritik, Hrsg. und eingel. von Frank, M. Frankfrut A. M., 1973; 이상철, 「이해」,

따라서 완전한 국가는 개인의 마음을 국가에 수렴시켜 완전한 이해를 이룩하는 국가이다. 이때 이러한 수렴에 의해서 인간은 완전히 국가에 통합하게 된다. 이때 이러한 수렴에 의해서 인간은 완전히 국가에 통합하게 된다. 즉 단순한 사물thing 대신 하나의 부분part으로 통합하게 되는 것이다. 이것은 결국 본능적으로만 지향하는 인적 요소와 자제自制, self control적인 지적 요소가 수렴된다는 것을 의미한다.

② 수렴(Convergence)의 상태

이해comprehension로서의 국가의 힘은 개인 간의 통합을 관리 할 때, 또한 국가와 국민을 통일할 수 있도록 관리할 때 비로소 완전 하게 된다.[259] 따라서 완전한 국가는 완전한 포용perfect verstand이 충만한 상태의 국가이며 이 경우에는 개인의 마음이 국가의 마음에 수렴된다. 이러한 수렴상태에 이르게 되면 삶은 완전히 국가에 의해 통합이 되고 단순한 사물thing 대신에 전체를 통합적으로 구성하는 하나의 기능적인 부분이 된다. 즉 국가의 완전한 포용력은 그 국가가 개인을 통합시킬 수 있고 국민과 국가의 통일을 수립할 수 있게 될 때에만 완전한 수렴에 이르게 된다.

이 수렴상태가 발생하지 못하게 되면 국가의 통합력은 무력하게 되고 수렴은 다른 수단에 의해서 달성될 수밖에 없게 된다. 다시 말하면 '아래로부터의 자발적 힘'force from below은 사라지고 국가의 합리적인 포용력은 곤경에 처하게 되어 수정이 필요하게 된다. 즉 국가와 국민의 사고가 변화되어야 한다. 이 변화가 자발적으로 일어나지 아니하면 구가는 아래로부터 생기는 힘의 미진한 것을 '위로부터의 힘'force from above에 의한 강제력으로 대체시킬 수 있게 된다. 다시 말하면 국가는 '칼의 힘'에 의해서 '올바른 아이디어의 힘'을 대체할 수 있는 것이다. 가브리엘은 이러한 상태를 뉴턴Newton의 사과하지 못하면 사과가 떨어지도록 외부적인 힘을 작용시키는 것은 가능하다. 그러나 이 경우는 비과학적인 것으로 여겨질 것이다. 위로부터의 힘(간섭)은 보편적 규칙중력의 법칙의 실패를 뜻하는 것이기 때문이다.[260]

클라우제비츠의 경우에 이 위로부터의 힘은 정치의 실패를 의미하여, 반대로 정치의 성공은 국가와 국민의 이해관계(동기, 의미, 목적 등), 즉 설명인자explanans와 피설명인자explicandums 간 수렴상태의 도달을 의미한다.[261] 그는 『전쟁론』 제8권의 18세기의 전쟁 비판에서 국민으로부

한국사회과학연구소 편, 『사회과학의 철학』(서울: 민음사, 1983), p.221 재인용.

259) 이 수렴상태에 대한 사세한 해석학적 설명은 Gabriel, 앞의 책, pp.58-61 참조

260) Gabriel, 앞의 책, p.59.

261) 한스 로스펠스는 클라우제비츠의 합리주의에 대한 논의에서 '개인의 발전과 국력은 젊은 장교들에게는 서로 모순되지 않는다'는 점을 설명하고 있다. Hans Rothfels, *Karl von Clausewitz, Politik und Krieg*(Berlin: Fred, Dummlers Verlagsbuchhandlung, 1920), p.78. 참조

터 분리된 정부만의 전쟁인 18세기 식 전쟁은 정부와 국민의 통합된 힘이 아닌 외부적인 힘, 즉 돈의 수단에 의해서 수행된 전쟁이었다고 비판했다.262) 이러한 모든 것은 프랑스혁명으로 완전히 변화되었는데 이때부터 전쟁은 종래의 제한과 규칙들로부터 자유스럽게 되었다. 왜냐하면 국가의 대사에 국민의 참여가 본격화되어 국가와 국민 사이에 통합이 이루어졌기 때문이다.263)

18세기 절대군주시대의 내각전쟁내각에 의해서만 수행된 전쟁은 클라우제비츠의 눈에는 정치실패의 한 상징으로 보였고, 프랑스혁명 이래의 국가적 전쟁(정부와 국민이 일체가 되어 수행한 전쟁)은 정치적 성공의 지표로 보였다. 국민들은 '그들에게 직접적으로 영향을 미치는 결정적인 이해관계를 위하여'264) 싸웠다. 클라우제비츠의 이 언명은 실상 미래의 정치가들이 국민과 국가의 이익에 반하는 행동을 못하도록 타이르는 경고적 성격을 띤다. 여기서 합리주의 사고의 제2국면인 의지적 투신commitmen과 자아통제self-control의 문제가 등장한다.

3 의지적 투신과 자아통제

클라우제비츠에 의하여 구체적으로 제시된 합리주의의 포용(이해)은 전술한 두 마음(국가와 국민의 마음)의 협력과 수렴을 포함하기 때문에 그것은 모든 분야에서 개인이 자아통제에 자신을 귀속시킴을 의미한다. 다시 말하면 포용(이해)의 행위는 '자연적'이거나 '자동적'인 것이 아니라 알고자 하는 노력에 대한 의식적인 개인적 투신을 의미한다. 이 지식에의 헌신을 통하여 착상하는 힘과 통합하는 힘이 하나로 수렴된다.265)

즉 이것은 모든 측면에서의 자아통제self-control에 대한 개인적인 의지적 투신을 가정하고 있는 것으로서, 이에 의하면 이해에 대한 행동은 자연적 또는 자동적인 것이 아니며 그것은 지식 정신에 대한 의지적인 투신이다.266) 즉 개인적 투신과 자제는 자아통제에 관여하는 것이며 따라서 이해comprehension 또는 verstand는 자연적·자발적인 것이 아니라 의식적인 인간의 노력에 의해서만 가능한 것이다. 따라서 클라우제비츠의 합리적인 이해rational comprehension는 무목적적인 것을 목적적인 것으로 바꿀 수 있는 창조력을 가지고 있다. 사고하는 국가는 전쟁 자체를 목적이 부여된 행위로 바꿀 수 있으며 국가정책으로 바꿀 수 있고 목적적으로 사용 할 수 있게 한다. 반면 국가가 이러한 핵심적인 인식focal awareness에 실패하거나 자의식적self-conscious으로 되면 전쟁은 다시 전쟁 그 자체war-as-such가 되는 것이다.267)

---

262) Clausewitz, *On War*, p.589.
263) 위의 책.
264) 위의 책.
265) J. Gabriel, 앞의 책, pp.62-63.
266) 위의 책, p.59.

해머의 기능을 예로 들어보자.268) 해머의 기능을 모르는 사람에게는 그것은 순수한 '물건' thing에 불과하다. 그러나 해머의 목적을 아는 사람, 즉 '핵심적 의식'focal awareness을 가진 사람에게는 '물건 그 자체'(선, 외형, 색체 등)는 '보조적 의식'subsidiary awareness에 불과하며, 결국 핵심적 의식을 지닐 때에만 해머는 '물건 그 자체'로 남지 않고 전체의 기능적 '부분' 즉 '연장'tool이 되는 것이다.269)

실제로 우리가 해머를 사용할 때 먼저 그 물건이 만들어 내는 감각적 인상만을 감지하게 되지만 주의를 목적에 집중하여 우리의 마음을 어떤 목적적 대상물(못)에 고정시키게 되면 감각적 인상-근육상의 충격 또는 시각적 자극-에 대해 핵심적 의식을 갖게 된다. 이때에 우리는 물건을 연장tool으로 인식하고 사용하는 법을 알게 된다. 다시 말하면 우리는 해머를 우리들의 지식의 창고에다 통합하는 것이다. 만일 주의를 전환하여 다시 손 안에 집중하게 되면 해머는 우리의 목적에 기여하지 못하게 된다. 즉, 우리는 해머에 대해 자아의식적이 되어 못을 박고자 하는 목적을 놓치게 된다. 그래서 생각하는 것과 아는 것 및 이해하는 것은 전체 속에 사물을 흡수시켜 보조적 의식과 핵심적 관심을 나타내는 의미와의 연결을 통해서만 가능하게 된다.270)

클라우제비츠의 합리적 포용verstand; rational comprehension의 차원에서 보면 국가는 사물thing을 국가의 유의한 기능부분으로 전환시킬 수 있는 핵심적 의식focal awareness; 아이디어와 목적을 의식하는 능력)을 갖는다.271) 이 개념을 전쟁에 대입하여 보자. 사고하는 국가가 전쟁 그 자체에 목적을 부여하게 될 때, 전쟁 그 자체가 핵심적 의식 안으로 들어오게 되며 이때에 비로소 전쟁은 국가의 순수한 도구가 된다. 이때에 전쟁은 해머(목적을 지닌 기능적 도구로서)와 같이 사용될 수 있다. 그런데 국가가 그의 핵심적 의식을 갖는 데 실패하게 되어 그릇된 세계관을 구성하고 자기중심적 의식self-consciousness을 하게 되면 전쟁은 다시 전쟁 그 자체가 되고 국가에 봉사하지 못하는 증오와 흥분의 폭력행위로 복귀하게 된다.

어떤 사물을 사물 그 자체가 아닌 하나의 도구로서 볼 수 있는 능력이 곧 앎의 능력인데 폴라니에 의하면,

---

267) 개인적 지식에 대한 가장 탁월한 논의는 폴라니(Michael Polany)에 의하여 이루어졌다. 폴라니가 핵심적 인식(focal awareness)이나 보조적 인식을 말할 때 합리주의적인 목적-수단의 패턴을 따르며 그는 이것을 '해머'를 예로 설명하고 있다. Michael Polany, *Personal Knowledge: Toward a Post-Critical Philosophy*(New Yo가: Harper and Row, 1958), pp.55-57/p.61/p.428 참조.

268) 앞의 책.

269) Polany, 앞의 책, pp.55-57.

270) Polany, 위의 책, p.61.

271) 가브리엘은 폴라니의 핵심적 의식개념으로 클라우제비츠의 'Verstand'에 대한 현대적 해석이 가능하다고 보고 있다. Gabriel, 앞의 책, pp.63-64.

이 앎의 능력은 어떤 목적을 달성하거나 인식하기 위해 거기에 신뢰를 갖고 의지하는 사람의 눈에만 의식된다. 이 신뢰적 의뢰reliance가 곧 핵심적 주의注意 중심에 어떤 사물을 보조적으로 통합시킴으로써 이루어지는 모든 지적 활동에 참여하고자 하는 개인적 투신personal commitment이다. 우리가 사물에 대해 보조적 의식을 통해서 우리 자신을 외연적으로 확대시켜 개인적 동화를 이루는 모든 행위가 투신commitment에 속하며 우리 자신의 처신하는 태도이다.272)

자기 자신을 투신하는 힘은 궁극적으로 알려져 있지도 않고 목적과 수단관계도 아니다. 클라우제비츠는 이 투신의 힘을 판단judgement이라고 부르고 '판단'으로부터 인식perception을 분리시키는 어려움에 대해 논의하고 있다.

> 모든 사고는 술이며 . . . 판단이 시작되는 지점에서 술도 시작된다. 더욱이 마음에 의해서 생기는 인식perception은 이미 하나의 판단이며, 곧 하나의 술이다. 감각에 의해서 생기는 인식도 결국은 판단이다. 간단히 말해서 인간의 인식능력을 생각할 수 없다면 판단할 수 있는 능력도 생각할 수 없고, 판단할 수 있는 능력을 상상할 수 없으면 인식능력도 생각할 수 없다. 이처럼 술을 지식(학)으로부터 분리시키는 것은 전혀 불가능하다. . . . 반복해서 강조하건대 창조와 생산은 술의 영역에 속하고 그 대상이 관찰조사와 그에 의한 지식인 경우에는 과학이 지배하게 될 것이다. 그러므로 '전쟁술'art of war이란 용어가 '전쟁과학'science of war이란 용어보다 훨씬 적합하다.273)

이것이 바로 클라우제비츠의 이해verstand와 합리적 이해rational comprehension의 의미이다. 클라우제비츠에게, 있어서 국가는 핵심적 인식, 즉 사상idea과 목적 그리고 브로노스키Bronowski가 말하는 '상상의 편린'leap of the imagination274) 등과 유사한 것들로서의 인식에 대한 힘을 창조할 수 있는 능력이 있으며 여기서 국가는 사물을 국가의 일부로 전환시킬 수 있게 되는 것 이다. 이것을 전쟁에 비교하여 보면 사고력이 있는 국가가 전쟁 그 자체를 목적으로 변형시킬 때, 핵심적 인식의 마력 속으로 빠져들게 되어 전쟁은 국가의 도구로 된다. 즉 전쟁은 이때 '해머'와 같이 사용될 수 있다. 그러나 국가가 이러한 핵심적 인식에 실패하게 되면 그것은 오류false universe를 범하게 되고—자의식적으로 되며—이때 전쟁은 다시 전쟁 그 자체가 되어 국가에 봉사할 수 없는 격정적 또는 감각적 및 순수흥분pure excitement으로 복귀하게 된다. 이 점에서 폴라니는 다시 개인적인 의지적 투신의 개념을 도입한다. 그는 우리가 어떤 것에 대한 앎의 능력은 그것을 사

---

272) Polany, 앞의 책, p.61.
273) Clausewitz, *On War*, pp.148-149.
274) J. Bronowski, *Science and Human Values*(New York; Harper and Row, 1965), p.119.

물thing로서보다는 도구tool로서 보는 능력이라고 말하고 있다. 자기 스스로 책임지기 위한 힘the power to commit oneself은 궁극적으로는 알 수 없는 것이며 목적과 수단의 관계가 아니다. 클라우제 비츠는 그것을 환원 불가한 구성물로서 '판단'이라고 불렀으며, 따라서 모든 사고(사유)는 술이 며 그것에서 판단과 술이 시작된다고 말하고 있다.275)

> 그것뿐만이 아니라 정신mind의 인식작용도 판단이며 따라서 결과적으로 술이다. 감각작용에 의 한 인식도 역시 술이다. 한마디로 말해서 인식능력만 있고 판단능력은 없는 인간, 또는 판단능 력만 있고 인식능력은 없는 인간을 상상할 수 없는 일이라면, 술과 과학은 역시 완전히 구분해 서 생각할 수는 없는 것이다.276)

이러한 판단은 칸트가 말하는 코페르니쿠스적 판단이다.277) 지식의 근거를 대상(객체; 자연)으 로부터 인식주체로 전환시킨 이 칸트적인 인식론상의 코페르니쿠스적 혁명은 클라우제비츠로 하여금 지식이 자연으로부터 나온다는 칸트 이전의 인식론과 세계관에 집착해 있던 뷜로 식 전쟁수행 이론을 배격하게 만들었다. 그래서 이해verstand, 즉 합리적인 포용적 이해rational comprehension의 본질은 지식의 주관적 근거-인식주체가 국가-에 입각한다. 대상세계를 인식하 는 국가의 능력은 사물의 힘을 소유한 능력이다. 객체대상(국민)은 그들 자신의 마음을 갖기 때문에 이 포용적 이해의 구조는 2차원적이다. 한편으로는 개입된 두마음의 수렴을 요구하지만 다른 한편으로는 자아통제self control와 협력에의 투신commitment에 근거한다.

그러므로 적절한 포용적 이해와 합리성의 결과인 확실성과 통제는 인간사에서 항상 대립 분쟁 보다는 협력하는 두 의지의 산물이다. 사물 그 자체는 의식을 갖지 않기 때문에-해머처 럼-포용적 이해는 단지 1차원적일 뿐이다. 그러나 두 의지의 협력은 혼란보다는 질서를, 적대 감정 보다는 상호 존중을 택하게 된다. 그러므로 확실성과 통제는 결코 인간사에 있어서 자연으 로부터 자동적으로 마련되어지는 것은 아니다. 인간의 의지적 투신이 결여되어 있는 곳에는 자 아통제가 없는 확실성만이 존재하게 된다.

의지적 자아통제가 없는 경우의 확실성은 비협력적이므로 결국은 대립적 분쟁으로 치달 을 뿐이다. 왜냐하면 분쟁의 상황은 그들 자신의 논리-필연성, 확실성-만을 갖고 있어서 인간 통제의 영역 밖에 있기 때문이다. 이성에의 의식적적인 자아투신만이 두 의지의 협력적 통제를 가능하게 한다.278)

---

275) Clausewitz, *On War*, p.148.
276) 위의 책.
277) 칸트가 말하는 코페르니쿠스적 판단에 관해서는 I. Kant, *Kritik der Reinen Vernunft*, 전원배 역, 『순수이성 비판』(서울: 삼성출판사, 1983) 제2판 서문 및 p.18 참조

논리와 이성은 2차원적인 포용적 이해의 두 요소이다. 완전한 2차원적 이해를 위해서 이 둘은 분리될 수 없다. 그래서 1차원적 세계에 집착하는 순수 과학주의자는 이성적일 수가 없는 것이다. 클라우제비츠의 인식론적 혁명은 바로 1차원적 이해를 배격하고 완전한 2차원적 이해를 추구했다는 점이다.

그런데 인간은 결코 완전한 휴지상태에 있지도, 협력에의 완전한 의식적 자아투신 상태에 있지도 않다. 순수 조화의 상태가 존재하지 않는다면 2차원적 포용적 이해는 희망사항일 뿐이며, 의식적인 자아통제와 확실성은 결코 완전할 수가 없는 것이다. 그러므로 인간의 지식은 일방이 상대방의 동기와 의도를 가상적으로 계산하기 때문에 개연적일 수밖에 없는 것이다.[279] 이 불완전한 이해의 딜레마를 누가 어떻게 극복할 수 있겠는가?

따라서 정책이란 국가목표 달성의 도구로 판단하려 할 때만 도구가 되며 이러한 도구적 판단이 없이는 자의적인 것이 되어 버려 전쟁은 전쟁 그 자체가 되어 버리는 것이며, 이렇게 되면 전쟁은 정치와 분리 불가하게 되어 버리는 것이다. 그러나 클라우제비츠의 『전쟁론』에서는 이 이해의 구조가 이원적二元的이다. 즉 클라우제비츠가 인식하고 있는 전쟁에서의 객체는 적이 되어 두 개의 주체가 존재하게 된다.

이렇게 두 가지의 마음이 수렴되고 있는 곳에서는 자제self-control가 필요하며 그것은 협력의 투신commitment이 있어야 가능하다. 즉 합리적 이해는 혼돈보다는 질서, 증오보다는 상호존중 그리고 갈등보다는 협력하기로 택한 두 의지의 산물인 것이며 이것이 확실성과 독립성을 보장한다. 따라서 조절은 자동적인 것이 아니라 의식적·협력적 투신에 의거하는 것이며 이것이 결여될 때에는 순수분쟁적인 것이 되는 것이다. 이 분쟁은 협력적 투신 없이 오직 그 자신의 논리만 갖는 것이며 그것은 인간의 조절능력 밖에 위치하게 된다.

따라서 이성에 의한 조절과 협력의 투신만이 전쟁을 방지할 수 있으나 인간은 완전한 투신이 불가함에 따라, 즉 순수조절 상태가 불가함으로 완전한 포괄적 이해란 불가능한 것이기 때문에 2차원two dimension적 이해가 나타나게 되고 따라서 인간적인 통제나 확실성은 확률적인 것이 되어 여기서 제2의 경향이 나타나게 되는데 그것이 바로 우연의 요소이다(논의의 필요상

---

278) 가브리엘은 이 두 의지의 행위자를 물리학에서 부단히 움직이는 분자에 비유한다. 이 불안정하게 움직이는 하나의 체계가 존속하는 한 분자는 쉬지 않고 활동한다. Gabriel 앞의 책, p.67/ pp.131-132.

279) 클라우제비츠는 제1의 경향(증오심)에서의 순수형태의 전쟁을 절대전, 제2의 경향(우연성)에서의 전쟁을 현실전, 제3의 경향(지적능력)에서의 전쟁을 정치전으로 개념화하고 이 셋의 통합적 이해를 제시한다. Clausewitz, On War, pp. 80-81 참조 그런데 대부분의 클라우제비츠 해석자들—통상 정치적 합리주의자로 알려진—은 그를 절대전과 정치전(정치전과 현실전을 동일시)의 두 형태의 전쟁을 제시한 순수합리주의자로 평가한다. 이들 정치적 합리주의자들은 제2의 경향인 우연에 대한 클라우제비츠의 고려를 제3의 경향인 정치적 경향과 동일시하는 오류를 범하고 있다. Gabriel, 앞의 책, pp.71-72/pp.147-150 참조

제2의 경향을 마지막으로 다룬다).

③ 우연성과 개연성의 요소: 환경의 불확실성

인간의 지력은 불완전하며 전쟁은 또한 순수절대전이나 합리적인 차원에 있지 않음으로 해서 적의 동기에 대한 추측이 필요하게 된다.[280] 즉 인간은 본질적으로 자유로운 선택력을 갖고 있어 예측하기가 어렵다. 이에 따라 여기에 우연의 요소가 개입하게 된다.

우연성$_{chance}$과 개연성$_{probabilities}$의 경향은 이중적 기능을 수행한다. 그것은 비합리적이고 가설적인 전쟁의 본질을 특징지으면서, 또한 이론과 현실간의 차이를 연결시키는 기능을 갖는다. 클라우제비츠에 의하면 이러한 현실과 이론의 연결은 천재의 개입에 의하여 달성된다. 다시 말하면 전장의 안개 속에서 불확실성의 환경적 마찰로 인하여 어느 극단으로의 경향에 대해서 제한적인 작용이 생기게 된다. 이러한 불확실성 때문에 전쟁은 순수 합리적 경향으로 귀착될 수도 없고 완전히 비합리적일 수만도 없게 된다. 그래서 순수이론은 현실과 접하게 되는 것이다.

완전한 형태의 지식, 즉 포괄적 협력의 상태$_{comprehensive\ cooperation}$에서는 적대자의 동기가 가정되지 않기 때문에 우연성이 고려될 수가 없다. 그러나 현실적으로 전쟁은 완전한 합리성$_{verstand}$[281]이나 순수분쟁(완전한 분쟁; 절대전)의 형태로는 결코 일어나지 않기 때문에 결과적으로 상대방의 동기에 대한 추측(판단)의 문제를 제기하게 된다. 그것은 클라우제비츠가 표현한 것처럼 "모든 인간생활 분야의 전쟁을 가장 도박적인 놀음으로 만들어 버리고"[282] 이에 따라 전쟁은 가끔 예기치 아니한 행운 또는 추측의 업무가 되게 하기 때문이다.[283]

따라서 우연의 요소는 전쟁에 있어서 인간의 본능적인 열정을 반영하는 비합리적 또는 가상적인 전쟁의 본질$_{hypothetical\ nature\ of\ war}$과 이성적인 인간능력(자제력)을 반영하는 이론과 실제간의 차이를 연결시켜 주는 이중기능을 지니고 있으며 이 두 기능의 상징이 바로 천재성이다.[284] 따라서 이 천재성으로 인하여 전쟁은 비합리적, 불완전한 것으로부터 합리적인 것이 된다. 즉 이러한 딜레마를 극복할 수 있는 자가 천재이며 결국 이상의 삼위일체를 모두 극복하게 되는 것이다. 이것이 바로 클라우제비츠의 정지$_{suspended}$ 이론이며, 여기서 이상과 실제(현실)가

---

280) 클라우제비츠는 이에 대하여 "전쟁이란 인간 행위의 모든 분야가 포함되어 발로되고 이루어지는 도박과 유사한 성질의 것이다"라고 지적하면서 전쟁이란 객관적으로나 주관적으로나 일종의 도박이라고 말하고 있다. Clausewitz, *On War*, pp.85-86: 국역, pp.72-73.

281) 가브리엘은 클라우제비츠의 용어 'verstand'를 pure cooperation 또는 perfect rationality로 이해하고 있다. Gabriel, 앞의 책, pp.55-68 참조

282) Clausewitz, *On War*, p.86.

283) 위의 책, p.85/p.140/p.167/pp.571-572

284) J. Gabriel, 앞의 책, p. 68. 이 개념은 헤겔의 '절대자'(Great Man) 개념과도 상통된다.

연결된다. 완전한 형태의 지식(협력)으로서 국가포괄적 협력의 상태, comprehensive cooperation에서는 사실 우연기회; chance이란 불필요하다. 왜냐하면 적의 동기는 가정될 필요가 없기 때문이다. 즉 전쟁은 순수협력(완전한 합리성 또는 verstand) 차원이나 순수분쟁(또는 절대전) 차원에서는 결코 발생될 수 없는 것이다. 그러나 전쟁은 상호적인 것이므로, 이것은 결과적으로 적 동기에 대한 추측의 문제를 야기한다. 이에 따라 클라우제비츠는 전쟁을 도박에 비유하고 있고 전쟁이란 운명, 행운 그리고 상상적인 일이 되며 전적으로 행운적인 것이 된다고 말하고 있다.

그러나 기회의 요소는 사실상 그 이상의 것을 포함하고 있다. 인적 요소가 인간의 열정에 영향을 미치며 지적 요소가 인간의 이성적 자제를 위한 능력이라면 기회(우연)의 요소는 인간의 핵심적인 자유의 상징이며 인간의 선택능력인 것이다. 나아가서 우연성의 경향은 비합리성과 추측 이상의 것을 의미한다. 첫째의 경향이 인간의 본질적 증오심과 열정을 반영하고, 셋째의 경향이 인간의 이성적 자아통제의 능력을 상징한다. 클라우제비츠는 '전쟁(전쟁수행업무: 논자주)을 인간의 창조적 저인의 자유로운 활동이 되게 만드는 것은 이 우연성(기회)과 개연성의 역할'[285]이라고 정의하고 이 딜레마를 해결하기 위해서는 천재의 개입이 불가피하다고 강조한다. 따라서 기회는 인간 영혼의 자유 활동이며 이에 근거한 정지이론은 이론의 만능을 배제한 것으로서 천재는 삼위일체와 마찰의 긴장을 극복하면서 대중 위에 표출되는 최고의 형태가 되며, 이로써 천재는 이론을 중지시키고 이론과 현실을 연결시키는 역할을 하며 딜레마의 해결자가 되는 것이다.

④ 천재의 역할

전술한 '삼위일체'의 세 가지 경향을 모두 통합하고 극복할 수 있는 능력은 천재에게서만 나온다. 천재는 법칙 위에 위치하고,[286] 업무수행의 기적적인능력을 지니고[287] 있기 때문에 천부적인 예견의 능력을 발휘하여,[288] 정열과 훌륭한 지적능력[289]과 샘솟는 직관력[290]을 겸비하고 모든 능력을 조화시킬[291] 수 있기 때문에 자석의 힘에 의해 '균형점 위에서 버티고 있는 신비로운 이론'suspended theory의 살아 있는 본보기이다.

이 클라우제비츠의 천재론은 "고전적인 독일 이상주의의 정신"[292]을 나타낸 것이며 헤

---

285) Clausewitx, *On War*, p.89
286) Clausewitz, *On War*, p.136/p.184
287) 위의 책, p.180
288) 위의 책, p.112
289) 위의 책, p.101/p.103
290) 위의 책, p.103/p.104/p.106/p.112
291) 위의 책, p.100
292) 위의 책, Gerhard Pitter, *Statskunst und Kriegshandwerk* (Munchen: Verlag R. Qlddenbourg,1959), p.78; Gabriel

겔의 '세계의 역사적 개성'world historical personality을 반영한다. 즉 천재는 '위대한 인간'greatman의 행위에서 발현되는 역사의 화신이다.293) 그러므로 천재란 삼위일체의 각 경향간의 긴장을 초극하는 자로서 균형 있게 지탱하는suspended 이론을 실현하여 이론과 현실 간, 사고의 세계화 행동이 세계간의 다리를 연결시키는 역할을 해내는 자이다. 그 자신이 법칙위에 서 있기 때문에 자유로운 자이다. 클라우제비츠는 인간을 자유로운 행위자로 보기 때문에 계몽주의 철학과 자연관에 대한 그의 반항은 객관적 지식이 자연으로부터 나온다는 신념을 배격하고 역사에 있어서 인간의 피동적 역할과 인간의 순수인식 관점을 반대하는 데서부터 출발하게 된 것이다. 그래서 이 반항은 행위의 공식과 교조적 지침의 형태로 과학적 체계 안에 표현된 피상적인 확실성의 신념으로 우주의 진리를 보려는 과학적 체계주의자에게로 지향된다.

이처럼 천재란 바로 비합리적인(순수과학주의적이 아닌) 혜안coup d'oeil을 지니고 있기 때문에 외부적으로 (자연으로부터) 주어진다고 생각되어 온 모든 제한을 거부하고 오히려 이를 초극하는 능력을 소유한다. ". . . 참으로 훌륭한 장수도將帥之道의 본질은 전쟁수행과업 전반을 완전히 그 자신의 차원에서 식별하는 혜안을 갖는 것이다. 마음이 완전히 포용적 이해의 차원에서 작용할 때에만 . . . 사건에 지배당하지 않고 사건을 지배하는 데 필요한 자유를 성취할 수 있는 것이다."294) 그러므로 완전히 자유로운 상태의 인간, 그러나 불확실성과 비결정성을 지닌 인간상이 클라우제비츠 전쟁이론의 핵심적 인식주체이며 그 대상이다.

(2) 이론의 신기능

전술한 바와 같이 클라우제비츠가 전쟁의 과학적 이론에 반대한 것은 '과학'science, '지식'knowledge 또는 '이론'theory 그 자체295)에 반대한 것이 아니라 이들 지식의 인식론적 기반이 되는 인식방법perception을 반대한 것이다. 다시 말하면 1차원적 지식에 대한 반대이다. 현상(전쟁)을 행위자의 마음을 통해서 설명하지 않고 마음을 갖지 않는 사물의 관점에서 설명하는 사고체계

앞의 책, p.70에 인용.

293) Gabriel, 앞의 책, p.71

294) Clausewitz, *On War*, p.578.

295) 과학(science), 지식(knowledge) 및 이론(theory) 간에는 일상적인 의미상의 구분이 통용되고 있다. 일상적 의미에 있어서는 과학은 정확성·확실성·검증성(verifiability) 및 예측성을 지닌 것으로 사용되는 반면에 지식이나 이론은 보다 대체적이고 포괄적인 의미로 사용된다. 그래서 과학적 지식과 비과학적 지식, 체계적 지식과 비체계적 지식, 또는 과학적 이론과 비과학적 이론 등으로 구분한다(특히 영어세계의 언어감각에서는). 그러나 어원적으로 말하면 science라는 라틴어의 의미는 영어의 앎(knowing)과 사고(thinking)에 비유된다. 또는 독일어에서 사용되는 두 용어, 즉 과학(Wissenschaft)과 지식은 동의어적 성격이 강하다. 그래서 클라우제비츠에 있어서 과학과 지식 및 이론은 대체로 동의어적으로 사용되고 있다.

에 반대한 것이다. 즉 지식 그 자체에 반대한 것이 아니고 정신상태 대신에 물질적 양으로 계산한 '일종의 지식'—뷜로의 지식처럼—에 반대한 것이다. 그래서 클라우제비츠는 상대방의 마음도 고려한 2차원적 의미를 지니는 전쟁의 과학(이론 또는 지식)을 원했던 것이다.

나폴레옹과 그의 시민군이 전쟁의 기본적인 결정요소가 물질적 차원이 아니라 정신적 차원임을 보여주었고 기존의 1차원적 요소인 물질적 한계를 초극할 의지를 전 유럽에 보여준 사실을 목격한 클라우제비츠는 군대의 물질자원과 보급선을 되돌아보기보다는 적의 마음의 의도를 읽는 것이 더 중요함을 시사했다.

모든 것이 불확실한 전쟁 상황에서는 다양한 요소들이 계산되어야 한다. 그들(원칙중시주의자)은 물질적인 것만을 고려하지만 모든 군사행동은 심리적인 힘과 그 효과와 결합되어 있다. 그들은 단지 일방적인 행동만 고려하지만 실제에 있어 전쟁은 두 적대자 간의 끊임없는 상호작용이다.[296]

이것이 클라우제비츠이론의 인식론적 핵심이다. 그런데 클라우제비츠의 2차원적 지식의 특징은 자연적인 1차원적 지식의 완전성(확실성·결정성)과는 달리 비결정성이며, 이 비결정성 때문에 2차원적인 지식은 용이하고 간편하게 얻어지고 사용될 수 있는 것이 아니다. 클라우제비츠는 이 어려움을 '정신적 요소가 개입되었을 때의 이론이 직면하는 난점'이라는 제목에서 건축가와 기계설비자 및 의사에 비유해서 설명하고 있다. 건축가나 기계설비자 또는 페인트공은 그들이 물질적 현상을 다루기 때문에 무엇을 하는지, 무엇을 해야 하지를 분명하고 정확하게 알고 있다. 그러나 만일 그들이 그들 작업의 미학을 다루게 된다면 그들이 평시에 의존하는 법칙은 소용이 없게 되고 마음이나 감각의 특별한 효과(모호한 아이디어)에 특별한 관심을 지향해야 한다. 의사의 경우에도 그들이 신체적(물리적)현상을 다루기는 하지만 유기체는 끊임없는 변화에 속하기 때문에 결코 훌륭한 의사라면 때와 상황을 불문하고 모든 환자들을 동일하게 다루지는 않을 것이다. 이 경우 의술은 더 어려워지는 것이며 의사의 교과서적인 지식보다는 그의 판단이 더 중요하게 되는 것이다. 이러한 어려움은 정신적 요소가 가미될수록 더 증가되는 것이다.[297]

이러한 어려움은 '정신적 요소의 가치가 전쟁에서는 무시될 수 없다'는 제하의 부분에서 더욱 분명하게 제시된다. 정신적 요소의 가치는 다만 각인에 따라서 상이한 내적인 눈inner eyes에 의해서만 인지될 수 있다. 이 '내적인 눈'은 동일한 사람에게도 시간에 따라 다르다.[298] 전쟁수행업무가 내적인 눈에 의해서만 인식될 수 있다면 기존 이론의 역할과 기능은 근본적으로 변화

---

296) Clausewitz, *On War*, p.136.
297) 앞의 책, pp.136-137
298) 위의 책, p.137.

되지 않으면 안 된다. 즉 이론(원칙중심)은 더 이상 행위를 위한 직접적인 지침이 될 수 없는 것이다.

> 기능은 이들 모든 요소(물질적·정신적·환경적 요소: 논자주)를 명백하고 포괄적이며 관계적 순서로 통합, 정리하여 각각의 행위의 합당하고 직접적인 요인을 밝히는 것이다. 우리가 이 모든 것을 심사숙고할 때에 비로소 고리타분한 탁상공론과 하찮은 개념의 바닥으로 빠져들 수밖에 없는 두려움을 극복할 수 있다. 이런 고리타분하고 공허한 개념(원칙)에 빠져 있으면 천부적인 혜안을 지닌 위대한 지휘관을 발견할 수 없게 된다.[299]

또 그는 마음에 의해서 얻어진 것이면 어떠한 통찰력도 이론구성의 기본개념이 됨을 지적하면서 다음과 같이 원칙주의를 비판한다.

> 이론은 문제해결을 위한 공식을 마음에 갖추어 줄 수는 없고 어느 편에든 원칙이라는 울타리를 세움으로써 유일한 해결이 가능한 것처럼 전제하는 협소한 길을 제시할 수도 없다. 그러나 이론은 협상 전체와 이 현상의 내적 관계를 꿰뚫는 통찰력을 마음에 심어 줄 수 있고 보다 고차적인 행동영역으로 오를 수 있도록 마음을 자유롭게 만들어 준다.[300]

원칙주의적 이론에 대한 클라우제비츠의 비판은 자못 신랄하다. 현실은 이질적 요소로 구성되어 있기 때문에 엄격한 비교와 수학적 표현을 허용하지 않으며,[301] 전쟁은 다원적인 인과관계의 산물이며 어떠한 원인과 동기도 알아낼 수조차 없다.[302] 이 여러 가지 원인들을 가려서 그 비중을 비교할 보편적인 척도도 없다.[303] 행위에 관계되는 법칙의 개념화는 전쟁수행 이론에는 사용될 수 없다. 왜냐하면 현상의 가변성과 다양성 때문에 법칙의 이름을 붙일 만한 일반적인 자연의 결정성은 없기 때문이다.[304] 처방적 지식을 얻기 위하여 '모든 이론은 모든 범주의 현상을 탐색해야 하는데 독특한 경우를 일일이 고려할 수는 없기 때문에 판단과 재능으로 해결해야 한다.'[305] 더욱이 모든 이론은 정신적 영역을 다루게 되면 무한정 어려워진다.[306]

이처럼 이론의 기능은 직접적인 행동의 세계에서는 효과가 없다. 클라우제비츠에 의하면

---

299) 위의 책, p.578.
300) 앞의 책.
301) 위의 책, p.152.
302) 위의 책, p.156.
303) 위의 책, pp.156-157.
304) 위의 책, p.152.
305) 위의 책, p.139.
306) 앞의 책, p.136.

'지식'knowledge은 '행동능력'ability과는 다른 것이며, 너무나 다른 것이기 때문에 혼돈하지 않아야 한다. 책(지식의 교본: 논자주)은 실로 우리에게 어떻게 행동해야 할지를 가르칠 수는 없으며, 그러므로 '술'art에 책의 이름을 붙일 장소는 없다.[307] 그래서 그는 기존의 어떤 원칙에 입각해서 '기계가 생산해 내는 규격품처럼 이미 만들어 낸 어떠한 방법도 철저히 배격되어야 한다'[308]고 주장한다.

이론의 행동의 직접적인 지침이 될 수 없으며 법칙과 공식의 형태로 구체화될 수도 없어서 어떠한 책의 형태로도 적합지 못하다면 도대체 이론은 무엇을 할 수 있단 말인가? 그래서 그는 "이론이란 전쟁에 동반할 지침서가 아니라 자아학습self-instruction을 위한 도구로써 장차의 지휘자의 '마음을 교육'시켜야 하는 것이고,"[309] 그것은 결국 "순전히 교육적 도구로써 인간 마음의 세련도를 증가시키고 '보다 성숙의 기초'를 닦는 수단이 된다."[310]고 결론짓는다. 그러나 이론은 결코 그 자체가 곧바로 자동적으로 필요한 힘이 되는 것은 아니다. 이론이 완전히 사람의 마음과 생활에 동화될 때에만 매일 매일의 생활의 결정과 행동을 통해 실질적 힘으로 전환된다.[311]

결국 클라우제비츠의 삼위일체 이론은 교육학적 도구 이상은 아니다. 그의 관점은 교육과 지식의 자유주의 철학과 유사한 데가 있다. 즉, 자유주의적 술을 훈련시키기 위한 목적은 학생들을 교조주의적으로 유도하려는 것이 아니라 독립적으로 생각할 수 있도록 가르치는 것이다.[312] 일반적인 인간―군인이나 정치가는 물론―이 '삼위일체론'의 주체이며 이 주체적 인간은 자아학습의 과정을 통해서 자연의 엄격한 구속으로부터 해방된다. 그래서 클라우제비츠의 목적은 전쟁결정에 종사하는 누구에게나 교육이 필요함을 강조하고, 군인에게는 전략전술의 원칙을 가르치기보다는 마음의 광범한 세련화를 도모한 것이다.[313] 결국 그의 삼위일체론은 리더십의 신비Geheimnis der fuehrung; mystery of leadership[314]를 제시한 사상이다.

---

307) 앞의 책, p.148.

308) 앞의 책, p.154.

309) 앞의 책, p.141.

310) 앞의 책, p.80/p.158/p.167.

311) 앞의 책, p.147

312) 클라우제비츠 시대에는 페스탈로치의 교육개념과 훔볼트 식 방법이 유행하던 시대였으므로 그도 이들 사상을 수용하였다. Karl schwartz, *Leben des General Karl von Clausewitz und der Faau Marie von Clausewitz* (Berlin: Fred. Dummlers Verlag, 1878). pp.213-214 참조

313) 클라우제비츠의 『전쟁론』을 군사서 이상의 교육참고서로 해석하는 입장은 여러 사람들의 평가에서 나타난다: Alfred Vagts, *A History of Militarism* (New York: Norton Co., 1937), p. 193; Werner Gembruch, "Zu Clausewitz Gedanken ueber das Verhaeltnis von Krieg und Politik," *Wehrwissenschaftlich Rundschau*, vol, 9 (1959), p. 632; Erich Weniger, "Philosophie und Bildung im denken von Clausewitz." *Scicksalsfragen Deutscher Vergangeheit* (Dusseldorf: Droste Verlag, 1950), pp.123-143 참조

314) Walter M. schering "Die Lebre von Zweck und Mittle", in *Wissen und wehr* 17(Jahrgang, 1936), s.625;

삼위일체 이론의 주목적이 전쟁수행을 위한 직접적인 지침이 되는 만병통치식 규격품을 제공하기 위한 것이 아니기 때문에 그의『전쟁론』에서 직접적인 행동지침이 될 지식을 얻지는 못할 것이다. 그의 균형점을 향해 지탱되어 있는 이론의 본질이 전략과 전술에 관한 단 하나의 원칙도 용납하지 않기 때문이다. 삼위일체의 틀 내에서는 야전에서 지휘관의 행동을 구속하는 전략적·전술적 원칙을 수용할 수가 없는 것이다. 오직 천재가 제반법칙 위에 서 있어야만 하는 것이다. 예컨대 공격이 유리한가, 방어가 유리한가, 적군사력에 해한 직접적인 파괴가 필요한가 하는 것 등은 모두 환경(개연성을 지니는 제2의 경향)에 의존한다. '천재'는 어떤 형태의 전쟁수 행방식을 선택할 것인지, 언제 그런 특정한 방식을 적용할 것인지를 잘 판단하게 될 것이다. 315) 전쟁의 여러 경향간의 고유한 긴장을 해결하는 일이 쉬운 일이 아니기 때문에 지휘자의 마음을 교육하는 일이 무엇보다도 중요하다 하겠다. 그러므로 이론의 실질적 가치는 유능한 사람이 보다 광범하고 분별력 있는 안목을 가질 수 있도록 자아학습으로 유도하는 것이다.316) 현실적으로 '완전한 천재'가 출현하기를 기대하기는 어렵다. 그러나 가능성을 지닌 사람을 더욱 유능하게 할 수는 있다. "교육을 통해서 당나귀를 준마로 만들 수는 없다." 한다고 다 되는 것은 아니다. 그러나 교육은 질 좋은 종마새끼를 더 훌륭한 준마로 만드는 역할을 한다. 다만 사람의 경우에는 스스로의 학습에 의하여 통찰력을 갖춘 준재가 될 수 있는 것이다.

(3) 삼위일체의 전망

지금까지 삼위일체의 이러한 해석은 일반적으로 간과되어져 왔다. 대부분의 클라우제비치 안 해석들은 클라우제비츠를 순수합리주의자로 보아 왔으며 정치적 요소를 전쟁의 실체reality, 즉 인적 요소와 동일시하였다. 쉐링은 삼위일체를 "절대 또는 추상의 전쟁, 즉 실체 속에 있는 전쟁으로서 이것은 실제전쟁real war이며 궁극적으로 개연probability적인 자유활동으로서의 전쟁"으로 보았다. 그러므로 그는 여기서 정치적 요소(지적 요소)가 현실reality 그 자체와 동일한 것임을 지적한다.317)

그러나 이러한 해석은 삼위일체의 핵심인 기회의 요소를 배제하는 것이며 이해verstand나 정치의 요소로 간주하는 것이 된다. 이 점이 대부분의 클라우제비츠 해석들이 범하고 있는 오류이다. 이러한 해석들(이후 정치적 합리주의자로 인식된)은 클라우제비츠가 자유행위자free agent

---

Gabriel, 앞의 책, p.850 인용.

315) Gabriel, 앞의 책, p.88/p.92. 참조

316) Corbett, 앞의 책, p.2.

317) Walter M. Schering, *Die Kriegsphilosophie von Clausewitz* (Hamburg: Hanseatische Ver lagsanstalt, 1935), ss.26-27; J. Gabriel, 앞의 책, p.71 재인용·

로서 인간을 관찰한 전체적인 중요성을 간과한 것으로서, 다시 말해 그가 계몽주의 이론으로부터 탈피하여 해방된 인간을 상정하고 있는 중요성을 보는 데 실패하고 있는 것이다.

다시 말해서 개연성에는 자유로운 행위자가 존재하는데 여기에서 정치적인 것은 현실이고 인간본능은 절대적인 것으로서 기회는 삼위일체를 초월하는 것이며, 공통 과오를 극복하는 것이 된다. 통상 정치 합리주의적 해석은 자유행위자를 과소평가하고 있는데 클라우제비츠의 천재성의 강조는 계몽주의 철학에 반대되고, 객관적인 지식이 자연으로부터 나온다는 신념에 반대될 뿐 아니라, 역사에 있어서 인간의 수동적 역할 및 과학적 체계를 강조하는 피상적인 확실성(행동의 유형화와 교조적 지침을 필요로 하는)에 반기를 든 것이다. 즉 인간의 구속으로부터 인간의 해방을 말하는 것이며 따라서 이러한 천재성에 대한 논의는 전쟁 및 전략의 과학성에 관한 것과 천재의 기능, 전략과 전술의 원칙과의 상관관계 규명에 대한 해답이 될 수 있는 것이다.

지금까지 살펴본 바와 같이 삼위일체 이론은 세 요소의 긴장에 의하여 이루어지고 있는데, 그것은 칸트, 헤겔 그리고 흄볼트의 교육사상을 혼합하고 있으며, 이로써 클라우제비츠의 방법론을 이해하는 데 복잡성을 야기하고 있다. 318) 즉 헤겔 철학과 비교하여 보면 클라우제비츠는 빈번히 정반명제의 수정된 형태라고 할 만한 형식을 통하여 자신의 사상을 발전시켰는데 그것은 목적과 수단, 전략과 전술, 이론과 실제, 의도와 실제, 의도와 실행, 친구와 적, 집중과 분산, 정치전과 절대전 등이 바로 이것이다. 그는 이러한 정반명제들을 정의하고 비교하여 그 자체들을 이해하였을 뿐 아니라 전쟁의 모든 요소들을 항구적 상호작용의 상태로 연결시켜 주는 역동적 요인을 추적하였다.319)

---

318) 버나드 브로디는 클라우제비츠의 '비도그마적 융통성'은 헤겔의 변증법적 철학과 연계되어 있다고 말하고 있으나 그는 헤겔과 클라우제비츠 간의 불일치점을 지적하고 있을 뿐 이제 대한 상세한 논의는 하고 있지 않다. Bernard Brodie, *Strategy in the Missile Age*(Princeton ; princeton University press, 1595), p.34 참조, 또한 피터 파레트는 클라우제비츠가 부분이 아닌 전체로서 전쟁을 탐구하는 이론적 모델로서 몽테스키외의 법정신과 칸트의 순수이성비판을 선택했다고 말하고 전쟁론이 외양으로는 이와 유사하나 방법론적으로는 공통점(즉 변증법적 방법)은 없다고 지적하고, 헤겔적 방법이 전쟁론의 접근방법과 같다고 말하는 것은 부적절하며, 클라우제비츠는 빈번히 정반명제의 수정된 형태라고 할 만한 형식을 통해서 자신의 사상을 발전시켰다고 말하고 있다. Peter Paret, "The Genesis of On War", in *Clausewitz, On War*, p.16. 또한 레이몽 아롱은 "개념의 변증법: 칸트와 헤겔"이란 제목으로 클라우제비츠는 Hegelian인가? 하는 점에 대해 변증법의 적용은 클라우제비츠의 실수라고 주장한 쉐링에 대하여 반론을 제시한다. 이에 관련하여 Creuziger의 논의 소개와 함께 클라우제비츠는 개념과 경험을 칸트적인 방법으로 연계시켰다고 강조한다. 그는 클라우제비츠가 칸트 철학은 이해하지 못하고 칸트 철학은 이해하지 못하고 칸트의 철학적인 방법을 적용하여 저술하였다고 지적하고 법의 정신(De le sprit des lois)을 칸트의 범주 내에서 해석한다면 몽테스키외 또한 적합하다"고 말하고 있다. Raymond Aron, *Clausewitz philosophier of War*, trdns. by Chrisrine Booker and norman stone (New York ; A Touchstone Book, Simon Schuster, inc., 1986), pp.223-232 참조

319) Peter Paret, 위의 책, p.17.

헤겔은 정반명제의 합을 제시하였으나 클라우제비츠는 이 합을 제시하지 못하였다. 즉 정(인적 요소), 반(지적 요소)에 대한 합은 없으며, 다만 제3의 요소로서 우연을 제시한 것이다. 그러나 우연 혹은 개연성 입장에서 천재는 이 합의 사고로 볼 수 있다. 다만 클라우제비츠에게 있어서는 논리적 일관성이 결여되어 있을 뿐인 것이며, 따라서 이 점이 독자들로 하여금 클라우제비츠를 자기 편한 대로의 인용을 가능케 한 오해의 원인이 되고 있는 것이다.

한편 비 헤겔적 측면으로서는 클라우제비츠는 전쟁의 본질을 보고자 하여 영원불멸의 전쟁본질을 규명하고자 한 것으로서 이 점에 있어서 헤겔의 영향은 적다고 볼 수 있다. 다만 다루는 방법에서만 영향을 받은 것 같으며, 따라서 클라우제비츠에 있어서 헤겔은 끝까지 선각자 pre-thinker로서 남아 있는 것이다.

지금까지 논의한 삼위일체 논의를 종합하여 볼 때, 과연 클라우제비츠가 무엇을 말하려 하였는가에 대한 잠정적인 결론이 가능해진다. 인적 요소로 인한 맹목적 충동 또는 집단 심리는 순수분쟁으로서 전쟁을 전쟁 그 자체로 되게 하는 것인데 이 같은 차원에서의 전쟁은 정치의 붕괴와 단절을 초래하게 된다. 이때 이것을 이같이 되지 못하도록 하는 제3요소가 작용하게 되며 그것은 바로 지적 요소인데 이것은 인간으로 하여금 목적적인 힘을 갖게 하는 것으로서 국가와 국민간의 합의 consensus를 유도하며 전쟁을 전쟁 그 자체가 아니라 정치적 목적을 갖는 전쟁으로 만들게 한다. 즉 사물적 인간 men-thing을 부분으로 통합시키게 되며 인적 요소와 자기통제 self-control를 수렴시켜 확실성과 독립성을 보장한다. 이러한 이성적 조절, 협력적 투신은 전쟁을 방지시키며 조화를 가능케 한다. 만약 이것이 없으면 전쟁은 자의적인 것이 되어 버리며 전쟁은 또다시 전쟁 그 자체가 되어 버리고 이때 전쟁은 정치와 분리 불가하여 버리게 된다.[320]

그러나 인간은 완전한 투신이 불가한 이유로 인하여 포괄적 이해란 불가한 것이고 따라서 2차원적 이해의 구조가 나타나는데 그것은 바로 전쟁이 상호적인 것이기 때문이며, 결국 적敵 동기動機의 추측이 필요하게 되고 인간적인 통제나 확실성은 확률적인 것이 되어 이를 극복하기 위한 제2의 경향이 나타나게 되며, 그것이 바로 우연의 요소인 것이다. 이것은 가상적 인간본질과 이성적 인간능력(자제)을 반영하는 것으로서 이론과 실제를 연결시키게 되며, 이 두 기능의

---

320) 이러한 관점의 대표적인 현대적 예는 Harry G. Summers의 베트남전 평가 논의에서 찾아볼 수 있다. 클라우제비츠와 현대의 전략에 관한 상세한 논의는 Harry G. Summers, "Clausewitz and Strategy Today", *Naval War College Review*, (Mar.-Apr. 1983), pp.40-41; "A Strategic Perception of The Vietnam War", *Parameters* (June, 1983), pp.41-46 참조 이와 더불어 클라우제비츠의 분석들을 이용, 베트남전에 대한 구체적 분석을 한 저술로는, *On Strategy: The Vietnam War in Context* (Army War College, 1982) 참조 또한 최근 걸프전에서의 승리는 어떻게 달성될 수 있었는가 하는 평가를 하면서 베트남전을 교훈으로 미국은 어떻게 군구조를 정비하고 군사전략과 교리를 발전시켜 왔나 분석하고 있는 것으로는 *On Strategy II; A Critical Analysis of the Gulf War*(New York: Dell Publishing, 1992) 참조

상징이 바로 천재성인 것이다. 따라서 천재는 각기 편재성을 갖고 있는 삼위일체를 통합시키는 것으로서, 비합리적, 불완전한 것을 극복하고 이상과 현실, 이론과 실제를 연결시키게 되는 것이다.

이렇게 볼 때, 결국 클라우제비츠가 말하고자 하였던 것은 제1경향으로서 인적 요소에 의한 절대전쟁을 말하려 했던 것이 아니고 전쟁의 이성적 자제를 말한 것으로서 전쟁의 규범적인 측면을 강조한 것이라고 볼 수 있다. 티볼트가 전쟁을 정치의 연장에서 전력추구적인 수단으로 논의(이해)함으로써 정치의 붕괴를 말하고 있는데 클라우제비츠의 차원이 이 같은 전력 추구적 전쟁의 차원이 아니라는 점에서 티볼트의 평가는 오류를 범하고 있는 것이다. 따라서 클라우제비츠의 삼위일체 논의는 결국 정치에 위반되는 전쟁에 대한 우려라고 말할 수 있고, 이러한 맥락에서 라포트 및 기타 비판자들이 말하듯 평화를 고려하지 않은 전쟁광신자라는 비난은 오해이며 오히려 그는 평화로 가는 길을 제시하고 있다고 보는 것이 보다 타당하다 할 수 있다.

휴 스미스Hugh Smith 2005는 클라우제비츠가 전쟁의 본질에 대해 주장한 여러 견해들을 그림과 같이 "삼위일체의 삼위일체"로 도식하여 종합적으로 표현하였다.

그림에서 '싸움'fighting은 인간이 행하는 순수한 폭력행위를 말하며, '전략'strategy은 장군들이 승리를 위해 행하는 책략, 그리고 '정책'policy은 정치가의 지침을 의미하는 것으로서 싸움, 전략, 정책은 클라우제비츠가 말하는 현실전의 핵심으로서 인간중심의 전쟁관에 대한 관점을 설명하고 있다.[321]

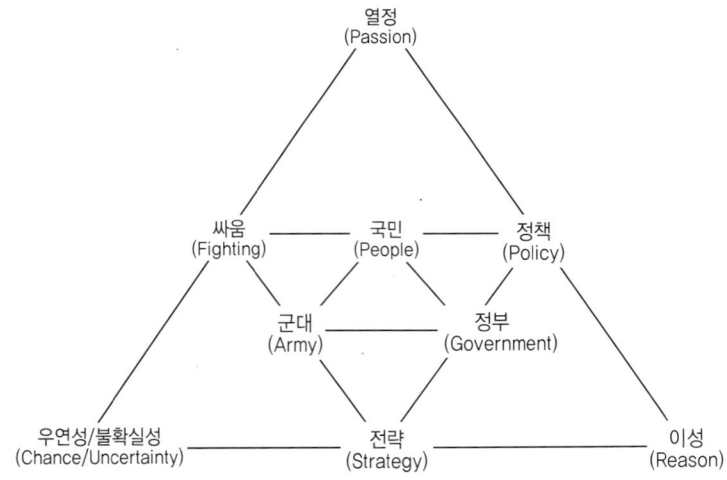

---

321) Hugh Smith, On Clausewitz: A Study of Military Political Ideas. NY: Palgrave Macmillan, p.111.

삼위일체 이론의 의의는 이성과 열정 그리고 우연성과 불확실성이 지배하는 전쟁은 각각 전쟁Fighting과 전략과 정책으로 나타나고 그것은 근본적으로 국민, 정부, 군대에 귀착된다는 것이며 이것이 기묘한 분별지의 균형을 유지하게 된다는 것이다. 본래 원초적 폭력은 스스로의 목적을 갖지 않은 상태를 의미하는데 이 상태에 국가의 의지 즉 정책이라는 합리적이고 이성적인 목적적 힘이 작용하게 되고 이것은 정치적인 통제 아래서 '실천적인 수단'이 되는 것이다.

클라우제비츠는 삼위일체를 주장하면서 3개 요소의 균형 있는 현상으로 전쟁을 설명하였다.[322] 정부의 이성이 국민의 증오심과 적개심이 확대되어 가는 것을 통제하며, 개연성과 우연성이 지배하는 불확실한 상황이 군대로 하여금 전쟁에서 무한적인 승리를 통해 전쟁을 확대하려는 욕구를 통제한다는 것이다. 따라서 국가 이성에 의해서 폭력의 무제한성과 무질서의 혼돈 상태를 통제된 폭력으로 균형을 유지하게 함으로써 전쟁을 정치적 수단으로 이끌어 갈 수 있다는 것이다. 다시 말해 정부의 지적 능력(이성)과 전장에서의 군대의 역할이 국민이 갖는 원초적 폭력의 극한성을 통제하여 균형이 유지되고 이 균형의 와해에서 전쟁이 발생하며 이와 같이 전쟁의 본질을 이해한다는 것이다.

이러한 3개의 요소는 제각기 자기의 속성을 유지·확대하려는 특성을 갖고 있으나 타 요소와의 관계 속에서 상호 보완적 관계인 균형을 유지하려는 속성을 갖고 있다. 현실전쟁에서 이러한 관계들이 독특한 형태로 나타난다.

---

322) 기독교 교리에서 삼위일체 논리를 적용하여 이해하면 쉽게 이해될 수 있다. 하나님과 예수님 그리고 성령님이 각기 달리 완성태(完成態)로 존재하면서도 이것은 하나의 일체를 이룬다. 클라우제비츠가 3요소라 하지 않고 삼위일체로 말한 것은 각각의 독립성과 일체성을 강조하기 위한 것이라 할 수 있다.

전략환경의 변화와 클라우제비츠 유용성 논쟁

현대 핵전쟁과 억제이론에 대한 클라우제비츠의 관련성에 대한 논란은 아나톨 라포포트_{Anatol} Rapport와 레이몽 아롱_{Raymond Aron}에 의해 제기되었다. 아롱은 그의 저서 『평화와 전쟁』_{Peace and War}323)을 클라우제비츠 파의 분석 틀에 맞추고 "아무도 싸우기를 원치 않는 이러한 핵전쟁의 위협은 전략적 외교행위의 필수적인 부분이다. . . . 여기서 우리는 클라우제비츠에 의해 제기된 문맥으로부터 이탈할 수가 없다"고 말하며 클라우제비츠의 핵전쟁과의 관련성에 대한 그의 논의를 결론지었다. 이에 반해 라포포트는 그의 펭귄 판 『전쟁론』 역서324)의 70여 쪽에 달하는 서문에서 핵시대에 있어서 클라우제비츠 파의 사고방식에로의 복귀는 '비극이 아니라 소름끼치는 웃음거리'라고 비판하며 아롱과는 상반된 결론을 내렸다. 따라서 아롱과 라포포트는 핵시대와 클라우제비츠의 관련성에 대한 해석에 있어서 완전히 상충되는 견해를 나타내고 있는 것이다.

따라서 본장에서는 현대전용성 여부에 관한 대표적인 논의인 전쟁의 이중성에 대해 고찰해 보기 전에, 핵전과 클라우제비츠 이론의 관련성 및 아롱과 라포포트의 견해를 중심으로 고찰해 보고 이들의 논쟁 핵심은 무엇이며 이 두 사람의 공통점과 상이점은 무엇이고 또한 어떤 점에서 클라우제비츠를 오해하고 있는가를 분석해 보기로 한다. 이를 통해 현대에 있어서 핵전과 클라우제비츠 이론과의 관련성이 규명될 수 있을 것이고, 현대전에 있어서 전쟁의 이중성 또한 고찰될 수 있을 것이다. 본장에서는 클라우제비츠 스스로 상이한 두 가지의 전쟁이론을 구축하고 있다는 점을 전제로 하여 핵시대에서의 적용가능성 여부에 대한 상반된 양 견해의 충돌을 검토하기로 한다.

아롱과 라포포트는 공히 각기의 심각한 한계성으로 인하여 고심하였는데 이러한 한계성들은 그들의 논쟁이 결국 '순환적 논리'라는 사실을 두 사람 모두는 간과하고 있었기 때문에

---

323) Raymond Aron, *Peace and War*(Garden City: Doubleday & Co., Inc., 1966), p.439.
324) Anatol Rapport (ed.), *Karl von Clausewits, On War* (Baltimore : Penguin Books, 1968), p.80.

발생한 것이다. 이들의 논의를 구체적으로 검토하여 보면서 이들 논의의 현실적인 대안 모색 및 클라우제비츠 전쟁이론에 대한 핵시대와 억제이론과의 관련성 여부를 검토해 보기로 한다.

1. 정치사상가 레이몽 아롱의 옹호: 실용주의적 차원

아롱은 핵무기의 출현이 결코 전쟁이나 국제정치 이론을 단순화 시켰다고 보지 않았다. 이와는 반대로 오히려 '각기의 집단들이 외교적 체계나 인간사에 있어서와 마찬가지로 자신의 안전만을 추구하는 한, 외교 전략적 행동은 결코 합리적으로 결정될 수 없으며 이론에 있어서는 더욱 그렇다'325)고 인식했다. 아롱의 이 같은 단정적인 강조는 바로 전쟁의 비이성에 대한 것이며 '세계문제에 대한 통일된 이론수립의 불가능성'에 대한 지적이다. 그의 저서『평화와 전쟁』은 국제문제를 이론화 하는데 있어서 대두되는 문제점들에 대한 명쾌한 지적이며 더 나아가 이러한 국제문제에 대한 구체적·실제적인 해결방안에 대한 검토이다.326)

(1) 아롱과 삼위일체

아롱은 클라우제비츠의 삼위일체 논의와 전쟁과 기회의 불확실성에 관심을 가진 이론가들의 논리에 관심을 두고 있다. 이 점은 그의『평화와 전쟁』첫 쪽에서 명백히 발견할 수 있는데 여기서 그는 그가 전략적 불확실성에 대하여 논의하고 있음을 밝히고 있다. 그는 클라우제비츠와 마찬가지로 전술수준에서 이론화의 가능성이 더욱 용이하다는 것을 시사하고 있다.

아롱은 전략적 불확실성에 대한 이유로서 두 가지를 제시하고 있다. 그 하나는 '모든 결정은 전반적인 상황에 의해 심각히 영향을 받으며 제반 요소의 조화로서 이루어진다. 따라서 전략가들은 보다 명확한 목적을 추구하는 데 지장을 받게 된다.'327) 여기서 아롱은 한 발짝 더 나아가 이러한 개념을 국가대외정책에 확대하여 일반화시키고 있는데 '대외정책의 전략·외교적 행위는 전쟁의 전술적 행위보다 더 잘 결정될 수는 없다. 그것은 전술한 불확실성의 두 가지 원리와 바로 연관되는데 그 하나는 상황요소들이며 다른 하나는 바로 목표의 다양성이다.'328)라고 말한다.

그렇다면 의사결정은 어떻게 이루어져야 할 것인가. 만약 의사결정자가 하나의 목표 이

---

325) Aron, 앞의 책, p.17.
326) 미국의 출판업자들은 *Peace and War*에 대한 부제를『국제관계이론』(*A Theory of International Relations*)이라고 붙였다.
327) Aron, 앞의 책, p.576.
328) Aron, 앞의 책, p.577.

상을 추구한다면 그는 어떻게 합리적(이성적)으로 행동할 것인가 힘power의 개념이 그 해답인가? 아롱은 적어도 다섯 가지의 서로 다른 클라우제비츠의 인용구를 사용하고 있는데 그 대부분을 기회와 연관시키고 있다. 그는 다음과 같은 의문을 제시하고 있는데 이러한 의문들은 힘의 다양한 요소들이 정확히 측정될 수 없고 그것들의 대부분은 그 실체가 규명되지 않은 것들이기 때문이다.

> 힘의 이론가들이 다양한 전쟁관련 요소들에 대하여 가중치를 가감함으로써 전쟁의 불확실성을 제거하고 미리 전투의 결과를 예측할 수 있다는 것을 상상할 수 있을까?[329]

이 같은 견해는 클라우제비츠의 뷜로에 대한 비판과 거의 비슷하게 일치한다. 실제로 아롱과 클라우제비츠의 삼위일체는 많은 부분에서 일치하고 있다.

아롱의 주요목표는 이론을 정지된 상태로 놓아두고 다양한 경향들 사이의 임의적인 관계의 설정을 방지하는 것이다. 그는 힘의 극대화를 위한 합리적(이성적) 투쟁을 명확히 거부한다. 그는 결코 순수쟁의 합리적 이론을 추구하지 않고 있다.[330] 아롱은 순수투쟁을 보다 명확하게 하기위하여 무력force과 권력power을 구별하고 있다. 즉 무력이란 다양한 목적들을 추구하는 데 사용되는 수단이며 그 목적은 다름 아닌 영광, 이상Idea, 그리고 권력power이다. 이 중 하나만 없어도 권력과 무력간의 합리적인 관계는 와해된다. 아롱은 이와 같이 인간 투쟁을 무력과 함께 용인하고 있으나 권력쟁취를 위한 합리적인 투쟁은 거부한다.

이러한 점들이 아롱과 클라우제비츠가 삼위일체 논의의 핵심부분인 전쟁의 불확실성에 대하여 일치하고 있는 부분이다. 따라서 아롱은 문제의 양면을 보면서 정쟁의 이율배반 또는 변증법에 대하여 많은 언급을 하고 있다. 그의 주장에 있어서 핵심(또는 경향)은 평화상태(순수협력)와 전쟁상태(순수분쟁)이며 이 두 가지는 아롱이 칸트 파와 마키아벨리 파의 문제로 제기하여 분석하고 있다. 전자는 목적의 문제로서 어떤 보편적인 평화가 바람직한 것인가? 하는 것이고, 후자는 수단의 문제로서 어떤 보편적인 평화가 바람직한 것인가? 하는 것이고, 후자는 수단의 문제로서 어떤 것이 정당한 것인가? 하는 문제이다. 아롱이 고심하고 있는 이런 문제들은 달리 말하자면 잠재적인 핵전쟁을 단지 핵수단에 의한 핵정책의 계속으로 만드느냐 하는 것이며 또한 목적에 부합하는 수단의 선택이란 어떤 것인가 하는 문제이다. 그러나 아롱은 이성

---

329) 위의 책, p.54.
330) 라포포트는 이 점에 있어서 철저히 오해하고 있다. 그는 다음과 같이 말하고 있다. "신 클라우제비츠 파와 아롱은 전쟁과 평화의 연속을 Power를 위한 항구적인 투쟁의 자연적인 결과로 간주하고 있다." Rapport, 앞의 책, p.432 참조.

적인 선택에 도달하였다고 주장하지는 않는다. 그러한 선택이란 모든 것이 측정 가능하다는 것을 전제로 하여 주어진 목표를 우선시하는 것이기 때문이다.

아롱은 자기의 견해가 합리적이고 현명하다고 여기고 있으면서도 그것을 엄격한 이론의 산물이라고 주장하고 있지는 않다. 여러 가지 면에서 그는 라인홀드 니버Reinhold Niebuhr와 공통점이 있는데 니버는 '힘의 의지'will to power와 '생존의 의지'will to livetmely 사이의 긴장이 합리적(이성적)인 과정에 의해 해결될 수는 없다고 말 하고 있다.

아롱은 현대 핵전에 대한 이러한 비합리적인 조망non-rational perspective에 근거하여 단계 적 대응전략a strategy of graduated response을 주장하고 있는데 이 전략은 절대적 위협의 도그마적인 극단과, 절대적 군비축소 모두를 회피하려는 것이다. 따라서 아롱에게 있어서 '제한전 전략'은 그 극단의 폭을 보다 한정시킨 것이다. 대량위협과 전면군축의 두 이론은 가장 비극적인 것이며 그 이유는 두 이론이 모두 적의 동기에 대해 낙관적인 가정을 갖고 있기 때문이다. 이 점은 매우 유의할 필요가 있다.

이러한 두 학문적 견해들은 모두적의 마음을 알려고 노력하는 것 을 기본전제로 하고 있는데, 특징적인 것은, 군축론자―낙관적인 낙관론자―들에게 있어서 그것(적의 마음)은 주어진 given 사실로서, 누구도 그 치명적인 무기의 사용을 원하지 않지만 그것들을 처분 하지 않는 한 상호공포심 대신 전쟁을 야기하게 된다는 것이고, 군비론자―비관적 낙관론자―들에게 있어서도 그것은 주어진 사실로 서 누구도 전면전쟁과 상호격멸을 원치 않기 때문에 상대방의 위협 애 대해서 공포심을 느끼며 이를 회피하려 하기 때문에 적절한(합리적 인) 군비가 필요하다고 인식하며 '위협의 절대성'을 강조한다. 따라서 군축론자나 군비론자 모두는 적의 마음을 알며 합리적으로 행동할 것이라는 점을 전제하고 있다.[331] 아롱이 일관되게 주장하고 있는 것은 핵 시대에 있어서 필요한 것은 '합리적(냉엄한 계산에 의한)인 전략'이 아니라 '이성적인(분별력 있는) 전략'이며 '논리적인 전략'이 아니라 '생존을 위한 전략'이다.

(2) 현대 핵억제이론과의 비교: 군비통제는 분별지의 완성태

아롱은 『평화와 전쟁』 제3장에서 클라우제비츠를 이성적(합리적)인 핵전략과 연계시켰다. 아롱은 다음과 같은 기본적인 의문으로부터 시작한다.

핵무기 또는 열핵폭탄이 전략과 외교 간의 관계를 변화시켰는가? 그것들이 우리로 하여금 클라우제비츠가 정의한 '전쟁은 타 수단에 의한 정치의 계속'이라는 고전적 공식을 수정하도록 강요

---

331) Arons's Final 'Note', Aron, 앞의 책, p.767. 참조

하고 있는가?332)

이에 대한 해답을 제시하기에 앞서 아롱은 가능한 핵전양상을 다 양하게 연구하고 광범위하게 엄밀한 계산의 불가능성을 논의한 후333) 마지막으로 강조하기를 '강대국들에 있어서 열·핵무기에 의한 전쟁은 타 수단에 의한 정책의 계속이 아니다'334)고 결론짓고 있다. 이를 다르게 표현하면 전면핵전쟁의 지도는 전쟁과 평화, 협력과 분쟁, 그리고 순수투쟁 결과 사이의 긴장을 일소해 버린다는 것이다. 그것은 지성과 이해의 종말이며 그 이유는 전면핵전쟁에서는 협력적인 동기가 포함되기 때문이다.

따라서 전면 핵전쟁은 핵협력이나 핵정치Verstand의 연속이 아니다. 왜냐하면 그것은 핵협력이나 핵정치의 종말로서 수단이 목적을 전도시켜 버리기 때문이다. 아롱은 다음과 같이 조심스럽게 제안한다.

> 아무도 싸움을 원치 않는 이러한 전쟁의 위협은 두 강대국 사이의 전략·외교적 행동의 통합적 부분이다. . . . 여기서 우리는 클라우제비츠에 의해 제시된 문맥을 이탈할 수 없다. 국가 간의 항구적 경쟁관계에서나, 선택적으로 평화 또는 교전중인 관계에 있어서나, 평시 무력 사용이 가능한 관계 및 전시의 정치적 목표 사이의 관계에 있어서도 그렇다.335)

요약하여 말하자면 핵의 현실은 핵평화나 핵파멸을 의미하는 것이 아니고 부분적으로 핵위협이 사용되어지면서도 핵평화와 핵전쟁이 공존한다는 것을 의미하는 것이다.

이러한 선택적 위협의 주장은 갈루아 장군의 저서 『핵시대에 있어서의 전쟁』에 대한 아롱의 서문에서 특히 강조되고 있는데, 비록 아롱이 '용기와 대담성'을 가진 병사를 칭송하고 있긴 하지만 갈루아의 대량 보복에 대한 견해에 동조하지는 않고 있다.336) 갈루아는 단독행동single act 또는 대결정大決定, great decission 면에 있어 가장 탁월한 이론가이다. 갈루아는 클라우제비츠의 도그마 이론에서 제시하고 있는 절대전쟁의 완벽한 전형이었고 아롱은 이에 대하여 거부하고 있는 것이다.

아롱은 의문을 제시한다. '모든 교전국에 대하여 자멸의 위협을 택한다는 것이 과연 가능한 것인가?'337) 그의 대답은 불가능하다는 것이며 이에 대한 규명을 하고 있는데 이러한 논의

---

332) 위의 책, p.369.
333) 위의 책, p.434.
334) 위의 책, p.439.
335) Aron, 앞의 책.
336) General Pierre Gallois, Strategie de 1 age Nuclaire(Paris: Calmann-Levy, 1960), p. i, p.190.
337) Gallois, 앞의 책, p.iii.

의 결론은 클라우제비츠가 절대전 이론에서 전쟁의 자연적 법칙을 발견해 내었던 것처럼 갈루아는 외교의 합리적 법칙을 발견한 것처럼 생각하고 있다는 것이다. 아롱의 『평화와 전쟁』은 국제문제에 대한 합리적 법칙을 회피하려는 시도이며 아롱의 입장에서 볼 때 클라우제비츠는 완전히 이러한 견해의 대변자였다.

이렇듯 핵전에 대한 '난 제로섬게임'적 인식은 아롱의 클라우제비츠에 대한 논의와 군비통제arms control 논의에서 더욱 명백하다. 군비통제는 아롱에게 있어서 '분별지'分別智, prudence의 실현이며 그는 이것이 실제적으로 무장과 비무장 정책으로 호칭되어져야 한다고 말하고 있다.[338]

따라서 군비통제는 핵시대에 있어서 협력(평화)과 갈등(전쟁)의 결합을 상징하고 있으며 이러한 결합이 있는 한, 즉 전면 무장과 멸망 또는 전면 비무장 어느 쪽에도 치우치지 않는 한 전면무장과 비무장에 대한 비합리적인 딜레마는 존재하지 않는다.

군비통제의 논리와 전쟁은 타수 단에 의한 정치의 연속일 뿐이라는 클라우제비츠의 언명은 밀접히 연관되어 있다. 이것은 둘 다 순수한 갈등에 의한 고립의 거부이며 순수 협력을 의미하고 둘 다 논제로 섬게임의 논리를 포함하고 있다. 아롱의 삼위일체 이론에 대한 논의에서 더욱 명백하여진다. 그에게 있어 승리란 적의 무력이나 국가를 파괴하는 것이 절대로 아니라는 것이다. 여기서 섬멸이란 용어는 찾아볼 수 없고 실제에 있어 아롱은 카토니안cambodian 전략[339]은 무의미한 것이라고 말하고 있다.

> 서방측이 소연방이나 소련 세력권이 아닌 단지 정권을 파괴하려는 목적을 가진 한에는 카토니안전략의 공식은 무의미한 것이며 또한 그 정권도 이념적인 논리에 의해 마르크스 - 레닌주의에 저항하는 다른 모든 정권과 싸우도록 강요받는 한 무의미한 것이다.[340]

따라서 서방측이 필요로 했던 것은 구소련의 영토 확장을 저지하는 한편 구소련의 이데올로기를 침식시키는 방법이었다. 이 점에 대하여 아롱은 다음과 같이 결론짓고 있다.

> 평화 속에서의 생존은 서방측의 승리를 의미하는 것으로서 그 이유는 적으로 하여금 격멸의사를 포기하도록 확신시켜 준 결과로서 그것은 마르크스 - 레닌주의자들을 보다 더 정중하고 진실한 자기 해석으로 전환시킴으로써만이 가능한 포기인 것이다.[341]

---

338) Aron, 앞의 책, p.650.
339) Cato는 로마의 장군이자 정치가인 Marcus(234~149 B.C)의 증손자로서 역시 정치가이며 철학자(95~46 B.C)를 말함. 여기서 카토니안(Catonian)전략이란 상대방을 괴멸시키는 섬멸전략을 의미한다.
340) Aron, 앞의 책, p.650
341) Aron, 앞의 책, p.677

아롱은 이러한 문맥으로 비록 클라우제비츠를 직접 언급하고 있지는 않으나 내용적으로 클라우제비츠와 같은 맥락을 이루고 있다. 즉 전쟁론의 삼위일체가 뜻하는 승리는 적의 섬멸을 의미할 필요는 없으며 약간의 단순한 전투의 제공만으로도 충분하다는 것이다. 이러한 점은 키신저도 깊은 감명을 받았는데 『핵무기와 외교정책』[342]에서 키신저는 "클라우제비츠에 의하면 심지어 평화 시에 있어서도 한 국가의 의지력을 강제하는 도구가 될 수 있다"[343]고 말하고 있다.

아롱의 클라우제비츠에 대한 해석은 클라우제비츠의 언명, 즉 '전쟁은 타 수단에 의한 정치의 연속에 불과하다'는 것이 의미하는 것은 무력투쟁(위협)에 대한 인정이긴 하나 무력에 의한 합리적 투쟁에 대한 강력한 거부이다. 아롱은 이렇게 클라우제비츠의 삼위일체에 근거하여 전쟁과 평화, 갈등과 위협간의 이율배반성에 대한 명백한 분석을 하고 있다. 도그마이론에서는 이러한 긴장감이 없다. 아롱에게 있어서 핵무기의 출현은 이러한 상황을 변화시키지 않았다. 비록 상호공멸의 생각이 이러한 이율배반을 종결시키긴 하지만 그것은 전면적인 위협 (갈루아)이나 전면비무장(러셀)을 의미하지는 않는다. 행동하는 인간에게는 부분적 위협의 가능성이 아직도 무력투쟁의 한 부분이며 극단적인 의지를 회피하기 위한 어떠한 전략도 결국은 클라우제비치 안 사상체계 내에 있는 것이다.

따라서 아롱의 핵시대에 있어서의 승리전략은 삼위일체의 전형적인 불확실성과 무력투쟁을 인정하는 것이며 아롱은 승리가 단지 구소련의 이데올로기적 비무장을 의미하는 것이기를 원했다.

핵전쟁에 관한 또 다른 저명한 이론가는 제로섬 게임적 사고의 종결과, 합리적 계획 및 힘power의 극대화를 위한 비이성적 투쟁의 종결을 요구하며, 또한 이데올로기적 군비축소를 위한 비합리적 공약을 주장한다. 얼핏 그의 이론은 아롱의 이론과 매우 유사한 것 같은 생각이 들지만 한편으로는 아롱의 이론과는 첨예하게 대립되고 있다. 그 이론가는 바로 아나톨 라포포트이다. 이러한 상이성을 규명하기 위해서는 먼저 아롱의 클라우제비츠와의 불일치를 살펴볼 필요가 있다.

(3) 아롱의 이론과 클라우제비츠 이론의 차이점

아롱의 의도가 분명함에도 불구하고 그는 삼위일체를 난제로 섬 게임의 틀 내에서 전개하려 노력하였다. 아롱의 이러한 노력은 일관 되게 추구되지는 않았는데 이 점이 특히 그의 반론자들에 의해 공격 받는 부분이 되었다. 이러한 문제는 특히 그의 구소련에 대한 논의 에서 명백

---

342) Henry A, Kissinger, *Nuclear Weapons and Foreign Policy* (New York: Harper & Brother, 1957), p.341
343) Kissinger, 위의 책, p.341

한데 그의 저서 『평화와 전쟁』에서 전개되고 있는 '난제로섬 게임의 적은 구소련이었다. 합리적인 난제로섬 게임에서 적은 협력적이고 갈등적인 목적을 동시에 추구하고 있는데 이때 두 가지 모두는 주어진 것이 아니다. 일반적으로 아롱은 이러한 추론 속에 서 구소련이 서방측을 파괴하려 하면서도 한편으로는 협력하려 한 다고 보았다.[344]

이러한 갈등적인 동기conflicting motive를 논의하면서 아롱은 전 형적인 냉전 슬로건인 '전쟁적 평화'류의 논의를 회피할 수 없었으며 이런 점이 그에 대한 주요 논란의 대상이 되고 있다.

> 우리는 이미 클라우제비츠의 공식―전쟁은 타 수단에 의한 정치의 계속―이 그 반대로 바뀌었다고 말한 바 있다. 즉 정책이란 타 수단에 의한 전쟁의 연속이다. 하지만 이 두 가지 공식은 명백히 같은 것이다. 이 두 가지는 계속적인 경쟁과 그 본질에 있어서 차이점이 없는 목적들 간의 폭력과 비폭력적 수단의 양자택일을 설명한다.[345]

전술한 바와 같이 클라우제비츠의 도그마 이론은 정치의 본질과 전쟁의 본질을 구별하지 않고 있으며, 이러한 상태를 표현하기 위하 여 임의의 '절대정치'absolute-politics라는 용어를 사용했었다. 이 점에 있어 리터Ritter도 역시 같은 언급을 하고 있다.

아롱은 클라우제비츠에게 있어서 (그리고 자기 자신에게 있어서) 평화와 전쟁에 대한 양자의 본질적인 분리이거나, 일치를 믿었다. 『평화와 전쟁』 바로 이 제목은 전자의 개념에 의한 것으로 보이며 말하자면 정차와 전쟁은 많은 색조의 긴 스펙트럼상의 양 극단인 것이다.

아롱은 왜 이러한 생각을 하게 되었는가? 그것은 다음과 같은 경향의 유행을 따르고 있는 것처럼 보이는데 레닌이 『전쟁론』을 읽고 많은 부분에서 감명을 받았다는 것이 알려진 후 구소련의 군사전략은 클라우제비치안 전략이란 확인되지 않는 소문이 나돌았다. 그리고 공산주의자들의 전형으로 그 유명한 언명을 반전시켰으며 서방측에 대하여 적용하였다. 분명한 것은 레닌이 『전쟁론』으로부터 많은 감명을 받긴 하였지만 근본적으로 잘못된 것은 레닌이 클라우제비츠 의 언명을 역전시켰다는 데 있다. 만약 모든 정치, 그리고 모든 평화가 실제로 타 수단에 의한 전쟁의 연속이라면 냉전의 역사는 매우 다른 양상을 보였을 것이다. 구소련이 평화와 전쟁 간의 명확한 구분을 하고 우리와 크게 다르지 않은 비합리적 딜레마에 빠져들었던 것이다.[346]

---

344) 라포포트는 이 점에 있어 "아롱의 주장은 공산주의자들의 추구목표가 서방측을 파멸시키려는 것인 반면 서방측의 목표는 공산주의자로 하여금 단지 그 목표를 포기하도록 하는 것이다"라고 말하고 있다. Anatol Rapport, 앞의 책, p.419. 참조 반면 아롱은 공산주의자들은 서방을 파멸시키려고 하는 한편 서방과 협력하려 하는 것으로 보고 있다.

345) Aron, 앞의 책, p.162.

346) 클라우제비츠와 구소련 전략의 관련성에 관한 논의들은 대부분 피상적이며 클라우제비츠와 핵전쟁과의 관련성에 대한 논의보다 더 혼란스런 경향을 보이고 있다. 이 같은 대표적인 예가 라포포트가 펭귄 판 『전쟁론』

아롱의 클라우제비츠 이해에 있어 또 다른 문제점은 아롱이클라우제비츠 문맥의 대표자들(현실전이론 추종자들)을 정치적 합리주의자로 동일시한 데 있다. 또한 어떤 점에 있어서 아롱은 클라우제비츠를 합리주의자라고 실제로 천명하기도 하였다.[347] 이러한 경향은 아롱이 삼위일체에 입각하여 전체를 통제하는 지적(정치적)요인에 유별난 강조를 할 때 더욱 분명해진다.[348]

클라우제비츠는 정치적 합리주의자들과는 차이가 있으며 여기서 통제Control는 통제되어야만 한다는should 표현으로 되는 것이 더욱 적당하다. 바로 이러한 점들이 라포포트가 아롱을 비판하게 된 동기이다.

2. 게임이론가 라포포트의 또 다른 잘못된 이해: 교조주의(Dogmatism)

게임이론가로서 라포포트는 순수합리성과 과학논리의 한계를 명확히 인식하고 있는 사람 중의 하나였다. 그는 게임 논리의 개발에 상당한 노력을 기울였으나 그 한계성에 대한 논의에는 소홀하였다. 그가 기존의 클라우제비츠이해에 불만을 품고 새로이 번역, 편집한『전쟁론』의 서문은 전쟁연구의 순수합리주의자들의 연구방법에 대한 신랄한 비판이며 이러한 점은 그의 저서『전략과 양심』Strategy and Conscience에서 구체적으로 논의되고 있다. 이 책은 이데올로기적 비무장을 결론으로 제시하고 있는데 얼핏 이러한 점은 아롱과 라포포트가 많은 부분에서 유사한 것처럼 여겨지나 실제에 있어서는 클라우제비츠이해에 있어 많은 차이점을 나타내고 있다. 라포포트는 그의 신념에 따라 권력을 위한 합리적 투쟁을 거부하고 로버트 오스굿Robert Osgood; 네오 클라우제비치안을 비난하고 있는데 "어떻게 미국이 군사력을 국가정책의 합리적이고 효과적인 도구로 사용할 수 있는가?"[349] 하고 의문을 제기하고 있다. 라포포트 자신은 그의 저서『전략과 양심』이 정치가 권력을 위한 투쟁과 동일시되어야만 한다ought to be는 견해에 반대되는 논의라고 명백히 밝히고 있다.[350]

불행히도 라포포트는 아롱과 클라우제비츠가 이러한 권력에 대한 합리적 투쟁의 완전한 해설가라고 단정하고 이에 따라 이들 두 사람에 대한 신랄한 비판에 그의 지적 노력을 경주하였다. 라포포트는 그가 주장하고 있는 많은 이견들이 이미 아롱의『평화와 전쟁』그리고 클라우제비츠의『전쟁론』에서 이미 제기되고 있다는 사실을 인식하지 못하였다. 전반적으로 그는 제

서문에서 논의하고 있는 소련전쟁이론이다.

347) Aron, 앞의 책, p.53.
348) 위의 책, p.23.
349) Anatol Rapport, *Strategy and Conscience* (New York: Harper & Row, 1964), p.185.
350) 위의 책, p.181.

로 섬 논리와, 과학적 전쟁이론들에 대한 우려를 클라우제비츠와 신 클라우제비츠파들이 똑같이 인식하고 있다는 점을 알지 못했던 것이다.[351]

혹자는 왜 라포포트가 클라우제비츠의 삼위일체 이론이 내포하고 있는 명백한 난제로섬 게임적 성격이나 계몽사상에 의한 전쟁의 과학주의 논의들에 대하여 일말의 근거를 제시하지 않고 있는가 하는 의문을 가질 것이다. 또한 그는 왜 이러한 근거들에 대하여 관심을 갖지 않았으며 왜 갈루아와 같은 신합리주의자neo-rationalists들에 대한 반론의 도구로서 이러한 근거를 이용하지 않고 있는가?

그렇다면 그는 왜 이것을 간과하게 되었는가? 이에 대한 해답을 위해서는 그 이전에 먼저 라포포트가 왜 클라우제비츠와 신 클라우제비츠파에 대하여 혹평을 하고 있으며 이러한 비난의 본질은 무엇인가 고찰해 보지 않으면 안 된다.

(1) 라포포트의 독단적 경향(dogmatism)

라포포트의 공격은 나폴레옹 전쟁이 클라우제비츠에 미친 영향에 대한 해석으로부터 출발한다.

> 행동과 말로써 나폴레옹은 하나의 중요한 교훈을 남겼다. 즉 정부의 보편적인 통화는 권력이며 이 권력은 구체적으로 파괴할 수 있는 능력에 의존한다. 클라우제비츠는 이 교훈을 구체화시켜 정치철학을 전쟁철학과 통일시켰다. 나폴레옹이 대포와 격언으로 설명하는 것을 클라우제비츠는 조리 있는 사상체계로 정립하였는데 그것은 동시대의 학자들이 박식의 필수적인 상징으로 여겼던 비중 있는 형이상학적 고찰에 잘 부합하는 것이었다.[352]

이 인용구는 나폴레옹이 클라우제비츠에게 하나도 영향을 미치지 않았고, 클라우제비츠가 전쟁과 정치의 통일된 이론을 구축하지도 않았다는 그의 논문 주제와 모순된다. 더욱이 클라우제비츠는 이와 같은 단순한 견해를 갖지 않았을 뿐 아니라 그의 시대에 대한 인식에 있어서도 단순한 인식을 갖지 않았을 뿐 아니라 그의 시대에 대한 인식에 있어서도 단순한 인식을 갖지 않았는데 이러한 결과로 클라우제비츠는 심오한 철학적 사색을 하게 되었고 이러한 점은 당대의 전쟁연구 저작들에서는 대부분 결여되어 있는 것들이다.[353]

---

351) 지적이고 균형 있는 '게임'이론가들의 논의 및 이들이 전략사상에 미친 영향에 대해서는 Thomas Schelling, "Strategy, Tactics and Non-Zero-Sum", in *Theory of Games*, A, Mensch, ed., (London: The English University press, Ltd., 1964) 참조. 쉐링은 여기에서 '제로 섬' 논리는 방위사상에 거의 적용성이 없으며 그 영향은 과장되어진 것이라고 말하고 있다.

352) Rapport, Karl Von Clausewitz, *On War*, 앞의 책, p.21.

만약 클라우제비츠를 단순하게 나폴레옹의 폭력을 합리화하는 사람으로 인식하는 것은 『전쟁론』의 획일적 해석의 기초로서는 아주 손쉬운 것이다. 바로 이 점에서 라포포트의 논리에 어떤 오류가 있음을 우리는 알 수 있다. 즉,

> 클라우제비츠는 전쟁을 정치의 도구라고 강조함으로서 '전쟁을 위한 전쟁'의 사상을 명시적으로 거부하였다. 그러나 클라우제비츠의 정치의 개념을 검토해 볼 때 전쟁의 개념과 다름이 없음을 발견하게 된다. 즉 그의 유명한 언명을 거꾸로 말해도 그의 사상은 역시 정확히 표현될 수 있다. 즉 평화는 다른 수단에 의한 투쟁의 연속이다. 354)

역사를 통해 볼 때 이러한 해석은 일부 시대에 있어서는 맞는 말이기도 하였으나 다른 시대에 있어서는 전혀 적합한 말이 아니었다. 『전쟁론』의 타당성을 반절만 인정한다고 할 때 혹자는 다음과 같이 말할 수 있을 것이다. "그의 철학은 최대의 물질적 파괴에 의한 복수능력의 정치 또는 순수분쟁의 철학이다." 이러한 관점에 의한다면 『전쟁론』은 '터무니없는 논리'로 전개된 것이다.355) 의아스럽게도 라포포트는 "『전쟁론』의 철학은 비스마르크의 '철혈철학'이며 히틀러의 '나의 투쟁Mein Kampf 철학'이다"라고 주장하면서 미육사의 팸플릿 '클라우제비츠, 조미니, 슐리이펜론' 속의 '단순한 정신'simple mind 언명에 동의하고 있다. 『전쟁론』은 사실 이러한 것들과는 상당히 거리가 먼 것으로서 비스마르크나 히틀러와 같은 범주로 분류하는 것은 불합리하다.

만약 『전쟁론』이 고전이라면 그 이유는 혁명적 시대의 지적 딜레마를 반영하고 있기 때문일 것이다. 그러나 히틀러의 『나의 투쟁』356)은 그렇지 않다. 클라우제비츠가 딜레마라고 인식한 점을 히틀러는 단순한 해결책으로 보았다. 라포포트는 『전쟁론』을 어떤 위치에 두길 원하고 있는가? 만약 그가 『전쟁론』을 그러한 고전들과 같이 평가한다면 거기에는 다른 이유들이 존재할 것이다.

클라우제비츠를 히틀러보다 격하시켜 평가하려 했던 라포포트의 고의성은 『전쟁론』 속에 내재된 엄청난 가치의 발견을 소홀하게 하였으며 특히 게임이론과의 연계에 있어서는 극에 달했다.

클라우제비츠는 난제로 섬 게임적 상황에 대하여는 별로 의식하지 못했던 것으로 보인다. 게임

---

353) 동시대의 연구가들에 대한 부가적인 오류사항에 관해서는 위의 책, p.426 Foot Note #75 참조
354) 위의 책, p.22.
355) 앞의 책, p.11.
356) 위의 책, p.411.

이론적 용어를 빈다면 그의 첫 번째 장은 전쟁을 전적으로 제로 섬 게임으로서만 정의하고 있다. 어떤 한쪽에 이득이 되는 무엇이든지간에 상대방에는 불이익이 된다는 점을 클라우제비츠는 명백한 명제로 받아들이고 있다.[357]

　이 점은 명백히 클라우제비츠의 사투私鬪, duel와 세 가지의 상호관계 법칙에 대한 언급이다. 그것은 절대전 개념으로의 유도이며 제로섬적 추론이기는 하나 엄밀한 의미의 '제로 섬 게임'의 부분은 아니다. 싸움fight과 게임game의 논의에 있어 사투는 상대편의 목표가 상호괴멸에 있기 때문에 게임으로 볼 수 없다. 제로섬 게임 같은 상황은 갈등의 극대화를 가정하고 있지만 그것은 앞에서 보았듯이 규칙 내에서 발생하는 것이다. 싸움에는 그러한 자기투사自己投射, self-imposed된 규칙이 없다. 명백히 라포포트는 스스로 분류한 개념에서조차도 정확하지 않으며 이러한 불명확한 개념 하에서 클라우제비츠가 난제로 섬게임에 대한 인식이 결여되어 있다고 주장하고 있다.

　이러한 라포포트의 견해는 바로 같은 장 몇 쪽 뒤에서 논의되고 있는 클라우제비츠의 삼위일체와 정지이론을 논의하는 데서도 계속되고 있다. 실제로 라포포트는 여러 곳에서 클라우제비츠의 난제로 섬게임에 대한 인식을 지적하고 있으며[358] 이것은 라포포트의 서문 중에서 가장 모순되는 부분이다. 따라서 이러한 지적은 피상적인 것이거나 교묘한 눈가림일 뿐이다. 특히 이러한 점은 삼위일체에 대한 각주에서 잘 나타나고 있는데 그는 전쟁의 카멜레온적 성격이 이성이나 적개심을 공히 포함하고 있다고 인식하고 있으며 클라우제비츠의 관점, 즉 이론을 특수한 예측을 하거나 특수한 결과를 통제가능하게 하는 것이 아닌 '주요관심사의 이해를 위한 개념의 종합으로서 사회과학'[359]으로 보는 관점에 대하여 여러 곳에서 인정하고 있는 점이 명백한 증거이며 라포포트 자신도 그런 것들이 도그마를 넘어서는 주제로 인식하고 있다.

　단지 주제내용만 설명하고 어떤 결과나 예측이 없는 추론으로서의 이론(전장에서 장군들에게 지침을 제공하는 것이 아닌)은 클라우제비츠의 정지이론과 일치하며 그것의 목적은 단지 군인정치가(정치 감각을 가진 군인: 논자주)를 교육시키는 데 있다. 여기서 우리는 규칙의 영역을 초월하는 천재의 역할과 난제로섬 게임 활동에 직면하게 된다.

　만약 라포포트가 『전쟁론』에서 이러한 점들을 인식하였다면 왜 그는 이를 수용하지 않았는가? 왜 클라우제비츠가 주제내용을 설명하는 데 있어 제로 섬 게임의 적용을 보다 적합한 것으로 인식하였다고 주장하였는가? 의심할 여지없이 라포포트는 행동의 지침에 대한 균형적인 입장을 취하고 있는 정치합리주의자들 및 할베크와 동일한 사고를 하고 있다. 전술한 인용구

---

357) 앞의 책, p.74.
358) 위의 책, p.424. Foot Note #63.
359) 앞의 책, p.431. Foot Note #114.

들에서 라포포트는 분명히 클라우제비츠가 행동의 지침이 되지 않는 이론을 구축하였다고 말하고 있는데 또 다른 각주에서는 강력히 부인되고 있다. 이론이 언제나 실제로 적용 가능한 것이어야만 한다는 논리에 대하여 거부하는 많은 클라우제비치안들의 경고에 대하여 라포포트는 다음과 같이 말하고 있다.

> 오늘날 풍부한 이론과 구체적인 경험의 상호의존은 당연한 것이다. 클라우제비츠 시대에 있어서는 특히 현학적인 철학professional philosopy이 큰 권위를 누렸을 때이므로 이러한 상호의존성은 반복적으로 지적되지 않을 수 없다.360)

이 점에 있어서는 클라우제비츠 자신도 실제reality와 이론의 상호의존성에 대하여 반복적으로 지적했다. 분명한 것은 라포포트는 두 가지의 도그마적인 명제에 직면하게 되었는데 그것은 바로 이론과 실제가 어디서 결합(통일)되며 천재의 규칙이 어디서 도출될 수 있겠는가 하는 것이다.

실제에 있어서 라포포트는 이러한 혼동을 이상한 쪽으로 유도해 갔는데 또 다른 각주에서 '클라우제비츠는 과학자처럼 생각된다'361)고 말하는 점이 바로 그것이다. 여기서 과학자란 명백히 자연과학자를 의미한다. 이 점에 있어서 분명한 것은 자연 과학자인 라포포트 스스로가 어떤 것이 과학적인 방법이고 어떤 것이 비과학적인 방법인지를 규명할 수 있어야 했다. 또한 의아스럽게도 라포포트는 클라우제비치안들의 사고에 있어서 천재의 중요성에 대하여 완전히 간과하였다. 다음 문장은 라포포트가 처음에는 규칙을 초월하는 천재를 인정하면서도 천재의 규칙(기묘한 결합)에 집착되고 있음을 단적으로 보여주고 있다.

> 여기서 클라우제비츠는 구체적인 예로 외교-군사전략결정에 있어 수반되는 계산의 어려움을 보여주고 있으며 그것이 바로 클라우제비치안 지혜의 정수이다. 클라우제비치안들의 목적은 결정의 합리성이 추구되는 분석의 깊이와 (또는 직면한 목표의 절박성과) 관계가 있다는 것을 보여주는 데 있다. 어떻든 모든 목표들은 권력추구에 있어서 전략적 이점을 갖는 것들이다. 권력획득 이상의 목표는 존재하지 않는다. 조지 오웰의 『1984』(p.269)에서 오브라이언O'Brien's이 말한 바를 되새겨보면 권력의 목적은 결국 권력이다.362)

라포포트는 두 가지 양 측면을 동시에 추구할 수는 없었다. 클라우제비치안들의 지혜의

---

360) 앞의 책, p.426. Foot Note #75.
361) 위의 책, p.428. Foot Note #88.
362) 앞의 책, p.427. Foot Note #82.

핵심은 전략적 계산의 곤란성(난제로 섬)이거나 아니면 권력획득을 위한 권력의 추구(제로섬)였으며 이 두 가지는 상호배타적인 것으로서 비합리적인 파괴력의 극대화를 추구하는 자에게 있어서는 다른 계산의 어려움은 없다. 즉 이러한 자들에게는 여러 가지 수단이 선택될 수 있는 명백한 목적을 보유하며 이의 실천에는 많은 어려움이 있으나 딜레마나 미궁은 없다.

라포포트의 자의적 주장이 실수를 범하고 있는 것은 클라우제비츠가 상충되는 두 개념을 동시에 추구하고 있다는 것을 인식하지 못하고 있다는 점이다. 상충되는 두 개념 중의 하나는 미궁(난제로 섬게임)과 공통점이 있고 다른 하는 오브라이언의 언급(제로섬 형태의 싸움)과 유사하다. 라포포트의 주석들은 이렇듯 그가 스스로 범하고 있는 혼동의 증거들인 것이다.

이러한 것들을 배경으로 할 때 우리는 비로소 라포포트가 왜 클라우제비츠는 모순되는 개념으로서 적과의 협력에 대한 신 클라우제비츠파들의 개념(쉐링의 개념)을 중시하고 있다고 주장하였는가하는 점을 이해할 수 있다.363) 적과의 협력은 싸움fighting에서는 결여되고 있는 것이지만 제로 섬, 난제로섬 게임 모두에는 어떤 형태로든지의 협력이 존재한다. 이미 고찰하여 본 바와 같이 제로섬에서는 규칙이 주어져 있고 난제로 섬에서는 의식적 탐구가 계속된다. 전쟁은 순수히 군사적인 것이지 않으면 안 된다는 강력한 경고와 함께 강조되고 있는 삼위일체 전체는 묵시적 또는 실제적으로 적과의 협력에 대한 명백한 인정의 한 형태인 것이다.

라포포트는 클라우제비츠가 순수권력의 극대화를 추구한 나폴레옹적인 특성과는 전혀 다른 프레데릭 대왕의 철저한 학생이었다는 점을 인식하지 못하였다. 델브류크가 지적한 바와 같이 프레데릭 대왕은 근본적으로 '단독행위'single act와 '대결정'大決定, great decision 이론에 입각하지 않은 소모전wars of attrition을 치렀다. 이러한 소모전은 스페인에서와 같은 몇몇 나폴레옹 전역에서도 있었던 사실이다.

만약 클라우제비츠가 나폴레옹의 폭력을 합리화시킨 사람으로 인식된다면 클라우제비츠와 같은 생각을 갖는 모든 현대의 클라우제비츠 해석가들에 대한 인식도 마찬가지이다. 레이몽 아롱에 대한 이해가 그 대표적이라 할 수 있는데 라포포트는 아롱에 대한 논의에서 "다른 어떤 저자보다 내가 아는 한에 있어서 아롱의 『평화와 전쟁』처럼 클라우제비치안 철학이 명쾌하고 훌륭하게 현대적 외관을 갖춘 것은 없다. 그것은 매우 해박한 저작이다"364)라고 말하면서 다음과 같은 최후의 일격을 가하고 있다.

현대 국제 정치에 관한 아롱의 논의는 모두 매우 복잡하게 기술되고 있는데 전쟁보다도 평화에 대한 논의에서 더욱 그렇다. 그럼에도 불구하고 이 국제사회학國際社會學, world sociology은 그 취지가

---

363) 앞의 책, p.75.
364) 위의 책, p.65.

어떻든지 간에 국가는 폭력 속에서 태어났고 예측컨대 미래에도 계속 그러할 것이라는 클라우 제비치안의 기초에 똑같이 의존하고 있다. 아롱의 저서는 정치적 전쟁철학의 부활을 합리화시 키기 위한 궤변적인 사회학적·심리학적·역사학적 이론적 근거를 제공하고 있는 것이다.365)

더욱이 아롱과 신클라우제비츠파들은 '국제적 분쟁Confict 상황 하에서의 합리성의 의미'366)에 관하여 진지한 고려를 하지 않은 것에 대하여 비난받고 있다. 그러나『평화와 전쟁』은 핵시대에 있어서 합리성의 의미에 대한 대논쟁이며 그것은 권력이 극대화된 순수합리적 투쟁에 대한 호 된 비판으로 끝맺고 있다.

이러한 의문을 해결하기 위하여서는 잠시『전쟁론』과 클라우제비츠를 떠나 살펴볼 필요 가 있다. 이것은 잠시 다른 영역에서의 논의이긴 하지만 라포트의 혼동을 규명하는 데에 있어 서는 필수적인 것이다.

(2) 권력(power)에 대한 라포트의 반론과 오해

만약 아롱이 핵국가들의 투쟁에 타협하려 노력하였다는 것이 분명하다면 그것은 라포 트가 투쟁 자체를 없애기 위한 개혁적인 주장과 명백히 같은 것이다. 이러한 사실은 라포트의 『전쟁론』 역서 서문 마지막 부분에서 잘 나타나고 있는데 여기서 그는 "투쟁의 포기는 생존의 선행조건이 되었다"367)고 말하고 있으며 이러한 것들은 그의 저서『전략과 양심』에서 더욱 명 백히 드러나고 있다.

『전략과 양심』은 그 절반 이상이 게임 이론에 대한 논의로 할애되고 있으며 라포트의 전형적인 필치로 전개되고 있다. 그 나머지는 합리적 사고 및 불확실성의 문제점들에 대한 논의 이며 이것 도한 모든 면에서 전반부가 내포하고 있는 문제점을 노출시키고 있는데 이러한 것들 은 결국 라포트가 투쟁을 용인하는 입장이 되어 버리는 혼란스러움 그 자체이다.

라포트는 어떤 문제들에 있어서는 그것을 합리적으로 해결하기에는 너무 복잡하며 따 라서 그가 말하는 대로 그것은 경험적 결과를 창출하지 않는 내적 통찰력을 요구한다는 것을 보여주고 있으며 또한 '술'art과 윤리적 중요성에 대한 이해도 이와 같은 범주임을 보여주고 있 다.368) 또한 폴라니의 경우와 마찬가지로 그는 "통찰력의 획득은 직접적 또는 선택적으로 이루 어진 상황을 분석, 망라하는 인간능력의 확장이며 . . . 인간은 이러한 통찰력으로써 어떤 문제

---

365) 앞의 책, p.66.
366) 위의 책, p.75
367) 앞의 책, p.414.
368) Rapport, *Strategy and Conscience,* 앞의 책. p.171.

에 대한 정확한 회의를 할 수 있게 되는 것이다. 이러한 회의들이 해답을 얻도록 유도하며 또한 새로운 통찰력을 창출하도록 인도하는 것이다."369)라고 말하며 통찰력이 앎의 능력이라는 점을 보여주고 있다.

따라서 라포포트는 평화연구가들이 이러한 정신적 기초framework of mind를 확립할 것을 주장한다.

실제 국제관계 수준에서 문제에 대한 경험적 접근은 이러한 견지에서 '어떠한 것이 결과되었는가를 알아보기 위한' 시도로서가 아니라 이러한 것들 자체가 국제관계에 대한 인식의 재교육활동으로 인도되어야 하며 이러한 활동은 정치기후의 변화를 유발시키는 것이어야 한다. 이와 같은 논리는 철저한 역사적 연구와 실험에도 적용된다. 과학적 사고방법에 의한 신성불가침한 객관성은 이러한 맥락에서 수정되어야 한다. 이러한 종류의 연구에서 필수적인 요소란 바로 '연구태도'인 것이다.370)

'연구태도'는 이러한 종류의 연구에서 가장 핵심적인 것이다. 명백하게 이 연구태도는 연구자들 스스로를 재교육하게 하는 활동이라기보다는 연구자들로 하여금 이러한 종류의 연구를 하게끔 하는 마음의 자세인 것이다. 연구 자체는 문제의 해결이 아니라, 경험적 대체물을 모색하게 하는 '올바른' 태도이다.

그러면 무엇이 옳거나 아니면 순수한 생각인가? 그것은 폭력의 사용 또는 기타 폭력에 의한 위협의 사용에 대한 거부이다. 분명 클라우스제비츠와 아롱은 이러한 정신으로 전쟁연구 접근을 하지 않았다. 그들은 하나의 '사태'事態, thing로서 폭력을 주목하고 그것을 올바른 수단으로 사용하려 하였으며 올바르게 사용되는 폭력을 비난하지 않았다. 이러한 맥락에서 폭력은 정의의 도구가 될 수 있다고 우리에게 주의를 환기시키고 있는 사람은 바로 로버트 오스굿이다. 이에 반해 라포포트는 폭력의 사용을 반대하고 특히 폭력에 의한 위협의 사용을 반대한다. 이것은 '상호 관념의 제한'mutual image modification을 중심문제로 다루고 있는 그의 논쟁debate에서 명백히 나타나고 있다.371) 라포포트는 이러한 관념제한의 방법으로 세 가지를 제시하고 있으며 이 중 가장 마지막의 방법을 선호하고 있는데 그것은 대체관념과 연계된 '위협의 변경'이다. 이것은 한마디로 위협의 제거를 말한다.372)

---

369) 앞의 책, p.172.
370) 위의 책, p.173-174.
371) 라포포트가 정의한 바에 의하면 논쟁(debate)은 '난제로섬 게임'과 구분될 수 없는 것이다. 이것은 그의 논리에서 가장 취약한 부분이다.
372) Anatol Repport, *Fight, Games and Debates* (Ann Arbor: Michigan University Press, 1960), pp.273-274

'위협의 제거'는 관념제한의 세 방법 중 가장 최종적인 것이며 이 방법에서의 핵심은 유사성의 가정을 상정하는 것이다. 위협의 제거는 논쟁에서 가장 어려운 일이며 이의 도출을 위하여 적용될 수 있는 법칙이란 제시될 수 없는 성질의 것이다. 왜냐하면 이렇듯 확실하게 적용될 수 있는 규칙이란 곧 자멸적self-defeating인 것이기 때문이다. 따라서 이러한 위협제거의 필요성에 대한 제안이 제로섬 게임의 전략으로 나타나기도 하고 반대전략(난제로섬게임)으로 나타나기도 한다.373) 여기서 라포포트는 이 점을 분명히 하고 있는데 이러한 제안은 결국 제로섬게임으로 복귀하며 또한 이것이 난제로섬게임 문제들의 해결을 조정하는 최종적인 방법이라는 것이다.

　요약하자면 라포포트에게 있어서 난제로섬 문제의 해결은 위협을 제거시키는 것이며 무력의 사용 또는 무력사용 위협의 개념을 배격하는 것이다. 이것이 바로 본 논의에서 말하고 있는 순수개념의 권력이다. 난제로 섬 상황의 딜레마가 무력위협과 혼합되어 해결 될 수 있다고 믿는 아롱과 달리 라포포트는 단순한 관념의 힘mere power of deal에 의해 해결될 수 있다고 보았고 무력(잠재적 또는 실제적인)은 해로운 것이라고 보았다. 본 논의의 기준에 의하면 이것은 순수이상pure ideal rationalism이다. 따라서 이것은 인간적인 문제들(딜레마)의 해결이 오직 관념의 힘power of ideal에 의하여 성취된다는, 궁극적으로 이상주의적 가정에 의한 일련의 신념인 것처럼 보인다.

　라포포트는 올바른 관념이란 본질적인 권력의 신념에 고착되어 있고 올바른 관념이란 비폭력을 의미한다. 여기서 그는 분명히 인간의 갈등해결에 있어 폭력의 사용을 상정한 아롱과 구분되고 있다. 라포포트는 인간이 충분히 노력하지 않은 결과 평화가 정착되고 있지 못한다는 일종의 윌슨 파Willsonian적 가정을 하고 있다. 이러한 가정은 그의 냉전체제 하의 이상적인 군비축소 논의에 반영되고 있으며 여기서 만약 양측(미·소)이 올바른 관념의 생각을 위해 노력한다면 이에 관한 태도가 변화될 수 있을 것이라고 확신하고 있다. 이것은 완전한 순환론으로서 그는 이와 같은 태도변화가 어떻게 일어날 것인가 하는 점에 대해서는 설명하지 못한다. 이러한 점은 라포포트 전체 논의의 순환성 중 그 일부분일 뿐인 것이며 따라서 라포포트는 궁극적으로 그가 상정한 투쟁의 합리주의에로 복귀하게 되어 버리는 결과를 면치 못하고 있다.

　이와 같은 예에서 보는 바와 같이 보이지 않는 손hidden hand이란 핵무기에 의한 대량학살의 '불가능성' 또는 '불허용성'에 대한 무언의 신념이다. 라포포트에게 있어 그 점은 이미 '주어진'given 것이고 이 주어진 자연적 목적으로부터 방법(수단)을 연역해 냈다. 따라서 그는 완전한 순환을 이루게 되어 결국에는 그가 배격했던 순수합리주의에로 도달하게 되었으며 이와 같은 라포포트의 추론은 본질적으로 갈루아와 다른 점이 없게 되어 버린 것이다.

---

373) 앞의 책, p.287.

라포트의 순수합리적 이상주의 신념에 입각한 평화철학 자체는 어떠한 불명예스러운 점도 존재하지 않는다는 점은 명백히 강조되지 않으면 안 된다. 단지 불명예스런 점이란 그 평화철학이 현실주의적 접근에서 멀어지는 이상주의적 경향을 보이고 있다는 점이다. 따라서 라포트는 클라우제비츠를 다루는 데 있어 아롱보다 신중하지 못했다. 또한 라포트는 『전쟁론』의 완전한 의미를 포착하는데 실패하고 있다.

아롱과 라포트의 논쟁이 보여주고 있는 것처럼 핵무기의 출현과 함께 우리는 또 다른 중요한 시대의 변화를 맞고 있으며 이러한 절대무기의 등장은 또한 학자들에게 매우 상반된 충격을 주고 있다. 학자들 간에 존재하는 이 상반된 견해들은 클라우제비츠에 대한 상반된 해석들과 비교될 수 있으며 이 점이 본서가 다루고 있는 핵심주제인 것이다(이에 관한 논의는 본서의 다음 장에서 구체적으로 다루어질 것이다).

그러나 클라우제비츠에 관한 어떤 논의도 이 같은 상반된 양 견해를 망라하여 논의하고 있는 것은 없으며 이러한 견지에서 아롱과 라포트도 전체적인 스펙트럼을 보는데 있어서는 실패하고 있다 할 수 있다. 여기서 진실로 요구되는 것은 전체적인 국면을 보려고 노력한 델브뤼크 같은 조망眺望, perspective이다.

제8절
현대 핵시대에서의 전쟁의 이중성과 클라우제비츠의 교훈

1. 클라우제비츠에 비춰본 현대 핵전략 이론

클라우제비츠와 현대의 전략이론가들은 우연하게도 양자에 있어 공히 역사상 지적 완벽을 기하려는 노력의 교차로에 사고 있다는 공통점이 있다. 클라우제비츠는 계몽주의 시대로부터 국가주의 시대로의 변화를 목격하였고 이러한 변화의 상징이 '나폴레옹'과 '나폴레옹전쟁'이었다. 반면 현대의 전략가들은 국가주의자로부터 핵시대로의 변화와 그것의 상징이 열핵무기 시대로 변화되는 것을 목격하고 있다.[374]

따라서 클라우제비츠가 당면했던 시대상황과 현대 우리가 당면하고 있는 상황사이에는 유형적인 유사성이 있으며, 이것의 범위를 규명하는 것이 클라우제비츠에 대한 현대적 해석의 관건이라 아니할 수 없다.[375] 클라우제비츠는 나폴레옹의 해석을 일관성 있게 관리하지 못했고 그 결과 지금껏 고찰하여 본 바와 같이 상이한 두 가지 전쟁이론을 구축하였으며 절대전과 현실전이라는 두 전쟁이론에서, 한편에서는 나폴레옹이 하나의 문제로 제기되고 있고 다른 한편에서는 해답자가 되고 있다. 즉 나폴레옹이 하나의 문제로 제기되고 있고 다른 한편에서는 해답자가 되고 있다. 즉 나폴레옹은 클라우제비츠에게 영원한 전쟁의 비결정성으로 인상 지워졌고 실용적인 해결이 요구되어 졌던 반면 다른 한편에서는 전쟁의 지도를 갱신하기 위한 새로운 이론의 희망을 야기했던 것이다.

이러한 것은 현대 핵시대에 있어서도 동일한 구분을 야기 시키고 있는데 일부 핵억제이론

---

374) J. Gabriel, "Clausewitz Revisited: A Study of His Writings and of the Debate over Their Relevance to Deterrence Theory", Ph D. Dissertation(Washington D.C.: The American University, 1976), p.3, 한스 아펠(Hans Apel)은 클라우제비츠 연구가 클라우제비츠 시대의 제 조건과 오늘날 두 개의 세계와 같은 제 조건이 상호 분리되어 있다는 기본적 대비에 당면한다는 것은 분명한 것이다 라고 말하고 있다. 『전쟁 없는 자유란?』 p.13 참조

375) Edward M, Collins, ed./trans., *Karl von Clausewitz, War Politics and power*(Chicago: Henry Regnery Co. a gateway ed., 1962), Introduction 참조, 특히 pp.1-3. 여기서 콜린스는 현대에 있어서 문제점과 프랑스혁명 이후의 유럽 그리고 볼세비키 혁명 이후의 세계문제의 유사성과 클라우제비츠의 유용성에 대하여 논의하고 있다.

가들에게는 상호파괴 가능성의 대두가 전쟁에 대한 이론화의 문제를 어렵게 하고 있으며 반면 다른 이론가들에게는 그것이 더욱 단순화되고 있는 것이다. 즉 이러한 상황은 일부 이론가들에게 전례 없는 큰 지적 딜레마를 안겨주고 있는 반면 다른 이론가들에게는 오직 한 가지 해답만이 있는 것이다.[376]

현대의 핵전 및 핵억제에 관한 논의는 크게 세 유파로 구분할 수 있다.[377] 그것은 첫째, 상호공멸의 가능성 대두로 인한 인류 파멸을 전제로 이를 방지하기 위해 '공포의 균형'을 통해 평화를 달성하고자 하는 비관주의적 낙관논자悲觀主義的 樂觀論者, permistic optimist들로부터 출발한 합리주의적 입장과 둘째, 철저한 공포의 균형과 급속한 군비경쟁이 전쟁의 원인이 되며 따라서 군축을 통해서만이 평화가 달성 가능하다는 평화주의적 입장, 그리고 세 번째로는 핵무기 자체는 인정하나 이의 존재는 전쟁도 평화도 아니고 억제 또는 세상의 종말을 의미하는 것도 아닌 단지 평화적인 것과 전쟁적인 것이 공존할 뿐인 것으로서 핵전쟁과 핵 협력의 가능성이 공존하고 있다고 보는 현실주의 입장이 바로 그것이다.

클라우제비츠의 현대에의 관련성에 관한 논의는 이 세 학파의 인식으로부터 출발하는데, 클라우제비츠는 이 중 합리주의적 입장과 현실주의적 입장에 관련되어 있으며 평화주의적 입장과는 무관하다(평화추구의 접근방법 면에서). 클라우제비츠와 이 양 입장과의 관련성은 하카비Y. Harkabi의 핵억제 이론에서 명확히 제시되고 있다. 그는 클라우제비츠를 명시적으로 다루지는 않았지만 그의 전반적인 사고의 범주가 삼위일체와 도그마, 실용주의와 규범주의, 제로섬 이론과 난제로섬 이론, 그리고 델브류크의 소모전쟁 대 섬멸전쟁의 개념과 상통하고 있다. 즉, 하카비는 억제의 최종성最終性, finality of deterrence과 억제의 신뢰성信賴性, credibility of deterrence을 주장하는 대립되는 두 가지 억제이론에 관해 심층적인 분석을 하고 있는데, 바로 두 가지가 클라우제비츠의 삼위일체와 도그마 이론과 밀접한 관련성을 갖고 있다.

(1) 억제의 최종성(Finality)과 도그마(Dogma)

억제의 최종성을 강조하는 학파들은 핵을 절대적이고 최종적인 것으로서 인식하며 주어진given 위협에 관심을 가지고, 이들은 위협이 인상적이어야 한다고 생각하여 위협이 인상적일수록 그것의 행사가능성은 감소된다고 믿고 있다. 이 점에 대하여 하카비는 다음과 같이 말하고 있다.

---

376) Gabriel, 앞의 책, p.4.
377) 위의 책, p.230. 또한 Antol Rapoort, *Strategy and Conscionce* (New York: Harper and Row, 1964), Introduction 참조

물론 적은 위협의 신뢰성에 의문을 갖게 될지는 모르나 이 경우에 위협이 실행될 것인가 아닌가에 대한 잉여공포residual fear, 확실성을 통한 억제, 우연에 좌우되는 위협은 적의 무모함에 억제할 것이다. 보복이 크기 때문에 적은 위협 수행의 기회가 있다 해도 모험을 하지 않을 것이다.[378]

이러한 논의는 인상적으로 또는 만용답게 행동하는 의도에 근거하고 있으며, 델브뤼크가 말하는 것과 같이 클라우제비츠의 절대전쟁적 특성인 대담성의 법law of boldness과 유사하다.

이러한 논리에 의하면 갈등의 극대화는 승리를 획득하는 기본적인 방법이다. 이러한 개념 하에서는 전략의 선택은 분명해지고 논리적일 뿐 아니라 완전히 규범적이 된다. 클라우제비츠는 전쟁억제에 관해 논의했다기보다는 전쟁의 사용방법에 관해 말했다고 볼 수 있는데, 사실 전쟁의 억제와 사용방법의 구분이란 그 차이가 분석적으로 미약한 것이기 때문에 무의미하다. 실제전쟁과 전쟁 잠재력이란 서로 밀접히 관련되어 있다는 점에서 클라우제비츠의 전쟁사용 방법이란 억제논의抑制論議에 곧 적용될 수 있다는 것이다.[379]

왜냐하면 실제전쟁real war은 더 큰 전쟁의 위협 그 자체 속에 내재하고 있기 때문이다. 이 점에 관해 클라우제비츠는 다음과 같이 말하고 있다.

전투에서 적의 파괴는 목적달성의 수단에 지나지 않는다. 전투가 실제 일어나지 않을 때도 그렇다. 왜냐하면 이런 경우 파괴는 의심할 바 없는 것으로 간주되는 모든 사건에 대해 확실한 결정에 기초하고 있는 것이기 때문이다.[380]

가브리엘은 갈루아가 억제의 최종성을 주장한 대표자이며 그의 사상과 클라우제비츠의 도그마적 사상이 매우 유사하다고 말하고 있다.[381] 이들과 같이 위협의 결정적 효과를 믿는 사람들은 절대전적 관점에서 전쟁이론을 구축했으며, 그들은 적 섬멸의 가정 위에서 확실한 파괴위협을 사용하여 전쟁을 추구하여 승리를 기대하고 있으며, 이로써 이들은 합리적이고 궁극적인 갈등이론을 발견했다고 주장하고 있는데, 그 이유는 이들이 억제의 위협이 제로섬 게임으로 행해지는 것으로 상정하고 있기 때문이라는 것이다.

이 논리에 의하면 갈루아와 도그마적인 클라우제비츠의 사상은 허머칸의 '비합리성의 합리성'[382]과 유사하다. 이 점을 하카비는 복잡한 해결방법 대신에 간단한 해결을 위한 자연적인

---

378) Y. Harkabi, *Nuclear War and Nuclear Peace* (Jerusalem: Israel Program for Scientific Translation, 1966), p.30.
379) Gabriel, 앞의 책, p.30
380) Karl von clausewitz, *On War*, Anatol Rapport(ed.), (Baltimore: Penguin Books, 1968), p.133.
381) Gabriel, 앞의 책, p.238.
382) Herman Kahn, *On Thermonuclear War* (Princeton: Princeton UP, 1960), pp.291-295. 혹은 Kahn, *Thinking about the Unthinkable* (New York:The Hearst Coorperation, 1962), pp.44-46

성향, 일반적인 만병통치약 또는 모든 도발에 대한 대응책이라 불렀다.[383]

그것은 군사작전에 있어 단일행동이나 대결전을 선호하며 핵 슐리이펜 계획을 더 좋아하고 델브류크가 말하는 소모전쟁보다는 섬멸 전쟁을 더 좋아한다. 따라서 이러한 경향은 순수분쟁의 합리적 이론을 가능케 한다.

델브류크가 말하는 바와 같이 클라우제비츠는 오직 절대전 이론만을 주장하지 않았다. 그는 전쟁의 모든 양상을 보고자 하였으며 모든 형태의 전쟁을 수용할 수 있는 전쟁이론을 구축하고자 하였다. 따라서 그는 도그마를 극복해야만 했고 이러한 신념은 그로 하여금 보다 복잡하고 상대적인 전쟁관을 제시하게 만든 것이다. 실제로 클라우제비츠는 국가가 대응하는 전략이 없이 오직 사소한 문제에 집착하게 되는 상황이 존재할 수 있다고 말했다. 그는 주장하기를 "이것은 분명히 가능한 것이다. 왜냐하면 두 국가 간에 있어서 전쟁에 대한 하찮은 정치적 동기는 불균형의 효과를 초래하기 때문이다"[384]라고 말하고 있다.

여기에서 클라우제비츠는 불필요한 확대를 초래하게 하는 사소한 문제에 대하여 우려를 표하는 억제의 신뢰성 이론주장자들과 연계된다.

(2) 억제의 신뢰성(credibility)과 삼위일체(Trinity)

억제의 신뢰성 이론은 억제를 위한 위협은 상대편이 그것을 믿고 받아들일 수 있을 때에만 효과가 있으며, 위협이 신뢰성 있고 확신되기 위해서는 억제자가 공격받는 경우에 그 위협을 실제로 수행할 준비를 갖추고 있다는 점을 확실히 해야 한다는 것이다.[385] 이 이론의 주장자들은 따라서 핵억제란 상대적인 것이며, 무력에 의한 위협이 실제로 실현 될 경우는 발생하지 않을 것이라는 가정에 국가안보의 기초를 두는 것은 문제가 있다고 억제의 최종성 이론을 비판하고 있다.[386] 따라서 억제의 신뢰성 중시주의자들의 입장은 절대적 협력이나 절대적 갈등 또는 핵 평화나 핵 공멸을 의미하지 않고 절대적 협력과 갈등의 혼합을 의미한다. 이 이론은 섬멸의 가정에 기초하고 있지 않으며, '국가의 파괴나 국가에 중요한 어떤 것이 위험에 처하는 것은 단 일격에 이루어지는 것이 아니라 단계적으로 전개된다[387]는 것으로서 이러한 점진적 반응의 전략 속에서 신 클라우제비츠학파들은 핵전에 내재하는 위협을 통한 핵 평화를 이룩하기를 원한다. 즉 이들 억제의 신뢰성 학파의 사고는 이중의 의미를 보유하게 되는데 그것은 바로 협력

---

383) Y. Harkabi, 위의 책, p.30
384) Clausewitz, *On War*; Graham Translation, 앞의 책, p.110.
385) Y. Harkabi, 앞의 책, p.31.
386) 위의 책.
387) 위의 책, p.32.

과 갈등이다.

본질적으로 억제의 신뢰성은 절대전에 이르지 못하도록 상대편의 마음을 바꾸도록 하는 의도로서 델브류크는 이 방법을 소모전쟁의 정신이라고 하였다.[388] 따라서 이러한 논리에 의하면 억제는 반드시 무력에 상응하는 신뢰성을 전제한다. 맥나마라의 '손실의 극소화'damage limitation 전략과 '확실 파괴'assured destruction 전략[389]은 억제를 위한 수단적 위협의 신뢰성을 중시한 것이다.

이 억제의 신뢰성과 클라우제비츠와의 관련성은 다 같이 우연chance, 개연성蓋然性, probability의 강조에 있다.[390] 즉 순수분쟁과 순수협력 간에 존재하는 긴장을 해소하는 상징적 존재로서 삼위일체는 논리적인 해답을 가질 수 없는 것으로서 델브류크의 말과 같이 정지된 것suspended으로서 남아 있게 되는 것이다.

클라우제비츠는 전쟁의 전 스펙트럼, 즉 상대방에 대한 위협으로 부터 시작하여 협상, 그리고 절대전쟁에 이르는 전체적인 면모를 인식하고 있었다. 이런 점에서 클라우제비츠의 단계적 이행段階的 移行, gradation과 허먼 칸의 확전 사다리escalation ladder 개념은 많은 유사성이 있다고 볼 수 있다.

이상에서 고찰하여 본 바와 같이 클라우제비츠의 삼위일체와 도그마는 현대 억제이론과 관련되어 인식될 수 있다. 따라서 라포포트의 언명, 즉 "억제란 클라우제비츠의 정치적 목적의 문맥에서 는 존재하지 않는다. 클라우제비츠가 예측한 전쟁준비는 단지 하나의 목적적인 전쟁을 위한 것이다"[391]는 말은 오류라고 볼 수 있다. 왜냐하면 클라우제비츠는 위협이란 것을 인식하고 있었고 상대적 위협과 절대적 위협을 구별하고 있었기 때문이다. 따라서 클라우제비츠의 전쟁계획이 단지 한 가지 방법인 전쟁만을 의미한다는 라포포트의 주장은 잘못이다.

2. 현대전에 있어서 정치연장의 두 의미

힘의 측면에서 볼 때 국제관계란 제로섬과 난제로섬 게임적 성격을 동시적으로 나타내면서 수행되는 유동적이고 혼합적인 경향을 나타내고 있는데, 일반적으로 전문가들은 전쟁을 의식적이고 다분히 합리적인 정책결정으로 이해하려는 견해와 이를 비인간적인 힘에 의한 폭력형태로 간주하는 견해로 분양되고 있다. 후자는 정책결정자들이 상당한 결정의 범위와 능력을 보유한

---

388) Gabriel, 앞의 책, p.244.
389) Richard G. Head and Ervin J. Roke, Strategy and the Use of Force in American Defense Policy (Baltimore Hie Hopkins UP, 1973), 국방대학원 역, 『미국의 전략과 군사력』 안보총서 6, p.280 재인용.
390) Gabriel, 앞의 책, p.245.
391) A. Rapport (ed.), "Concluding Remarks", in Clausewitz, On War (Baltimore: Penguin Books, 1968), p.413.

것으로 보는 관점이며 전자는 그것이 극히 제한되어 있다는 가정을 시사하고 있다.

이러한 구분은 마치 전쟁이 '게임'류의 전쟁과 '싸움'류의 전쟁이 있다는 형태분류와 동일한 것으로서 클라우제비츠가 말하는 현실전과 절대전의 구분과도 상통한다. 그러나 실제에 있어서는 전쟁이 '게임'적인 것과 싸움적인 것의 병존적인 형태로 발생하고 있기 때문에,392) 이러한 구분의 일면만 보는 것은 비현실적이다. 또 다른 측면으로 전쟁과 게임은 근본적으로 다른 것이기 때문에,393) 게임적 측면에서 전면핵전을 회피하기 위해서나, 다양한 이해 및 갈등관계의 제요소들을 극복하기 위해 상호이익 및 묵시적 협력에 대한 이해의 모색은 아주 바람직한 것이라는 데에는 이의가 제기될 수 없는 것이다. 그러나 너무 일방적인 이해는 당위當爲, ought와 존재存在, is 사이의 근본적인 차이를 간과하는 이상론이 될 가능성이 많다. 왜냐하면 인간은 우호적인 태도와 적대적인 태도를 같이 보유하고 있기 때문에 감정의 이율배반으로 인하여 전쟁을 싸움형태로 파악하더라도 이러한 정치적 협력동기와 갈등동기의 대립은 정치적·군사적으로 해결하려는 노력의 가능성을 내포하고 있고, 따라서 현실적인 해결책을 모색하게 되기 때문이다.

따라서 전쟁을 합리적인 정책결정으로 보려는 견해와 비인간적인 힘에 의한 대중형태로 이해하려는 견해는, 정치에 있어서 전쟁의 위치가 어디에 있느냐 하는 비중에 관련된 것으로서, 이는 역으로 전쟁은 정치의 계속인 것이냐, 정치가 단절된 것이냐 하는 논의를 각각 야기 시키게 되는 것이다.

전쟁을 합리적인 정책결정으로 인식할 경우 여기서 가장 문제시되는 것은 이러한 결정의 정통성正統性 문제이다. 이러한 정통성은, 키신저에 의하면 '실행할 수 있는 타협의 성격, 그리고 허용할 수 있는 외교정책의 목표와 방법에 관한 국제적 합의'394)이며, 그것은 '협상을 통한 이견의 조정'395)을 통해서만이 가능한 것인데 이의 국내 정치적 조건은 국민과 국가 간에 형성된 건전한 합의에 기초해야 하는 것이며 이러한 조건 없이 의사결정 단위의 정통성을 확립할 수는 없는 것이다.

따라서 이러한 정통성이 확립되지 않은 정책결정이란 바로 정치의 도구로서 자의적인 수단으로 행사하게 됨을 의미하여 여기서 전쟁은 정치의 단절을 의미하게 된다. 즉 전쟁을 자의적恣意的 수단으로 사용하게 됨으로써 전쟁은 합리적이 아닌 비인간적인 힘에 의한 비이성적 대중

---

392) Anatol Rapport, *Fight, Games and Debate*, 앞의 책, p.9.
393) 전쟁과 '게임'의 차이에 관해서는 J. Gabriel 앞의 책, pp.124-125 참조.
394) Henry A. Kissinger, *A World Resorted-Europe After Napoleon: The Politics of Conversation in a Revolutionary Age*(New York: Grosset and Dunlap, Universal Library, 1964), p.1.
395) Helmut Schmit는 이러한 내부적 정통성 문제를 '국민의 최소한의 충성심'이라고 말하고 있다. Armos A. Jordan and William J, Tailor, Sir, *American national Security Policy and Process* (Baltimore & London:The Johns Hopkins University Press, 1981), p.11.

폭력 형태와 동일하게 되어 정치적 붕괴를 초래하게 되는 것이다. 반면 정통성이 확립된 정책결정은 자위적인 전쟁으로서 이성적인 것이 될 수 있고 정당하게 수행될 수 있는 것이 된다. 따라서 합리적인 정책결정이라는 말에는 이러한 전쟁의 사용에 있어서 자의성과 정당한 도구성이라는 의미가 함께 함축되어 있는 이중성을 가지고 있으며, 이에 따라 전쟁은 정치의 계속인가 아니면 단절인가 하는 논의가 야기되는 것이다.

지금껏 검토해 온 바와 같이 클라우제비츠의 저명한 언명 "전쟁은 타 수단에 의한 정치의 계속이다"는 말에는 전술한 두 의미, 즉 '정치의 계속성'과 '정치의 도구성'이란 의미가 동시에 함축되어 있는데 전자가 바로 국가이성에 의한 분별력 있는 힘의 사용이라는 자제성을 의미하고, 후자가 바로 목적적 성격을 가진 도구성의 개념으로서 자의적·남발적 도구로서의 전쟁사용 개념으로 오해될 수 있는 소지를 지닌다.396)

이 점을 좀 더 구체적으로 클라우제비츠에 입각, 분석하여 보면 앞에서 분석한 바와 같이 그는 삼위일체 논의에서 인적요소, 즉 맹목적 충동, 집단 심리에 의한 순수분쟁 또는 전쟁 그 자체가 제3의 요소, 즉 지적요소에 의하여 정지suspended된다고 보고 있다. 이러한 지적 요소는 인간으로 하여금 목적적 힘을 갖게 하는 것으로서 국가와 국민 간에 합의를 유도하며 전쟁을 그 자체로 서가 아니라 정치적 목적을 갖는 전쟁으로 만들게 된다. 이것은 협력적 투신commitment과 자기통제self-control를 수렴시켜 이성적 조절control과 협력적 투신을 가능케 하여 이로써 전쟁을 방지시키며 조화를 이루게 하는 것이다. 만약 이것이 없으면 전쟁은 자의적인 것이 되고 전쟁 그 자체가 되어 정치와 전쟁은 분리 불가한 것이 되어 버린다.

또한 국가와 국가 간의 관계에 있어서 완전(건전)한 국가란 개인의 마음을 국가에 수렴시켜 완전한 이해verstand를 이룩하는 국가인데, 이때 인간은 이를 통해서 개체로서가 아닌 하나의 부분으로 통합하게 되어 완전히 국가에 통합하게 된다. 이것은 곧 본능적인 인적 요소와 자제적인 지적 요소의 수렴을 의미하고 이것은 합리적인 합의 즉 '아래로부터 위로의 힘'force from below을 획득하게 되어 정통성을 확립하게 되는 것이다. 이러한 수렴이 실패는 국가의 통치력을 불완전하게 만들고, 이때에는 타 수단에 의해 이 수렴이 성취되게 되는데 그것은 바로 국가의 간섭을 의미하며 '위로부터 아래로의 힘'force from above의 행사가 되는 것이다. 따라서 이러한 수렴이 합리적 합의로 이루어질 때 정책은 이성적인 것이 되고 합리적 수렴이 실패할 때 정책은 비이성적인 것이 되는 것이다.

---

396) 라포포트는 클라우제비츠 시대에 있어서 존재(is)와 당위(ought)의 차이가 오늘날과 같이 경험주의적 시대에서 여겨지듯이 그렇게 날카로운 것이 아니었다고 말하고 있다. 따라서 현대에 있어서의 클라우제비츠해석의 관건은 이러한 구분에 의한 분석의 필요성이 절실하며, 따라서 라포포트의 언명은 필자의 이 같은 견해에 대한 근거가 된다고 말할 수 있다. 제5장 참조.

이러한 논리는 분명히 당위적·규범적 논리이다. 다시 말하면 '전쟁은 무엇이 되어야 하느냐'하는 것인데 라포포트에 의하면, '전쟁이 무엇이 되어야 하느냐 하는 문제는 바로 합리적인 것이 되어야만 한다'[397])는 것으로서 전술한 바와 같이 이런 주장은 존재is를 무시한 일 측면의 논의에 불과한 것이다. 그렇다면 무엇이 현실reality; what is인가? 이것은 마치 클라우제비츠가 나폴레옹을 해답으로 인식한 뒤 다시 '전쟁의 항구적인 본질은 무엇인가?'하는 의문을 제기했던 것과 상통하는 것이다.

대부분의 학자들은 전쟁을 문명의 산물이며 역사에 상존하고 있는 현상이란 점에 동의한다. 즉 폭력전쟁은 현실적으로 발생하고 존재한다는 것이다. 이 점에 대하여 레이몽 아롱은 "전쟁은 사회적 현상이기 때문에 인간이 집단을 형성하기 이전에는 있을 수 없다. 그래서 소위 사회적 동물만이 전쟁을 하며 전쟁은 곧 전투원의 사회화를 의미한다"[398])고 말하고 있다. 따라서 '현대 전쟁은 문명의 특수한 산물이고 신비스런 유형의 희생제물을 얻기 위해 조직화된 노력의 결과'[399])이며, '인간이 독립성과 일체성을 유지하기 위해 사회적 문화적으로 발전해 가는 과정의 결과'[400])인 것이다.

전쟁은 정치적 상호작용의 불가피한 결과이며 특이한 돌발사건이나 탈선행위가 아니고 정치과정의 정당한 (정상적인) 결과[401])라고 볼 수 있으며 이로써 우리는 현실인식에 있어서 '무력수단에의 의존은 인간조건의 불가항력적인 특징'[402])이라고 말할 수 있다.

클라우제비츠는 이것을 사투에 비교하여 설명한다. 전쟁본질 인식에 있어서 전쟁이란 본질적으로 두 레슬러 간의 사투와 같이 맹목적 본능으로부터 관찰될 수 있는 증오, 원한, 또는 본질적 폭력으로서 이것들은 단지 보이거나 느껴지는 것이라는 것이다. 이점은 체계적 분석이나 과학적 '틀'로서 취급될 수 없는 전쟁 그 자체로서 인식된다. 이러한 맹목적 본능으로서 적대감정과 적대적인 의도는 인간을 전쟁으로 유도하며 이것은 확대되어 절대화되는데, 이때 국가의 전쟁은 사투적 성격을 띠어 전쟁은 정치의 단절이 되고 만다. 즉 협상과 타협의 동기는 개입될 수 없으며 오직 절대추구 또는 대결심에 의한 목적의 추구만을 생각하게 되는 것이다.

그러나 클라우제비츠는 이러한 성향이 되지 못하도록 작용하는 것이 있어 절대전이 일어날 수 없다고 상정한 것이 '보이지 않는 손'hidden hand으로 상정하여 이에 의지하고 있으며, 따라

397) Anatol Rapport(ed.), *Clausewitz: On War*, 앞의 책, p.11.
398) Raymond Aron, *Peace and War. A Theory of International Relations,* trans. by Richard Howard and Annette Baker Fox (New York: Preagerm 1968), p.350.
399) Aron, 위의 책, p.364.
400) Georgy Hunt Douse, "*A Comparative Study of Conflict Theory*", Unpublished Ph. D. Dissertation (University of Marylandm, 1974), p.3.
401) 위의 책, p.9.
402) 위의 책.

서 이러한 절대추구의 정신을 현실적인 대안으로 보고 있다. 즉 절대의 추구는 궁극적으로 절대적인 것의 발생을 야기하지 않는다는 역 논리로서 전투수행에 있어서 실천적 지침을 제공하고 있는 것이다.

그러나 현대에 있어서 핵무기의 절대성은 이러한 클라우제비츠의 낙관론적 기대를 여지없이 깨뜨리고 말았다. 핵무기는 그 엄청난 파괴력으로 인하여, 절대추구는 적대국을 넘어서는 쌍방 간의 공멸위협을 야기시켰으며 역설적이게도 현대 핵억제이론 중에는 절대의지로서 핵평화가 이룩될 수 있다는 억제의 최종성 학파가 등장하게 되었는데 이 학파에 의하면 핵논리란 간단한 것이다. 즉 상호공멸의 가정은 제로섬적인 것이며 이론구축이 가능한 것이 되어 더 이상 이론적 혼란은 종결되게 된다. 이러한 논리 속에서도 절대핵전으로 가지 못하게 작용하는 보이지 않는 손이 존재하는데 그것은 바로 비합리성의 합리성에 의한 상호억제[403]와 잉여억제_{residual deterrence}[404]의 개념이다. 이것들은 합리성을 전제로 하여 역량과 의도 그리고 이 둘의 혼합으로 구성되는 의사전달 등 억제의 3요소와 함께 억제이론을 형성하는 기초요소라고 볼 수 있다.

어떻든 핵위협으로부터 벗어나기 위해서는 자위적인 자체의 핵무기(절대무기)를 보유하지 않으면 안 된다는 개념 하에서 발상된 것이다. 물론 억제의 신뢰성 학파의 논리는 이런 점에서 더욱 분명하다.

논지는 핵뿐만이 아니고 재래식 무기도 기술의 발달로 인하여 그 위력이 억제력을 형성할 수 있을 만큼 파괴력이 극대화되어 있다는데 있다. 따라서 현실적인 위협으로부터 국가의 생존과 가치 보존을 위해서 이것을 보장할 수 있는 역량을 보유하지 않으면 안 된다.

따라서 모든 국가는 군사력을 보유하지 않으면 안 된다. 아트_{Robert J. Art}는 군사력의 역할과 그 필요성에 대하여 다음과 같이 말하고 있다.[405] 첫째, 모든 국가는 자신을 지켜야 하며 국가목표 달성을 위한 수단을 지녀야 한다. 둘째, 모든 국가는 자신의 물리적 안전을 준비해야 하며 이것이 국가안보 목적달성의 전제조건이 된다. 셋째, 모든 국가는 절대적 목표보다는 상대적 목표를 가져야 하며 단기적 목표는 장기적 목표의 희생을 요구한다. 넷째, 모든 국가는 전략적 상호의존 관계에 있으며 따라서 국제경쟁의 상황 하에서 생존전략은 타국전략에 상관되는 강요된 선택이다. 다섯째, 무정부상태 하에서 국가는 도덕성을 지키기 어렵다. 따라서 모든 국가는 자신의 이익을 방호하고 신장하기 위해 필요로 하는 것을 스스로 준비할 수밖에 없다.

이렇듯 국제무정부 상황에서 군사력은 필연적으로 국가대외정책수행의 통합적인 부분이

---

403) Y. Harkabi, 앞의 책, p.25.
404) 위의 책, p.35.
405) Robert J, Art, "The Role of Military Power in International Relations", in B. Thomas Trout and Games E. Hart(eds.), *National Security Affairs: Theoretical Perspectives and Contemporary Issues* (New Brunswick and London: Transaction Book, 1982), pp.14-20

며 따라서 침략적인 국가가 전쟁을 준비하[]' 평화적인 국가도 전쟁을 준비하지 않으면 안 되는 것이다. 즉 평화를 유지하는 최선의 길은 전쟁에 대비하기 위해 준비를 하는 것이 되는 것이다.[406]

우리는 여기서 다시 클라우제비츠로 되돌아가지 않을 수 없다. 즉 이상과 같이 국가가 군사력을 필요로 하는 이유는 그것 없이는 아무것도 할 수 없기 때문이며(본질상), 이렇게 볼 때 아예 전쟁을 근원적으로 없애고자 하는 순진한 생각은 문제해결과는 동떨어진 것이며, 무책임한 접근방법이 되는 것이기 때문이다.[407] 그렇다면 대안은 무엇일까? 국가가 군사력을 필요로 하는 것이라면 그것은 어떻게 사용될 수 있는가?

클라우제비츠는 '폭력은 폭력에 대항하기 위해서 발명해낸 기술과 과학의 여러 가지 발명품으로서 스스로를 무장한다. 통상 국제법이란 용어로 불리는 자기제한이라는 것도 폭력적인 힘의 본질적 약화가 없는 한 폭력을 수반한다. .... 물리적 힘은 따라서 하나의 수단이고 적으로 하여금 우리의 의지에 강제적으로 복종하게 하는 것이 궁극적인 목적이다'[408]라고 말하고 있다. 이로부터 그의 절대전쟁 논의가 연결되며 그것은 결국 '정치의 이성적 도구성'으로 귀결된다. 즉 클라우제비츠는 국제정치와 국내정치 그리고 군사정책을 연계시켜 전쟁을 타 수단에 의한 정치의 계속으로 파악하게 된 것이다.[409]

이미 검토한 본 바와 같이 대부분의 오해를 불러일으켰던 이러한 점은 과연 클라우제비츠가 이렇듯 정치의 도구로서 절대적인 전쟁의 사용을 주장했느냐 하는 것이고 이 점은 본서 제5장에서 충분히 검토한 바 있다. 그 결론은 그러한 오해와는 정반대란 것이고, 그는 절대전적 경향에 우려를 표명하였다.

역사적 현실은 총력전 시대總力戰 時代를 맞고 있다. 수단과 목적을 극대화한 이러한 전쟁준비는 클라우제비츠가 우려한 바와 같이 자체의 논리와 진행과정을 가지고 있어 한번 시작되면 통제의 한계를 벗어나 무한 절대적으로 치닫게 된다. 특히 현대의 핵무기는 이러한 경향을 극대화시킨다. 따라서 여기서 대두되는 문제는 이 도구성에 관한 것으로서 이처럼 자의적인, 무제한적인 도구로서의 사용이 정당하느냐 하는 문제이다. 이 말은 도구로서의 사용결정이 정당한 것인가 하는 것과, 그것이 정당하다는 것은 무엇을 말하는가 하는 점이다.

단지 하나의 동기나 이익추구(또는 분쟁동기)만을 가진 전쟁에서는 협력이나 공유의 가치, 상호존중 및 평등의 의식은 존재하지 않는다. 이러한 동기를 클라우제비츠는 인적 요소 또는

---

406) 유재갑, "전쟁의 본질과 전략의 개념: '술'로서의 전략," 「연구논문」(서울: 국방대학원, 1983), p.21.
407) Obrien, 앞의 책, p. 2.
408) Clausewitz, *On war*, p. 76:국역, pp.52-54.
409) Edward M. Collins ed./trans., *Karl von Clausewitz, war politics and power*(Chicago:Henry Regnery co., a gateway ed., 1962), p.29.

증오와 원한 및 맹목적 본능과 동일시하였고(제5장 논의 참조), 라포포트는 이 증오를 전쟁의 동기에 상응하는 것으로 인식하고 있다.[410]

이상형 또는 순수형의 싸움은 클라우제비츠의 절대전 개념이나 휴징거Huzinga의 총체전 개념, 그리고 라포포트의 종말전cataclysnic war에 해당한다.[411] 동기가 분명하고 필요한 경우에는 이러한 전쟁은 자동적으로 무의식적인 자연의 진행과정과 유사하게 진행되며 이러한 무력분쟁은 도이취K.W. Deutch가 말하는 바와 같이 한 쌍의 미분방정식으로 기술될 수 있다.[412]

이러한 전쟁인식은 톨스토이의 전쟁관과도 유사한데 전쟁을 격변적 재난으로 여긴 그는 이런 재난에서 분자(개인)의 행동이 집단 전체의 행위와는 무관하다는 입장을 취하고 있다.[413] 이런 경우의 전쟁은 1차원적 입장에서 발생하여 1차원적 방향으로 진행해 나가게 된다. 따라서 1차원적 전쟁에서 결여하고 있는 것은 내적 논리나 필연적인 방향이 아니라 전쟁을 순수무력분쟁 형태가 아닌 다른 형태로 되게끔 하는 이성지향성reasonability 또는 그 능력이다.[414]

가브리엘은 이것을 해석학적 관점에서 클라우제비츠의 '이해'verstand를 통하여 설명하고 있다(제5절, 지적 요소 참조). 전쟁은 2차원적인 것이며, 따라서 여기에 확률의 계산과 판단(건전한)이 내재하게 된다. 따라서 현실적으로, 또한 인간의 지적 통제 하에서는 이러한 1차원적인 순수분쟁은 발생할 수 없는 것이다. 또한 전쟁은 이 상황 하에서 자의적인 도구가 될 수 없는 것이며 합리적인 도구가 되는 것이다. 따라서 합리적 도구란 지적·이성적 능력에 의하여 생존 및 자유를 목적으로 하는 최소한의 수단화를 의미하며 가급적 이의행사보다는 이것의 회피를 전제로 취해지는 정책결정이어야 함을 의미한다.

여기에서 우리는 다시 당위ought에로 순환되는 것을 발견하게 된다. 현실로서의 전쟁이 정책적 차원에서는 당위적·규범적으로 결정되어야 하며 정통성을 갖는 것이어야 한다. 즉 정치의 계속이어야만 한다. 비록 현실로서의 전쟁은 정치의 단절이지만 이것은 어디까지나 전쟁의 준비, 즉 전쟁계획상에서의 의미이며 이러한 전쟁을 이성적인 도구로서 사용하기 위한 결정에 있어서는 반드시 정치이어야만 하며 정치의 계속이어야만 한다. 즉 전쟁목적 차원에서는 목적의 분별 있는 선정으로서 정치가 계속되어야 하고 전쟁수행 차원에서는 순수 군사적인 것 외에 연합정치, 국내외정치가 필수적으로 연계된 가운데에서의 정치의 계속이 되어야만 한다.[415] 그

---

410) Anatol Rapport, 앞의 책, p.424

411) 유재갑, 앞의 논문, p.30.

412) Karl Deutch, *The Analysis of International Relations*(Englewood Cliffs: Prentice Hall Inc., 1968), p.113.

413) Anatol Rapport, 앞의 책, p.16/p.40. 또한 Raymond Aron, *Clausewitz, Philosophier of War*, Trans., Christine Booker and Norman Stone(New York: A Touch Stone Book, Simon & Schuster, Inc., 1986), p.339 참조.

414) 유재갑, 앞의 논문, p.31.

415) Edward M. Collins, (ed. / trans.), *Karl Von Clausewitz, War Politics, and Power*(Chicago:Henry Regnery Co. a gateway ed., 1962), p.29.

이유는 헤겔의 정치철학에서 보듯이 '이성적인 것은 현실적이고 현실적인 것은 이성적이다'416) 는 실천의 원리, 즉 형식적 자유 개념으로서의 자유의지가 내용적 자유 개념으로서의 인륜적 이념을 실현해 갈 수 있는 역사적 실천원리가 요청되기 때문이다. 클라우제비츠가 헤겔 사상의 영향을 다소라도 받았다고 인정한다면 이 점은 클라우제비츠의 현대적 유용성에 있어 가장 핵심적인 부분이며 현대전에 있어서 정치연장의 의미가 분석, 도출될 수 있는 유일한 관점인 것이다.

---

416) Hegel, *Grundlin der Philosophie des Rechts*,; 윤용석 역, 『법의 철학』(서울:휘문출판사, 1981), 서문, p.120.

제4세대 전쟁이론의 도전

논의 개요 ▶▶

2차 대전 후반부터 재해석되기 시작한 클라우제비츠는 한국전쟁을 통하여 완전히 되살아났다. 한국전쟁은 원자폭탄을 사용하여 전쟁을 종결한 총력전의 2차 대전과는 달리 원자폭탄의 사용과 군사적 강경정책을 주장한 맥아더를 해임하며 문민통제의 기초를 확립한 제한전쟁의 대명사가 되었으며 이로부터 클라우제비츠의 삼위일체 이론에 기초한 정치적 전쟁이론은 현실주의 전쟁이론의 기초가 되었고 '전쟁은 타 수단에 의한 정치의 계속이다'라는 언명은 전쟁의 본질로서 정치학 교과서의 바이블이 되었다.

그러나 과학기술의 발달과 전장 환경의 변화에 따라 전쟁 개념이 진화하면서 이러한 클라우제비츠에게 도전이 제기되었다. 그 첫 번째는 문화·문명전쟁론으로서 국가이익의 추구가 아닌 종교·문화적 신념에 의한 전쟁의 대두로 전쟁의 본질도 바뀌었다는 것이며 두 번째는 전쟁 양상의 변화로 국가 간nation states 전쟁보다는 비국가적 행위자non state actor들에 의한 전쟁과 비정치적 목적의 전쟁 시대가 되었기 때문에 클라우제비츠의 이론은 더 이상 유용치 않다는 성급한 논의들이 대두되었다.

그 대표적인 것이 제4세대 전쟁이론이다. 일부 이론가들은 노골적으로 클라우제비츠의 이론을 비판하며 이제 전쟁은 그 원인과 목적이 변화하였기 때문에 그의 이론은 시대에 맞지 않는다며 파기할 것을 요구하였다. 제4세대 전쟁이론이라는 것은 개념적인 것으로서 저강도 분쟁과 같은 하위 국가적Low state 차원 및 비정치적 차원의 전쟁을 통칭하여 아우르는 개념이다.

최근 단국대 조한승 교수의 연구417)는 이 점에 있어서 시의적절하다. 그가 말하는 제4세대전쟁 이론가들의 클라우제비츠 비난에 대한 적실성 여부를 살펴보기로 한다.

---

417) 조한승, 「제4세대 전쟁의 이론과 실제: 분란전(insurgency) 평가를 중심으로」, 국제정치 논총 제50집 1호(2010), pp.217-236.

개요

최근 이라크와 아프카니스탄에서 대분란전counterinsurgency을 벌이고 있는 미국중심의 다국적군이 압도적인 화력과 최첨단 기술력에도 불구하고 비교적 저열한 무기로 무장한 반군집단에게 고전을 면치 못하는 상황이 지속됨에 따라 그것의 원인과 의미에 대한 논의가 전개되고 있다. 그 가운데 대표적인 것이 바로 4세대 전쟁Fourth Generation Warfare: 4GW 이론으로서 4세대전쟁 주창자들은 전쟁의 양상은 정치, 경제, 사회, 문화, 기술 등의 발전에 따라 함께 진화하는 것이며, 냉전 종식 이후 전쟁의 양상이 3세대에서 4세대로 변모했다고 주장하고 있다.

이들은 현재 이라크와 아프가니스탄에서의 전쟁은 4세대전쟁 양상을 적나라하게 보여주고 있지만 아직도 미국의 군사전략은 대규모 화력과 기동력 및 기술적 우위에 바탕을 둔 3세대 전쟁 마인드에서 벗어나지 못했기 때문에 이라크 안정화 작전이나 아프가니스탄 탈레반 반군 소탕작전에서 고전을 면치 못하고 있는 것이라고 설명한다. 이들 가운데 일부는 미래의 전쟁이 반군세력이나 국제테러집단 같은 비국가적 실체가 주역이 되는 전쟁양상으로 전개될 것이라고 예측하면서, 더 나아가 국가가 무력을 독점하던 시대가 종식됨으로써 근대식 전쟁수행방식뿐만이 아니라 전쟁에 대한 본질적 이해에도 변화가 불가피하다고 주장하고 있다. 특히 근대전쟁에 대한 가장 탁월한 지적 설명을 제공한 클라우제비츠의 삼위일체 전쟁이론이 비국가적 실체가 주요행위자가 되는 새로운 양상의 전쟁에서는 적실성을 상실한다고 평가하고 있다(Creveld, 1991).

구체적으로 일부 4세대 전쟁 주창자들은 오늘날 국가 내의 전쟁이 급증하고, 비국가적 실체가 전쟁의 주체로 등장하게 된 것에 대해 이는 단순히 전쟁의 방식이 변화하는 것만을 의미하는 것이 아니라 전쟁의 원인과 목적에서의 변화까지 포함하는 것이라고 주장한다. 예를 들어 4세대 전쟁 개념의 발전에 많은 영향을 미친 크레벨트Martin van Creveld는 폭력의 독점자로서 국가가 쇠퇴하고 있다고 주장하면서, 미래의 전쟁에서 국가의 역할은 제한되고 대신 비국가행위자가 전쟁의 주역으로 등장할 것이라고 예측했다. 그는 베스트팔렌 이후 지속되어 온 국가와 전쟁 사이의 관계가 20세기 후반부터 역행하는 모습으로 나타난다고 설명했다(Creveld, 1991: 192-198).[418]

그는 국가가 더 이상 전쟁의 주체가 아닌 이상 전쟁의 목적도 변경될 수밖에 없다고 주장한다. 그는 우리가 전쟁의 목적을 국가이익이라고 간주하게 된 것이 16세기 마키아벨리 이후이며, 근대국가체제의 확립과 더불어 국가이익을 전쟁의 목적으로 보편적으로 받아들이게 되었다고 설명했다. 하지만 그는 전쟁이라는 현상은 근대국가 수립 이전에도 존재한 것이기 때문에 모든 전쟁 목적이 국가이익으로 설명될 수 있는 것은 아니며, 심지어 근대국가 수립 이후에도 전쟁이 항상 국가이익을 위해서 수행된 것은 아니라고 주장했다. 그는 많은 경우에 전쟁이 특정한 이익interests을 위해서가 아니라 의지will를 관철하기 위해 치러진다고 설명한다. 예를 들어 근대국가 수립 이전에 이스라엘 민족의 여호수아Joshua나 영국의 크롬웰Cromwell은 전쟁에 나서면서 전쟁의 목적이 '신의 영광'을 위한 것이라고 믿었고, 아퀴나스Aquinas의 정의의 전쟁론Just War도 전쟁이 이익을 추구하기 위한 수단으로 전락하는 것을 막기 위한 것이었다는 설명이다. 오늘날 세계 곳곳에서 테러를 벌이고 있는 알카에다와 같은 이슬람 근본주의 성향의 무장세력들이 폭력사용을 통해 궁극적으로 얻고자 하는 것은 국가주권의 수복이나 지하자원 확보와 같은 '이익'이 아니라 그들이 종교적 신념 그 자체를 위한 것이며, 이를 위해 '순교적' 의미에서 자살폭탄테러도 서슴지 않는다는 것이다. 그러한 맥락에서 크레벨트는 미래에 국가가 아닌 다른 행위자들이 전쟁의 주체가 되면 '이익'을 추구하는 전쟁이 사라지고 다른 어떤 것, 특히 인간의 영혼soul이 전쟁의 목적이 될 것이라고 주장한다. 다시 말해서 이런 저런 목적의 현실화, 특히 국가의 이익을 '위하여' 치러지는 전쟁은 사라지고, 인간의 존재 그 자체를 위한 삶과 죽음의 투쟁으로 변화한다는 것이다. 그런 차원에서 그는 '정치의 도구로서의 전쟁'이라는 클라우제비츠적 세계가 끝났음을 선언했다(Creveld, 1991: 212-218).

과연 그런가? 그렇지 않다. 이들은 클라우제비츠를 제대로 보지 못하고 이해가 부족하며, 일부내용에 대해서는 오해를 하고 있다. 그들의 주장은 오류이다.

---

418) 크레벨트는 4세대 전쟁이라는 표현을 직접 사용하지는 않고, 대신 저강도 분쟁(low-intensity conflict)이라는 용어를 사용했다.

제4세대 전쟁이론가들의 클라우제비츠 비판

클라우제비츠적 전쟁관에 대한 일부 4세대 전쟁 주창자들의 도전은 특히 클라우제비츠가 제시한 전쟁의 삼위일체에 대한 비판으로 나타났다. 전쟁의 삼위일체는 클라우제비츠 전쟁론에서 가장 중요한 전쟁에 대한 설명이며, 전쟁에 대한 가장 총체적인 정의이다. 그는 전쟁에 대해 다음과 같이 최종적으로 정의 내렸다.

> 전쟁이란 구체적 상황에 따라 그 성질을 달리하는 카멜레온과 같다. 전체적인 현상으로서 전쟁의 지배적 경향은 언제나 기묘한 삼위일체로 나타난다.
> 첫째, 맹목적인 자연적 힘으로 여겨지는 증오·적개심과 같은 본래의 격렬성.
> 둘째, 전쟁을 자유로운 창조적 정신활동으로 만드는 개연성과 우연성.
> 셋째, 정책적 도구로서의 전쟁을 전적으로 오성悟性의 영역에 속하게 만드는 전쟁의 종속적 성격.
> 이러한 세 가지 측면 가운데, 첫째의 것은 주로 인민에, 둘째의 것은 주로 지휘관과 군대에, 셋째의 것은 주로 정부에 각각 속하는 것이다(Clausewitz, 1976: 89, 강조는 필자).[419]

다시 말해 클라우제비츠가 말하는 전쟁은 세 가지의 요소, 즉 인민의 열정, 전투현장에서 지휘관의 작전능력과 군대의 사기, 그리고 정부의 치밀한 정치적 목적으로 구성되는 것이다.

인식론적인 관점에서 클라우제비츠의 삼위일체는 변증법적 철학에 기반을 둔 것이다. 변증법은 인간의 사고와 역사가 직선적인 방향으로 진보하는 것이 아니라 몇몇의 단계로 구분되고, 각각의 단계는 기존의 단계와는 근본적으로 변화되는 것으로 이해한다. 근대 이후 많은 사

---

419) 클라우제비츠의 전쟁론은 본래 독일어로 쓰인 것이기 때문에 우리말 번역에 많은 논란이 있다. 특히 전쟁의 삼위일체에 대한 그의 정의에서 독일어 Verstand에 대한 우리말 해석은 어려움이 있다. 필자가 참고한 Michael Howard와 Peter Paret이 영어로 번역한 책에는 'reason'(이성)으로 번역되어 있다. 하지만 이종학(2002)은 클라우제비츠가 독일 관념론의 영향을 많이 받았고, 관념론에서는 '理性'(Vernunft)과 '悟性'(Verstand)을 구분한다는 점에서, 그리고 클라우제비츠가 구분한 절대전쟁과 현실전쟁 가운데 그의 전쟁론의 주요 내용은 현실전쟁에 관한 것이라는 점에서 현실보다는 철학적 의미가 강한 '이성' 보다는 '오성'으로 해석해야 한다고 주장한다. 필자는 Howard와 Paret의 영어번역을 이종학(2002: 164)의 해석을 참고하여 우리말로 다시 옮겼다.

상가들은 역사의 발전에는 어떤 흐름이 있으며, 그것은 거대한 법칙과 같이 인간의 행위를 사실상 결정한다고 보았다. 영국의 철학자 존 스튜어트 밀John Stuart Mill은 역사를 유기적 시대organic period와 비판적 시대critical period로 구분하였다. 전자는 안정적 시기를 의미하고 후자는 변혁의 시기를 의미하는 것으로서, 그는 역사가 이러한 시기의 반복으로 이루어진다고 이해했다(Mill, 1909: 107). 헤겔Hegel도 역사적 진보를 변증법적 진보로서 설명하였다. 즉, 창조적 파괴에 의해 각각의 역사 단계는 기존의 단계를 부정하는 힘을 생성하고, 이것은 새로운 단계를 조합하게 된다는 것이다. 다시 말해서 인간의 역사는 정반합正反合의 변증법적 과정을 통해 진보하는 것이다. 그는 "자유란 권리와 법으로서의 보편적이고 궁극적인 목적을 인지하고 수용하는 것에 다름 아니며, 그것과 조응하는 실체, 즉 국가의 생성을 의미한다."고 설명했다(Hegel, 1956:59).

전쟁에 대한 연구에서도 이러한 진보적 역사관은 많은 영향을 끼쳤다. 주지하다시피 클라우제비츠의 전쟁 인식은 헤겔의 영향을 많이 받은 것으로 알려져 있다. 그는 헤겔의 변증법을 전쟁 개념에 적용하여, 순수한 인간본성(혹은 이성)에 의한 순수전쟁正과 현실의 전장에서 끝임없이 이성과 마찰을 일으키는 현실전쟁反을 구분하여 총체적인 관점에서 전쟁을 이해合해야 한다고 설명했다(Paret, 1985: 177-180).[420] 그러한 총체적인 관점에서의 전쟁 이해가 곧 전쟁의 삼위일체이며, 이는 전쟁에 대한 정thesis, 반antithesis, 합synthesis의 변증법적 해석인 것이다.

인민의 열정으로 대변되는 자연적 증오와 적개심은 필연적으로 나와 상대를 구분하게 만들며 행위자간의 상호관계를 경쟁적인 것으로 만든다. 이러한 경쟁적 관계는 상대방이 나를 공격할지 모른다는 불안감을 초래하여 생존을 위한 힘의 추구로 나타나게 되고, 이는 모든 행위자에게 공통적으로 나타나는 현상이다. 따라서 이러한 경쟁적 힘의 추구는 궁극적으로 군비경쟁의 악순환을 빚어내고, 결국 전쟁이라는 재앙에서 벗어날 수 없도록 만든다. 이는 인간이 무지해서가 아니라 인간의 본성에서 나오는 필연적 결과이다. 이것은 전쟁의 변증법에서 정thesis에 해당하는 것이다. 하지만 실제 인간세상에서 모든 행위자간 관계의 결말이 항상 군비경쟁의 결과에 따른 폭력의 사용으로만 점철되는 것은 아니다. 국가 간의 관계에서도 대결적인 관계에 지속된다 하더라도 그것이 항상 무력분쟁, 즉 전쟁으로 나타나는 것은 아니다. 자연적 증오와 적개심이 존재하더라도 전쟁에서 승리할 수 있다는 확신이 없다면 전쟁에 나서는 것을 회피하게 된다. 서로가 증오하면서 경쟁하면서 상대를 제압할 수 있는 힘을 키우고자 한다면 상대를 제압하기는 점점 어려워진다. 왜냐하면 상대도 똑같이 힘을 키워왔기 때문이다. 게다가 폭력의 사용이 항상 계획한대로 이루어지는 것은 아니다. 예를 들어 습격하기로 계획한 날 기상조건이

---

420) 하지만 Peret은 클라우제비츠가 국가의 군사력과 방어에 대한 관심의 출발점으로서 헤겔의 역사철학을 크게 받아들였지만, 국가 자체에 대한 관심을 보인 것은 아니라고 설명한다.

악화될 수도 있고, 예상치 못하게 병사들 사이에 전염병이 번질 수도 있다. 그러한 마찰은 끊임없이 발생하며, 이는 전쟁의 안개를 더욱 짙게 만든다. 결국 그러한 안개 속에서 군사적 승리를 거두기 위해서는 탁월한 전쟁 지휘자가 필요하며, 그러한 지휘에 따라 용감하게 움직일 수 있는 군대가 필요하다. 이것이 바로 전쟁의 변증법에서 반antithesis에 해당한다. 이러한 정thesis과 반antithesis의 총체적 합synthesis이 바로 '전쟁은 정치의 연속'이라는 명제이다. 정치는 사회적 존재로서의 인간이 살아가는데 결코 떼어놓을 수 없는 본능적인 것이면서 동시에 일정한 형태를 띠고 수학적 논리처럼 작동하는 것이 아닌 매우 가변적인 것이다. 전쟁은 바로 수단을 달리한 정치이며, 정치가 단 한순간도 정적으로 멈춰 있지 않는 것처럼 물리적 폭력의 사용이 존재하지 않는 상태라 할지라도 정치로서의 전쟁은 계속되는 것이다. 예를 들어 국가 간에 세력균형 상태가 만들어져 있다 하더라도 정치로서의 전쟁의 관점에서 그것은 언젠가 상대를 굴복시킬 수 있는 기회를 노리고 기다리는 것이기 때문에 결코 전쟁의 조건이 사라진 것이 아니다. 따라서 전쟁은 시시각각 색을 바꾸는 카멜레온처럼 매우 가변적인 것이 된다. 근대국가체제에서 그러한 본능적 적개심과 현실에서의 우연적 요인들을 모두 고려하면서 정치로서의 전쟁을 준비하고 실행하는 존재가 바로 국가(정부)인 것이다. 클라우제비츠가 제시하는 전쟁의 삼위일체는 결국 인간의 본성과 가변적 현실, 그리고 그것을 포괄하여 작동하는 정치 이 세 가지를 아우르는 개념인 것이다.

하지만 일부 4세대 전쟁 주창자들은 세계화라는 변화 속에서 국가와 비 국가 사이의 경계가 점점 모호해지고 있기 때문에 클라우제비츠식의 삼위일체 논리가 더 이상 현실에 적용될 수 없다고 주장한다.[421] 크레벨트는 다음과 같이 삼위일체를 부정했다.

전쟁의 3세대에서 4세대로 전환하면서 삼위일체는 더 이상 적용되지 않는다. 새로운 형태의 전쟁은 국가에 의해 치러지지 않는다는 점에서, 혹은 '삼위일체'적인 분업에 의해 이루어지지 않는다는 점에서, 다시 말해 정규적 군사력에 의해 전쟁이 치러지지 않는다는 점에서 과거의 전쟁과 확실하게 구분된다(Creveld, 2008: 55, 강조는 필자).

국가가 없는 곳에서 정부, 군대, 인민의 세 가지 구분은 같은 형식으로 존재하지 않는다. 그러한 사회에서 인민의 비용으로 혹은 인민을 대신해서 전쟁을 치루기 위해 군대를 사용하는 정부에

---

[421] 4세대 전쟁 개념을 주장하는 모든 연구자들이 클라우제비츠의 삼위일체를 부정하는 입장을 취하는 것은 아니다. 예를 들어 함메스(Hammes, 2008)는 미래의 전쟁이 반군에 의한 게릴라전 양상으로 전개될 것이며, 이것이 비국가 행위자의 역할 강화 때문이라고 설명하기는 하지만 클라우제비츠의 삼위일체론을 직접적으로 부정하지는 않는다.

의해 전쟁이 이루어진다는 것은 틀린 말이다(Creveld, 1991: 50, 강조는 필자).

　'4세대 전쟁' 개념을 처음 정립한 린드 역시 전쟁의 삼위일체에 대한 크레벨트의 비판논리를 받아들여 자신의 주장을 재정립하였다. 처음으로 '4세대 전쟁'에 관한 개념을 제시했었던 1989년의 논문에서 린드는 클라우제비츠나 삼위일체에 대해서는 단 한마디도 언급하지 않았지만, 이후의 논문들에서는 크레벨트를 인용하면서, 삼위일체적인 전쟁은 전쟁의 역사에서 예외적인 것에 불과한 것이라 설명하며 미래의 전쟁은 클라우제비츠의 삼위일체와는 다른 형태로 이루어질 것이라고 주장했다.

　지구상의 인류의 거의 대부분의 역사에서 전쟁은 비非삼위일체였다. 가족이나 부족, 도시, 왕조, 종교, 심지어 (영국의 동인도회사와 같은) 상업적 조직까지도 전쟁을 치러왔다. 그들은 단순히 '합리적'인 국가이성이 아닌 여러 다른 이유로 싸웠다. 더 나은 경작지를 위해, 전리품을 위해, (트로이의 헬렌처럼) 여인을 얻기 위해, 노예를 차지하기 위해, (아즈텍 문명에서의 꽃의 전쟁처럼) 신에게 바칠 희생자를 얻기 위해, 혹은 자신들의 인종적 순수함을 위해 사람들은 싸웠다. 많은 경우 거기에는 일반인과 구분되는 계급과 제복을 갖춘 정규군이 존재하지 않았다. 무기를 휴대할 수 있는 모든 남성은 곧 전사였다. 전체 주민은 군사적 도구가 될 수 있었다. . . . 포스트모던 시대의 전쟁은 근대 이전의 전쟁이 될 것이다. 최근 삼위일체적인 군사력이 효력을 발휘하지 못하는 가자Gaza지구에서 우리가 목도하는 바와 같이 미래의 전쟁은 점점 더 비삼위일체적인 것이 될 것이다(Lind et al., 1994:36, 강조는 필자).

다시 말해서 미래에는 국가의 역할이 축소되고 그만큼 무력사용에 대한 국가의 영향력도 제한될 것이기 때문에 근대국가가 핵심적 행위자였던 시대에 국가가 무력을 독점하여 행사했던 전쟁현상을 설명하기 위해 만들어진 논리는 더 이상 적실성이 없다는 것이다. 결국 미래의 전쟁이 삼위일체로 설명될 수 없다는 그들의 논리는 국가와 전쟁 사이의 관계가 획기적으로 변화하고, 전쟁을 치르는 주체로서 국가의 지위가 약화 혹은 상실되기 때문이라는 것이다.

　실제로 그들이 주장하는 주장의 근거는 오늘날 여러 사례들에서 발견된다. 이라크와 아프가니스탄에서 미군과 싸우는 전사들이 싸우는 목적은 영토 확장이나 자원 확보와 같은 거창한 국가이익이 아니라 자신들의 종교적 혹은 에스닉ethnic, 윤리 공동체의 삶의 방식을 지키기 위한 것이거나, 아편재배와 같은 불법마약의 제조와 밀거래의 경로의 확대를 위한 것 대부분이다. 21세기 초의 그러한 전쟁양상은 20세기 초·중반의 민족해방전쟁과 일견 유사하게 보이지만, 중요한 사실은 민족해방전쟁은 국가 이전pre-state의 전쟁이며, 그것의 목적은 '국가'의 수립이었다.

하지만 오늘날의 그러한 전쟁은 국가수립을 목적으로 하지 않는다(Creveld, 1991: 142-143). 아울러 주목할 만한 사실은 그러한 전쟁을 치르는 전사들이 외부와 격리된 부대에서 정규적인 군사훈련을 받고 계급장이 부착된 군복을 입은 정규군이 아니라 마을의 비무장 민간인과 함께 어울려 생활하는 일반적인 인민people이라는 점이다. 이러한 양식의 전쟁에서는 국경선이 전선의 시작이 아니며, 전선이라 불릴만한 대규모 교전도 없다. 또한 일정한 형태의 전략과 전술도 구분되지 않는다. 이러한 전쟁은 더 이상 제도화된 전쟁이 아니다(Holsti, 1996: 36-37).

이와 같은 탈국가적 관점에서의 4세대 전쟁 주창자들 주장은 기존의 국가 중심의 역사철학을 부정 내지는 수정하려는 시도로 여겨진다. 이처럼 국가를 부정하는 인식은 기본적으로 단순히 국가의 실패와 같이 국가능력의 약화에서만 비롯되는 것이 아니다. 국가가 무력사용에 대한 독점적 지위를 스스로 비국가행위자에게 넘기는 현상도 동시에 나타나고 있다. 이는 상품과 자본의 세계화가 가속화되고 전쟁의 비용이 점점 더 저렴해짐으로써 전쟁의 양상이 점점 더 사적화privatization, 상업화commercialization의 경향을 보이기 때문이다(Münkler, 2003: 15-18). 이른바 전쟁의 아웃소싱outsourcing으로 불리는 현상이 현재 이라크와 아프가니스탄에서 나타나고 있으며, 미국 정부는 군사작전의 일부, 특히 전술적 지원, 군사자문, 병참 등 3개 부문의 임무를 민간군사기업들PMF, private military firms에 맡겨 운영하고 있다. 현재 미국 정부가 수주한 민간군사기업들은 60여 개에 달하며, 이들이 고용하여 이라크 등에서 활동하는 민간군사요원은 2만 명을 초월한다 (Singer, 2005). 이러한 현상은 국가들로 하여금 전쟁을 치르면서 발생할 수 있는 인명살상과 파괴에 대한 비난과 곤란함을 회피할 수 있는 가능성을 높여주기 때문에 더욱 선호되고 있다. 이것은 전쟁을 치르는데 필요한 인적·물적 자원을 동원하는 능력을 갖춘 존재로서 국가뿐만 아니라 비국가 행위자도 포함되기 시작했다는 점을 의미한다. 아울러 이러한 현상은 과거 근대국가 수립 이전의 용병제를 연상시킨다. 이러한 이유에서 크레벨트와 린드는 국가 중심의 역사가 국가의 강화로부터 역행하고 있다고 본 것이다.

제3절
클라우제비츠 비판 분석

1. 전쟁양상의 변화와 본질의 변화에 대한 혼동

일부 4세대 전쟁 주창자들이 주장하는 것과 같이 (국가의 능력 약화에 의한 것이든 아니면 국가의 의도에 의한 것이든) 국가의 무력독점현상이 약화됨으로써 비국가적 실체의 전쟁 영향력이 커진 것은 틀림없는 사실이다. 그렇다면 과연 클라우제비츠가 제시한 전쟁의 삼위일체는 미래의 전쟁에서는 더 이상 실효성이 없는 것이 되는 것인가? 결론적으로 말하자면 전쟁의 양상이 변화하는 것은 사실이지만 그렇다고 전쟁의 본질 자체가 변한 것은 아니며, 따라서 전쟁의 삼위일체가 부정되는 것은 아니라는 것이 필자의 견해다.

전술한 바와 같이 클라우제비츠는 전쟁은 인민과 군대, 그리고 정부라는 세 가지 요소의 오묘한 결합이라고 말하고 있다. 크레벨트와 린드 등이 이러한 삼위일체를 부정하는 가장 중요한 이유는 국가의 무력독점 약화에 있다. 하지만 국가의 약화를 이유로 전쟁의 삼위일체의 의미를 부정하는 것은 클라우제비츠의 전쟁철학을 잘못 해석한 것에 불과하다. 우선 클라우제비츠의 전쟁관과 일부 4세대 전쟁 주창자들의 주장은 인식론적 차원에서 서로 다른 차원에서 이루어지는 것이다. 우리가 흔히 클라우제비츠의 전쟁론을 전쟁이론 혹은 전쟁철학으로 인정하는 이유는 그가 제시하고자 했던 것이 단순히 '전쟁은 어떻게 치러졌는가?' 혹은 '어떻게 하면 승리할 것인가?'에 대한 내용이 아니라 '전쟁의 본질과 목적은 무엇인가?'에 대한 질문을 던지고 그에 대한 답을 구하고자 했기 때문이다.[422] 이처럼 클라우제비츠의 문제의식은 전쟁의 본질적 이해에 대한 것이었던 것에 비해 4세대 전쟁 개념의 문제인식은 '전쟁이 어떻게 변화하는가?'에 관한 것이다. 클라우제비츠의 '전쟁론'과 '4세대 전쟁' 개념 모두 우리말로는 '전쟁'이라는 어휘가 공통적으로 사용되지만, 클라우제비츠의 논의는 전쟁 그 자체의 본질과 원인을 탐구하

---

[422] 클라우제비츠의 전쟁철학에 대한 보다 자세한 해설로 영문으로는 Paret(1985 and 1992), Aron(1985) 등을, 국문으로는 류재갑·강진석 공저(1989), 류제승(1998), 강성학(1999), 이종학(2004), 박휘락(2005) 등을 참조하라.

는 전쟁_war 연구임에 반해, 4세대 전쟁 논의는 전쟁의 수행방식에 초점을 두는 전쟁양상_warfare 연구이다. 이 두 가지는 인식론적으로 서로 다른 차원의 논의임에도 불구하고, 크레벨트와 린드 등 일부 4세대 전쟁 주창자들은 전쟁양상_warfare의 변화에 대한 논의를 전쟁의 본질에 대한 논의로 변질시키고 있다.

클라우제비츠가 제시한 전쟁의 삼위일체는 전쟁의 본질에 대한 그의 명제, '전쟁의 정치의 연속'에 대한 총체적 설명이기 때문에 시간과 공간을 초월해서 모든 군사력의 사용에 보편적으로 적용되는 것이다. 적대감이라는 인간 본성과 수많은 개연성이 존재하는 현실세계, 그리고 그러한 상호괴리적인 측면을 총괄하여 목적을 위해 폭력을 사용하는 집단적 실체의 존재가 전쟁의 세 가지 요소이며, 이것은 곧 정치적 행위 그 자체인 것이다. 동서고금을 막론하고 전쟁은 정치적 행위였으며, 정치적 수단이었다. 전쟁 양상이 변화(진화)한다고 해서 정치적 행위로서의 혹은 정치적 수단으로서의 전쟁의 의미까지 변화하는 것은 아니다. 그러한 주장은 마치 상업적 거래가 물물교환에서 화폐의 사용으로 진화했다고 해서 가치의 교환이라는 상업의 본질 자체까지 변화했다고 주장하는 것과 같은 맥락이다. 근대국가의 등장과 쇠퇴가 전쟁의 본질에 대한 설명까지 변경시켜야 하는 것이라면, 근대국가 등장 이전의 봉건국가 간 무력사용은 전쟁이 아니라 과연 무엇이란 말인가? 이처럼 크레벨트와 린드 등 4세대 전쟁 주창자들은 전쟁에 대한 서로 다른 차원에서의 논의를 혼동하는 오류를 벌였다.

2. 삼위일체 이론의 변증법적 균형 미고려

인식의 차원에 대한 혼동과 더불어 나타나는 또 다른 문제는 일부 4세대 전쟁 주창자들이 삼위일체에 대한 클라우제비츠의 설명을 지나치게 형식적 측면에서만 이해했다는 사실이다. 크레벨트 등은 삼위일체의 의미를 왜곡해서 각각의 요소들을 분절적인 것으로 간주하고 있다. 앞서 제시한 크레벨트의 인용문에서 그는 '분업'_division of labor이라는 표현을 사용하면서 전쟁의 세 가지 요소들을 언급하고 있다. 이러한 표현은 각각의 요소들이 별개의 역할을 담당하는 것이며, 따라서 그 가운데 하나의 요소만을 떼어서 독립적으로 분석할 수 있음을 의미하는 것이다. 이는 삼위일체론에 내포되어 있는 변증법적 논리를 올바르게 이해한 것이라 할 수 없으며, 논리적인 의미가 아닌 자구_字句에 대한 기계적인 해석에 불과한 것이다.

하지만 클라우제비츠가 전쟁의 삼위일체론을 제시하면서 다음과 같이 부가적으로 기술했음을 주목할 필요가 있다.

이 세 가지 경향은 세 가지 서로 다른 법률 조항처럼 보이며, 그것들의 주제에 깊게 뿌리 박혀 있지만, 서로간의 관계는 변할 수 있는 것이다. 그것들 가운데 어느 하나라도 무시하거나 자의적으로 그들 사이의 관계를 고정시켜 보는 이론은 그 자체로 전적으로 쓸모없게 되어버린다는 점에서 현실과 충돌하게 될 것이다. 따라서 우리의 과제는 마치 세 개의 자석들 사이에서 끌어당겨지는 물건과 같이 이 세 가지 경향들 사이에 균형을 유지하는 이론을 개발하는 것이다(Clausewitz, 1976: 89, 강조는 필자).

물론 클라우제비츠가 인정한 바와 같이 전쟁 요소들 사이의 관계가 조금씩 변화할 수는 있다. 모든 전쟁이 항상 같은 모습이 아닌 이유가 여기에 있다. 그렇다고 해서 전쟁의 세 가지 요소 가운데 특정한 요소만을 따로 떼어서 이해하거나, 혹은 특정 요소를 배제한 채로 설명하는 것은 전쟁 그 자체에 대한 이해를 불가능하게 만든다(파레트, 1988: 279). 왜냐하면 이 세 가지 요소들은 삼위일체라는 말이 뜻하는 것처럼 세 가지의 요인들이 변증법적으로 결합되어 하나의 보편원리가 되기 때문이다. 따라서 전쟁에 대한 일반적인 이해에 대한 분석이든 아니면 특정한 전쟁에 대한 이해이든 모든 전쟁에 대한 연구와 이해에는 이 세 가지 요소들을 종합적으로 살펴보아야 한다. 하나의 이론이나 정책이 이 세 가지 요소 가운데 어느 한 가지라도 무시하거나 특정한 하나에 대해서만 관심을 기울인다면 그 이론이나 정책은 무용지물이 된다.

3. 삼위일체 각 요소에 대한 이해 부족 및 잘못된 해석

크레벨트와 린드 등 일부 4세대 전쟁 주창자들의 전쟁의 삼위일체에 대한 비판의 또 다른 문제 점은 전쟁의 세 가지 요소인 정부(국가), 군대, 인민에 대한 잘못된 해석에서 나타난다.

앞서 보인 바와 같이 그들은 '국가가 없는 곳에서 정부, 군대, 인민의 세 가지 구분은 같은 형식으로 존재하지 않는다'고 주장했다(Creveld, 1991: 50). 즉, 전쟁의 삼위일체에 대한 비판을 제기 하면서 국가의 무력독점 현상이 약화되고 있음을 그 근거로 제시한 것이다. 그들은 근대국가의 소멸이 전개되고 있기 때문에 당연히 전쟁에서 정부의 요소가 사라지게 되고, 이는 자연스럽게 국가에 의해 제도화되고 국가에 의해 조직되는 군대의 존재도 사라지며, 국가를 구성하는 개별 단위로서의 국민의 개념도 사라지게 됨에 따라 전쟁의 삼위일체론은 적실성을 상실하게 된다고 주장했다. 다시 말해 그들은 클라우제비츠의 전쟁이론은 근대국민국가의 수립 시기에 근대 국가에 의한 전쟁을 설명하는 데에는 적실성이 있지만 근대국가가 해체 혹은 소멸되는 시기에 서의 비국가적 실체들에 의해 치러지는 전쟁을 설명할 수는 없다는 것이다.

하지만 클라우제비츠에게 있어서 정부(국가)는 단순히 근대국민국가에서의 정부를 의미하는 것이 아니었다. 그에게 정부란 국가의 업무를 담당하는 기능적인 성격만을 지닌 조직으로서의 정부가 아니라 전쟁에서의 세 가지 요소 가운데 정책적 도구로서의 전쟁을 전적으로 오성(悟性)의 영역으로 만드는 힘을 구체화하는 모든 제도적 장치 일반을 의미하는 것이다(Echevarria, 2005: 6-8). 다시 말해서 근대국가가 중심이 되는 전쟁뿐만 아니라 반군세력이나 국제테러집단과 같은 비국가적 실체가 치르는 전쟁이라 할지라도 집단적 조직으로서 전투행위 혹은 테러행위의 궁극적인 정책목표를 설정하고 그것을 실천에 옮기기 위해 여러 가지 대안들을 고안하는 기능을 수행하는 핵심조직은 존재하며, 이것이 전쟁의 정치적 목적을 규정하는 역할을 한다. 예를 들어 알카에다가 비록 국가와 같은 모습을 띠고 있지는 않지만 무력을 동원하고 사용하는 집단적 조직으로서 오사마 빈 라덴을 중심으로 하는 지도부는 틀림없이 존재하며, 이러한 지도부는 전쟁의 목적과 투쟁의 방향을 결정하고 기획하는 역할을 수행한다. 물론 이러한 지도부가 국가의 정부와 같이 잘 짜인 조직체계를 갖추고 있는 것은 아니고 매우 은밀한 점조직 형태로 구성되어 있는 것이 사실이다. 그럼에도 불구하고 이러한 조직이 존재하는 것은 사실이며, 이러한 조직 없이 현재 벌어지고 있는 것과 같은 군사적 활동을 전개하는 것은 불가능할 것이다. 만약 크레벨트와 린드 등이 주장하는 것처럼 이라크와 아프가니스탄에서 전쟁을 치르는 반군 혹은 테러집단들에게 정부의 기능이 존재하지 않고, 따라서 그들에게는 정책적 도구로서의 전쟁의 의미가 존재하지 않는다면, 오사마 빈 라덴이 아프가니스탄 산 속에 숨어서 미국에 대한 공격을 지시하는 비디오를 비밀리에 녹화하고 이를 알자지라 방송과 같은 매체를 통해 아랍세계의 알카에다 세력들 혹은 반미 근본주의자들에게 전달하고자 하는 의도가 무엇인지 설명할 수 없을 것이다. 국가이익으로 나타나든 아니면 종교적인 의미로 포장되든, 결국 전쟁의 목적은 존재하는 것이고 그것을 실천하기 위한 전략과 전술을 고안하고 기획하는 업무를 담당하는 조직도 존재할 수밖에 없다.

이러한 이유에서 전쟁의 삼위일체 가운데 두 번째인 군대에 대한 일부 4세대 전쟁 주창자들의 설명 역시 잘못이다. 4세대 전쟁을 치르는 반군 전사들이 국가에 의해 제도화되고 위계적 조직을 갖춘 정규적인 군대는 아니지만, 그들 역시 전투 현장에서 전쟁의 진로에 끊임없이 마찰을 일으키는 개연성과 우연성이라는 전쟁의 한 경향에 지배를 받을 수밖에 없다. 미국 등 서방세계에 대한 무한한 적개심을 가진 알카에다 전사라 할지라도 그들이 벌이는 공격이 언제나 동일한 조건에서 이루어지고 항상 동일한 결과를 가져오는 것은 아니다. 무력을 실제로 행사하는 행위자가 잘 짜인 국가의 정규군이든 민간인과 구분하기 어려운 알카에다 전사이든 그들이 벌이는 폭력적인 행동이 효과적인 결과를 가져오기 위해서는 여러 가지 내적·외적 조건들을 고려해야만 하며, 설령 그러한 조건들을 최대한 고려한다고 하더라도 100% 완전하게 처음 기대했던 결과가 이루어지는 것은 아니다. 클라우제비츠가 제시한 삼위일체의 두 번째 요소는 바로 그러한 가변적 현실을 의미하는 것이다. 현실의 가변성은 그 대상이 국가의 정규군이든 반군전사이든 누구에게나 영향을 미칠 수 있는 것이지, 국가가 존재하지 않는다고 해서 그러한 가변성이 사라지는 것은 아니다.

　　마찬가지로 전쟁의 삼위일체에서 세 번째에 해당하는 인민(국민)에 관한 4세대 전쟁주창자들의 비판도 잘못된 것이다. 이라크의 반군이나 아프가니스탄의 탈레반 세력을 지지하고 후원하는 지역의 주민들이 국가로부터 시민권을 부여받고 국가에 충성하는 인민, 즉 국민의 입장에서 반군세력을 따르는 것은 아니다. 비록 그들이 국가로부터 민족주의적 충성을 교육받고 강요받으며 조직화되어 있는 것은 아니지만, 미국이나 서방 혹은 비 이슬람 세계에 대한 증오와 적개심을 가지면서 반군 세력을 후원하는 것은 사실이다. 따라서 국가가 존재하지 않으면 국가에 충성하고 국가에 의해 조직된 시민공동체의 일원으로서 국민이 존재할 수 없기 때문에 전쟁의 삼위일체의 첫 번째 요소 역시 존재할 수 없다는 일부 4세대 전쟁 주창자들의 주장은 오류이다. 국가가 존재하든 그렇지 않든 인간의 본성으로서 적개심은 여전히 존재하며, 이것은 다른 집단과의 관계를 긴장관계로 빠뜨리는 중요한 이유가 된다. 그러한 이유는 근대국가들 사이의 전쟁을 초래할 수도 있지만, 동시에 반군 세력이나 심지어 마약밀매업자들 사이의 전투를 불러일으킬 수도 있다. 결국 반군이나 알카에다의 전쟁도 전쟁의 세 가지 경향을 모두 포함하고 있는 것이다. 일부 4세대 전쟁 주창자들의 삼위일체 비판은 적개심과 우연성, 그리고 인간의 오성의 오묘한 변증법적인 조합에 대한 잘못된 해석에서 기인한다. 인민, 군대, 정부는 현실세계에서 삼위일체의 상관관계를 단순하게 형상화한 것에 불과하다. 삼위일체의 실제 의미는 어느 특정 역사적 맥락에만 적용되는 것이 아니다. 클라우제비츠는 전쟁을 추상적인 개념을 가지고 설명하였고, 각각의 전쟁 요소들 사이의 '상호관계'의 내용과 변화를 강조하였다. 그러한 전쟁 요소들 혹은 개념들은 각각 독립적으로 분리되어 이해될 수 없는 것이다. 즉, 클라우제비츠의 삼위일체는 비선형적nonlinear 개념으로 이해되어야 한다(Beyerchen, 1992/93: 68-70).

제4절
결론

미국이 주도한 이라크 전쟁과 아프가니스탄 전쟁이 실마리를 보이지 못하고 있고, 압도적 힘을 가지고도 반군 세력을 무력화시키지 못하고 있는 현실 속에서 4세대 전쟁 개념은 기존의 첨단 기술 중심의 미래전 전략의 문제점을 지적하면서 국가의 무력독점 현상이 점점 쇠퇴하는 현상에 주목하여 전쟁에서 비국가행위자의 역할과 영향력이 점차 증가하게 될 것이고, 이에 따라 전쟁의 양상도 기존의 국가 대 국가의 전쟁에서 보였던 대규모 화력과 기동력 중심의 양상보다는 인적 네트워크와 심리적, 도덕적 측면의 공략을 강조하는 양상으로 전환될 것이라고 주장한다. 이러한 주장은 최첨단 무기와 정보기술을 보유한 미국이 탱크나 전투기 한 대 보유하지 못한 반군과의 전투에서 고전을 면치 못하고 있다는 점에서 그 적실성을 인정받고 있다.

그러나 4세대 전쟁 주창자들 가운데 일부학자들과 전략가들은 한걸음 더 나아가 미래의 전쟁은 수행방식뿐만 아니라 전쟁의 본질과 목적 그 자체까지 변모하게 될 것이라고 주장했다. 전쟁의 본질과 목적에 대한 변화를 주장하면서 그들은 클라우제비츠가 제시한 전쟁의 삼위일체가 더 이상 오늘날의 현실을 반영하지 못하며, 따라서 미래의 전쟁에서는 적실성을 상실한다고 역설했다. 그들의 주된 논리는 국가의 무력독점이 점차 약화되고 비국가행위자가 전쟁의 주역으로 등장했기 때문에 근대국민국가들 사이의 전쟁을 설명하는 클라우제비츠의 전쟁 개념은 비국가행위자 중심의 전쟁을 더 이상 설명할 수 없다는 것이다. 물론 나폴레옹 전쟁을 전후해서 활동했던 클라우제비츠의 시대에는 오늘날과 같은 엄청난 기술적 발전에 의한 전쟁 양상의 변화를 전혀 예측할 수 없던 시대였다. 또한 그는 오늘날과 같이 다양한 문화와 종교의 이질성에 의한 갈등 현상에 대해 전혀 논의하지 않았다(Keegan, 1993: 3-12; Metz, 1994/95: 127-32). 그럼에도 불구하고 전쟁의 삼위일체에 대한 크레벨트, 린드 등 일부 4세대 전쟁 주창자들의 비판은 심각한 문제점을 내포하고 있다.

첫째, 클라우제비츠의 삼위일체 개념은 전쟁수행방식에 초점을 두는 전쟁의 양상warfare에 대한 정의가 아니라 '정치의 연속으로서의 전쟁'이라는 전쟁의 본질war 그 자체에 관한 설명으로서 전쟁에 대한 철학적 정의를 제시한 것이다. 반면에 4세대 전쟁의 기본개념은 전쟁의 수행 방식이 정치, 경제, 사회, 기술 등의 발전에 따라 함께 변화하는 것이며, 근대국가수립 이래 전쟁양상이 어떻게 변화했고 앞으로 어떤 모습으로 나타날 것인가에 관한 논의가 핵심이다. 하지만 크레벨트와 린드 등은 전쟁의 본질이 아닌 전쟁의 양상의 변화를 설명하면서 논의의 수준을 전쟁의 본질에 대한 차원으로 옮겨갔으며, 이는 인식론적으로 오류이다.

둘째, 클라우제비츠의 삼위일체는 변증법적인 논리전개로 이루어진 것으로서, (1) 인민으로 표현되는 인간본성의 적대감, (2) 군대로 표현되는 전쟁 현실의 가변성, (3) 정부로 표현되며 오성悟性에 속하는 전쟁의 정책적 속성 등으로 구성되어 있다. 다시 말해서 모든 전쟁은 이 세 가지 요소들의 총체적 결합으로 이루어져있으며, 각각은 순수전쟁, 현실전쟁, 정치로서의 전쟁이라는 정반합의 논리로 연결되어 있는 것이다. 하지만 삼위일체를 부정하는 일부 4세대 전쟁 주창자들은 삼위일체에 담긴 그러한 변증법적 논리를 이해하지 못한 채로 각각의 요소를 분리될 수 있는 것으로 간주함으로써 '삼위일체'라는 용어가 가진 원래의 의미, 즉 세 가지 요소가 총체적으로 결합되어 하나를 완성한다는 원리를 망각하였다. 이는 논리적으로 오류이다.

셋째, 앞서 언급한 바와 같이 전쟁의 삼위일체는 전쟁의 수행 방식이 아닌 전쟁의 본질에 대한 설명이라는 점에서 클라우제비츠가 전쟁의 세 가지 요소를 각각 인민, 군대, 정부로 표현한 것은 그 당시 각각의 전쟁 요소가 실제로 어떤 형식을 통해 표출되는지를 보여주기 위한 것이었다. 따라서 인민, 군대, 정부는 전쟁의 세 가지 요소 그 자체가 아니라 그것의 표현 방식인 것이다. 하지만 삼위일체를 부정하는 논자들은 인민, 군대, 정부를 기계적으로 삼위일체의 구성요소로 간주하고, 미래의 전쟁에서 국가의 무력독점 현상이 약화되기 때문에 전쟁에서 국가가 배제될 것이고 따라서 국가에 의해 제도화되는 정부, 군대, 그리고 국민도 사라지게 된다고 설명한다. 이러한 논리로서 삼위일체는 미래의 전쟁에 적절하지 않다고 주장한다. 그러나 클라우제비츠에게 삼위일체에서 언급되는 정부는 근대국가의 정부만을 지칭하는 것이 아닌 전쟁목적을 정책으로 구현하는 존재를 의미하는 것이며, 군대는 국가에 의해 조직된 정규군만을 의미하는 것이 아닌 현실 전투현장의 가변성 속에서 싸우는 전사 일반을 의미하는 것이며, 인민은 국민국가의 시민 혹은 국민 개념이 아니라 상대방과 나를 구분하고 상대에 적개심을 표출하는 본능을 가진 존재로서의 인간 그 자체를 의미한다. 따라서 크레벨트와 린드 등의 삼위일체 비판은 원래 의미에 대한 해석의 오류를 저지른 것이다.

클라우제비츠가 제시한 전쟁의 삼위일체는 '정치의 연속으로서의 전쟁'이라는 명제를 철학적, 논리적으로 재정립한 것이다. 따라서 전쟁의 삼위일체를 부정하는 것은 정치로서의 전쟁을 부인하는 것이 된다. 일부 4세대 전쟁 주창자들의 주장대로 전쟁에서 국가의 존재가 약화된다고 해서 정치로서의 전쟁이 사라지는 것은 아니다. 클라우제비츠가 말하는 정치 혹은 정책은 정부와 같은 집단적 의미로서 사용될 수도 있지만, 특정 목적을 달성하기 위한 계획의 측면에서 얼마든지 비국가 집단이나 개인적인 차원에서도 사용될 수 있다(Smith, 2008: 33-35). 근대국가가 수립되기 이전의 전쟁과 근대국가 수립 이후의 전쟁은 본질적으로 달랐다는 크레벨트의 주장처럼 영국 왕당파에 맞선 크롬웰의 철기군이 벌인 '신의 영광'을 위한 전쟁은 과연 정치적 이익과는 무관한 순수한 종교적인 것이었는가? 린드가 말한 것처럼 고대 그리스와 트로이는 정말로 여인 한 명을 차지하기 위해 목숨을 걸고 싸운 것이었는가? 만약 크레벨트와 린드가 정말로 그렇게 믿는다면 그들은 너무나 순진하다고밖에 말할 수 없다.

　이와 같이 일부 4세대 전쟁 주창자들의 클라우제비츠의 전쟁관에 대한 도전은 심각한 문제점을 내포하고 있다. 그럼에도 불구하고 필자는 4세대 전쟁 개념의 중요성과 이에 대한 연구의 필요성은 충분히 인정받아야 한다고 본다. 이라크와 아프가니스탄에서의 현실에 대해 4세대 전쟁 개념이 제시한 비판과 교훈은 매우 중요한 것이다. 그들이 비판했던 미국의 군사혁신RMA 개념이 지나치게 전자정보에 의존하는 기술 중심의 접근이었기 때문에 이라크와 아프가니스탄과 같은 문화적, 종교적 성격이 강하게 표출되는 전투현장에서는 한계를 보일 수밖에 없었다는 주장은 시사하는 바가 크다. 실제로 4세대 전쟁 개념이 주목을 받게 된 이유 가운데 하나는 보이드John Boyd가 말한 것처럼 실제로 이라크에서 "전쟁을 치르는 것은 기계가 아닌 사람"이었으며(Richards, 2001: 36-7), 첨단기술이 '전쟁의 안개'fog of war를 걷어낼 수 있다는 믿음은 희망에 불과한 것이었기 때문이다(Angstrom, 2005: 15-6). 전쟁의 궁극적 목적은 적 기지와 무기를 파괴하는 데에서 끝나는 것이 아니라 최종적으로 적의 의지를 굴복시키는 것이며, 이것을 위한 가장 효과적인 방법은 마음을 공략하는 것이다. 이는 물리적인 힘만으로 이루어질 수 있는 것이 아니라 심리적, 도덕적 차원에서의 접근이 함께 모색되어야 하는 것이다(Lind, 2007: 198-200). 이러한 측면에서 4세대 전쟁 개념이 제시하는 미래전쟁의 양상에 대한 설명은 충분히 고려할 가치가 있으며, 설득력도 매우 높다고 평가된다.

　4세대 전쟁 개념의 적실성에 대한 많은 논의가 현재 진행 중에 있다. 4세대 전쟁 주창자들이 변화하는 환경 속에서 미래전에 대한 의미 있는 대안을 제시하고 있는 것도 사실이지만, 여러 가지 인식론적, 방법론적 문제점도 많이 노출되고 있다. 그런 점에서 4세대 전쟁 개념에 대한 논의는 현재진행형이며, 전쟁양상에 대한 이론으로서도 아직은 미완성 작품으로 남아 있다. 하지만 논의가 계속되면서 논리적 근거와 설명 방식은 더욱 발전할 것이다.

문화·문명 전쟁과의 관련성 논쟁

현대 전장환경의 변화와 문화·문명 전쟁론의 대두

전쟁에 관하여 쓴 현대의 많은 저술들은 미술책의 색상표만큼이나 다양한 견해들이 제시되고 있으며 그 중에는 통일되지 않은 개념과 정제되지 않은 개념들이 다양하게 혼재되어 있고, 종교적, 학문적, 이념적, 문학적, 시사(저널)적 목적에 따라 다양한 저작들이 서점을 장식하고 있어 혼란스럽기 짝이 없다.

그중에서 요즈음 가장 쉽게 접할 수 있는 것이 문화 또는 문명전쟁론과 기술혁명, 하이테크 첨단기술 전쟁론이다. 이것들은 모두 종種이 같은 개념이라 할 수 있는데 사전적으로 문화란 자연 상태에서 벗어난 일정한 목적 또는 생활 이상을 실현하고자 사회 구성원에 의하여 습득, 공유, 전달되는 행동 양식이나 생활양식의 과정 및 그 과정에서 이룩해낸 물질적, 정신적 소득을 통틀어 이르는 말로, 의식주를 비롯하여 언어, 풍습, 종교, 학문, 예술, 제도 따위를 모두 포함하며, 문명이란 인류가 이룩한 물질적, 기술적, 사회 구조적인 발전을 의미하며, 자연 그대로의 원시적 생활에 상대하여 발전되고 세련된 삶의 양태를 뜻한다. 흔히 문화를 정신적, 지적인 발전으로, 문명을 물질적, 기술적인 발전으로 구별하기도 하나 그리 엄밀히 구별할 수 있는 것은 아니다.423)

따라서 문화란 정신과 물질을 포함하여 형성된 철학적인 측면을 다루는 용어이며 문명은 기술 중심의 인류발전 양태를 가리키는 용어라 할 수 있다. 따라서 문화전쟁이라는 용어는 문명전쟁의 개념을 기본으로 내포하고 있으며 크게는 같은 의미로 사용해도 무방하다 할 수 있다.

전쟁을 문명현상으로 파악한 고전적 학파들이 있다. 전쟁을 문명현상으로 파악한 역사·사회학 연구로서는 토인비Anold J. Toynbee의 『역사의 정신』이나424) 스펭글러Oswald Spengler의 『서구의 몰락』, 라이트Quincy Wright의 『전쟁연구』425)와 폴 케네디Paul Kennedy의 『강대국의 흥망사』426) 등이

---

423) 다음(DAUM) 국어사전. 서양에서의 문화와 문명의 이해는 문화(Kultur)는 독일어권에서 자연상태 Vs 문화상태를 의미하며, 문명(Civilization)은 영불어권에서 야만 Vs 비야만의 개념으로 발전하였다. 따라서 독일은 문명에 대한 문화의 상대적 우월감을 갖고 있다.

424) Anold J. Toynbee, *War and Civilization*, selected by Albert V. Fowler(New York: Oxford University, 1950)

있지만 가장 포괄적인 연구는 소로킨Sorokin의 '문화정신'culture mentality론과 '사회·문화역학'socio-culture dynamics론이다.

소로킨의 문명사적 관찰에 의하면 인류세계는 영속적인 평화보다는 끊임없는 전쟁의 연속이었다는 것이다.[427] 왜냐하면 전쟁이나 혁명과 같은 폭력현상은 사회관계의 붕괴와 문화가치체계의 부조화적 충돌의 결과이기 때문이라는 것이다.[428] 이는 곧 사회관계의 강제성과 정치이데올로기의 전체주의 성향이 증대되면서 문화정신이 타락하기 때문이라는 것이다.[429] 즉 문화적 가치가 추락하면 사회관계의 집단이기주의가 팽배해지고 그 결과 분쟁이 증대되고 전체주의적 권력정치가 강화되면서 전쟁으로 전환되는 역사의 대주기가 형성된다는 것이다. 따라서 전쟁은 사회문화체계의 전환기적 조건인 동시에 불규칙적으로 반복되는 현상이라는 것이다.[430] 그러므로 전쟁과 혁명 및 평화는 역사적 파동 경향을 나타내는데 이는 사회·문화체계의 내재적 자율성과 자기규제운동의 결과라는 것이다.[431] 그러므로 전쟁은 어떠한 문화유형(관념형, 이념형, 감각형 문화)에서도 발발한다는 것이다. 다만 균형된 질서를 유지하고 있는 현상 status quo이 붕괴되거나 와해되면 전쟁은 불가피하다는 것이다.[432]

전쟁의 사회·문화적 효과도 항상 부정적인 것만은 아니고 다양하며 파괴적 효과와 재생적 효과를 반복하여 때로는 사회의 균형과 창조성 회복의 근원이 되기도 하고 사회의 통합상의 근원이 되기도 한다는 것이다.[433] 이 효과를 소로킨은 체계의 자율성에 의한 '체계의 지혜'라고 명명했다.[434] 그러므로 전쟁의 효과도 3대 문화유형에 따라 다르게 나타나게 된다.

---

425) Quincy Wright, *A Study of War*(Chicago: University of Chicago, 1940) 참고.

426) Paul Kennedy, *The Rise and Fall of the Great Powers*(New York: Random House, 1987) 참고.

427) Pitirim A. Sorokin, *Social and Cultural Dynamics* vol. III(New York: American Book Co., 1973), p. 380; Sorokin, Society, *Culture and Personality: Their Structure and Dynamics*(New York: Cooper Square Pub., 1969(1974)), pp. 514-515; Sorokin, "The Conditions and Prospects for a World without War," *American Journal of Sociology*(March 1944), p.441.

428) Sorokin, *Social and Cultural Dynamics*, p. 371; Sorokin, " A Neglected Factors of War," American Sociological Review, vol. 3(August 1938), p.384.

429) Sorokin, Contemporary Sociological Theory(New York: Harper and Row, 1964(1928)), p. 346; Sorokin, Man and Society in Calamity, pp.137-144. 참조

430) Sorokin, *Social and Cultural Dynamics* III, p. 259-357. 토인비는 전쟁이 문명해체기에 성행한다는 입장을 나타낸다. Wright, A Study of War, pp.117, 462.

431) Sorokin, *Social and Cultural Dynamics: A Study of Change in Major System of Art, Truth, Ethics, Law and Social Relationships,* abridged ed.(Boston: Porter Serge Pub., 1957), pp.18-19.

432) 위의 책, p.569.

433) Sorokin, *Man and Society in Calamity: The Effect of War, Revolution, Famine, pestilence upon Human Mind, Behavior, Social Organization and Culture Life*(New York: Creenwood Press, 1968(1942)), pp.14-15, 158-164, 188-193, 241-242, 256-257; Sorokin, *Society, Culture, and Personality*, pp.487-489, 499-502, 552-554.

434) Sorokin, *Man and Society in Calamity*, p.160. 이 용어는 W. Cannon의 저서 *Wisdom of the Body*(New York, 1930)에서 차용한 것이다.

평화의 조건으로서는 사회관계와 가치체계의 안정과 재통합을 유지하고 사회·문화체계에 내재하는 자율적 힘을 지혜롭게 조정하는 것이다.435) 이는 곧 전쟁과 평화의 정책적 고려가 영원히 전쟁 없는 사회를 추구하는 이상주의적 접근보다는 '조정의 술術'에 의한 현실주의적 접근에 의한 분별 있는 사회관계 유지에 근거해야 함을 의미하는 것이다. 이점에서 소로킨은 문명사관적 전쟁관은 정치현실주의적 근거를 제공한다고 볼 수 있다.

이러한 문명사적 시각과 달리 최근의 클라우제비츠 이론에 도전하는 문화·문명 전쟁론에서 핵심은 두 가지로 요약될 수 있다. 첫째는 후쿠야마와 헌팅턴 류類의 문명전쟁론으로서 인류는 새로운 차원의 전쟁을 하게 되었다는 것이다. 이 개념에는 전통적인 국가관과 세계관에 대한 성찰을 기본으로 인간본성을 넘어선 종교적 성성聖性이 전제되어 있다. 후쿠야마는 동서 냉전의 종식으로 자유주의 시장경제의 정의성이 증명되어 승리로 끝나 더 이상 전쟁의 역사는 없다는 '역사의 종언'을 선언했고 이에 대한 반론으로 헌팅턴은 앞으로는 종교적 문화권의 대립에 의한 전쟁을 예측하며 문명충돌론을 제시하였다. 10여년 뒤 후쿠야마는 자신의 주장을 수정·보완하여 인류는 과학기술의 발전을 통하여 인간본성이 변하게 되며(1-2세대 후) '후 인간의 시대'Post-Human History가 도래할 것이라고 하였다.

두 번째로는 과학기술의 발달로 인하여 전쟁의 성격이 바뀐다는 것이다. 첨단하이테크, 로봇 전쟁, 우주전쟁 등으로 발전하고 이러한 가운데 테러, 분란전 등 저강도 분쟁으로 과거 국가 중심의 전쟁, 정치적 목적의 전쟁 등 전통적인 개념의 전쟁 대신 새로운 전쟁으로 대체되며 따라서 클라우제비츠는 더 이상 소용이 없고 용도폐기 되어야 한다는 것이다.

가장 최근에 출판된 피터 W. 씽어의 『하이테크 전쟁: 로봇혁명과 21세기 전투』436)에서 정치학자인 저자는 "로봇분야의 혁신이 우리로 하여금 전쟁과 정치의 영역에서 가능한 것, 있음직한 것, 합당한 것을 전면적으로 재검토하도록 강제하고 있다"437)라고 말하면서 "테크놀로지 그 자체가 새로운 유형의 사회적, 경제적, 종교적 분쟁을 초래할 수도 있으며 . . . 인간이 창조한 로봇들이 이제는 인간의 전쟁과 정치의 영역에서 새로운 차원과 역학을 만들어내고 있다"438)고 말하고 있다. 테크놀로지로 인해 군인들이 전장, 모험, 파괴로부터 멀어지면서 전쟁의 윤리 밖으로 밀어내며, 전쟁을 치르는 인간이 적어지면서 전쟁에서의 인간적인 면모가 사라지고 있으며, 인류의 평화구현의 이상理想을 전쟁의 정의Justice of War로부터 빼앗아가고 있다는 것이

---

435) Sorokin, "A Neflcted Factor of War," *American Sociological*, vol. 3(August 1938), p. 486; Sorokin, *Society, Culture, and Personality*, pp.521-522

436) 피터 W. 씽어, 권영근 역, 『하이테크 전쟁: 로봇혁명과 21세기 전투』(서울: 자이, 2011) P. W. Singer, *Wired For War: The Robotics Revolution and Conflict in the 21ˢᵗ Century*(2009, Penguin Press)

437) 위의 책, p.606.

438) 위의 책, pp.608-610.

다. 이러한 지적은 과학문명의 발달로 인한 전쟁양상Warfare이 변화되고 있으며, 이에 따라 전쟁과 정치의 관계가 변모하고 있다는 것이다. 이렇듯 과학의 발전에 따른 첨단무기의 발달과 종교적 차이성에 기반으로 한 문화의 대립에서 오는 전쟁원인의 변화에 따라 이제는 과거와는 다른 새로운 전쟁 패러다임이 필요하다며 제시된 것이 문화(문명) 전쟁론이다.

전쟁의 본질 변화에 영양을 미치는 인간의 본성이 변화할 것이라는 문명논쟁의 시발은 후쿠야마로부터 시작되었다. 그는 1989년에 「역사의 종말」439)이라는 논문에서 인류 역사의 흐름은 이제 더 이상 진화가 필요 없는 정치·경제체제를 이룩했다며 시장경제와 자유민주주의의 승리를 선언하였다. 즉, 탈냉전을 맞으면서 앞으로의 미래는 사회주의의 몰락과 함께 자유주의가 궁극적인 승리를 거두어 역사가 발전의 끝에 이르렀다는 것이다. 이러한 그의 주장은 90년대 초, 중반에 걸쳐 '역사의 진화는 끝났는가?' 하는 격렬한 논쟁을 불러 일으켰고 그는 일약 석학의 반열에 올라서게 되었다.

이에 대하여 새무얼 헌팅턴S. Huntingtoin은 1993년 『포린어페어스』Foreign Affairs 여름호에 게재한 논문 「문명의 충돌」에서 동서냉전 종식 이후의 세계는 역사의 종말을 알린 것이 아니라 새로운 형태의 전 지구적 갈등을 예고하고 있다고 단언하였다. 종교를 근간으로 한 문명권 사이의 유혈대립이 앞으로 올 역사의 법칙이며, 그 대립전선은 서구문명과 유럽문명 및 이슬람문명 사이에 그어진다는 것이다. 이런 전제 아래서 그는 문명들이 서로 섞이지 않고 사는 것만이 파국을 피할 수 있는 길이라고 주장하여 전 세계적인 논쟁을 일으켰다.

후쿠야마는 1999년 헌팅턴의 비판에 대하여 자신이 주장했던 정치·경제 측면에서 예측했던 '역사의 종말'은 틀리지 않았으며 다른 측면에서 결정적인 오류가 있는데 그것은 우리는 앞으로 몇 세대가 지나면 그동안 인간의 본성을 변화시키기 위한 노력의 실패를 극복하고 이를 달성할 수 있는 지식과 기술을 얻게 될 수 있으며, 우리는 '인간 그 자체'Human Being as Such로서만 존재하지 않게 됨으로써 '인간의 역사'Human History에 분명한 종언을 고하게 될 것이며 그때에 새로운 '후인간의 시대'Post-Human History가 시작될 것이라고 주장하였다. 한마디로 그때의 인간은 우리가 알고 있는 지금의 인간과는 전혀 다른 본성이 변한 다른 인간이 되어 있을 것이라는 것이다.

하랄트 뮬러는 헌팅턴의 문명충돌론에 대한 비판적 검토를 통해 '문명의 공존'을 주장하며 헌팅턴은 현실 문명의 빠른 변화가 서구인들에게 주는 막연한 불안감을 건드린 것일 뿐이고 이러한 불안감은 다른 문명에 대한 무지에서 비롯된 것이며 따라서 지금 서구에서 필요한 것은

---

439) Francis Fukuyama, The End of History and The Last Man, International Creative Management, INC. New York, 1992. 이상훈 역, 『역사의 종말: 역사의 종점에 선 최후의 인간』(서울: 한마음사, 1992).

폐쇄가 아니라 개방이며 다른 문명에 대해 더 많이 배우는 것이라고 충고하였다.

이러한 비판적 문화/문명론과 더불어 대두된 것이 과학기술 발전에 다른 첨단무기 기술전쟁론이다. 존 키건John Keegon은 전쟁을 문화적 행위로 인식하고 전쟁은 기술발달에 의해 발생한다고 하며 정치적 전쟁이론을 정면으로 비판하고 나섰다. '전쟁은 정치의 계속이 아니다'라고 선포하면서 문화전쟁이론을 제시한 그는 클라우제비츠의 정치적 전쟁관에 대하여 신랄하게 비판하였다. 또한 마틴 반 크레벨트도 헌팅턴과 키건의 역사·문화적 접근법을 활용하여 전쟁을 연구하였는데, 현대 과학무기의 발달과 핵무기의 출현은 클라우제비츠의 이론을 쇠퇴하게 만들었으며 이제는 저강도 분쟁이 새로운 전쟁모습으로 그 자리를 대체하였다고 말하며 클라우제비츠 이론에 대하여 신랄하게 비판하였다.

제2절

문명충돌론과 문명조화론

1. 탈냉전과 문명충돌 논쟁의 대두[440]

미국의 아프칸에 대한 공격이 시작되자 일부 언론들은 문명전쟁이 시작되었다고 보도했다. 문명전으로 비화하는 것을 우려한 부시 대통령은 이것은 문명전쟁이 아니라고 부인하였고 작전명을 '항구적 자유'로 바꾸었다. 문명전쟁 논쟁의 발제자인 헌팅턴이 나서서 이것은 문명의 충돌이 아니라고 단호히 부정하였다. 1999년 4월 코소보 사태 때에도 똑같은 일이 있었다. 헌팅턴은 미국의 <애틀란타 저널 앤 콘스티투션>과의 인터뷰에서 코소보 사태의 해결을 위해서는 세르비아에 압력을 행사할 수 있는 러시아의 역할이 관건이라고 강조하였다. 이때, 이를 보도한 국제 언론들은 일제히 부제를 달고 코소보 사태가 헌팅턴이 주장한 '문명충돌에 의한 전쟁'이라고 대서특필하였다. 헌팅턴에 의하면 사태의 해결을 위해서는 동방정교 문명에 속하는 러시아가 보다 일찍 개입하지 않았던 것이 오히려 불운이라는 것이다. 국제정치적으로 러시아는 경제적으로 서방에 의존하고 있고, 서방은 외교적으로 러시아에 의존하고 있다는 점에서 평화구축을 위한 러시아의 협조가 절대적으로 필요하다는 것이다.[441]

　　문명충돌론은 국제정치의 동향에 대한 객관적 분석이란 외관을 띠고 있지만 실제로 이 분석은 미국정부의 외교정책 수립에 조언을 하려는 목적으로 쓰여 졌다고 평가되었다. 신보수주의자로 분류되고 있는 헌팅턴은 책에서 냉전의 종식은 일본계 미국학자 후쿠야마가 『역사의 종언』[442]에서 낙관한 대로 자유민주주의의 확고한 승리를 가져온 것이 아니라 새로운 대립적 세력관계의 형성과 유혈 충돌을 수반하는 갈등구조를 가져왔다고 말하면서 문제를 제기하고 그 같은 충돌과 대립의 가장 중요한 원칙은 이데올로기나 경제가 아니라 문명이라고 지적하였

440) 강진석, 「최근의 클라우제비츠 비판 분석」, 『공군평론』 제107호(공군대학, 2005), pp.57-65.
441) 인터넷한겨레, www.hani.co.kr(검색: 2003. 4. 27.)
442) Fransis Fukuyama, "The End of History?" *National Interest* No. 16(Summer, 1989), pp.3-18. 후쿠야마는 이 논문을 확대하여 *The End of History and the Last Man*(New York: Free Press, 1992)을 출간하였다. 국역으로는 이상훈 역, 『역사의 종언』 서울: 한마음사, 1992, 참조.

는데 그에 따르면 문명은 주관적 객관적 여러 요소로 이루어지되 그 중 가장 중요한 바탕은 종교에 기반하는 것으로 파악되었다.

2. 미국의 패권과 문명의 대립

헌팅턴은 문명충돌론을 통하여 서구 세계가 나아가야 할 하나의 이정표를 제시했는데, 그에 따르면, 국제사회는 냉전 이후 국가 간, 이데올로기의 대립을 마치고 이제 '문명'간 대립 단계에 들어섰다고 보았다. 문명은 미래의(근본적으로는 오늘날에도) 기본적인 갈등 단위이며 서구에 대항하여 결성된 이슬람과 유교동맹이 탈냉전 이후 위협적인 모습으로 대두되고 있는데 그것은 서구 민족의 뇌리 속에 깊이 새겨진 두 가지 악몽, 즉 '황색 위험'(중국을 의미)과 '빈Wien 문턱의 터키'(오스만투르크 제국이 빈 앞까지 쳐들어 온 것을 의미)의 기억을 재현시키고 있다는 것이다.

　　헌팅턴은 세계의 문명을 1) 서구 기독교 문명: 유럽, 북미, 오세아니아주洲 2) 동방 정교 문명: 슬라브, 그리스 3) 이슬람 문명: 중부아프리카에서 근동을 지나 중앙아시아와 인도네시아에 산재 4) 아프리카 문명 5) 인도의 힌두 문명 6) 일본 문명 7) 유교 문명: 중국과 그 주위의 동아시아 및 동남아시아의 7대 문명권으로 분류하였다.[443]

　　각 문명은 하나의 핵심국을 가지는데 그것은 서구 문명권의 미국과 유럽, 유교 문명권의 중국 등이며 일본은 독립된 문명으로 평가되었다. 정교 문명은 러시아, 인도는 어차피 별도의 문명국가로 분류되었고 그러나 아프리카와 이슬람에는 핵심국이 없고 헌팅턴은 터키를 이슬람의 대표국가로 추천하고 있다. 이러한 배경에는 유럽의 일원이 되고자 하는 앙카라(터키의 수도)의 야망을 궁극적으로 거부하며 터키를 북대서양조약기구NATO에서 제외시키려는 속셈이 내재되어 있다고 볼 수 있다.

　　문명은 현실 세계에서 패권국의 모습으로 나타나며 또 그의 지휘 하에 서로 충돌한다. 현재에도 문명 간의 경계는 갈등의 샘이며 이에 따라 보스니아, 수단, 말레이시아, 인도네시아 등 다문명 국가는 내적 결절을 보이고 있고 극단적으로 폭력적인 내전까지도 치르고 있다. 그런 가운데서도 특히 이슬람은 '피의 경계'를 세우고 있는데 그러기에 '분리'를 평화를 지켜줄 유일한 해답으로 보고 있다.

　　즉 문명다원주의는 끝나야 하고 그러기 위해서는 단일 문명국가를 세워야 하며, 국경을 넘어선 선교 활동은 중지돼야 한다는 것이다. 따라서 종교를 확산시키려는 선교이든 인권, 국가

---

443) Samuel P. Huntington, 이시재 역, 『문명의 충돌』(서울: 김영사, 1998) p.25

와 신앙의 분리, 여성 해방 등 문명적 성취를 확산시키려는 선교이든 마찬가지로 중지되어야 하며 문명 간에 경계를 명확히 그어 다른 문명과 만나 갈등을 일으킬 수 있는 면적을 최소화하는 정치만이 숙명적인 전 지구적 대결을 막을 수 있다고 보았다.

그러지 못할 경우 서구를 공동의 적으로 삼아 유교 문명권과 이슬람 문명권이 동맹을 맺는 악몽이 현실로 다가온다고 경고하였다. 문명의 충돌, 그것은 강력한 대립, 다층적인 영토 분쟁, 확산 일로에 있는 대량 살상 무기 때문에 종국에는 온 지구를 핵전쟁의 소용돌이로 몰아넣을지 모른다는 끔찍한 시나리오를 제시하고 있다. 헌팅턴은 이처럼 비관적 진단을 내린 뒤 한편으로 정반대의 입장, 즉 문명 간 협력을 변호하였다.[444] 이러한 헌팅턴의 시각은 서구의 대이슬람 시각을 대표한다고 볼 수 있다.

3. 문명충돌론의 비판과 극복

다니엘 벨은 그의 저서 『사라진 제국 다가올 제국』에서 헌팅턴의 이러한 문화권적 구분과 문명 충돌에 대한 우려에 반대를 표명하였다. 에드워드 사이드는 이런 시각은 서구가 구축한 '오리엔탈리즘'의 판타지일 뿐이라고 반박한다. 사실 역사적으로 볼 때, 문명 간에 어느 정도의 차이는 항상 있어왔지만, 현재 일부 중동과 북아프리카 이슬람 원리주의자를 제외하면 문화적 차이는 줄어들고 있고 물질적인 가치인 경제발전에 열을 올리고 있는 중국인들을 볼 때 이들을 유교 문화권으로 분류하는 것은 무리라는 생각이 든다. 그리고 이슬람교도를 단지 중동의 원리주의자들과 동일시하는 것도 세계 2대 이슬람 국가인 인도네시아와 터키를 무시하는 것이다.

후쿠야마는 정치, 경제 측면에서 예측했던 냉전의 종식과 더불어 이제는 더 이상의 이념적 대립과 전쟁은 없을 것이라던 '역사의 종언'이라는 가정은 전면적으로 오류였다고 고백하면서 사실 냉전 종식 이후 지난 10년 간 벌어진 정치 경제적 사건을 통하여 '역사의 종언'이라는 자신의 이론이 틀렸음을 입증하려 했던 노력들은 모두 실패했다고 주장하며[445] "1989년 여름 이후 세계정치에서 벌어졌던 일들 중 그 어느 것도 원래의 내 주장에서 빗나가지 않았다. 자유민주주의와 시장은 오늘날 현대세계의 일원이 되고자 하는 어느 사회에서나 유일한 현실적 대안으로 남아있다. '역사의 종언'이라는 내 이론의 결정적 결함은 전혀 다른 차원에 있었다. 현대 자연과학의 무한한 발전 가능성으로 볼 때 우리는 앞으로 몇 세대가 지나면 그 동안 인간의 본성을 변화시키기 위해 노력의 실패를 극복하고 이를 달성할 수 있는 지식과 기술을 얻게 될 것이다."라고 말하면서 기술의 발달을 통해 인간의 본성이 변할 수 있을 것이라고 자신의 주장

---

444) 헌팅턴, 위의 책. pp.221-250
445) Francis Fukuyama, "Second Thought: The Last Man in a Bottle," *The National Interest*(1999, Summer).

을 수정하였다.

탈냉전이 시작될 무렵 세계 정치의 향방은 많은 관찰자들의 눈에 자유민주주의가 아닌, 다른 방향으로 가는 것처럼 보이게 하는 일들이 적지 않았으며 가장 우려되었던 것은 민족주의가 고조되고 민족 분쟁이 발발하는 현상이었는데 유고슬라비아, 르완다, 소말리아 등지의 분쟁을 보면 그런 관측이 타당해 보이기도 했다.

독일 프랑크푸르트대학교 국제관계학 교수이자 헤센 평화·갈등 연구소 소장인 하랄트 뮐러는 1998년에 쓴『문명의 공존』에서 이제까지 제출된 비판의 성과 위에서 헌팅턴의 학설을 체계적으로 분석해 그 맹점을 조목조목 지적하고 대안 이론을 제시하였다.446) 그는 헌팅턴의 이론을 종교적 근본주의, 마르크스 레닌주의, 나치스를 학문적으로 정당화 한 칼 슈미트의 우·적友敵이론과 동일선상에 놓고 있다. 학문의 세계에서 가설이 적을수록, 절약적인 이론일수록 각광받는 현상을 빗대 후기 스콜라 철학자 윌리엄 오캄의 이름을 빗대 '오컴의 면도날'이라고 하는데 뮐러는 헌팅턴의 문명충돌론이 '엉터리 면도사가 오컴의 면도날을 휘두르는 것'이라며 '이런 종류의 이론은 더 이상 필요치 않다'고 비판하였다.

그것은 현 세계 질서의 맹주인 미국의 패권적 입장을 반영할 뿐인 결함투성이의 도그마dogma적 이론이라는 것이다. 뮐러는 헌팅턴이 세계를 '우리'와 '그들', '선'과 '악'으로 나누는 냉전시대의 이분법에서 한치도 못 벗어났다는 것이다. 이데올로기의 자리에 문명이 들어앉았고 '공산권'대 '자유세계'의 대치가 '서구문명'대 '비 서구문명'의 대치로 바뀌었을 뿐이라는 것이다. 나아가 헌팅턴은 이러한 단순한 도식의 타당성을 입증하기 위하여 잘못된 통계와 억제논거抑制論據를 끌어들이는 잘못을 범하고 있는데 이를테면 그는 현재 진행 중인 전쟁의 절반이 문명 간의 갈등을 배경으로 하고 있다고 주장하고 있는데 이는 명백히 현실을 왜곡한 것으로서 1996년 통계로 볼 때 전쟁과 폭력의 위기 27건 가운데 이른바, '문명의 경계선'에서 발생한 것은 불과 9건뿐이라는 것이다.

경제의 관점에서 보더라도 문명이 충돌할 가능성은 오히려 낮아지고 있다. 오늘날의 지구화 추세가 한 문명이 다른 문명과 단절한 채 대립정책을 펼 수 없도록 만들고 있기 때문이다. 인권·환경·군축·평화를 위해 활동하는 국제적인 비정부기구NGO의 급속한 증가도 문명 간 갈등을 약화시키는 요소로서 주목해야 한다. 뮐러는 이런 비판적 검토를 통해 결론적으로 문명의 충돌이 아닌 문명의 공존을 제시하고 있다.『문명의 충돌』이 인기를 끈 것은 금융·통신의 가속화, 대규모 인구이동과 같은 현실의 빠른 변화가 서구인들의 마음에 심어 놓은 막연한 불안감을 헌팅턴이 건드린 결과일 뿐이며, 이 불안감은 사실은 다른 문명에 대한 무지에서 비롯한 것이라

---

446) Harald Muller, Das Zusammenleben Der Kulturen(1998), 이영희 역,『문명의 공존』, 서울: 푸른숲, 2000.

는 것이다. 따라서 지금 서구에 필요한 것은 폐쇄가 아니라 개방이며, 다른 문명에 대해 더 많이 배우는 것이라고 뮬러는 충고하고 있다. 더 나아가 헌팅턴 이론에 내재한 미국 중심적 입장을 비난하며 강자가 먼저 약자에게 다가가야 한다. 이것이 오늘날 서유럽에게 요구되는 바이며 세계의 협력은 '중국의 도전'이나 '이슬람 근본주의'에 달린 문제라기보다는 서유럽사회에 달린 문제라고 얘기하고 있다. 최근 중동에 불고 있는 '자스민 혁명(민주화 시민운동)'으로 인해 문명충돌론은 점차 힘을 잃어가고 있다고 볼 수 있다.

문화전쟁론과 비정치적 전쟁론

1. 존 키건의 문화전쟁론[447]

(1) 개관

역사학자이면서 영국 육군사관학교 민간인 교수인 존 키건John Keegan은 1993년『세계전쟁사』A History of Warfare라는 저서를 출간하였는데 여기서 그는 전쟁을 '문화적 행위'로 인식하고 전쟁은 기술의 발달에 의해 발생한다고 하면서 클라우제비츠의 '정치적 전쟁' 이론을 정면으로 비판하였다.[448] '전쟁이란 무엇인가?'로 시작되는 존 키건의『세계전쟁사』는 시간적으로는 원시미개부족으로부터 핵시대의 현대인까지 공간적으로는 태평양 폴리네시아의 이스터 섬에서부터 유럽까지, 전쟁수단으로는 간단한 활에서 핵무기까지를 역사학, 생태학, 유전학, 인류학, 심리학과 같은 다양한 학문들을 동원하여 전쟁의 본질을 비롯하여 인류문명과 전쟁과의 상관적인 발전과정을 분석한 다분히 학제적Interdis Ciplinary 연구방법의 저서이다.

전쟁문화사적인 이 저술에서 키건은 클라우제비츠의 '정치의 연장으로서의 전쟁'이라는 단선적인 결론을 유보하고 전쟁을 '문화의 한 형태'로서 분석하고 클라우제비츠의 전쟁의 정의를 정면으로 부정하고 있다(전쟁의 연장으로서의 정치: 줄루족과 맘루크의 경우). 즉, 정치의 목적이 문명의 보전인데 어떻게 문명의 파괴행위인 전쟁이 정치의 연장이 될 수 있는가?라는 의문을 제시하며 이에 대한 대답으로서 이스터 섬의 주민들, 줄루족, 맘루크, 사무라이 사회를 분석하고 있다. 또한 그는 정치의 연장선상에 있었던 전쟁들, 곧 나폴레옹 전쟁, 제1차 세계대전, 제2차 세계대전 등의 파괴적인 성격과 가공할 결과들을 제시하면서 전쟁의 이념형ideal type이라고 할 수 있는 진정한 전쟁true war이 실제전쟁real war으로 나타나는 경우 '정치의 연장'이라는 클라우제비츠의 정의가 인류에게 어떠한 결과를 초래 하였는가 경고하고 있다.

---

447) 강진석, 「최근의 클라우제비츠 비판 분석」, 『공군평론』 제107호(공군대학, 2005), pp.66-72.
448) John Keegon, *A History of Warfare*, Kachi Publishing Co., 1993, 유병진 역, 『세계 전쟁사』(서울: 까치, 1996)

이러한 문화사적 구조 하에서 군사문화와 전통의 전문성(부족주의), 독자성(고유 성)을 분석하고 호전적인 과거를 통하여 잠재적인 평화의 미래를 향해 나가는 인류문화의 과정을 분석하고 있다.

(2) 사상적 배경

존 키건은 1989년부터 『세계 전쟁의 역사』를 쓰기 시작하면서 그의 말대로 엄청난 역사의 변화를 경험하였다. 냉전이 종식되었고 걸프전이 일어났으며 세계 도처에서 참혹한 내전이 발발하였다. 존 키건은 걸프전이 서로 다른 두 개의 군사 문화 사이에서 벌어진 충돌이란 관점에서 인식하고 있으며 "그들은 서로 다른 역사적 뿌리를 갖고 있어서 전쟁의 속성이라는 추상적인 개념을 통해서는 절대로 이해할 수 없다"고 말하며 그는 과감히 '전쟁은 문화적 행위'라고 이야기하고 있다.[449]

마치 문명에 대한 반란이라도 하듯이 우리가 상상도 할 수 없을 정도로 참혹한 유고슬라비아 내전을 보면서 그는 종래의 총력전시대에서나 가능했던 기존의 군사개념(클라우제비츠의 절대적 전쟁개념)에 의한 설명은 불가능하다고 보았고 이것 들은 국가형성 이전에 있었던 원시 부족들의 전쟁에서 그 유사성을 찾았으며 이로 서문화적 전쟁 개념의 단초를 삼았던 것이다.

그는 역사학자로서 그 스스로 고백한 대로 우연하게도 사관학교 전사 교수가 되었고, 부족주의에 관심이 있었다. 이에 따라 영국군대를 극단적으로 부족주의적 경향을 가지고 있다고 평가하고 있는 그는 독일, 인도, 미국의 군인들까지 이러한 관점에서 평가하고 있으며 이에 따라 세 가지의 군사적 전통, 즉 군사 문화에 따라 그 문화가 인류의 시작에서 현재에 이르기까지 시대와 장소에 따라 어떻게 진화하고 변화했는가 하는 것이 바로 전쟁의 역사라는 것이다.

그가 말하는 세 가지의 군사전통이란 첫째, 군인은 일반인들과는 확실히 다르며 따라서 전쟁을 다른 일상적인 인간의 활동과 동일시해서는 안 된다. 둘째, 전쟁은 외교나 정치와 완전히 다른 행위이다. 그것은 그들과는 전혀 다른 가치관과 기술을 가진 사람들에 의해 행해지기 때문이다. 셋째는 군인들의 문화는 결코 문명 그 자체의 문화일 수가 없다 따라서 군인과 일반인들의 세계는 거리가 좁혀질 수는 있으나 없어질 수는 없다는 것이다.

(3) 주요 주장내용

키건은 제1장에서 '인류 역사 속에서의 전쟁'을 고찰하면서 '전쟁이란 무엇인가'하는 물음

---

449) 존 킨건, 앞의 책, 머리말.

을 던지고 '전쟁은 다른 수단에 의한 정치의 계속이다'는 클라우제비츠의 전쟁이론을 비판하고 있다.

① 전쟁은 다른 수단에 의한 정치의 연장이 아니다

이 클라우제비츠의 유명한 언명은 원래의 독일어 표현이 복잡한 의미를 분명하게 해준다. 즉, '다른 여러 수단들을 혼합하는mit Einmischung anderer, with the inter mixing of other means 정치적 교섭des politis -chen Verkerrs의 연장'이라고 전쟁을 정의하였다. 그러나 클라우제비츠의 이러한 생각은 불완전한 것이었다. 왜냐면 이것은 국가와 국익 그리고 이 두 가지를 어떻게 달성할 것인가에 대한 합리적인 계산을 전제로 한 것인데 그러나 전쟁은 국가나 외교, 그리고 전략이 생기기 수천 년 전부터 이미 존재했던 것이다. 정치의 연장으로서의 전쟁 개념은 공적인 폭력과 그것을 합법화하기 위한 타협의 한 수단일 뿐이며 지배윤리 및 국가이익 추구의 타당화 논리이다.450)

② 보편 이론화 열망

클라우제비츠는 전쟁이 그가 주장하는 것과는 거리가 멀다는 것을 알았는데 끝까지 이를 규명하려는 노력을 하지 않았고 그 이유는 그가 전쟁이 실제로 어떤 모습인가에 대해서보다는 어떤 모습이어야 하는가에 대한 보편적인 이론을 세우려고 했기 때문이다.

③ 군인으로서 시각의 제한

클라우제비츠는 장교의 아들이었으며 전쟁 속에서 성장한 군인이었기 때문에 참혹한 살상행위인 전쟁을 문화적인 측면에서 오류를 범하지 않을 수 없었다. 즉, 과거 중앙집권화된 유럽국가의 직업 관료였기 때문에 전쟁이 정치 이외의 훨씬 많은 것을 담고 있는 것을 이해하지 못했다. 즉 전쟁은 언제나 문화의 표현이며, 종종 문화의 형태를 결정짓는 핵심요소일 뿐 아니라, 어떤 사회에서는 문화 그 자체라는 사실을 몰랐다. 클라우제비츠는 한 연대의 사관rergiment이었으며 이 연대의 개념은 국가가 확실히 군대를 통제하기 위해 고안해 낸 것이다. 따라서 군인에 대한 강력하고 단일한 이상을 추앙하였으며 이것이 프로이센 연대의 자랑이었다.

④ 환원론적 방법론

클라우제비츠는 진정한 전쟁과 실제의 전쟁 간의 군사적 딜레마를 해결하는 방식은 마르크스가 그의 정치적 딜레마를 해결한 방법과 매우 유사한데 그것은 환원주의reductionism이다. 클

---

450) 존 키건 , 앞의 책, pp.19-20.

라우제비츠는 이 환원론에 입각해서 전쟁은 상황이 나쁘면 나쁠수록 그만큼 더 좋다고 주장했다. 가장 최악의 전쟁일수록 '실제' 전쟁보다는 '진정한' 전쟁에 더욱 접근하기 때문이다.

⑤ 문화전쟁의 몰이해

클라우제비츠는 국가와 연대라는 개념이 너무 완고해 이러한 개념이 없는 곳에서는 얼마나 다른 형태의 전쟁이 일어날 수 있다는 것을 몰랐다. 존 키건은 이러한 검토를 기초로 정치적 전쟁이 아닌 문화로서의 전쟁 예로서 이스터 섬, 줄루족, 이집트의 노예병사 맘루크, 그리고 일본의 사무라이에 대한 구체적 연구를 통하여 정치적 전쟁이 아닌 여러 형태의 문화전쟁 사례를 제시하고 있는데 그것은 다음과 같다.

1형태: 신권정치 국가(이스터 섬)는 물질적인 필요에 의해 전쟁을 수행
2형태: 군사정권이 극단적인 형태를 취하는 곳(예: 줄루왕국)에서는 기존 공동체 사회의 상대적 자비심을 변형시키는 순환적인 사회적 혼돈이 전쟁을 야기
3형태: 같은 종교 신자간의 전쟁을 금하는 종교적 제약하와 국가에서는 군인노예(예: 이집트의 맘루크) 제도를 형성 전쟁수행(대부분의 무슬림 국가)
4형태: 일본 사무라이 사회는, 자신들의 기득권 보존 유지를 위해 총포무기의 기술개발을 불법화하고 이에 대한 도전을 막기 위해 전쟁

⑥ 문화전쟁의 성격요인

문화는 전쟁 수행의 성격을 결정하는 첫 번째 요인으로서 유럽과 다른 동양전쟁의 성격(문화)은 회피, 지연, 그리고 간접성eavation, indirectness, delay이며 이에 추가하여 이데올로기적이며 지적차원으로서 '중용'이며 서구문화의 특징은 서구 내부에서 발생한 윤리적 요소, 오리엔탈리즘에서 차용한 지적 요소, 그리고 잠재적 적응력과 실험정신으로 획득된 기술적 요소이다.

⑦ 무기통제의 중요성

서양세계는 무기에 대한 통제를 포기함으로써 전혀 다른 전쟁을 추구하게 되었으며 그것은 클라우제비츠가 말한 진정한 전쟁, 즉 정치의 연장이라고 불렸던 전쟁 방식이 탄생되었으며 이러한 서양 전쟁방식은 동양의 전쟁방식을 제압하게 되었으며 이러한 서양 전쟁방법의 승리는 자기 기만적인 것으로서 엄청난 재난과 파국을 예견했던 것이었다. 1, 2차 대전은 서양의 전쟁 방식의 기술적 경향이 도달 할 수밖에 없었던 논리적 귀결이었으며, 전쟁은 또 다른 수단

에 의한 정치의 연장이라는, 혹은 연장일 수도 있다는 가정에 대한 궁극적인 부정이었다.

⑧ 전쟁 없는 문화의 창달

마지막으로 전쟁이 없는 문화 창달을 키건은 제안을 하고 있는데 "세계 공동체는 다른 어떤 때보다 더욱더 공동체의 권위를 위하여 기꺼이 자신을 던질 수 있는 숙련되고 기강이 선 군인을 필요로 하며 군인은 문명의 적이 아닌 문명의 수호자로 간주되어야 하며 문명을 위하여 전쟁(인종적 편견, 지역분쟁, 이데올로기적 비타협, 약탈자, 그리고 조직적인 국제 범죄자들을 상대로 한)의 방식을 오직 서양의 전쟁방식만을 모델로 해서는 안 되고 동양과 원시부족사회와 같은 또 다른 군사문화로부터 많은 것을 배워야 한다"면서 오늘날 전쟁은 오직 위조화폐만 지불 될 수 있는 우정을 요구하고 있으며 전쟁이 들어설 틈조차 없어진 오늘날의 정치적 경제적 세계는 인간관계에 대한 전혀 새로운 문화를 요구하고 있음을 인식해야 한다. 따라서 우리가 알고 있는 대부분의 문화는 서양의 군인정신으로 물들어 있기 때문에 그러한 문화적 요구는 과거와의 완전한 단절을 요구하고 있다고 결론짓고 있다.

(4) 비판적 분석

키건은 그의 저서 서문에서 걸프전을 두 개의 군사문화 사이에서 벌어진 충돌이라고 평가하면서 연합군은 후세인에게 철저한 패배를 안겨주었지만 후세인은 물질적으로는 비록손실을 입었다하더라도 정신적으로는 결코 패배하지 않았다는 이슬람의 논리로서 연합군의 승리에 대한 정치적 의미를 박탈하여 버렸다. 이러한 사실은 전혀 다른 적과 대적할 때는 서구의 전쟁방식이 전혀 무용지물이라는 사실을 적나라하게 보여주는 것으로서 이렇듯 그들은 서로 다른 역사적 뿌리를 가지고 있어서 전쟁의 속성이라는 추상적인 개념을 통해서는 절대로 서로 이해할 수 없으며 왜냐하면 그 같은 개념은 사실상 존재하지 않기 때문이라고 말하고 있다.

여기서 키건이 말하고자 하는 의도가 명확히 요약된다. 그것은 첫째, 전쟁의 속성으로서 본질이 무엇이냐 하는 것이며 둘째는 전쟁은 정치적인 것이 아니고 문화적이라는 것이다.

첫째, 전쟁의 속성이 무엇이냐 하는 것은 결국 전쟁의 본질이 무엇이냐 하는 것인데 이것은 추상적인 것이 틀림없다. 따라서 클라우제비츠도 이것을 '탁상위의 법'이라고 했으며 현실 속에서는 존재하지 않는 것으로서 그것을 절대absolute로 표현하였다. 소위 절대전의 개념인 것이다. 이 개념으로 내려진 정의는 '적대적인 두 의지의 대립'이며 '상대방의 의지를 굴복시키는 것'이다 이러한 적대의지는 극도로 확대escalate 되는 것으로서 이 경우 마치 문명에 대한 반란이라도 일으키려는 듯이 우리가 상상할 수 없을 정도로 참혹한 유고슬라비아 내전은 기존의 군사

개념에 의한 어떠한 설명도 불가능하게 만들었다. 인종말살이라든가 조직적 강간, 철저한 복수, 대규모의 살상, 비점령 영토의 공동화 등이 이 책에 묘사된 국가 형성 이전 사람들의 행동양식과 대단히 유사하다는 것을 깨닫고 커다란 충격을 받게 될 것이라는 키건의 말처럼 진행되게 된다.

둘째는 전쟁이 정치적인 것이 아니라 문화 또는 문명적인 것이라는 주장인데 이것은 헌팅턴으로부터 차입한 개념으로서 전쟁의 차원에 관련된 문제이다. 국제 정치학 연구에 있어서 정치와 전쟁과의 관계가 너무나 분명하기 때문에 이양자를 분리시키기란 거의 불가능하다. 따라서 전쟁이 정치적인 것이 아니고 문화적 이라는 관점은 전쟁의 스펙트럼 상의 분류단위 문제이다. 즉, 국제정치상의 국가 이익의 제 차원으로서 문화는 정치, 경제, 사회 문화, 기타 등으로 구성되는 일부이다.

정치란 기본적으로 분쟁상황에서 개인상호간 또는 집단적 사회단원 간 상호작용으로 인식되어 왔으며 각자는 가용한 모든 수단과 역량을 동원하여 자신이 만족 할 수 있는 효과적인 방법으로 이 분쟁의 해결을 의식적으로 시도해 왔다. 비록 이러한 시도가 스스로가 자발적으로 인정하고 받아들인 규범이나 타방에 의해 그에게 가해진 규범에 의해 항상 어떤 제한적인 범위 내에서 이루어진다 할지라도 분쟁이 존재한다는 사실 그 자체가 바로 정치 단위체와 정치제도의 형성 근거가 된다. 국민을 구성원으로 하여 동일한 영토 내에서 자율적인 정부나 정책결정구조를 갖는 국가는 자연적인 재난과 적대집단으로부터 존재를 보장하고 국민에 의하여 일반적으로 합의된 바람직한 목적을 추구한다.

레이몽 아롱R. Aron의 견해에 따르면 전쟁은 사회적 현상이기에 인간이 집단을 형성하기 이전에는 있을 수 없다. 그래서 소위 사회적 동물만이 전쟁을 하며 전쟁은 곧 전투원의 사회화 socialization of the combatants를 의미한다. 그래서 현대전쟁은 문명의 독특한 산물이고 신비스런 유혈의 희생제물을 얻기 위한 조직화된 노력의 결과이며, 인간이 독립성과 일체성을 유지하기 위해 사회적 문화적 집단으로 발전해 가는 과정의 결과이다. 따라서 전쟁은 정치적 상호작용의 불가피한 결과이며 특이한 돌발사건이나 탈선행위가 아니고 정치과정의 정상적인 결과이다. 역사상 보편적인 진리가 있다면 그것은 전쟁과 정치가 동일한 과정의 한 부분으로서 존재한다는 점이며 항상 상호작용 한다는 점이다. 따라서 전쟁이 정치적인 것이 아니고 문화적인 것이라 단순하게 주장하는 키건의 주장은 오컴의 면도날처럼 일방적인 것이라 할 수 있다.

2. 크레벨트의 비정치적 전쟁론

(1) 개요

예루살렘 소재 헤브류 대학의 군사학자 크레벨트_{Martin von Crevelt}는 1990년 발간된 『전쟁의 역사적 변화』에서 본인이 문화적 전쟁이란 용어는 사용하고 있지 않으나 헌팅턴과 키건의 문화적 접근법을 활용, 클라우제비츠의 정치적 전쟁관과 삼위일체 전쟁이론을 부정하고 저강도 분쟁을 강조하면서 저강도 분쟁이 만연하는 이유로 이민족들 간의 문명의 충돌을 들고 '인간이 전쟁에 대해서 느끼고 있는 매력과 그 매력을 설명할 수 있는 유일한 방법은 전쟁을 가장 위험도가 높은 게임으로 간주하는 것이다'고 하면서 전쟁을 고도의 문화적 게임으로 기술하고 '게임이론'적 접근을 하고 있다.

현대의 과학무기의 발달과 핵무기의 출현은 클라우제비츠의 이론을 쇠퇴하게 만들었으며 탈냉전 후 핵전쟁 가능성도 더욱 감소하여 이제는 저강도 분쟁이 새로운 모습으로 자리를 대체하고 있다면서 앞으로 미래에 수행될 전쟁 형태 및 수행방법을 분석하고 있다. 전체적으로 클라우제비츠 삼위일체 전쟁의 현대에의 부적합성에 초점을 맞추어 논의를 전개하고 있는데 삼위일체 전쟁 개념을 총력전의 이론적 기초로 규정하고 앞으로 총력전은 일어날 수도 없고 일어나서도 안 된다면서 그의 이론은 틀렸으며 현실세계에는 비삼위일체적 전쟁형태가 존재하며 미래에는 비삼위일체적 저강도분쟁이 주를 이룰 것이라고 전망하였다.

그는 비정치적 전쟁으로서 정의를 위한 전쟁, 종교적 전쟁, 그리고 생존을 위한 전쟁을 예로 들고 있는데 종교적 전쟁으로는 중세의 전쟁, 그리고 생존을 위한 전쟁으로는 알제리와 프랑스 간의 8년 전쟁과 최근의 이스라엘 전쟁을 들어 설명하고 있다. 미래전쟁의 주체는 꼭 정부나 국가단체가 되지 않고 범위가 확대되며, 저강도 분쟁 형태가 될 것이고 따라서 군대는 불확실성과 마찰, 그리고 비융통성_{inflexibility}에 의해 제한을 받게 될 것으로 전망하였다.

(2) 분석

크레벨트는 이스라엘국립대학교 교수이다. 따라서 그는 다분히 이스라엘 중심적 사고를 하고 있다. 우선 클라우제비츠의 삼위일체 전쟁이론에 대한 분석의 접근은 정치학자답지 않게 역사·문화적 접근을 하고 있는데 그것은 유대인의 역사적 고난과 같은 맥락을 갖고 있는 것처럼 보인다. 독일의 군부가 클라우제비츠를 숭앙하였던 것에 대한 거부감이 강력하게 느껴지며, 현재 중동지역에 대한 미국의 지배적 역할에 대해서도 반감이 표출되고 있다.

크레벨트의 견해에는 근본적으로 두 가지 기본적인 문제가 있는데 그것은 우선 전쟁을 게임으로 간주하고 있는 점이며 또 한 가지는 저강도 분쟁이 전쟁의 전부가 아니라는 점이다. 전쟁은 결코 게임이 될 수 없으며 저강도 분쟁은 전쟁의 여러 가지 형태 중 극히 일부분일 따름이다. 따라서 전쟁이외의 작전으로 개념이 확장되었고 하이브리드 워 개념이 대두되고 있는 실정을 감안하면 그의 전쟁인식은 편향된 것이라 할 수 있다. 전쟁은 게임적 사고로서는 분석이 불가능하다는 정밀한 분석은 앞에서 상세히 검토하였기 때문에 생략하기로 한다. 다음으로 그가 비정치적 전쟁의 예로 들고 있는 정의의 전쟁, 종교전쟁, 생존전쟁 등은 존 키건의 비정치적 전쟁의 예와 거의 유사하다. 다분히 헌팅턴과 키건의 아이디어들이 공유되어 있는 문화/문명전쟁의 아류라 할 수 있으며, 저강도 분쟁과 과학기술의 발달로 인한 기술전쟁을 강조하는 제4세대 전쟁 이론에 속한다고 볼 수 있다.

정보혁명과 클라우제비츠

1. 현대전과 정보혁명

앨빈 토플러는 그의 저서 『제3의 물결』에서 미래에는 산업화 사회에서 정보화 사회로 변화될 것임을 예측한 바 있다. 그리고 그는 그의 저서 『전쟁과 반 전쟁』에서는 이러한 사회적인 혁명으로 인하여 미래에는 전쟁의 패러다임도 변화될 것임을 예측하고 있는데, 그 새로운 패러다임의 전쟁이란 바로 걸프전에서 예고한 바 있는 정보전 양상이라고 볼 수 있다.

정보전情報戰의 핵심은 정보우세information superiority를 통해 결정적인 승리decisive victory를 달성하고자 하는 것이다. 여기서 승리의 관건이라고 볼 수 있는 정보우세는 아군의 정보 및 정보체계는 보호하고 적의 정보 및 정보체계는 파괴함으로써 달성될 수 있는 것이다. 그런데 피아가 다 같이 원하는 이러한 정보는 현실공간뿐만 아니라, 가상공간cyber space에도 동시에 존재한다. 이 정보들은 현재에는 가상공간보다는 현실공간에 더 많이 존재하고 있지만, 미래에는 가상공간에 보다 많은 정보들이 존재하게 될 것이라는 전망을 해 볼 수 있다. 따라서 현대전의 핵심이 항공우세, 제공권의 확보에 있다면, 미래에는 정보선제권 또는 정보통제권을 확보하는 것이 승리의 관건이라 할 수 있다. 걸프전에서 증명된 이러한 정보 기술의 중요성은 군사혁신 또는 군사기술혁신으로 가속화되고 있으며 미국을 비롯한 세계 각국은 자국 특성에 맞는 미래전쟁에 대비하고 있다. 특히, 최근에 급속히 확산되고 있는 해커, 바이러스 등에 의한 사이버 테러 사례는 이를 극적으로 증명해주고 있다.

제임스 에덤스는 1999년 『미래의 세계대전』Next Word War에서 정보전과 관련하여 손자孫子이론은 적합하고 클라우제비츠는 그렇지 못하다고 지적하고 있다. 물론 그는 군사학자가 아니고 기자출신의 저술가이긴 하지만 그가 인용하고 있는 근거는 지금껏 본고 앞에서 다룬 전형적인 클라우제비츠의 무지와 오해를 반복하고 있다.451)

---

451) 강진석, 「최근의 클라우제비츠 비판 분석」, 『공군평론』 제107호(공군대학, 2005), pp.105-108.

'적을 알고 나를 알면 백번을 싸워도 위태롭지 않다. 적을 알지 못하고 자신을 알면 일승 일패한다. 적을 알지 못하고 자신을 알지 못하면 싸울 때마다 반드시 진다'는 손자의 말만큼 전쟁 시에 모든 지도자들이 직면하는 과제를 이렇게 간단명료하게 나타낸 말은 없다. 손자가 말하는 '~ 을 안다'는 개념은 바로 정보의 지식과 이해라는 개념을 그대로 적용할 수 있다. (중략) 반면 클라우제비츠의 전쟁론은 현대에 적합하지 않은 예가 많다. 클라우제비츠의 전쟁론은 '전쟁이란 타 수단에 의한 정치의 연속이다'라는 말로 유명하다. 이 말은 시대를 떠나 현대에도 맞는 말이지만 그 밖의 생각은 이미 시대와 함께 과거의 것이 되어가고 있다.

예루살렘에 있는 헤브류 대학의 군사학자 마틴 반 크레벨트는 특히 제2차 대전 종결 이후 에는 클라우제비츠의 전쟁론이 시대와 맞지 않게 되었다고 말한다. (중략) 걸프전은 어느 정도 클라우제비츠의 도식에 맞는 예라고 할 수 있지만 앞으로 이 같은 패턴은 오히려 예외적인 것 이 될 것이다. (중략) 극단적으로 다국적 기업 끼리 싸우는 전쟁도 있다. 물리적 충돌은 없더라 도 이러한 싸움도 분쟁의 일종이라 할 수 있다. 컴퓨터나 인터넷의 보급에 따라 기업 간의 대립 이 각 기업 데이터베이스에 대한 공격으로 에스컬레이트 되는 것도 충분히 예상할 수 있다. 테 러, 업간의 충돌, 핵의 상호 확증파괴, 환경의 파괴 등 여러 가지 요소를 보면 현대의 전쟁은 클라우제비츠가 말한 것으로부터 벗어나 있는 것이 확실하다.

그러나 미군—다른 나라의 경우도 마찬가지지만—에서는 아직도 클라우제비츠가 하나의 우상적인 존재로 남아있고 그의 이론에 이의를 제기하는 것은 軍의 근간이나 존재의의 자체에 의문을 나타내는 것으로 받아들여지고 있다.

1994년 미육군 교리사령부의 프레데릭 M. 프랭크스Frederick Franks 사령관은 클라우제비츠의 이론에 이의를 제기하는 것은 대단히 어려움을 동반하는 일이었다고 실토했다. (중략) "나는 클라우제비츠를 인용하지 않는다. 왜냐하면 지금껏 말한 것은 클라우제비츠를 넘어서는 부분이 있기 때문이다. 몇 개월 전, 워컬리지War College에서 그것을 말한 것이 문제가 되었다. 그러나 우 리의 국가적 이해가 세계규모에까지 펼쳐져 있는 현재, 지상전 이론을 이론가 한사람의 좁은 틀 안에 한정시켜서는 안 된다고 생각한다"고 말하면서 걸프전을 두 얼굴을 가진 야누스의 싸 움으로 보고 예전의 논리를 뒤돌아보며 장래 나아갈 길도 간파해야 할 좋은 예로 들고 있다.452)

---

452) James Adams, The Next World War: Computers are the Weapons and the Front Line is Every Where, 부지영 옮김, 『사이버 세계대전』(서울: 한국경제신문, 2000), pp.136-140.

2. 정보혁명과 클라우제비츠 비판 분석

이러한 논의는 앞에서도 언급한 바와 같이 클라우제비츠에 대한 여러 가지 차원의 오해와 무지無知가 혼재되어 있다. 전쟁의 여러 가지 차원이 있음을 망각하고 마약, 테러 환경 등 특수한 경우의 위협을 지나치게 강조하여 전쟁과 국가안보의 본질을 왜곡 망각하고 있으며, 더욱이 핵시대에 있어서의 상호확증파괴Mutual Destruction 개념으로 클라우제비츠의 이론의 진부화를 언급하고 있는 것은 현대 핵전략 개념이 전적으로 클라우제비츠의 절대전과 현실전 개념에 의해 설명될 수 있다는 사실을 알지 못 하고 있는 결과이다.453) 또한 기술과 정보의 중요성에 대한 논의도 클라우제비츠의 중력 중점Center of Gravity 개념에 대한 이해가 없기 때문이다.

중력의 중점으로서 지휘통제의 중요성은 특히 걸프전을 통하여 증명되었는데 이것은 정보전의 역할과 관련하여 두 가지 주요한 논란을 야기시켰다. 하나는 항공력 중심의 군사혁명파들이 주장하는 전략공격 패러다임Strategic Attack Paradigm이며, 또 하나는 지상군 중심의 보수파들이 주장하는 작전공격 패러다임Operational Attack Paradigm이다. 전략공격 패러다임은 리모트 컨트롤을 활용한 전쟁이라고 볼 수 있다. 컴퓨터를 이용한 공격이나, 정밀 유도폭탄이나 미사일, 항공기를 이용한 적의 통신망이나 수송로의 파괴, 물이나 전력의 공급 네트워크 등 전략적 요소들에 대한 공격이 이에 해당하며 한편 작전 패러다임은 전통적인 재래전 개념을 그대로 답습한 지상병력끼리의 싸움으로, 적 병력을 완전히 전멸시켜야만 승리하는 것이다.

정보기술의 역할은 작전공격 패러다임에서는 보조적인 것일 뿐이며 전략공격 패러다임에서는 핵심이 된다. 작전공격 패러다임에서는 적의 통신이나 레이더 등 센서Sensor를 공격함으로써 적의 의사결정 사이클OODA Loop을 지연시키는 역할을 하나 전략공격 패러다임에서는 의사결정 사이클을 마비시켜 승리를 달성한다.

의사결정체계 마비이론은 미국의 항공전략가 존 보이드가 주장한 이론으로서 의사결정은 목표설정orient, 관측observe, 결정decide, 행동act의 네 단계가 연속된 순환작용에 의해 진행되는 것으로 파악하고 상대방보다 한 단계 빠르게 의사결정을 하는 것이 승리의 관건으로 보고 적의 이 의사결정 순환고리를 차단함으로써 전략적 마비를 달성할 수 있다고 주장하였다.

---

453) 핵전략과 클라우제비츠 이론의 관련성은 근본적으로 일치한다고 볼 수 있다. 현대 핵전략 이론에서 억제의 최종성 문제는 도그마 논리로서 클라우제비츠의 절대전 이론이라 할 수 있으며 억제의 신뢰성 문제는 클라우제비츠의 삼위일체 이론과 같다고 볼 수 있다. 절대전적 시각에서 클라우제비츠가 말한 폭력 수단의 극대화가 이루어짐으로서 더 이상의 전쟁이 일어날 수 없다는 이론적 모순을 지적하는 이러한 논의는 이미 클라우제비츠가 절대전을 개념적인 것으로서 현실세계에서 이루어질 수 없는 탁상위의 전쟁이라고 말함으로써 애초부터 문제가 될 수 없는 문제이다. 핵시대와 관련한 클라우제비츠의 유용성 논의는, 강진석, 전략의 철학(평단문화사, 서울, 1996), pp.316-323. 참조 본서 2부 3장 핵시대에서의 클라우제비츠 유용성 논쟁 참조

항공력의 역할이 이 전략적 마비의 핵심 전력으로 그 유용성이 계속될 수밖에 없다고 말할 수 있다. 왜냐하면 그것은 앞으로의 전쟁에서 핵심은 정밀공격인데 이를 위한 표적선정Targeting을 위해서는 실시간의 현장정보의 확보가 가장 중요하다. 이것은 현재로서 인공위성과 항공기로만 가능하고 인공위성은 야간이나 기상상태, 순환주기 등 여러 가지 제한요소가 있으며 상대적으로 항공기가 유용한데 이러한 항공정찰을 위해서는 제공권의 확보가 절대적으로 요구된다. 이러한 관점에서 지휘통제체제 구축에 있어 C4IRS2Command, Control, Communication, Computer, Intelligence Reconaissance, Sensor to Shooter 문제가 대두되고 있는 이유이다.

그렇다면 정보전과 관련하여 클라우제비츠의 교훈은 어떻게 적용될 수 있을 것인가. 그것은 대략 다음 두 가지로 크게 대별 될 수 있을 것이다. 첫째, 사이버전은 공간적인 측면에서 본 전쟁의 형태로서 삼위일체의 전쟁이론이 그대로 적용될 수 있다. 즉, 전쟁의 공간적 형태를 현실적 공간의 전쟁과 가상적 공간의 전쟁으로 분류할 때, 사이버전은 가상적 공간의 전쟁으로서 지상, 해상, 공중과 같은 현실적 공간이 아니라, 컴퓨터, 네트워크와 같은 가상적 공간에서 이루어지는 전쟁이다. 가상적 공간에서도 정보획득, 적의 공격, 아측의 방어 등과 같은 현실적 공간에서 이루어지는 전쟁의 제반 형태가 이루어진다. 다만, 전쟁의 수단과 방법이 다를 뿐이다. 한편, 여기에서 전쟁의 공간적 구별은 단절된 것이 아니며 현실적 공간과 가상적 공간이 연결되어 있다. 즉, 사이버전에서 현실적 전쟁으로, 현실적 전쟁에서 사이버전으로 이전될 수도 있다는 것이다.

항공전략가인 존 와든John Warden은 '5-Ring 모델'을 제시하고 있는데 이것은 현대적 3위일체 개념으로 확대해석할 수 있다. 5-Ring 모델 속에는 정부, 군대, 국민이라는 3요소가 포함되어 있다.

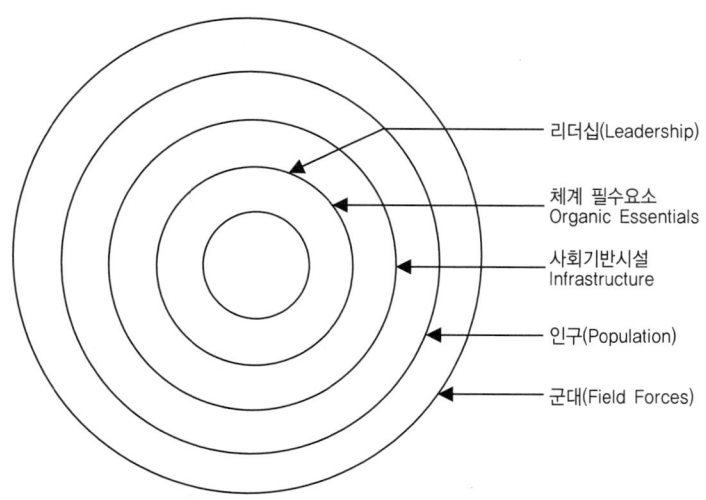

리더십(Leadership)

체계 필수요소
Organic Essentials

사회기반시설
Infrastructure

인구(Population)

군대(Field Forces)

그림에서 보는 바와 같이 각각의 동심원은 적의 다양한 중심을 나타내고 있다. 리더십이 가장 중앙에 위치하고 물, 식량, 전기 등과 같은 체제필수요소Original Essence, 기반시설Infrastructure, 인구, 군대 순으로 외곽을 형성하고 있다. 이 모델에서 리더십, 인구population, 야전군Field Force이라는 3요소는 바로 정부, 군대, 국민이라는 요소와 기능으로, 의미상으로 일치하고 있다.

둘째, 중력의 중점으로서 새로운 개념의 정보기반체계의 대두이다. 사이버전은 정보작전의 인지 계층, 정보기반체계 계층, 물리적 계층으로 구성된 3계층 모델에서 제2계층인 정보기반체계 계층에서의 공격과 방어를 의미한다. 사이버전의 요소인 정보기반체계 계층은 기본적으로 전 지구적 네트워크를 형성하는 범세계적 정보기반체계Global Information Infrastructure, 국가 내의 네트워크를 형성하는 국가정보기반체계NII National Information Infrastructure, 국방구조상의 네트워크를 형성하는 국방정보기반체계DII: Dfense Information Infrastructure로 구성된다. 국가기반체계인 통신위성, 광케이블, 마이크로웨이브, 초고속 인터넷서비스망 등 국가정보기반체계는 보안성이 취약하고 이것은 심각한 취약점이 될 수 있다.

소결론

클라우제비츠의 전쟁론이 추구하고 있는 핵심적인 주제는 평화의 추구이며 전쟁을 자제하라는 것이다. 그간 오해되어 온 것 같이 클라우제비츠는 군국주의의 화신이나 절대 섬멸을 주장했던 '피의 제왕'도 아니다. 더욱이 호전주의자 또한 결코 아니다. 그는 반대로 이러한 경향을 우려하고 이의 회피를 위한 방안의 강구에 부심했던 전쟁 이론가이다. 이러한 점이 지금까지의 클라우제비츠의 연구에서 간과되었던 점이며 그것의 핵심은 그의 정치적 전쟁철학이 포함하고 있는 진정한 의미를 이해할 때 가능하게 된다.

이렇듯 클라우제비츠의 본의와는 다르게 오해되어 지는 부분들은 소위 클라우제비치안과 네오클라우제비치안 간의 논쟁을 통해서 대략 정리가 되었다고 볼 수 있으며 특히 현대국가의 안전보장 이론의 근거를 제공하고 있는 정치적 현실주의의 이론적 담론을 통하여 현실전 이론으로 클라우제비츠는 되살아났고 월남전과 걸프전을 통하여 현대전을 설명해 줄 수 있는 유일한 전쟁이론으로 그 유용성이 재확인 되었다.

그럼에도 불구하고 다른 한편으로 소소하게 제기된 클라우제비츠에 대한 비판들이 제기되었는데 대부분 클라우제비츠와 관련된 묵은 논의, 즉 절대전 이론과 관련된 것들이 주된 것이었으며 일부는 분석차원이 다른 문명논쟁과 정보기술과 관련된 것이었다. 문명논쟁과 절대전 이론에 경도된 묵은 논의들은 논자들의 이해 부족이라고 할 수 있으나 정보기술 관련 논의는 클라우제비츠가 소홀히 다룬 것이 사실이다.

클라우제비츠의 유용성은 인간의 지식철학 영역 내에서 전쟁의 체계적 연구를 위한 현대전쟁 연구의 기초를 제공하여 주고 있다는데 있다. 비록 그가 기술 변화와 전략사상 간의 본질적인 상호 관련성 및 상호 영향에 대한 관심이 적었고 물리적인 전쟁 수단에 대한 체계적 논의가 없었음이 분명하지만 그는 전쟁과 정치간 사회의 힘과 군대의 힘, 그리고 국가의 정책과 군사 수단, 공격과 방어, 변화와 현상유지 간에 내재하는 변증법적 관련성을 이해하고 있음으로 해서 그의 이론이 갖는 포괄성의 범위와 깊이에 있어 타의 추종을 불허하고 있다.

클라우제비츠 이론의 평화 지향적 개념에 대하여 씨셀라 복Sissela Bok은 "핵 시대의 적대관계로부터 일어날 수 있는 전쟁위협을 방지하기 위한 평화전략은 클라우제비츠의 전략개념을 포함한 대단히 현명하게 고안된 군사적인 전략과 이제 더 이상 상반되지 않는다. 평화전략은 대단히 정밀한 군사작전과 마찬가지로 장기적인 계획과 온갖 노력의 조정을 필요로 한다. 뿐만 아니라 평화전략은 클라우제비츠가 영광이나 명예 그리고 무패無敗를 목표로 하는 전쟁에 회의를 표했듯이 화합, 그리고 평화에 관한 각종 수사에 대해 냉철하게 회의懷疑해 볼 것을 요구하고 있다."고 말하면서 "평화를 위한 전략이 클라우제비츠의 가장 깊숙한 전략적 고려와 일치되고 있고 또한 그의 전략적 권고를 현재의 집단적 생존에 필요로 하는 도덕적 규제라는 관점에서 재고해 볼 시기가 도래했다면, 우리는 이제 다음과 같은 두 가지 문제를 추가해서 던져볼 필요가 있다, 어떠한 인간적 특성이 성공의 기회를 증진시키는데 추가로 필요한 것인가? 클라우제비츠가 찬양해마지 않던 통찰력과 과감성 그리고 상상력이 소용될 새로운 길은 과연 무엇인가?" 반문하면서 클라우제비츠의 이론에 비판적인 현대의 몰이해자沒理解者들에게 카운터펀치를 날리고 있다.

클라우제비츠와 손자의 비교:
현실주의 전쟁이론

제1절
서론

클라우제비츠에 대한 현대전쟁 이론의 도전은 본서의 앞에서 살펴본 것처럼 모두 무력화되었다고 할 수 있다. 마지막으로 논쟁점이 남은 것은 동양의 손자병법과의 관계이다. 저자의 기본적인 입장은 두 저작 모두 정의의 실현과 평화의 구현을 강조한 정치 현실주의적 입장의 처방적 병법서라는 것이다.

손무의 손자병법은 정치적으로 전쟁을 회피할 수 있는 방법을 먼저 강구한 후에 부득이할 경우 전쟁을 하여 싸워 이기는 방법에 관한 저술로서 통상 부전주의 병학사상이라고 그 우월성이 칭송된다. 반면 클라우제비츠는 앞에서 검토해 본 바와 같이 싸워 이기는 방법을 먼저 연구(절대전 사상)한 후에 무언가 큰 오류가 있음을 절감하고 다시쓰기 시작하였으나 겨우 1장 1편만 완성하고 사망함으로써 미완성으로 남겨진 것으로서 그것은 정치적 전쟁에 관한 것이었다(현실전 사상). 따라서 그가 그의 저작에 대한 수정을 완료할 수 있었더라면 우리에게 전해진 현재의 『전쟁론』은 다른 모습이 되었을 것이다. 저자는 그것이 정치적 전쟁철학으로서 기묘한 균형을 이루고 있는 삼위일체 전쟁이론이며 그것의 핵심은 분별지의 균형으로서 실천지Prudence이고, 이 실천적 지혜야말로 역사를 뛰어넘는 평화와 정의의 이념이라 할 수 있음을 논증하였다.

따라서 이러한 분석은 『전쟁론』에 대한 해석적 차원의 이해이며 실제적 차원에서 편집 출판된 내용은 절대전 사상을 기초로 한 승리전술에 관한 것들임을 부인 할 수 없으며 대부분의 독자들이 이해하고 있는 클라우제비츠의 모습이다. 이로부터 많은 오해와 곡해 그리고 폄하와 비난이 일고 있다. 손자와의 비교에 있어서도 그렇다. 그러나 두 사상가의 이론은 동일차원의 선상에 있다. 그것은 현실주의적 정치적 전쟁관으로서 정책차원의 전쟁관이다. 손자의 교훈은 그의 전쟁을 보는 시각과 발상의 지혜로움과 건전성이며 이점에서 손자는 전쟁을 평화의 차원에서 조명했다고 볼 수 있다. 손자는 당위적 차원에서 전쟁정책의 신중성과 분별을 주창했지만 클라우제비츠는 왜 전쟁이 정책의 정당하고 합당한 도구가 되어야 하는가 하는 점을 철학적으

로 분석해주고 있다.454)

　최근 클라우제비츠의 현대적 유용성과 손자의 이론을 상호 보완하는 융합이 필요하다는 주장이 제기되었다. 강성학은 현대 테러전의 분석에 있어 클라우제비츠 이론의 적용은 유용하다고 하면서 '힘의 중심부'455) 공격을 강조한 그의 이론은 중력의 중점 식별이 어려운 대 테러전 수행에 있어 한계성이 있으므로 손자의 정치 전략적 접근과의 융합해야 한다며 그 필요성을 제시하고 있다. 저자는 이미 앞에서 클라우제비츠 정치적 전쟁관에 대한 해석적 접근을 통해 이러한 문제를 다 해결할 수 있음을 논증하였지만 존재론적 차원에서 클라우제비츠『전쟁론』이 미완성 저작이기 때문에 이러한 평가는 수용이 불가피하다 할 수 있다.

　손자는 전쟁에서 정보와 기만, 심리전 등을 강조하는 분석을 통해 클라우제비츠의 불확실성 개념을 상호 보완하는 이론적 기여를 하고 있다고 평가된다. 강성학은 적의 전략을 공격하는 것을 가장 중요한 것으로 보는 손자의 간접 접근법 또한 독립적으로 완벽한 대안이 되지 못하기 때문에 21세기의 보다 나은 국제평화유지를 위해서는 클라우제비츠와 손자의 전략적 융합이 필요하다고 말하고 있다.

---

454) 류재갑, 미발간 자료집『국가안보의 정책과 전략』, p.318.
455) Center of Gravity를 강성학 교수는 힘의 중심부라 표현한다.

제2절
손자의 전쟁관

1. 손자병법 개관

(1) 개요

『손자병법』은 『손자』孫子·『오손자병법』吳孫子兵法·『손무병법』孫武兵法 등으로도 불린다. 춘추시대 말 제齊나라 사람 손무가 지었다.456) 병법 13편을 오왕 합려에게 보이고 그의 장군이 되어 대군을 이끌고 초나라를 무찔렀다. 손무에 관한 역사상 가장 이른 기록은 사마천이 『사기』史記에서 쓴 『손무열전』孫武列傳이다. 『사기』에 나오는 손무열전은 매우 간략하면서도 제나라에서 망명한 손무가 오왕 합려에게 발탁되는 과정과 그의 재능 및 업적을 인상 깊게 그리고 있다.

한서漢書 『예문지』藝文志에는 82편, 도록 9권이라고 기록되어 있으나, 지금 남아 있는 송본宋本에는 계計·작전作戰·모공謀攻·형形·세勢·허실虛實·군쟁軍爭·구변九變·행군行軍·지형地形·구지九地·화공火攻·용간用間 등의 13편만이 전해진다. 1972년 산둥성山東省 린이현臨沂縣 인췌산銀雀山에 있는 전한시대 묘에서 죽간竹簡으로 된 『손자병법』 13편이 출토되었는데 기본적으로 당시 동행되던 송본과 같다. 그 밖에 오문吳問·황제벌적제黃帝伐赤帝 등의 중요한 유실문이 있다.457)

이 책은 춘추 말기의 군사학설 및 전쟁경험을 모두 묶은 책이다. 그 가운데 "적을 알고 나를 알면 100번 싸워도 위태롭지 않다"知彼知己百戰不殆, 우세한 병력의 집중, 민첩한 기동작전 등의 수많은 기본원칙은 세계 각국 군사가들의 높은 평판을 얻었다. 조조曹操를 포함한 11명이 주註를 달았다.

손자병법의 중심화두는 항상 주동적인 위치를 점하여, 싸우지 않고 승리하는 것으로서, 병서로서는 모순을 느낄 정도로 비호전적인 것이 특징이다.

---

456) 손자란 손무에 대한 존칭이다. 공자, 맹자, 순자 등과 같이 '훌륭하신 손 선생님'이란 뜻이다.
457) 브리태니커 백과사전

(2) 주요내용

① 제1장, 시계

시계始計 편은 손자 군사사상軍事思想의 총론으로 전쟁의 개념 정의, 전략戰略의 요소, 계획의 중요성 등 병법兵法(戰爭)의 기본을 설명하고 있다. 시계始計란 최초의 근본적인 계획이란 뜻으로서 사전에 판단과 비교분석의 중요성을 강조하고 전쟁을 경솔하게 시작해서는 안 된다고 말하면서 전쟁에 대비하는 기본요건으로서의 5사—道, 天, 地, 將, 法—458)를 제시하고 이 기본요건의 비교분석·검토를 위한 기준으로서의 7계計,459) 그리고 '위도詭道의 본질'460)에 대해 설명하고 있다.

전쟁은 국가의 중대한 일兵者 國之大事이라는 기본 전제 아래 5사·7계를 바탕으로 기본적 조건을 아측我側에 유리하게 만들고 또 유리한 태세를 만들어 기본적 조건을 보강해야 한다는 '만전지계'萬全之計를 강조한다. 또한 5사, 7계, 위도詭道는 일괄하여 군비의 확충이라 할 수 있으며 손자의 본심은 강력한 군비에 의해 적의 전의를 상실케 하는 데 있었다. 이러한 군비에는 물리적인 힘과 정신적 요소를 포함한다.461)

이 계計 편은 손자병법 전체의 총론이며 이 첫 계計 편은 마지막 용간用間편과 수미首尾를 이룬다고 보고 있다.

② 제2장, 작전

작전作戰 편은 어떻게 실제 상황과 결합하여 전쟁준비를 수행할 것인가를 설명하면서 거액의 비용이 든다는 것을 강조하고 있다. 이를 감당할 수 있어야만 전쟁을 할 수 있다는 것이며, 동시에 빈틈없는 전략으로 다소 미흡하더라도 빠른 것이 좋다兵聞拙速는 속전속결速戰速決 지도사상指導思想(兵貴勝 不貴久)을 수립하고, 군수품이나 군량을 적지에서 현지 조달해야 한다因糧於敵는 것을 강조하고 있다.

작전 편은 작전의 의미, 전쟁과 경제와의 관계를 설명하고 단기전을 주장했으며, 속전速戰

---

458) 5事란 道(정치: 위정자와 국민의 한뜻, 원칙, 방침, 대의 명분), 天(정서: 자연법칙, 기상, 기후, 계절의 변화), 地(지리: 환경적 조건), 將(장수: 지도자, 지휘관), 法(법제: 규칙, 질서, 장비)을 말한다.

459) 7計란 '曰 主孰有道, 將孰有能, 天地孰得, 法令孰行, 兵衆孰强, 士卒孰練, 賞罰孰明, 吾以之知勝負也' 통치자는 어느 쪽이 더 도의적이며, 장수는 누가 더 능한가, 천지는 어느 편이 더 유리한가, 법령은 누가 더 잘 운용하며, 병중은 누가 더 강하고, 사졸은 훈련되어 있으며, 상벌은 누가 더 공명한가를 비교·분석함으로써 승부를 알 수 있다는 것이다.

460) '詭道12법을 활용하여 유리한 태세를 조성하고 적의 약점을 치고 의표를 찌르는 것이 전술의 요체라고 했는데 궤도는 단순한 사술이 아니라 쌍방의 능력을 측정하여 이측에 유리하게 작용하도록 만드는 것이다.

461) 이병호, 『손자·군사사상과 병법이론』(울산: 울산대출판부,1999), pp.196-197.

의 구체적 해결방안으로 적지에서 군량을 조달할 것과 신속한 논공행상論功行賞과 포로에 대한 우대를 통해 싸울수록 더 강해진다는 '승적이익강'勝敵而益强의 이론을 제시하고 있다.[462]

손자가 이 편에서 다루고 있는 두 가지 중심주제는 '속승론'速勝論과 점령지 활용의 보급전략이다. 여기서 말하는 작전이란 현대적 개념의 작전operation이 아니라 전쟁을 일으키고 수행하는 전 과정을 의미한다.[463]

③ 제3장, 모공

모공謀攻 편에서는 국가전략國家戰略의 목적과 목표, 지피지기知彼知己의 중요성을 강조하고 있는바 모공지법謀攻之法, 필승 5계必勝5計, 손자의 부전승 사상不戰勝 思想을 나타내고 있다. 모공이란 모계謀計로써 적을 굴복시킨다는 것인데 곧 외교전이라 하겠으며, 손자는 부전을 역설하면서도 어쩔 수 없이 전쟁에 임한다면 필승을 목표로 해야 하고, 무력전武力戰의 승산은 적을 알고 자기를 아는데 있으며, 이렇게 되면 백번 싸워 백번 이길 수 있다는 것이다.[464] 즉, 국가와 군을 온전하게 보전하는 가운데 싸우지 않고 승리하는 것不戰而屈人之兵이 최상의 전략이라는 것을 강조하고 있다.

④ 제4장, 군형

군형軍形 편은 공방攻防의 요체要諦, 임전태세臨戰態勢의 완비, 군사전략의 목적을 설명하면서 수측부족守則不足, 공측유여攻則有餘를 강조한다. 특히 군형軍形이란 군의 배치형태를 뜻하며 군의 힘을 최대로 발휘하는 것은 세력인데, 이 세력은 군의 배치 형태에 따라 강하거나 약하게 될 수 있다. 손자는 군형편에서 어떻게 민활하게 공격과 수비의 형식을 취할 것이며, 전쟁 중 자신을 보존하고 적을 소멸할 것인가를 집중적으로 논하고 있다. 먼저 불패不敗의 태세를 만들고 싸우기 전에 전승계획을 완성함으로써 이겨놓고 싸워야 한다고 역설하고, 전략의 다섯 가지 요소로 국토國土, 자원資源, 인구人口, 군사력軍事力의 평가, 승패의 기회 등을 들고 있다.[465]

이 편의 중심 주제는 작전을 전개하는데 있어 적보다 압도적으로 우월한 형을 조성함으로써, 승리의 조건을 만들어야 한다는 것이다.

---

462) 위의 책, pp.198-199.
463) 김광수 앞의 책, p.51
464) 노태준,『손자병법』, (서울: 홍신문화사, 2003), pp.61-76.
465) 이종학,『전략이론이란 무엇인가』, (대전: 충남대학교출판부, 2005), pp.70-72.

⑤ 제5장, 병세

병세兵勢 편은 강력한 군사력의 바탕위에서 군의 세勢를 잘 구사하는 것이 전쟁에 긴요하다고 강조한다. 즉 전쟁의 기본준칙으로서 조직, 통제, 기정奇正, 공격·방어, 허실虛實, 집중된 병력을 가지고 분산된 적을 침을 비롯하여 전쟁실시의 본질을 규명하고 이정합以正合, 이기승以奇勝을 설하고 있다.466)

세勢란 힘의 움직임, 즉 병세兵勢를 말하며 일정한 작전의 도道에 근거하여 배치되고 운용되는 병력이 형성하는 일종의 작전태세이다. 조직·편제와 명령계통을 확립한 가운데 정공법과 기책奇策의 다양한 조합을 통하여 격렬함, 예리함, 맹렬함의 기세로 적에게 숨 돌릴 틈을 주지 않고 단숨에 기습하여 승리할 수 있는 전세를 만들어야 한다는 것이다.467)

이 편의 중심주제는 임세任勢이다. 즉 용병은 세를 형성해서 병사들이 그것을 타도록 만드는 것이라는 주장이다. 이 세를 advantage나 strategic advantage로 번역하고 있는데 오히려 momentum이 적절하다. 그러나 이 역시 완벽하지는 않다. 여기에는 손자가 말하는 '정신 심리적 압도'라는 의미가 빠져 있기 때문이다.468)

⑥ 제6장, 허실

허실虛實 편은 군사 활동 중의 허실虛實 관계의 상호 대립과 전화轉化라는 보편적 원칙을 지닌 문제를 논하고 있다. 여기에서는 전투에 있어서 승리의 비결이란 아군의 실實(集中)로서 적의 허虛(分散)를 찌르는 것이며, 그 전술은 적에게 끌려 다니거나 조종당하지 않고 오직 적을 나의 의지대로 조종하는데 있다는 것이다. 이를 위해 손자는 '적의 강점을 피하고 약점을 공격한다'避實而擊虛는 작전지도 원칙을 제시했다.469)

많은 연구자들은 이 편이 손자 용병이론의 핵심을 담고 있다고 평가해 왔다. 일본의 사토 우켄시는 형·세·실을 손자 용병이론의 삼위일체라 부르고 있다.470)

⑦ 제7장, 군쟁

군쟁軍爭이란 군대를 써서 승리를 얻는다는 뜻으로 곧 전투를 말한다. 제1장 시계 편始計 篇으로부터 제6장까지는 전쟁의 중요한 전제 요건이었다면 군쟁 편은 실제 전투에 있어서 필승하는 방략方略을 논하고 있다.

---

466) 이병호, 앞의 책, p.201. 以正合 以奇勝은 '정병술로 대치하고 기병술로 승리한다'는 뜻이다.
467) 위의 책, pp.73-75.
468) 김광수 앞의 책, p.149.
469) 이병호, 앞의 책, p.204.
470) 김광수, 앞의 책, p.179.

군쟁편은 전투수행 직전의 제 문제와 법칙, 전쟁의 목표를 중심으로 하여 어떻게 이익을 취하고 손실을 피하며 전장주도권戰場主導權을 장악할 것인가가 그 중심사상으로서 유리한 면과 불리한 면을 논증하고, 불리한 것을 유리하게 전환시켜 이환위리以患爲利하는 데 도달할 것을 주장했다.471) 또 손자는 적을 제어하는 네 가지 방법으로 치기治氣, 치심治心, 치력治力, 치변治變 등 4치治를 제시하고 있다.472)

앞의 허실 편까지는 용병의 추상적 이론을 다룬 것이고 군쟁 편 이후에서는 실제적인 용병론을 다루게 된다. 군쟁편 논의의 핵심은 기동의 원칙(우직지계)과 지휘원칙(4치)이다. 군쟁편은 이후에서 논의되는 용병의 3위일체, 즉 용병用兵, 치병治兵, 지형地形의 전체적 개요를 제시한 편이다.473)

⑧ 제8장, 구변

구변九變 편에서는 아홉 가지 변칙變則을 중심으로 전투에서 임기응변臨機應變의 묘리와 이해득실의 본질을 설명한다. 특수한 상황에서 민활하게 전술을 변화하여 승리하는 방법, 불리한 조건에서는 싸우지 말 것을 강조하는 9가지 용병의 원칙原則(九變), 승리를 획득하기 위한 다섯 가지 원칙五利, 지휘관의 좋지 못한 성벽性癖 때문에 범하기 쉬운 다섯 가지 위험성將有五危을 경고하고 있다.474)

이 편의 중심주제는 임기응변이다. 즉 용병가는 용병, 치병, 지형활용 부분에서 일반적 원칙을 알아야 하지만 상황에 따라 변칙을 활용할 수 있어야 한다는 것이다. 구변에서 구九란 아홉 가지를 말하는 것이 아니고 고대 중국의 수數의 극한개념을 말하며 따라서 무궁무진한 변화의 의미로 보아야 한다는 것이 일반적인 정설이다.475)

⑨ 제9장, 행군

행군行軍은 서로 다른 지리 조건하에서의 행군과 숙영宿營, 적정敵情을 살펴 징후를 판단하는 방법을 논술하고 있다. 손자는 지형과 전투배치戰鬪配置를 네 가지로 구분하고 있는데 산악지대, 하천지대, 저습지대, 평지 등이며 그 각각의 상황에 따라 전투배치가 달라야 한다는 포진방법布陣

---

471) 이병호, 앞의 책, p.208.
472) 적을 제어하는 네 가지 방법: 4治란 治氣: 사기 높은 부대와 전투를 피하고 사기가 떨어진 부대를 공격하며, 治心: 심리전으로 적을 혼란시키고, 治力: 적을 피로하고 굶주리게 만들며, 治變: 기책으로 적의 의표를 찌르는 것이다.
473) 김광수, 위의 책, p.218.
474) 이종학, 앞의 책, pp.83-84.
475) 김광수, 앞의 책, pp.261-262.

方法을 설명하고 있다.

또한 '병력이 꼭 많다고 해서 좋은 것은 아니다'兵非益多라며 정병주의精兵主義를 주장했으며, '병사를 합리적으로 교육하고 군기와 군법으로 행동을 통일한다'令之以文 制之以武라는 부대관리 원칙을 논술했다.[476]

여기서 행군은 군대의 행군行軍, march이 아니라 기동, 전투, 행군, 숙영 등 제반 작전행동을 통칭하는 의미로 사용되었다. 3부분으로 구성되어 있는데 첫째 부분은 4가지 작전환경-산지, 하천, 소택, 평지-및 특수지형에서의 군의 운용, 두 번째, 적의 의도와 상태를 파악하는 방법 33가지, 셋째, 아군 내부 통합을 위한 병력지휘법의 요체이다.[477]

⑩ 제10장, 지형

지형地形 편은 전투 시 지형의 분류와 활용방법, 장수될 자의 도리를 강조하고 있다. 지형 편의 요지는 전투에 임할 때 승리를 위해 반드시 알아야 할 4대 요강이다. 즉, ① 지형을 알아야 하고, ② 자기를 알고, ③ 적을 알고, ④ 천시를 아는 것이다. 따라서 본편本編의 결론은 "적을 알고 자기를 알며, 지리를 알고 천시를 알면 반드시 백전백승百戰百勝할 수 있다"는 것이다.[478] 군대가 작전 중 조우할 수 있는 통형通形, 괘형掛形, 지형支形, 애형隘形, 험형險形, 원형遠形 등 6종의 지형을 구체적으로 분석하고 적절한 용병법用兵法을 제시하고 있으며, 장수將帥의 엄격한 도덕기준과 장병관계의 준칙으로 은애愛와 위엄嚴의 결합을 제창했다.[479]

이 편의 마지막 부분에서 손자는 고도로 추상화된 종합적 명제를 제시한다. "적과 나를 알면 승리를 이루면서, 위태롭지 않고 여기에 천과 지에 대해 알면 승리하되 그 승리가 완전한 것이 된다."知彼知己, 勝乃不殆, 知天知地, 勝乃可全라는 문장은 이 편의 결론이자 손자 용병론의 종합적 결론이라 할 수 있다.[480]

⑪ 제11장, 구지

구지九地 편은 9가지 형태의 전략지리戰略地理와 각각의 경우에서의 작전요령을 논했다. 원정 군으로서의 통과지通過地 혹은 진지陣地가 그들에게 미치는 이해관계를 중심으로 구분하여 산지散地, 경지輕地, 쟁지爭地, 교지交地, 구지衢地, 중지重地, 배지圮地, 위지圍地, 사지死地의 아홉으로 구분하였다. 그리고 각각의 지형에서 원정군이 취할 작전방법을 제시하고 있다.

---

476) 이병호, 앞의 책, pp.210-211.
477) 김광수, 앞의 책, p.285.
478) 노태준, 앞의 책, pp.239-258.
479) 이병호, 앞의 책, p.211.
480) 김광수, 앞의 책, p.316.

앞의 지형 편에서는 6개의 전술적 지형을 분류한데 반해 여기서는 주로 교전 쌍방의 관계에서 전략적인 지형의 이해를 논하고 각각의 전략방침을 보여준다는 측면에서 지형 편의 6종류가 정적靜的이며 정상적인 것이라면, 여기의 구지九地는 쌍방의 위치에 관련한 동적動的이며, 기능적인 것으로 파악된다.481)

통상 앞의 지형 편을 '전술적 지형론', 이 지구편을 '전략지리론'이라 구분 짓고 있다. 구지는 지리적 특성을 지칭하는 것이 아니라 지리를 매개로 하여 피아간 형성되는 전략적 상황을 말하고 있다는 것이다. 역대로 이 구지편은 손자의 실제 용병론의 정수가 압축되어 있다하여 많은 용병가들이 깊이 연구하고 중시한 편이다. 군쟁편이 실제 용병론의 서론이라면 이 편은 결론이라 할 수 있다.482)

⑫ 제12장, 화공

화공火攻 편은 전반부에서 불로써 적을 공격하는 화공의 원칙과 종류, 화공의 조건, 실시방법, 발화 후의 응변조치, 이에 따른 병력의 사용 방법을 설명했다. 그러나 후반부에서는 화공火攻과는 관계없는 명군明君과 양장良將들의 감정적인 행동을 경계하면서, "전쟁은 반드시 국가이익에 부합되는 경우에 실시하라"合於利而動고 역설했다.483) 즉, 전쟁은 국가의 존망이 달려 있는 중대사라는 것을 언제나 생각하라는 것이며 전쟁을 개시하는 군주와 장수의 신중성을 강조하고 있다.

화공 편은 두 가지 주제를 논하고 있다. 첫째는 전반부에서 화공의 목표, 시행조건 등 일반적 공격작전에 활용하는 용병방법을 다루고 있고 두 번째, 후반부에서 화공과는 관계없는 12편까지 전개한 용병론의 결론에 해당된다. 여기서 전쟁의 결정과 지도에 주의해야 할 점을 다시 한 번 상기시키고 있다.484)

⑬ 제13장, 용간

용간用間이란, 간첩을 사용한다는 말이다. 즉 정보활동을 뜻하는 것으로서 적정敵情을 알려면 반드시 간첩이 필요하다. 그리고 간첩의 종류, 특징, 사용방식을 논술하고 전쟁지도자는 응당 지피지기知彼知己 해야 하며, 지피를 위한 가장 중요한 수단이 용간이라고 역설한다.485) 전쟁에서의 정보의 중요성을 강조한 것이다.

---

481) 이병호, 앞의 책, p.213.
482) 김광수, 앞의 책, p.344.
483) 이병호, 위의 책, p.215.
484) 김광수, 앞의 책, p.400.
485) 이병호, 앞의 책, p.216.

일본의 탁월한 손자 해석가인 사토 의켄시와 중국의 연구가들이 이 편을 정보전 내용이라고 평가하고 있다. 일부 해석에 있어 손자가 용간을 하책으로 여겼다는 평가도 있으나—당나라 이정李靖, 명나라 장거정張居正—대부분의 손자연구가들은 이것을 손자 용병법의 토대가 되는 중요한 편이라 보고 있다.

2. 손자병법의 현대적 평가

최근 서구에서 손자병법과 클라우제비츠에 대한 비판적 분석들이 대두되었다.[486] 현대 기동전 이론의 대가인 심킨Richard Simpkin, 미국 해군대학원의 전략교수 헨델Michael Handel, 헤브류 대학의 반 크레벨트Martin van Creveld, 미국의 기동전 옹호자인 레온하르트Robert Leonhard 등이 그러한 사람들이다.

심킨과 레온하르트는 손자병법이 강점 대신 적의 약점을 타격하라고 하고 작전에서 속도와 기습을 중시하며 적에 대한 물리적 타격보다는 심리적 와해를 지향하라고 주장하는데서 손자를 역사상 최초의 기동전 이론가로 보고 있다. 반 크레벨트 역시 리델하트와 같이 클라우제비츠의 섬멸전 사상을 비판하는 입장에 서 있는데, 현대에 와서는 나폴레옹 전쟁당시와 19세기 초기에 적합했던 클라우제비츠의 전략개념은 지나치게 협소하고 따라서 현재 인류의 파멸을 막을 수 있는 이론이 되지 못한다고 비판했다. 그는 손자의 용병개념이 현재의 전략개념으로 더욱 적합하다고 본다. 그는 그의 저서 『전쟁의 변혁』Transformation of War에서 손자를 "역사상 군사 문제에 대해 쓴 사람 중 가장 위대한 작가"라고 평가하고 있다.

미 해군대학원 교수인 헨델은 클라우제비츠를 깊이 연구한 전략이론가인데 최근의 저서 『전쟁의 달인들: 클라우제비츠, 손자, 조미니』Masters of War: Clausewitz, Sun tsu, Jomimi에서 클라우제비츠의 『전쟁론』과 『손자병법』 사이에 많은 유사성이 있음을 비교연구의 방법에 의해 보여주고 있다. 그는 손자를 극찬하는 다른 서구의 이론가들과는 달리 전쟁에서의 정보획득의 어려움을 지적하면서 이 부분에 대한 손자의 이론이 현실성이 적다고 비판을 가하고 있기는 하지만 손자를 클라우제비츠와 나란히 현대에도 가장 중요시해야 할 역사상 위대한 두 전쟁이론가로 꼽고 있다. 1990년대에 와서야 손자병법은 이제 일부 동양고전에 대한 취향을 가지 사람들의 금언적金言的 성격의 논의가 아닌 현대 전략에 관한 주요 논의의 중심에 자리 잡기 시작했다.[487]

---

486) 김광수 역, 『손자병법』(서울: 책세상, 2011), pp.446-447. 요약 발췌.
487) 김광수, 앞의 책, p.467.

3. 손자 전쟁이론의 분석: 정치적 현실주의 정책차원의 전쟁관

손자병법에서 제시된 전쟁이론은 현대적 정치이론과 안보·군사이론과 어떻게 연계되고 있는 가? 다분히 군사적 금언을 제공하는 차원을 넘어서 구체적으로 어떻게 현대 군사이론으로 적용 될 수 있는가?

전쟁현상戰爭現狀에 대한 이해와 전쟁현상으로서의 전쟁양상戰爭樣相을 다루는 정치가와 전략 가의 입장에서, 특히 안보정책 입안자 이를 전장에서 실행해야 하는 전략가와 군사지휘관에게 있어 국가정책의 일환으로 전쟁현상을 어떻게 이해하고 대처해야 할 것인가 하는 문제는 중요 하다. 이를 위해서는 시대가 다르고 동서양이 다르다 할지라도 고대 중국의 선각자인 손자孫子와 프러시아의 클라우제비츠의 사상을 고찰하지 않을 수 없다. 이 두 전략가의 사상은 그 목적과 현실인식 및 대처방향에 있어서 거의 유사한 점을 지니고 있을 뿐만이 아니라 시대를 초월하여 부활되고 재음미 되고 있기 때문이다.[488]

전쟁은 적敵과 아我의 전장요소를 동시에 갖는 3차원적인 성격을 지니고 있기 때문에 전쟁 이론은 대상적(객관적)요소와 주체적(주관적)요소를 포괄해야 한다. 특히 전쟁의 목적다원성과 양상비결정성이 증대되고 있는 시대에 있어서는 전략가는 '공포의 균형'이라는 현대폭력위협 에 직면하여 '분별지의 균형'Balance of Prudence을 지녀야 한다면[489] 전쟁의 2차원적 또는 3차원적 본질을 규명할 필요가 있다.

이러한 문제에 가장 탁월한 해답을 주는 사상은 2,500여 년 전에 이미 선견지명을 보여준 손자孫子나 200여 년 전에 현실적인 탁견을 제시한 클라우제비츠에게서 발견될 수 있다. 이 양대 동서양의 군사사상가들이야 말로 전쟁을 생각하되 평화를 달성하려는데 더 큰 목적을 중시했 던 것이다.

서양의 고전적인 정치현실주의 전쟁관은 기원전 4세기경 베제티우스vegetius의 명언 '평화 를 원하거든 전쟁을 준비하라'에 잘 나타나 있다. 현대 초에도 서양에서는 '법의 목적은 평화이 다. 그러나 거기로 가는 길은 전쟁이다.'라는 입장을 지니고 있었던 것 같다.[490] 이 같은 입장은 일종의 무장평화의 불가피성을 반영하기도 한다.

동양에서는 중국의 고전에서 정치현실주의 전쟁관을 발견할 수 있다. '어진 정치를 올바른 길正道'이라고 제시한 사마법司馬法[491]도 "한 나라가 전쟁을 좋아해서도好戰 안되지만 평시의 태평

---

488) 류재갑, 미발간 자료집 『국가안보의 정책과 전략』, pp.312-317. 요약 발췌.

489) Y. Harkabi, Nuclear War and Nuclear Peace(Jerusalem: Israel Program for Scientific Translations, 1966), p.253, 258, 279; Clausewitz, On War, p.604.

490) R. Jhering, The Struggle for Law(1987)

491) 사마법(司馬法)은 중국의 전국시대에 사마양저(司馬穰苴)가 저작한 병법서이다. 무경칠서 중의 하나이다. 지금

성대에도 전쟁을 생각해야 한다.”는 점을 분명히 했다.492) 그는 평시의 부전론不戰論을 주장한 손자孫子나 '부쟁不爭의 덕德'을 제시한 노자老子처럼 부전론을 주장하면서도 불가피한 정의正義의 전쟁을 해야 하는 이유를 제시하고 있다. “살생행위가 천하인의 평안을 가져올 수 있다면 살인행위를 할 수도 있다. 그리고 그 나라를 공격함이 그 국민을 돕는 행위라면 공격할 수 있다. 다른 전쟁행위를 저지할 수 있다면 전쟁행위는 정의가 될 수 있다”493) 사마법司馬法은 경우에 따라 마키아벨리즘과 동격시 될 수 있는 반면에 손자의 전쟁관은 보다 더 신중하고 분별 있는 정치 현실주의적 입장을 나타낸다. “전쟁은 나라의 중대사로서, 국민의 생사와 국가의 존망이 기로에 서게 하는 것이니 분별 있게 살피지 않으면 안 된다.”494)는 말로 그의 사상의 문을 열고 있다. 그래서 그는 전쟁 수행 시 고려해야 할 다섯 가지 요건—5사: 도道, 천天, 지地, 장將, 법法—중 치자治者와 피치자被治者의 합의合意, 즉 도道를 가장 으뜸으로 제시하고 있다. 그리고 한나라가 전쟁을 오래 끌어 국가에 손해가 되어도 안 되며(소모적 지구전 반대)495) 자주 전쟁을 해서도 안 되며(“전쟁을 잘하는 자는 장병을 두 번 징집하지 아니하고 식량을 세 번 심지 아니하며 . . .”),496) 승산 없는 전쟁을 해서도 안 된다497)는 것이다. 그러므로 전쟁의 본질을 아는 장수는 백성의 생명을 맡은 자요 국가안위의 주인이니498) 심사숙고해야 한다고 주문한다.

전쟁이 국가 최고의 중대사라고 관념화 한다면 당연히 국가 전략적 안목에서는 상대 국가를 파괴하는 것보다는 온전한 상태로 굴복시키는 것이 최선의 방법이 되는 것이다.499) 그러므로 백번 싸워 백번 이기는 것보다 싸우지 않고 적을 굴복시키는 것이 최선이요, 적의 성곽이나 진지 또는 병력을 공격하는 것보다는 적의 집결이나 집중을 저지하고 적의 계획을 좌절시키는 것이 최선의 방책이 되는 것이다.500) 적에게 치명적 손실을 주지 않고, 전투 없이 적을 굴복시키고 공격 없이 적의 성을 허물어트리는 것이 적을 아국의 손실 없이 이익을 온전하게 획득할 수 있는 모공謀攻: 계획計劃의 최선책이다.501) 이 같은 사상이야말로 참으로 국가적 수준의 전략적

현존하는 사마법은 5편이 있다. 원래는 55편이 있었는데 후에 50편이 망실되었다. ①인본(仁本) ②천자지의(天子之義) ③정작(定爵) ④엄위(嚴位) ⑤용중(用衆) 이 현존하며, 무경칠서는 손자·오자·사마법·육도·울요자·삼략·이위공문대를 말한다.

492) “故 國雖大, 好戰必亡, 天下雖安, 忘戰必危.” 司馬(兵)法, 第一 仁本, 車俊會編, 『古代戰爭論』(서울: 文化世界社, 1973), p.47, 208.
493) 車俊會編, 『古代戰爭論』(서울: 文化世界社, 1973), p.47.
494) 위의 책, p.53
495) 위의 책, p.58
496) 위의 책, p.58
497) 위의 책, p.53
498) 위의 책, p.58
499) 위의 책, p.63
500) 위의 책, p.63
501) 위의 책, p.63

사고가 아닐 수 없다.

　　이와 같은 자세로 통치자나 장수는 싸울 수 있는 경우와 싸워서는 안 되는 경우를 분별해야 한다는 것이다.502) 잘 싸우는 군대는 사전에 충분히 준비하여 패하지 않을 태세에 있어야 한다. 작전상 승리하는 군대는 만반의 준비와 계획 및 상대방의 취약점과 허점에 대한 면밀한 정보파악에 의해 "먼저 이겨놓고 싸움을 구하고, 패배하는 군대는 준비도 없이 먼저 싸움에 나서고 난 후에 승리할 방도를 생각한다."는 것이다.503)

　　손자의 국가 전략적 수준의 군사사상은 그의 전술수준에 속하는 화공 편火攻 編에서도 강조되고 있다. "무릇 싸워 이기고 공격하여 탈취한다 하더라도 전쟁의 목적을 달성하지 못하면 흉凶이 되고 낭비浪費(비류費留: 쓸데없이 경비를 소비하고 군대를 쇠진시키는 것)라 한다. 그러므로 현명한 임금은 이점을 생각하고 훌륭한 장수는 전쟁목적달성에 힘을 기울여 국가에 유익하지 않으면 전쟁을 일으키지 않으며, 유익하지 않으면 군대를 사용하지 않으며, 국가가 위기에 처하지 않으면 싸우지 않는다." 그러므로 "임금이 일시적인 분노를 참지 못하여 전쟁을 일으켜서는 안 되고, 장수는 성난다고 해서 전쟁을 해서는 안 된다. 국가의 이익에 비춰보아 합당하면 전쟁에 임하고(動하고), 합당치 못하면 움직이지 말아야 한다. 성난 것은 다시 기뻐질 수도 있고 즐거워 질 수도 있지만 한번 망한 나라는 두 번 다시 회복할 수 없을 것이요, 죽은 자는 다시 살아날 수 없는 것이다." "그러므로 현명한 임금은 전쟁을 삼가고 훌륭한 장수는 전쟁을 경계하나니 이렇게 하는 것이 곧 국가를 안정되게 하고 군대를 보전하는 길이다."504)

　　손자의 군사사상이야말로 참으로 전쟁을 국가정책의 틀과 국가목적의 명분과 정당성 내에서 생각할 수 있게 하는 분별지分別智를 담고 있는 정치현실주의의 입장을 제시한 사상이다. 사마법이 때로는 공격전쟁(침략전쟁)의 정당성을 제기하고 있지만 손자는 방위의 전쟁만을 정당한 전쟁으로 제시하고 있다. 물론 당시에는 군대의 유지가 국가경비의 가장 무거운 짐이었기 때문에 근세 유럽의 절대군주국가들처럼 제한전쟁을 선호하기는 했겠지만, 손자의 교훈은 그의 전쟁을 보는 시각과 발상의 지혜로움과 건전성이라 할 수 있다. 그런데 손자는 당위적 차원에서 전쟁정책의 신중성과 분별을 주창했지만 클라우제비츠는 왜 전쟁이 정책의 정당하고 합당한 도구가 되어야 하는가 하는 점을 철학적으로 분석해주고 있다.

---

502) 위의 책, p.63
503) 위의 책, p.69
504) 위의 책, p.127

제3절
손자와 클라우제비츠의 융합: 대테러전505)

1. 21세기 손자의 귀환

클라우제비츠의 전쟁에 대한 분석이 외교적 노력이 실패로 끝나고 전쟁이 불가피한 시점을 전제로 시작하는 반면, 손자의 분석틀은 클라우제비츠보다 더 광범위하다. 왜냐하면 클라우제비츠의 논저는 전쟁 이전과 이후 그리고 전쟁 중의 외교술에 대한 것이 아니라, 구체적으로 전쟁 수행의 기술에 관한 것이기 때문이다. 그러나 손자에게 외교와 전쟁은 서로 깊은 연관성이 있을 뿐만 아니라, 그것들의 지속적이고 중단 없는 활동을 의미한다.506) 『손자병법』The Art of War은 군사 지도자들 사이에서뿐만 아니라 국가 지도자들 사이에서도 인기가 있었다. 제목과는 다르게 손자는 전쟁만을 다루지 않고 통치술까지도 다루고 있다. 전쟁술은 국가가 전쟁상태에 있을 때에 한해 어떻게 군 병력을 적절하게 사용하는지를 다루는 반면, 통치술은 자국의 지위가 향상될 수 있도록 국가들 간의 관계를 성공적으로 헤쳐 나가는 것을 다룬다. 이러한 광범위한 분석의 범위는 전쟁과 평화 그리고 외교까지 모두 포함하는 것이다. 통치술과 『손자병법』 모두 국가의 생존 그 자체와 국가의 복지와 번영에 관한 것이다.

손자의 기본적 논제는 적을 단순히 무력으로만이 아닌 지략으로써 극복하려고 시도하는 것이다. 손자는 전쟁을 단순히 군사력의 충돌로 보지 않고, 정치·경제·군사력·외교를 포함하는 포괄적 갈등이라고 믿었다. 물론, 클라우제비츠가 논의의 범위에서 외교에 대한 언급을 배제했다는 단순한 사실은 그가 외교의 중요성을 무시하거나 과소평가한다는 것을 의미하지 않는다. 실제로 그는 분명히 외교와 정치가 전쟁의 전 과정에서 중요한 역할을 계속 한다고 명백히 말했었다.507) 클라우제비츠는 전쟁이 다른 모든 수단이 실패했을 때 국가의 목적을 달성하기 위

---

505) 강성학, 「21세기 군사전략론」 국방연구 제22권 제3호(2009. 12), pp.3-21. 요약 발췌. 이 논문은 2009년 국방대학교 안보문제연구소 안보학술진흥사업의 지원을 받아 수행되었다.

506) Michael I. Handel, *Masters of War: Classical Strategic Thought,* 3rd revised and expended edition(London: Frank Cass, 2001), p.33.

507) Carl von Clausewitz, *On War* ed. and trans. by Michael Howard and Peter Paret(N. J.: Princeton UP, 1976),

한 많은 수단들 중 하나에 불과하다는 것을 다른 어떤 군사사상가들보다 잘 알고 있었다.[508] 그래서 클라우제비츠에게 전쟁은 단지 수단을 달리한 정치의 연속인 것이다.

손자는 전쟁 그 자체와 함께 정치적, 외교적 그리고 병참적인 전쟁 준비 역시 동일한 전쟁 행위의 내적 일부로 간주한다.[509] 따라서 손자는 전투행위뿐만 아니라 전쟁이 전개되는 환경에도 상당히 주목했다. 반면에, 전쟁을 전쟁수행 그 자체로 한정시키는 클라우제비츠의 보다 제한적 정의가 왜 그의 추종자들이 '전쟁이란 수단을 달리한 정치의 연속'이라는 그의 가장 중요한 교훈을 쉽게 잊는지를 부분적으로 설명해 준다. 클라우제비츠는 정치적 준비를 희생시키면서까지 전투의 중심적 지위를 지나치게 강조하는 경향이 있다. 따라서 그가 의도한 것은 아니지만 전쟁의 병참적 혹은 경제적 차원들이 어떻게든 저절로 해결될 것이라는 그의 가정, 혹은 경제적 문제는 전투장에서의 승리로 선수 칠 수 있다는 클라우제비츠의 함의는 제차 그리고 제2차 세계대전에서 독일인들이 입증했던 것처럼 참으로 위험한 것이다.[510] 이런 협의의 정의는 기술적 혁신과 과학적 발명 그리고 연료, 식량, 탄약의 생산과 분배가 전투장에서 병사들의 임무수행 못지않게 중요한 오늘날엔 훨씬 더 오도될 수 있다. 바로 이러한 면에서 전쟁과 전략을 분석하는 손자의 포괄적인 분석틀은 오늘날에 있어서 클라우제비츠의 분석틀보다 훨씬 더 적실성 있어 보인다.[511]

2. 대테러전과 손자의 간접 접근법

적의 가장 치명적인 부분을 찾아서 공격하는 것은 모든 전략가들에게 있어서 가장 중요한 임무 중 하나이다. 이 임무를 달성하기 위한 노력으로 클라우제비츠가 발전시킨 많은 아이디어들 중 하나가 바로 힘의 중심부 이론이었다. 반면에 손자는 이와 같은 개념을 구체적으로 서술하고 있지는 않지만, 그 대신에 보편적이고 한편으로는 신비로운 충고를 공격적 전략에 관해 다룬 장을 통해서 제시하였다. 즉 그는 '가장 중요한 것은 적의 전략을 공격하는 것'이라고 주장하였다.[512] 클라우제비츠에게 있어서 가장 중요한 힘의 중심부는 전형적으로 적의 군사력이다. 경우에 따라서는 전투에서의 승리가 전부였다. 하지만 손자에게 있어서는 적의 군사력을 파괴하

---

p.605.

508) Bernard Brodie, *War and Politics*(New York: Macmillan, 1973)

509) 클라우제비츠에 따르면 전쟁에 있어서 전투준비 단계와 실행단계를 구분하는 것은 가능할 뿐 아니라 추천할 만하다. Carl von Clausewitz, op. cit., pp.131-132 참고.

510) Michael I. Handel, *Masters of War: Classical Strategic Thought,* 3rd revised and expended edition(London: Frank Cass, 2001), p.38.

511) Ibid.

512) Sun Tzu, *The Art of War*, trans. by Samuel B. Griffith(London: Oxford University Press, 1963), p.77.

는 것은 2차적 중요성을 갖는다. 적의 군사력을 공격하는 것은 '적의 전략' 혹은 '계획'을 공격하는 것이며 적의 동맹을 와해시킨 후에 수행하는 것이다.[513] 따라서 손자의 힘의 중심부는 클라우제비츠의 그것과 다른 곳에, 즉 훨씬 높은 곳에 있다. 그는 필요한 경우 적의 강한 곳이 아니라 적의 약한 곳을 공격하여 간접적으로 적의 힘의 중심부에 접근한다. 하지만 손자에 의하면 실제 공격을 단행하기 전에 적뿐만 아니라 자신에 대해 먼저 알아야 한다. 왜냐하면 적을 알고 자신을 잘 알면 백 번의 전투에서도 절대 위태로움에 처하지 않을 것이기 때문이다.[514]

2001년 9월 11일 알카에다 테러단체가 미국에 대하여 기습적인 테러 공격을 가했을 때, 그들은 군사적으로 약세에 있었기 때문에 이점을 취하기 위해 손자의 간접 접근법을 사용하였다.[515] 그런 도전에 대응하여 조지 W. 부시 미 대통령은 '부시 독트린'이라는 성명서를 통해 테러와의 전쟁을 선포하였다. 미국은 '부시 독트린'을 통해 테러의 공격을 예방하기 위해 선제 타격할 특권을 내세웠다. 부시 독트린에 명시한 것처럼 테러에 대한 미국의 대응의 초점은 반미 테러조직과 그들을 지원하는 국가들을 찾아내고 또 파괴하는 것이다. 뿐만 아니라 대테러 전을 이용하여 불량국가들과 테러리스트 간의 연계를 차단하고, 이라크처럼 대량살상무기를 획득하는 국가들로부터의 위협을 제거하려는 것처럼 보인다.

손자는 미국이 알카에다와 탈레반 지지 세력들을 아프가니스탄으로부터 추방시키는데 있어서 미국이 보여준 신속함과 분명한 군사적 승리, 그리고 이라크에서 미국이 쟁취한 군사적 승리에 아마도 깊은 인상을 받았을 것이다. 그리고 그는 미국이 그런 문제에서 군사적 승리를 달성하는데 있어서 자신의 많은 원칙들을 명백하게 이용하였다는 사실에 만족스러워 할지도 모른다. 아프가니스탄전쟁을 보면, 미국은 고도로 훈련된 특수군 부대를 북방동맹^{Northern Alliance}과 같은 반 탈레반 세력들과 유대를 형성하도록 투입하였다. 그들은 탈레반 진지에 대한 정밀 공습으로 탈레반 세력을 크게 약화시켜 북방 동맹의 공격이 개시되기 전에 이미 모두 도피할 수밖에 없게 했고, 그 후 공격으로 분산시켰다. 아프가니스탄에서의 승리 후 새로운 정부가 수립되었고, 그 결과 미국의 주요 목적이 달성되었다. 아프가니스탄은 이제 더 이상 과거와 같이 공개적으로 테러리스트들을 훈련시킬 수 있는 안식처가 아니다.

하지만 손자는 미국에게 몇 가지 권고를 할 것이다. 첫째로 미국에게 최대한 신속하게 미국의 목표들을 달성하라고 권고할 것이다. 왜냐하면 국가자원의 한계뿐만 아니라, 잠재적 적들이 자신들의 목적을 달성하기 위해 미국을 이용할 수 있기 때문이다. 부시 행정부는 미군이 해

---

513) Ibid., pp.77-78.
514) Ibid., p.84.
515) 손자에게 있어서 기습공격은 기만의 원칙과 함께 전쟁의 중요한 원칙 중의 하나이지만 클라우제비츠는 이것을 가치 있게 생각하지 않았다.

방자로 환영받길 기대했지만, 독립된 이라크 정부나 국제기구로의 신속한 정권 이양에 대해 어떤 계획도 갖고 있지 않았다.516) 그리하여 미군사력은 점차로 점령군으로 보이게 되었다.

둘째로, 손자는 미국에게 외교적 노력을 더욱 더 기울이라고 권유할 것이다. 미국은 파키스탄과의 외교적 관계재건, 소련 제국 하에 있었던 서남아시아 국가들과 새로운 외교관계 수립으로 대 아프가니스탄 군사작전 수행 시 군사기지를 제공받았다. 그리고 미국은 외교적 노력으로 이라크 전쟁에 대한 러시아의 반대를 상당히 완화시켰다. 그래서 북대서양조약기구NATO는 군대를 이동시켜 미군 부대를 대체해줌으로써 미군부대가 탈레반과 알카에다를 패배시키는데 사용될 수 있었다. 또 영국은 미국의 군건한 동맹국으로서 군대와 다른 군사력을 파견하여 아프가니스탄에서 미군 부대와 긴밀하게 협조하였다. 군사적 지원에 더해 미국의 동맹국들은 미국에 정보를 제공하고 테러단체에 자금이 흘러 들어가지 않도록 통제하고, 자국 내에서 테러리스트들을 추적하는데 협력했다. 이처럼 미국은 자국의 목표 달성을 지지하고, 지원하는 국가들의 연합을 결성하는데 외교적으로 상당한 성공을 거두었다.

하지만 이라크 전쟁의 경우, 미국은 유엔 내외로부터 지속적인 국제적 지원과 지지를 받을 수 없었다. 그리고 아랍 국가들로 하여금 다음 공격대상이 될지도 모른다는 우려를 갖게 했기 때문에, 이라크 전쟁에 대한 지원에 있어 덜 열성적이었다. 따라서 미국은 유엔 내에서 더욱 적극적인 외교활동을 수행해야하고, 아랍 국가들의 지원을 받을 수 있도록, 그들을 대 테러 전쟁 계획에 적극적으로 끌어들이는 노력이 필요하다.

셋째로, 손자는 분명히 테러 공격 이전의 미국의 정보실패를 지적하고 자신의 '통찰력의 원칙'에 따라 정보의 중요한 역할을 강조할 것이다. 테러리스트이든 게릴라이든 모든 비 재래식 갈등에서 적의 실제적 파괴는 주요 문제가 아니다. 중요한 것은 적을 찾아내는 일이다. 미국의 인공위성, 도청 장비 그리고 기타 기술적 능력들이 물론 도움이 되겠지만, 무엇보다 중요한 것은 살아있는 사람에 의해 제공되는 정보이다.517) 사람에 의한 정보수집능력은 스파이와 테러분자들의 계획에 대한 내부 지식을 가진 사람들의 채용을 통해 크게 향상시킬 필요가 있다. 테러리스트들을 패배시키기 위해서 그들의 조직들 속에 잠입해야 하고, 또 믿을 만한 정보의 원천을 사용하는데 대해 제한을 두어서는 안 된다.

테러에 대한 전쟁에서 이제 여기서부터 어디로 어떻게 전개되어 갈지는 추측의 대상이다. 하지만 미국은 그들이 어느 곳에 있든 반드시, 그리고 지속적으로 테러리스트들을 찾아내야 하고 또 제거할 것이다. 오늘날 소위 불량국가rogue states들로부터 대량 살상무기를 제거할 수 있는

---

516) Richard Ned Lebow, *A Cultural Theory of International Relations*(Cambridge: Cambridge University Press, 2008), pp.475-476.

517) Mark McNeilly, *Sun Tzu and the Art of Modern Warfare*(Oxford: Oxford University Press, 2001), p.214.

기회도 역시 존재한다. 이는 직접 공격을 통하거나 간접적으로 대리 세력을 통해서 달성할 수 있을 것이다. 하지만 초강대국인 미국과 그보다 약한 불량국가들 간의 비대칭 전쟁 전략이 성공하려면 적의 이해관계가 최소화되도록 하고, 여론을 위한 전투에 적극적으로 기여해야 한다. 간접 접근법이 이러한 목표를 달성할 수 있을 것이다. 21세기 포스트모던, 즉 탈근대 전쟁에 대한 클라우제비츠의 근대전략 유용성의 한계를 지적하고 탈근대와 유사한 전근대 전략인 손자의 전략적 유용성을 제안하는 것은, 현대에서는 클라우제비츠가 손자로 대치되어야 한다고 주장하려는 것이 결코 아니다. 20세기 대표적 전략이론가인 리델 하트_{Liddell Hart}[518]와 버나드 몽고메리_{Bernard Montgomery} 장군[519]에 의한 칭송에도 불구하고 손자도 분명히 한계가 있다. 그렇지 않다면 과거 『손자병법』에 정통했던 모택동이 클라우제비츠를 깊이 탐구하고, 또 그를 그렇게 높이 찬양하지 않았을 것이다.

우선, 손자가 가장 중시했던 전략의 비결인 "속임수"를 들어 말한다면, 오늘날 민주국가에선 거의 불가능한 전략이다. 왜냐하면 적을 기만하려는 어떤 국가의 일반적 태도는 자국민도 역시 속여야 하는 모험을 감수해야 하는데, 이것이 민주주의 국가에선 중대한 정치적 문제가 되기 때문이다. 또한 사령관은 자신의 장교들과 병사들에게 자신의 계획을 모르게 하라고 주장함으로써, 장교들과 병사들이 아무것도 모른 채 전쟁수행에 무조건 따르도록 강요하는 반 계몽주의적 정책은 『손자병법』의 결함[520]으로 오늘날에는 사실상 실천이 불가능한 것이다.

둘째, 손자는 장군들의 역할을 지나치게 강조했다. 그는 현지 사령관들에게 주권자의 명령에 복종할 필요가 없는 경우가 있다고 주장함으로써 하극상이나, 우리 시대의 '문민통제의 원칙'을 망각하게 할 우려가 있다. 고대의 야전 사령관들은 통신수단이 빈약했기 때문에 급변하는 전선의 상황에 대처해 나가기 위해서 임의로 행동해야만 했었다. 하지만 오늘날은 통신수단이 고도로 발달되어 전투현장에서의 작은 변화까지도 야전사령관의 통제 하에 둘 수 있게 되었다. 그래서 최고 사령부의 명령에 불복하는 것이 절대 허용될 수 없게 되었다.

셋째, 포위된 적에게 퇴로를 열어주어야 하며, 절망적인 적을 너무 몰아 부치지 말라는 그의 주장도 시대착오적이다. 그것은 마치 포위된 호랑이를 산으로 돌아가게 하는 것과 같이 위험스럽고 또 어리석은 짓이다. 클라우제비츠의 다음의 글은 마치 이런 손자에게 경고하는 것처럼 보인다.

---

518) B. H. Liddel Hart, "Foreward" in Sun Tzu, *The Art of War* trans. by Samuel B. Griffith(London: Oxford University Press, 1963), p.VII.

519) Ye Lang and Zhu Liangzhi, *Insight into Chinese Culture*, trans. by Zhang Siying and Chen Haiyan(Beijing: Foreign Language Teaching and Research Press, 2008), pp.25-26에서 확인할 수 있다.

520) General Tao Hanzhang, *Sun Tzu's Art of War, trans. by Yuan Shibing*(New York: Sterling, 2007), p.210.

물론 마음이 따뜻한 사람들은 많은 피를 흘리지 않고도 적을 무장해제 시키거나 패배시킬 수 있는 교묘한 방법이 있다고 생각할지도 모르며, 또 이것이 진정한 전쟁기술의 목적이라고 상상할지도 모르겠다. 듣기에는 그럴듯하지만 그것은 반듯이 폭로될 수밖에 없는 환상이다. 왜냐하면 전쟁이란 친절함에 기인하는 실수들이야 말로 최악의 것들이 되는 아주 위험스런 일이기 때문이다.[521]

넷째, 손자의 일방적 분석은 적이 바보이거나, 적어도 수동적이어서 비슷한 전술을 추구하지 않을 것이라고 가정하고 있는 것처럼 보인다. 이것은 클라우제비츠에 의해 강조된 전쟁의 상호성과 중요한 차이를 보인다. 나에게 진실이고 이성적인 것은, 곧 내 적에게도 진실이고 이성적이기 때문에 내가 적에게 규정하는 법칙을 그는 나에게 규정할 것이다. 소위 안보의 딜레마란 이런 형태의 상호의존이 가장 많이 연구된 결과들 가운데 하나이다.[522] 반면에 손자는 동일한 능력을 가진 적들 간의 대립과 상호작용을 전제하고 있지 않다.

3. 21세기 군사전략: 융합이론을 향해서

인간의 어떤 활동도 전쟁만큼이나 끊임없이 보편적으로 우연이란 요소와 결부되는 것은 없다. 그리고 그렇게 우연이란 요소를 통해서 추측과 행운이 전쟁의 경우에서처럼 그렇게 큰 역할을 하는 곳은 없다. 이러한 의미에서 절대적, 소위 수학적 요소들은 군사적 계산에서 결코 확고한 기반을 차지한 적이 없다. 전쟁은 처음부터 가능성과 확률, 행운과 불운이 상호 작용하며, 마치 전쟁이라는 융단의 길이와 폭을 엮어 나가듯이 이루어진다. 인간 만사에서 전쟁은 도박을 의미하는 카드놀이와 가장 비슷하다.[523] 마키아벨리의 용어를 빌리면, 전쟁은 궁극적으로 포르투나 fortuna: 운명의 여신의 세계이다. 그래서 어떠한 인간적 비르투virtu도 '기회의 여신'을 완전히 배제시킬 수 없다. 클라우제비츠의 작품에는 전쟁에서의 운의 역할과 천재의 역할 사이에 아주 예리한 일치가 있다. 두 가지 요소들이 결합하여 전쟁 을 완전히 예측 불가능하게 만든다.[524] 군사문제에 있어 동양의 가장 위대한 저술가라고 할 수 있는 손자도 '하늘의 뜻'을 성공의 첫 번째 조건으로 꼽았다.[525] 이것은 클라우제비츠와 손자 모두가 '전쟁이 과학의 세계가 아니라, 술術, art의

---

521) Carl von Clausewitz, op. cit., p.75.
522) Jaap de Wide, "Friction Rules(States Win): The Power Politics of Institutional Cooperation," in Gert de Nooy ed., *The Clausewitzian Dictum and Future of Western Military Strategy*(The Hague, Netherlandss: Kluwer Law International, 1977), p.95.
523) Carl von Clausewitz, op. cit., pp.85-86.
524) Philip Windsor, "The Clock, the Context and Clausewitz," in Mats Berdal, ed., *Studies in Imternational Relations: Essays by Philip Windsor*(Brighon: Sussex Academic Press, 2002), pp.137-138.

세계이다.'라는 공통된 인식을 갖고 있음을 의미한다.

클라우제비츠는 싸우지 않고 이길 수 있는 가능성이 너무 낮아서 그에겐 주요 관심사가 아니었다. 왜냐하면, 적대시하는 국가는 누구든 그의 적이 외교, 경제적 봉쇄, 공감과 위협 그리고 군사력의 과시 같은 군사력 사용 외의 방법으로 값싸고 아무 위험부담 없이 손쉽게 승리하는 것을 허용하지 않을 것이기 때문이다. 사실 값싸게 그리고 가능하면 싸우지 않고 승리해야 한다는 손자의 규범적인 충고는 실질적으로나, 논리적으로 오직 예외일 뿐이지 결코 법칙은 아니다. 만약 다른 모든 것들이 균등한 상태에서 클라우제비츠적 지휘관과 손자적 지휘관이 대적하게 된다면, 클라우제비츠주의자가 승리하기에 보다 나은 입장에 서게 될 것이다.526)

클라우제비츠는 싸우지 않고 적을 복종시킬 수 있다고 하더라도 그러한 승리를 전쟁의 승리로 여기지 않고 억제, 강압적 외교, 공갈 또는 기만으로 간주할 것이다. 손자의 간접 접근법의 약점은 전쟁이 마치 교활함과 정보가 실내 게임에서의 경우처럼 치명적이지 않은 지적 운동으로 전환될 수 있을 것 같은 함의에 있다. 반면에, 클라우제비츠의 군사력에 대한 강조와 일반적으로 군사력을 의미하는 힘의 중심부에 대한 잘못된 해석은 비군사적 수단에 대한 신중한 고려 없이 너무 쉽게 무력을 사용하게 만들 수 있다. 이것은 전쟁을 필요 이상으로 많은 비용과 희생을 초래하게 할 것이다. 따라서 최상의 선택은 두 접근법, 즉 클라우제비츠의 직접 접근법과 손자의 간접 접근법을 지성적이고 분별력 있게 융합하는 것이며, 이들 간의 적절한 균형을 이루는 것이다.

탈 근대국가적인 북미의 대륙에서 서유럽에 이르는 평화지대와는 달리, 중동에서 아시아까지의 넓은 지대에 걸쳐 강력해진 근대국가 간의 전쟁 가능성이 오히려 심각해지고 있다.527) 바로 이곳에선 클라우제비츠의 전략적 교훈이 여전히 살아서 배회하고 있다. 특히 동아시아는 어쩌면 바로 클라우제비츠적인 근대민족국가들의 전성시대를 구가하고 있다고 해도 과언이 아닐 것이다. 이와 같이 탈근대국가들과 근대국가들이 공존하는 21세기에 클라우제비츠 의 직접 접근법과 손자의 간접 접근법 중 어느 것이 더 우월한가에 관심을 집중하기보다, 둘 모두를 공정하게 평가하고자 하는 자세가 중요하다. 21세기의 새벽인 오늘날에는 동등하게 적실성을 갖는 서양과 동양의 두 전쟁철학의 종합을 통한 건설적인 조화가 필요하고, 요구되어지고 있다.528) 이러한 의미에서 손자의 뒤늦은 귀환, 아니, 손자의 미래로의 귀환은 환영할 일이다.

---

525) Martin van Creveld, op. cit., p.126.
526) Michael I. Handel, op. cit., p.152.
527) Koen Koch, "State, Security and Armed Forces at the Turn of Millennium." in Gert de Nooy, op. cit., p.85.
528) 굳이 Samuel B. Griffith's, "Sun Tzu and Mao Tse Tung," "Introduction VI" of his own translated version, "Sun Tzu, *The Art of War*"을 들지 않아도 손자가 모택동에게 미친 영향은 그들의 작품을 읽어 본 사람에겐 분명하다. Cf. Chen-Ya Tien, "Military Thought of Mao Zedong," in Chen-Ya Tien, *Chinese Military Theory: Ancient*

『손자병법』은 이천년이 넘는 과거에 쓰인 군사연구이다. 그럼에도『손자병법』이 담고 있는 많은 교리와 법칙들과 규칙들은 여전히 아주 실용적이고 보편적 중요성을 갖는다.529) 클라우제비츠의『전쟁론』은 야전지휘관을 위한 계산조견표ready-reckoner나 혹은 정치가들을 위한 행동지침으로 사용되기 위해서가 아니라, 전쟁이 제기하는 문제들 에 대해 자신만의 대응책을 마련하도록 독자들을 지적으로 진작시키도록 의도된 것이다.530) 레이몽 아롱Raymond Aron이 클라우제비츠에 대해서 "이 천부적 영혼의 모험을 공유하기 위해서 우리가 독일인이 될 필요는 없으며, 프러시아인이 될 필요도 없고, 또 장교가 될 필요도 없다"531)고 하였다. '테러와의 전쟁' 등의 국제적 위협 속에서 국제평화를 유지하고, 21세기 세계의 문화적 조화를 향상시키기 위해 국제정치의 합리적 도구로서 전쟁의 위치에 대해 보다 나은 이해의 배양이 요구되고 있다. 이 시점에서 클라우제비츠와 손자의 교훈을 융합하려는 자세는 시대와 상황의 요구를 투사하는 지적 진작이 될 것이다.

---

and Modern(Oakvill, Ontario, Canada: Mosaic Press, 1992), chapter 6.

529) General Tao Hanzhang, Sun Tzu's *Art of War*, trans. by Yuan Shibing(New York and London: Sterling Publishing, 2007), p.213.

530) Hugh Smith, op. cit., p.Xi.

531) Philip Windsor, "The Enigma of a Gifted Soul: Aron and Clausewitz," in Mats Berdal, op. cit., p.133.에서 재인용.

현대 국가안보전략에의 적용과 과제

논의 개요 ➤➤

탈냉전과 9.11테러 이후 국내외적으로 안보개념에 대한 일대변화가 일어나고 있다. 2차 대전 이후의 국제안보는 진영화陣營化를 통해 양대 축을 중심으로 유지되던 대립적 이념과 상시적인 군사대치 및 상호 공포의 균형에 의한 불안전한 무장평화armed peace에 의존해 왔으며, 항시냉전cold war적인 국제안보체제가 지배해 왔다. 이런 상황에서는 자신만의 안전을 추구하는 개별적 국가의 이기적 안보가 당위적인 국제윤리였지만 이제는 모든 인류에게 공통적인 상호안보, 공동안보, 협력적 안보를 추구하는 대전환기를 맞고 있는 것이다.

이러한 상호안보Mutual Security 또는 공동안보Common Security의 개념은 동구와 소련의 몰락 이후 국제 신질서형성과정에서 자연스럽게 대두된 포괄적 안보Coperative Security 개념의 구체화를 요청하고 있다. 그러므로 안보문제는 더 이상 군사적 차원에 한정될 수 없게 되었다. 그 주체는 전 인류를 포괄해야 되고, 그 질적 내용에 있어서는 보다 만족한 생활조건, 즉 인류의 인도주의적 발전이 보장될 수 있고 또한 보장이 되어야 하는 안보, 즉 인류의 이념이 내포된 규범적Normative 안보관과 세계관이 요구되게 된 것이다.

돌이켜 보건데 전문 학술세계에서 안보·전략 연구는 현실주의가 마지막 방벽이었다. 그럼에도 불구하고 현실주의만으로 설명할 수 없거나 다룰 수 없는 것들이 있었는데 '안전보장 협력' 분야가 그 대표적인 것이었다.

이제 우발전쟁을 제외하고 핵전쟁이나 세계적인 전면전쟁의 가능성은 희박해졌으며, 노력 여하에 따라서는 전쟁은 피할 수 있는 것으로 되어 가고 있다. 군사력 건설 자체는 비현실적(또는 비이성적)인 것이 아니다. 다만 그 군사력이 국가대전략國家大戰略을 지배하게 되면 그 군사전략은 비현실적(또는 비이성적)인 것이 된다. '진정한 현실주의'는 이상과 현실의 두 요소에 근본을 두고 하위의 목표와 전략을 상위의 목표와 전략에 순응시키는 것이다.

이러한 개념은 우리 한반도의 상황에도 명확한 안보의 방향을 제시해 주고 있다. 우리에게 있어서 진정한 현실주의는 평화통일과 동북아지역의 안정과 평화를 위해 우리의 국가대전략을 수립하는 것이다. 국가대전략이 조국의 평화적 통일을 지향하는 것이라면 국제적 협력의 제도화는 불가결한 것이며, 국가안보 대전략의 근본은 민족번영과 통일을 지향하는 통일안보여야 하고 그것은 이제 이웃이나 우방과의 공동협력뿐만 아니라 적과도 협력하는 상호안보, 협력안보이어야 하며, 상대방의 불안을 나의 안전으로 삼는 일방적인 절대적 안보가 아니라 상대방이 안전해야 나도 안전하게 느끼는 상대적 안보여야 할 것이다. 이러한 맥락에서 보면 군비통제나 군비축소는 안보대전략 차원에서 고려될 수 있을 것이며, 이 점에서 군대의 역할에 관한 전통적 사고에서 벗어날 수 있을 것이다.

이러한 개념들은 이미 클라우제비츠가 그의 『전쟁론』에서 누누이 강조해온 것들이다. 아이러니컬하게도 우리는 초현대적 안보개념을 180여 년 전의 클라우제비츠로부터 찾아내고 있다. 클라우제비츠는 '전쟁중심적 전쟁이론가'가 아닌 '평화중심적 전쟁이론가'로서 전쟁과 정치 간의 관계를 규명하고, 전쟁과 전략의 방향을 모색한 전략철학가였다.

그렇다면 클라우제비츠의 전쟁이론은 구체적으로 현대 전략의 어떤 점들과 연계되어 있는 것인가?[532]

---

532) 류재갑, 「클라우제비츠와 현대국가안보전략」. 강진석, 『전략의 철학』 특별기고(서울: 평단문화사, 1996), pp.27-72.

제1절
전략가적 차원에서의 전쟁의 위상

실천을 전제로 한 이론이라는 도구는 핸드북이나 매뉴얼로서의 가치를 지니는 것이 아니라 전쟁수행에 있어서 정책결정자나 전략가 및 야전지휘관, 기획가들의 마음의 눈을 뜨게 하는 자기학습의 도구가 될 수 있을 뿐이다. 바꿔 말하면 이론 없이는 자아학습은 있을 수 없는 것이다.533)

그렇다면 이론이 자학의 도구가 되려면 그 이론이 어떻게 구성되어야 하며 어떠한 특성을 지녀야 하는가? 이론이 '인간의 마음을 눈뜨게 하는 것'이라면 그 이론은 행동의 세계와 사고의 세계를 연결시킬 수 있어야 한다. 그런데 인간행동의 세계는 객관적 대상(객체)만의 현상에 지배되는 1차원적인 것이 아니라 그 객체에 대해 주관적 의지가 투사되는 주체적 국면도 지니는 2차원적 성질을 갖고 있다. 인간의 실천영역의 행위가 2차원적인 것이라면 이론은 교조적이고 획일적인 원칙주의로는 그 행동의 지침역할을 할 수 없게 된다.

특히 전쟁은 적과 아와 전장요소를 동시에 갖는 3차원적인 성격을 지니기 때문에 전쟁이론은 대상적(객체적) 요소와 주체적(주관적) 요소를 포함해야 한다. 전쟁이 추구하는 목적이 복잡해지고 이에 따라 수행되는 전쟁의 수단과 형태가 다양해진 오늘날 특히 전략가는 '공포의 균형'이라는 현대의 절대폭력위협(핵)에 직면하여 '분별지分別智의 균형均衡'balance of prudenc을 지녀야 할 필요가 있고534) 이에 따라 전쟁의 2차원적 또는 3차원적 본질을 규명할 필요성이 대두되는 것이다.

이러한 문제에 대해 가장 탁월한 해답을 주는 사상은 2백여 년 전에 이미 탁견을 제시한

---

533) Karl von Clausewitz, *On War*, ed. and trans. by Michael Howard and Peter Paret(Princeton. N.J.: Princeton University Press, 1977), p. 141; George F.R. Henderson, *The Science of War; A Collection of Essays and Lectures, 1891~1903*, ed. by Neil Malcolm (London: Longmans, Green and Co., 1919), p.20/p.49; Julian S. Corbett, *Some Princeples of Maritime Strategy* (London: Longmans, Green and Co., 1918), p, 2; 류재갑, "전쟁수행이론의 유용성과 한계성", 국방대학원 연구논문(국방대학원, 1985. 12) 참조

534) Y. Harkabi, *Nuclear War and Nuclear Peace* (Israel Program for Scientific Translations, 1966), p.253/p.258/p.279; Clausewitz, *On War*, p.604.

클라우제비츠에게 발견될 수 있을 것이다. 그는 대체로 군인들에게 알려져 있는 바와 같이 '피의 사도'나 폭력적 수단을 옹호한 전쟁광신자戰爭狂信者 또는 섬멸전 위주의 결전주의자決戰主義者는 아니었다. 그는 당시의 유럽 세력균형체제를 이상적인 국제관계의 형태로 보고 국가 간의 경쟁적인 세력을 균형 시키는 '보이지 않는 손'에 의한 '자동조절기능'을 믿었던 것으로 보인다. 이 보이지 않는 손에 의한 자동조절기능을 분별지에 입각한 전쟁수행의 대전략에서 찾으려 했던 것이다.535) 즉 그는 세계의 평화를 순수한 의미의 평화와 무력적 대립이 병존하는 평화의 두 가지가 있을 수 있음을 인정했지만 순수한 평화란 국제관계의 경쟁적 대립 환경에서는 환상에 불과한 것으로서 실현불가능하며 현실적으로는 무력적 대립을 조정함으로써 생기는 평화의 방법을 생각해 내었던 것이다.536)

　　무력적 대립을 조정해서 얻을 수 있는 평화란 두 가지가 있을 수 있다고 그는 파악했다. 그 하나의 힘이 강력한 국가가 다른 국가를 일방적인 무력으로 격파, 섬멸시키고 강압적으로 타국의 영토를 점령하여 그 의지를 굴복시켜 복속시키는 강압적 평화armed peace의 방법이다. 이 방법이 바로 그가 논의한—그러나 실현가능한 현실적인 방법으로 제의하지는 아니한—절대전의 '국가대전략'적 개념인 것이다. 타국을 일방적인 무력으로 붕괴시켜 복속시키는 방법은 섬멸전에 의한 전의의 박탈에 의해서만 가능한 것이다.

　　그러나 그는 전쟁이란 혼자서 하는 것도 아니고 산자와 죽은 자 간의 1차원적 게임도 아닌 산자와 산자간의 의지의 대립이기 때문에 일방적인 전대전이란 현실적으로 생각할 수도 없고 그러한 일이 있다고 하더라도 복수의 두려움이 없어지지 않을 것이므로 지속적으로 평화를 달성하는 방법은 되지 못한다고 인식했다.537) 특히 현대와 같은 국제상황(상호견제와 다국적인 견제가 작용하는) 에서는 이러한 일방적 무력평화란 기대하기 곤란한 것이다.

　　그래서 클라우제비츠는 제2의 방법을 제시하였다. 그 방법은 전쟁의 원시적 폭력성과 증오에 매달리지 않고 타국의 절대적 섬멸에 의한 의지박탈에도 호소하지 않는 산자와 산자간의 전쟁, 즉 목적과 방법, 수단의 제한에 의해 수행되어야 하는—칸트철학에 있어서 현실적으로 가능한 것이 이성적으로 존재할 수 있어야 하는 당위론적 맥락에서—현실전real war을 전제로 하는 협상적 평화negotiated peace의 방법이다. 협상적 평화의 방법은 상대방을 인정해야 하고 상대방 의지의 완전붕괴에 의한 강요된 일방적 굴복이 아니라 상대방의 의사에 영향을 미침으로써 나의 의지를 정치적 타산에 의해 받아들이게 하는 방법이다. 이 방법은 상호견제와 이성적 판단에

---

535) J. Gabriel, "Clausewitz Revisited: A Study of His Writings and of the Debate over Their Relevance to Deterrence Theory," Ph. D. Dissertation(Washington, D.C.:The American University, 1976), pp.150-169 참조.
536) Raymond Aron, *Clausewitz: Philosopher of War*, trans. by C. Booker and N. Stone (New York: A Touchstone Book, 1976), pp.61-88 참조.
537) Clausewitz, *On War*, pp.75-89 참조.

입각하여 자제가 작용하는 공동 이익 추구의 차원에 입각한 방법이다. 따라서 대전략은 상대방에 대한―때에 따라서는 자기 스스로에 대한―통제에 집중된다. 그래서 이클스$_{Eccles}$와 와일리$_{Wylie}$는 전략의 개념을 세력통제$_{power\ control}$ 또는 포괄적인 세력통제$_{comprehensive\ control\ of\ power}$라 정의하였다.538)

이 통제에 의한 협상적 평화를 달성하려면 무력적 대립상황을 어떻게 조정해야 하겠는가? 클라우제비츠는 전쟁을 현실전―절대전에 반대되는 제한전―에서 파악하지 않으면 이 방법을 발견할 수 없다고 제의했다. 현실전은 전쟁이 정치적 목적에 의해 발발되며 정치적 고려에 의해 수행되는 제한전쟁이다. 따라서 이 제한전쟁만이 이성적 국가행위자에 의해 수행될 수 있는 현실전이 되는 것이다. 이 전쟁은 상대방에 대한 섬멸을 추구하는 것이 아니라 소모전에 의한 일종의 기동전(적군의 파괴 그 자체보다는 적의 의지변경, 즉 전의와 전쟁계획의 포기를 유도하는 위협적 방법)에 의해 그 작전이 수행되는 전쟁이다.539)

이렇게 본다면 클라우제비츠는 평화주의적인 전쟁이론가이며 전략사상가였던 것이다. 만일 후세에 독일군부와 몇몇 횡포했던 정치 지도자들이 클라우제비츠의 참 사상을 이해했더라면 몇 차례의 대전을 피할 수 있었을지 모른다.

사실상 클라우제비츠에 대한 후세의 해석은 세 갈래로 전개된다. 그 하나는 독일군부의 군사사고의 주류로서 클라우제비츠를 절대전론자 및 결전주의자로 이해하고, 전장$_{戰場}$의 요결은 결정적 승리를 이룩하기 위한 혈전의 방식을 적용하는 것이라고 믿었던 소위 클라우제비치안의 해석이다. 영국의 전략사상가들―예를 들면 풀러$_{Fuller}$나 리델 하트$_{Liddel\ Hart}$―은 자신들이 클라우제비치안은 아니지만 클라우제비츠를 결전주의적 혈전의 광신자라고 비판해 왔다. 이들은 클라우제비츠가 전쟁을 '적의 의지를 굴복시키기 위한 폭력행위'540)로 정의했다는 데에 초점을 맞춘다.

제2의 해석은 제2차 세계대전 후 영·미의 핵전략가들에 의해 제기된 입장이다. 이들 민간학자 중심의 이론전략가$_{armchair\ strategists}$들은 클라우제비츠의 현실전 사상을 강조하는 소위 신 클라우제비치안들이다. 이들은 클라우제비츠가 전쟁을 '다른 수단에 의한 정치(정책)의 계속'541)으로 정의하고 전쟁은 정치목적에 종속되어야 하며, 정치의 도구(수단)에 불과한 것으로 파악했다고 해석한다.

---

538) Henry E, Eccles, "The Basic Elements of Strategy", B. Mitchell Simpson III (ed.), *War, Strategy, and Maritime Power*(New Brunswick, N. J.: Rutgers Univ. 1977), pp. 69-73 참조; John Wylie, *Military strategy, A General Theory of Power Control*(New Brunswick, N. J.: Rutgers Univ., 1967) 참조

539) Aron, *Clausewitz*, pp.241-264 참조

540) Clausewitz, *On War*, p.75.

541) 앞의 책, p.87.

제3의 입장은 결국 클라우제비츠가 전쟁의 본질을 현실주의적 시각에서 파악하기는 하였지만 전쟁현상의 양면성(이중성)을 제시하였다고 보는 해석이다. 이 양면성은 '폭력현상으로서의 전쟁'과 '정치의 도구로서의 전쟁'이다. 따라서 정치가나 전략가가 무엇을 추구하려 하느냐에 따라 전쟁은 어느 한 면의 본질을 지배적으로 갖게 되는 것이다. 즉 클라우제비츠는 전쟁이라는 현상 그 자체는 중립적인 현상과 같아서 사용자에 따라 그 색깔이 결정 지워진다고 제의했다는 입장이다.

그래서 클라우제비츠는 본질적으로 두 가지 현상의 전쟁을 제시하고, 절대전의 본질은 논의 상으로만 존재하는 추상적 전쟁이고,542) '종이 위에서만 생각될 수 있는 전쟁'이며, 현실전은 때와 상황에 따라 색깔을 변경시키는 실천세계의 전쟁으로 파악하였다.543) 그리고 그의 관심의 초점은 이 현실세계의 전쟁을 어떻게 수행해야 하는가하는 점이었다. 제1차 대전 직전의 독일 전쟁사학자 한스 델브뤼크Hans Delbruk는 클라우제비츠의 전쟁론을 섬멸전과 소모전이라는 이중성에서 파악한 최초의 전략사상가였다.

필자는 제3의 입장을 취하고자 한다. 왜냐하면 클라우제비츠는 전쟁은 무엇인가 하는 문제와 전쟁은 무엇이어야 하는가 하는 두 가지 차원에서 고뇌하였기 때문에 결국 전쟁의 이중적 성격 또는 이율배반적인 면을 제시했다고 보기 때문이다. 그러나 어떤 전쟁을 선택할 것인가 하는 점은 후세 사람들이 클라우제비츠에게서 찾을 수 있다고 믿는다. 왜냐하면 그는 전쟁의 양면성에서 파악하기는 했지만 수행해야 하는 전쟁은 하나임을 시사했기 때문이다. 여기서 우리는 왜 클라우제비츠가 '수행해야 하는 전쟁'을 중시하였는지 이해할 필요가 있다.

---

542) 위의 책, p. 78
543) 위의 책, p. 86~89

제2절
전쟁의 삼위일체三位一體적 본질

우리가 수행하는 전쟁은 과연 어떠한 모습을 지니고 있는가? 클라우제비츠는 전략가들이 대상으로 삼아야 하는 전쟁의 모습을 다음과 같이 묘사했다.

전쟁은 각각의 특정한 경우마다 어느 정도 그 색깔을 변경시키는 카멜레온과 같은 성격을 지니며 . . . 전체적인 현상으로서의 전쟁은 지배적인 세 가지 극pole 또는 경향trend을 구성한다. 이 세 가지 경향이란 각각 그 고유한 개별적 본질에 깊이 뿌리박고 있고 다양하고 상이한 법Low을 만들어 내는 것 같지만 하나의 통합을 구성하는 경향을 가지고 있다.544) 이 세 가지 경향은 맹목적인 자연적 본능이라고 생각되는 원시적인 폭력과, 증오나 적대감정 그리고 창조적 정신이 자유롭게 발휘될 수 있는 우연과 확률성이 지배하는 환경의 역할, 그리고 이성의 영역에 속하는 종속의 요소, 즉 정책의 도구가 되는 지적 경향(요소)이다. 이 세 가지 중 첫 번째 것은 주로 국민대중(전투원)에 관한 것이고, 둘째 것은 전장 환경하의 지휘관과 군대를 의미하며, 세 번째 경향은 정부(국가)에 관한 것이다. 전쟁에서 타오르는 정열은 항상 대중에게 내재하며, 우연과 확률성이 지배하는 전장 환경에서 생기는 용기와 재능의 역할 정도는 지휘관과 그 군대의 독특한 특성에 의존하지만 정치적 목적은 정부만의 업무이다.545)

여기서 클라우제비츠는 현실의 본질을 포괄할 수 있는 하나의 이론은 이 세 가지 경향을 균형 있게 수용할 수 있어야 함을 다음과 같이 지적했다.

하나의 이론이 이들 세 가지 경향 중 어느 하나를 무시하거나 그들 사이의 자의적인 관계를 설정하려고 시도한다면 그것은 현실에 모순이 될 것이며 그 이유 하나만으로도 그 이론은 전체적으로 무용한 것이 될 것이다. 그러므로 우리의 할 일은 마치 자석 사이에서 그 자석이 당기는 힘에 의해 교묘하게 지탱되고 있는schwebend; suspended 물체처럼 이 세 가지 경향 간에 균형을 유

544) 앞의 책, p.89.
545) 위의 책, p.89

지하는 이론을 발전시키는 일이다.546)

결국 유용한 이론의 목적은 순수이성을 반영하는 것도 아니고 순수본능과 열정을 반영하는 것도 아니며 순수한 우연성을 반영하는 것도 아님을 나타낸다. 그것은 하나의 현상이 종합적인 것이 되려면 이 세 가지 경향이 어느 한쪽으로 기울지 않고 중심점 또는 지렛목에서 '균형 있게 버티어 있어야 함'을 의미한다. 이 균형 있게 매달려 있는 상태가 곧 하나의 통합적 전체로서의 삼위일체의 상태인 것이다. 이것은 그리스도교의 삼위일체처럼 형체는 하나이지만 외관상 세 가지 위상이 따로 분리되어 보일 수도 있음을 의미하며 외관상 세 가지 형태를 지닐지라도 그 핵심은 하나인 것이다. 마치 하느님의 모습은 성부와 성자 예수와 성신의 세 가지로 보이지만 그것은 하나의 일체인 하느님으로 귀착되는 이치와 같다는 것이다. 그렇다면 삼위일체의 각위는 어떠하며 어떻게 일체로 통합되는가?

1. 제1극(경향): 인적 요소 ―원시본능적 열정과 적대적 증오

클라우제비츠에 있어서 인적 요소는 단순히 요즘 우리가 흔히 듣고 있거나 피상적으로 말하고 있는 도덕적 요소 또는 정신적 사기를 의미하는 것은 아니다. 오히려 특정한 경우에 과격한 행동이나 무모한 용기 또는 폭력적 군중심리로 나타나는 인간의 본성에 내재하는 종합적인 심성을 의미한다.

그는 인적 요소를 측정과 계량이 가능한 물질적 실체와 대립시키면서547) "그것은 느낌, 흥분, 열정, 야망 및 정열이며 군사적 미덕, 대담성, 지구력이기 때문에 객관적인 과학적 요소는 아니다. 어떤 경우에는 불만 붙이면 원시적인 파괴적 증오심과 적대감정으로 치달아 폭도적 군중행동을 가능하게 하는 심리적 요소이다. 이 요서는 개인적 차원에서보다는 집단적 차원에서 발휘될 때 노도와 같은 큰 힘을 발휘하게 된다"고 언급했다.548)

클라우제비츠는 인적 요소를 '증오와 적대감정'으로 정의하고 맹목적인 자연적 폭력blind natural force, blind instinct, original violence으로 간주했다.549) 이 맹목적 폭력은 그 자체가 목적이며 인간의 통제를 벗어나는 것이므로 자연발생적으로 일어나는 현상에 속하는 것이다. 인간적 목적을 갖지 않고 인간의 통제영역 바깥에 있는 힘이라면 그것은 자연적 천재지변(홍수, 화재, 역병 등)

---

546) 위의 책, p.89
547) 앞의 책, p.184.
548) 위의 책, pp.184-193 참조
549) 위의 책. p.89.

에 해당되며 그 발생 원인을 거의 알 수 없는 현상인 것이다. 그런데 여기서 중요한 것은 클라우제비츠의 인적 요소에 대한 정의가 그의 절대전_{absolute war} 개념의 기초가 된다는 점이다. 전투원의 전투동기가 바로 순수형태로 표출되는 정열, 본능, 흥분 및 증오심이며 이런 본능적 심성이 삼위일체의 첫 경향(극)을 구성한다. "절대전 형태에서는 모든 것은 그 자체의 자연적이고 필연적인 원인의 결과이며 이런 형태의 사태는 자연발생적인 급속한 속도로 연속적으로 일어나게 되므로 . . . 중립적인인 상태가 없다."550) 따라서 절대전은 모든 요소의 교류가 불가능한 단일한 일방적 흐름의 기능만을 갖게 된다. 그래서 이런 형태의 절대전은 아이디어(개념)상으로만 존재하는 형태의 전쟁_{ideal war}이 된다.

두 사람간의 사투_{duel; 두 레슬링 꾼 간의 사투는 한 사람의 항복에 의해서만 끝나게 됨}는 이 절대전 형태의 가장 초보적인 좋은 예에 속한다. 왜냐하면 양측은 상대방을 타도하려는 단 하나의 목적만을 가지며 이 두 투쟁자의 목적 사이에는 중립지대가 없다. 그 자신의 목적만을 추구하는 절대적 대결에서는 "양측의 동기가 각각 상대방에 대해 자신의 법만을 일방적으로 적용하기 때문에 결국 이론적으로 끝나게 되는 일종의 상호적 양극행위_{reciprocal action; interaction}가 발생하게 된다."551) 이 경우에는 대립이 대립을 가중시키는 무한적·가속도적인 폭력이 제동 없이 치달아갈 뿐이다.

이러한 절대전은 순수형태의 전쟁으로서 '전쟁 그 자체'_{krieg-an- sich: war-as-such}를 위한 전쟁이라면 그것은 불확실성(확률성)을 반대영하는 제2의 경향 및 인간의 지성과 이성(정부의 정책)을 반영하는 제3의 경향의 대립된다. 우연성이 없는 순수증오의 전쟁에서는 "일단 전쟁이 시작되면 정치적 고려는 완전히 끝나고 순수증오에서 생기는 생과 사의 전쟁만이 인식된다."552)그래서 국가 간의 무한적인 생사투쟁은 정치가 부재하는 절대전의 한 예가 된다.

이러한 제1의 극단적인 경향만을 반영하는 순수형의 전쟁으로서 절대전은 클라우제비츠의 삼위일체 개념에 의하면 현실적인 전쟁으로 성립될 수가 없다. 그의 '균형점 위에서의 지탱이론'_{suspended theory}에 따르면 순수형의 전쟁은 현실세계와는 무관한 것이다. "만일 우리가 절대적 형태에 매달려서 붓의 움직임에 따라 단 한 줄의 논리로 모든 현실적 어려움을 피하고 논리만의 엄격성을 주장하게 되면 매 경우마다 극단의 목적만을 추구할 수밖에 없게 되고, 궁극적인 노력은 그 한 방향으로만 지향된다. 이러한 순수이론의 전개는 순수한 종이 위의 법에 불과하며, 어떠한 경우에도 현실세계에는 적용될 수 없는 것이다."553) 따라서 전쟁이 현실적인 것이 되려면 다른 두 경향과 연결되어야 하는 것이다.

---

550) 앞의 책, p.582
551) 위의 책, p.77.
552) 위의 책, p.607.
553) 앞의 책, p.78.

2. 제2극: 우연성과 개연성의 요소 —전장의 불확실성

클라우제비츠가 제2의 고유한 경향이라고 말한 우연성과 개연성의 경향은 전쟁을 현실화시키는 데 있어 중요한 요소로서 이중적 기능을 수행한다. 그것은 비합리적이고 가설적인 전쟁의 본질일 뿐만 아니라 도한 이론과 현실간의 차이를 연결시키는 기능을 갖는다. 다시 말하면 전장의 안개 속에서는 불확실성으로 대변되는 환경적 마찰로 인하여 어느 극단으로의 경향에 대하여 제한적인 작용이 생기게 된다. 즉 전장의 불확실성 때문에 순수합리적 경향으로 귀착될 수도 없고 완전히 비합리적일 수만도 없게 되는 이중성을 나타내게 되는 것이다. 전장에서는 이러한 전장환경의 불확실성 외에도 적의 의도와 행동을 읽을 수 없는 데서 오는 또 다른 불확실성이 있다. 이점이 바로 전쟁을 1차원적이 아닌 2차원적 현상으로 만드는 요소이다. 그래서 관념적으로는 순수한 것이 현실세계에서는 순수하게 존재할 수 없게 되는 것이다.

완전한 형태의 지식, 즉 포괄적 협력의 상태comprehensive cooperation에서는 적대자의 동기가 가정되지 않기 때문에 (단순히 주어지기 때문에) 우연성이 고려될 수가 없는 것이다. 그러나 현실적으로는 전쟁은 완전한 합리성verstand이나 순수분쟁(완전한 분쟁: 절대전)의 형태로는 결코 발생하지 않음으로 인해서 결과적으로 상대방의 동기에 대한 추측(판단)의 문제가 제기되게 된다. 따라서 전장의 불확실성은 클라우제비츠가 표현한 것처럼 "모든 인간 활동 분야 중에서 전쟁을 가장 도박적인 놀음으로 만들어 버리고"554) 전쟁은 가끔 예기치 아니한 행운 또는 추측의 업무가 되게 한다.555)

나아가서 이러한 우연성과 개연성의 경향은 비합리성과 추측 이상의 것이 요구됨을 의미한다.

즉 첫째의 경향이 인간의 본능적 증오심과 적대감정을 반영하고, 셋째의 경향이 인간의 이성적 자아통제의 능력을 반영한다면 이 둘째의 경향은 인간의 본질적인 자유와 선택의 능력을 상징한다. 왜냐하면 우연성과 불확실성의 상황에서는 자신의 자유로운 선택적 결정에 의존할 수밖에 없기 때문이다.

클라우제비츠는 '전쟁술이 인간의 창조적 정신의 자유로운 활동이 되게 만드는 것은 이 우연성과 개연성의 역할'556)이라고 정의하고 이 딜레마를 해결하기 위해 탁월한 자(천재)의 개입이 불가피하다고 강조했다.

---

554) 위의 책, p.86.
555) 위의 책, p.85/p.140/p.167/pp.571-572
556) 위의 책, p.89.

3. 제3극: 지적 요소 —국가의 이성적인 자아통제 능력

클라우제비츠는 정부 또는 국가를 유일한 지적 통합실체로 보고 정치 또는 정책을 지성intelligence;vertand과 동일시한다. 이 지적 능력이 전쟁을 종속적 도구로 만들고, 전쟁을 통제와 분별의 대상이 되게 만들며, 목적적이고 이성적(합리적)인 현상이 되게 만든다는 점을 강조한다. 여기서 그가 사용한 용어 지성verstand은 본능의 맹목적 충동에 정반대되는 것이며 극단 대신에 균형을 의미하며 충돌 대신에 조화, 일방의 제거 대신에 공존, 속수무책보다는 자율적 통제, 무지 대신에 지식, 무모함 대신에 분별지分別智를 의미한다.557)

클라우제비츠의 전쟁의 정의 중 '전쟁은 다른 수단에 의한 정치(목적)의 계속에 지나지 않는다'558)라는 정의는 국가의 지적 능력을 반영하는 표현이다. 국가의 지적역량은 순수한 수단으로 인적 요소를 사용하는 목적을 설정하고 유지하는 힘이다. 감정적 힘(인정 요소)은 순전히 사물 그 자체thing-as-such이며 목적을 지니지 아니한 상태의 힘이다. 그러나 국가의지가 작용함으로써 비로소 '목적을 지닌 수단'이 되어 실천적인 의미를 지니게 되는 것이다.

다시 말하면 국가의 마음은 고립적인 단순한 대상 또는 사물(사물 그 자체)을 어떤 목적을 위해 통합시키는 능력을 지니고 있다는 뜻이다. 즉 국가야말로 '전쟁 그 자체'war itself를 '정치(목적)를 위한 전쟁'war-for-politics으로 전환시키는 능력을 지니고 있음을 의미한다. '포괄적 이해'verstand란 그러므로 고립적인 사물 그 자체를 보다 광범하고 포괄적인 전체whole로 통합시키는 과정을 의미한다.559)

사고능력을 지닌 국가는 그 자신의 창조적 역량에 힘입어 인간을 순수한 사물적 인간men-thing으로부터 인간적 인간men으로 통합시키는 능력을 지님을 의미한다. 따라서 하나의 인간을 국가에 의한 통합에 의해서만 실천적 의미의, 역사를 지닌 기능적 인간이 된다. 완전한 국가는 완전한 포용perfect verstand의 상태에 충만한 국가이며 이 경우에는 개인의 마음이 국가의 마음에 수렴된다.

이러한 수렴상태에 이르게 되면 단순한 사물thing 대신에 전체를 통합적으로 구성하는 기능적인 부분이 되는 것이다. 곧 국가지성이 완전히 작용한다면 전쟁은 정치적 기능의 한 부분적 수단이 되는 것이다. 이때 전쟁은 국가적 통제와 자제의 영역에 속하게 되고 완전히 정치적인 전쟁이 된다. 그러나 현실은 제3의 경향이 완전히 지배할 수 있는 것이 아니기 때문에 현실전은 완전히 정치전, 지성의 전쟁이 되지 못하고 세 가지 경향이 통합된 형태로 존재하는 이중성을

---

557) Gabriel, 앞의 책, p.55.
558) Clausewitz, 앞의 책, p.87.
559) Gabriel, 앞의 책, p.5-56/pp.66-67 참조.

띠게 되는 것이다.

4. 의지적 투신과 자아통제

클라우제비츠에 의하면 구체적으로 제시된 합리주의의 포용(이해)은 전술한 두 마음(국가의 마음과 국민의 마음)의 협력과 수렴을 포함하기 때문에 그것은 모든 분야에서 개인의 자아통제에 자신을 귀속시킴을 의미한다. 즉 포용(이해)의 행위는 자연적이거나 자동적으로 생기는 것이 아니라 노력에 의한 의식적인 개인적 투신을 의미한다.560) 예를 들면 해머 그 자체는 물건thing에 불과하지만 목적의식을 지닌 이해의 차원에서 물건 그 자체가 아니고 전체의 기능적 부분, 즉 연장tool이 되는 것이다.561)

클라우제비츠의 합리적 포용verstand; rational comprehension의 차원에서 보면 국가는 사물thing을 국가의 유의한 기능부분으로 전환시킬 수 있는 지적 능력을 갖는다. 이 개념을 전쟁에 적용해보면 '사고하는 국가'가 '전쟁 그 자체'에 목적을 부여하게 되면 전쟁은 비로소 국가의 정치의 도구가 된다. 그런데 국가가 그릇된 세계관을 구성하고 자기중심적 의식에만 매달려 있게 되면 전쟁은 다시 전쟁 그 자체가 되고 국가에 봉사하지 못하는 증오와 흥분의 본능적 폭력현상으로 되돌아가게 된다.

따라서 사물 그 자체를 기능적 도구로 만드는 능력은 자아통제에 의한 의지적 투신commitment에 의해서만 가능한 것이다. 클라우제비츠는 이 자아투신의 힘을 판단(judgement)이라고 부르고 "모든 사고는 술術이며 . . . 판단이 시작되는 지점에서 술도 시작된다."562)고 갈파했다. 그래서 지성verstand, 즉 합리적인 포용적 이해rational comprehension의 본질은 지식의 주관적 근거(인식주체가 국가)에 입각한다. 그러므로 포용적 이해의 구조는 주관과 객관을 포함하는 2차원적인 것이다.

사물 그 자체는 의식을 갖지 않기 때문에 1차원적이다. 그래서 인간의 의지적 투신과 자아통제가 없는 곳에서는 상호간에 비협력적이므로 결국은 대립적 분쟁으로 치닫게 된다. 왜냐하면 분쟁상황은 그들 자신의 논리(필연성과 확실성)만을 갖고 있어서 인간통제의 영역밖에 있기 때문이다. 이성에의 의식적인 자아투신만이 두 의지의 협력적 통제를 가능하게 한다. 그래서 완전한 포괄적 이해는 2차원적이다.

---

560) Gabriel, 앞의 책, pp.62-63.

561) Michael Polany, *Personal Knowledge Toward a Post-Critical Philosophy*(New York: Harper & Row, 1958), pp55-57/p.61/p.428 참조.

562) Clausewitz, 앞의 책, pp.148-149.

그런데 인간은 결코 완전한 휴지休止 상태에 있지도 않고 협력의 완전한 의식적 자아투신의 상태에 있지도 않다. 그래서 전략이 '분별지의 균형'을 유지하기가 쉽지 않게 되는 것이다.

2차원적 현상의 대표적인 예가 바로 전쟁이다. 전쟁은 객체로서의 적敵과 주체로서의 아我가 있다. 여기서 양측의 분별지가 없어지면 전쟁은 폭력 외에 아무것도 아닌 것이 된다. 전쟁이 목적 있는 전쟁이 되기 위해서는 2차원적 본질을 인식할 때에만 가능하다. 그렇게 되려면 전쟁은 세 가지 극(또는 경향)의 어느 하나로 치우치게 되어서는 안 된다. 또 이 세 극의 상호작용 때문에 어느 한쪽으로 치우칠 수도 없게 된다. 이 점이 바로 이 세 극 사이의 마찰friction의 작용이다. 결국 이 세 가지 극의 균형점에서 각 극의 고유한 '자체운동'을 정지한 현상이 현실전쟁이다.

현실전쟁의 본질이 어느 한쪽(극히 폭력적인 것으로나 극히 우연적인 것 또는 극히 지성적 통제에 의한 어느 일방)으로 갈 수 없게 하는 것이 세 경향의 상호작용이라면 전쟁을 수행하는 술(전략)의 정신은 적대자 양측의 자아투신과 자아통제이다. 이때에만 전략은 힘에 대한 포괄적 통제comprehensive control의 의미를 지닐 수 있으며, 분별지의 영역에 속할 수 있게 되는 것이다.

전쟁의 이중성: 절대전과 현실전

전쟁의 양극성 원칙principle of polarity에 입각하여 전쟁이라는 무장폭력 현상이 절대적 폭력의 한 극에서부터 현실적인 자제의 극인 무장적 관조armed observation에 이르는 연계선상을 어떻게 오르내리는가? 다시 말하면 무한 폭력의 상한인 절대전쟁이 어떤 단계를 거쳐서 상호자제를 수반하는 현실전(몇 가지 다양한 양상으로 구성되는 현상)으로 전환해 가는지, 그리고 전장의 전쟁으로서 절대전의 현실화라고 할 수 있는 섬멸전과 소모전 중에서 어떤 전쟁을 수행하는 것이 전략적으로 건전하고 분별력 있는 전략인지를 규명하고자 한다.

이 문제에 접근하기 위해서는 아무래도 클라우제비츠로부터 출발하지 않을 수 없다. 왜냐하면 그의 『전쟁론』을 일관되게 꿰뚫는 정신이 '분별지'分別智, prudence이기 때문이다. 즉 클라우체비츠의 인식방법은 인식객체(대상)에만 의존하기 머무는 1차원적인 사고가 아니고, 이 사고는 순수한 '물자체'thing-as-such와 '목적적 사물'thing-for- something을 구분하고, 물자체에 머무는 사고는 1차원적이며 보조적 인식이고, 목적적 사물에 집중되는 사고는 2차원적이고 핵심적 인식으로 규정하고 있으므로 분별지는 2차원적 사고에서만 가능한 것이라는 입장을 보여주고 있기 때문이다.

또한 그는 헤겔 식의 기계론적인 변증법(정·반·합의 발전 논리)에 따르기보다는 비록 변증법의 형식은 빌려 쓰고 있으나 정·반의 대립과 새로운 합의 생성 대신에 세 가지 요소(경향 또는 극)의 극화에 의한 자율적 정지suspension 또는 공존에 의한 자아 통제적self-commitment 평형 equilibrium을 현실태라고 규정하고 있기 때문에 현실을 새로운 또 하나의 단일태로 발전하는 것이 아니라 양극성을 포괄하는 이중적 성격rational comprehension을 지니는 것으로 파악하고 있기 때문이다. 따라서 전쟁의 이중성을 파악하지 않고서는 전략의 본질을 파악할 수 없으며 이를 위해서는 클라우체비츠로 돌아가지 않고서는 다른 길이 없을 것 같다.

1. 평화와 전쟁의 상관성

원래 클라우제비츠의 전쟁관은 평화에 관한 관심에서부터 출발한다. 그의 역사관 또는 세계관은 조화사상—아담 스미스 류의 '보이지 않는 손'에 의한 자동조절운동과 이에 의한 질서의 평형상태로의 끊임없는 회복운동의 진행—에 근거하고 있는 듯하다. 그래서 그는 국가가 행위주체인 국제사회(특히 유럽세계)에서는 건전한 지도력을 발휘하는 국가들이 상호간에 각자의 이기적 경향을 자제하고 상호견제에 의해 세력균형을 유지할 때 전쟁 없는 국제질서가 가능한 것으로 파악하였다. 그래서 그는 나폴레옹전쟁 이후의 유럽의 세력균형체제를 가장 바람직한 국제 평화구조로 인식하였던 것이다.563) 따라서 본질적으로 이기적인 팽창속성을 지닌 국가들이 상호견제 함으로써 형성되는 힘과 견제의 평형상태를 달성하는 것이 국제사회에서 평화유지의 최선의 방법이 되는 것이다. 이 점에서 클라우제비츠는 건전한 세력 균형을 유지할 수 있는 국가정책의 대상으로서 전쟁을 생각했던 것이다.

전쟁이 유럽식의 세력균형체제를 붕괴시키지 않고 수행될 수 있는 길은 없는 것인가? 전쟁이라고 하는 분쟁현상이 인류역사상 피할 수 없는 것이라면 어떤 모습으로 존재하는 것이 적절한 것인가? 전쟁이라는 현상을 제거할 수 없다면 분쟁적인 국제 환경에서 어떻게 평화를 달성 할 수 있겠는가? 이러한 의문들이 클라우제비츠의 전쟁관의 출발점이었던 것 같다. 그래서 클라우제비츠는 평화를 두 가지 차원에서 생각하게 되었는데 분쟁이나 전쟁을 전제로 하지 않는 순수한 이상적 평화와, 전쟁(또는 분쟁)을 전제한 평화가 그것이다. 현실적으로 순수한 이상주의적 평화는 클라우제비츠와 같은 현실주의자에게는 환상에 불과한 것이었기 때문에 전쟁을 전제로 한 평화만이 현실적인 고려의 대상이 된 것이다. 이러한 차원에서 그는 '강압적 무장 평화'dictated peace와 '협상적 평화'negotiated peace의 두 가지 정책적 대안으로서의 평화를 생각하게 되었던 것이다.564)

독단적인 강압적 평화는 어느 일방이 무력으로 타방을 섬멸시키고 그 영토를 강점하여 그 주민을 강제로 복속시키는 침략적 행위에 의해 달성되는 강요된 무장평화armed peace를 의미하는 것으로서 강력하고 독점적인 힘의 절대적 우위를 지닌 국가가 무차별적으로 약소국들을 붕괴시키고 자신의 제국을 건설하는 방법이다. 이러한 상태는 힘의 현격한 불균형이 존재하고 제1국의 강압적 지배에 도전할 수 있는 세력이 존재하지 않을 때라야 가능한 것이다.

그러나 이러한 거대한 악한국가惡漢國家, Leviathan에 의해 유지되는 강압적 평화란 약소국가들의 처참한 희생 위에 이루러지는 굴욕의 상태에 불과한 것이며 따라서 대등한 경쟁적 상태가

---

563) Gabriel, 앞의 책, pp.160-164. 참조
564) Aron, 앞의 책, pp.61-88/pp.241-264 참조

유지되는 국가 관계에서는 상상할 수 없는 것이다. 그리고 이러한 일방적인 강압적 평화상태는 세력균형의 붕괴 위에서 이루어진 것이기 때문에 장기적일 수 없는 불안정한 평화체제인 것이다. 따라서 당시의 유럽과 같은 세력의 크기가 엇비슷한 주요 강대국과 이들 강대국들과의 기묘한 연계에 의해서 이루어진 세력균형체제하에서의 평화는 어느 일방의 강요에 의해서는 이루어질 수 없는 것이다. 유럽적인 세력 균형을 유지할 수 평화상태는 바로 협상적 평화인 것이다.

클라우제비츠는 유럽의 세력균형체제—가장 이상적인 국제질서 구조라고 인식한—하에서 협상적 평화만이 현실적으로 고려될 수 있는 유일한 정책적 대안이라고 생각하였던 것 같다. 협상적 평화는 서로 비슷한 힘을 보유한 행위자들(국가들)이 자제함으로써 이익을 공유할 수 있음을 인식하고 견제와 균형 작용을 통해 이루어내는 타협적 평화를 의미한다. 그렇다면 이 타협적인 평화를 위한 정책으로서의 전쟁은 과연 어떤 모습인가?—칸트의 당위·규범적 표현을 사용한다면 어떤 모습이어야 하는가—이에 대한 해답을 얻기 위해서 우리는 절대전과 현실전의 본질적인 차이를 규명하지 않으면 안 된다.

2. 절대전의 현실전으로의 전환단계

(1) 전쟁의 극화 경향

클라우제비츠는 절대전과 현실전을 이분법적으로 구분하고 절대전은 하나의 극화경향을 나타내는 현상인 데 반하여 현실전은 세 개의 극이 기묘한 평형상태를 이루는 삼위일체로 존재하는 상태라고 갈파했다. 그에 따르면 전쟁은 극화의 경향을 갖는 요소로 구성된다.

제1요소는 인적 요소—대중적, 폭민暴民적 경향—로서 원시적 증오와 적대감정, 자연적 폭력의 요소이고, 제2요소는 전장의 불확실성과 우연성이 지배하는 적과 아가 충돌하는 2차원적 상황의 환경적 요소이며, 제3의 요소는 국가의 지적 능력의 발휘되는 합리적이고 이성적인 국가 통솔력의 요소이다. 제1의 요소는 폭력의 극단을 지향하는 1차원적 경향이 지배함으로써 자연적으로 그 발전경향은 절대전으로 치달을 수밖에 없게 된다. 그러나 제2의 요소는 우연성이 지배하기 때문에 전장에서 그 불확실성으로 인하여 장수의 자유로운 영혼의 활동이 요구되어 극단으로 치닫는 것을 억제하는 경향을 지니며, 제3의 요소는 국가의 냉철한 계산과 판단이 작용, 극단적으로는 이성만이 존재하는 완전국가로 지향하는 경향을 나타낸다.

클라우제비츠에 의하면 현실태의 경향은 위의 세 가지 요소가 각기 각자의 극단적 경향으로 가지 않고 자신의 고유한 자연적 경향을 정지한 채 한 점에서 평형을 이루는 '삼위일체'의 상태로 나타난다는 것이다. 왜 그럴까? 삼위일체의 평형상태가 가능한 것은 각 요소가 멋대로 가지 못하게 하는 마찰의 요소가 작용하기 때문이다.

이 삼위일체의 상태는 중화中和의 상태이다. 중화의 상태는 어느 한 극極이 과도한 운동을 하게 되면 붕괴된다. 그리고 중화의 상태에서는 세 극이 기본적인 본질을 지니고 있기 때문에 폭력적 요소와 비폭력적 요소의 이중성을 지니게 된다. 그러나 어느 특정 경향이 지배하게 되면 이 이중적 성격은 사라져 버리게 된다. 따라서 어떤 상태를 유지할 것인가 하는 것은 전략적으로 분명해진다. 그러나 전략자체도 어느 한쪽을 일방적으로 택할 수는 없게 된다. 전쟁의 현실태가 지니는 이중성 때문이다. 여기서 전략은 선택의 문제로 귀결되게 되고 이왕이면 분별적이고 지혜롭게 선택할 필요가 있게 된다.

그렇다면 어떠한 단계를 거쳐 삼위일체의 상태가 형성되는가? 이 문제의 규명은 상호작용하는 인간행위의 본질에서 파악될 수 있다. 모든 상호작용에는 양극성polarity이 작용한다. 클라우제비츠는 전쟁현상에서 작용하는 이 현상, 즉 상호작용을 '양극성의 원칙'이라고 지칭하고 있다. 전쟁에 대한 클라우제비츠의 최초의 정의는 "나의 의지를 달성하기 위해 적을 강요하려는 폭력행위"라는 것이다. 이 정의는 전쟁을 사투duel; 레슬링 시합과 같은 절대적 승패의 경기에 비유하여 상대방 저항의 무력화에 초점을 두고 있으며 전쟁과 평화의 급전적인 상극성을 선험적으로 묘사하고 있다.[565]

이 정의는 세 가지 중심개념을 포함하고 있는데 그것들은 폭력violence과 목적end 및 목표objectives의 개념이다. 여기서는 전쟁 그 자체를 폭력행위로 규정하고 있으며 전쟁의 즉각적인 목표로서 적의 저항력의 핵심인 무장해제를 통한 적의 저항지속력의 박탈, 전쟁의 목적으로서 적의 타도를 통한 승자 위주의 일방적 평화를 들고 있다. 따라서 전쟁은 현실전으로 전환되기 전에 그 본래적 기원과 목적에서 분리될 수 없음을 보여주고 있다. 전쟁의 본래적 모습을 점수제의 권투경기가 아닌 생과 사로 승패가 결정되는 개인적 격투사투; duel에 비유한 것은 전쟁을 대항의 논리에서 파악하고 그것이 극단화의 경향을 띨 수 있음을 보여주기 위함이다. 왜냐하면 격투에서는 힘과 의지의 상호작용이 행해지기 때문이다.

(2) 제1단계: 일방적 강요의 상호작용

제1단계의 상호작용은 타방에 대해 자신의 법을 강요하려는 일방적 강요의 상호작용이다. 즉 '전쟁은 살아 있는 자와 죽은 자의 싸움이 아니고 살아 있는 자와 살아 있는 자 상호간의 싸움'이기 때문에 이러한 양극화의 상호작용을 피할 수가 없는 것이다.[566] 통상 상호작용은 세

---

565) Clausewitz, 앞의 책, p.75.
566) Clausewitz, 앞의 책, pp.77/p.83-84

가지 형태를 취한다.[567]

　그 첫째 형태는 대항의지의 상호작용이다. 클라우제비츠는 절대의지와 적대감정을 구분한다. 적대감정hostile feeling, passion은 적대의도 없이도 존재하고 사라지는 게 가능하다. 그러나 적대의도는 반드시 적대감정을 만들어낸다. 즉 상호간에 증오심이 없이 싸워야 할 의도만으로 싸움을 시작하는 경우에도 적대감정이 발생하여 서로 미워하면서 끝나게 된다. 따라서 폭력의 극단화는 대항하는 쌍방 의지의 상호작용의 논리적 귀결이다. 그래서 적대의지는 논리적 극단으로 가는 상호작용의 제1조건이 된다. 따라서 상호작용의 제1단계는 폭력을 극단화시켜 절대폭력으로 치닫게 하는 자연적 경향, 즉 삼위일체의 제1극의 극단화로 치닫게 한다. 이 경우 폭력 그 자체는 본원적인 제한을 갖지 않게 된다.

　상호작용의 제2의 형태는 결투의 물리적 측면이다. 나 자신의 절대적인 안전보장을 위해서는 타방의 물리적 실존을 붕괴시킴으로써만 가능하다고 생각하게 된다. 상대방이 완전히 사멸될 때까지 이측의 두려움은 없어지지 않을 것이다. 그래서 쌍방은 각기 극단을 추구 하게 된다. 따라서 상대방의 저항은 그의 의지와 물리적 수단의 크기에 의존하게 된다. 상대방에 의한 위협에서 완전히 해방되기 위해서는 적의 의지와 수단을 궤멸시켜야 한다. 그래서 결투는 극단으로 치닫게 된다.

　제3의 상호작용 형태는 결투의 동기, 즉 정신적 힘(자세)이다. 싸우고자 하는 동기에 따라 저항력의 크기는 결정된다. 쌍방이 싸우고자 하는 동기를 포기하지 않는 한 동기의 상호작용이 결투를 극단으로 가게 하는 것이다. 이렇게 볼 때 사투의 극단화는 적대감정을 수반하는 적대의도, 정신적 동기와 물리적 수단에 의해 가속된다.

　그러나 이러한 폭력의 극단화 경향, 즉 절대적은 추상의 개념이며 관념상의 형태에 불과한 것이다. 어떠한 경우라도 현실세계에 있어서는 이러한 1차원적인 경향은 나타나지 않는다. 여러 가지 마찰의요소가 작용하기 때문에 상호작용의 극단화는 현실에 반하게 되며 현실에 맞도록 수정의 과정을 통해 현실태로 전환하게 되는 것이다. 즉 순수형태의 폭력은 삼위일체의 작용에 의해 현실적인 폭력형태로 수정되게 되는 것이다.

　개인 간의 힘겨루기인 격투가 국가라는 집단적 대결자로 그 행위주체가 바뀔 경우에는 국가 간의 전쟁으로 대체된다. 즉 대결자가 국가형태—영토, 국민, 자원, 동맹요소를 지님—를 취하게 되면 전쟁은 장소적 공간을 지니게 되고 번개같이 나타났다가 사라지는 게 아니라 시간성과 국가관계의 변동이라는 국가 정책적 의미를 지니게 된다.

　따라서 절대전이란 전쟁의 개념은 현실전과 분리되는 경우의 전쟁이 어떤 모습이 될 것인

---

567) 위의 책, p.77.

지를 경고적으로 예시하기 위한 논리적 분석목적상 제시한 것에 불과한 것이다. 전쟁이 사투가 아닌 국가 간의 대결이 될 때에는 승리하든 패배하든 절대적인 결정적 영향을 나타내지는 못한다. 서로를 의식해야 하고 두려워해야 하며 상대방으로부터 얻고자 하는 것을 계산하고 그 가능성을 판단해야 한다.

(3) 제2단계: 마찰과 정지(Suspend)

이때 비로소 제2단계의 상호작용이 시작된다. 극단으로만 가려던 양극성이 현실적 마찰(제한 요소)의 작용으로 상호견제의 양극성으로 나타나게 되는 것이다. 그래서 국가 간의 전쟁은 산 자와 죽은 자 간의 전쟁이 아니라 산 자와 산 자 간의 전쟁이기 때문에 극단으로 가지 않고 완화와 수정의 과정을 거치게 된다. 그리하여 상대가 있어야 하는 전쟁은 상호견제의 범주로 귀속하게 되는 것이다. 전쟁이 개인차원의 사적인 격투에 머물러 있을 때에는 '물자체'thing-as-such 즉 '전쟁 그 자체'war-as-such로 존재하게 되어 폭력 외에 아무것도 포함하지 않게 되는 것이다. 하나의 물건이 '물자체'로 있을 때에는 한낱 쇠뭉치와 나무막대기의 덩어리에 불과한 것이나 마찬가지이다. 그러나 망치가 물자체로 머물지 않고 '목적 있는 사물'thing for something로 전환되면 그것은 하나의 도구 또는 연장이 된다. 전쟁이 '전쟁 그 자체'—폭력 그 자체—로 머물러 있지 않고 목적 있는 현실태가 되려면 '목적 있는 전쟁'war-for-something이 되어야 한다. 즉 '정치를 위한 전쟁'war for politics이 되어야 하는 것이다. 대결자가 개인이 아니고 국가—또는 공권력을 지닌 정치단체—가 되는 경우에는 자연적으로 전쟁은 전쟁 그 자체로부터 정치를 위한 전쟁으로 수정되어 전환되는 것이다.

이렇게 될 때 '전쟁은 그 자신의 문법은 있어도 논리는 지니고 있지 않다.'[568]는 클라우제비츠의 관찰이 성립되는 것이다. 물자체는 문법은 있으되 그 논리는 목적 있는 사물에서 나오기 때문이다. 전쟁의 논리는 그 목적인 정치에서 주어지는 것이다.

'정치로서의 전쟁'에서는 절대전의 개념이 현실세계의 우연성(개연성)으로 전환되게 되고, 전쟁은 대결할 이유와 근거를 제공해 준 정책을 따라야 할 의무를 지게 되는 것이다. 현실세계는 개연성의 법칙law of probability에 지배되기 때문에 어느 쪽이든 상대방의 행위특성과 쌍방의 국가 제도적 상황을 고려하여 자신의 행동을 결정할 수밖에 없게 된다. 그래서 삼위일체의 제2의 경향이 개입되게 되고, 쌍방의 국가적 특성에 따라 자신의 행동반경(행동자유의 폭)이 결정될 것이기 때문에 제3의 경향인 국가의 지적 요소가 개입하게 된다. 즉 전쟁의 결정은 결국 순수폭력의 자연적인 극단화의 경향으로부터 전쟁의 당초 발발 이유(정치적 이유)인 정치적 목적

---

568) Clausewitz, 앞의 책, p.605

으로 복귀하게 된다. 여기서 전쟁의 이유는 폭력에 의한 '죽음 그 자체'가 아니라 의미와 목적을 지닌 '인간사'가 되는 것이다.

그런데 이 제2의 양극적 상호작용단계에서는 여전히 양국의 정치지도층과 국민들이 적대적 요소를 지니고 있기 때문에 비록 내부적 긴장(마찰)이 있다 하더라도 전쟁에 호소하고자 하는 초기의 의도(이유)가 강하면 전쟁노력이 비례적으로 강화될 것이므로 폭력 확대의 가능성은 배제되지 않는다. 즉 전쟁의 최초 이유와 전쟁노력의 총량은 비례관계에 있으므로 발생되는 폭력의 정도도 비례적으로 나타날 수가 있게 된다. 다만 전쟁의 정치적 이유의 강도에 따라 전쟁의 새로운 유형—즉 제 2의 전쟁유형, 제 1극의 극단적 경향을 반영하는 폭력의 극치인 절대전에 이르지 못하는 형태—이 나타날 수 있게 된다. 결국 이 단계에서는 폭력 정도의 다양성이 나타나게 된다.

이러한 폭력 정도의 다양화를 양극으로 대별하면 섬멸전殲滅戰, annihilation과 단순한 무장 감시武裝 監視, armed observation로 구분될 수 있다.

그런데 절대적 섬멸전은 논리적 꿈에 불과할 것이고 현실에서는 쌍방 간 의지의 긴장 때문에 극단의 현실화는 불가능하게 되어 전쟁은 섬멸전 이하의 수준으로부터 준 전쟁유형에 속하는 무장 감시 이상의 수준 사이에서 전쟁의 정치적 이유에 따라 그 강도가 정해지게 된다.

정치적 계산이 작용하게 되면 전쟁을 수행함으로써 얻을 수 있는 당면한 이익과 여기에 투입될 노력 간의 균형을 고려하는 정치술이 필요하게 된다. 이 경우에 양측이 동시에 이점을 추구하게 되면 제 2단의 수정이 이루어지더라도 국가적 에너지는 극단화로 치닫게 될 수 있는 잠재성이 있음을 전적으로 부인할 수는 없다. 그렇다면 쌍방 간의 적대 의지를 완화시키는 제3단계의 수정이 작용하지 않고는 전쟁의 제한을 확신할 수는 없는 것이다.

⑷ 제3단계: 마찰의 조정 및 양극성의 완화

제3단계의 양극성은 전쟁수행 형태(공격과 방어) 사이의 비대칭성, 지적인 것과 감정적 요소의 대립, 냉철한 이해와 심리적 자세(사기) 간의 갈등 때문에 완화의 방향으로 수정작용을 하게 된다. 즉 이 3단계의 수정작용은 서로 대결하는 당사자가 질적으로 상이한 대응을 하게 되면 양극성이 성립될 수 없게 되는 것이다. 그래서 클라우제비츠는 힘의 평형 그 자체는 적대 의지를 중지시키지 못하지만 질이 다른 대응 때문에 적대의지의 양극성원칙이 작용할 수 없게 됨을 주목했다. 즉, 그는 대응의 질이 다른 공격과 방어 간에는 양극성이 성립될 수 없다고 판단했다. 공격은 공격끼리, 방어는 방어끼리 양극성이 성립한다. 그러나 실제로 양쪽이 다 같이 공격하거나 방어하는 일은 일어나지 않는 것이다.

원래 양극성의 의미는 한쪽의 이점은 타방의 불리점이 되고 한쪽의 이득은 타방의 손실이 되는 영합게임zero-sum game적인 대칭적 성격을 나타내는 것이다. 전투에서의 양극성은 결국 한쪽의 승리와 다른 쪽의 패배를 의미한다. 그러나 양쪽이 다 동일한 힘의 크기로 동일한 방식의 전쟁－예를 들면 공격－을 하게 되면 양극성이 성립되어 폭력의 극단화가 가능하게 되지만 각자는 공격하는 것이 이로운가, 방어하는 것이 이로운가를 계산하게 되고 만일 공격을 하면 즉각 하는 것이 좋은가, 연기하는 것이 좋은가를 판단하게 된다. 그렇게 되면 상대방에 대응하여 충분한 물리적 우세를 유지하지 못하더라도 지탱할 수 있는 방법이 무엇인가(예를 들면 전략적 방어)를 계산하게 된다. 그러려면 상대방에 대한 평가, 상황의 평가, 아측의 물량과 기량 등에 대한 정보를 수집해야 한다. 그러나 통상 정보결여로 인한 불확실성(마찰 요소)에 직면하게 되어 자신은 약하게 생각하고 상대에 대해서는 과대평가하게 된다. 그렇게 되면 폭력의 정도는 완화되고 전쟁 지속기간도 단축되게 된다. 그리하여 절대전과 현실전의 간격은 확대되고 개연성의 역할이 커지게 되어 냉정한 이해와 타산이 작용하게 된다.

하지만 전술한 바와 같이 쌍방 행위간의 비대칭성(공방의 비대칭성)과 지적인 작용 및 타산적 이해만 작용한다면 전쟁은 일어나지 않게 될 것이다. 그러나 이와 동시에 지적인 것에 대립되는 감정적인 것, 냉정한 이해에 대립되는 정신적·심리적 요소(대담성, 용기, 행운, 극기 등 사기적 요소)가 함께 작용하기 때문에 폭력완화의 작용은 진행되지만 여전히 폭력강화 작용하기 여전히 폭력강화 작용과의 이중성을 지니게 되는 것이다. 그래서 제4단계의 상호작용이 개입하게 되므로 우리가 직면하는 현실전의 모습을 보게 되는 것이다.

(5) 제4단계: 정책의 개입(현실전화)

마지막 상호작용 단계인 제4단계는 정책개입의 단계이다. 결국 문명사회의 문명인 사이의 전쟁은 정치적 상황과 조건에서 출발하고 정치적 동기와 목적에서 시작되는 것이다. 따라서 전쟁 수행상 최고의 고려사항은 정치적 목적이 된다. 그렇지 않을 경우 전쟁은 그 자신의 법에 따라 발생하고 진행되게 되어 정책으로부터 독립하게 되며 결국 폭력의 크기는 준비한 물리적 힘에만 의존하게 될 것이다.

따라서 현실적real war은 총력적인 것total도 아니고 맹목적인 폭력발산이 아니라 지적지도知的指導의 의지에 복종하게 되어 대담성이나 용기, 행운 등과 같은 제3단계에서 등장한 요소들에 우선하게 된다. 그리하여 전쟁은 도구(수단)로서 한정되며 정치의도(목적)에 대항할 수 없게 된다. 즉 목적 없는 수단은 존재할 수 없게 된다.

여기서 폴라니Polany가 제시하는 핵심적 인식과 보조적 인식 중에서 핵심적 인식이 지배적 위치를 차지하게 된다.[569] 즉 망치와 망치의 목적—가령 벽에 못을 박는 경우— 중 망치 그 자체에만 관심을 집중시키는 경우가 보조적 인식에 해당되며 이 경우에 망치는 물자체로 존재하게 되지만 못을 박는 망치의 목적에 관심을 집중하게 되는 경우가 핵심적 인식으로서 이때에야 비로소 망치는 못을 박기 위한 연장(도구)이 되는 것이다. 만일 우리가 벽에 못을 박는 경우에 망치에만 신경을 쓰게 되면 망치는 못을 치지 못하고 벽을 치거나 손가락을 치고 말 것이다. 그러나 신경을 못에 집중하게 되면 쉽게 못을 박을 수 있게 되는 것이다. 이처럼 전쟁 그 자체를 폭력으로만 보는 것은 보조적 인식에 불과한 것이며, 전쟁의 목적을 정치에 집중시키면 전쟁에 대한 핵심적 인식을 할 수 있게 되는 것이다.

이렇게 될 때 클라우제비츠가 최초에 정의한 '나의 의지를 적에게 강요하기 위한 폭력행위'로서의 전쟁은 '다른 수단에 의한 정치의 계속행위'라는 제2의 전쟁(현실적) 형태가 되는 것이다. 따라서 최초의 정의로부터 등장한 두 적대의지간의 무력충돌, 즉 물리적 힘의 대결로서의 전쟁이라는 폭력적 특징은 최종단계까지도 계속 존속하면서 국가단위의 전쟁으로 확대되는 경우에는 지적 요소가 작용하게 되어 정책적 의도와 동기가 우선하는 목적 있는 전쟁으로 전환되는 이중성을 띠게 되는 것이다. 그런데 개인의지가 아니고 작용하는 경우에는 순수의지이기보다는 환경과의 상관성 하에서 판단과 계산에 의한 '힘의 일반의지'general will가 작용하게 되어 결국 전쟁은 정치적 상황조건 및 전쟁수단의 종합적 계산에 의해 결정되게 된다. 어떤 수준을 선택할 것인가? 하는 것은 정치적 설정이며 전략적 판단이다. 그 대상인 전쟁의 이중성 때문에 필연적으로 선택의 이중성에 직면할 수밖에 없게 되는 것이다.

---

569) Polany, 앞의 책, p.63-64.

현실전의 이중성: 섬멸전과 소모전

1. 현실전의 두 가지 유형

위에서 클라우제비츠의 『전쟁론』을 절대전과 현실전의 이중성 차원에서 논의하고 삼위일체의 개념에 입각하여 현실세계에 있어서 절대전(관념상의 전쟁)이 현실전(실천세계의 전쟁)으로 전환되는 과정을 고찰하였다. 그렇다면 현실전은 하나의 유형으로만 존재하는가? 현실전은 단순한 폭력현상을 어떻게 반영하는가?

현실전의 유형이 하나밖에 없다면 전략이라는 사고방법도 극히 단순화될 수 있을 것이다. 그러므로 현실전의 양태를 파악하는 것은 전략(아이디어) 창출의 기본적인 전제조건이 되며 이에 따라 현실전의 본질 파악이 우선적으로 선행되어야 할 필요성이 있다.

현실전 그 자체도 전쟁 일반과 마찬가지로 두 가지 유형 간에 이중성을 지닌다. 즉 섬멸전과 소모전은 서로 그 목적과 수단 간의 작용차원에서 이중성을 표출한다. 그래서 전략가들은 전쟁 전략선택에 있어서 어떤 전쟁을 수행할 것인가 하는 선택적 기로에 서게 된다. 즉 섬멸전략을 추구할 것인가, 아니면 소모 전략을 수행할 것인가?

역사의 경험을 돌이켜 볼 때 클라우제비츠는 적대행위의 목표를 적군의 섬멸에 두는 전쟁은 현실적으로 추구될 수도 없고 달성되지도 않는다고 판단하였다(비록 관념상으로는 절대섬멸전을 상할 수 있다 하더라도 그것은 어디까지나 상상의 세계에만 존재하는 전쟁일 뿐이라고 생각했기 때문이었다). 로마시대의 페리클레스[570]나 중세의 독일 황제였던 프레데릭대왕은 섬멸전보다는 소모전전략을 추구함으로써 협상적 평화negotiated peace의 국가대전략을 추진하였던 것이다.

그러나 1차 대전 당시 독일의 하이덴버그Hindenburg 대통령과 루덴도르프Luddendorf 장군은 섬멸전에 입각한 강압적 평화dictated peace를 추구하려 하였고, 이러한 독일의 꿈은 패전으로 끝나고

---

570) 펠로폰네소스 전쟁 시 아테네의 정치지도자이며 영웅

말았던 것이다. 델브류크571)는 독일의 군사지성 중에서는 처음으로 클라우제비츠의 전쟁 사상으로부터 전쟁의 이중성을 발견하고 현실전의 전략선택이 국가대전략적 정치목적에 의해 결정되어야 함을 갈파하게 되었던 것이다.

2. 델브류크의 해석: 섬멸전략과 소모전략

델브류크는 전략의 유형을 전쟁수행의 두 가지 수단인 전투와 기동에 따라 섬멸전략과 소모전략의 두 가지 유형으로 구분하였다. 그는 섬멸전략의 대표적인 전례로서 나폴레옹의 결전전략을 제시하고 이러한 결전전략은 결전위주의 전략으로서 단일한 경향(극)을 지향하는 것이라고 파악했다. 반면에 소모전략의 대표적인 전례로서는 프레데릭의 전략을 제시하고 이 전략은 기동과 전투를 결합시킨 양극적 지향성을 갖는다고 지적했다. 델브류크가 제시한 이 프레데릭의 소모전 전략은 작전수행 면에서 볼 때에는 현대에 와서 제기되는 상관적 기동전相關的 機動戰. relational maneuvering warfare 전략에 해당된다 하겠다. 이 상관적 기동전략은 견제부대牽制部隊, 화력중심의 소모전 요소와 기동부대機動部隊를 결합한 방법이다.

　델브류크는 프레데릭의 전역을 고찰하면서 섬멸전과는 다른 형태의 작전방식이 있을 수 있음을 발견하게 되었다. 자신의 활용자원이 불충분하여 전투만으로는 적을 완전히 궤멸시키기가 불가능하거나 전장에서 대대적인 승리를 하는 경우에도 전체적으로 적국의 무력을 완전히 파괴시킬 수 있는 위치에 있을 수 없는 경우가 있을 수 있음을 파악하게 되었다. 그러므로 적의 무조건적 항복을 추구하기보다는 적을 지치게 만들어 평화를 수용하게 하여 평화를 달성할 수 있음을 이해하게 되었다. 즉 국경지역에 있는 몇몇 지방이나 주요 요새를 점령하거나 적의 힘으로는 아측을 축출할 수 없는 위치를 선택함으로써 적은 힘이 쇠진하여 상당한 긴장기간이 지나간 후에 아측의 평화조건을 수용케 하는 방법이 있을 수 있음을 전례를 통해 발견했던 것이다.

　옛날 군주국가체제에 비추어 볼 때 나폴레옹전략은 무조건적인 전투를 위주로 하는 1차원적 경향을 지니는 데 비해서 소모전은 전략적으로 양극성 또는 수단의 이중성에 의해 특징 지워진다.

　델브류크는 프레데릭이 군사력의 수량적 우위를 유지하고 있었을 뿐 아니라 잘 훈련시킨 군대를 보유하고 있었음에도 불구하고 전투위주의 전략을 추구하기보다는 정치적 상황에 따라서 자제적 입장에서 전략을 융통성 있게 적용하였음을 발견하게 되었다.

---

571) 델브류크(Hans Delbrüek): 1차 대전 당시에 비판사학의 입장에서 독일의 전쟁계획을 신랄하게 비판하여 2년간 감옥 생활을 함.

그래서 역사상 전략교리란 유용한 수단에서 분리될 수 없으며 전략결정은 군사도구의 유용성에 의해 조건 지워지지만 전략적 목표는 정치적 상황에 의해 결정된다는 점을 인식하게 되었다. 이 점에서 그는 섬멸전략이 단순히 1차원적인 단일 극의 경향을 지향하는 결전주의적 폭력절대화의 일방향적인 강압적 방법인 데 비해서 소모전략은 결전과 기동을 결합하여 정치적 상황에 적응하기 위한 선택적인 지적 방법임을 인식하게 된 것이다. 이 경우 결전과 기동의 결합비중은 추구하는 정치적 목적과 상황에 의존하게 되는 것이다. 따라서 당시의 유럽과 같이 다수국가들의 세력균형에 의해 평화와 안정을 유지할 수밖에 없는 국제정치적 상황 하에서는 소모전전략이 정치적 지혜에 입각한 탄력성 있는 현실주의적 실천전략이 된다는 것이다. 이러한 자제적인 분별지에 입각한 선택적 소모전전략이 협상적 평화의 틀 내에서 국제정치적으로 수용될 수 있는 이성적인 전쟁전략이 될 수 있다는 것이다.

3. 기동전 전략의 본질

(1) 소모전(노력의 절약과 결전의 회피)

기동전에 대한 개념은 클라우제비츠와 델브류크에 있어서 약간의 차이가 있다. 클라우제비츠는 '기동을 구성하는 전략'maneuvering과 '전투를 준비하는 기동'maneuver을 구분한다. '기동을 구성하는 전략'은 전투의 지향을 목적으로 하는 공격 그 자체와는 분리된다.[572] 그래서 이러한 방식의 기동은 장차의 전투를 위한 유리한 조건을 창조할 의도로 행해지는 것이 아니라 혈전을 회피하기 위한 군대의 이동을 뜻한다. 그래서 적의 병참선에 대한 공격, 후퇴하는 적군에 대한 기동 등 공격의 통합부분으로 행해지는 기동은 이 기동전략에서 제외된다.

클라우제비츠의 두 가지 유형의 기동형태의 구분은 델브류크의 구분과 상통한다. 델브류크는 기동을 두 가지 의미로 이해했다. 델브류크는 차기의 전투를 위해 가능한 유리한 조건을 창조하기 위해 계획된 부대이동—클라우제비츠의 전투준비를 위한 기동—을 공격의 한 통합적 형태로 보고 전투외적 기동을 두 가지 유형으로 구분했다. 그 하나는 협의의 기동으로서 지나친 혈전 없이 유리한 이점을 확보하기 위해 행하는 모든 군사이동으로서 클라우제비츠의 '기동을 구성하는 전략'에 해당된다. 다른 하나의 기동유형은 광의의 기동으로서 군대의 이동이상의 다른 수단의 활용을 포함하는 전쟁수행 방식이다. 델브류크는 이 광의의 기동을 페리클레스의 팸플릿에서 찾아냈다. 이 기동은 전투를 하지 않고 유리점을 보장할 수 있는 모든 수단을 활용하는 국가대전략 또는 정치전략 차원의 책략을 의미하는 것이다. 이런 방식의 기동책략은 손자의

---

572) Aron, 앞의 책, pp.241-264 참조

'부전이굴인지병'不戰而屈人之兵, 전쟁을 하지 않고도 적을 굴복시키는 방법이나 보프르AndreBeaufe의 '간접전략'의 방법에 해당된다고 볼 수 있다.

클라우제비츠의 '기동을 구성하는 전략(델브류크의 협의의 기동)은 리델하트LiddelHart의 '간접접근'(직접전략)의 확대라고 볼 수 있는데, 다만 기동의 수단과 방법을 군사적 범주에 국한시키고 있는 반면 델브류크의 광의의 기동은 군사적 수단과 방법 외에도 비군사적 수단과 방법 을 포함하고 있다는 점이 차이라고 볼 수 있겠다. 두 가지 경우가 다 같이 혈전(결전)을 회피하고 유리한 조건의 조성(행동자유의 극대화 조건)을 목표로 한다는 점에서는 동일한 입장을 취하고 있다 하겠다.

이 점에서 기동전전략이 소모전의 요체로서, 그 목적은 노력의 절약과 결전회피라는 정치적 계산의 산물이라는 점을 이해할 수 있다. 클라우제비츠는 기동을 공격의 준비나 결전과는 다르게 이해하고 있었기 때문에 기동행동의 5대 적용목표를 다음과 같이 제시했다. 즉 첫째, 적의 준비(식량) 제한 및 차단 둘째, 적군단의 합류방지 셋째, 적국후방 및 타국과의 병참선 위협 넷째, 퇴로 위협 다섯째, 우세한 군대로 특정 지점 공격(적군사력에 대한 직접공격 이외의 지역목표 탈취 행동), 그리고 이러한 기동행위는 적과의 평형상태에서만 발견될 수 있다고 지적했다.

그러므로 클라우제비츠의 기동중시사상은 결전주의적 섬멸전사상이 아니라 결전회피의 사상인 것이다. 다시 말하면 문명국가에 있어서 대부분의 전쟁목표는 적국의 붕괴보다는 상호적 무장감시mutual armed observation 수준이며, 따라서 대부분의 전역은 필연적으로 기동의 전략에 따라 발전되며 온건한 목적을 지니게 되고 간접 적 효능을 지닌다고 관찰한 것이다. 즉 문명국가간의 평형적 세력균형 하에서는 극단적 결정(결전)은 거부된다고 보았던 것이다.

클라우제비츠에 있어서 기동이 지배하는 전쟁은 결전위주가 아닌 제2의 전쟁유형에 속하는 것이며 교전쌍방이 상대방의 붕괴를 추구하지 않는 상호적 무장 감시의 수준에서 수행되고 목표제한의 특징을 나타내게 된다. 따라서 상호간의 평화는 적대자들 간에 협상의 산물이 될 수 있게 되며 어느 일방의 전제주의적 주권에 의해 강압되지는 않을 것임을 의미한다. 모든 전쟁은 총체성을 지니겠지만 그것은 두 가지 유형의 총체성totality을 지닌다. 즉 첫째, 처음 공격의 궁극적인 사건종결의 결과 둘째, 점진적·부분적 결과의 누진적 최종 결과로서 이전단계까지는 누구의 승패도 예측할 수 없는 상태 바로 이러한 첫 번째의 결정적 타격의 결과와 누적적 행위의 결과의 이중적 성격을 지니는 것이 현실전의 특징이다. 이 작은 승리(결과적 이점)의 누적에 의한 승리의 아이디어가 프레데릭의 전쟁유형이며 클라우제비츠의 제2의 전쟁유형(현실전, 소모전)이고, 델브류크의 해석에 나타나는 전쟁유형이다.

클라우제비츠의 제2의 전쟁유형은 정치적 궁극성$_{political\ finality}$에서 연유하는 것이다. 즉 두 가지 전쟁유형, 적의 붕괴를 통해 달성하는 강압적 평화 수단으로서 전쟁과, 유리한 평화를 협상해 내기위해 저당물의 요구를 증대시키는 방법(적을 지치게 만드는 방법)에 의한, 협상적 평화 수단으로서 전쟁 중에서 최종적인 선택은 정치적 최종결정에 의한다는 것이다. 정치적 궁극성이 군사목표를 결정하게 되고 이 정치적으로 주어진 군사목표로부터 전략(전반적인 전쟁수행방법)이 창출된다는 것이다. 이런 의미에서 볼 때 현실전에 있어서 작전적 차원의 기동전은 전략적(또는 대전략적) 차원의 소모전이 되고, 정치적 차원에서는 현실전이 되는 것이다. 그렇다면 이러한 기동쌍방에 있어서 어느 쪽이 더 유리한가? 즉 전략적(또는 대전략적) 이점은 어느 쪽에 있는가? 공격자에게 이점이 있는가 아니면 방어자에게 있는가.

(2) 방어우위의 전략사상

클라우제비츠는 그의 『전쟁론』 중 '방어전'에서 방어우위의 논지를 강력히 제시하고 있다. 그러나 그의 방어우위론은 무조건적인 것도 무차별적인 것도 아니다. 이는 상대적 개념이며 전략적(국가대전략적) 차원의 주장이다. 즉 '적을 지치게 하기 위한 기다림'[573]의 전략은 전략적 방어의 차원에서나 해당된다. 즉 기동전적 소모전은 전략적 방어의 차원에서라야 그 유리점이 보장될 수 있는 것이다. 왜냐하면 확대된 간접접근 또는 간접전략의 이점은 국가 전략적 차원에서 제기되는 이점이기 때문이다.

그래서 클라우제비츠는 방어 그 자체의 목표는 적을 지치게 하는 것이라는 단순 개념을 거부했다. 일반적으로는 공격자의 군대는 방어자의 군대보다도 더 쉽게 지치는 것이 사실이다. 즉 방어가자 전세전환의 시점(또는 지점)으로 사태를 장기화시킬 수만 있다면 공격자가 더 쉽게 지치게 되는 것이다. 그러나 이러한 전세전환은 방어자가 전력의 약세로 너무 심한 손실을 당하여 중요한 자원과 영토를 공격자에게 빼앗기게 되면 불가능하게 된다. 즉 적의 강타에 노출된 채 방어에만 급급한 순수방어$_{공세행동이\ 결여된\ 순수방어}$로서는 공격자를 지치게 만들기 전에 방어자가 먼저 지치게 된다. 그러므로 작전적 공세행동이 없는 전략적 방어는 전장행위로서는 적절한 것이 못된다. 그래서 클라우제비츠는 방어에도 공세행동이 있음을 강조했다. 따라서 적을 지치게 하는 것만으로는 전략적 차원의 방어에 있어서 최종적 목표가 될 수는 없는 것은 당연한 일이라고 할 수 있다.

이렇게 볼 때 방어의 특징적 이점은 공격자를 지치게 하는 데 있는 것이 아니라 기다림(시간적 여유)이다. 우세한 적을 지치게 하려는 시도는 방어자의 극단적 예에 속하며 약자에게 최

---

573) Clausewitz, 앞의 책, p.357.

종적인 승리를 안겨줄 수 있는 특수한 방법일 수도 있다. 그러나 이 경우의 승리는 적을 지치게 한 결과가 아니라 기다림을 통해 상황변경을 가져오게 되고 상대방의 의지도 의도의 변경을 가져올 수 있기 때문에 가능하게 되는 것이다. 즉 방어자(약한 쪽)는 군사적 상황에서 아무 희망도 가질 수 없을지라도 아직 정치적 변화의 가능성을 기대할 수 있는 것이다. 특히 교전자 어느 쪽도 적을 붕괴시킬 강력한 의지에 불타고 있지 않거나 전력상의 평형생태를 유지하고 있는 경우에는 기다림의 시간을 통해 약한 방어자가 이점을 유지할 수 있는 제2의 전쟁유형인 기동적 소모전이 현실화될 수 있는 것이다.

이 경우에는 적(공격자)이 전쟁을 지속할 수단을 지니고 있어도 평화적 종결을 선택할 동기를 수용하게 되는 것이다. 왜냐하면 군사적 승리의 불확실성과 성공에 소요되는 대가의 부담 때문에 타협과 양보에 의한 전쟁종결이 가능하게 된다.

따라서 정치적으로 상정될 수 있는 세력균형체제하의 적절한 현실전의 유형은 기동적 소모전이 되는 것이다. 이렇게 될 경우 국제적인 세력균형체제는 일종의 '보이지 않는 손' — 자연조화적 자동조절작용 — 에 의해 문명국 간의 문명전쟁이 가능하게 되고 기존의 국제체제를 붕괴시키지 않는 전쟁이 되는 것이다. 그리하여 전쟁(기동전 소모전)은 정치적 종속적 도구로 존재할 수 있게 되는 것이다(전쟁현상을 완전히 거부할 수 없는 것이라면 정치에 종속되어야 할 것임).

적(공격자)에게 그 자신의 승리의 대가를 높이는 기본적인 방법은 더 많은 군사력을 투입하여 더 큰 손실을 당하게 하거나 적군에 더 큰 손실을 입히거나 적의 영토 일부를 점령하는 것 등이 있다고 클라우제비츠는 제시했다. 적의 전력수단을 탕진시키는 방법 외에도 적을 약화시키고 손실을 입힐 목적으로 적 국경지대 일부를 침공 — 점령하여 상주하는 것이 목적은 아님 — 하거나 적을 괴멸시키려는 섬멸적 목표를 추구하기보다는 순전히 적에게 심대한 손실을 입히기 위해 군사목표에 대한 직접적인 공격을 가하는 경우, 또는 장기 소모전을 통해서 적을 지치게 하는 방법 등도 있을 수 있음을 지적했다(물론 현대무기 차원에서 볼 때 봉쇄나 점령 또는 황폐화를 소모적 기동에 포함시킨 것은 다소 이상하기는 하지만). 전투에서 상대방을 지치게 만든다는 개념은 행동의 지속기간이 장기화됨에 따라 물리적 힘과 의지의 힘이 점진적으로 함께 쇠진해짐을 의미한다. 이 방법은 소극적 의도에 의한 저항(투쟁)의 장기화로 강한 적에 대해 성공할 수 있는 자연적 방법이다. 그래서 프레데릭은 소모전을 약자의 전략이라 하였고, 적을 지치게 하는 시도는 소모전 수행의 유일한 방법은 아니지만 우수한 전략이라 하였다. 다만 이점은 적보다 더 오래 기다릴 수 있는 능력과 의지를 소유한 측에게 돌아가기 마련이다.

클라우제비츠는 앞에서 논의한 바와 같이 소모전을 적을 지치게 한다는 개념에 한정하지 않고 기다림이 지니는 전략적 이점을 중시했다. 그러므로 클라우제비츠의 소모전은 군사적 결행의도를 갖지 않거나 가질 수 없는 적대관계에 적용된다. 즉 자원의 제한성과 정치적 이유 때문에 노력절약의 원칙을 적용한 전략이 소모전이다. 델브류크는 그의 페리클레스 전략 분석에서 전투나 전투적 기동에 반대한 것은 아니지만 노력절약의 원칙law of the economy of forces 면에서 대담성의 원칙law of boldness 을 반대했던 것이다. 따라서 델브류크는 클라우제비츠에서 발견되는 협상적 평화의 정치적 당위성내에서 수용될 수 있는 전쟁은 강압적 평화dictated peace 를 위한 섬멸전보다는 노력절약에 입각한 기동적 방어 전쟁인 소모전이라고 파악했던 것이다.

4. 전략의 선택: 삼위일체

그렇다면 소모전을 실제의 전략으로 택할 수 있는가? 우선 국제환경이 적을 붕괴시킬 수 있는 군사행동을 허용하는지 식별해야 하고 그러한 군사행동이 국제체제 유지에 긍정적으로 작용할 것인지 부정적으로 작용할 것인지를 판단해야 한다. 그리고 난 후에 적을 일방적으로 붕괴시킬 수 없는 상황이라면—특히 오늘날과 같이 국가능력의 대소와는 상관없이 상호파괴의 균형이 유지되는 상호공포의 상황 하에서는—누가 먼저 지치게 될 것인지를 알아야 한다. 노력집중의 중심점center of gravity 이 상대방을 지치게 하는 대로 지향되고 이쪽의 끈기가 더 강할 경우에는 소모전 전략의 선택이 유용할 것이다. 프레데릭이나 페리클레스는 결정적 패배나 결정적 손실을 피하려는 소모전(기동전) 전략을 선택했으며, 클라우제비츠나 델브류크는 유럽의 세력균형의 특성에 적합한 전쟁전략으로서 나폴레옹식 결전전략보다는 기동적 소모전 전략을 추천하였던 것이다.

물론 어느 경우에나 전략적(정치전략적) 차원에서는 기동적(책략적) 소모전 전략을 우선시하였지만 작전차원의 공세행위나 결전을 배제한 것은 아니었음을 염두에 둘 필요가 있다. 다시 말하면 전쟁하는 방식(전략)과 전투하는 방식은 같지 아니하며 전략적 방법과 작전 또는 전술적 방법은 동일하지 않음을 의미하는 것이다.

어떤 전략을 선택할 것인가? 클라우제비츠의 해답은 간단하다. 선택은 정치적 상황에 의존한다. 만일 현실상황(정치적 상황)과 정치적 이유를 감안하지 않는다면 현실적으로 존재할 수 있는 전쟁양상은 결전주의적 섬멸전과 결전회피의 기동적 소모전의 이중적 성향을 갖기 마련이다. 그러나 현실적인 정치적 이유와 상황을 고려한다면 필시 선택의 지적 고민에 직면하게 될 것이다. 교전자가 일방적인 물리적 수단을 확보하고 있고 국제환경이 강압적 평화를 허용하는 경우—사실상 이러한 국제환경은 본질적으로 있을 수 없음—에는 섬멸의 전략을 선택할 수 있을 것이다. 그러나 이 전략은 승리하더라도 새로운 불안을 잉태할 것이며 보복의 악순환을 면치 못하게 되고 국제적인 평화의 길을 더욱 멀게 할 것이다. 물론 물리적 수단 그 자체도 공간, 기후, 예측성면에서 한계성을 갖지만 상황적 여건 때문에—더욱이 정치적 본질 때문에—섬멸의 전략을 택하기 어렵게 된다(결전의 작전이나 전술은 사용할 수 있다 하더라도).

전략선택에 개입하는 타율적 요소는 없는가? 즉 어떤 상황환경이 실전전략으로서의 전쟁유형의 전환을 초래하게 하는 요인인가? 클라우제비츠는 실전에 관계되는 국지적인 세 가지 요소를 제시하고 이 세 가지 전장 요소의 삼위일체local trinity의 평형상태에서 전략이 선택된다고 갈파했다. 즉 첫째, 무력수단armed forces 둘째, 힘의 상관관계relation of forces; material and human resources 셋째, 정치적 궁극성political finality; 목표 또는 사기morale가 그것이다. 추상적(순수이론, 자연상태) 차원에서는 군대(군사적 고려)가 전투행위에 가장 중요하겠지만 최종적인 결정synthesis은 시대의 변화에 따른 이 세 가지 요소의 상대적 중요성에 의존하게 된다.

일반적으로 전쟁목표의 제한 또는 수정은 레이몽 아롱Raymond Aron이 제시하는 바와 같이 두 가지 환경에 의존한다. 그 하나는 객관적 환경으로서 전력수준의 부족에 관한 것이며, 다른 하나는 주관적인 것으로서 대담성 또는 결의의 부족이다. 델브뤼크는 이 두 가지 범주를 힘의 부족과 의지의 부족으로 표현한다.574)

그러나 힘 관계(물리적 힘)만 따진다면 약자의 강자에 대한 투쟁은 고려될 수 없을 것이다. 프레데릭처럼 전쟁수단(도구)의 부족을 전쟁목표 제한의 주된 이유로 볼 수도 있고, 델브뤼크나 아롱처럼 객관적 힘과 주관적 힘(의지)의 부족에서 그 이유를 찾을 수도 있다. 로진스키Rosinski도 전쟁의 특성과 계획이 전쟁수단의 규모, 정치적 긴장의 강도, 힘의 상관관계에 의해 결정된다고 하였다. 참으로 전쟁목표를 현실적으로 제한할 수밖에 없게 만드는 본질적인 힘은 군사적 동기와 정치적 이유 및 상황에 의존한다. 이 점에서 클라우제비츠는 객관적 정치상황, 교전자의 객관적 힘(도구) 및 교전자의 의지와 의도 등 세 가지 요소의 동시적 고려를 제시했다. 그 중에서도 최종적 고려사항, 즉 이 세 가지 요소가 삼위일체를 이루게 하는 최후의 중재요소는 그의 『전쟁론』의 일반적인 삼위일체(인적 요소, 환경적 개연성, 국가의 지적 요소)론에서 국가의 지적 요소가 추상수준의 절대전을 현실전으로 전환시키는 최종적 고려사항이었던 것처럼, 정치적 이유와 상황은 전장의 국지적 삼위일체local trinity의 최후의 고려 요소이다.

이 삼위일체의 개념은 이중성의 특성을 배제하는 것은 아니다. 오히려 전쟁현상의 이중적 본성 때문에 전략적 선택은 어느 하나에 치우칠 수 없고 양극단 사이에서 타협적으로 결정될 수밖에 없게 된다. 바로 이 전략의 중간적 선택을 가능하게 하고 필연적인 것으로 만드는 작용

---

574) Aron, 앞의 책, pp.81-87.

이 삼위일체의 개념인 것이다. 따라서 전략의 대상인 전쟁은 국가차원에 있어서나 군사적 차원(전장차원)에 있어서 이중성 또는 이율배반성antinomy을 지니기 때문에 이 이중성을 해결하는 지혜가 바로 삼위일체의 개념이고 정신인 것이다. 그러므로 전략을 고려함에 있어서 이중성과 삼위일체의 개념을 생각하는 것은 전략가의 필수요건인 것이다.

물리적인 힘만으로 모든 것이 해결될 수 있다면 전략이라는 용어자체로 소멸되고 말 것이다. 왜냐하면 강한 자에게는 이론이 필요 없거나 그 가치가 그렇게 높지 않을 것이기 때문이다. 참으로 전략의 이론은 약자에게 필요한 것이고 강자를 돕기 위해서 있는 것이다.

소모전전략을 택하는 경우에 심리적·정신적 특성이 더 강조되는 이유도 이 때문이다. 즉 물리적 자원의 규모보다도 의지의 지속성과 지침이 더 중요하기 때문이다. 최고 전쟁수행자나 지휘관의 차원에서 볼 때, 만일 완전한 정보를 획득한다 하더라도 정치목적 달성에 필요한 승리의 종류를 고려해야 하기 때문에 추상(관념) 수준에서만 고려될 수 있는 섬멸적 항복knockout에 의한 승리를 현실적으로는 선택할 수 없게 된다. 만일 정치목적이 없고 자신을 구속하는 대내외적인 정치적 상황이 없다면 이론상 소극적으로 수행되는 제한적 목표를 갖는 전쟁은 있을 수 없을 것이다. 그러나 현실적으로 전쟁은 적의 굴복을 통한 영향력행사(자신의 행동자유의 극대화)를 지향하는 군사목표와의 상호관계에 의해 결정된다. 그래서 현실적으로 '완전한 전쟁'perfect war보다는 완전형에서 벗어나는 전쟁이 더 많게 되는 것이다. 특히 현대전 상황(공포의 균형)에서 '분별지의 균형'balance of prudence을 추구해야 함은 이 때문일 것이다.

이렇게 볼 때 클라우제비츠의 사상은 일원론적 개념화monist conception에서 출발하여 이중적 개념화dualist conception로 발전되고 종국적으로 삼위일체적 정의threefold definition로 종결된다 하겠다. 여기서 우리는 그의 『전쟁론』이 미완성 작품으로 남겨졌지만 추상과 현실의 이중성을 삼위일체의 개념으로 조정 통합한 그의 사상의 세련미를 음미할 수 있다. 그의 사상의 최종적인 관심이 국민과 국가 간, 정치가와 군인 간에 내재하는 이중성을 통합·조정하려는 노력으로 결실되고 있다는 점을 음미해 볼 때 그의 진정한, 절제 있는 오센틱 합리주의authentic rationalism의 면모를 엿볼 수 있고, 그의 평화지향적 애국심을 엿볼 수 있다. 여기서 우리는 '전략가의 양심'과 논리를 읽을 수 있어 숙연해짐을 금할 수 없다.

제5절
국가 통치역량: 클라우제비츠와 플라톤[575]

1. 서론

2013년 봄, 북한이 핵개발을 완료하고 핵전쟁 위협을 하는 등 광란의 폭풍이 지나갔다. 한 독재적 지도자의 광기가 국민을 얼마나 참담한 역경에 처하게 하는가 하는 것을 또다시 실감하는 계기가 되었다. 그러면서 또 한편으로 역사적으로 세계사적으로 유례없는 이 전쟁의 위협을 극복하고 평화적으로 통일을 이루어 나가는 길이 얼마나 험난한 길인가를 통감하는 계기가 되었다.

이러한 모순된 상황을 극복하고 미래 선진국으로의 도약을 위해서는 우리의 안보지도자들에게 특별한 역량이 요구되고 있는데 그것은 일반 정치지도자들에게 요구되는 것과는 다른 역량이 요구된다 할 수 있다.

본고는 이러한 문제의식 하에 정치적 천재로서 철인왕哲人王 개념을 제시한 플라톤Plato과 군사적 천재 개념을 제시한 클라우제비츠의 이론을 중심으로 이들 개념의 비교분석을 통해 이 시대가 요구하고 있는 지도자로서의 '천재'개념 정립을 위한 단초를 모색하여 이 시대에 적용 가능한 함의를 도출하여 보고자 한다. 이러한 시도는 바로 국가지도자 역량State-craft 이론의 철학적 기초를 제공하는데 그 의의가 있다.

클라우제비츠의 공헌 중 가장 큰 것은 전쟁의 본질을 규명한데 있다. 그가 『전쟁론』에서 전쟁의 본질로 제시한 것은 "사회적 현상으로서의 전쟁"과 "정치의 계속으로서의 전쟁"이다. 현대에 이르러 가공할 핵무기의 출현이 전쟁의 본질을 변화시켰다는 주장과 그렇지 않다는 논쟁들이 2차 대전 이후 대두되었으나 최근의 경향은 핵무기의 출현이 전쟁의 본질을 변화시키지 않았다는 것에 의견이 일치되고 있다.

---

575) 본고는 저자의 「클라우제비츠 천재 개념과 플라톤의 혼합국가 개념의 비교연구」, 『클라우제비츠 연구』, 공군대학, 정책전략 시리즈 AS 112(공대교참 2003), pp. 96~112. 게재 논문을 전면 수정, 보완한 것임.

이렇듯 클라우제비츠는 두 가지 전쟁을 제시하고 있으며 이것이 그의 전쟁 사상의 핵심인데 그는 두 가지의 서로 상반된 전쟁을 동시에 제시하고 있어 후대 사람들은 이로 인하여 수많은 곡해와 오해를 불러 일으켰다. 즉, '절대전'과 '현실전'_{現實戰}이 바로 그것인데 이 두 전쟁 개념은 서로 다른 전제_{前提}와 이행과정을 가지고 있어 어느 한 면만 이해해서는 전쟁의 진면모_{ull} spectrum를 파악하기가 곤란하다.

절대전은 사회적 현상으로서 순수한 분쟁동기_{分爭動機} 자체가 '에스칼레이션'되어 전쟁으로 치닫는 '자연' 그대로의 전쟁을 말한다. 이와 대조적으로 현실전은 정치적 전쟁 개념으로서 '자연' 그대로의 전쟁이 극한으로 치닫지 못하게 하는 현실적인 마찰에 의해 변형되는 전쟁을 말하며 이러한 마찰요인으로서 클라우제비츠는 지적요소 인적요소 그리고 우연의 요소를 들고 있다. 이러한 삼위일체 요소에 의하여 자연상태의 전쟁이 극한으로 치닫는 것을 그렇지 못하도록 작용하게 되는데_{suspend} 이 결과로 전쟁은 현실전의 모습을 띠게 되는 것이다.

전장은 우연성과 기회 그리고 판단의 요소가 작용하는 모순된 요소들의 집합체이다. 따라서 전쟁의 승리 문제는 법칙적으로 정립할 수 없으며 이는 과학의 영역뿐만이 아닌 술_{art}의 영역까지도 포함하고 있으며 따라서 고도의 리더쉽과 판단력(분별지, prudence)이 요구된다 할 수 있다.

클라우제비츠는 이렇게 복잡한 여러 가지 모순들을 극복하고 하나하나 부분적인 문제들을 하나의 전체로 통합할 수 있는 해결책으로서 대안으로 제시하고 있는 것이 '천재' 개념이다. 여기서 천재란 머리 좋은 사람을 의미하는 것이 아니고 이러한 복잡한 상황을 조정 통제하고 미래에 대한 비전을 제시하여 이끌고 갈 수 있는 해결사를 의미한다. 이러한 개념은 플라톤이 제시하고 있는 '철인군주'_{哲人君主}의 개념과도 유사성이 있다.

플라톤은 이상 국가를 제시하고 이러한 이상국가의 실현과 통치를 위해서는 모든 것을 알고 있는 '철인왕'의 통치가 바람직하며, 그러나 이러한 것의 실현은 불가하므로 차선의 정치체제로 제시하는 이념형으로서 절대적의 개념과 유사한데 클라우제비츠의 절대전은 관념상의 전쟁일 뿐인 것으로서 현실세계에서는 일어날 수 없으며 이것은 우연과 마찰에 의한 불확실성에 의해 제한됨으로서 현실전으로 변화된다는 개념과 상당한 유사성이 있다.

2. 접근방법: 해석적 분석

클라우제비츠의 『전쟁론』과 플라톤의 저작들은 각각 시대와 사회적 배경이 다르다. 따라서 각각의 저작내용 자체로 상호 비교한다는 것은 불가능하다. 『전쟁론』은 클라우제비츠가 군인으로서 직접 체험한 경험과 구라파의 역사적 현실을 바탕으로 한 통찰의 결집으로서 경험과 인식의 세계에서 우러난 나름의 사상을 개진한 것으로서 이것은 전쟁사와 세계사에 대한 비판적인 연구 및 논리학과 더불어 철학적 변증법적 방법론의 혼용과 사실의 본질을 파악하려고 노력하였으며 나폴레옹 시대의 통찰력 있는 접근을 보여주고 있다. 이러한 접근은 현대의 방법론적 입장에 비추어 보면 사실과 경험이 중요한 '과학적 가치 상대주의' 접근법과 일맥상통한다고 볼 수 있다.576)

플라톤은 35편의 작품(대화록)과 13편의 편지를 통해 오늘날까지도 회자되는 정치사상을 우리에게 전달하고 있다.577) 그는 서양철학에서 중요한 모든 주제를 취급하고 있으나 어떤 주제에 관한 사상이 한 작품에 최종적으로 완결되어 있는 것은 아니다. 또한 플라톤의 저작들도 지금과 같이 정치적 철학적 사회적 개념이 명확한 가운데 이루어진 사상과 이론이 아니고 당시의 시대상황과 사유방식이 독특한 배경을 기초로 그리스 정치현실에 입각한 것이기 때문에 기술된 그대로 이해하는 것은 무의미하다고 볼 수 있다. 따라서 클라우제비츠와 플라톤의 저작들에 대한 이해는 해석적 차원에서만이 가능하며 이로서만이 각각의 저작들에 대한 논리를 규명할 수 있다.578)

정치사상과 역사에 대한 해석적 인식은 고대 그리스의 '프로타고라스'Protagoras로부터 시작된다. 그는 해석학의 선구자이며 해석학은 역사주의적 입장이다. 해석학은 '딜타이'Dilthey 이래 자연과학에 대립되는 정신과학의 방법론으로 연구되어 왔다. 해석학은 문화적 역사적 정신적 대상을 인식하는데 있어 그 대상들을 이해하는 주체인 주체자의 선입관이 인정된다. '딜타이'적인 주관주의적 해석학579)의 선구적인 표현이 바로 '프로타고라스'의 "인간은 만물의 척도다"는 명제이다.

---

576) 강진석, 『전략의 철학』(서울: 평단문화사, 1995) P. 83. 여기서 과학적 가치 상대주의란 berchet 의 정치이론에서 소개된 것으로서 정치학에서는 사실의 영역과 가치의 영역을 모두 다루어 하며 사실에 관한 영역은 과학적 방법에 의해서 연구되어야 하나 가치의 영역은 과학적 방법에 의해서 다루어 질 수 없음을 지적하고 가치는 상대적으로 다루어질 수밖에 없다는 것을 그 내용으로 하고 있다.

577) Leo Straus, "Plato," inLeo Startus and Joseph Cropsy, eds., History of Political Philosophy., 3rd ed. (Chicago: The University of Cicago Press.1972). P.7

578) 이러한 해석의 관점에 대해서는 Raymond Aron, Clausewitz, Philosopherof War, tran. by Christine Nooker and Stone (New York: A Touch Stone Bokk, Simondand Schuster Inc., 1986). pp. 1-7 참조. 레이몽 아롱은 역사해석론에 대하여 언급하면서 "'클라우제비츠'를 이해하기 위해서는 무엇보다도 먼저 그가 무엇을 말했는지, 그가 말하고자 하는 바를 위해 어떤 가정으로부터 출발하였는지를 먼저 이해하지 않으면 안된다."고 말하면서 그의 시대와 의도를 이해하여야만 한다고 말하고 있다.

579) 주관주의적 해석학은 정치사상의 인식론적 기초이다. 객관적 자연법칙 원리를 인정하지 않으며 정치과학, 정치철학과 구별되는 좁은 의미 엄밀한 의미의 정치사상은 항상 정치적 보수주의를 지향한다. 이수윤, 정치철학 (1995: 서울 법문사) p. 303.

3. 철인왕과 천재의 개념

(1) 플라톤의 철인왕 개념

플라톤의 정치철학적 문제의식은 소피스트sophist들이 제기한 문제들로부터 연유했다. 소피스트들이 제기한 주요한 정치철학적 과제는 자연법Physis과 관습법Norms의 대립문제 이었다. 희랍인들의 정치적 탐구에 의하면 최선의 국가는 바로 자연법적 원리 또는 정의 이념을 구체화하고 있는 국가이다. 고대 희랍 정치철학에 있어 자연법과 관습법에 대한 문제의식은 세 방향으로 전개되고 있다.

첫 번째 방향은 자연법을 도덕과는 관계가 없는 것으로 보는 관점이며 이에 의하면 자연법은 인간에 의해서 표현될 때 단지 이기적 자기주장이나 쾌락과 권력에 대한 욕망일 뿐이다. 이러한 견해를 가진 대표자들이 소피스트들인 칼리클레스Callicles, 트라시마쿠스Thrasymachus, 글라우콘Glaucon 등이다.

그 대표적인 예로 트라마시쿠스는 대담하게 불의不義가 정의로운 생활에 도움이 된다고 주장하였다. 그는 불의를 성격의 결함으로 간주하지 않았고, 오히려 불의한 사람을 성격과 지성에 있어 매우 우월한 사람으로 간주하였다. 그는 실제로 "불의도 쓸모가 있다"고 말했다고 전해진다. 소매치기처럼 하급의 수준에서는 밥벌이를 한다는 점에서 그러하지만, 특히 쓸모가 있는 것은, 불의를 완전무결한 상태로 고양시키려는 사람이나 국가의 지배자가 되려는 사람의 경우가 더욱 그러했다. 그에 의하면 정의는 얼간이에 의해 추구되며, 인간을 약하게 한다고 한다. 트라시마쿠스는 인간은 적극적으로 무한한 자기주장의 형식으로 자기 자신의 이익을 추구해 나가야 한다고 주장하였다. 그는 정의를 강자의 이익이라고 생각했고 "힘은 정의롭다"고 믿었다. 그에 의하면 법률은 지배적인 편의 이익을 위해 만들어지는 것으로 이 법률은 정의로운 것이 무엇인가를 규정하는 것이다. 거의 모든 국가에서 "정의"는 비슷한 의미를 가진다. 왜냐하면 "정의"는 권력을 가진 편의 이익이기 때문이다. 그러므로 트라시마쿠스는 이렇게 말할 수 있었다. "정의로운 것은 어디서나 비슷한 것, 즉 더 강한 편의 이익이라는 결론은 매우 건전한 것이다."[580]

두 번째 방향은 프로타고라스Protagoras의 입장인데 그의 인식론적 관점은 사물을 각 사람에 대해서 바로 그 사람에게 나타나는바 그대로라는 것이다. 그의 개념에는 정의의 주관성이 내재되어있으며 그에 의하면 객관적인 정의이념, 또는 자연법적 원리는 존재하지 않는다. 그는 최초이자 가장 유명한 그리스의 소피스트였다. 아테네에서 삶의 대부분을 보냈고 도덕·정치 문제에

---

580) 인터넷 검색. 철학과 삶 http://sang1475.com.ne.kr 검색일. 2013. 5. 8.

대한 당시 사상에 큰 영향력을 미쳤다. 플라톤은 자신의 대화편 중 하나에 프로타고라스의 이름을 따서 붙였다. 프로타고라스는 소피스트로서 40여 년 동안 사람들에게 일상생활의 행동에서 실천해야 할 '덕'arète을 가르쳤다. 프로타고라스는 "인간은 만물의 척도다"라는 명제로 가장 유명하다. 이 명제는 모든 지각 또는 모든 판단이 개인에 따라 상대적임을 의미하는 표현이다. 가르치는 일로 엄청난 부와 명성을 얻은 덕분에 아테네 식민지인 이탈리아 투리의 입법자로 임명되었다. 프로타고라스는 전통적인 도덕관념을 받아들였지만, 『신에 대하여』Concerning the Gods 에서 신에 대한 믿음에 불가지론不可知論의 태도를 나타냈기 때문에 불경죄로 고발당했다. 이 책은 공개적으로 불살라졌으며, 그는 BC 415년경 아테네에서 추방당했다.581)

세 번째 방향은 자연법은 합리적 도덕적 질서로 인식하는 입장이다. 이것은 바로 플라톤의 견해로서 그에 의하면 정의는 조화와 균형이다. 진정한 존재인 이데아idea의 세계에는 선의 이데아에 의한 조화와 균형, 조화와 질서가 확립되어 있다. 이데아 세계의 원리는 인간사회를 지도하는 자연법적 원리 즉 정의 이념인 것이다. '플라톤'의 이상국가는 바로 이데아의 세계가 현실화한 모습이다. 플라톤에 의하면 선의 이데아에 대한 인식은 철학적 인식, 학문적 탐구의 완성이다. 따라서 이데아의 세계를 인식한 철학자가 현실 세계에서 군주가 되어야 한다.

> 철학자들이 각국에 있어서 군주들로 되거나 아니면 군주 또는 통치자들이 참으로 손색없이 지식 내지 지혜를 사라하는 사람으로 되지 않는 한 정치적 힘과 철학적 지식 또는 지혜에의 사랑이 한 사람에게 합일되지 않는 한, 그들 중 어느 한쪽으로 따로 따로 향해 가는 상태를 강제적으로나마 저지되지 않는 한 많은 나라들, 더 나아가 인류 전체의 행복은 실현되지 않는다.582)

플라톤의 철인 정치론은 군주의 정치적 힘과 철학자가 추구하는 철학적 진리의 구체적 통일을 추구한다. 철인 정치론의 핵심적 요점은 선의 이데아를 인식한 철학자가 현실의 세계에서 군주가 되어 선의 이데아를 객관화하는 것을 의미한다. 그의 철인군주론은 철학적 군주라는 특정한 인물에 초점을 맞추지 않고 진리의 인식과 진리의 실천의 관점에서 해석할 수 있다. 플라톤의 철인 군주론을 중심으로 한 정의론正義論은 지나친 이상주의적 경향을 보이고 있는데 그것은 수정되어 혼합국가론으로 발전하였다.

---

581) 브리테니카 백과사전.
582) Leo Straus, The Argument andthe Action of Plate's Laws, (Chicago: University of Chicago Press), 1975, p. 1 강성학, 『소크라테스와 시이저』(서울: 박영사, 1997) p.78 재인용.

⑵ 클라우제비츠의 천재 개념

클라우제비츠는 전쟁을 절대전과 현실전으로 구분하고 이념형으로서 절대전은 자연적인 것으로서 본질적인 것이며 순수한 것으로 개념하고 현실전은 세 가지 요소가 기묘하게 견제 보완하여 평형상태, 즉 균형을 이루고 있는 '삼위일체'의 상태가 유지가 되고 있다고 보고 있다.

전쟁을 구성하고 있는 세 가지 극화의 경향은 첫째, 인적 요소로서(대중적 폭민적 경향) 원시적 증오와 적대감정, 자연적 폭력의 요소이고, 둘째는 전장의 불확실성과 우연성이 지배하는 적敵과 아我가 충돌하는 2차원적 상황의 환경적 요소이며 셋째는 국가의 지적능력이 발휘되는 합리적이고 이성적인 국가 통솔력의 요소이다.

첫 번째 요소는 폭력의 극단을 지향하는 1차원적 경향이 지배함으로서 절대전쟁(이념형 전쟁, 관념상의 전쟁)으로 발전하고, 두 번째의 요소는 우연성이 지배하기 때문에 전장에서 그 불확실성으로 인하여 장수의 자유로운 영혼의 활동이 요구되어 극단으로 치닫게 되는 것을 억제하게 되며 세 번째의 요소는 국가의 냉철한 계산과 판단이 작용 극단적으로는 이성만이 존재하는 완전국가로 지향하게 된다.

이러한 세 가지 경향이 균형과 조화를 이룰 수 있는 것은 각 요소가 멋대로 기능하지 못하도록 하는 마찰friction이 작용하기 때문이다.

클라우제비츠는 삼위일체의 세 가지 경향을 모두 통합하고 극복할 수 있는 능력이 천재에게서만 나온다고 보고 있다. 그에 의하면 천재는 법칙法則 위에 위치하고[583] 업무수행의 기적적인 능력을 지니고 있기 때문에 천부적인 예견의 능력을 발휘하며 정렬과 훌륭한 지적능력과 샘솟는 직관력直觀力을 겸비하고 있기 때문에 자석의 힘에 의해 '균형점 위에 버티고 있는 신비로운 이론'(힘의 정지이론)의 살아있는 본보기이다. 결국 삼위 일체 이론은 리더십의 신비를 제시한 사상이라고 말할 수 있다.

4. 비교 분석

⑴ 철학적 전제

① 클라우제비츠의 접근법과 사상 구조

클라우제비츠의 삼위일체 이론은 칸트, 헤겔철학 그리고 훔볼트의 교육사상을 혼합하고 있으며 이로써 클라우제비츠의 방법론을 이해하는데 복잡성을 야기하고 있다. 클라우제비츠는

---

583) Clausewite. *On War*. 김홍철 역 『전쟁론』(서울: 삼성출판사, 1982) p.184.

정반명제正反命題의 수정된 형태라고 할 만 한 형식을 통하여 자신의 사상을 발전시켰는데 그것은 목적과 수단, 전략과 전술, 친구와 적, 의도와 실행, 정치전과 절대전 등이 바로 그것이다. 헤겔은 정반명제의 합을 제시하였으나 클라우제비츠는 이 합을 제시하지 못하였다. 즉 정正, 인적요소반反, 지적요소에 대한 합合은 없고 다만 제3의 요소로서 우연偶然의 요소를 제시하고 있는 것이다.

② 플라톤의 접근법과 사상 구조

일반적으로 플라톤의 철학은 변증법辨證法과 우주론宇宙論 그리고 윤리론倫理論으로 구분된다. "플라톤 철학에서 변증법은 이데아론을 의미한다. 그것은 절대적 실재實在의 본성本性에 대한 이론이다. 우주론은 시간, 공간 안에 있는 현상적現象的 존재에 관한 이론이다. 우주론은 시간 안에 존재하는 영혼과 그것의 이주移住에 관한 논의를 포함한다. 윤리론은 정치철학을 의미한다."584) 그의 이데아론과 우주론은 각각 그의 실천적 정치철학에 대한 이론철학적 기초이다. 그가 초기에 이데아 이론에 관심을 가진 것은 그가 정치적 이상주의에 젖어있었기 때문이다. 그것은 철인정치론이라는 정치적 이상주의에 대한 철학적 기초를 확립하기 위한 것이었다. 그가 후기에 와서 우주론에 관심을 갖게 된 것은 정치적 이상주의를 포기하고 정치적 현실주의로 나갔기 때문이다. 그것은 혼합 국가론이라는 그의 정치적 현실주의에 대한 이론철학적 기반을 찾기 위한 것이었다.

플라톤은 자연법Physis을 합리적 도덕적 질서로 인식하였다. 그에 의하면 '정의'正義는 조화와 균형이며 진정한 존재인 이데아의 세계에서는 선의 이데아에 의한 조화와 균형 그리고 조화와 질서가 확립된다고 보고 있다. 이러한 이데아 세계의 원리가 자연법적 원리, 정의의 이념이며 플라톤의 이러한 이상국가理想國家는 바로 이데아가 현실화한 모습이라고 할 수 있다.

플라톤은 『공화국』과 『법률』에서 "최선의 정체란 무엇인가"하는 주제를 명시적으로 다루고 있다. 그러나 이러한 주제는 두 저서 속에서 각기 상이하게 다루어지고 있는데 『공화국』에서는 이상적인 정치체제의 조건들을 제시한 반면 『법률』에서는 실현 가능한 정체와 그러한 정체를 실현 가능케 하는 현실적 조건을 다루고 있다.585)

(2) 이상형 설정

① 클라우제비츠의 두 가지 이상형

클라우제비츠는 개념상 두 가지의 이상형을 설정하였다. 우선 전쟁의 본질에 있어 관념상

---

584) Stace, "A Critical ffistoiyof Greek Philosophy", pp.201-202. 이수윤, 정치철학, 앞의 책, p.544. 재인용
585) 강성학, 『소크라테스와 시이저』(서울: 박영사, 1977)

에서만 존재 가능한 절대전쟁(완전전쟁)과 현실세계에서 절대전쟁이 되지 못하게 작용하는 보이지 않는 손으로서 3요소, 즉 인적요소, 지적요소, 우연의 요소 3가지 마찰의 요소를 극복해낼 수 있는 능력자로서 천재를 이상형으로 설정하였는데, 이들은 모두 완성될 수 없는 것으로 인식하고 실제 현실세계에서는 제한된 형태(제한전)로서 수행된다고 말하고 있다. 또한 전쟁이론은 이러한 측면에서 직접적인 행동의 세계에서는 효과가 없으며 따라서 클라우제비츠의 삼위일체이론은 장수를 위한 교육학적 도구 이상은 아니다. 결국 그의 관점은 교육과 지식의 자유주의 철학과 유사한 점 이 있다.586)

삼위일체 이론의 주목적이 전쟁 수행을 위한 직접적인 지침이 되는 만병통치식 규격품을 제공하기 위한 것이 아니기 때문에 그의 전쟁론에서 직접 적인 행동의 지침이 될 수 있는 지식은 얻지 못한다. 그의 삼위일체 이론의 본질은 전략과 전술에 관한 단 하나의 원칙도 용납하지 않기 때문이다.

② 플라톤의 이데아와 그 조건들

플라톤에 의하면 선의 이데아에 대한 인식은 철학적 인식이며 학적 탐구의 완성 이다. 또한 그에 의하면 선의 이데아가 지상에서 실현된 것이 바로 정의正義이며 이데아 세계를 인식한 철학자가 현실 세계의 군주君主가 되어야 한다. 플라톤은 국가의 군사적 요소의 중요성을 강조한다. 그는 통치자의 자격으로 지적 능력을 강조했다. 그는 그것만으로는 철인 군주에 적합하지 않다고 생각 했다. 또한 국가의 통치자가 될 사람은 인간적 시험뿐만이 아니라 학문적 시험까지도 견디어 내어야 한다. 철인 군주의 역할은 이데아 세계에서의 선의 이데아의 위치와 동일하다. 선의 이데아는 이데아 세계에서의 조화와 질서의 객관적 상태를 의미하면서 그 조화와 질서를 실현하는 주체적 역할을 의미하기도 한다. 조화와 질서의 객관적 상태로서의 선의 이데아는 현실 국가에서의 정의실현과 일치한다. 이데아 세계에서의 조화와 질서를 실현하는 주체로서의 선의 이데아는 현실 국가에 있어서의 철인군주의 역할과 일치한다.

"한 국가가 정의로운 국가로 되는 것은 같은 국가 안에 있으면서도 소질에 따라 구별되는 세 부분의 사람들이 저마다 자기 자신들의 일을 했을 때이다. 그 국가가 절제 있고 용기 있으며 지혜로운 국가로 생각되는 것은 그 세 영역의 사람들이 저마다 서로 다른 일을 했기 때문이다. 그와 같은 도덕적 조직체는 이데아 세계가 현실에서 구현된 것으로 볼 수 있다."587)

---

586) 클라우제비츠 시대에는 페스탈로치의 교육개념과 훔볼트식 방법이 유행하던 시대였으므로 그도 이 사상에서도 이러한 개념들이 엿보이고 있다.
587) Platon, Republic IV, 435a.

플라톤의 철인군주론을 중심으로 한 정의론은 지나친 이상주의적 경향을 보이고 있으며 그것은 수정되어 혼합국가론混合國家論으로 발전하게 된다.

(3) 현실적 모순과 대안

① 클라우제비츠의 현실전쟁

클라우제비츠의 현실전쟁은 이념으로서의 절대전이 관념상으로만 가능하다는 것을 간파하고 현실세계에서는 세 가지의 마찰요인이 작용하여 전쟁이 제한되어 일어난다고 설명하고 있다. 그 세 가지란 인적요소, 지적요소, 우연의 요소인데 이들은 각각 모순된 위치에 있으며 마찰을 일으키고 있으며 이들이 교묘히 균형을 이루고 있다. 이 들을 구체적으로 검토해 보면

첫째, 인적요소는 느낌 흥분, 열정 야망 등 감정적 요소로서 '증오와 적대감'이며 이것은 '맹목적인 자연적 폭력'blind natural force, blind instinct이다. 이 맹목적인 폭력은 그 자체가 목적이며 인간의 통제를 벗어나는 것이므로 자연발생 적으로 일어나는 현상에 속하는 것이다. 이러한 인적요소는 클라우제비츠에 있어서 절대전 개념의 기초가 되며 이것은 원시적 폭력의 기본요인이다. 즉 전투원의 투쟁동기가 바로 순수형태로 표출되는 열정, 본능, 흥분 및 증오심이며 이러한 본능적 심성이 삼위일체의 첫 번째 경향(극)을 형성한다. 따라서 절대전쟁 개념은 순수형태의 전쟁으로서 '전쟁 그 자체'war as such를 위한 전쟁이다.

둘째, 지적요소는 인간으로 하여금 '목적적인 힘으로 작용할 수 있게 하는 힘을 제공하는 것으로서 클라우제비츠는 이것을 이해verstand의 개념을 사용하여 설명하고 있다. 그에 의하면 지적요소란 이성, 합리성, 지성 이해 등을 말하고 이것은 재 정의를 통해서 국가의 이성적 자아 통제능력을 말한다. 즉 국가는 지적요소에 의해서 전쟁 그 자체를 정치를 위한 전쟁으로 전환시키는 능력을 갖게 되는 것이다.

셋째, 우연성과 개연성의 요소는 환경의 불확실성을 말하는 것으로서 전쟁 의 이론과 현실 간의 차이를 연결시키는 기능을 갖는다. 전장의 불확실한 안 개 속에서 이러한 환경적 마찰에 의해서 어느 극단에로의 경향은 필연적으로 제한적인 작용이 생기게 되며 따라서 우연의 요소는 전쟁에 있어서 인간의 본능적인 열정을 반영하는 비합리적 또는 가상적인 전쟁의 본질 hypothetical nature of war과 이성적인 인간능력(자제력)을 반영하는 이론 과 실제 간의 차이를 연결시켜주는 이중기능을 가지며 이 두 기능의 상징이 바로 천재성이다.588)

---

588) 이 개념은 헤겔의 절대자 개념과도 상통된다. J. Gabriel, ClausewitzRevisited-* A Study of his Writing and of the Debate over Their Relevance to Deterrence theory, unpublished Ph- D. Dissertation(TheAmerican University, 1971) P. 68.

② 플라톤의 혼합정부

플라톤은 군주정과 민주정의 혼합정체混合政體를 철인왕이 통치하는 정체에 버금가는 정체로 생각했다. 『법률론』에서 묘사하고 있는 혼합국가는 지혜라는 측면의 군주제적 원리와 자유라는 측면의 민주적 원리를 결합한 것이라고 할 수 있다. 그의 관심은 국가의 홍망성쇠이며 국가의 위대성이나 쇠망의 원인에 대해서도 이 상적이 아닌 현실적으로 접근하였다. 플라톤에 의하면 조화와 질서 있는 사물은 한정限定과 무한정無限定의 정당한 혼합에 의해서만 형성된다,

플라톤은 후기에 이르러 사회의 도덕적 구제를 위한 최고의 도구는 법이라고 보았다. 그에 의하면 공동체의 전 생활은 가능한 한 진정한 선善에 대한 이성적, 철학적 통찰을 현실적으로 표현하는 상세한 법전 에 의해 영위營爲되어야 했다. 따라서 플라톤에 의하면 법法은 추상적 이성抽象的 理性이 아니다. 법은 이데아 세계와 현실적 욕구 사이의 혼합이다. 그는 초기에 있어서 법을 초월한 철인군주에 의한 통치를 이상으로 하였다. 후기에 와서는 법에 입각한 군주정과 민주정의 혼합을 현실적으로 가능한 최선의 정치형태로서 인식한다. 그의 후기 정치철학적 중심주제는 바로 법에 입각한 군주정과 민주정의 혼합체제에 관한 것이다. 그에 의하면 민주제는 모든 청치체제 중에서 가장 적게 선善을 행하면서도 가장 적게 악惡을 행하는 체제이었다. 플라톤에 의하면 법적 민주제는 법적 귀족제와 법적 군주제보다 열등 하다. 그러나 법이 없는 무법無法한 민주제는 무법의 과두제寡頭制와 무법의 참주제僭主制보다 훨씬 우월하다.[589]

플라톤의 『정치가론』에서는 『국가론』에서 가치를 인정받지 못한 민주제가 승인되고 있다. 그는 법에 대해서만은 아직도 『국가론』에서 갖고 있는 견해를 지속하고 있다. 그는 『법률론』에서 '새벽 평의회'를 구상했다. 그는 그것에 『국가론』에서의 철인군주와 같은 지위를 인정했다. 그에 의하면 '새벽 평의회'는 법률을 초월 하면서 모든 법률제도의 운영을 지도 감독하는 기관이다. 여기서 알 수 있는 것은 그는 계속해서 이상국가에 대한 신념을 포기하고 있지 않다.[590]

(4) 평가

클라우제비츠와 플라톤의 개념을 비교하면서 양자의 사유방법에 있어서 유사성은 자연, 또는 자연 질서에 대한 탐구정신이다. 플라톤은 '정의'란 자연의 실재를 구성하는 구조적 질서構造的 秩序이며 이러한 질서가 인간이성에 의해 발견되어질 수 있다고 보았다. 다른 말로 하자면 플라톤은 만약 경험의 세계가 불합리성의 세계라면 철학은 세계의 벽을 뚫고 완전과 영혼의 세계로 갈 수 있는 여행이라고 생각했다. 따라서 플라톤은 관습의 세계에 대한 판단 기준인 자

---

589) J. Bumet, Greek Philosophy(NewYork: St Martin's Press, 1968), p 238. 이수윤 앞의 책, p.548. 재인용.
590) 이수윤, 앞의 책, p.550.

연 질서의 구조 내에서 정의가 발견되어 질 수가 있다고 보았다. 자연 질서의 내재적 구조란 플라톤에 의하면 자연 질서의 실재를 발견하는 수단은 철학이며 철학이 인간의 이성 활동을 의미하는 것이라면 자연 질서는 인간 이성이 우월하다는 합의를 지니지 않을 수 없다고 주장한다. 따라서 정의로운 인간이란 이성의 통제 하에 있는 인간이며 정의로운 사회란 우월한 이성의 소유자, 즉 정의로운 인간에 의해 지배되는 사회이다. 이것이 바로 철인왕 개념이며 이상 국가의 정신이다.

클라우제비츠는 전쟁의 본질로서 자연적인 불변의 진리로서 순수분쟁純粹紛爭을 찾아내었다. 그리고 이 순수한 자연으로부터 법칙을 발견해 내는데 그것은 "절대적인 상태에서 모든 것이 그 자체의 자연적이고 필연적인 원인의 결과이며 이런 형태의 사태는 자연발생적이고 급격한 속도로 연속적으로 일어나게 되므로 중립적인 상태가 없다."591) 이러한 자연법칙은 모든 요소가 상호 교호작용이 불가한 단일방향으로만 작용하게 됨으로서 절대적으로만(일 방향으로만) 힘이 작용하게 되는데 따라서 이러한 형태의 투쟁(절대전)은 현실사회에서는 존재하지 않는다. 그것은 이성이 내재하기 때문인데 핵전략에 있어서도 상호 공포에 의한 균형이 유지되며, 이에 더하여 잉여억제Residual Deterrence가 작용하고 이것이 보이지 않는 손으로 작용하여 공격이 억제되게 된다.592)

두 번째로 유사성은 칸트적인 변증법적 접근이다. 플라톤은 이상 국가를 제시하고 이상적인 통치체제로서 철인왕을 제시한 뒤 현실로 돌아와 차선次善의 정치체제로서 혼합국가를 제시하고 있다 클라우제비츠는 전쟁의 본질적인 측면에서 이념형으로선 절대전을 제시하고 이것이 현실사회에서는 제한되어 나타나며 모순을 가지고 있는데 이러한 모순이 교묘히 균형을 유지하고 지탱되어 현실전쟁이 되며 따라서 현실전쟁은 불확실성과 우연의 요소가 작용하여 전쟁을 과학적으로 접근하지 못하는 술術, art적 차원에 머무르게 하며 이에 따라 이러한 모순을 극복할 수 있는 사람으로 개념적으로 천재를 제시하고 있다. 플라톤이 이상국가를 정正으로 철인군주를 반反으로 그리고 혼합 국가를 합슴으로 제시하였다면 클라우제비츠는 인적요소(절대전쟁)를 정正으로 지적요소(현실전쟁)를 반反으로 제시하였으나 이에 대한 합은 없고 대신 제3의 요소로서 우연의 요소를 제시하였으며 천재가 이 위치에 있다고 볼 수 있다.593)

클라우제비츠는 규범성과 현실성을 종합적으로 포괄 할 수 있는 합을 제시 하지 못했으며 그것은 바로 칸트철학의 한계성과도 상통하는데 즉, 칸트철학은 보편과 특수성의 통일을 주제

---

591) Clausewitz, *On War*, 김홍철 역, 전쟁론(서울: 삼성출판사, 1983) p.582.
592) 잉여억제 또는 상호억제는 합리성을 전제로 하여 역량과 의도, 이 둘의 혼합으로 구성되는 의사 전달 등 억제의 3요소와 함께 억제이론을 구성하는 기초요소이다.
593) 강진석, 앞의 책. p.275.

로 삼고 있지만 이것의 유기적 통일은 이루지 못하였다.[594] 즉 외면적 형식적 결합은 이루었지만 내면적 실질적 통합은 이루지 못하였다. 이러한 결과로 나타나는 칸트의 특수적 개별국가와 보편적 국제연맹의 통일에 의한 영구평화 이념을 헤겔은 환상이라고 비웃고 있는 것이다.[595]

헤겔은 "이성적인 것은 현실적이고 현실적인 것은 이성적이다"라고 말하면서 칸트의 현상주의와 형식주의를 비판하고 있는데 그는 인간은 항상 이상을 실현해 나가야 하지만 그것은 현실 속에서 이성이 내재한 현실성에 입각해야 한다는 것을 강조하고 있다. 여기서 "이성적인 것은 현실적이다"는 명제는 정치적 이상주의를 "현실적인 것은 이성적이다"는 명제는 정치적 현실주의를 나타내는 것으로서 헤겔은 이성과 현실의 변증법적 통일에 입각하여 그 역사단계의 시대정신을 올바르게 파악하고 이 시대정신에 따라 행동하는 자만이 그 시대의 과업을 달성해 나가는 참된 자유인自由人으로 보고 있다.[596]

이러한 맥락에서 클라우제비츠가 완성하지 못했던 제3의 합을 구상하여 본다면 절대전과 현실전의 이분법적 구분이 합을 이룰 수 있는 대안은 헤겔적인 세계정신과 같은 특수성이 지양止揚되어 보편성으로 나타나는 어떤 것으로서 윤리적(인륜적) 규범성이며 따라서 전쟁의 당위성 확보문제가 대두된다.

이러한 관점에서 플라톤으로 돌아가면 플라톤도 "법률"에서 최선의 정체가 과두정이 아닌 참주정과 민주정이 혼합된 형태로 존재해야 한다는 취지의 주장을 하고 있는데 여기서 두 가지의 오류가 발생하게 된다. 즉, 첫째는 그 가 차선의 정체로서 간주하고 있는 것이 실질적으로는 그가 애초에 의도했던 것이 아니며 두 번째는 그러한 차선의 정체가 진정한 의미에서 차선의 정체라기보다 두 가지 형태의 불안전한 정체가 조악粗惡하게 결합되어 있을 뿐 이라는 점이다. 여기서 클라우제비츠와 똑같은 의문이 제기될 수 있다. 즉, 과두정寡頭政(이상국가)에 대한 반反으로서 철인왕과 이에 대한 합合으로서 혼합 정부체제는 완전한 합으로 제시되지 못하고 차선次善으로 제시된 것이며 이 또한 플라톤이 최초에 의도했던 바가 그대로 성취되었다고 볼 수 없다.[597] 따라서 플라톤이 제시한 혼합정부도 완전한 합이라고 볼 수 없다. 이점이 바로 그의 '공화국'과 '법률'에서 최선의 정체에 대한 주제가 각기 상이하게 다루어지고 있는 이유이기도 하다.

---

594) 이수윤, 앞의 책. p.144.
595) Hegel, Philosophie des Rechts, 윤용석 역, 『법의 철학』(서울: 휘문출판사; 1981), p.524.
596) 이수윤, 앞의 책. p.130.
597) 강성학 교수는 플라톤의 "법틀"에서 제기되고 있는 차선의 정체에 대해서 다음과 같은 3가지 질문을 던질 수 있으며 그에 대한 답변을 할 수 있어야 한다고 말하고 있다. 그것은 첫째, 그 차선이라는 것은 민주정과 과두정의 혼합이어야 마땅한가 아니면 민주정과 참주정의 혼합이이야 마땅한가? 둘째, 플라톤이 민주정과 참주제의 혼합정체를 철인왕의 통치에 버금가는 것으로 간주하고자 했던 이유는 무엇인가? 셋째, 플라톤이 말한 차선의 정체는 그것이 애초에 의도했던 바를 실제로 성취하고 있는가? 강성학, 앞의 책, p.81.

5. 결론

시대를 뛰어넘은 두 사상가의 저작과 사상을 중심으로 유사성과 차이점을 비교 분석한다는 것이 여러 가지 문제점이 있으나 이를 시도한 이유는 두 정치 이상주의자들이 시도하고 있는 전쟁과 정치 에 대한 본질 규명과 이상의 추구에 우선 외형적으로 유사성이 있고 이들 두 사상가의 이념들이 오늘날에도 시대를 뛰어넘어 시사해 주는 바가 크다고 보았기 때문이다. 둘 다 모두 철학적 배경, 전제 그리고 방법론적으로 문제 인식 및 접근 방법이 유사하다. 또한 결론에 도달하는 형식과 모순을 극복하며 대안을 제시하는 형식도 유사하며, 그 대안 자체가 갖는 철학적 무리함도 유사하다.

그럼에도 불구하고 정치의 본질과 이상을 '정의'의 실현으로 보고 이성의 통제 하에 있는 인간을 추구하는 플라톤의 이념은 전쟁의 본질을 자연적 본능과 정치적 제한으로 보고 이의 규범적 해결책을 구하고자 고뇌했던 클라우제비츠와 함께 오늘날 국제 평화연구와 연계되어 중요한 시사를 제공해 주고 있으며 국가통치역량State-craft 연구의 철학적 단초를 제공해 주고 있다고 할 수 있다.

CHAPTER

7

클라우제비츠의 현대적 의의와
한반도에 주는 교훈

현대적 안보 개념과 철학적 기초 제공

영국의 정치학자 카$_{Edward H. Carr}$는 명저『평화의 조건』$_{Conditions of Peace}$ 가운데서 평화나 안전보장이라고 하는 말은 행복이라는 말처럼 직접적 또는 희망적으로 이를 추구한다고 해서 얻어지는 것이 아니라, 다른 정책의 부산물로서 혹은 그 결과로서 얻어지는 것이라고 말하고 있다.[598] 전쟁이 단지 사악한 것이라고 해서 이에 대한 맹목적 거부는 현실적으로 공허한 희망사항에 불과한 것으로서 소극적인 평화추구의 한 염원일 뿐인 것이다. 인류의 영원한 주제인 전쟁과 평화에 있어 평화로 가는 길의 모색은 특히 핵시대에 있어 숙명적인 과제이고 이와 더불어 국가안보의 추구라는 이율배반적 명제를 동시에 해결하지 않으면 안 되는 것이 현대의 상황이다.

본고에서는 이러한 문제를 고찰해 보기 위하여 현대에도 그 어느 것보다도 유용한 조망 perspective을 제공해 주고 있는 클라우제비츠의『전쟁론』을 중심으로 그 현대적 의의를 재조명하여 보았다. 특히 그의 논란 많은 언명 '전쟁은 타 수단에 의한 정치의 계속'이라는 말의 의미가 갖는 이중적 성격, 즉 정치의 계속성과 정치의 붕괴성을 그의『전쟁론』속에서 분석함으로써 합리적 도구라고 오해되어지는 정치적 전쟁철학 개념을 합리적 도구성과 자의적 도구성의 두 논리로 구분하여 클라우제비츠가 그 시대의 사고범주에서 전개시키고 있는 본래의도를 포괄적으로 이해하기 위하여 해석적인 방법을 통해 규명하여 보았다.

클라우제비츠의 유용성은 인간의 지식철학 영역 내에서 전쟁의 체계적 연구를 위한 현대의 기초를 제공하여 주고 있다는 데 있다.[599] 비록 그가 기술변화와 전략사상 간의 본질적인 상호관련성 및 상호영향에 대한 관심이 적었고 물리적인 전쟁수단에 대한 체계적 논의가 없었음이 분명하지만 그는 전쟁과 정치간, 사회의 힘과 군대의 힘 그리고 국가의 정책과 군사수단, 공격과 방어, 변화와 현상유지 간에 내재하는 변증법적 관련성을 이해하고 있음으로 해서, 그의

---

598) Edward H. Carr, *Condition of Peace*, 高搞甫 著「百萬人戰爭科學」(동경: 建民社, 1953), 국방대학원 역,『현대총력전론』, p.15 재인용.
599) 앞의 책, p.15.

이론이 갖는 포괄성의 범위는 역사상 그 어느 것보다도 범위와 깊이에 있어서 타의 추종을 불허하고 있는 것이다. 따라서 그는 전쟁을 하나의 지적 연구와 논구論究의 주제로 보고 있으며, 사회적·물리적·정치적·경제적·기술적 현상으로서 전쟁에 대한 진지한 연구의 시작에 불과한 것으로 보았다.[600]

따라서 그는 이러한 연구가 순수 군사적 관점을 넘어서 이루어져야 하며 분석적·철학적 접근이 되어야 한다고 보았고, 이러한 포괄성이 현대의 전쟁인식에 있어서 정치가나 외교가, 과학자 및 교수들뿐만 아니라 전문 직업군인, 군사기구에 이르기까지 확산시켰으며, 따라서 현대의 군사전문직업주의military professionalism는 이러한 점에서 한계에 봉착될 수밖에 없으므로 클라우제비츠의 정치적·기술적 및 기타의 전쟁에 대한 인식의 관점을 수평적으로 확산해야 할 필요성이 대두되는 것이다.

『전쟁론』이 추구하고 있는 핵심적인 주제는 평화의 추구이며 전쟁을 자제하라는 것이다. 그간 오해되어 온 바와 같이 클라우제비츠는 군국주의의 화신이나 절대섬멸을 주장하는 '피의 제왕'도 아니다. 더욱이 호전주의자 또한 결코 아니다. 그는 반대로 이러한 경향을 우려하고 이의 회피를 위한 방안의 강구에 부심한 이론가이다. 이러한 관점이 지금까지의 클라우제비츠연구에 있어서 간과된 점이며, 그것의 핵심은 그의 정치적 전쟁철학이 포함하고 있는 진정한 의미의 이해verstand 속에서 규명될 수 있다.

이러한 맥락에서 그의 이론에서의 '전쟁은 타 수단에 의한 정치의 계속이다'라는 언명은 당위적·규범적 명제로서 '전쟁은 타 수단에 의한 정치의 계속이어야만 한다'로 대체되어 이해되어야만 한다. 제5장의 고찰에서 보았듯이 전쟁의 본질 인식에 있어서의 클라우제비츠의 철학적 혼동은 그가 자연의 인식natural perception을 완전히 인식 가능한 것으로 봄으로써, 규칙성이 보다 순수한 관찰에서 생기며 이러한 규칙성이 자연적인 실체에서 발생한다고 본 점에서 유래한다.

이러한 철학적 관점이 바로 클라우제비츠가 칸트학파인가 하는 논란의 핵심인데 칸트는 물자체物自體에 대한 인식을 가능하다고 생각하고 있으며 객관에 있어서의 보편성의 존재와 그것에 대한 인식 가능성을 인정하지 않고 있을 뿐 아니라 모든 질서와 규칙은 인간의 마음이라고 보고 있음[601]을 감안한다면, 클라우제비츠가 방법론적으로 칸트를 수용하고 있는 점을 볼 수 있다.

이러한 점에서 클라우제비츠의 '전쟁은 무엇인가'what war is하는 질문은 삼위일체의 입장에

---

600) Peter Paret, *Clausewitz and the State*(New York: Oxford Up), p.250.
601) 이수윤, 『정치철학: 인식과 실천의 통일』(서울: 법무사, 1981), p.144.

서 볼 때 칸트적인 '전쟁은 무엇이 되어야 하는가'what war ought to be 하는 질문이 된다. 따라서 클라우제비츠가 삼위일체에서 강조한 인적 요소의 정지suspended를 지지하는 입장에서 보면 'what war is'는 칸트적인 'what war ought to be'로 바꾸어서 이해되어야만 할 것이다.

그러나 이러한 명제는 이미 고찰한 바대로 당위적 명제임이 분명함으로 인해 현실성에 대한 취약성을 내포하고 있다. 클라우제비츠가 비록 불완전하게 칸트 철학을 수용했다고는 하지만, 본질 인식에 있어 칸트적 방법을 이용한 것이 분명하다. 그 점이 클라우제비츠로 하여금 전쟁을 있는 그대로 설명하려고 하면서도 칸트적인 규범적 인식을 의식적으로 고려한 흔적을 보여주는 이유라고 할 수가 있는 것이다.

그러나 클라우제비츠는 이러한 규범성과 현실성을 종합적으로 포괄할 수 있는 합을 제시하지는 못했다. 그것은 바로 칸트 철학의 한계성과도 상통한다. 즉 칸트 철학은 보편과 특수성의 통일이라는 것을 주제로 삼고 있지만, 이것의 유기적인 통일은 이루지 못하였다.602) 즉 외면적·형식적 결합은 이루었지만 내면적·실질적 통합은 이루지 못하였다. 이러한 결과로 나타나는 칸트의 특수적 개별국가와 보편적 국제연맹의 통일에 의한 영구평화이념을 헤겔은 환상이라고 비판하고 있는 것이다.603)

그렇다면 헤겔에 있어서 특수성(개인)과 보편성(국가)의 통일이란 어떤 것인가? 그는 『법철학』 서문에서 '이성적인 것은 현실적이고 현실적인 것은 이성적이다.'604)라고 말하고 있다. 이 말은 헤겔이 칸트의 현상주의를 비판한 것으로서, 인간은 항상 이성을 실현해 나가야 하지만 그것은 현실 속에서 이성이 내재한 현실성에 입각해야 한다는 것을 강조한 것이다. 헤겔에 있어서 현실성이란 개념은 결국 이성과 현존이라는 두 이질적인 요소를 통일시키는 매개체이다. 따라서 여기에서 '이성적인 것은 현실적이다'는 명제는 정치적 이상주의를 나타내고 ' 현실적인 것은 이상적이다'는 명제는 정치적 현실주의를 나타내는 것으로서605) 현실성이라는 개념은 이 둘의 통일을 기하는 매개체인 것이다. 따라서 전자의 개념은 전통과 관습에 대한 이성의 우위를 확고히 한 것으로서 전통적 기존의 사실을 이성의 원리에 의해 해소하면서 그것을 이성에 합치하게끔 될 때까지 변화시켜 가지 않으면 안 된다는 것을 명백히 한 것이고, 후자는 추상적 이상주의, 추상적 당위론을 배격하는 것으로서 정치 화해주의, 또는 정치적 현실주의의 구체적 표현이라고 할 수 있다.

헤겔은 근본적으로 이성의 입장에 서 있으나 구체적으로는 급진적 혁명이 아닌 점진적 개

---

602) 이수윤, 앞의 책.
603) Hegel, *Philosophie des Rechts,* p.3, 윤용석 역, 『법의 철학』(서울: 휘문출판사, 1981), p.524
604) Hegel, 위의 책, 서론, p.120. 또한 동서 역자주기 (7) 참조
605) 이수윤, 앞의 책, p.289.

혁방식에 의해서만 인간의 자유가 현실적으로 형성되어 간다고 보고 이같이 이성과 현실의 변증법적 통일에 입각하여 그 역사단계의 시대정신을 올바로 파악하고 이 시대정신에 따라 행동하는 자만이 그 시대의 역사적 과업을 달성해 나가는 참된 자유인自由人이라고 보고 있다.606) 그렇다면 이 두 명제의 통일이라는, 역사적 실천 원리에 의해서 객관화되는 형식적 자유 개념의 구체적 내용은 무엇인가?

헤겔의 객관적 정신, 즉 자유개념의 내용적 측면이란 주관적 정신의 발전의 정점에서 나타나는 자유의지의 구체적·현실적 실현과정이다. 그것은 진리의 인식이 완성되고 이 인식에 따라 역사적 현실이 진리에 합치되도록 해 나가는 과정으로서 여기서 정치가의 역할은 인식된 진리를 구체적 현실 속에서 객관화하는 과정이다. 바로 이것이 클라우제비츠의 천재의 개념과 연계된다.

헤겔의 객관적 정신은 추상적 법dasabstrakte recht단계, 도덕성die moralitat 단계, 그리고 인류die sittlichkeit 단계의 세 단계로 발전되는데, 여기서 인류단계는 전자前者들이 모두 추상적인 것임에 반하여 이것은 현실태로서 양자의 진리이다. 헤겔은 이것을 다음과 같이 말하고 있다.

추상의 법과 도덕성은 그 어느 쪽도 그 자신만으로서 현존할 수가 없는 것이며 인류인 것의 기초일 뿐이다. 추상적 법에는 주관성의 계기가 결여되어 있으며 도덕성은 이 계기를 오직 그 자신만이 가지고 있다. 이 양자는 그 어느 쪽도 그 자신만으로는 아무런 현실성을 가지지 못한다. 이 둘은 전체에 대한 하나의 분지分枝로서만 현존한다.607)

---

606) 이수윤, 앞의 책, p.130. 헤겔에 있어서 '현실적인 것'은 '이성적인 것'인데, 그것도 '이성적인 것'만이 '현실적인 것'으로 된다는 것이었다. 따라서 비이성적인 현실은 이성에 합치할 때까지, 즉 이성적으로 될 때까지 변혁되어야 한다는 것이었기 때문에 이성=진리=현실이라는 등식으로 되어 이성이 변혁의 힘, 부정의 힘임을 알 수 있다, 이를테면 '인간은 자유이다'라는 판단은 '인간은 자유인이어야 한다.'는 것이고 '만인은 평등하다'는 판단은 '모든 사람은 평등해야만 된다.'는 것을 뜻한다. 그러므로 전통적 사유는 2차원적 사유이고 이성의 힘은 곧 부정의 힘이며 비판의 힘이었다고 마르쿠제(H. Marcuse)는 주장하고 있다. 그는 현대의 발전된 산업문명의 사회에서 이성이 그 원래적인 부정의 힘, 비판의 힘을 상실했으며, 그 2차원적인 사유가 1차원적 사유로 변해 버렸다는 것이다. 마르쿠제는 특히 논리실증주의를 비판하여 실증주의적 언어 분석철학의 의미를 분류·분석함으로써 사유와 언어를 모순·대립·환상·초월에서 깨끗이 일소해 버린다. 이로써 1차원적 사유는 하나의 폐쇄적이고 자족적인 스스로의 세계를 구성하여 비판적 요소의 침입을 봉쇄해 버린다는 것이다. 그리하여 마르쿠제는 헤겔의 부흥을 위해서가 아니고 오늘날 소멸위기에 있는 하나의 정신능력 곧 부정적 사유(2차원적 사유)의 힘을 부흥시키기 위해『이성과 혁명』을 저술했다고 말하고 있다. G.W.F Hegel, *Vorlesunge nuber die Philosophie der Geschichte I*: 김종호 역, 『역사철학강의』(서울: 삼성출판사, 198), pp.46-47 참조 또한 이와 관련하여서는 Herbert Marcuse, *Reason and Revolution: Hegel and the Rise of Social Theory*(Boston: Beacon Press, 1960), 전현일/윤길수 역, 『이성과 혁명: 헤겔철학의 기초』(서울: 중원문화사, 1984); 또한 Herbert Marcuse, *One Dimensional Men: Studies in the Ideology of Advanced Industrial Society*(Boston: Beacon Press, 1964), 차인석 역, 『1차원적 인간』(서울: 삼성출판사, 1981) 참조

607) Hegel, *Philosophie des Rechts*, p.141, Zusatz, 김용석 역, 앞의 책, p.310.

따라서 헤겔에 있어서 인륜의 이념은 자유의지의 객관적 발전의 정점이며 사회·윤리적 이념인 것이다. 이 인륜의 이념은 주관적 의지와 객관적 선善의 완전한 통일로서 객관적 제도로서 확립된 것이며, 이것이 헤겔의 이상국가의 모습인 것이다. 그것은 현실 속에서 실현되어야 할 이상이며 동시에 현실 속에서 실현되어 있는 이상인 것이다.

따라서 국가는 인륜적 이념의 완성태이며 국가는 인간의 자유 의지가 외면적 현실성의 형태를 취한 정신적 이념인 것이다. 따라서 국가적 독립은 국민의 제일 중요한 자유이며 최고의 명예일 뿐 아니라 여러 국가가 역사적 현실로 출현했을 때 그것이 첫째로 갖추고 있는 것은 이 독립성인 것이다.[608] 그러나 국제관계에 있어서 이 독립성은 항상 우연성에 직면하게 된다.

따라서 국가 간의 관계는 각자가 주권을 원리로 삼고 있으므로 이점에 있어서 모든 국가는 자연상태에 있으며, 국가권리의 현실적 효력은 초국가적인 위력으로서 제도적으로 확립된 보편적 의지(예: 국제연합 등) 속에 있는 것이 아니라, 각자의 특수적 의지(예: 국가이익) 속에 있는 것이다.[609] 따라서 국제관계를 도덕적 관점으로서만 파악해서는 안 되며 국제정치를 도덕과 대립시켜 국제정치가 도덕에 적합해야 할 것을 요구하고 국제정치가 정의롭지 못하고 부도덕하다고 말하는 것은 국가의 본성에 대한, 그리고 국가와 도덕관계에 대한 추상적 견해를 기초로 삼는 것이다.[610]이러한 논리 하에서 헤겔은 칸트의 도덕적 이상주의에 입각한 『영구평화론』에 대하여 비판하고 있는 것이다.

이러한 인식은 현대의 국가안보 추구에 대한 개념적 기초로 제공될 수 있을 것이다. 즉 각 국가는 개별적 의지로서 서로 대치하고 있으며 이에 따라 한 국가의 대외적 의지는 그 내용으로 볼 때 그 국가의 이익추구인 것이며, 이 국가이익이야말로 한 국가의 다른 여러 국가에 대한 태도를 규정하는 최고의 법칙인 것이다. 따라서 국가의 목적은 그 국가의 구체적 자유, 즉 소유와 복지의 조화적 통일을 대내적으로 확립하는 데 있을 뿐 아니라 국가 내의 대립적이고도 다양한 요소의 조화와 질서를 수립하기 위한 모든 국가적 노력이 그 국가의 대외적 의지가 되는 것이다.[611]

따라서 헤겔 철학에 있어서 현실적 개체적 국가를 역사에 있어서 파악하면 그것은 '보편성에로 지양되는 특수성'[612]인데 국가들 위에 서서 이들을 결합시키는 제3자는 '세계사 속에서 현실성을 나타내어 국가들에 대한 절대적인 심판자가 되는 세계정신'[613]인 것으로서 개별적

---

608) Hegel, 김용석 역, 앞의 책, p.154.
609) 이수윤, 앞의 책, p.380
610) Hegel, 앞의 책, p.526
611) 헤겔의 관점으로서는 최선의 정치적 지도력의 확립이 국가적 자주성과 국민적 자유 실현의 기반이다. 이수윤, 앞의 책, p.382
612) Hegel, 앞의 책, pp.424-425

국가에 대한 보편적 위력은 국제연합 또는 세계정부가 아니라, 역사적 발전을 주재하는 보편적 정신 즉 세계정신인 것이다.614)

　　이러한 맥락에서 클라우제비츠가 완성하지 못했던 제3의 합合을 구상하여 볼 수 있다. 즉 절대전과 현실전의 이분법적 구분이 칸트적인 사상의 영향을 받아 철학적 혼돈 속에서 이론이 전개되었으며 이 두 개념을 극복하고자 한 합이 완전한 합이 아닌 단지 천재의 중요성을 강조하는 데서 머물고 '정'正, thesis과 '반'反, anti-thesis의 '합'合, synthesis을 고안하기보다는 '정'과 '반'의 두 대립되는 힘의 자제적 정지suspended로 합을 대체시키고 있다. 그러나 이러한 이상과 현실을 궁극적으로 결합시키는 합을 구한다면 바로 헤겔적인 세계정신과 같은 특수성이 지양되어 보편성으로 나타나는 어떤 것으로서의 윤리적(인륜적) 규범성이며, 따라서 전쟁의 당위성 확보문제가 대두되는 것이다. 이와 같이 절대전과 현실전이 실질적인 실천명제가 되기 위해서는 '전쟁은 타 수단에 의한 정치의 계속이어야만 한다'는 명제로 되어야 하며 이로써만이 정당화된 정책의 도구로서의 전쟁의 의미를 확보하게 되며 이러한 논리 하에서 만이 실천적인 국가안보정책 수립의 인식론적 근거를 확립할 수 있게 될 것이다. 이때 '전쟁이 정치의 도구'라 함은 이성적이고 '합목적적인 도구'라는 뜻이다.

---

613) 변증법상의 주요개념으로서 어떤 것을 그 자체로서는 부정하면서, 도리어 한층 고차원의 단계에서 이것을 살리는 일을 말한다.

614) 이수윤, 앞의 책, p.382. 헤겔 이후 현대철학에 있어서는 제일 먼저의 계기로서 자유주의와 사회주의가 Hegel 적 종합에서 분리되어 제각기 자기주장을 하며 이러한 실천적 문제가 부각된 다음, 그 다음에는 신칸트학파, 딜타이, 콩트, 후설 등의 이론철학적 관점이 나타나고 다시 M. Scheler, 실존주의, T. H Green 등에 의하여 윤리적·실천적 문제로 되돌아와 궁극적으로 헤겔 철학이 부흥하게 된다. 헤겔 철학은 그 이전의 모든 선행하는 철학의 완성이며 헤겔 이후 철학은 결국에는 헤겔에로 복귀하게 되며 헤겔 철학은 인간의 모든 정치적·철학적 문제에 대하여 진리를 밝혀주는 고요한 등불이다. 이수윤, 앞의 책, p.394

제2절
안보·통일 정책, 전략 수립 시 고려사항

지금까지 고찰하여 온 바와 같이 전쟁이 '정치의 연장'이라는 말이 뜻하고 있는 두 의미, 즉 '현실적으로 정책의 붕괴' 및 '정책의 계속'에 대한 이해는 국가안보 개념이해의 핵심이라 할 수 있다. 국가안보의 동기가 국가의 자기보존 본능과 위협의 발생615)이라고 볼 때, 전자는 국가안보의 본질적·인식론적 문제로서 전술한 바616) 클라우제비츠의 자연인식 및 자연적 성향에 대한 전게前揭 논리적 차원이며 후자는 그에 대한 현실성의 인식으로서 이것은 심리적 인식의 과정 없이는 거론할 수 없는 성질의 것이다.

따라서 안보의 본질이란 개개인의 생존을 위한 국가의 자기보존이라고 말할 수 있으며, 이것은 단계적인 과정을 거쳐 보존을 이루게 된다. 이러한 조치는 최소한의 조치와 최고수준의 조치 그리고 과잉조치로 구분될 수 있으며 이것은 클라우제비츠의 단계적 확전개념과 일맥상통한다. 따라서 이러한 조치는 방어적 범주에 속하는 것이며 현실적으로 위협이 없거나 예상하지 않는 상황에서 이루어지는 국가의 자의적·자발적 행위와는 구별된다. 이러한 맥락에서 또한 클라우제비츠가 주장하는 방어우위론에 대한 새로운 이해의 관념이 제기될 수 있다.617)

그러나 자위의 수단 강구에 있어 그 종국적 결과란 자의적 수단의 강구와 거의 구별할 수 없으며, 본서의 문제제기에서 보았듯이 자의적·침략적 수단의 강구도 명분은 자위自衛라고 주장함으로써 이의 정당성을 규정짓기란 매우 곤란한 일임에 틀림없다.

이렇듯 원초적인 본능과 자동적으로 이것이 추구하는 힘의 요구라는(즉 수단) 2차적인 충동은 복잡하게 혼합되어 안보의 심리적 기초를 형성하게 되는데 이것은 인간을 맹목적인 권력투쟁의 세계로 매몰 시킨다. 따라서 이러한 심리적 계기는 이중성을 갖는데 그것은 인간의 권력욕구 자체가 타인의 의지와 행동을 지배하려는 욕구임과 동시에 인간은 권력의 지배를 용인함

---

615) 정준호, 『한미안보정책론』(서울: 법문사, 1982), p.267.
616) 정준호, 위의 책, p.41.
617) 기존 클라우제비츠 해석가들이 간과한 방어우위론에 대한 중요성 강조 논의의 구체적인 내용은 Michael Howard, *Clausewitz*(Oxford & New York: Oxford UP, 1983), pp.55-58 참조.

으로써의 얼마간 안전보장을 충족하고 있는 것이다.

이렇듯 안전보장의 심리와 이의 계기는 수단으로서의 궁극적인 힘인 국력을 추구하려는 충동으로 발현되어지며 따라서 국가권력의 발생적 근거와 그의 존재에 정통성을 부여하는 데 있어 불가결한 요인은 개인의 생명과 재산, 사회질서 등의 보호 내지 유지 및 외부로부터의 침략의 저지이며,618) 최소한의 조치로서 이에 대한 수단의 강구는 정치적 수단으로서, 정통성을 갖는다고 볼 수 있다.

그러나 역사적으로 볼 때 국제관계에 있어 국가권력 지배를 둘러싼 투쟁면에서 본래의 목적인 국가의 안전보장은 국가권력을 획득하기 위한 수단으로서 또한 국가권력에 정통성을 부여하기 위한 근거로서 목적 - 수단의 관계가 역전되어 온 것이 지금까지의 통례이다.

이러한 맥락은 클라우제비츠 고찰에 있어 목적 - 수단의 관계가 전도되는 결과와 같은 맥락이다. 따라서 이러한 정통성 있는 이성적인 수단619)의 정도, 내용, 규모 등에 대한 절대적인 기준이란 어떤 것인가 하는 데 의문이 일어나게 된다.

보통 이러한 기준으로서 통상적으로 논의되는 것이 정치학의 고전적 주제인 국가이성raison deta이다. 현대에 있어서 국가이성에 관한 논거란 명확히 제시할 수 없는 것임에도 불구하고 이의 필요성은 더욱 절박해졌는데, 그것은 곧 한 국가가 이성적이고도 합법적인 국가이성에 근거하되 이성적 판단과 선택의 필요성이 더욱 절실해졌음을 의미한다.620) 전략가는 이것을 '억제력'이라고 하고, 정치가는 '자제심'이라 하며, 신학자나 평화주의자들은 이것을 '신의 힘'이나 '인도주의의 소산'이라고 하기도 한다.621)

이것은 결국 인간과 국가의 인과율에 있어서 역사적으로 일관하여 존재하는 생존에 대한 자기보존에의 욕구622)로서, 이것의 현대적 의미를 프랑켈j. Frankel은 국가이익national interest이라고 하고 623), 마이네케F. Meinecke는 '자기 내부에 있는 도덕률과 국가이익 사이에 있는 중간지대中間地

---

618) 小壩訓男·志鳥學修, 國家安保保障研究, 국방대학원 역, 국가안전보장의 연구(1985), p.84.
619) 필자가 여기서 합리적(rational)이란 용어를 사용하지 않고 이성적(reasonable)이란 용어를 사용한 것은 합리적이란 실상 '자연적'인 '그대로의 경향'을 의미하고 최소비용 대 최대효과를 의미하며 엄격히 객관적임을 의미하게 되어 인간의 의식적 판단, 선택의 개입을 배제하는 것이므로 클라우제비츠의 순수분쟁 성향과 상통하는 것이 되기 때문에 이성적(순리적; reasonable)인 의미와는 차이나는 개념이다. 따라서 엄격히 합리적이란 용어와 이성적 또는 순리적이란 용어의 사용시 구분이 필요하다.
620) 국가이성(raison deta)이란 국가존립(존재, 존속)의 당위성을 의미하며 적극적 국가이성의 발현이 바로 국수적, 침략주의로서 생존권 등은 이 국가이성의 극단이다. 그러므로 한 국가의 지도집단이 이성적으로 행동하는 것과 국가이성은 근본적으로 다른 개념이다. 통상(역사상) 국가이성의 개념은 국가지도자의 비이성적 행동과 사고를 정당화시키는 명분의 근거가 되어 왔다.
621) 小壩訓男·志鳥學修, 앞의 책, p.85.
622) Hans J. Mogenthau, In Defense of the National interest, (1951), 鈴木成高, 湯川 역, 『世界政治と國家理性』(창민사: 1951), p.60 재인용.

^霸'라고 말하고 있다.624) 따라서 이것은 국가의 내면에 있어서 인간의 존재라는 근본적인 충동에 기인하는 권력에 대한 야만성을 어느 정도 억제하는 윤리적 도덕적인 작용을 하는 것임을 전제로 하는 개념이다.

핵무기의 대두는 특히 지금까지의 불분명한 현대적 의미의 국가이성 실현에 하나의 확실한 현실적 기준을 제시해 주었는데, 상호공멸이라는 당위적 명제가 인류로 하여금 공통의 이익 및 공통의 감각을 부여하는 인간의 본능적인 권력에 대한 맹목적인 충동을 인류공동체의 생존이라는 합목적적인 규범과 윤리로서의 국가이성에 복종시키지 않으면 안 되게 된 것이다.625) 즉 현대는 핵평등의 시대로서 각 핵강국이 상대방과 나머지 세계를 파괴시킬 수 있는 수단을 보유하게 됨으로써 상반된 이념적 체제에도 불구하고 생존이라는 공통분모를 갖고 있으며, 핵강국은 상대방의 생존에 대한 열쇠를 쥐고 있음으로 해서 각국이 무력분쟁으로 빠져 들어가 서로를 파멸시킬지도 모르는 심각한 의견 차이를 방지할 수 있는 정치적 행위의 법칙rules of political engagement을 개발할 필요성이 대두된 것이다.626)

이러한 점이 클라우제비츠에 있어서 '정치의 계속'으로서의 전쟁 논리가 갖는 중요성에 바로 직결되며, 현대에 있어 클라우제비츠의 이론이 갖는 포괄성의 깊이라고 할 수 있다. 전략가들은 이러한 맥락에서 '간접전략' 또는 '간접접근전략' 등을 제시하고 있으며 전략이 그 범위에 있어서 확대가 요구되며 근본적으로 방향을 재설정해야 한다고 주장하고 있는 이유도 바로 이러한 맥락에서 이해될 수 있을 것이다. 그것은 왜냐하면 보프르Andre Beaufre의 말과 같이 인간사에서 있어서와 마찬가지로 전략에 있어서도 이념이 지배적이고도 지표가 되는 힘이 되어야 한다고 확신되기 때문이다.627)

따라서 국가안보정책 수립 시 고려요소로서 정책의 도구로서의 전쟁에 대한 인식의 구분이 절대 요청된다 할 수 있다. 그것은 국가안보의 목적이 추구해야 하는 정통성 범위의 한계에 대한 인식론적 기초의 확립과 합리적인 도구로서의 사용에 있어 그 범위, 정도 그리고 내용에 대한 분별력 있는 선택 및 현실로서의 전략·작전계획 수립에 있어서의 군사력 운용개념의 확립

---

623) J. Frankel, The Making of Foreign Policy:An Analysis of Decision Making (1963), p.129.
624) Friedrich Meinecke, *Die Idee Der Staatsrason in der neueren Geschichte* (1924), 菊盛苦夫·生松敬三 역, 『近代史における國家理性の理念』(미스스 書房, 昭和 35年), p.12 재인용.
625) 이러한 의미에서 핵시대에 있어서의 국가이성은 다음과 같은 제 형태로서 나타난다고 볼 수 있는데, 그것은 첫째, 가치형태로서 국가이익, 국가위신, 공공의 복지 등과 둘째, 도그마 형태로서 민족주의, 국제이익, 민주주의, 공산주의 등과 셋째, 법규범 원리의 형태로서 UN헌장, 국제법, 평화공존, 평화5원칙 등이다.(小摒訓男·志鳥學修, 앞의 책, p.90).
626) Richard nixon, 「미·소 정상회의에 보내는 충고」, *Foreign Affairs*(1985, 가을), 『한국일보』(1985.9.22) 재인용.
627) Andre Beaufre, *An Introduction to Strategy* (New York: Frederick A. praeger., 1966), 국방대학원 역, 『전략론』, p.177. 보프르는 여기서 이것은 철학의 영역에 속하는 문제라고 말하고 있다.

이 절실히 요청되기 때문이다. 따라서 전쟁이 '정치의 연장'이란 의미를 확실히 이해할 때 진정 우리는 평화로 가는 길을 모색할 수 있게 될 것이다.

제2부

한반도 평화와 전쟁:
조화 안보·통일 철학과 전략

봄을 기다리며 얼어붙은 한반도 전경

거북선 안보철학으로 미래를 준비하자

한반도를 중심으로 한 동북아 정세가 요동치고 있다. 2013년 2월 12일 북한은 제3차 핵실험을 실시하였다. 김정은은 전 세계를 상대로 새로운 도박의 포문을 열었다. 2013년 체제, 통합과 통일의 시대를 맞이하는 첫해에 북한이 우리에게 제시한 것은 북한의 핵무장 현실화이다.

이 시점에서 우리는 통일의 의미와 필요성을 되새겨 볼 필요가 있다. 통일의 의미는 무엇이고 우리는 그것을 어떻게 이루어야 하는가? 북한의 핵무장의 의미는 무엇이고 우리에게 무엇을 강요하는가? 우리는 그것을 어떻게 감당해 내야 하는가?

퇴임하는 이명박 대통령이 고별인사를 통해 '한반도의 미래는 결국 통일에 달려있다'고 역설하였다. "북한 정권은 변화를 거부하고 있지만 북한 주민은 빠르게 변화하고 있으며 그 변화는 아무도 막을 수 없을 것이며 우리는 그 변화를 면밀히 지켜보고 있다. 이제 통일의 시대가 멀지 않았음을 굳게 믿는다"고 말했다. 이어 "서둘러 통일을 준비해야 한다"며 "물론 한 치도 빈틈없는 확고한 안보태세가 바탕이 돼야 함은 두말할 나위가 없다"고 지적했다. 아울러 "북한 정권은 핵실험에 성공했다고 자축하고 있지만 핵과 미사일이 북한을 지켜주지 못할 것이고 국제사회로 부터 고립과 제재를 자초해 막다른 길로 점점 다가가고 있음을 스스로 깨달아야 한다"고 말했다.[628] 통일의 필요성과 남북관계의 현실을 한마디로 웅변해주고 있다.

한반도 국가전략의 장기적 과제는 자유민주주의와 시장경제를 국가정치와 경제 시스템의 근간으로 하는 통일국가의 건설이다. 하지만 그것은 전쟁을 수반하는 무력통일이나 감당할 수 없는 비용의 발생과 혼란을 초래할 수 있는 조기통일, 또는 흡수통일을 의미하는 것은 아니다. 한민족의 지속적인 번영을 보장해야 할 통일은 무엇보다도 통일의 비용과 충격을 최소화할 수 있도록 단계적으로 그리고 평화적으로 이루어져야 한다. 또한 분단 이전의 상태로의 '복구'만을 목적으로 하는 '재통일're-unification이 아니라 민족의 역량을 결집하여 한민족의 번영을 보장할 수 있는 새로운 한반도의 국가 탄생을 목적으로 하는 '신통일'new unification이어야 할 것이다.

---

628) 이명박 대통령 퇴임연설, 2013. 2. 20.

따라서 전략적 통일정책이 요구된다. 통일은 남북 모두에게 엄청난 변화를 초래할 뿐만이 아니라 동북아 세력균형에도 일대 판도를 변화시킬 수 있는 사건이므로 동북아 문제, 크게는 국제문제이기도 하다. 한반도의 비핵화와 평화구축은 주변국들의 이해와도 합치하는 바가 크기 때문에 한반도 통일은 통일과정의 불안전성, 통일 후의 불확실성 등으로 말미암아 주변국들의 적극적 지지와 협조를 구하기가 상대적으로 용이하지 않을 수 있다. 따라서 통일정책은 전략적 구도 아래서 평화구축 정책과 함께 동북아 역학구도에 순응하며 주변국과 긴밀한 협조 속에 진행되어야 한다. 한반도 통일이 동북아 세력균형의 위협요인이 되지 않을 것이라는 주변국들의 확신이 있어야 가능할 것이므로 동북아 다자안보 협력체제 구축과 함께 발전시켜 나가야 할 것이다. 6자회담의 틀을 유지하여 북핵문제 해결과 평화체제를 구축하는 과정에서 동북아 다자안보체제 구축을 위한 협의체가 형성될 수 있도록 노력해야 한다.

통일에 관련된 한국의 대북전략은 크게 '민족공조론', '구조적관여론', '흡수통합론', '장기 공존론' 네 방향으로 진행되어 왔다.[629] 민족공조론은 외세의 개입을 배제하고 남과 북, 즉 한 민족이 배타적 주도권을 행사하여 자주적 통일을 이뤄내야 한다는 입장이다. 또한 한국에 대한 북한의 안보위협은 이미 소멸되었고, 북한을 공존·공영의 대상으로 간주하여 선지원 후 변화의 적극적인 대북 포용노선으로 통일정책을 추진해야 한다는 주장을 견지하고 있다. 민족공조론의 대척점에 위치한 통일담론이 흡수통합론이다. 흡수통일론은 우선 3대 세습 독재체제가 지속되고 북한이 대남적화노선을 공식적으로 포기하지 않는 이상 북한의 안보위협의 본질은 변하지 않았다는 입장이다.[630] 이러한 북한은 한국과 공존공영의 대상이 될 수 없고 북한 공산정권의 붕괴를 통한 한국중심의 흡수통일이 유일한 방안이라는 인식을 갖고 있다. 따라서 북한에 퍼주기 보다는 한미공조를 강화해 북한정권의 조기교체가 통일의 유일한 방법이라는 시각이다. 장기공존론은 흡수통합론과 마찬가지로 한국의 국제관계가 남·북 관계에 종속되어서는 안 된다는 시각을 갖고 있다. 하지만 장기공존론은 통일을 당면한 국가과제로 보고 있지 않기 때문에 통일을 위한 '대북전략'으로 간주하기 어려운 측면이 있다. 구조적관여론은 북한에 유의미한 변화가 발생하고 있으나 아직 통일의 여건이 될 수 있는 구조적인 변화를 이루어내지 못하고 있다고 보고 있고, 민족공조론과 마찬가지로 북한을 공존·공영의 대상으로 보고 있으나 북한의 안보위협을 아직은 결코 좌시할 수 없다는 입장을 보이고 있다.

종합적으로 평가해 본다면, 구조적 관여론은 북한에 대한 지속적인 관여는 남과 북의 동질

---

629) 김재천, "한반도 전략', 전재성 외 5인 공저, 『한국의 동아시아 미래전략』(서울: 삼영사, 2008) pp.118-127.
630) 실재로 북한은 1975년 남조선 혁명 여건이 조성되면 전쟁을 지원해 달라고 중국에 요청했으며, 중국은 대화하라고 이를 만류했다. 이는 1972년 남북공동성명을 실시 후 남북 교류를 협상중인시기였다. 이 내용은 구 동독 외교관 문서에 의한 것이다.(2012.5.18, 중앙일보)

성을 회복에 기여를 하고 북한을 개혁·개방의 길로 인도할 것이며, 결국 북한의 정치·경제·사회에 돌이킬 수 없는 구조적 변화를 가져와 부작용을 최소화하며 단계적 통일을 달성할 수 있다고 보고 있다. 민족공조론의 통일 전략은 한반도 통일이 남·북 문제를 떠나 국제적인 사안이라는 점을 간과하고 있기 때문에 실현가능성이 낮고, 흡수통일론은 준비되지 않은 붕괴에 의한 통일이나 강압적 통일이 노정할 수 있는 부작용을 고려하고 있지 않기 때문에 지속적인 한민족 번영이라는 한반도 전략목표에 부합하지 않는 측면이 있다. 장기공존론 역시 한반도 통일이 적지 않은 통일비용에도 불구하고 궁극적으로는 분단의 안정적관리보다 한민족의 번영에 보다 많은 기여를 할 수 있다는 점을 간과하고 있다. 그렇다면 결국 민족공조론 보다 현실적이고 흡수통일론 보다 부작용을 최소화하며 한반도 전략목표를 달성할 수 있는 통일방안은 구조적 관여뿐이라는 결론을 내릴 수 있다.

국민의 정부와 참여정부는 구조적 관여론적 시각에서 적극적인 대북 햇볕정책, 포용정책을 추진했었고 많은 성과를 이룩하였다. 그러나 한편으로는 부작용과 비판적 시각도 만만치 않았고 가시적인 성과를 내지 못하고 제2차 핵위기가 도래함으로써 국민적 공감대가 약화되었고 이에 대한 대안이 논의되었다. 이에 따라 이명박 정부는 흡수통일론적 사고를 기조로 한 조건부 관여론적 정책을 추진함으로써 남북관계가 퇴보하는 결과를 초래하였다.

북한의 핵무장이 현실화됨으로서 이제는 조건부 관여정책은 무력화되었다고 할 수 있다. 일부 보수진영에서 북한의 레짐체인지나 아측의 핵무장 등의 강경책을 제시하기도 하지만 실현가능성은 크지 않다. 현시점에서 이제는 어떤 정책적 선택을 하여야 할 것인가? 그것은 상생정책으로서 새로운 차원의 구조적 관여정책으로서 튼튼한 기반안보를 기초로 협상적 차원의 안보 교환을 통해 상생할 수 있는 방향으로 구조적 변화를 추구해야 할 것이다. 그 방향은,

첫째, 우선적으로 튼튼한 기반안보를 구축해야 한다. 기반안보는 국민들의 확고한 전쟁철학과 국가안보관을 바탕으로 튼튼한 국방군사태세를 확립해야 하며 북한 전 지역을 타격할 수 있는 미사일 확보, 즉응타격력을 갖춘 해공군력 건설 등 실전기반 억제력을 확보해야 한다.

둘째, 그리고 북한에 대하여 새로운 차원의 지속적인 관여를 통해 장기적인 행동변화를 추구하며, 이를 위해서는 행동대 행동의 엄격한 상호주의보다는 자신감을 바탕으로 한 발상의 전환이 필요하다. 북한이 구조적 변화가 불가피한 여건을 정교하게 구상해 나가며 이에 대한 국민적 합의 도출을 유도해내야 한다.

셋째, 국제공조와 남북 대화를 병행 추진해야 한다. 국민의 정부와 참여정부의 관여정책은 주변국과의 공감대를 형성하지 못하고 남북관계에만 몰입하여 추진된 면이 있고 실용정부는 국제공조의 복원에는 성공했지만 남·북관계의 단절이라는 결과를 초래하였다. 지속적인 관여

정책이 소기의 목적을 달성하려면 국제공조와 남·북관계의 조화와 균형 속에서 추진되어야 한다.

넷째, 북한의 갑작스런 붕괴에 대비해야 한다. 3대 세습을 한 김정은 체제가 안정화과정에서 낙관과 비관이 공존하는 상황이다. 주변국의 압박이나 공격, 권력투쟁, 개혁·개방의 역풍 등으로 예기치 않은 변수로 인해 갑작스런 붕괴 가능성을 배제할 수 없다.

이 같은 통일의 노정에서 우리 사회 내부적으로 보수와 진보 간에 혈전이 예상된다. 동북아 세력균형의 축이 변경될 수 있는 중대한 문제들이 논의되어야 하고 결심되어야 하기 때문이다. 클라우제비츠가 말하는 천재의 역할이 요구되는 차원이며 이러한 리더십을 가진 국가지도자가 절실한 시대적 상황이다.

따라서 한국민(韓國民)의 정체성과 국가가치를 명료화하고 건전한 전쟁철학에 바탕 한 국가안보전략이 수립되어야 하며 한국민이 처한 남북관계의 이중적 상황을 슬기롭게 극복하고 통일된 미래한국의 비전을 실현해 나갈 수 있는 분별지의 균형을 가진 지도력이 요구된다. 급진적 진보와 극우적 보수의 중간적 입장(실용적 현실주의)에 서서 저자는 그것을 오센틱 전쟁철학과 리더십이라 이름하고 조화 안보·통일 철학과 평화관으로 자리매김하고자 한다. 저자는 감히 이것을 통일의 대업에 앞서 시급히 건조해야 할 거북선이라 생각하고 이의 중요성을 되새겨 본다.

문제의 인식: 접근

한반도 조화 안보·통일 철학 정립 필요성

1. 한반도의 지정학적 특성

지리정치학, 지정학地政學이란 정치 현상과 지리적 조건의 관계를 연구하는 학문을 말한다.[631] 2차대전에 즈음하여 나치스는 대륙국가 중심이론인 림랜드Rim Land 이론을 원용하여 '레벤스라움'Lebens Laum이란 순수 독일민족의 생존권生存圈 보장을 위한 영토확장 전략을 추구하고 유태인 600만 명을 학살하는 만행을 저질렀다. 일본이 한반도를 포함한 아시아 침략의 대의명분으로 제시된 대동아공영권大東亞共榮圈도 마찬가지이다. 현대에 이르러 해양력의 발달, 우주개발경쟁 등으로 국가개발 영역이 확산되었지만 고전적 지리정치·경제의 중요성은 줄어들지 않고 오히려 증가하고 있다. 특히 천연자원, 환경문제와 관련하여 국제사회는 첨예 대립과 갈등을 겪고 있으며 갈수록 심화되고 있다. 현대국제분쟁은 인종, 민족 분규를 제외하고는 모두 석유 등 자원과 에너지 관련 이해관계에 연유한다. 한반도의 지정학적 특성을 살펴보면

첫째, 동북아 끝자락에 위치한 반도국가이다. 반도국가의 특성은 해양력이 발달하거나 아니면 대륙세력에 종속되거나 둘 중에 하나이다. 대륙세력이 있고 해양세력이 있다면, 당연히 반도세력도 있어야 하는 것이 논리적이다. 반도국가로서 우세를 날린 그리스는 헬레니즘 문화를 꽃피웠고 이탈리아 반도는 로마제국을 건설하였다. 유틀란트 반도의 덴마크, 스칸디나비아 반도의 스웨덴, 노르웨이, 핀란드는 황량한 국토 위에 세계가 부러워하는 복지국가를 꽃피웠다. 아시아에서 싱가폴도 마찬가지이다. 우리나라는 이러한 면에 있어서 과거 비관적 역사관을 갖고 있었다. 흔히 "우리나라는 지정학적으로 불리한 위치에 있다"고 말하고 그 근거로 '반도적

---

631) 지리학은 인문지리(人文地理)와 자연지리(自然地理), 지지학(地誌學) 등으로 나뉜다. 지리정치학은 40-50년대에 풍미하였던 이론으로서 국가와 지방의 정치, 행정구역을 연구 대상으로 하는 인문지리학의 한 분야로서 영토와 영해, 국경문제, 민족, 자원 등이 관심의 대상이 된다. 독일의 지리학자 라첼(Ratzel, Friedrich)이 체계를 정립하였다. 그 대표적인 것들로서 림랜드 이론(Rim Land Theory)은 세계의 심장을 둘러싸고 있는 주변지대의 중요성을 강조하는 이론으로서 유럽대륙을 지배하는 자가 세계를 지배한다고 하였고, 맥킨더는 대륙 심장지대론을, 스파이크맨은 중심지대와 주변지대 이론을 제시한바 있다.

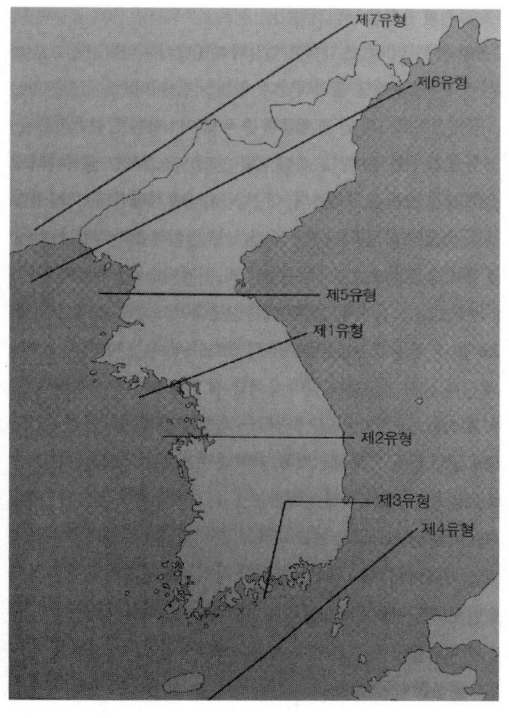

위치론'을 들먹여왔다. 이 잘못된 생각은 반도가 해양으로 나아가려는 대륙 세력과 대륙으로 진출하려는 해양 세력이 부딪치는 곳이기 때문에 고통을 당할 수밖에 없다는 결정론^{決定論}적632) 사고이다. 중국이 너무 광활하고 워낙 대국이었기 때문에 이들의 침략에 대응하고 항거하는 과정에서 중화사상과 사대주의 사상이 모태 되었고 해양을 경시하여 일본의 개항과 발전을 무시하였다.

한반도는 대륙세력과 해양세력이 충돌하는 중간지대이다.633) 소위 한, 미, 일을 중심으로 한 남방 3각관계, 북한과 중, 소가 연계된 북방 3각관계로 대치되어 오다가 냉전 이후로 북방3각관계가 와해되었으나 최근 중국의 군비강화와 동북아 영토 영유권 갈등을 통해 신냉전 기류가 조성되면서 이 대륙세력과 해양세력의 충돌이 재연되고 있는 양상이다. 배기찬은 역사상 한반도에서 벌어진 대륙세력과 해양세력의 충돌 유형을 그 세력의 우세 정도에 따라 변모한 7가지 유형을 분석하고 있다.634)

제1유형: 대륙세력과 해양세력의 힘이 팽팽할 때
제2유형: 금강 기준, 대륙세력이 조금 우세 시
제3유형: 낙동강선, 대륙세력 우세 시, 해양세력의 마지노선
제4유형: 대륙세력이 한반도 장악 시, 일본의 비상
제5유형: 대동강 기준, 해양세력이 조금 우세 시
제6유형: 청천강~두만강 기준, 해양세력 우세 시, 대륙세력의 마지노선
제7유형: 4유형과 반대, 해양세력이 한반도 장악 시, 중국 비상

---

632) 인간의 행위를 포함한 이 세상의 모든 일이 신이나 자연, 사회관계와 같은 외적인 원인에 의해 정해져 있고 선택의 자유나 우연은 없다고 보는 입장. 이 견해는 인간의 의지나 책임, 행위의 의의 등에 대해서는 부정적이다. 국어사전
633) 한반도의 지정학적 위치는 중앙적, 병참적, 기지적, 육교적, 완충적인 기능이 복합적으로 수행되는 중요지대로 평가된다. 미국의 전초기지이며, 일본의 긴요지대이고, 중국의 변방지대이자 러시아의 동방초소라 할 수 있다.
634) 배기찬, 앞의 책, pp.37~40.

제8유형: 한반도가 우호적 자주성을 확보, 조공책봉/교린관계 유지(고려 전기, 조선 전기)
제9유형: 한반도의 공동보호/중립화, 또 신탁통치(갑신정변/해방 후)

둘째는 세계 4대 강국에 포위되어 있다. 현대 국제사회를 움직이는 핵심강대국 5개국(미, 영, 불, 중, 러) 중 4개국이 한반도 주변국이다. 핵보유국으로서 이들 국가에 의해 현대국제사회는 유엔을 중심으로 강대국 협조체제를 형성하여 국제문제들을 해결해 나가고 있다. 문제는 이들의 이해관계가 한반도에서 첨예하게 대립하고 있다는 것이다. 이들 국가가 갖고 있는 한반도에 대한 지정학적(국가전략적) 꿈은 나름대로 원대하며 타협이 쉽지 않다. 러시아는 세계에서 제일 넓은 광대한 국토를 가졌지만 제대로 쓸 수 있는 항구가 없어 국력신장에 제한된다고 인식하여 부동항을 갖기를 염원하며 동북아로 진출을 희망하고 있고,635) 일본은 거꾸로 대륙으로 진출하기 위해 대륙에 교두보나 거점을 마련하고 싶어 한다. 이런 관점에서 뒤돌아보면 쉴 새 없이 이어진 왜구의 침탈을 포함하여 임진왜란이나 대동아전쟁과 같은 일본의 침략 전쟁들은 대륙으로 가고 싶은 그들의 지정학적 꿈을 정당하지 못한 방법으로 실현하려 든 것이라고 할 수 있다. 일본이 대륙으로 가는 길에는 러시아와 중국, 그리고 한반도가 있다. 동남아는 너무 멀다. 그래서 일본은 이들 이웃한 세 나라와 끊임없이 갈등과 불화를 불러일으켜 왔다. 특히 해양으로 진출하려는 중국, 러시아의 대륙세력과는 맞서야 할 형편이고, 그보다 수월해 보이는 한반도에 대해서는 틈만 나면 지배적 영향력을 행사하려 드는 것이다. 러시아의 경우와 같은 맥락에서 우리는 이렇게 말할 수 있다. "대륙으로 진출하기를 포기하는 일본의 지도자가 있다면 그는 이미 일본인이 아니다."636)

중국은 한반도의 중요성을 순망치한脣亡齒寒이라는 비유로 말한다. 입술이 떨어져 나가면 이가 시리다는 이 말은 한반도는 중국의 입술이기 때문에, 중국은 적어도 북한을 자신들의 국가안보를 위한 완충 지역으로 유지하고 있어야 한다고 생각한다. 또한 중국인들은 한반도를 대륙의

---

635) 러시아인들이 우랄산맥을 넘고 시베리아를 건너 동진해 온 중요한 이유 중의 하나가 부동항을 찾아 태평양으로 나가기 위해서였다. 제2차 세계대전 때 러시아는 북유럽을 통해 유럽으로 나가려 했다. 한반도에 진주해서 태평양으로 나가려는 시도도 했다. 6.25때도 마찬가지다. 정전 후에는 청진항에서 물러나지 않고 오랫동안 버텨보기도 했다. 그리고 한때는 대서양으로 나가보려고 아프가니스탄을 침공했다가 실패하고 물러난 적도 있다."부동항 얻기를 포기하는 러시아의 지도자가 있다면 그는 이미 러시아인이 아니다"라는 말이 있다. 그만큼 절실하고 따라서 끊임없이 추구해야 할 전략적 과제라는 것이다.

636) 일본은 대륙으로부터 떨어져 있어 많은 전화를 피했고 서구 해양 세력에 쉽게 접근할 수 있었다. 일본의 근대화가 대륙의 국가들보다 빨리 이루어진 지정학적 요인이다. 일본은 대양을 향해 열려 있지만 대륙을 향해서는 고립되어 있다. 러시아가 대륙을 행해 열려 있는데 해양을 향해 고립되어 있는 것과는 반대이다. 대륙으로부터 떨어져 있어 교섭이 자유롭지 않은 일본인의 정서와 일본의 문화에는 알게 모르게 일종의 불안감이 배어 있다. 소외감이랄지, 또는 열등감이랄지 예컨대 일본 사회와 문화의 폐쇄성은 그 영향을 받고 있을 수도 있다.

머리를 때리는 망치로 인식한다. 한반도는 해양진출의 관문인 동시에 해양세력의 침략을 완충시켜주는 핵심지대이다. 몽고군의 일본 정벌 기도, 한국전시 중공군의 개입 등의 사례가 이를 입증한다.

미국은 한반도를 일본과 함께 아시아지역 방어의 핵심으로 인식한다. 미국에 있어 한국은 미국적 가치완성의 상징국이다. 한국전이 발생하자 미국은 세계의 공산침략에 대응한다는 적극적인 의지로 참전하였으며 정의의 전쟁 수행으로 표본을 삼고 있으며 세계유일의 연합동맹체제로 북한의 군사적 도발에 대응해 왔다. 최근에는 북한의 핵문제와 중국의 부상에 따라 유럽중심 전략에서 아시아 중시전략으로 전환했다.

셋째, 국토의 75%가 산악지역이다. 나머지 중 10%는 도시지역이고 농경지는 15%정도밖에 안 된다. 한마디로 자급자족경제가 될 수 없다. 오늘날 한국이 한국전쟁의 참화를 극복하고 세계 선진반열에 오를 수 있었던 것은 공업화와 산업화를 통한 수출주도 발전전략 때문이었다. 상대적으로 북한이 세계 대표적 빈국 중의 하나가 가장 핵심적인 이유가 폐쇄경제와 주체사상에 의한 자급자족 경제정책 때문이었다고 할 수 있다.

한반도의 지정학적 꿈은 숙명으로 여겼던 반도성의 장점을 극대화하고 그 약점을 최소화하고 보완하여 번창하는 것이다. 따라서 대륙과 해양의 높은 연결성과 접근성을 활용하는 국가경영전략을 수립실천 하는 것이 중요하다. 그러기 위해서는 한반도 전체를 항구로 만들어야 한다. 세계를 엮어 선도하는 항구의 나라 그것이 한반도의 미래를 지향하는 지정학적인 꿈이라 할 수 있다.637)

2. 한국안보의 전통과 교훈

한반도 안보의 역사적 특성을 살펴보면 한반도는 지리적으로 볼 때 대륙(중국)과 해양(일본)을 잇는 가교 역할을 담당해왔다. 따라서 한반도는 동북아시아의 물류 중심지가 되기에 가장 좋은 위치에 있다. 냉전시대의 한반도는 자본주의와 공산주의의 대립의 장이었으나, 오늘날에는 점점 중국·러시아 동맹 세력과 미국·일본 동맹 세력 간의 완충지대로 인식되고 있다. 역사는 여전히 되풀이되고 있다. 임진왜란과 한일병탄 등 일본은 역사적으로 끊임없이 코리아를 넘보았으며, 지금도 양국 사이에는 여전히 역사 문제와 영토 문제로 인한 갈등이 되풀이되고 있다. 오랫

---

637) 아테네, 로마, 리스본, 코펜하겐, 헬싱키, 스톡홀름, 오슬로 같은 유럽의 반도 국가들이 하나같이 항구를 수도로 삼고 있다. 그들은 일찍부터 이들 항구 도시들을 거점으로 바다를 개척하고, 바다너머의 나라들과 교류해서 부를 축적하고, 새로운 지식과 기술을 개발하면서 자신들의 운명을 개척했다. 그 결과가 오늘의 선진국 지위이다.

동안 코리아를 속국으로 삼아왔던 중국 또한, 동북아에서의 패권국의 지위를 다시 차지하기 위해 절치부심하고 있다.

한반도 안보의 역사적 전통을 살펴보자면 4백 년 전의 임진왜란, 1백 년 전의 한일병탄, 그리고 50년 전의 한국전쟁 등 지난 2천 년 동안 해양세력과 대륙세력은 코리아를 차지하기 위해 끊임없이 전쟁을 벌였다. 이 전쟁들의 결과에 따라 코리아의 역사는 흥망의 부침을 겪었으며, 앞으로도 이 두 세력의 판도가 어떻게 바뀌느냐에 따라 코리아의 운명이 결정될 것이다. 따라서 우리는 지나간 역사를 통해, 지난 2천 년간 반복되어 온 흥망의 역사의 원인과 메커니즘을 발견해야 한다. 그리고 이를 바탕으로 코리아만의 현실적인 외교안보전략을 펼쳐야 한다. 단순히 어느 한 세력권 속으로 들어가는 것이 아니라, 두 세력 간의 역학구도를 냉철하게 파악하고, 그들과의 관계를 잘 활용함으로써 코리아만의 생존방식을 찾아야 하는 것이다. 또한 주변 국들과의 관계에서 감정적으로 대응하기보다는 확고한 중심을 가지고 전략적으로 대응해 나가야 한다.

2013년 체제에 들어선 우리는 동북아에서 신냉전체제를 맞이하고 있다. 지난 50년간 이룩한 비약적인 발전은 코리아 전체가 새로운 시대로 도약할 수 있는 발판이 되었다. 그러나 핵으로 무장한 북한의 존재는 우리에게 여전히 망국의 가능성 또한 내재하고 있다. 앞으로 20~30년 후에 중국의 경제력이 미국과 대등해지는 시점이 오게 되면 한반도의 패권구도는 어떻게 바뀔지 모른다. 따라서 이 기간 내에 새로운 운명, 새로운 역사적 선순환을 만들지 못한다면 코리아의 미래는 그 누구도 장담할 수 없다. 운명은 어찌할 수 없는 숙명이 아니라, 우리 자신의 선택으로 얼마든지 바꿀 수 있는 것이다. 이제 새로운 운명을 창조하기 위한 '선택'만이 남아 있다 할 수 있다.

3. 한국안보의 현 실태 및 취약점

국가안보 역량은 하드파워Hard Power와 소프트파워Soft Power 두 영역으로 나누어 볼 수 있다. 소위 외형적인 군사력, 연합전력 등 유형전력과 정치심리전력 등의 무형전력이다.

대한민국 건국 이래 국가안보에 대한 우리의 인식은 오직 북한의 군사적 위협 대응에 맞추어져왔다. 군사정부는 안보를 이유로 민주화를 억압하였고 민주화 세력은 이에 항거하면서 국가안보란 군대를 위시한 한정된 분야에서 책임질 문제로 치부해 왔다. 그러다 보니 민주화 이후로 국가안보태세는 유형, 무형전력 모든 면에서 위험한 상태에 도달하였다. 특히 안보이념, 안보리더십, 안보정책 결정, 국민안보의식 등 소프트파워 분야에서 기반안보를 심각하게 위협하는 상태가 되었다. 이 같은 문제들은 군사적으로 해결될 문제가 아니다.

한국안보에 있어서 소프트파워가 취약하게 된 이유는 다음과 같이 분석될 수 있다.[638] 첫째, 역사적으로 우리는 강대국들로부터 빈번한 침탈을 당했지만 그것을 숙명으로 받아들이고 국가안보의 실패를 반성하고 대비하는 것을 등한시 하는 경향이 있었다. 특히 조선시대의 숭문천무崇文賤武적 가치관이 국가안보를 경시하는 풍조를 조장했고 그러한 전통은 지금도 잔존하고 있다.

둘째, 안보 일반 이론에만 매진하면서 한국안보상황의 특수한 국면을 제대로 다루지 못하고 있다. 한국은 한미동맹에 의존하여 안일하고 느긋한 안보관에 젖어 있는 사이 북한은 와신상담 굶주림 속에서도 허리띠를 조여 가며 적화통일을 위한 남조선 혁명 궁리에 전념하여 통일전선전술을 구사하여 실질적인 5세대 전쟁[639]을 수행하고 있는 상황이 되었다.

셋째, 미국에 대한 지나친 의존이다. 미국과 같은 초강대국이 안전을 보장하고 있기 때문에 걱정이 없다는 것이다. 그러다 보니 적극적 군사전략과 교리가 발전하지 못하고 결과적으로 자주국방 노력도 등한시 하게 되었다.

넷째, 국민에 대한 체제이념교육이 부실했기 때문이다. 우리 국민의 절대 다수는 6.25 이후 세대로서 남북의 분단과 대결, 대한민국의 성공적 발전, 그리고 자유민주주의 체제의 우월성 등을 제대로 이해하지 못하고 있다.

다섯째, 급변하는 국제정세에 제대로 대처하지 못하기 때문이다. 한국이 북한의 군사적 위협에만 매달려 있는 동안 동북아 질서에 근본적인 변화가 일어나면서 잠재적인 안보위협이 심각해지고 있지만, 이에 대한 인식과 대응전략이 마련되고 있지 못하다. 중국의 동북공정과 일본의 독도문제가 대표적인 예이다.

여섯째, 가장 중요한 요인으로 민주 시대의 안보정책이 정확한 좌표를 상실한 채 표류해 왔기 때문이다. 민주세력은 국가안보를 중시했던 권위주의 정권에 대항해 왔기 때문에 집권 후 의도적으로 안보를 경시하는 경향이 있었고 햇볕정책을 추진하면서 대북 관계개선에 우선 하면서 한미동맹관계에 소홀히 하는 등 안보정책이 좌표를 잃고 표류하였기 때문이다.

일곱째, 같은 맥락에서 오도된 평화운동의 편향성이다. 국내에서 평화운동은 순수한 평화운동과 북한의 통일전선전술에 의한 위장 평화전술운동이 구분되지 않았다. 반전, 반핵, 한미동

---

638) 김충남·문순보, 『민주시대 한국안보의 재조명』(서울: 오름, 2012), pp.7~9. 참조 및 추고
639) 5세대 전쟁이란 도널드 리드(Donald Leed)가 제시한 것으로서 기존의 전쟁에 정치와 경제, 사회, 문화적인 요소 그리고 사이버 공간 등이 추가된 통합적인 성격을 띤 개념의 안보위협을 의미하며 테러리즘과 초국가 범죄현상 등이 대표적인 예이다. Donald J. Reed, "Beyond the War on terror: Into the Fifth Generation of War and Conflict," Studies in Conflict & Terrorism, 31:8(2008), pp. 686~690.

맹철폐, 주한미군철수를 외치면서 북한의 도발과 조·중 우호동맹, 북한의 핵개발, 북한의 인권에 대해서는 함구했다. 더더욱 천안함 폭침과 연평도 민간공격 뿐만이 아니고 정상적인 국가의 해양안보를 위한 제주도 해군기지건설을 결사반대하였다. 북한이 3차 핵실험을 하고 핵무장이 현실화되는 시점에서도 위장 평화론자들은 입을 다물고 있다. 그간의 구호들이 기만이었음을 여실히 증명하고 있는 것이다. 따라서 이제는 이런 문제들을 극복하고 조화된 안보철학과 전략을 정립해 나가야 할 때이다.

한반도 통일의 의미

1. 통일의 역사적 배경

우리나라 통일문제의 성격을 올바르게 이해하기 위해서 우리는 먼저 통일의 역사적 의미를 음미해 볼 필요가 있다. 우리나라 고유의 '단군기원'에 의하면 우리나라 역사는 올해로 4346년(서기+2333)을 헤아린다. 여기서 우리가 한번 짚어 볼 문제는 이 기나긴 시간의 흐름 속에서 과연 우리가 얼마 동안이나 통일국가로 살아 왔느냐는 것이다.

고대 한국의 강토였던 한반도와 만주滿洲에는 구석기와 신석기 시대에 환국桓國이 있었고 부족국가시대에 배달신시倍達神市가 있었으며 고조선 시대에 단군조선이 존재하여 만주와 한반도 지역을 지배하였다.[640] 일제에 의한 식민사관(한국의 주류 사학)에 따르면 상고시대에 한반도에는 단일국가가 존재하지 않았다고 인식되고 있다. 이에 따르면 국가의 개념이 모호했던 단군檀君과 고조선古朝鮮 시대와 이후 위만조선과 한사군을 거쳐 이 땅에는 고구려·백제·신라의 '삼국시대'가 전개되었다. 668년 고구려가 나·당羅·唐 연합국에 패망함으로써 우리 역사상 첫 통일국가로서 '통일신라'가 등장했다. 그러나 '통일국가'로서의 통일신라의 위상은 많은 논란과 시비의 대상이 되어 왔다.

신라의 '삼국통일'은 자력이 아니라 외세에 의존하여 이루어진 것이라는 점에서 우선 비판의 대상이 되어 마땅하다. 뿐만 아니라 한 꺼풀 속을 들여다보면, 신라의 '통일'은 '속 빈 강정'에 불과했다. 고구려 패망 30년 후인 698년 고구려의 고토故土였던 만주에서는 고구려 유민들이 세운 발해渤海가 건국된다. 이로써 엄밀한 의미에서는 '통일신라'의 존속기간은 발해가 건국된 해까지 30년간에 불과하다. 이때로부터 발해가 쇠망한 926년까지 228년간의 우리나라는 북의 발해와 남의 신라로 양분된 또 하나의 '남북 분단국가'였다.

게다가 남쪽 신라의 영토 내에서는 소위 '후삼국시대'後三國時代가 전개된다. 900년에는 견훤甄

---

640) 안경전, 환단고기 해제, p. 563. 서로 다른 한국사 체계.

甄의 '후백제'後百濟가, 그리고 다음 해인 901년에는 궁예弓裔의 '태봉'泰封이 등장하여 신라와 더불어 '후삼국'을 이루는 것이었다. 918년 궁예의 '태봉'에서 정변이 발생한다. 궁예를 내몰고 권좌에 오른 태조 왕건이 고려를 개국開國한다. 왕건은 935년에 신라의 마지막 왕 경순왕敬順王의 항복을 받아들이고 다음해인 936년 '후백제'를 멸망시킴으로써 '후삼국통일'을 이룩한다.

이로써 비로소 한반도에서는 고려 474년과 조선 518년, 도합 992년간의 '통일국가' 시대가 막을 열게 된다. 그러나 고려의 '통일' 역시 완벽한 것은 아니었다. 영토가 지나치게 위축되었기 때문이다. 고려 초기의 국토는 북으로 압록강과 두만강에 이르지 못했다.

474년에 걸친 고려 왕조의 존속기간은 거의 전 기간을 통해 특히 북쪽의 외세外勢와의 무력 갈등으로 편할 날이 없었다. 고려는 차례를 바꾸어가면서 북방에 등장한 거란족의 '요'遼 나라, 여진족의 '금'金 나라, 몽골족의 '원'元 나라와 계속된 무력갈등 속에서 조금씩 북쪽으로 국경선을 밀고 올라갔다.

고려의 국경이, 그것도 겨우 강 하구의 신의주 근처에서, 압록강에 도달한 것이 6대 임금 성종成宗 때인 993년경이었고 함경남도 함흥咸興 근방에 6성을 쌓은 것이 15대 임금 숙종肅宗때인 1104년경이었다. 1239년부터 시작된 40년간의 대몽對蒙 항쟁을 거쳐 고려는 한때 '원' 제국의 부마국가駙馬國家로 전락하기도 하였다.

이 기간 중 '원' 제국에 의한 쌍령총관부雙嶺總管府와 동령부東寧府의 설치로 인하여 적어도 일시적으로는 고려의 국토가 옛날 신라에 의한 '삼국통일'시의 규모로 줄어들기도 하였다. 우리 국토가 두만강까지 확장된 것은 그보다 한참 뒤인 1400년경 조선朝鮮 왕조 4대 임금, 세종대왕世宗大王때였다.

한국 근대사에 있어 영토문제는 간도間島와 이어도離於島 그리고 독도獨島 문제가 있다. 또 미래지향적인 관점에서 중국지역에 포진하였던 고조선 북방영토에 대한 역사적 재조명 문제도 있다. 중국이 동북공정을 추진하며 역사를 재해석[641]하고 있는 것과 연계하여 우리도 통일의 추진과 병행하여 북방역사의 재해석이 요구된다.

우리 세대가 풀어야 할 숙명적 과제인 나라의 '분단'과 '통일' 문제는 이 같은 민족사의

---

641) 2012년 6월 12일 동북아역사재단에서 열린 '중국의 역대장성' 발표 관련 토론회는 중국의 '고무줄 만리장성' 발표 이면에 깔린 '중화주의의 영토적 확장'을 경계하는 자리였다. 이종수 교수는 "중국 장성 조사는 학술적으로 허점투성이이며, 미리 설정된 장성 노선에 자료를 끼워 맞추려는 의도가 명백하다"며 "최근에는 장성의 동쪽 끝을 북한의 청천강까지 확장하려는 작업을 벌이는 등 자국 영토 확장 논리로 변했다"고 말했다. 남의현 교수는 "중국의 작업은 고구려·발해 등 우리 북방사는 물론 조선과 명·청 사이에 있던 압록강·두만강 대안(對岸) 지역의 공한지 내지 국경완충 지대를 중국 강역으로 만드는 한편, 백두산정계비의 토문강을 두만강으로 만드는 왜곡을 합리화하는 근거도 될 수 있다"며 "장성 길이를 더 확대할 가능성까지 경계해야 한다"고 지적했다. 조선일보 2012.6.13일자.

큰 흐름 속에서 생각해 보는 여유가 필요하다. 우리 민족사에서 '분단'은 유독 우리세대만이 유일하게 겪는 고통스런 경험이 아니었다. 또한 '통일'에 이르는 길이 순탄했던 적도 없었다. 물론 시대적 배경이 다르기는 했지만 과거의 '통일'은 모두 무력에 의한 '유혈통일'流血統—이었다.

'통일'에 집착한 나머지 외세의 힘을 빌어서 이를 달성하는 과오도 범했다. 이 같은 굴곡을 통하여 '통일'을 얻기는 했지만 그 대신 잃은 것도 대단히 많았다. 가장 뼈아픈 것은 국토의 상실이었다. 우리는 '통일'을 이룩하는 대가로 만주라고 하는 광대한 영토를 잃어야만 했다.

이제 또다시 '분단'을 극복하고 '통일'을 성취해야 할 운명을 타고 난 우리 세대가 이 같은 과오를 되풀이해서는 안 될 것이다. '통일'에 집착한 나머지 '분단'보다 못한 '통일'을 택하거나, '통일'을 하는 과정에서 '분단' 상태에서 소유하던 소중한 것들을 상실하는 일을 해서는 안 된다.

중국은 동북공정을 통해 한반도의 역사를 자국 역사의 일부로 편입시키려 노력하고 있고 일본은 독도를 자기영토라 주장하며 역사를 왜곡하고 있다. 따라서 우리가 지혜롭게 '통일'에 접근하기 위해서는 먼저 어떤 통일이어야 하는가에 대한 검토가 필수적이라 할 수 있다.

2. 통일의 의의와 시급성

통일의 개념은 사람에 따라 조금씩 다르게 규정한다. 그러나 대체로 통일을 "우리 민족이 서로 적대적인 상이한 체제를 지닌 두 개의 국가 속에서 살고 있는 현재의 상태를 극복하고, 하나의 국가 속에서 민족공동체를 형성하면서 살아가는 상태"라고 규정할 수 있다. 물론 이러한 통일은 분단 이전 상태로 돌아가는 것이 아니라 서로 다른 역사의 길을 걷고 있는 남북한이 현재의 조건과 상황을 고려하여 다시 하나의 사회로 만들어 가는 창조 작업을 의미한다.

통일은 지리적으로 국토가 하나 되는 것만을 의미하지 않는다. 정치적으로 대립되었던 제도를 하나로 만드는 것이고, 경제적으로 서로 다른 체제를 하나로 거듭나게 하는 것이며, 이질화된 문화를 하나로 다시 탄생시키는 것이다. 그리고 궁극적으로 남북의 주민이 심리적으로 "우리는 같은 국민"이라고 느끼게 되는 상태가 바로 통일이다. 이렇듯 통일은 모든 방면에서 남북의 주민이 동질적인 삶의 양식과 정신문명을 공유하는 것이다.

그러나 통일의 범위를 이처럼 완전한 의미의 통일국가 형성으로 제한시켜서는 안 된다. 국가와 제도상으로 완전한 통일을 이루기 이전에도, 민족의 동질성과 통일가능성을 높여갈 수 있다. 사실 통일 상태를 "실현", "미 실현"의 이분법적 개념으로 나누어 보기는 어렵다. 오히려 통일을 이분법적 개념이 아니라 지속적인 발전적 과정으로 파악하는 것이 합리적이다. 이렇게 보면, 남과 북이 상호 적대성을 감소시키고 평화정착을 실현하여 남북연합이라는 국가연합을 형성했을 때 우리는 그것을 과도적 단계의 통일로 볼 수 있을 것이다.

남북한의 완전한 통일은 평화공존을 통해서 점진적으로 달성해 나가야 한다. 남북한 사이에 평화를 정착시키고 화해·협력할 수 있는 관계를 형성하여 교류와 협력을 증대해 나가면, 점진적으로 남·북한간의 불신과 이질화가 해소될 수 있을 것이다. 또한 남·북한 간의 두터운 연계에 의해 민족공동체를 실질적으로 복원할 수 있을 것이다. 이 단계에 이르면, 설령 남북한이 별개의 국가와 제도를 유지한다고 하더라도 서로 오고 가고 돕고 나누는 '사실상의 통일' 상태를 형성할 수 있을 것이다. 사실상의 통일 상태를 달성한 뒤 남·북간의 합의를 통해 법률적·제도적인 통일을 이루는 것이 바람직하다고 할 수 있다.

그림에서 방안 I의 상황을 만들어가야 한다. 이 경우에 통일방식은 신뢰프로세스를 통한 단계적 안보교환 통일접근이 될 것이다. 이 중에서 어떠한 방식이 될지는 북한이 체제를 전환한 이후에 통일시점에서 북한의 정치, 경제, 주민의식 등이 남한과 비교하여 어떤 수준에 있게 될 것이냐에 따라 달라질 것이다. 남북한이 통일로 인한 후유증을 최소화하기 위해서는 북한의 체제전환이 조기에 이루어져야 하고 개혁·개방을 통해 남한과의 교류가 활성화되어 격차를 줄여나가야 할 것이다.

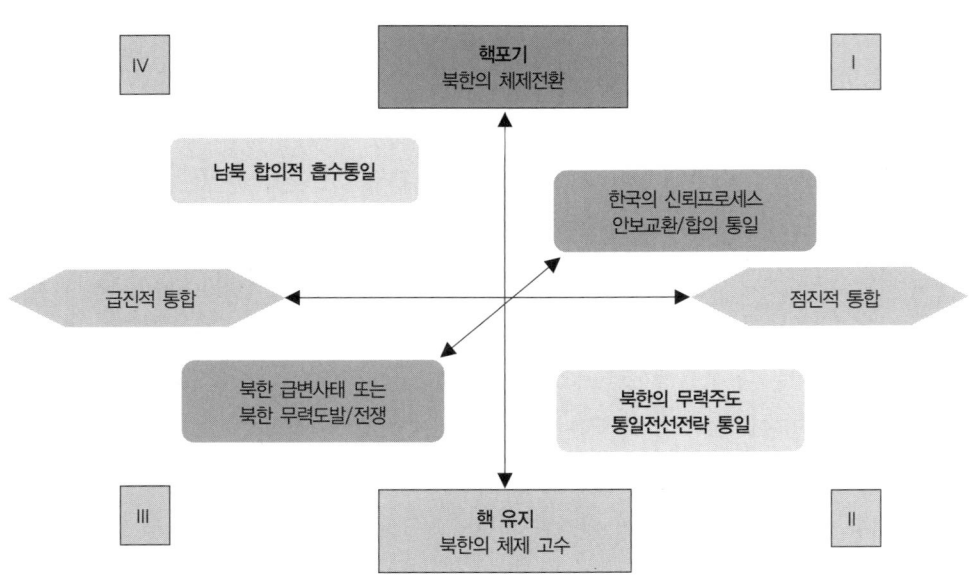

남북한 통일여건과 통일방식 상관 개념도

현재 북한은 세습독제에 의한 폐쇄적 사회주의 경제정책의 실패로 절대 빈곤상태에 있으며, 경제 부흥이 시급하나 핵, 미사일 개발에 따른 국제사회의 제재로 난망한 상태에 있다. 반면 한국은 그동안의 고도성장으로 G-20 국가에 진입하는 등 선진국의 반열에 올랐으나 저출산, 고령화, 자원부족, 경제발전의 한계봉착 등 미래가 불투명하다. 이런 상황에서 통일은 이러한 문제들을 해결함은 물론이고 21세기 선도국가로서 번영, 발전할 수 있는 좋은 계기가 될 수 있다.

구체적으로 최근 현대경제연구원에서 추산한 바에 의하면 남·북한이 2014년부터 단계적으로 경제 통합을 시작해 2050년 통일되면 1인당 GDP(국내총생산)가 8만6000달러에 달할 것이라고 전망하고 있다. 「통일 한국의 미래상」 보고서에서 "남북한이 내년부터 단계적으로 통합해 2050년 통일하면 GDP가 총 6조560억 달러로 영국 러시아 프랑스 일본 보다 높은 세계 9위를 차지할 것"이라며 "통일 한국의 국력지수는 2050년 세계 10위 수준에 이를 것"이라고 추산했다. 국력지수는 각국이 세계 전체 GDP·인구·군사력 등에서 차지하는 비율을 종합한 지수다. 반면 통일이 안 되면 우리나라의 2050년 예상 GDP는 4조73억 달러, 북한은 1조982억 달러로 추산했다.[642]

이 같은 GDP 차이는 경제 통합 여부에 따른 생산 가능인구(15세~64세)의 차이에서 비롯됐다. 남·북한이 통일을 하면 생산 가능인구 비중은 2050년 58%를 기록, 통일이 안 될 경우의 54%보다 4%포인트 높아질 것으로 예측됐다. 또 통일이 되면 통일이 안 될 경우보다 2년 늦게 고령사회에 진입하고 초고령사회는 4년 정도 늦어질 것으로 전망됐다. 북한의 생산가능인구가 합쳐지면서 경제 활력도가 그만큼 높아진다는 얘기다.

북한의 풍부한 광물자원도 통일의 또 다른 경제효과로 꼽혔다. 내수에서 필요한 광물자원의 절반을 북한에서 조달할 경우 연간 153억9000달러의 수입 대체 효과가 있을 것으로 추산했다. 마그네사이트, 금 등 북한 주요 광물 자원의 잠재가치는 3조9000억 달러에 달한다. 남한의 24.3배다.

국방비 절감 효과는 2013년부터 2050년까지 총 1조8862억 달러로 추정됐다. 연간 GDP 대비 국방비 지출이 매년 0.1%포인트씩 감소한다고 가정해 나온 결과다.

남북이 경제적 통합을 이룰 경우 고령화·저출산 문제, 자원 부족 문제에 도움이 될 것이며 통일이 한국의 부담이 아닌 한국 경제의 신성장 동력 발굴이라는 인식을 갖도록 국민적 공감대 형성 노력이 필요하다.

---

642) 조선일보, 2012. 8. 12.일자.

제3절

한반도 조화 안보·통일의 접근

1. 조화 안보·통일 접근의 개념

동양철학은 중도中道와 조화調和사상이 그 핵심이라 할 수 있다. 후진타오胡錦濤 전 중국 주석이 조화사회調和社會 건설을 표방하면서 노장사상老莊思想을 국정이념으로 채택한 예에서 보듯이 우리 사회의 갈등 구조를 해소해 나가기 위해서는 동양고전의 인식론적 기초 위에서 새롭게 조명하는 작업이 필요하다.

조화란 '어긋나거나 부딪침이 없이 서로 고르게 잘 어울림' 또는 '모순되거나 어긋남이 없이 서로 잘 어울리는 상태에 있다'는 말이다.[643] 따라서 조화 안보·통일이란 튼튼한 안보를 바탕으로 한 통일이 어긋나거나 부딪침이 없는 상태 또는 모순되거나 어긋남이 없이 잘 어울리는 상태에 있는 것을 말한다.

안전하고 평화로운 통일을 달성하기 위해서는 여러 가지 조건들이 요구된다. 우선적으로 남북한 국민 모두가 수용할 수 있는 공통된 가치규범을 창출하고 이를 토대로 한 건전한 전쟁철학과 국가안보관을 확립하여야 할 것이며 이를 토대로 튼튼한 기반안보가 확보되어야 하고 이를 바탕으로 남북이 모두 득이 되는 상생안보相生安保를 추구함으로서 궁극적으로 통일을 이룩할 수 있는 통일과 번영의 확고한 국가비전체계가 정립되어야 할 것이다. 따라서 이를 위한 조화의 범위는 다음과 같은 4가지 차원에서 검토될 수 있다.

첫째, 과거와 현재 그리고 미래의 조화로서 역사의 인식을 통한 미래 지향적 국가관의 역사적 조화이다. 한반도의 역사는 현재 국내·외적으로 갈가리 찢겨있다. 한국, 북한, 중국, 일본이 보는 한반도의 역사가 각기 다르다. 우리 내부에서도 식민사관과 민족사관 그리고 종교사관에 따라 상고대사가 증발되고 폄하되며, 현대사가 제대로 기술되지 않고 누락되는 가운데 중국

---

643) 국어사전. 일부 학자는 조화란 말이 너무 추상적이어서 실천성이 전제되는 안보·통일 논의에 적합지 않다고 말하기도 한다. 그러나 조화사상은 우리 민족의 중요한 기반철학이며 동양철학의 핵심으로서 지키고 발전시켜야 할 중요개념이다.

과 일본은 역사왜곡을 가중하고 있다. 우리가 미래 통일과 번영을 위해서는 이러한 조화된 역사관과 국가관의 조화가 요구된다 할 수 있다.

둘째, 한반도의 지정학적 이점을 극대화 하는 국제정치의 조화로서 대륙세력과 해양세력의 힘의 균형유지이다. 이 점에 있어서 많은 학자들이 약소국가가 강대국들 사이에서 힘의 균형자 역할을 한다는 것은 불가능한 일이라고 말한다. 따라서 한반도의 역할은 지역 내 평화를 창출하거나 유지하는 역할로 그 의미를 찾아야 할 것이다. 경우에 따라서는 이 역할이 균형자 역할보다 더 명분이 있고 실리가 있을 수 있다. 이 같은 예는 스위스 등 유럽의 영세 중립국, 싱가폴 그리고 캐나다 같은 나라 들이 대표적이다.

셋째, 이념과 실용의 조화로서 국가 미래비전 실현을 위한 이상주의적 접근과 현실주의의 접근의 조화이다. 한국은 서구가 300여 년을 넘어서 이룩한 산업화와 민주화를 60여년 만에 이룩한 성공국가이다. 그러나 이렇듯 급작스런 성공 속에는 많은 부조리와 모순들이 내재해 있으며 사회 갈등으로 표출되고 있다. 또한 통일의 과정에는 많은 난제들이 산적해 있다. 북한은 낡은 이데올로기로 생존을 위해 몸부림치고 있지만 개혁 개방 없이는 빈곤과 저발전의 늪을 빠져나오기란 불가능하다는 것은 온 세상이 다 알고 있는 사실이다. 핵을 보유한 북한을 상대해야 하는 우리로서는 현명한 대처가 필요하다. 그것은 실용적 현실주의로 대처해 나가야 한다. 압도적인 국력을 바탕으로 이념과 실용을 조화시켜 나가야 할 것이다.

넷째, 통합과 상생의 조화이다. 국가 내부적으로 통합과 통일이전 남북의 상생, 통일 이후 국제사회와의 상생해 나갈 수 있는 조화가 이루어져야 할 것이다. 특히 한국사회는 급작스런 고령화와 저출산, 그리고 다문화 사회로 진입하고 있다. 지속적인 국가의 성장 동력을 갖추기 위해서는 통합과 상생의 조화가 절실하다 할 수 있다.

다섯째, 신뢰프로세스에 있어서 남·북간, 국민 간, 국제적 신뢰의 조화이다. 대북정책은 이 세 가지가 조화를 이루어야 효과를 발휘 할 수 있다. 또한 통일과정에 있어서 분단관리와 통일준비의 조화가 요구된다. 지난 15년간의 대북정책이 극단적으로 대립했던 것은 통일에 대한 인식이 근본적으로 달랐기 때문이다. 그 결과 '대북정책 없는 통일정책'이 추진되는 기현상이 발생하였다.[644]

---

644) 최진욱(통일연구원), 「'한반도 신뢰프로세스의 이론적 체계: 대두배경, 본질과 이행방안」, 동북아 연구회 세미나 발표 논문(2013. 5. 8, 국회 의원회관). pp.8~9.

2. 국가비전체계 구축

(1) 비전체계 개념과 접근법

비전체계란 경영학 용어로서 조직행동론에서 조직경영전략 또는 전략적 리더십 이론으로 발전된 '목표·가치 접근법'을 말한다. 통상 조직의 가치-비전-목표-실행전략(행동방안)으로 구성된다. 이를 국가에 적용한 것이 국가비전체계이다.

국가비전체계는 국가의 미래 발전 방향과 목표를 밝히는 것으로서 국가가치를 토대로, 국가가치-국가이익-국가목표-국가정책/전략의 순으로 이루어진다. 우리나라는 아직 국가비전체계가 정립되어 있지 않다. 국가가치, 국가이익, 국가목표의 식별을 통해서 이의 구현을 위한 국가정책과 전략이 수립된다. 그러나 대한민국은 건국 이후 최근까지 국가이익과 국가목표를 바탕으로 한 국가안보전략을 체계적으로 수립하지 못해 왔다.

여러 가지 원인이 있겠지만 대략 세 가지로 요약될 수 있다. 첫째는 대한민국의 국력이 미약했기 때문에 국가이익을 구현하고 국가목표를 달성하기 위한 종합적인 안보전략을 수행할 능력을 갖지 못하였다. 둘째, 대한민국은 약소국으로서 대외 자주성이 크게 제약되어 독자적인 안보전략의 수립이 어려웠다. 셋째, 미국에 정치적, 군사적으로 크게 의존함으로써 스스로 안보목표와 기조를 정립하고 추진해 나갈 수 있는 역량을 제한하는 결과를 초래하였다.[645]

참여정부에서 최초로 이러한 문제를 인식하고 최초로 국가이익을 ①국가안전보장 ②자유민주주의와 인권 신장 ③경제발전과 복리증진 ④한반도의 평화적 통일 ⑤세계평화와 인류공영 다섯 가지로 식별해 내고 안보목표와 전략기조, 전략과제를 도출하여 추진하였다.[646] 이후 이명박 정부에서는 이에 대한 언급 없이 단순히 국정목표, 원리, 과제라는 이름으로 국정을 운영하였는데 국가이익의 규명 없이 국가비전으로 '선진화를 통한 세계 일류국가'를 제시하고 이를 실현하기 위해 '잘사는 국민, 따뜻한 사회, 강한 나라' 세 가지를 표명하였다. 그리고 국가안보 목표로 '한반도의 안정과 평화유지, 국민안전 보장 및 국가번영 기반구축, 국제적 역량 및 위상 제고'로 설정하였고 국가안보 전략기조로 ①새로운 평화구조 창출 ②실용적 외교 및 능동적 개방 추진 ③세계로 나가는 선진안보 추구의 3대 기조 하에 '미래지향적 안보역량 구비' 등 6개의 전략과제를 제시하고 추진하였다.

박근혜 정부에서도 마찬가지로 비전체계의 제시 없이 국정비전을 '국민행복, 희망의 새시대'로 하여 국정비전 달성을 위한 5대 국정목표로 ▲일자리 중심의 창조경제 ▲맞춤형 고용·복

---

645) 강진석, 『한국의 안보전략과 국방개혁』(서울: 평단, 2005), p.364.
646) 국가안전보장회의(NSC), 「평화보장과 국가안보」(국가안전보장회의 사무처, 2004), 원래 참여정부는 이것을 공식 문서화하려 하였으나 안보관련 부처의 반대에 부딪혀 문서화 되지 못했다.

지 ▲창의교육과 문화가 있는 삶 ▲안전과 통합의 사회 ▲행복한 통일시대의 기반구축으로 선정했다. 여기에서 역대 정부의 공통적인 문제점은 국가가치와 국가이익에 대한 명확한 인식이 부족하다는 것이다. 물론 헌법적 가치의 실현이 최고의 목표이지만 이제는 통일을 지향하는 실천전략이 요구되는 시점에서 통일헌법이 지향해야 할 새로운 방향의 설정과 개념의 구체화 작업이 절실히 요청된다고 할 수 있다. 따라서 정권차원의 국정운영 지침을 넘어선 국가대전략 차원의 국가가치 정립과 국가이익의 식별 그리고 이에 따른 국가목표와 국가전략 수립을 위한 목표-가치 접근이 절실하다 할 수 있다.

(2) 통일을 지향한 국가비전체계 접근

이러한 문제인식 하에 미래 통일 한국의 국가가치로 우리 한민족 고유의 철학사상을 기초로 한 단군정신을 제시하고자 한다. '한韓'철학(성통광명, 제세이화, 홍익인간)을 국가가치로 하고 이로부터 국가이익과 국가 목표를 도출할 것을 제안한다.[647]

이를 종합하여 조화적 국가비전을 정립하자면 '국제평화 창출 및 유지자로서 일류국가 건설'로서 이를 지향하는 국가목표는 첫째, 국가의 생존보장. 둘째, 번영과 발전 구현. 셋째, 평화통일 달성. 넷째, 일류국가 건설로 설정할 수 있다.[648] 이와 관련하여 대한민국 헌법 전문에는 "민주개혁과 평화적 통일의 사명", "정의·인도와 동포애로서 민족 단결", "자유민주주의 기본질서", "국민생활의 균등한 향상", "항구적인 세계평화와 인류공영에 이바지", "우리들과 우리들의 자손의 안전과 자유와 행복을 영원히 보호할 것" 등이 애매하게 언급되어 있다. 또한 대통령의 책무와 관련하여 "국가의 독립", "영토의 보존", "국가의 계속성과 헌법의 수호", "조국의 평화적 통일", "국민의 자유와 복리의 증진 및 문화의 창달" 등이 제69조에 명시되어 있다.

국가대전략은 한 국가가 생존과 번영, 발전을 위해 국방·외교·정치·경제·사회 등 제반분야에서 중장기적으로 추진해야 할 정책들에 대한 종합적이고 체계적인 계획과 구상이며, 이에 따른 국가안보전략은 국가전략의 기저를 이루는 전략으로 전략적 수단에 기초하여 국방전략, 외교안보전략, 정치·심리전략, 경제전략, 사회·문화전략, 과학기술전략 등으로 구성할 수 있다.

미래 국가목표는 통일 이전과 이후로 구분하여 설정해야 할 필요가 있다. 통일이전에는 통일을 준비하며 국민의 복지 번영과 안전을 도모하면서 세계 중견국가의 위상을 확보하는 것이라 할 수 있다. 한미동맹을 근간으로 주변국은 물론 국제사회와 포괄적 안보를 추구하며 국제평화에 기여해야 할 것이다. 통일 후에는 동북아 중심국가로서 평화와 번영을 추구하며, 국제정

---

647) 미국은 국무부 산하에 '미국 국가이익 검토 위원회'가 구성되어 있다.
648) 하정렬, 『대한민국 안보전략론』(서울: 황금알, 2012), p.102.

의를 실현하는 선도국가로 발전되어야 할 것이다.

⑶ 국가전략 체계 세부 검토

① 한국의 국가이익

한국의 국가이익은 그간 정부차원에서 공식적으로 정의된 바는 없었는데 참여정부는 최초로 대한민국 헌법에 근거해서 국가이익을 다음과 같은 다섯 가지로 정의했다.[649]

<1> 국가안전보장: 국민, 영토, 주권수호를 통해 국가존립 보장

<2> 자유민주주의와 인권 신장: 자유, 평등, 인간의 존엄성 등 기본적인 가치와 민주주의 유지·발전

<3> 경제발전과 복리 증진: 국민경제의 번영과 국민의 복지 향상

<4> 한반도의 평화적 통일: 평화 공존의 남북관계 정립과 통일국가 건설

<5> 세계 평화와 인류공영에 기여: 국제역할 확대와 인류 보편적 가치 추구

이에 따른 국가안보 목표로는

<1> 한반도의 평화와 안정 <2> 남북한과 동북아의 공동번영 <3> 국민생활의 안전확보 등 세 가지를 설정하였다.

② 한국의 국가안보전략

국가안보전략은 대내외의 안보정세 속에서 국가목표를 달성하기 위해 국가의 가용자원과 수단을 동원하는 종합적이고 체계적인 구상이다. 참여정부는 국가안보 목표를 달성하기 위해 일관되게 견지해야 할 국가안보 전략 기조로 <1> 평화번영정책 추진 <2> 균형적 실용외교 추구 <3> 협력적 자주국방 추진 <4> 포괄안보 지향 등 네 가지를 제시하였다. 이러한 안보정책을 위한 전략과제로서는 <1> 북한핵문제의 평화적 해결과 한반도 평화체제 구축 <2> 한미 동맹과 자주국방의 병행 발전 <3> 남북한 공동번영과 동북아 협력주도를 들고 기반과제로서는 전방위 국제협력 추구와 대내적 안보기반 확충을 들었다.

이것은 1970년 자주국방을 표방한 박정희 대통령이 '국가안전보장기본정책서'를 발간한 이후 34년 만에 나온 것으로서 그간 세계 11위의 경제대국으로 성장한 한국이 외교와 안보를 미국에 의존하면서 국가안보전략 없이 지내왔던 역사가 정리된 것이다. 국력의 성장에도 불구하고 한국은 정치·외교·경제·군사·정보 분야를 통합 ·활용할 수 있는 국가 전략이 없어 국제경쟁에서 뒤져왔다. 국방 분야에서 5년마다 작성되는 '국방기본정책서'는 1970년 작성된

---

649) 국가안전보장회의(NSC), 「평화번영과 국가안보」, 2004. 3. 1, 안전보장회의 사무처. pp.20-2

국방목표에 맞추어 작성하는 등 기형적인 안보구조를 가져왔다.

참여정부에서 국가전략이 최초로 공식화됨으로서 우리는 정치, 경제 등 제 분야의 국력을 통합해 조정하고 관련 부처들이 통합된 노력을 창출하고 국가경영의 효율성을 증진시킬 수 있는 체계가 구축되었다. 이 안보전략서는 북한 핵문제의 진전에 따라 진행되고 있던 6자회담 논의를 동북아안보대화의 틀로 발전시켜 나가겠다고 천명하였으며, 전방위 국제협력을 추구한다고 선언하였다. 여기서 자주적 군사력의 건설과 함께 남북한의 군사적 신뢰구축과 군비통제의 추진을 강조하고 있는데 이렇듯 한반도 평화체제 구축을 위해 군비통제 정책을 국가전략 차원으로 격상시킨 것은 그 의의가 크다 할 수 있다.650) 참여정부의 공과에 대하여 많은 논란이 있으나 안보전략서 「평화번영과 국가안보」의 발간은 대단히 큰 의의가 있었다고 평가되며 박근혜 정부에서 더욱 발전된 국가 안보전략서가 조속히 작성되기를 기대한다.

<참고> 참여정부 안보정책 구상

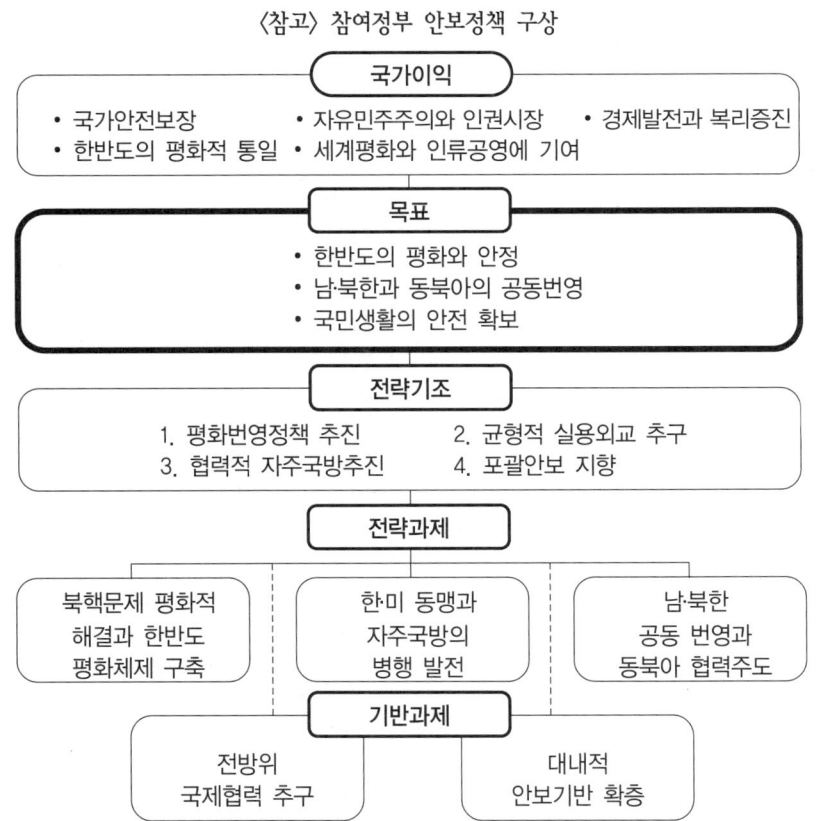

* 전략과제: 당면한 안보현안/국가안보 목표 달성에 관건이 되며, 참여정부 기간 중 정책적 우선순위를 두고 추진
* 기반과제: 안보정책 목표 자체이자 전략과제의 이행을 뒷받침하며, 특정 시기에 국한되지 않고 일관되게 추진

650) 한용섭, 「한국의 국가안보전략」, 시론, 국방일보, 2004년 3월 9일자

국가가치와 국가이익 그리고 국가안보전략이 식별되고 나면 그 이후의 정책과정은 일사 분란하게 이루어질 수 있다. 미국의 국가이익검토위원회의 분류방법과 개념을 기초로 하여 구상한 전성훈의 분류를 기초로 참여정부의 안보정책 구상과 이명박, 박근혜정부의 안보정책 기조를 종합하여 국가이익을 재분류하여 보면 <표>와 같이 분류할 수 있다.651)

한국의 국가이익 중요도별 주요 국가목표

중요도	국가이익분야	국가목표
존망의 이익	국가안전보장	◦ 북한 핵무기 폐기 및 비핵화 ◦ 북한 핵/미사일 도발 억제 및 실패시 격퇴 ◦ 한반도 신뢰프로세스 및 남북한 군비통제·군축 ◦ 한국에 대한 대량파괴무기 공격·위협 방지 ◦ 일본의 독도 영유권 주장 및 우경화 대처 ◦ 동북아에서 한국에 적대적인 국가의 등장 방지 ◦ 무역, 에너지, 환경 등 범세계적 주요체제의 붕괴 방지 ◦ 방어적 목적의 신뢰할 수 있는 군사력 확보
	조국의 평화통일	◦ 북한의 급변사태 발생 방지
핵심적 이익	국가안전보장	◦ 우방국과 안보동맹 유지(전략적 한미동맹) ◦ 분단상태의 평화적 관리 ◦ 동맹국의 생존 보장 ◦ 대량파괴무기의 지역적 확산·사용 방지 ◦ 분쟁의 평화적 해결을 위한 국제규범 강화 ◦ 동맹국에 대한 침략 저지 ◦ 동북아 차원의 긴장완화조치 이행 ◦ 군사전략적으로 중요한 첨단 기술의 확보·개발 ◦ 미·일과의 전략적 협력관계 강화
	경제성장과 국가 번영	◦ 경제번영과 국력배양 ◦ 에너지·자원 확보
	자유민주주의 체제 유지·발전	◦ 자유민주주의 체제의 정착·발전
	조국의 평화통일 위한 한반도 평화체제 구축	◦ 남북관계의 개선 발전(공동번영) ◦ 민족경제의 통일적·균형적 발전 도모 ◦ 북한의 개방과 자유민주 유도·촉진 ◦ 자유민주 질서에 입각한 평화통일 달성

---

651) 전성훈, 『국가전략』 5권 2호(1999) 「한국의 국가이익과 국가전략: 통일·외교·안보를 중심으로」 참고. 현 상황에 맞게 재구성하였음.

중요한 이익	경제성장과 국가 번영	◦ 국민교육·생활의 균등한 향상과 복지 증진
	자유민주주의 체제 유지·발전	◦ 법치주의와 정의사회 구현 ◦ 국민의 자유·인권 보장 ◦ 민족문화 창달 ◦ 테러·마약 등 국제범죄로부터 국민보호
	국위선양과 세계평화 기여	◦ 각국들과 선린우호관계 유지 ◦ 유엔을 포함한 다자간 협력장치의 유지·강화
	조국의 평화통일	◦ 통일에 유리한 국제환경 조성·활용 ◦ 북한에서 대규모 인권위반 사례의 발생 방지

부차적 이익	경제성장과 국가 번영	◦ 국제경쟁력 강화와 핵심산업 활성화 ◦ 무역조 시정 ◦ 아시아에서 시장경제 확산 ◦ 해외시장과 수출의 확대
	자유민주주의 체제 유지·발전	◦ 아시아에서 자유민주주의 확산
	국위선양과 세계평화 기여	◦ 동북아와 세계의 평화와 인류공영에 이바지 ◦ 국제지위에 걸맞은 국내제도와 국민의식 정비

- **뉴터라인(Nuterline)의 국가이익 중요도 분류 기준**
  존망의 이익: 자유롭고 안전한 국가에서 국민들의 생활을 보장·증진하는데 필수적인 국가존립에 관한 국가목표들이 포함됨
  핵심적 이익: 양보할 경우 자유롭고 안전한 국가에서 국민들의 생활을 보장·증진하는 정부의 능력을 심각히 손상시키지만 아주 위태롭게 하지 않는 국가목표들로 구성됨
  중요한 이익: 국가의 존립·번영과 무관하지 않으며 양보할 경우 자유롭고 안전한 국가에서 국민의 생활을 보장·증진하는데 부정적 결과를 초래할 수 있는 사항들로 구성됨
  부차적 이익: 본질적으로 바람직하지만 자유롭고 안전한 국가에서 국민들의 생활을 보장·증진하는 정부의 능력에 중요한 영향을 미치지 않는 국가목표들이 포함됨

조화 안보·통일 패러다임:
5차원 3원 전략

제1절
한반도 문제의 범위

조화 안보·통일 전략이란 통일안보전략을 추진해 나가는데 있어서 조화로운 방법을 택하고 추구한다는 말이다. 안보전략이란 국가안전보장을 추구하는데 있어 요구되는 전략을 의미하고, 통일안보전략이란 통일을 추구해 나가는데 있어서 요구되는 국가안전보장을 위한 전략을 말한다. 한반도에 있어서 '통일'이란 궁극적으로 '한반도 문제'가 해결된다는 것을 의미한다.

　　한반도 문제The Question, Question of Korea란 유엔 및 국제사회에서 한반도와 관련된 다양한 국제적 현안을 가리키는 말로서, 국제사회에 영향을 미치고 주변 국가들의 이해가 걸린 남북한과 관련된 의제를 의미한다. 이 의제는 최근 남북통일, 한반도 평화체제, 한반도 비핵화 등을 포괄하는 개념으로 사용된다. 우리가 해결해야 할 한반도 문제는 크게 북한의 핵보유, 한국전쟁의 법적 미종결, 분단의 장기화라고 할 수 있으며, 따라서 한반도 문제의 해결 목표는 한반도 비핵화, 한반도 평화체제 구축, 남북통일로 정리할 수 있다.652)

　　이 세 가지 문제는 각각 그 뿌리를 다르게 하고 있는데 그것은 구조적 차원에서 첫 번째로, 핵문제는 지역 차원을 넘어선 세계적 차원의 국제안보와 관련된 구조로서 국제 핵확산방지 체제와 대량살상무기 방지 레짐과 연계되어 있으면서 한편으로는 이란 등과 함께 국제질서에 도전하는 불량국가그룹과 이에 대한 국제제제 문제가 얽혀있는 구조로 되어 있다. 두 번째는 핵문제를 해결하기 위한 당사자 국가들로 구성된 6자회담은 미·일·중·러 그리고 남·북한 국가로 이루어져 있으며 핵문제 해결을 위한 현재 및 미래의 동북아 안보문제를 광범위하게 협의해 나가는 동북아 지역구조를 뿌리로 하고 있다는 것이다. 마지막으로 통일문제는 한반도 분단구조로서 한반도 분단 상황은 정전체제(停戰體制)로서 전쟁이 끝나지 않은 중단상태에 있는 것으로서 전쟁의 종식→평화체제 전환 및 정착→통일의 과정으로 이행되어야 할 과제를 안고 있는 구조로 구성되어 있다. 따라서 통일의 문제는 한반도 문제의

---

652) 조성렬, 『뉴 한반도 비전 -비핵평화와 통일의 길-』(서울: 2012, 백산서당), p.20.

삼각구도 하에서 동시에 병행적으로 해결되어야 할 문제로서 어느 한 가지 문제해결로 이루어 질 수 없는 복잡한 3위일체 구조로 얽혀 있다. 따라서 선순환구조先循環構造에 의한 단계적 접근이 요구되고 있다.

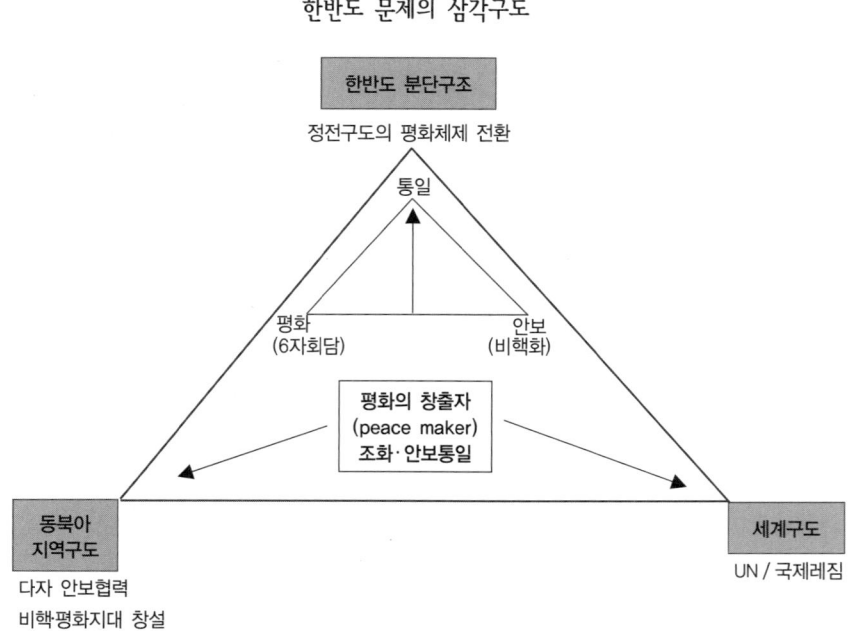

한반도 문제의 삼각구도

지금까지 추진되었던 대북정책 구상은 한반도문제 접근법과 한반도문제 주도권의 메트릭스를 기준으로 3가지로 대별할 수 있는데 그것은 첫째, 경제-안보 교환론에 기초하여 남북관계를 중심으로 접근하는 햇볕정책. 둘째, 중국이 추진하고 있는 중국판 햇볕정책으로서 경제-안보 교환론에 기초하면서 동북아 국제관계를 중심으로 하는 '동북아 지경전략'地經戰略,Geoeconomy Strategy in Northeast Asia(중국판 햇볕정책), 셋째, 동북아 안보협력회의CSC-NEA를 수립하여 탈냉전기 대륙국가와 해양국가 사이의 대립구조를 완화한 뒤, 이를 기반으로 한반도의 안정과 평화를 달성한다는 구상으로서 동북아판 헬싱키 프로세스 구상 등이다.653)

---

653) 조성렬, 위의 책.

한반도 평화통일 접근방안

1. 한반도 평화 프로세스

2012년 대통령 선거를 즈음하여 대북·통일정책과 관련하여 두 가지 중요한 정책제안이 있었다. 그 중 하나는 한반도 포럼의 '3.0 한반도 프로세스'와 나머지 하나는 조성렬의 '화해·상생 프로세스(왕건정책)'이다.

한반도 포럼은 2012년 8월 건전 보수와 합리적 진보를 아우르는 통합적 시각에서 '남북관계 3.0: 한반도평화협력프로세스'라는 대북정책 방향을 제시하였는데 남북이 서로 국가로 인정하는 남북기본조약 시대를 열자고 제안하였다.[654] 주요 내용 및 특징은 먼저 "남북관계를 유엔 회원국으로서 '국가와 국가 간의 특수 관계'로 새롭게 규정하여 조속히 남북기본조약을 체결한다"고 주장하고 있다. 그간 남북관계에 대한 규정은 1992년 체결된 남북기본합의서에 "쌍방사이의 관계가 나라와 나라사이의 관계가 아닌 통일을 지향하는 과정에서 잠정적으로 형성되는 특수관계"라고 명시된 내용을 따르는 것이 대체적 흐름이었다. 따라서 '남북기본협정' 체결 등에 대한 논의들이 있어 왔지만 이는 모두 남북관계를 국가와 국가 간의 관계보다는 민족 내부의 특수관계로 보는데 근거했기 때문에 국가간 '조약'으로 제시되지는 않았었다. 리포트는 "남

---

654) 한반도 포럼은 한반도와 주변 정세의 대전환기를 맞아 한반도 안정과 평화, 통일에 대한 대전략을 마련하기 위한 싱크탱크다. 북한과 동북아 관련 분야의 최고 전문가 30여 명이 회원으로 참여했고 2011년 3월 출범했다. 통일과 평화의 로드맵을 제시하고 보수·진보의 다양한 학문적·정책적 해법과 대안을 모색한다. 여기에 참가한 학자들은 다음과 같다.

백영철(건국대 명예교수) 권만학(경희대 교수) 권영경(통일교육원 교수) 김석진(산업연구원 연구위원) 김석향(이화여대 교수) 김영훈(한국농촌경제연구원 선임연구위원) 김수암(통일연구원 선임연구위원) 김학성(충남대 교수) 문정인(연세대 교수) 박명림(연세대 교수) 박영호(통일연구원 선임연구위원) 안병민(한국교통연구원 연구위원) 양문수(북한대학원대학교 교수) 오승렬(한국외대 교수) 유호열(고려대 교수) 윤덕민(국립외교원 교수) 윤영관(서울대 교수) 이금순(통일연구원 선임연구위원) 이우영(북한대학원대학교 교수) 이정철(숭실대 교수) 인요한(연세대 교수) 임혁백(고려대 교수) 장달중(서울대 교수) 전봉근(국립외교원 교수) 조동호(이화여대 교수) 조성렬(국가안보전략연구소 책임연구위원) 최진욱(통일연구원 선임연구위원) 하영선(서울대 교수) 한용섭(국방대 교수) 한인택(제주평화연구원 연구위원) 총 30명.

북기본조약은 통일 시까지 포괄적 잠정조약의 성격을 갖는다."며 "남북기본조약 체제는 상호 국가성 인정과 존중에 바탕 하여 중상비방 금지, 무력 불사용과 불침공, 대화협상을 통한 평화적 해결 원칙을 확고히 한다."고 설명했다. 남북기본조약의 잠정 내용으로는 '남과 북은 상호 국가적 실체성을 인정하고 정상적인 선린관계를 발전시킨다.'는 상호인정을 비롯해 △분쟁의 평화적 해결 △무력사용 포기 및 불가침 △대량살상무기 포기 △상주대표부 설치 등 12개 조를 제시했다. 리포트는 "남과 북은 남북기본조약의 체결과 함께 쌍방의 수도에 양측 정부를 대표하여 일상적인 남북관계를 담당할 상주대표부를 설치·교환"하고 "남북당국 간 고위급대화를 복원하고 대화 창구를 다원화 한다."고 제시했다.

북핵문제 해법에 대해서는 '강화된 협상과 제재 병행' 전략을 구사하되 '한반도형' 비핵화 모델을 적극 개발한다며 "한반도 평화협정 체결, 북미. 북일 수교의 단계적 추진, 동북아 다자안 보협력체제 구축 등을 수준별, 단계별로 추진한다."고 밝혔다. 리포트는 남북관계를 국가와 국가 간의 관계로 보는 시각의 연장선상에서 통일론에 대해서도 기존의 '민족공동체 통일'에서 '남북공동체 통일'로의 전환을 주장하며 새로운 3단계를 제시했다. 즉, 1단계는 남북기본조약에 근거한 평화협력 단계이며, 2단계는 남북연합헌장에 기반 한 남북연합 단계, 3단계는 통일헌법에 근거한 통일국가이다.

사실 이 같은 3단계 통일방안은 그리 새로운 통일방안은 아니지만 남북기본조약과 남북연합헌장 같은 국가 간 조약을 제시했다는 점에서 새로운 접근법이라 할 수 있다. 리포트는 "우리는 미래 통일국가를 꿈꾸고, 또 지금의 바른 자기 인식을 위해 평화중견국가 국제전략을 제안하고자 한다"며 "평화중견국가 국제전략은 기본적으로 한미동맹과 한중협력, 즉 연미화중(聯美和中)을 골간으로 삼아야 한다."고 제시했다. "균형외교를 통해 한반도 문제 해결과 지역평화에 동시에 기여할 수 있을 것"이라는 설명이다. 한반도포럼은 "2012년 봄 이후 새로운 대북정책을 위한 밀도 깊은 공동 작업을 시작했다"고 밝히고 있으며, '남북 경제공동체 형성'과 '교류협력 활성화, 인도주의 문제 해결' 등에 대한 입장은 물론 '국가안전보장조정기구'NSO 설치 등까지 밝히고 있어 통일정책 전반을 제시한 것으로 평가된다.

2. 한반도 화해·상생 프로세스

이와는 다른 관점에서 조성렬은 최근의 저서『뉴 한반도 비전』에서 새로운 접근으로서 '화해·상생프로세스'를 제안하였다. 조성렬은 기존의 방안들로는 한반도 문제의 해결이 불가능하다고 결론을 내리며 획기적인 안보-안보 교환방안을 제시하고 있다. 조성렬의 일명 '왕건정책' 구상은 한반도 평화체제 구축을 위해 3개 국면의 프로세스를 제시하고 있다. 첫째, 군사정전협정의 이행 종료 및 평화협정 체결. 둘째, 한반도의 비핵화와 군비통제의 실현. 셋째, 북·미, 북·일 관계의 정상화 등 세 가지가 병행적으로 이루어져야 한다. 이러한 과제들은 <9.19 공동선언>에서 합의한 대로, '말대 말', '행동대 행동'의 원칙에 입각하여 상호 조율된 안보조치에 따른 '포괄적 안보-안보교환' 방식으로 이루어져야 한다. 그리고 이러한 교환은 '낮은 수준'에서 '높은 수준'으로 단계적으로 추진되어야 한다. 이를 위해 손상된 남북 간의 신뢰관계를 최우선적으로 복원한다. 다음으로 북 핵 포기나 해상경계선, 주한미군 문제와 같은 민감한 안보사항들을 우회하여 '낮은 수준의 안보-안보교환'을 실시한다. 이 같은 '낮은 수준의 안보-안보교환'을 토대로 남·북 간은 개발협력과 경제협력을 크게 확대해 남북경제공동체의 건설을 추진한다. 이렇게 하여 남·북간 상호의존도가 심화되고 인적교류가 활성화 되어 남북경제공동체 건설이 일정한 수준에 올라오면 '높은 단계의 안보-안보교환'을 위한 협상에 본격적으로 착수한다는 구상이다.

3. 소결론

이 두 방안은 지금까지의 통일관련 노력의 실패에 대한 반성과 교훈을 중심으로 변화된 상황을 반영하여 미래 지향적인 제안을 내용으로 하고 있다. 매우 혁신적으로 실천을 전제로 한 실용적인 방안 제시임에도 불구하고 국가안보전략적 차원에서 중요한 논의들이 빠져있다. 그것은 기반안보요소들에 관한 것이다. 물론 이들은 이것을 간과한 것이 아니고 그것을 기본적으로 주어진 것으로 간주하고 논의를 전개 하였다. 그러나 북한이 핵을 보유한 이 시점에서 중요한 것은 통일논의에 있어서 안보논의의 중요성과 보수적 안보관과 진보적 안보관에 있어서 강조점의 차이를 넘어선 균형성의 관점에서 이의 조화문제는 대단히 중요하다 할 수 있다. 통상 보수진영에서는 진보적 통일 논의의 제시를 불안한 불장난으로 보며 정서상 북한 정권과의 화해란 절대 용납될 수 없으며 흡수통일 되어야 한다는 기본적인 입장에서 무조건적인 절대안보의 중요성을 강조하고 있고, 진보적 통일논의논자들은 역사의식과 사명의식을 내세우며 현실의 개선과 미래 역사창조의 중요성과 시급성을 강조한다.

　여기서는 그러한 이분법적 차원을 극복하고 넘어선 안전하고 평화로운 접근법으로서 '조화 안보·통일 전략' 접근법을 제시하고자 한다.

한반도 조화 안보·통일 전략 구상

1. 기본 개념: 거북선 안보철학

지난 1백년 간 한반도는 네 마리의 말에 의하여 사방으로 찢기는 '거열'車裂이라는 형벌을 받아 왔다. 이제 7천만 민족과 주변국들이 매력으로 느낄만한 통일 한국에 대한 뚜렷한 비전과 통합의 리더십이 있다면 우리 통일한국은 네 마리의 말이 힘차게 이끄는 '4두마차'로 바뀔 수 있는 역사적 전환점을 맞고 있다. 그러나 이것은 참으로 역사를 변화시키는 격변의 난제를 해결해 나가야 하는 지난한 과정이라 할 수 있다. 그러나 분명한 것은 그것이 우리의 눈앞에 당면해 있으며 우리 세대가 감내해야 할 시대적 사명임이 분명하다는 사실이다. 우리는 도도히 다가오는 역사의 거대한 물결을 회피할 수 없다. 우리는 어떤 준비를 해야 하는 것인가? 많은 분석가들이 역사적 분석과 전략적 분석을 통하여 제시한 한반도 운명에 대한 많은 연구들이 있다. 공통적으로 위기와 기회를 이야기한다. 용기와 지혜로운 선택이 필요하고 그것은 이 시대를 사는 지식인들과 전략가들에게 부여된 사명이라 할 수 있다.

한반도 통일 구상으로 제시된 기존의 방안들은 미래통일 전략 구상에 치중되어 있고 현실적인 문제와 대안구상은 없다. 따라서 실천적인 정책 대안이 되기 위해서는 이러한 미래통일전략을 실천, 보장할 수 있는 기반안보전략이 뒷받침 되어야 하고 이 둘이 조화를 이루어야 한다. 왜냐하면 북한이 핵과 미사일을 개발하여 노리는 것은 기본적으로 자기주도 통일, 또는 적화무력통일을 궁극적으로 추구하는 것이기 때문에 낭만적으로 우리가 일정부분 양보를 통하여 단계적 접근을 한다는 생각은 위험한 것으로 기반안보에 대한 논의 없이는 공허한 염불에 불과한 것이기 때문이다. 따라서 이 둘이 균형 있게 취급되고 발전되어야 할 문제이다.

이에 더하여 이러한 문제가 발생한 기본적인 원인은 그동안 우리 국민들이 우리 안보문제에 대하여 수동적 입장을 견지해 왔던데 기인한다. 즉 한 번도 우리 스스로 안보 문제를 우리의 문제로 인식하지 못하고 주도권을 상실해 온 역사적 배경이 있다. 따라서 건전한 전쟁철학의 정립이 중요하며, 이를 기초로 한 기반안보전략, 그리고 통일을 지향한 협상안보전략이 발전되어야 한다. 기반안보전략은 3가지 차원으로 이루어지며 그것은 클라우제비츠가 말한 인적요소, 지적요소 그리고 우연의 요소로 구성된 국민, 정부 그리고 군사 차원의 전략이다. 이러한 기반안보는 군사태세 완비 국방개혁, 한미동맹체제의 공고화, 국제안보협력, 북한의 통일전선전술에 대한 대응책 발전 등이다. 이를 토대로 단계적인 협상안보가 지원된다.

국민들의 건전한 전쟁철학, 흔들림 없는 굳건한 기반안보의 확립 그리고 한반도 평화프로세스의 단계적 접근, 이 세 가지야 말로 조화 안보·통일의 핵심이며 거북선안보철학이라 할 수 있다.

클라우제비츠는 전쟁을 인적요소, 지적요소, 그리고 우연의 요소로 기묘한 삼위일체를 이루고 있으며 이들은 각각 모순과 혼란 그리고 이중성의 연속으로 구성되어 있다고 말하고 이의 실천을 위해서는 이의 균형을 위한 고도의 실천적 지혜가 요구된다고 말한바 있다. 이를 현대적 개념으로 재개념화 해보면 국민적 요소, 정부적 요소, 그리고 군사적 요소로 되며 이 세 요소의 복합적 교호작용이 현대 국가안보의 핵심이라 할 수 있다.

클라우제비츠 3위일체 이론을 기초로 구성해본 '조화 안보·통일 전략'은 다음 5개차원의 3위일체 전략체계(삼원전략, Triad Strategy)로 구성된다. 그것은 가장 기저가 되는 전쟁철학戰爭哲學체계로부터, 국제안보國家安保체계, 기반안보基盤安保체계, 상생안보相生安保체계, 국가가치國家價値체계로 구성된다. 앞선 선행체계를 기반으로 그 다음의 체계가 생명을 유지 존속해 나갈 수 있는 순환체계를 구성하고 있다.

첫 번째로 가장 기본이 되는 것이 전쟁철학체계이다. 이것은 전쟁과 평화, 전쟁과 정의 그리고 전략의 철학으로 구성된다. 전쟁과 평화는 정치와 전쟁의 본질에 관한 것으로서 국민들이 이에 대한 어떠한 이해를 가져야 하느냐 하는 것이다. 전쟁의 본질은 정치의 계속이고 정치의 본질은 평화의 구현에 있다.

두 번째로 국제안보체계이다. 국제안보체계는 국제사회체제안보, 국제체제안보, 개별국가안보체제 3가지 차원으로 이루어진다.

세 번째로 기반안보체계이다. 개별국가 내에서 기반안보체계는 인적요소(국민), 지적요소(정부), 우연, 불확실요소(군대)로 구성되어 있다.

네 번째로는 상생안보체제이다. 이것은 미래 통일을 지향하는 협상안보 차원으로서 북한의 핵 위협을 극복하고 주변국들과 협조하여 한반도 평화체제를 구축하고 더 나아가 동북아 평화체제를 구축해 나가는 과정에서의 안보를 말한다.

다섯 번째는 국가가치체계이다. 이것은 궁극적으로 이러한 다차원의 삼위일체를 통하여 우리가 추구하고자 하는 최고의 가치이다. 자유민주주의와 시장경제체제를 기본으로 이를 넘어서는 미래지향적이고 범우주적 가치라 할 수 있다.

이러한 5개 차원의 3위일체 요소들은 균형과 조화를 통해서 완성되며 이들 요소들에는 이중성이 존재하고 신중한 접근이 요구되며 실천지實踐智, Prudence에 의해 통제된다. 전체적인 조망은 다음 그림과 같다.

조화 안보·통일 전략 개념도, 저자구상

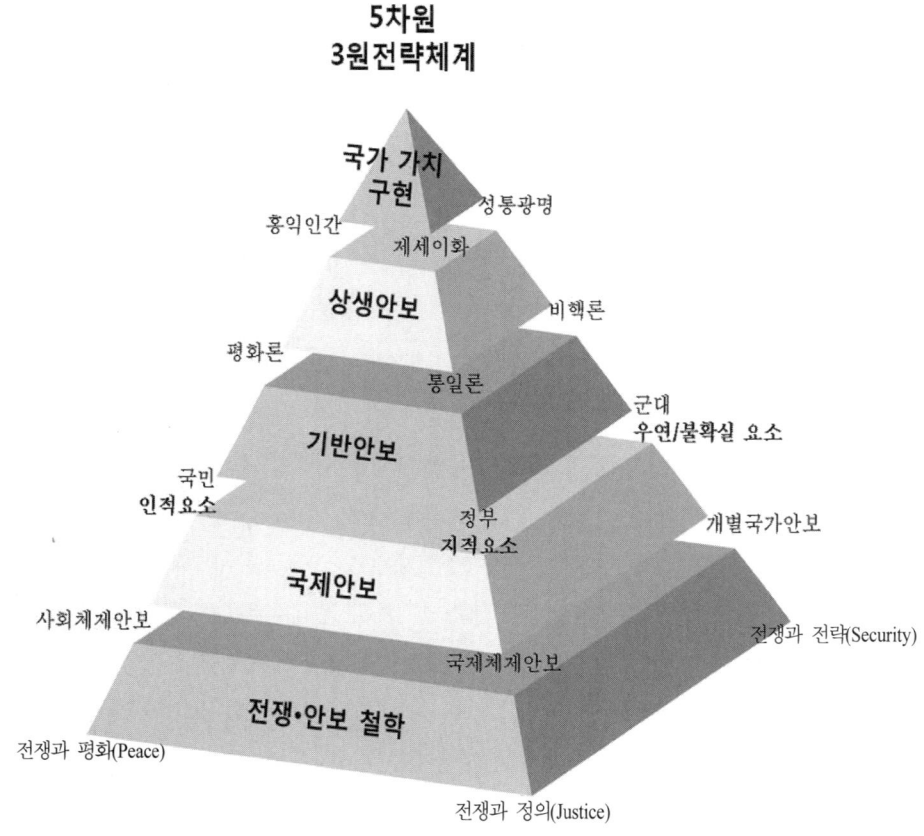

그동안 우리 학계에서는 무수한 통일관련 논의들이 있어 왔다. 마치 통일이 전부인 것처럼, 그것을 이야기 하는 것이 지식인의 사명처럼 목소리를 높이며 상대적으로 국가안전보장에 대해서는 낙관론적 기대를 가지고 있다. 설마 전쟁이야 일어나겠어? 우리 군사력은 현대화된 첨단 군사력이잖아? 그리고 그런 문제는 군인들이 알아서 하는 것 아니야? 하는 근거 없는 낙관적인 기대와 북한이 상대하는 것은 미국이지 한국이 아니며, 미국의 패권 야욕을 분쇄해야만 한반도 평화가 오고, 이제 중국의 힘이 막강해졌으므로 미국과 동맹을 관계청산하고 중국과 동맹관계를 맺어 말을 갈아타자는 등의 종북좌파들의 논리에 이르기까지 끝이 없었다. 그러다보니 무조건적 평화논리에 의한 국가안보의 폄훼현상이 극에 달하여 천안함 폭침 자작극 논란, 연평도 피격 및 제주도 해군기지 건설을 반대하는 사태까지 이르렀다.

또한 국민 생활 향상으로 복지소요가 증가함에 따라 정부부문에서 차지하는 국방예산이 축소되고 이것이 누적되어 계획되었던 국방개혁은 제자리에 머물고 있고 그러는 사이 군사 장비들이 노후화되어 현저한 군사력 약화를 초래하고 있다.

정치가들은 선거와 표에 도움이 되는 통일과 평화체제 구축 선동에, 학자들은 연구비 획득에 도움이 되는 통일관련 연구와 평화프로세스 개발에만 관심이 집중되고 이것을 뒷받침 하는 기반안보에는 관심이 없다. 또한 군인들은 자군 이기주의에 빠져 단일군으로 상부지휘구조를 바꾸어야 한다며 엉뚱한 미망에 빠져 있고 전시작전권 환수를 눈앞에 놓고 시급한 전쟁철학 정립, 교전규칙 및 작전교리 발전 등 대책발전이 미진한 상태이다.

이 시점에서 분명히 해야 한다. 통일이 중요하지만 안보를 전제하지 않은 통일은 위험하고 무의미하다. 과열된 통일관련 논의는 안보를 전제로 이루어져야 한다. 다행인 것은 국민일각에서 이러한 문제점을 인식하고 안보통일 포럼이 결성되는 등 인식이 제고되고 있다는 점이다.

그렇다면 안전하게 통일에 접근하는 방법은 무엇인가? 이러한 문제인식하에 저자는 조화 안보·통일 개념과 접근방법을 제시한다. 그것은 다차원 삼원전략 접근법으로서 거북선 통일안보 접근법이며 앞에서 제시한 개념체계 하에서 다음과 같은 5단계의 전략구도를 가진다.

제1단계: 국가가치체계 정립
제2단계: 건전한 전쟁철학, 국가안보관 확립
제3단계: 국제안보체제 이해 및 구축
제4단계: 기반안보체제 구축
제5단계: 상생안보체제 구축

2. 조화 안보·통일 전략의 기본구도

조화 안보·통일 전략 체계에서 기반안보는 북한의 적화통일을 위한 통일전선전술에 대응하여 나라의 생존과 안전을 보전하고 국제안보 협력을 위한 기본적인 국가방위태세를 건설하고 유지하는 것을 말한다. 따라서 이에는 클라우제비츠가 말하는 전쟁의 3위일체 요소, 즉 정부, 국민, 군대(군사)대책이 강구되며, 상생안보는 통일을 지향하는 북한과의 협상안보로서 통일의 3원체제인 국제구조, 동북아지역구조, 한반도 분단구초 측면에서 각각 법/제도 측면, 국제관계 측면, 군비통제 측면의 통일, 안보, 평화 구축을 위한 단계적 방안들이 논의된다. 북한의 핵무기 및 핵 프로그램 및 대량살상무기 폐기를 전제로 이와 안보-안보교환 방안으로 구상된 이 방안은 단계적 접근을 통해 이루어진다. 이를 통하여 궁극적으로 통일한국의 국가 비전과 가치를 구현하게 된다. 이를 도식하여 보면 다음 표와 같다.

조화 안보·통일 전략의 기본구도

통일국가가치 구현 성통광명, 제세이화, 홍익인간		

↑

단계별 접근(상생)		
제1단계	제2단계	제3단계
신뢰구축 복원	안보교환(저수준)	안보교환(고수준)

↑

상생 안보	법/제도	−남북관계기본협정→한반도 평화협정 체결 −대량살상무기확산방지 국제레짐 가입·비준 및 폐기 −동북아안보협의회(CSC−NEA) 발족	안 보 교 환 ⟷	핵무기 장거리미사일 화학생물무기 위협
	국제 관계	−6자회담 재개 −북·미, 북·일 양자회담 및 관계 개선 −대북제제 완화→해제 북미, 북일 수교, 남북교차승인 완성		
	군비 통제	−군사적 신뢰구축 조치 −비핵화 협상 및 폐기 −중장거리 미사일 협상, 폐기 −남북 재래식군비통제		
기반 안보	인적 요소	사회대책 · 정치·심리대책	차단	통일전선전술 (적화통일전략)
	지적 요소	정부대책 · 동맹/국제안보협력 공고화		
	불확실 요소	군사대책 · 핵/재래식작전 태세 유지발전		
한국				북한
국제체제안보: 국제사회체제안보, 국제체제안보, 개별국가안보				
전쟁철학: 전쟁과 평화, 전쟁과 전략, 전쟁과 정의,				

국가가치 정립

제1절
국가가치 개념과 필요성

'국가가치'national value는 역사적 혹은 이념적 근원을 갖는 유산이나 규범으로서 국민전체가 소중히 여기는 것이다. 일부 국가가치는 많은 국가들에 의해서 공유될 수 있으나 일반적으로 국가의 특성에 따라 독특한 국가가치의 집합national-specific을 상정한다.

프랑스 대혁명은 자유·평등·박애를 기치로 절대왕정에 대항하여 민중혁명을 일으켰고 이 가치는 현대 민주주의의 기본 가치로 되어 있다. 미국은 신사고에 의한 개척정신New Frontier을 기반으로 '민주적 가치'를 국가가치로 하여 자유 민주국가를 건설하고 세계정신의 구현과 국제정의를 실천하려 노력하고 있으며 이러한 가치는 20세기의 시대정신으로 자리 잡았다.[655]

이렇듯 국가가치는 이념의 원천이기도 하며 국가정체성의 핵심이기도 하다. 국가이성은 이러한 국가가치를 기본으로 표출되는 국가행위의 도덕적 행위규범이라 할 수 있다. 따라서 국가 가치는 국가이익과 함께 국가전략의 중요 요소로 간주되고 있다.[656] 통상 국가가치체계는 국가가치 - 국가이익 - 국가목표 - 국가정책 - 국가전략의 체계를 구성한다.

---

655) 2009년 5월 22일 미국에서 미국의 정치철학과 관련한 대 논쟁이 있었다. 오바마 대통령은 9.11 사태 이후 240여명의 테러리스트들을 감금하고 있던 티타모 수용소를 폐쇄하는 논리의 근거로 국가안보 이상으로 중요한 '미국가치'를 강조하였다. 반면 공화당의 체이니 전 부통령이 '안보가치'로서 '자유수호'를 주장함으로써 '미국가치' 대 '미국안보' 정치철학 논쟁이 야기되었다. 오바마가 주장하는 삼각주의(안정주의)는 정치전략이지 '국가안보'전략은 아니라고 비난하였다. 오바마는 '미국가치'는 이념적 절대성을 뛰어넘는 것이고 그것은 바로 '민주적인 가치'를 의미한다고 역설하였다. 민주적인 가치란 '정의와 정당한 절차'(Justice and Due Process)를 핵심 내용으로 하며 체이니가 주장한 국가가치로서 국가안보(자유수호) 가치는 이념적 절대주의가 국가안보의 핵심이라는 의미이다. 국가안보에 있어서 이념적 상대주의와 법적 수단을 내용으로 하고 있는 '미국가치(민주가치)'를 앞세울 것이냐 아니면 이념적 절대주의와 전략적 목적을 핵심으로 하고 있는 '국가안보(자유수호)'를 강조할 것이야 하는 정치철학 논쟁은 미국의 정체성(Identity)에 관련된 것으로서 미국의 우방과 적성국가들에게 그 귀추가 주목되고 있다. 백순, '미국의 안보와 국가가치', www.younwooforum.com. 검색. 2012. 10.24.

656) Donald Nuechterlein, *America Recommitted/United States National Interests in a Restructured World*(Lexington: University Press of Kenturky, 1991), p. 19 그는 여기서 "national value + national interest = national strategy"라는 공식을 제시하였다.

통일과정에 있어서 남과 북의 정체성 회복을 위해서는 상호 공감할 수 있는 공동의 가치를 발굴해 내고 체계화하는 것이 필요하다. 정신적 구심점 역할을 할 수 있는 가치체계를 정립하고 이를 통해서 새로운 공동의 이익을 창출할 수 있는 사고의 틀을 갖추는 것이야 말로 무엇보다도 중요하다 할 수 있다. 이를 통해 상호 다른 이념적 사상적 대립을 넘어선 서로 공감하고 향유하는 정신적 지주를 확립함으로써 통일의 기본 목표와 지향을 삼을 수 있을 것이다.

한국의 국가가치는 아직 정립된 것이 없다. 통상 반만년 역사에서 타국에 대한 침략사례가 거의 없었다는 사실이 보여주는 평화 애호주의와 대한민국 헌법 전문에 선언된 자주독립정신과 민주주의 이념을 지고의 국가가치로 인정하는 견해 들이 있으나 이것은 소극적인 견해로서 보다 적극적인 국가가치를 정립할 필요가 있다. 그것은 한국이 동북아를 넘어서 세계를 지향하는 도약의 새 역사 창조를 위해서 한국인의 정체성을 확립하는 작업이라 할 수 있다.

북한의 국가가치: 김일성 주체사상과 선군정치 이념

북한은 김일성 주체사상으로 무장되어 있다. 주체사상은 세 가지로 구성되어 있다. 즉 인간 중심 세계관, 마르크스주의적 계급주의, 수령주의로 구성됐다. 다른 마르크스주의와 구분되는 가장 큰 특징은 인간 중심 세계관과 수령주의다. 주체사상은 마르크스의 계급·혁명 이론을 수용하면서도, '계급' 대신 '사람'이란 개념을 불러들였다. "사람이 모든 것의 주인이며 모든 것을 결정한다. 사람이 운명 개척의 주인이다." 다만 운명 개척의 온전한 주인이 되려면, 수령의 가르침과 인도를 받아야 한다는 게 '수령론'이다. 마르크스주의의 '노동자계급 독재' 개념을 1당 독재를 넘어 통치자 개인으로 확대한 것이다. '주체'라는 단어는 1955년 12월 "주체는 조선혁명"이라고 주장한 김일성의 연설에서 비롯했다. 소련·중국 등에 기대지 말고 스스로 혁명에 나서야 한다는 취지였다. '주체사상'이란 용어는 1961년 9월 4차 조선노동당 대회 이후부터 통용됐지만, 이를 체제 이념으로 정식화한 것은 김정일이다. 후계자로 등장한 직후인 1974년 2월 19일, 김정일은 '김일성주의'를 정식 선포했다. 여기서 그는 "'김일성주의'란 주체사상을 핵심으로 하는 사상·이론·방법의 전일적 체계"라고 밝혔다.[657] 북한의 주민들은 학습과 교화과정을 통하여 주체사상을 일상화하는 삶을 영위하도록 요구받고 있다. 북한은 주체사상이야말로 혁명적 사회 건설의 기초를 이루며, 주체사상의 일상화는 북한이 처한 여하한 난관도 극복하여 궁극적으로 '우리식 사회주의'의 승리를 가져올 토대라고 주창한다. 주체사상은 "민족해방, 계급해방, 인간해방에 관한 이론과 사회개조, 자연개조, 인간개조에 관한 이론이 전면적으로 체계화되고 완성된 공산주의 혁명이론"이며 무오류의 사상으로서 그 현실적 실천성을 확보한 사상이라고 강조하고 있다.

 1994년 7월 김일성 사망 후 권력을 승계한 김정일은 동유럽 사회주의 체제가 붕괴된 이유가 사회주의 체제 내의 모순과 비효율 때문이라는 서방의 견해에 대하여 강력하게 비판하였다. 김정일은 동유럽 사회주의 국가들이 실패한 것은 무엇보다도 군대를 '국방의 수단'으로만 여겼

---

657) 한겨레, "영원한 금기 주체사상을 말한다", 2010. 10. 22.

지 '사회주의 정치의 주체'로서 보지 못한데 있다고 주장했다.[658] 그는 체제위기를 극복하기 위해 개혁과 개방을 통한 사회주의 궤도 수정을 시도한 것이 아니라 개혁·개방을 거부하면서 끝까지 사회주의를 지키고 나아가 사회주의 건설을 완성(한반도 적화통일)하기 위해 군사제일주의(선군정치)를 추구한 것이다. 그는 동구 사회주의 국가들이 붕괴된 것은 사회주의체제를 버리고 개혁·개방을 통하여 민주주의와 시장경제를 채택하였기 때문이라고 주장하였다.

김일성 주체사상은 40여 년이 흐른 지금 많은 빛을 바랬고 선군정치 등 강압정치로 사상의 실패와 모순을 은폐하고 있지만 아직도 북한 통치 이념으로서 핵심을 이루고 있다. 따라서 이 같은 북한의 수령론 등 경전처럼 변질된 이데올로기를 넘어 설 수 있는, 또 우리 측에서도 고귀한 가치로 인식되고 수용 가능한 가치체계의 정립은 조화통일을 위한 새로운 가치체계 정립의 좋은 시금석이 될 것이다.

---

658) 김철우, 『김정일 장군의 선군정치』(평양: 평양출판사, 2000).

제3절

통일한국의 국가가치체계

통일한국의 가치체계 정립을 위한 고려요소는 크게 세 가지이다. 첫 번째로 사대주의와 식민사관을 극복한 미래지향적 역사관을 기반으로 하여야 할 것이다. 두 번째로는 통일한국이 지향해야 할 목표와 비전 요소가 잘 조화, 융합될 수 있는 것이어야 할 것이다. 그러한 요소들은 ① 인류가 창안해 낸 최고의 제도로서 자유민주주의와 시장경제체제의 유지 ② 동북아 주변 강대국들의 화합과 평화를 유지발전 시키는 중심국가로서 평화지킴이 국가(Peace Keeper) ③ 세계 최고의 과학기술과 경제발전을 이룩하는 국가 ④ 높은 문화수준과 아름다운 나라를 건설하는 국가 등이다. 세 번째로는 21세기를 지향하는 세계정신과 고도의 윤리, 도덕관이라 할 수 있다.

이러한 관점 하에서 문제를 제기하는 제안적 차원에서 통일한국의 국가가치를 구상해 보자. 우리 민족의 정신적 중심, 민족정기의 핵심은 뭐니 뭐니 해도 '한'철학과 '단군정신' '홍익인간'의 이념이다.[659] 우리나라의 국호는 대한민국(大韓民國)이다. 그러나 이 뜻을 아는 사람들은 드물다. 한(韓)의 개념은 크다, 높다, 하나, 하늘이라는 말이며 이 개념은 크고 무한대이며, 무궁무진하고 만물을 생성·잉태할 수 있는 본체라는 의미이다.[660] 따라서 대한민국이라는 의미는 '무한하고 영원한 백성들의 나라'라는 뜻이다.[661] 이러한 한민족(韓民族)의 한철학(韓哲學)은 천·지·인(天地人), 3위일체(三位一體) 사상이다. 하늘과 땅과 사람이 일체를 이루어 하나_가 됨을 의미한다. 한(韓)철학 만큼 포괄적이고 종합적이고 전체를 하나로 보는 범세계적이고 우주적인 철학은 없다.[662]

단군왕검 무왕이 기자에게 통치를 물려준 조선(朝鮮)이란 말은 상고대 전 세계(지구)를 의미하는 것으로써 첫 번째, 시작, 빛(光) 또는 해 뜨는 나라(東國, 東方의 빛라는 뜻[663])을 가지고 있고 국화

---

659) 민병학 편저, 『한국정치사상사』(대경, 2005.3. 대전), p.70.
660) '한'은 순수 우리말이며 한문으로서 한(韓)은 음차(音借)한 것이다.
661) 고종은 1897년 국호를 대한제국(大韓帝國)이라고 국호를 정하였다. 여기서 대한(大韓)이란 백제의 전신인 마한, 신라의 전신인 진한, 가야의 전신인 변한을 의미하는 반도 내에 있던 소한(小韓)에 상대되는 말로서 대륙 내에 광활히 걸쳐 있었던 단군조선의 북삼한(北三韓)을 말한다. 대한민국은 광복 후 정부를 수립하며 대한제국을 이어받아 택한 국호이다.
662) 민병학, 위의 책.

인 무궁화 꽃은 왕성한 생명력을 상징하고 예禮를 숭상하는 민족을 의미하며(공자孔子는 근화槿花 지역을 군자국이라 칭함) 따라서 한국은 동방의 빛이고 한민족은 하늘의 백성天民, 군자君子, 홍익인간弘益人間으로 호칭되었다. 또한 한국정신은 한민족의 정신으로써, 불사불멸의 신선의 얼魂, 홍익이념, 풍류도風流徒, 선비정신이라 할 수 있다.

국조 단군의 건국이념인 '성통광명性通光明, 재세이화在世理化, 홍익인간弘益人間'은 오랜 역사를 통해서 우리민족이 추구해온 보편적 가치였다.[664] 이러한 개념들은 민족의 3대경전이라 일컬어지는 천부경天符經, 삼일신고三一神誥, 그리고 참전계경參佺戒經에서 유래되고 있다.[665]

성통광명이란 인간의 자기완성을 말하는 것으로서, 스스로에게서 일신을 찾는 과정을 말한다. 불교에서 말하는 깨달음이나 기독교에서 말하는 성령강림, 유학에서 말하는 극기복례克己復禮가 이와 크게 다르지 않다.

재세이화在世理化란 세상에서 이치로 교화하는 것을 말하는 것으로써 기氣로 가득한 세상을 이理로 다스리는 작업, 즉 혼돈의 세계를 질서의 세계로 만드는 것을 말한다. 천지인의 진리로 세상을 교화시켜 인물人物, 즉 인간과 우주만물自然이 서로 더불어 크게 이롭게 하여 공존공영하는 홍익인물정치弘益人物政治를 통해서 밝고 믿음이 있는 광명세계 즉 지상낙원을 건설하고자 하는 의미이다.[666]

홍익인간弘益人間은 모든 사람을 널리 이롭게 한다는 것으로써 특히 이러한 보편적 가치는 우리가 '홍익민족'이라 내세우지 않고 '홍익인간'이라고 했다는 점에서 개방적이고 우주적인 것이라고 일컬어진다. 홍익인간의 유래는 삼국유사에 의하면 "태고에 환웅이라는 한배검이 태백산하에서 분산된 여러 부족을 모아 배달국倍達國을 창건할 때, 환인이라는 환국桓國의 통치자가 천부인 3개를 주면서 네가 나라를 건국하면 크게 인간을 이롭게 하라"(홍익인간)고 당부한데서 기인한다. 환웅의 건국이념은 그의 계승자 단군왕검(堯임금)이 통치하면서 이 홍익인간의 거룩한 뜻을 고조선 백성들의 얼로 수용하고 주변민족인 중국인 숙신肅愼인, 일본인들에게 크게 유익이 되게 통치하였던 것이다. 이러한 홍익인간의 이념을 현대적으로 해석해 보면 첫째, 정치적 측면에서 군왕이 민의에 의해서 추대되는 다수의 의사를 존중하는 민주주의의 구현 이념이며 둘째, 경제적 측면에서 이용후생利用厚生면으로 인민을 본위로 하며 셋째, 철학적 측면에서 경천애

---

663) 글자를 풀어 풀이하면 조선의 조(朝)자는 해와 달이 밝게 비치는 천상천하의 모든 시공영역(時空領域)을 말하며 선(鮮)자는 바다(漁)와 육지(羊=山)를 의미한다. 따라서 조선의 상고대의 의미는 전 세계가 조선이라는 뜻이다. 민병학, 위의 책. p.249.

664) 이규행, 국정브리핑, 2004.12.21.

665) 민병학 앞의 책, p.79.

666) 민병학은 한국적 정치학의 명칭을 재세이화학(在世理化學)으로 하여야 한다고 주장한다. 왜냐하면 서양의 정치학(Politics)은 정강, 정책, 정견, 경영 특히 정략, 당략, 책략, 술책, 권모술수, 사리를 꾀하는 등의 의미를 내포하고 있어 재세이화학이 학문적의미상 값어치가 더 크다고 말한다. 앞의 책, p.249 각주 참조

인敬天愛人, 인간지존주의人間至尊主義 를 추구하고 넷째, 사회면에서 행복 화평, 복지지상주의를 지향하며 다섯째, 국제면에서 국가 간의 우호, 평화주의를 추구한다고 볼 수 있다. 단군조선의 민본사상은 기자조선, 부여, 삼한 등 후대에 전승되어 겨레의 정치적 기복의 와중에서도 홍익인간을 기치로 이상적 정치상을 구현해 왔다.[667]

이 세 가지 가치를 현대적으로 해석을 확대해 보면 그것은 조화 안보·통일 전략의 3원체제와도 연계된다. 성통광명은 자기완성을 의미한다. 국가로 확대하면 국가의 완성을 말한다. 국가는 국가와 국민과 주권으로 구성되며 국가는 생존과 번영을 해야 하고 세계 속에서 완성이 되어야 한다. 밝은 세상에서 올바르게 스스로를 일으켜 세워야 한다. 이것은 현대적 의미의 국가안전보장을 의미한다.

제세이화는 이치로서 세상을 교화하는 것이다. 교화란 교화해야 할 대상이 존재함으로서 성립한다. 세상은 혼탁하며 불확실한 상황과 우연적 요소로 이루어진다. 이치에 맞지 않은 일들이 일어나고 투쟁이 발생한다. 이러한 세상을 정리하고 질서를 세우며, 옳지 않은 것을 바로세우며 안전하게 하는 것이다. 즉 정의를 실현해야 한다.

홍익인간은 모든 사람을 널리 이롭게 하는 것이다. 국민들의 평화와 복지와 번영을 보장하는 것이다. 인간들이 인간답게 살 수 있도록 안전과 평화가 보장되는 것, 공포로부터, 굶주림으로부터, 위해한 환경으로부터, 독재정치로부터 전쟁과 테러로부터 안전하게 보호되는 것 즉 인간안보를 의미한다 할 수 있다. 이의 근원은 평화다.

이러한 조화통일 한국의 국가가치는 새로운 차원의 국가이익을 창출하고 이로부터 통일한국의 국가목표와 국가정책 그리고 국가전략이 구상될 수 있을 것이다. 5차원 3원전략체계의각 요소와의 관련성은 다음과 같다.

국가가치와 각 요소별 관련 및 연계성

국가가치	전쟁·안보철학	국제안보	기반안보	상생안보
성통광명 (자기완성 국가완성)	전쟁과 전략 (건전한 국가안보, 전쟁전략)	개별국가안보	군사 (우연의 요소)	비핵론 핵무기 폐기 군비통제 동북아 비핵지대
제세이화 (이치교화 분별)	전쟁과 정의 (국가이성, 분별지 추구)	국제체제안보	정부 (지적요소)	통일론 신뢰구축, 남북연합 단계적 접근
홍익인간 (복지번영 인간안보)	전쟁과 평화 (윤리·도덕)	사회체제안보	국민 (인적요소)	평화론 정전체제 종식, 인도적 지원 및 교류협력

---

667) 민병학, 앞의 책, pp.37~38.

한韓철학과 단군정신을 국가가치로 정립하게 되면 그것은 우리 한민족의 역사를 재조명하는 계기가 되며 동북아시아 지역에서 그 뿌리와 영역을 확대하고 정통성을 확립하는 계기가 된다. 그동안 약소국으로서 왜곡당하고 폄하되어야 했던 고대의 역사와 민족의 활동영역에 대한 새로운 해석과 조망을 통해 새로운 역사의 지평을 개척할 수 있는 사상적 근원을 마련할 수 있을 것이며 동북공정 등 한족漢族의 역사 확장 노력과 일본의 독도영유권 주장 등에 대응하여 우리 한민족韓民族의 역사재조명 작업을 통해 동아시아 역사에 대한 재해석이 가능해질 것이다. 이러한 노력은 궁극적으로 조화통일을 위한 원동력이자 구심점으로 작용하게 될 수 있을 것이다.

중국은 동이족東夷族 문화를 자신들의 역사로 포섭하려는 동북공정 외에도 하·상·주夏商周 시대를 역사화 하려는 단대공정斷代工程, 1996~2000[668] 삼황오제 이전시대까지 역사화하려는 탐원공정探原工程 2003~[669]을 동시다발적으로 펼치고 있다. 중국은 단대공정을 통해 '하상주 연표夏商周 年表까지 만들어 "고구려인이 은상殷商씨 부족에서 분리된 것은 기원전 1600~1300년"이라고 정체불명의 연대까지 제시하고 있다. 반면에 한국에서는 고구려 - 백제 - 신라 삼국시대 이전의 역사는 여전히 신화로 묶여 있으며 한국의 역사학자들은 주로 역사기록, 중국의 사서를 가지고 고조선이 신화적 국가냐 역사적 국가냐 하는 지루한 논쟁을 펼치며 강단 사학과 재야 사학으로 나누어 싸우기 바쁘다. 중국이 일련의 역사재해석 공정을 끝내고 우리에게 수용을 강요할 때 어떻게 대응해 나갈 것인가? 일본이 교육시킨 대로 그냥 신화로 치부하고 말 것인가? 한편 북한은 그동안 김일성 주체사상을 강조하며 단군사화를 부정하다가 태도를 바꾸어 1990년대 이후 입

---

668) 하상주단대공정(夏商周斷代工程)은 중화인민공화국의 고대사(하나라, 상나라, 주나라) 연구 작업이다. 구체적인 연대가 판명되지 않은 중국 고대의 삼대(하·상·주)에 대하여 구체적인 연대를 확정하였다. '공정'은 프로젝트를 의미한다. 하상주단대공정과 그 후속 공정인 중화문명탐원공정, 동북변강역사여현상계열연구(통칭 '동북공정') 등은 중화인민공화국의 9·5 계획의 일환으로 행해졌다. 9·5 계획은 중국의 경제 수준에 걸맞은 정신문명 건설을 목표로 하고 있으며, 나아가 10·5 계획의 15항에서는 애국주의·집체주의·사회주의 정신을 널리 드높여야 한다고 주장하고 있다. 이런 전제 아래에서 하상주단대공정 등의 공정은 근대에 들어서 중국 중심의 동아시아 문명론이나 중국문명의 자생 발전론 등이 힘을 잃으면서 약화된 중화주의에 새로운 근거를 제공하려는 의도임이 엿보인다. 김경호, 심재훈, 민후기, 최진묵 공저, 『하상주단대공정 —중국 고대문명 연구의 허와 실』(서울: 동북아역사재단, 2008. 12), pp.18~25.

669) 2001년부터 시작된 중화문명 탐원공정은 신화와 전설 시대로 알려진 삼황오제 시대를 역사에 편입하고, 이를 통해 중화문명이 이집트나 수메르문명보다 오래된 세계 최고의 문명임을 밝히려는 중대 과학연구 프로젝트이다. 세부 연구를 통해 중원 황하문명과는 애초 이질적이었던 요하문명을 중화문명의 시발점으로 만들어 북방 고대민족의 상고사와 고대사를 중국사로 편입하려는 것이다. 이것은 동북공정과 연관되어 이루어지고 있다. 동북공정을 통해 중국이 얻으려 하는 것은 한민족 최초의 국가인 고조선의 정통성을 이어받은 고구려의 역사를 중국의 역사로 편입하려는 것이다. 접근 방향은 중국은 한족을 중심으로 55개의 소수민족이 만든 국가라는 것이며 현재 중국 국경 안에서 이루어진 모든 역사는 중국의 역사이므로 고구려사와 발해의 역사는 한국의 역사가 아니라 중국의 역사가 된다는 것이다. 김선주, 『홍산문화』(서울: 상생출판, 2011). p.11~14.

장을 바꿔 단군릉을 발굴하는 등 단군신화를 역사적 실체로 인정하고 평양 일대를 고조선의 중심지로 강조하고 있다. 북한은 1994년 김일성 사망 이후에 김일성 민족이라는 용어를 만들어냈는데 김일성 사망 100일에 즈음한 담화에서 "우리 민족의 건국시조는 단군이지만 사회주의 조선의 시조는 위대한 수령 김일성 동지"라고 말하고 있으며 단군릉 발굴과 개축을 주제로 한 단편 소설(한익훈, 『2000년의 분출』, 조선문학, 1995. 8월호)에서 주인공 이 감격해 하며 "민족사의 뿌리를 찾아주신 우리 민족의 위대한 시원이시며 우리 인민은 단군을 원시조로 하는 긍지 높은 김일성 민족이라고..." 하는 등 단군과 연결시키고 있다. 북한의 김일성 민족 강조 배경은 단군으로부터 비롯된 민족사의 계승을 과시하면서 역사적 선점을 통한 정통성을 확보하려는 의도라고 볼 수 있다.[670]

　　모두들 앞을 내다보고 미리미리 준비하고 있는 모습들이 역력하다. 중국은 신화를 역사로 만들어내려 하고 있고 북한은 주체사상과 연계하여 논리를 확장하려 준비하고 있다. 반면에 우리는 위서라는 시비로 역사를 신화로 끝까지 밀어붙이려 한다. 중국과 일본이 왜곡하고 있는 것이 분명한 마당에[671] 역사의 진실을 밝히려는 노력이 있어야 하고 왜곡된 부분이 있다면 그것을 찾아내어 수정하려는 자세가 바람직하다. 과거에는 혼란스럽고 왜곡된 문자기록이 전부였지만 이제는 다양한 고고학적 증거 발굴, 언어학적 계보 탐험, 인류학적 비교연구, 유전자 분석 등 다양한 탐험장비들이 준비되어 있다. 대한민국의 단군공정檀君工程의 시동이 필요하다. 여태 그러한 필요성은 절실하지 않았던 것이 사실이다. 그러나 이제는 시급해졌다. 요즈음 논란 많은 국사편찬위원회의 해방 이후의 '대한민국 역사' 편찬 작업에 앞서 정부가 정책적으로 발 벗고 나서야 할 것이다.

한민족의 고대사상

　　상고대 한민족의 고대사상은 천부인(조화경), 삼일신고(교화경), 참전계경(치화경, 팔리훈), 국유현묘지도(풍류도), 단군사회(건국사회)로 구성되어 있다.

---

670) 임채욱·유동렬, "용어혼란전술", 국가중흥회, 인터넷 검색. 2013. 4. 25.

671) 중국과 일본의 역사왜곡 실태에 관해서는 많은 자료들이 있다. 특히 이을형 전 숭실대 법대교수가 스카이데일리에 15회에 걸쳐 연재한 "일본의 날조된 역사를 본다 ―세계를 제패한 고조선의 후예들" 참조. 이 교수는 여기서 "천년 조작된 일본 천황, 단군왕검은 47명의 실존인물, 일본은 한족이 세운나라, 일본천황은 백제 후손, 제1대 일왕은 단군 37대손, 일본에 살아있는 단군 사당과 세년가, 일본 최초 야마다이국은 한국인이 세운 것, 일본인은 한국의 유민이며 주류층"이라고 말하고 있으며 중국의 역사왜곡에 대해서도 "중국의 날조된 역사를 본다"에서 한민족은 아시아 패권국이었으며, 우리 강토는 3만~5만리라고 말하고 있다. 스카이데일리 (skyedaily@skyedaily.com) 2012.8.25~12.3.일자 참조.

천부경은 천제환국天帝桓國에서 구전되어 온 것으로서 환웅대성존桓雄大聖尊께서 하늘에서 내려온 후天降, 신지현덕神誌赫德에게 명하여 녹도문鹿圖文으로서 그것을 썼다.[672]

『삼일신고』는 <천부경>, <참전계경>과 더불어 대종교의 3대 신전으로서, 그중에서도 제일 근원이 되고 중심이 되는 보경寶經이다. 특히 <삼일신고>의 '삼일三一'은 삼신일체三神一體, 삼진귀일三眞歸一이라는 이치를 뜻하고, '신고神誥'는 '신神의 신명神明한 글로 하신 말씀'을 뜻한다. 따라서 삼일신고는 삼신일체, 즉 신도神道의 차원에서 홍익인간의 이념을 구현하고, 삼진귀일, 즉 인도人道의 차원에서 성통공완性通功完의 공덕을 쌓아 지상천궁을 세우는 가르침을 한배검께서 분명하게 남겨 전하신 말씀이라는 뜻이 된다. 이것은 366자의 한자로 쓰여 있는데, 천훈天訓·신훈神訓·천궁훈天宮訓·세계훈世界訓·진리훈眞理訓의 5훈으로 구성되어 있다. 본문 앞에는 발해국 고왕高王의 <어제삼일신고 찬문>御製三一神誥贊文이 있고, 또 그 앞에 어제御弟인 대야발大野勃의 <삼일신고서序>가 있으며, 본문 뒤에는 고구려 개국공신인 마의극재사麻衣克再思의 <삼일신고 독법>이 있고, 끝에는 발해국 문왕의 <삼일신고 봉장가>가 붙어 있는데, 여기에는 삼일신고가 전하여진 경위와, 유실되지 않도록 문왕이 각별히 노력한 경위가 실려 있다.

참전계경參佺戒經은 온전한 사람이 되고자 계戒를 받는데 참가한다는 뜻으로 을파소(고구려 9대 고국천왕 13년 재상)가 하늘의 글天書을 얻어 깨친 것으로 천서는 성誠, 신信, 애愛, 제濟, 화禍, 복福, 보報, 응應의 팔리훈八理訓, 곧 기본 강목과 그 팔리훈 낱낱의 실덕實德을 응분하여, 체體와 용用을 각기 분설한 총 366훈으로 이루어져 있다. 일명 팔리훈이라고도 한다.

국유현묘지도國有玄妙之道(風流徒)는 삼국사기에 기록되어 있는 내용으로서 9세기 신라 말 최치원은 난랑비문鸞郎碑文에서 "우리나라에는 오묘한 진리를 지닌 도(종교와 철학사상)가 있다. 그 가르침과 근원과 자세한 내용은 선사仙史에 기록되어 있는데 그 내용은 유불선을 삼교를 다 포함하고 있으며, 이 도에 접하게 되면 많은 사람들을 새롭게 태어나게 한다. 그것은 풍류도風流道다"라고 말하였다. 풍류도(풍원도)는 화랑도花郞徒의 원명으로서 현묘지도는 화랑도의 근본사상이라 할 수 있다. 현묘지도의 기본이념은 원광의 세속오계로서 사군이충, 사친이효, 교우이신, 임전무퇴, 살생유택 다섯 가지이다. 화랑은 귀산 취항의 요청에 의하여 원광법사가 제정한 것이다. 화랑 오계의 의의는 한민족의 민족정기, 국가철학, 인생관을 내포하고 있고 삼국통일의 영광을 실현했다는 점에서 통일을 지향하는 우리에게 시사하는 바가 크다 할 수 있다.

단군사화檀君史話(建國史話)는 신화가 아닌 개국설화 내지 건국사화로서 단군조선檀君朝鮮은 한민족 최초의 국가로 전해지는데, 그 개국 기원에 대해서는 현존하는 가장 오래된 기록인 ≪삼국유사≫ 기이편紀異篇 고조선 조에 인용한 ≪위서≫에는 단군왕검이 아사달에 개국한 국가로 기록되어 있다. 일반적으로 고조선의 역사를 왕조 또는 지배자에 따라 구분하여 단군이 다스렸던 첫 번째 시기를 지칭한다. 단군이 나라를 세워 1000여 년간 47대 왕조에 의해 다스렸다고 전해지며 조선 시대에는 '전조선'前朝鮮이라 부르기도 하였다.

　북한 역사학계는 1990년대 이전까지 사회주의 역사학에 입각하여 단군조선 및 기자조선의 실체를 모두 인정하지 않고 고조선이라는 국가로 이해하였다. 또한 고조선의 강역을 랴오닝 성 중심으로 비정하였다. 그러나 1990년대 이후 입장을 바꿔 단군릉을 발굴하는 등 단군신화를 역사적 실체로 이해하고 평양 일대를 고조선의 중심지로 강조하였다. 대한민국의 역사학계는 북한의 이러한 입장 변화를 주체사상이 북한의 역사관으로 강조되게 된 정치적 요인에 의한 것이라고 보고 있다.

　20세기 초에 일반에 알려진 《규원사화》, 《단기고사》, 《환단고기》, 《부도지》 등이 역사서의 형식으로 고조선의 역사를 상세하게 서술한 서적들이 있으나 현재 정통 사학자들은 이들을 위서로 폄하하고 인정하지 않고 있다. 그러나 재야사학자들과 네티즌들은 과거에 내려오던 역사들을 정리하여 기록했을 뿐 서술된 내용은 사실이라 주장 한다. 경기대학교 조준환 교수는 규원사화와 환단고기는 위서가 아니며, 사료적 가치성이 명확하다고 말하고 있다. 우리는 명백히 거짓으로 증명되는 것이 있다면 그것은 빼고 단군조선의 실사를 적극적으로 광복하는데 이들 사료를 원용하여 복원함에 있어 단군조선관계 사서 가운데 환단고기를 기본사료로 하고, 규원사화나 단기고사, 삼국유사를 그에 준한 사료로 하는 것이 맞다고 말하고 있다. 단군조선 47대 2095년의 환단고기 연대기를 따라서 그 전후인 배달국과 열국시대를 연결하는 역사의 흐름이 자연스러워 보이며 그 밖의 신단실기, 동사년표, 조선역사 조선사략, 해동춘추, 제왕운기, 동국통감 응제시주, 동국여지승람, 동국통감, 동사강목, 해동역사, 제왕연대력 등을 사료로 하여 전면적으로 재정리하여 통일국사를 마련해야 할 것이라고 말하고 있다. 고준환(경기대 교수, 법학박사, 국사찾기협의회 회장)

　http://www.coo2.net/bbs/zboard. 검색일 2013.2. 5. 또한 대종교, 단군교, 증산교, 대순진리회 등 종교단체들의 민족신앙 교리적 연구와도 구분하여야 한다.

---

672) 천부경은 우리민족의 옛글자인 가림토 문자(훗날 훈민정음의 모체가 됨)로 새겨진 것이어서 후세사람들이 판독치 못하다가 통일신라시대에 해동공자로 추앙받았던 당대의 석학인 최치원이 백두산을 찾았다가 이 비석에 새겨진 글을 읽고 한자로 번역해서 전하는 것이 바로 여든한 글자의 천부경이다

전쟁철학과 국가안보 철학

제1절
전쟁과 평화관

전쟁과 평화에 대한 올바른 인식: 우리가 지키고 가꾸어 나가야 할 것은 무엇인가?
―자유민주주의적 가치, 실용적 현실주의 전쟁철학과 안보관

전쟁철학의 접근은 3가지 차원을 가지고 있다. 그 첫 번째 근간은 국민들의 건전한 국가안보철학과 전쟁철학의 정립이다. 본서 개관에서 개괄적으로 밝혔지만 그것은 통일을 준비하는 우리 국민들이 갖추어야 할 건전한 전쟁철학과 국가안보에 대한 기본인식으로서 첫째, 전쟁과 평화에 대한 올바른 인식. 둘째, 한미군사동맹, 국방개혁, 북한 핵 관련대책 등 군사문제에 대한 올바른 이해와 군사전략에 대한 철학의 정립. 셋째, 전쟁의 윤리·도덕적 차원의 개념 정립 등이다. 이에 관한 자세한 내용은 본서와 짝을 이루는 『현대전쟁의 논리와 철학』에서 상세히 다루었다. 여기에서는 구체적으로 우리의 문제, 한반도문제에 어떻게 적용되어야 하는가 하는 전략적, 실천적 세부내용을 검토하기로 한다.

　통상 우리 국민들은 안보에 대한 거부감을 가지고 있다. '안보'란 수구 꼴통들의 전유물이고, 전근대적 유산이라는 인식이 배어있다. 이한 배경에는 몇 가지 원인이 있다. 그것은 조선시대 유교의 숭문천무崇文賤武 사상의 전통과, 한국 현대사에 있어서 5.16 군사정권의 독재와 민주화 과정에 있어서의 군에 대한 거부감, 북한 통일전선전술에 따른 국민 이간 책동 및 종북파들의 호응 등이 혼합된 결과라 할 수 있다.

　가장 우선적인 것이 전쟁과 평화에 대한 인식이다. 국민들이 이것에 대하여 어떻게 인식하고 있느냐 하는 것이다. 우리 한반도 5천년 역사에서 우리 민족이 얼마만큼 평화롭게 살 수 있었고 그러한 평화의 조건은 무엇이며, 무엇이 번영을 제한했었는지 또한 이와 반대로 전쟁은 왜 일어났으며 전쟁의 회피를 위한 노력은 어떤 것들이 있어왔는지 알아야 할 것이다.

　저자는 『현대전쟁의 논리와 철학』에서 전쟁의 논리와 평화의 논리를 분석하고 이 둘의 관계가 분리될 수 없는 뫼비우스 띠로서 불가분의 관계로 파악하였다. 전쟁의 본질은 정치이고 정치의 본질은 평화의 구현에 있으며, 평화는 우리 인간을 모든 형태의 갈등과 위해로부터 해방시키는 인간중심 개념이다. 오늘날 세계는 상생 문화를 인류의 보편적 세계관으로 정착시키고 평화운동의 깃발을 높이 세워야 하는 역사적 시점을 맞았다. 우리에게 위해가 되는 다양한 해악을 철폐하고 상생의 평화공동체를 구현시켜야 할 때이다.

그러나 적극적 평화는 소극적 평화를 기반으로 한다. 소극적 평화는 전쟁의 예방과 억제에 중점을 두는 현실주의적 입장이고 적극적 평화는 신자유주의적 입장을 포함하는 개념이라고 할 수 있다. 소극적 평화 없이 적극적평화가 달성될 수 없다. 즉 전쟁의 예방과 억제 없이 포괄적 안보협력과 인간안보의 실현이란 요원하다.

분별적인 실천적 평화를 구축하기 위해서는 신자유주의와 구성주의 정치철학이 요구된다. 이를 기반으로 구제의 정치, 다자안보협력, 문화적 기반 확충, 집합정체성 구축 등이 요구된다 할 수 있다.

특히 한국적 현실에서 요구되는 것은 실용적 현실주의 철학이다. 그간 대북정책에 있어서 햇볕정책은 너무 유화적이었다는 비판에서 비틀거리고 있다. 북한에 너무 끌려 다녔다는 것이다. 반면 이명박(MB)정부의 압박정책은 불필요한 위기상황을 초래했다고 비판받고 있다. 외교도 대화도 실종됐기 때문이다.

이제 북한의 3차핵실험으로 핵무장이 현실화 된 상황에서 그동안의 모든 평화적 접근 노력이 물거품이 되었다. 그렇다고 모든 걸 포기가하고 강경대응 하자고 주장하고자 하는 것은 아니다. 이제는 전혀 새로운 시각에서 접근이 필요해졌다. 세계 역사에 있어서 대결의 역사를 공존의 역사로 이끌어 낸 외교정책은 대체로 실용적 현실주의자들의 작품이었다. 제2차 세계대전 이후 서방세계의 안정과 번영을 가져온 트루먼-애치슨-마셜의 정책이나, 냉전 대결에 데탕트를 몰고 온 닉슨 - 키신저의 미·중 국교정상화, 총성 한 방 울리지 않고 냉전 종식을 가져온 아버지 부시 - 베이커 - 스코크로프트의 정책 등이 그 대표적인 예들이다.

동북아시아 지역에 신 냉전 구도가 심화되고 있다. 북한에게는 굴러들어 온 역설적인 행운이다. 북한이 무슨 도발을 하던 중국이 보호해 주지 않을 수 없는 구조가 탄생했기 때문이다. 김정은 체제는 이 역설적 행운을 최대한 누리려 할지 모른다. 이를 막아야 한다.673) 정치가와 안보전략가들에게 있어 실용적인 현실주의 정책의 지혜와 노력이 절실히 요구된다.

---

673) 장달중, '이제 실용적 현실주의자들 차례다,' 중앙시평, 중앙일보, 2012. 6. 21.

전략의 철학

전략의 철학 정립: 2015년 작전권이 환수되고 나면 우리는 어떤 전쟁계획(작 전계획)을 수립해야 하는가?
―핵 및 재래식무기 억제를 기초로 한 제한전쟁과 군비통제

현대 세계정치는 행위영역에서 근본적인 변화를 맞고 있다. 근대 국제정치에서는 주된 행위영역이 부국강병의 경쟁무대였다. 부국강병의 무대에서는 국가이익을 극대화하고 국력을 키워서 국가의 생존을 유지하는 것이 가장 중요했다. 이에 따라 냉전이란 질곡 속에서도 우리는 한미안보체제와 경제발전이라는 국가전략을 가장 중요한 국가목표로 삼았다. 21세기를 맞는 현대세계정치에 있어서도 부국과 강병이란 과제는 여전히 우리가 해결해야 할 중요한 의제로 남아있다.

하지만 우리는 부국과 강병, 그리고 이에 더하여 통일의 양식과 방법에 있어서 근본적인 변환을 맞고 있다. 우리는 지구 지역, 사회 및 개인의 안보를 복합적으로 해결해야 하는 과제도 떠맡았다. 우리는 한반도 중심의 번영에 머물지 않고 지구 및 지역의 번영과 국내 복지를 종합적으로 해결해야 하는 과제도 않고 있는 것이다, 점점 그 중요성을 더해가고 있는 가치관의 확립과 정체성의 모색 등 문화적 영향력도 간과 할 수 없다. 이러한 과제들이 세계정치의 핵심 관심사로 등장할 수 있었던 것은 지구화현상의 결과라고 볼 수 있다.[674]

세계정치사에서 안보문제는 주로 전쟁문제로 다루어져 왔다. 핵무기의 등장과 냉전을 거치면서 상호안보, 협력안보, 포괄적 안보로 발전되었다. 탈냉전 이후 국가안보는 환경안보, 인간안보 개념이 등장하였다. 기존의 안보연구가 어떻게 국가 간의 전쟁을 방지하고 평화를 유지

---

674) 지구화(globalization)란 국제화(internationalization)와 구별되는 용어로서 국제화가 세계질서의 핵심행위자인 민족국가를 바탕으로 정치, 경제, 문화, 사회적 교류가 증대되는 현상이며 지구화란 국민국가를 포함해서 국제기구, 다국적 기업, 지방, 비정부 기구, 그리고 개별 시민들의 초국경적 활동을 의미한다. 한국에서는 지구화가 세계화란 용어와 혼용되어 왔다. 남궁곤, '현대세계정치의 변환과 한국외교의 선택,' 하영선·남궁곤 편저, 『변환의 세계정치』(서울: 을유문화사, 2009), p.102.

하는가 혹은 타국으로부터의 침략을 방지하고 물리칠 수 있는가에 초점이 맞추어졌던데 반하여 냉전 이후에는 국가 간의 전쟁보다는 다른 형태의 폭력을 통해 인명살상과 재산피해가 나타나는 사례가 급증하면서, 국가중심의 안보에서 개인중심의 안보에 더 많은 관심을 쏟는 인간안보개념이 주목을 받고 있다.[675] 현대전쟁의 양상도 과거와는 완전히 다른 차원으로 획기적으로 변화하였다. 지상, 해상, 공중의 3차원 전쟁에서 기동과 속도가 획기적으로 발전된 4차원전쟁 그리고 우주와 사이버전의 5차원 전쟁으로 그 영역이 확대되었고 전쟁전략의 수행 면에서 제4세대전쟁, 작전 면에서 혼합전Hybrid War의 개념이 대두되었다.

또한 핵전략에 있어서도 전면핵전이란 있어서는 안 된다는 전 인류적 차원의 공감대 형성과 윤리·도덕적 이성에 따른 자제와 노력으로 획기적인 핵 군축이 이루어졌으며 핵 안보(3S) 개념이 대두되어 국제사회는 핵 안보정상회의를 통하여 핵안전확보를 추구하고 있다.

이렇듯 현대전쟁의 수행은 군사혁명과 군사변혁에 따라 정밀, 비 살상, 신속기동, 제한전으로 이루어지고 있다. 유엔 및 다자간 협력을 통한 군사개입을 통하여 국제평화 유지활동을 전개하고 있다. 이러한 변화는 전쟁에 있어 전쟁의 참화를 줄이고 이성적 전쟁을 수행하려는 노력의 결과이다. 그러나 이러한 노력에도 불구하고 현대의 국제안보 상황은 암울하기만 하다. 비 국가폭력의 확산과 테러리즘 그리고 대량살상무기의 확산, 불량국가들의 도전, 그리고 동아시아지역에서의 신 냉전 기류의 부상은 인류에게 새로운 차원의 도전과 위협으로 부상하고 있다.

북한은 핵을 포함한 화학무기, 생물무기 등 대량살상무기를 보유하고 있고 이의 확산방지를 위한 국제레짐에서도 탈퇴하여 국제사회에서 불량국가로 낙인찍히고 있다. 또한 과거 버마 아웅산 폭탄 테러사건, KAL 858기 공중폭파 사건 등 테러를 자행하여 테러국가로 분류하고 있다.

전략의 철학은 전쟁이 회피할 수 없는 것이라면 전쟁은 어떻게 수행되어야만 하는 것인가? 용납될 수 있는 전쟁은 존재하는가?에 대한 철학적 성찰이다. 전쟁철학 접근모형에 있어서 이념형은 절대전 이론이다. 총력전, 전면전, 대량보복전략 등 전쟁중심적 이론은 현실에 있어 발생할 수 없는 발생해서는 안 되는 개념이다. 단지 이념형으로서 개념적인 정의라 할 수 있다. 전쟁을 대비하는 차원에서 최고의 대비태세 유지를 위한 목표라 할 수 있을 것이다. 또한 좌파적 접근으로서 절대평화 추구이론으로 방어적 방위[676], 비무장 평화, 민간주도 방위Civil Based Defense: CBD 등이 있다. 이러한 접근들은 현실적이지 못하다. 특히 우리나라의 경우 전쟁이 끝나

---

675) 신성호, '현대 세계안보질서의 변화와 동아시아,' 하영선·남궁 곤 편저, 앞의 책, p.223.
676) 방어지향적 전략으로서 비공격적 방위, 방어적 방위, 비 도발적 방위, 방어적 억제, 보존적 방위, 상호방위 우월성 등 여러 가지 용어로 사용된다.

지 않고 있으며, 한반도 지정학적 특성 및 동북아 안보현실에서 불가능하다 할 수 있다.677)

현실적 접근법으로서는 현실전쟁이론에 입각한 제한전 및 제한 핵전이다. 전쟁은 현실적으로 불가피하며 따라서 이에 대비해야 하고 승리전략을 추구해야 한다는 것이다. 이러한 관점이 현대 국가안보·군사전략의 토대를 이루어 왔다.

2015년 전시작전권이 환수되고 나면 우리 독자적인 전쟁철학과 전략 철학에 의하여 전쟁계획과 군사전략을 수립해야 한다. 한국적 군사전략의 발전방향은 무엇인가? 북한의 위협에 대비한 고속기동전 교리와 이를 위한 단일군 국방태세를 유지해야 할 것인가 아니면 주변국 근해지역 수로보호와 핵을 보유한 비대칭 북한의 위협에 대한 효과적인 억제력으로서 단기 제한전 수행능력의 핵심인 항공력의 효과적 운용을 위한 합동군 교리와 3군 균형발전을 유지해야 할 것인가? 어떤 선택이 현명한 것인가. 이명박 정부의 상부구조 개편을 골자로 한 국방개혁 노력이 좌절되었다. 그 이유는 무엇이고 발전 방향은 어떠한 것인가?

조화적 접근법은 정의의 실현을 위한 진정한_Authentic 제한전쟁의 추구이다. 전술핵과 재래식 무기를 사용한 제한전쟁과 군비통제 및 현대 국가이성의 구현 그리고 핵 안보의 실현 등이 세부 실천목표라 할 수 있다. 이러한 접근법은 고도의 분별지分別智, prudence를 요구한다. 따라서 이것은 정의의 전쟁이론차원에서 '유스 인 벨로'(전쟁 수행의 정의)에 대한 논의이다. 현대의 안보전략가는 이러한 차원에서 진정한 안보철학이 요구된다.

현대에 있어 진정한(오센틱) 안보전략가는 합리적이고 도덕적인 국가이성과 분별지의 균형을 통한 자위自衛를 위한 제한전쟁을 추구하고 군비통제와 국제협력을 통한 국가/국제안보와 인간안보人間安保를 추구해 나가야만 한다. 그러할 경우에 전쟁은 정당하며 정의로운 전쟁의 수행이 가능하다.

---

677) 국내에서 일부 좌파학자들에 의하여 주장되고 있다. 강정구·박기학, 『G2시대 한반도 평화의 길』(서울: 한울), p.172-174 참조

제3절
전쟁과 정의

전쟁에 대한 올바른 윤리·도덕적 인식: 정당한 전쟁, 정의의 전쟁이란 무엇인가?
─북한의 정의의 전쟁 논리, 6.25에 대한 올바른 이해, 북한 핵개발(무장)의 부정의성

정의전쟁론의 역사는 오래되었지만 현대정의전쟁론의 역사는 짧다. 20세기 이후 학문적으로 부흥되었다. 국가이익 또는 국가이성과 핵전략에 대한 정의성 논란으로부터 현대 정의전쟁 논란은 시작되었다. 주제의 광범위성과 국제법적 행위의 규칙 미비로 정의전쟁 이론은 부침을 겪다가 한국전과 월남전을 계기로 회생했으며, 최근 중동의 자스민 혁명과 이집트, 리비아 등에 대한 유엔 및 다자간 인도주의적 군사개입 문제로 또다시 논란이 되고 있다. 전쟁이 정의로웠느냐, 정당한 전쟁이란 무엇이냐, 어떻게 정당하게 전쟁을 수행 할 수 있느냐 하는 문제는 고도로 이념적인 문제이며, 윤리적인 문제이다. 따라서 정의전쟁론은 정의란 무엇이냐, 정의의 차원과 기준은 무엇이냐, 누구를 위한 정의이냐, 어떻게 추구되어야 하며 그 실천 방법은 무엇이냐 하는 측면에서 많은 논란이 있다. 정치, 종교, 사회, 문화적 이념과 철학에 따라서 다양한 견해들이 제시되고 있다.

그 대표적인 것들로 평화주의 접근과 현실주의 접근을 들 수 있다. 평화주의적 정의전쟁론으로는 이상적인 세계경찰 정의전쟁론, 종교적 정의전쟁론 등이 논의되어 왔고 좌파적 정의전쟁론으로서 유물사관에 의한 마르크스 레닌의 정의전쟁론이 한 때 풍미했었다. 이러한 것들은 이상주의적 접근이라 할 수 있다. 이에 반하여 현실주의 접근으로서 민족주의 정의전쟁론, 핵억제와 제한전쟁, 다국적 개입 등이 현실적인 정의전쟁론으로 대두되고 활발히 논의되고 있다. 현실적 접근에서 가장 핵심적으로 대두되는 문제는 국가주권 행사와 국제정의 실현 간에 있어서 발생하는 간섭의 문제이다. 유엔헌장과 다양한 국제법, 그리고 전쟁관련 법규들에 의해 기본적으로 제약되기는 하지만 국가 간의 분쟁과 갈등, 인도적 개입, 그리고 최근에 대두된 국민보호R2P 등의 문제는 그러한 법적 적용범위를 넘어서는 문제들이다.

다행인 것은 현대 인류가 현실주의적 무력분쟁의 필연성을 넘어서서 우선적인 고려사항으로 이러한 문제를 고민하기 시작했다는 것이다. 이제 어느 국가도 과거와 같이 국민들을 폭압할 수 없고, 전쟁을 일으킬 수 없으며, 무제한적인 수단으로 승리를 추구 할 수도 없게 되었다. 전쟁전략 수립에 있어서도 기본적인 정의전쟁 이념이 군사교리의 기본정신이 되었다. 왈쩌는 이것을 정의전쟁론의 승리라고 말하고 있다.

북한이 핵실험을 하면서 정의의 이념을 외치고 있다. 북한이 주장하고 있는 정의는 국제사회와 우리들이 알고 있는 정의와 어떤 차이가 있는가. 종북주의자들이 추구하는 정의와 우리의 정의는 어떻게 다른가. 그들은 과연 북한이 주장하는 정의를 100% 이해하고 추종하는 것인가? 아니면 그저 생존을 위한 지적 유희인가?

공산주의, 마르크스 레닌의 정의전쟁 이론은 소련이 몰락하면서 운명을 같이 하였다. 소위 노동자 농민들의 세계 건설을 위한 혁명전쟁이 정의의 전쟁이라고 외치던 볼쉐비키혁명과 마르크스 레닌이즘은 한국전을 비롯한 냉전이라는 핵전쟁 대결까지 야기하였고 결국에는 100년도 못되어 몰락하면서 스스로 정의롭지 못했던 이념으로 그 허구가 증명되었던 것이다.

6.25전쟁은 공산주의 확대를 위해 김일성이 소련과 중국의 지원 하에 일으킨 소위 '혁명전쟁'이다. 남한의 북침에 대항했던 정의의 전쟁 수행이었다고 호도하였다. 그러나 세월이 지나면서 소련과 중국에서 김일성이 전쟁을 계획하고 소력과 중국 간 협의한 내용들이 문서로 세세히 밝혀지면서 그동안 주장하고 호도해 왔던 거짓말이 명백해졌다. 정의라고 주장해 왔던 것들이 부정의한 사기극으로 확인되었다. 중국에서는 아직도 이러한 사실을 '항미원조 해방전쟁'으로 호도하고 있다.

소련 멸망 후 사회주의라는 이름으로 간판을 바꾸고 난 중국과 북한은 아직도 공산주의 이념을 버리지 못하고 공산당 일당독재체제를 유지하며 인민해방이라는 혁명이념을 버리지 못하고 있다. 특히 북한은 김일성 일가의 세습이라는 전대미문의 왕조국가를 건설하고 신격화하여 신성공화국을 만들고 무력에 의한 적화통일을 추구하면서 국제사회를 상대로 핵놀음을 하고 있다. 그리고 그것을 정의라고 외치고 있다. 대다수 국민들을 굶주리게 하고 김일성 일가 및 권력의 생존을 위한 투쟁이 정의를 위한 것이라는 것이다.

북한은 통일전선전술로 남한을 적화통일하려고 심혈을 기울이고 있다. 통일전선전술이란 통일을 위하여 각계각층으로 연대를 조직하여 이념적 사상적 동조세력을 확대하고 침투하는 전술이다. 국내에서 일부 종북파는 진보라는 미명과 정의라는 이름으로 국민들을 현혹하고 있다. 국민들이 이런 실상을 알고 구분할 줄 알아야 한다. 사상전思想戰에는 부모형제가 없다. 국민들에게 올바른 정의관正義觀이 요구되는 이유이다.

현대전쟁에 있어 정의성 판단은 3가지 차원에서 이루어진다. 유스 애드 벨룸(전쟁목적/개시의 정의), 유스 인 벨로(전쟁 수행의 정의), 유스 파스트 벨룸(전쟁 종결의 정의)이다. 유스 애드 벨룸과 유스 인 벨로는 오랜 역사적 전통을 갖고 있으나 유스 파스트 벨룸은 최근에 대두된 개념으로서 아직 구체적인 내용이 발달되지 않았다.

전쟁철학 측면에서 유스 애드 벨룸은 정치와 전쟁과의 관계에서 기본적인 조건을 말한다. 즉 전쟁과 평화 문제로서 전쟁의 목적과 개시의 정의를 말한다. 그것은 정치의 본질인 정의와 평화 그리고 조화의 실현에 있다. 전쟁이 정치의 계속이라면 전쟁 또한 정의와 평화 그리고 조화 실현의 계속이다. 유스 인 벨로는 현대 안보·군사전략/전술의 건전성과 정당성 그리고 규범성을 말한다. 전쟁 대비를 위한 건전한 군사전략의 수립과 군사력 양성 및 배비 그리고 교전규칙의 준수는 정당한 전쟁 수행의 필수 조건이다. 또한 인명살상을 최소화하고 민간인 피해를 줄일 수 있는 신속, 정밀기동 및 비 살상 무기의 사용은 필수적이라 할 수 있다. 유스 파스트 벨룸은 신속한 전쟁종결과 복구, 민심회복과 안정화 및 민주화 등이다.

유용성과 한계성을 가진 정의전쟁 이론은 철저히 국제이성과 인류의 이념에 의해서 추구될 수밖에 없다. 저자가 제시하는 조화적 접근법으로서 오센틱 정의전쟁론은 인도주의적 군사개입과 국민보호R2P, 분별적 자위自衛를 제시한다. 분별적 자위의 실천 수단은 제한전과 군비통제이다.

국제안보 협력

국제안보체제의 세 가지 차원

국제사회는 국제정치의 행위자들이 전쟁의 위협, 전쟁의 발발, 전쟁의 심각성 등을 줄이려 노력하고 있으며 다양한 제도의 발전과 수단의 확보를 통해 안전을 확보해 나가고 있다. 국제사회를 위협하고 있는 안보위해 요소는 다양한 수준Level of Security에서 존재하고 있으며 통상 국제체제 System 차원, 국가State 차원, 사회Social 차원 등 세 가지 차원에서 전쟁의 위협, 전쟁의 발발, 전쟁의 심각성을 줄이려는 노력을 하고 있다.[678]

체제안보體制安保, Systemic Security는 항시적인 위협이 없는 안정되고 질서 있는 국제체제를 구축하는 것을 말한다. 이러한 안보는 전쟁과 전쟁위협이 제한되거나 혹은 전쟁위협을 해소하는 방식으로 운영된다. 2차 대전 이후 미국과 소련에 의한 냉전체제, 냉전 이후의 유엔에 의한 강대국 협조체제 및 나토 등 집단방어체제 등이 예이다. 또한 국제 레짐에 의하여 다양한 안보수단들이 발전하고 있으며 그 주체도 정부간 및 비정부간 행위자NGO들로까지 확대되었다. 냉전시기 미·소에 의한 양극 체제가 유지되었고 이후 미국에 의한 단일 패권시대를 지나 중국의 부상으로 새로운 국제질서가 형성될 것으로 예상되고 있다.

국가안보國家安保, State Security 수준에서 국제체제는 국가수준의 행위자로 구성되며, 개별국가에게 있어서 안보는 핵심적인 관심사이다. 개별국가의 입장에서 국가안보의 출발점은 무엇보다 국가의 생존이다. 이를 위하여 자위를 위한 군사력의 구비와 동맹, 다자 및 집단안전보장을 추구한다. 생존문제를 제외하고 대부분의 상황에서 국가가 추구하는 가장 중요한 가치는 자주성自主性, Autonomy이다.

사회안보社會安保, Social Security는 국민과 관계가 있다. 즉 국민의 물리적 안전과 국민들 자신들이 원하는 바를 할 수 있는 능력인 자율성의 유지와 관계가 있다. 국민들은 군사공격으로부터의 안전뿐만이 아니라 외부세력이 의도적으로 조장하거나 국내정치체계에 간섭을 통해 초래한 테

---

678) Patrick M. Morgan, International Security: Problems and Solution, 민병오 역, 『국제안보: 쟁점과 해결』(서울: 명인문화사, 2011), pp. 12-25. 참조

러행위나 경제적 어려움으로부터 안전하기를 원한다. 특히 내전 상황은 국민들이 원치 않으며 이 같은 상황은 개별국가 안보 상태와 정 반대의 상황이다.

　이 같은 세 가지 차원의 안보는 일정부분 서로 중첩되며, 각각은 다른 차원에서 나타나는 평화와 안보의 흐름을 강화 시킬 수 있다. 세 가지 안보는 상호 중요한 점에서 서로를 보완해 준다. 그러면서 한편으로는 서로 상충되기도 한다. 어느 한 차원에서 안보의 조화는 다른 차원에서 심각한 안보 불안을 초래할 수도 있다.

각 안보차원의 상충과 조화: 균형

1. 국제체제 안보와 국가안보

국제체제 안보는 국가안보와 상충될 수 있으며, 실제로 국제사회에서 많은 사례가 있다. 안전하고 질서 있는 국제체제는 개별국가의 자주성 일부의 축소를 요구하기도 한다. 반면 개별국가의 강력한 일방적인 자주성의 강조는 국제체제의 약화를 초래하기도 한다. 예를 들어 국제 비확산 레짐의 발전은 개별국가의 자주성을 침해하며 이로 인해 심각한 갈등이 야기된다. 국가안보와 체제안보가 조화를 이루는 것은 대단히 어려운 것이 현실이다. 따라서 건전한 국가전략이 요구된다. 북한과 일부 불량국가들이 추구하는 국가안보 전략이 국제체제와 상충되어 문제가 되고 있는 것이 좋은 예이다.

2. 사회체제 안보와 국가안보

현대에 이르러 한 국가의 대내정책과 대외정책은 상호 연계되어 있다. 통상 국가 지도자들은 국가안보와 사회 안보는 별개이며, 국가안보가 사회 안보보다 더 중요하다고 생각한다. 지도자들은 시민들의 문제나 시민들의 복리보다도 지도자 자신의 개인적인 생존이나 정권 및 국가의 존립이 무엇보다 중요하다고 주장한 국가의 목표달성을 위해서는 언제든지 시민을 희생시킬 수 있으며, 시민들의 자유와 재산을 빼앗을 수도 있고, 시민들을 폭력으로 대할 수도 있다. 지도자들은 다른 나라로부터의 공격이 임박한 징후가 없는 상황에서조차 국가안보를 위해 시민을 억압하는 조치가 불가피하다고 주장할 수도 있다. 그러나 사회안보는 외세의 위협으로부터 뿐만이 아니라 때로는 국가로부터, 즉 사회를 통치하는 국가나 정부의 위협으로부터 사회를 안전하게 보호하는 조치가 필요하다. 따라서 사회안보는 개인, 집단, 그리고 사회 전체 등을 포괄하며 이에 준거하여 평가될 수 있다. 또한 사회안보의 내용은 정치적 차원을 넘어서 글로벌 사회의 인류 복지와 관계된 광범한 범위를 포괄하게 되었고 이것은 국가의 대외정책과 연계된다. 따라서 여기에서는 건전한 전쟁철학과 안보철학이 요구된다. 국가가 안보전략을 전쟁전략으로 추구해서는 안 되며 국제평화 달성을 위한 평화전략을 추구해야 한다.

3. 국제체제 안보와 사회체제 안보

국제체제 안보와 사회체제 안보는 충돌할 수 있으며, 따라서 국가들이 자국의 사회에 대하여 행하는 해로운 행위를 국제체제가 억제하는 경우에서조차 사회의 구성원들은 안정적이고 질서 있는 국제체제를 위협으로 느낄 수도 있다. 현대 국제체제에 있어서 인도적 개입이나 식량, 환경 안보의 추구 등은 바로 이 같은 사회체제 안보에 대한 체제안보의 개입현상이라 할 수 있다. 사회체제 안보는 사회 구성원의 수준에 따라서 다양하게 표출될 수 있으며, 사회구성원들이 인식하지 못하는 것들과 전 지구적 차원에서 추구되어야 할 문제들에 대해서 유엔을 비롯한 국제기구들이 체제안보적 관점들에 접근하고 있다.

제3절

조화적 접근

이상과 같은 다양한 안보 수준의 상충에 따라서 안보 딜레마와 안보 추구에 있어서 딜레마가 발생한다. 안보딜레마 상황에서는 안보를 강화하기 위한 어느 한쪽의 조치가 상대방의 안보를 약화시키며, 이러한 안보를 추구하는데 있어서 발생하는 딜레마는 현대사회에 있어서 군사행동을 제외하고도 국가와 사회 혹은 국제체제에 위해危害를 가하는 다양한 위해요소가 존재하고 그러한 것들은 전염병, 지구온난화, 경제위기, 테러, 국제범죄 등과 같은 비 군사적 요소들과 상황 역시 심각한 안보 위해 요소가 된다. 또한 특정한 이념과 국가지도자 및 정권에 의한 이익 추구에 따라 국민들의 사회적 욕구와는 상충되게 주권이라는 이름으로 국제체제 및 사회안보와 갈등을 빚고 있는 것이 현실이다. 그 대표적인 것이 북한을 비롯한 불량국가들이다. 따라서 이러한 문제들의 조화적 해결이 요구된다.

1. 전략적·구조적 해결방안

현대 국제관계에 있어서 국제정치상의 전쟁문제를 해결하기 위한 노력들은 많은 시도들이 있어 왔다. 소위 현실주의적 접근과 자유주의적 접근들이 그것이다. 인류가 추구해 왔던 평화와 안보를 달성하기 위한 다양한 전략들은 일반적으로 큰 성과를 이루어 왔다고 평가된다. 2차 대전 이후로 대규모 전쟁이 없었고 국가 간의 총력전이 사라졌고 제한전쟁으로 수행되며, 수많은 국제레짐이 발달하였기 때문이다. 따라서 현대 국제사회에서 이루어지고 있는 전쟁을 방지하고 위험을 감소시키기 위한 전략적·구조적 해결방안으로는 다음과 같은 것들을 들 수 있다.[679]

　　㈎ 적절한 세력 분산

　　　　전통적인 세력균형 전략이다. 한미 동맹을 기반으로 중국, 일본과 협력관계를 증진시

---

679) Patrick M. Morgan, 앞의 책, p.p. 55-263. 참조.

킴으로서 동북아에서의 평화유지자 및 창출자 역할을 할 수 있도록 한다. 한미동맹을 전략동맹으로 발전시키고 중국과 새로운 전략적 파트너 관계로 승격시켜 북한에 우선한 이익 창출을 할 수 있도록 개선해 나가야 한다.

㈏ 값싼 승리의 추구

통상 독재 국가들이 추구하는 무력행사 및 위협을 통한 강압전략이다. 북한이 핵개발을 통해 추진하고 있는 극단적인 강압전략은 자칫 전쟁으로 비화 할 수 있으며 값싼 승리가 아닌 값비싼 대가와 파멸을 초래할 수 있다는 것이 역사의 교훈이다. 북한의 핵 무장은 전 세계를 상대로 한 무모한 극단전략으로서 스스로 독이 될 수도 있어 이에 대한 대비가 요구된다.

㈐ 억제와 군비통제

핵 및 재래식 무기를 통한 상호억제와 이를 통한 군비통제이다. 현대 국제관계에 있어서 가장 이성적 안전보장 행위라 할 수 있다. 국제사회는 핵안보정상회의를 통해 핵안전을 추구하며 가시적인 성과를 얻고 있고 미국과 러시아는 획기적으로 핵무기를 감축해 가고 있다. 대량살상무기 국제레짐들도 일부 불량국가들을 제외하고는 적극 호응하고 있다.

㈑ 강대국 협조체제

유엔 안전보장이사회를 활용한 전략이다. 국제연맹이 실패한 이후 국제사회는 핵보유국을 상임이사국으로 하는 UN의 강대국협조체제를 구축 국제평화를 이끌어왔다. 성과도 많지만 실효성과 관련하여 비판도 많이 제기되었다. 유엔 외교전략을 극대화하여 주요 국들과 협조체제를 강화해 나가야 한다.

㈒ 윌슨주의(Wilsonian)의 집단안보체제

나토식 집단안보체제로서, 최근 일본의 아베 정권의 집단적 자위권 행사 논란이 대표적인 예이다.[680] 최근 중국의 부상으로 인기를 끌며 다시 인기를 얻고 있다. 일본 헌법 9조는 "일본 국민은… 국권의 발동으로서의 전쟁과, 무력에 따른 위협 또는 무력의 행사는, 국제 분쟁의 해결 수단으로써 이를 영구히 포기한다. 육·해·공 기타 전력을 보유하지 않는다. 국가의 교전권을 인정하지 않는다"고 규정하고 있다. 긴밀한 유대를 가진 어떤 나

---

680) 최근 아베는 한국과 대만도 이 집단적 자위권 대상국가라고 말하고 있다. 2013.3.1. 조선일보

라가 무력 공격을 받았을 때, 다른 나라가 이를 스스로에 대한 무력공격과 동일한 것으로 간주하여 반격할 수 있는 권리이다. 유엔 헌장 51조가 이를 국가의 권리로서 인정하고 있으나, 일본 정부는 헌법 9조 '교전권 포기'에 따라 이 권리 역시 포기한 것으로 해석하고 있다. 자신에 대한 직접공격에 대해 방어하는 '개별적' 자위권과 비교해 '집단적'이라고 쓴다. 일본이 이를 바꿀 경우 탄도미사일방어BMD 협력 등의 분야에서 자위대의 행동 제약을 대폭 완화하게 된다. 북한핵무장의 결과에 따른 최악의 시나리오라 할 수 있다.

㈅ 복합적 다자주의와 통합

정부간, 비정부간 국제레짐을 통한 국 제 협력과 유럽연합과 같은 정치·경제·군사를 통합하는 종합적 접근전략이다. 동북아 다자안보협력체제 및 한반도 평화체제 구축을 위한 부단한 노력이 요구된다. 필요시 동북이 비핵지대화도 고려해볼 전략적 대안 중의 하나이다.

2. 전술적 실천적 해결방안

전술적 실천적 접근 방법은 국제정치의 본질을 변화시켜 충분한 협력을 도모하는 방법이다. 전술적 성격을 갖는 이러한 접근은 현대적인 접근으로서 과거에는 생각할 수 없었던 방법들이다. 그만큼 현대는 과거와는 다른 전쟁과 평화에 대한 인식이 달라졌다고 할 수 있다.

평화조성peacemaking은 평화상태가 깨져서 살상과 파괴로 얼룩질 가능성이 있거나 이미 그렇게 되어 버린 심각한 분쟁을 해결하려는 노력을 말한다. 이를 위해 사용되는 수단들은 협상negotiation, 하나 이상의 제3자가 도와주는 조정mediation, 사전 합의에 따른 제3자를 활용하여 해결하는 중재arbitration, 판사나 법원 등의 외부 재판소를 활용하는 재정adjudication 등이 있다.

협상과 조정negotiation and mediation은 국제분쟁 해결을 위해 일반적으로 사용되며 이것이 실패하였을 경우 가능한 해결방법들이 평화유지peacekeeping, 평화강제peace enforcement와 평화부과peace imposition, 그리고 평화구축peacebuilding 등이다.[681]

평화유지[682]는 제 3자 개입의 특정 유형으로써 전쟁이 임박하거나 또는 전쟁이 이미 시작

---

681) 위의 책. pp.267-440. 참조

682) 현재 유엔의 평화유지활동에 대한 한국어 번역은 통일되어 있지 못하다. peacemaking은 평화조성 또는 평화형성으로, peacebuilding은 평화구축, 평화재건, 평화 건설 등으로 번역되고 있다. 특히 peace enforcement는 평화강제, 평화집행, 평화이행 등으로 다양하게 번역되고 있다. 그리고 이와 유사한 개념인 peace imposition은 비교적 생소한 용어로서 분쟁당사자의 요청이 없는 상황에서 군사적 개입을 의미하기에 peace enforcement에 비해 보다 적극적인 군사적 조치를 의미한다.

된 경우에 수행될 수 있다.

UN 및 국제사회는 인도적 개입을 통하여 사회체제안보를 추구해 왔으나 여러 가지 문제점의 대두로 최근 '국민보호'R2P 개념으로 전환하여 평화유지활동을 하고 있다. 최근 시리아에 대한 나토군의 개입이 대표적인 예이다. 우리나라도 UN의 평화유지활동에 적극 참여하고 있다.

기반안보

제1절
기반안보의 개념과 북한의 위협

1. 기반안보의 개념과 실태

국가안전보장이란 말 그대로 국가의 안전을 보장한다는 말이다. 국가란 무엇인가 많은 개념정의 절차를 생략하고 한마디로 정의하자면 국가가 안전하게 번영을 추구하는데 있어서 갖추어져야 할 최소한의 안전보장을 의미한다 할 수 있다.

일반적으로 국가안보는 현대에 이르러 포괄적 안보를 추구하고 있다. 포괄적 안보란 과거 협의의 정치, 군사 중심의 안보 개념에서 경제, 사회, 자원, 환경 등 안보 영역과 범위가 확장된 것을 말한다. 베리 부잔은 안보의 영역을 군사안보, 정치안보, 사회안보, 환경안보의 5개 영역으로 구분하고 있다.

안보영역과 안보 대상

안보영역 (Security Sectors)	안보대상 (Reference Objects)
정치안보	주권(Sovereginty), 국가이념(Ideology)
군사안보	국가(Stste, 영토와 국민), 정치체제(Political Entity)
경제안보	국민경제(National Economy), 삶의 질(Quality of Life)
사회안보	사회응집력(Social Cohesion)
환경안보	생명 및 문명의 생존(Survival of life and Civilization)

출처: Berry Buzan, et al., *Security: Frame Work for Analysis*
(Boulder, Co: Lynne Rienner, 1998)

기반안보란 협의의 정치·군사 안보를 말한다. 여기서 정치안보란 국가의 주권이나 체제 이념에 대한 위협에 대응하는 것이다. 정치안보의 핵심은 국가존립요소의 안정이다. 국가존립 요소는 국가이념, 국가제도, 물리적 기반이다. 국가이념은 헌법이념으로 구체화되어 있다. 그것

400 클라우제비츠와 한반도, 평화와 전쟁

은 국가정체성과 목적을 유지하며, 국민으로 하여금 국가의 권위에 복종하도록 설득하는 역할을 한다. 대다수 국민들이 국가이념과 국가정체성을 적극 지지할 때, 국가는 흔들리지 않는다. 국가이념이나 국가정체성에 대해 상당수 국민이 회의적이거나 강한 반대이념이 존재할 때 정치안보는 위태로워진다. 그러한 상황에서는 혁명이나 내란이 일어날 수 있다.[683]

국가제도는 입법, 사법, 행정 등 정부조직은 물론 정부운영의 기초가 되는 법률, 절차, 규범을 포괄한다. 따라서 국가제도는 국가이념과 상호보완적 관계에 있다. 국가제도는 국가이념보다 실제적인 정치안보의 대상이 된다. 정부가 국민으로부터 신뢰받지 못하면 국가에 대한 애착심과 충성심도 낮아지게 된다.

남북으로 분단되어 이질적인 이념으로 체제경쟁을 하고 있는 한국만큼 정치안보가 중요한 나라도 없다. 북한은 시종일관 대남혁명전략을 통해 대한민국의 자유민주체제를 파괴하고 주체사상에 입각한 사회주의체제로의 통일하는 것을 지상 목표로 삼고 있기 때문이다.

군사안보는 외국의 군사적 침략 등 무력의 사용이나 그 위협으로부터 국가의 생존과 체제의 안전을 보장하는 것을 말한다. 뿐만 아니라 대내적으로 무장봉기를 통해 체제를 전복하려는 세력이 존재할 경우 이에 대응 하는 것 또한 군사안보의 중요한 과제라 할 수 있다.

한국안보의 현 실태는 북한의 정치·군사적 직·간접 침략에 대한 무감각과 무방비 상태라 할 수 있다. 각종 설문조사를 통해 나타난 국민의 안보의식 실태를 보면 국가관, 안보관, 역사관, 동맹관으로 나누어 볼 때 문제점은 "적과 우방의 혼동, 한반도에 전쟁 발발 가능성이 없다는 근거 없는 낙관론, 전쟁발발 시 젊은이들이 나가 싸우겠다는 의지박약, 헌법이나 자유민주주의 체제에 대한 인식부족 및 교육의 부실, 안보에 대한 왜곡된 정보, 정부의 책임" 등으로 요약된다.[684]

그동안 민주화 과정을 거치면서 안보정책은 과거 권위주의 시대에 대한 반발로 정책적 우선순위에서 밀렸고 화해협력 정책을 거치면서 국민들의 안보의식은 최악의 상황에 이르렀다. 주적개념이 사라졌고 동맹국 미국을 주적이라고 하는 등 북한의 통일전선전술에 의한 평화위장공세와 용어혼란전술은 민족우선이란 기만 아래 적과 우방을 혼동하며, 천안함 폭침과 연평포격을 눈앞에 놓고도 북한의 공격이 아닌 정부의 자작극이라고 북한의 주장을 그대로 추종하는 단계에 까지 이르렀다.

이러한 결과는 국방예산의 삭감으로 나타났고 예정되었던 국방개혁은 예산 부족으로 추진되지 못하고 주요 장비들은 노후화 되면서 심각한 전력약화를 가져왔다. 최근에는 복지정책

---

683) 베리부잔, 김태현 역, 『세계화 시대의 국가안보』(서울: 나남, 1995), pp.110.-113.

684) 김충남, '국민 안보의식 실태와 우리의 대응', 세미나 기조논문, 군사문제연구원, 2012.8.12.

추진에 따른 복지예산의 증가로 또 국방예산은 대폭 삭감됨으로써 국방력의 약화가 가속되고 있다.

북한의 핵무장 현실화에 따라 이에 대한 억제력의 구비가 절실히 요구되고 있다. 한미동맹의 강화를 통한 확장억제력의 확보와 장거리 미사일 및 해·공군력의 정밀타격 능력의 조기 확보가 요구된다.

2. 북한의 안보전략과 군사적 위협

(1) 북한의 대남전략

북한의 대남전략의 최고의 목표는 '남조선 혁명'을 통한 '조선 민주의의 인민공화국' 주도의 적화통일이다. 남조선 혁명은 민족해방(주한미군 철수)과 인민민주주의 혁명(친공정권 수립)이라는 두 가지 과업으로 나누어져 있다. 민족해방이란 남한이 미군의 점령 하에 있다고 보고 반미 자주화 투쟁을 통하여 주한 미군을 비롯한 미 제국주의 세력을 축출하여 남한 주민들을 해방시키겠다는 것이다. 북한은 민족 분단의 근본 원인을 "미군의 남조선 주둔"으로 보고 따라서 통일은 남한에서 외세를 축출하는 것을 '남조선 해방'으로 규정하고 이를 위해 민족 대단결을 이룩해야 한다고 말하고 있다. 인민민주주의 혁명이란 남한에서 독재파쇼정권(자유민주 정권 또는 보수정권)을 타도하고 노동자와 농민 등 무산계급이 주도하는 민족자주정권, 다시 말하면 친북 정권을 수립하는 것을 말한다. 이를 위하여 북한은 그동안 한국의 각종 선거에 영향을 미쳐 이를 실현하려 노력해 왔다. 북한은 남조선 혁명에 의하여 남한에 들어서는 종북정권과 합작(연합)하여 통일하는 것을 최종 목표로 하고 있다. 통일된 나라는 주체사상을 신봉하는 공산국가여야 한다는 것이 대남전략의 핵심이다.685)

2013년 1월 김정일의 유훈 전문이 공개되었다. 이를 분석해 보면 북한이 김일성의 유훈과는 달리 비핵화 할 의사가 전혀 없으며 선군정치를 통한 정치 사상전으로 대남혁명 전략을 추구하고 체제유지에 대한 불안감과 생존을 위한 핵과 장거리 미사일 그리고 생화학무기에 전적으로 의존하는 북한의 생존 및 적화통일 전략의 핵심 내용들이 잘 표현되어 있으며 김정일 사후 진행된 일련의 사태들이 모두 이 유훈대로 진행되고 있다고 평가된다.

---

685) 북한은 1945년 10월 노동당 창당 당시 '남조선 혁명'을 통한 적화통일 목표를 강령으로 채택한 후 현재에 이르고 있다. 2012년 4월 개정된 당 규약은 "공화국 북반부에서 사회주의 강성대국을 건설하며, 전국범위에서 민족해방 민주주의 인민민주의의 혁명과업을 수행하는데 있으며, 최종 목적은 온 사회를 김일성·김정일주의화 하여 인민대중의 자주성을 완전히 실현하는데 있다."고 수정하여 소련 멸망에 다라 구 강령에서의 '공산주의사회 건설' 문구를 '자주성의 완전 실현'으로 대체하였다.

대량 살상 무기	○ 핵과 장거리 미사일·생화학무기를 끊임없이 발전시키고 충분히 보유하라. ○ 미국과의 심리적 대결에서 반드시 이겨야 한다. ○ 합법적인 핵보유국으로 당당히 올라서라. ○ 6자회담을 우리 핵보유를 전 세계에 공식화하는 회의로 만들라.
외치	○ 조국통일 문제는 우리가문 종국적 목표다. ○ MB정권과는 북남관계 개선이나 통일이 불가능하다. 다음 정권과 경제·문화교류를 시작하라. ○ 남조선과 힘을 합치는 것을 좋아할 나라 없다. 주한미군 철수시켜 대국들이 중립적인 입장을 가지도록 하라. ○ 중국은 역사적으로 우리를 가장 힘들게 했다.
가족 관계	○ 김경희(김정일의 여동생)가 유언을 집행하고, 1년 내 김정은을 최고 직책에 올려라. ○ 김설송(김정일의 장녀)은 정은의 방조자(협력자)가 되고, 해외은행의 자금은 정은에게 주라.
내치	○ 국가안전보위부와 보위총국을 정수(골수)분자들로 꾸리고 선군사상을 끝까지 고수하라. ○ 남북이 힘을 합쳐(북한에 매장된)원유시추 문제를 반드시 해결하라. ○ 원자력발전소 최소 3개 건설해 전기 문제 해결하라.

출처: 중앙일보 2013.1.29일자

(2) 군사적 위협[686]

① 전략무기(핵, 미사일 등 대량살상무기)

북한은 전략적 공격능력을 확보하기 위하여 핵, 탄도미사일, 화생무기를 지속적으로 개발하여 왔다 1960년대부터 영변의 핵시설을 건설하기 시작하여 1970년대에 이르러 핵연료의 정련·변환·가공기술을 집중적으로 연구하였다. 1980년대 이후부터 5MWe 원자로의 가동 후 폐연로봉 재처리를 통해 핵물질을 확보하였고, 축적된 기술을 바탕으로 2006년 10월과 2009년 5월 2013년 2월 세 차례의 핵실험을 감행하였다. 북한이 현재까지 4회에 걸친 재처리 과정을 통하여 보유하고 있을 것으로 추정되는 플로토늄 양은 40여 Kg에 달할 것으로 보인다. 또한 2009년 외무성 대변인의 '농축우라늄'에 대한 언급과 2010년 11월 우라늄 노축시설의 공개 등을 고려해 볼 때, 고농축 우라늄HEW 프로그램을 진행하고 있는 것으로 평가된다.

한편 북한은 1970년대부터 탄도미사일 개발에 착수하여 1980년대 중반 사정거리 300Km의 SCUD-B와 500Km의 SCUD-C를 생산하여 작전 배치하였다. 1990년대에는 사정거리 1,300Km인 노동미사일을 시험 발사한 후 작전배치 하였으며, 2007년에는 사거리 3,000Km 이상의 무수단 미사일을 작전 배치하였다. 이에 따라 북한은 한반도를 포함한 일본, 괌 등 주변국에 대한 직접적인 타격능력을 보유하게 되었다. 또한 1990년대 말부터 장거리 탄도미사일CBM 개발에 착수하여 1998년 대포동 1호, 2006년 대포동 2호를 시험 발사하였고, 2009년 4월과 2012

---

686) 국방부, 『국방백서』(서울: 국방부, 2012. 12), pp.

년 4월에도 대포동 2호를 추진체로 하는 장거리 미사일을 발사하였으나 실패하였고 2013년 1월 성공함으로써 장거리미사일 개발의 초보적인 능력을 보유하게 되었다. 또한 1990년대 말부터 장거리 탄도미사일CBM 개발에 착수하여 1998년 대포동 1호, 2006년 대포동 2호를 시험 발사하였고, 2009년 4월과 2012년 4월에도 대포동 2호를 추진체로 하는 대포동 2호를 추진체로 하는 장거리 미사일을 발사하였으나 실패하였고 2012년 12월 성공하였다.

북한은 1961년 12월 김일성의 '화학화 선언' 이후 독자적인 정책을 수립하고 화학무기 연구 및 생산시설을 설치하는 등 화학무기 개발을 시작하였다. 이후 1980년대부터 화학무기를 생산하기 시작하여 약 2,500~5,000톤의 각종 화학무기를 전국적으로 분산된 시설에 저장하고 있는 것으로 추정된다. 또한 북한은 탄저균, 천연두, 페스트, 야토균 및 출혈열 등과 같은 다양한 종류의 생물무기를 자체적으로 배양하고 생산할 수 있는 능력을 보유하고 있는 것으로 추정된다.

② 재래식 전력

북한은 주체사상을 명분으로 '국방에서의 자위' 원칙을 주장하면서 군사력 증강을 지속해 왔다. 북한은 1962년 4대 군사노선을 채택한 이후 군사우선 정책을 채택해 왔으며, 김정일이 권력을 승계한 이후에는 선군정치를 내세워 대남 우위의 군사력 유지를 최우선 과제로 삼아왔다. 김정일 사후 권력을 승계한 김정은은 단기적으로는 선군정치 노선을 변경할 가능성은 없어 보인다.

북한의 기본목표는 대남적화통일이다. 이를 구현하기 위해 북한군은 기습전, 배합전, 속전속결전을 요체로 하는 군사전략을 유지하면서 우리 군의 첨단전력과 현대전을 고려하여 다양한 전술의 변화를 모색하고 있다. 북한은 대량살상무기, 특수부대, 장사정포, 수중전력, 사이버전 능력을 포함한 비대칭전력의 집중적인 증강과 재래식 전력의 선별적인 증강을 추구하고 있다. 특히 북한군의 비대칭 전력은 평시 국지도발은 물론 전시 핵심 공격수단으로서 우리 군에게 심각한 위협이다.

지상군은 전력의 약 70%를 평양 - 원산선 이남에 배치하여 상시 기습공격을 감행할 태세를 갖추고 있다. 특히 전방지역의 170밀리 자주포와 240밀리 방사포는 우리의 수도권 지역에 대해 기습적인 대량 집중사격이 가능하다. 또한 기존 서해 북방한계선NLL 북측 해안지대에 배치된 해안포와 방사포 전력뿐만이 아니라 상륙 및 공중전력을 전진 배치하는 등 우리의 서해 5도 및 주변지역에 대한 상시 도발능력을 강화하고 있다.

기갑·기계화 부대는 주력 전차인 T-54/55를 도태시키면서 천마호 전차와 이를 개량한 신형 전차를 배치하는 등 장비현대화를 지속하고 있다. 또한 기갑·기계화 전력을 지속 증강시킴 으로써 기동력과 타격력을 대폭 보강하여 작전의 융통성을 증가시키고 있다.

북한군의 특수전 병력은 현재 20만 명에 달하는 것으로 평가된다. 특수전부대는 11군단과 전반군단의 경보병사단, 전방사단의 경보병연대 등 전략적·작전적·전술적 수준의 부대로 다양 하게 편성되어 있다. 이러한 특수전부대는 전시에 제대별로 땅굴을 이용하거나 AN-2기 등 다양 한 수단을 이용해 우리의 후방지역에 침투하여 주요목표 타격, 요인암살, 후방교란 등 배합작전 을 수행할 것으로 판단된다.

수상전력은 유도탄정, 어뢰정, 소형경비정 및 화력 지원정 등 대부분 소형 고속함정으로 구성되어 있으며, 지상작전과 연계하여 지상군의 진출지원과 연안방어 임무를 수행할 것이다. 이들 소형 함정들은 원해작전 능력을 떨어지지만, 대부분의 전력이 전진 배치되어 있어서 레이 더 기지 및 해안포, 지대함 유도탄 부대의 지원을 받아 전방해역에서 기습공격이 가능하다.

수중전력으로는 로미오급·상어급 잠수함과 연어급 잠수정 및 70여 척으로 구성되어 있다. 이들은 해상교통로 차단, 기뢰부설, 수상함 공격, 특수전부대 침투 지원 등의 임무를 수행한다. 특히 북한은 잠수정과 신형어뢰 개발을 지속하는 등 비대칭 전력에 의한 수중 공격능력을 향상 시키고 있다.

상륙전력은 공기부양정, 고속상륙정 등 총 260여 척으로 구성되어 있다. 이들은 해상저격 여단과 같은 특수전부대 병력을 아군지역에 기습전으로 침투시켜 주요 군사·전략시설을 타격 하고 상륙해안의 중요지역을 확보하는 작전을 지원할 것이다.

공군은 공군사령부 예하에 4개 비행사단 2개 전술수송여단, 2개 공군저격여단, 방공부대 등으로 구성되어 있다. 북한공군은 북한 전역을 4개 권역으로 나누어 전력을 배치하고 있다. 북한 공군기는 대부분 노후기종이지만 전투임무기 820여 대 중 약 40%를 평양-원산선 이남에 전진 배치해 놓고 있다.

북한 공군은 추가적인 항공기 배치조정 없이 우리의 핵심 지휘통제 시설, 방공자산, 보급 로, 산업 및 군사시설 등을 타격하는 기습공격 능력을 보유하고 있다. 또한 저고도 침투능력이 우수한 AN-2기와 헬기를 이용하여 아군 후방의 주요 전략시설에 특수전 부대를 직접 침투시킬 수 있는 능력을 갖추고 있다.

북한군의 방공체계는 공군사령부를 중심으로 항공기, 지대공 미사일, 고사포, 레이더 방공 부대 등으로 통합 구축되어 있다. 1차적인 방공임무는 북한영공을 4개 구역으로 분할하여 책임 지고 있는 해당비행사단에 위임되어 있다. 전방지역과 동서해안지역에는 SA-2와 SA-5 지대공 미사일을 배치해 놓았고, 평양지역에는 SA-2와 SA-3 지대공 미사일과 고사포를 집중 배치하여 다중의 대공방어망을 형성하고 있다. 전술 고사포는 지상군 기동부대를 방호하고, 전략고사포는 주요도시, 항만, 군수산업 시설 등을 방호하기 위하여 북한 전역에 다수 배치되어 있다.

지상관제요격기지, 조기경보기지 등 다수의 레이더 방공부대는 북한 전역에 분산 배치되어 있어 한반도 전역을 탐지할 수 있다. 또한 레이더 방공부대의 탐지 정확도를 높이고 작전 대응시간을 단축하기 위하여 자동화 방공지휘통제체제계를 구축하고 있다.

3. 통일 전략

(1) 무력통일 전략(1970년대 초까지)

북한의 대남전략은 크게 세단계로 구분할 수 있다. 그 첫 번째는 무력통일 전략이다. 무력통일의 본질은 한국을 조선민주주의 인민공화국영토로 규정한 전제하에 미국의 식민지인 남조선을 무력으로서 해방한다는 초강경 정책이다. 그 배경은 6.25 전쟁 후 북한 내에 반한정서가 지배적이었다. 김정일은 이러한 북한 주민들의 반한 의식을 자극하여 내부결속용으로 이용하기 위해서 무력통일 정책을 강력하게 추진하였다. 당시 한국보다 경제적 우위에 있던 국력을 바탕으로 힘에 의한 강경정책을 노골화 하였고 소련과 중국의 영향권 하에서 파벌과 이념 투쟁으로 분열되고 대립되어 있던 김일성 정권은 국제 냉전구도와 남북한 체제 갈등이 극도에 달했던 당시의 국내외 분위기를 이용하여 군을 앞세운 정치를 해야만 권력을 유지할 수 있고 정책을 추진해 나갈 수 있었다.

(2) 고려연방제 통일 전략(1970년대~1990년대 말)

고려연방제 통일방안의 본질은 한국의 군사정권을 민주세력으로 정권교체하고 그 정권과 연합하는 방식으로 통일을 추진한다는 것이다. 그 배경으로는 두 가지를 들 수 있다. 첫 번째는 한반도에 분열이 정착되면서 무력통일과 같은 정면대응의 실효성이 불투명해진데 대한 우회적 대응책이 요구되었고 두 번째는, 베트남 전쟁과 1960년대 4.19 혁명이 북한 정권에 충격을 주었다.

4.19 혁명 직후 급진적인 학생들이 주한미군 철수와 남북협상에 의한 통일을 주장하는 등 대남통일전선에 유리한 여건이 조성되자 북한은 연방제 통일을 주장하기 시작했다. 그러나 그들의 본격적인 연방제 통일 제의는 1980년 10월 10일 노동당 대회에서 김일성이 제시한 '고려연방제 통일방안'이다. 그 주요 내용은 "북과 남이 사상과 제도를 그대로 인정하고 용납하는 기초 위에서 북과 남이 동등하게 참가하는 민족 통일정부를 수립한다"는 것이다. 이것은 남북

한 동수의 대표로 구성되는 '1민족 1국가 2체제 2지역 정부' 통일방안이었다.

그런데 김일성은 '연방제 통일'을 위한 선결조건을 주장하고 나섰다. 한국과 관련된 선결조건으로는 남한의 반공법 및 국가보안법 등의 폐지, 모든 정당 사회단체(즉 친북적 정당과 단체)의 합법화, 민주애국인사(반체제 및 친북인사)의 석방, '군사파쇼정권'의 민주주의 정권(친북적 정권)으로의 교체 등이다. 미국과 관련된 선결조건으로는 정전협정을 평화협정으로 바꾸기 위한 미국과의 협상, 주한미군 철수 등이 포함되었다. 이렇게 볼 때 북한의 연방제 통일방안은 대남전략과 대미전략을 포함하는 '남조선 혁명전략'의 일환이라 할 수 있다.[687]

이를 분석해 보면, 북한이 주장하는 연방제 통일의 선결조건은 '남북한의 현재 이념체제와 제도를 그대로 둔다'는 그들의 연방제 통일방안 내용과 모순되는 것이다. 또한 그들의 통일방안에는 통일헌법의 제정절차와 총선에 대한 내용도 없다. 이 같은 통일방안은 분단국가인 중국이나 월맹의 공산주의자들이 적화수단으로 상투적으로 사용해 왔던 '통일전선전술'과 같은 것이다.

그러나 독일의 흡수통일 및 동유럽 사회주의 국가들의 붕괴로 인해 북한이 외교적 고립과 경제적 파탄 등 체제붕괴 위기에 직면하면서 그들은 연방제 통일에 전술적 변화를 시도하였다. 김일성은 1991년 신년사를 통해 '1민족 1국가 2제도 2정부에 기초한 연방제'를 거론하면서 연방제 내에서 남북한 두 지역정부가 외교권, 군사권, 내치(內治)권을 갖는 '지역 자치정부 권한강화론'과 제도통일(완전한 통일)은 후대로 미룬다는 '제도통일 후대론'을 들고 나왔다. 이것은 사실상 통일을 반대하는 것이었다. 김일성이 이 같은 통일방안을 제안한 것은 그러한 연방제가 성사된다 하더라도 북한의 생존을 보장하면서 한국의 경제적 지원을 받아 체제를 유지해 보려는 계책에 불과했다.

북한이 주장하는 '사상과 이념과 제도의 차이를 초월하는 연방제 방식의 통일'은 외면상 그럴듯하게 보이지만 실제로는 실현 불가능하다. 그 까닭은 민주 자본주의와 폐쇄적 공산독재 체제라는 상호 대립되는 두 체제가 하나의 연방 내에서 공존하는 것 자체가 사실상 불가능하기 때문이다. 연방이란 미국이나 구소련과 같이 같은 체제 내에서 지방정부에 자율권을 주는 것이지, 체제를 달리하는 지방정부들로 연방을 구성하는 것은 아니다. 이것은 이론적으로도 불가능하고 역사적으로도 선례가 없다. 더구나 김일성의 제안은 외교, 국방, 정치는 남북한 두 개의 지방정부에서 담당하면서 경제사회부분에서만 협력하자는 것으로 미국이나 소련의 연방제와는 반대되는 개념이다. 이에 덧붙여 연방제 하에서의 지역정부의 군사권을 인정할 때, 그것은 지역분쟁 간 분쟁을 초래하여 내전으로 비화할 가능성이 크다는 점을 우리는 과거 분단 예멘의

---

687) 김충남·문순보, p.292.

경험에서 잘 배울 수 있었다.688)

(3) 햇볕정책 역이용 전략(1990년 말~현재)

김대중 정부가 햇볕정책을 발표한 1998년경 김정일은 남조선과의 관계개선을 무조건적으로 반대를 고수하던 통일전선사업부에 햇볕정책을 역이용하라는 지시를 내렸다. 이에 따라 통일전선사업부는 "우리민족끼리 전략"이라는 "햇볕정책역이용 전략"을 수립하였다. 6.15 남북정상회담 이후 민족공조를 부각시키며 대두된 이 '민족끼리' 전략은 북한이 자국 내의 경제난을 인정하고 정세가 성숙될 때까지 한국의 경제를 자국의 발전에 이용하기위해 채택한 잠정적 조치로서 불가피한 위장전략이었다. 북한 정권으로서는 사회주의 동구권의 붕괴로 우방국 지원이 절대적으로 줄어든 상황에서 김대중 정부의 햇볕정책을 역이용 하는 방향으로 전략을 바꿀 수밖에 없었다.

1994년 7월 김일성 사망 후 권력을 승계한 김정일은 동유럽 사회주의 체제가 붕괴된 이유가 사회주의 체제 내의 모순과 비효율 때문이라는 서방의 견해에 대하여 강력하게 비판하였다. 김정일은 동유럽 사회주의 국가들이 실패한 것은 무엇보다도 군대를 '국방의 수단'으로만 여겼지 '사회주의 정치의 주체'로서 보지 못한데 있다고 주장했다.689) 그는 체제위기를 극복하기 위해 개혁과 개방을 통한 사회주의 패도 수정을 시도한 것이 아니라 개혁·개방을 거부하면서 끝까지 사회주의를 지키고 나아가 사회주의 건설을 완성(한반도 적화통일)하기 위해 군사제일주의(선군정치)를 추구한 것이다. 그는 동구 사회주의 국가들이 붕괴된 것은 사회주의체제를 버리고 개혁·개방을 통하여 민주주의와 시장경제를 채택하였기 때문이라고 주장하였다.

김정일은 1998년 5월 7일 조선노동당 중앙위원회 책임일꾼 들에게 행한 담화에서 "제국주의자들이 우리에게 '개혁', '개방'을 해야 한다고 떠드는 것은 우리나라의 사회주의를 허물고자본주의 제도를 되살리려는 기본의도가 있다" 면서 "적들은 개혁·개방으로 우리의 사회주의를 내부로부터 와해시켜 저들의 구미에 맞는 자본주의로 전환시키려는 음흉한 목적으로 추구하고 있다"고 말했다.690)

김대중 정부의 집권 첫해였던 1998년 9월에 북한은 헌법을 개정했다. 당시 김정일은 '강성대국強性大國의 구호 아래 군사제일주의 노선인 '선군정치'를 펴 나가겠다고 선언하였다. 그것은 위기관리를 위한 군사체제였다. 북한의 새 헌법은 국방위원회를 최고 통치기구로 규정했고 김

---

688) 김충남·문순보, 앞의 책, p.293.
689) 김철우, 『김정일 장군의 선군정치』(평양: 평양출판사, 2000).
690) 김정일, "전 당고 온 사회를 주체사상화 하자," 노동당 중앙위원회 책임일꾼들과 한 담화(1998.5.7)

정일은 그 위원장이 되었다. 따라서 김정일은 햇볕정책에 대하여 매우 부정적이었다. 그는 1999년 "개혁 개방은 망국의 길이다. 우리는 개혁·개방을 절대 허용할 수 없다. 우리의 강성대국은 자력갱생의 강성대국이다"라고 선언했다.[691] 그해 10월 유엔주재 북한 차석 대사도 유엔 연설을 통해 "남조선의 햇볕정책은 화해 협력을 가장하고 북한의 체제를 바꾸려는 반통일, 반조선 정책"이라고 맹렬히 비난하였다.

그럼에도 심각한 경제위기의 와중에 있었던 북한은 김대중 정부의 호의적인 대북정책을 외면할 수 없었다. 김정일은 햇볕정책으로 인한 위험을 차단하고 이에 따른 이익을 극대화하기 위하여 "햇볕정책 역이용 전략을 수립하라"는 특별지시를 내렸다. 이에 따라 북한은 표면적으로는 민족공조와 평화통일을 강조하며 남북 간 교류와 협력에 호응하는 기만 술책을 쓰면서 뒤로는 적들과는 '끼리'할 수 없다는 원칙을 고수하며 기존의 대남전략을 계속 고수해 왔다.[692]

햇볕정책 역이용전략의 목적은 세 가지로 볼 수 있다. 첫째, 남북관계를 경제적 이익에만 국한시키고 둘째, '우리민족 끼리' 구호를 통해 남한 내 북한지지 세력을 확산시키며 셋째, 남북 화해를 명분으로 한미갈등을 조장하여 주한미군을 철수시킴으로써 적화통일에 유리한 환경을 조성하는데 있다. 따라서 북한정권은 이전에는 한국 내 반정부 민주세력의 확산을 목표로 대남 심리전이나 공작을 위주로 전개했던 반면 햇볕정책 이후에는 친북·좌익·진보세력을 지원함으로써 친북·반미 세력을 확산시킨다는 보다 적극적인 목표를 추구했던 것이다.[693]

이에 따라 북한은 민족공조를 강조하는 동시에 한미공조를 강력히 비난하며 한국사회의 반미투쟁을 적극 조장했다. 북한의 적화통일 전략에서 볼 때 가장 큰 걸림돌은 주한미군과 한미동맹이다. 북한이 주한 미군을 철수시키고 한미동맹을 해체하기 위한 구체적인 실천전략은 첫째, 연방제 통일을 추진하는 것이고 두 번째는 핵무기를 개발해서 그것을 지렛대로 미국과 평화협정을 체결하는 것이다. 미국과 평화협정을 맺는다면 주한미군을 한국에서 물러가게 할 수 있는 명분이 생기고 그것이 관철된다면 적화통일을 할 수 있는 '결정적 시기'가 도래하는 것이기 때문이다.

지난 시기동안 북한은 '남조선 혁명'을 위해 세습 독재를 하고 인민을 굶어죽게 하면서 대남 군사적, 비군사적 위협을 계속해 왔다. 북한이 실패한 국가로 전락한 주원인도 '남조선 혁명'을 고수했기 때문이다. 남조선 혁명을 위해 북한은 수십 년 간 국가예산의 절반 이상을 군사력 강화와 대남공작에 쏟아 부었고 120만 명에 달하는 군대를 유지하면서 북한 전체를 병영으

691) 노동신문, 1999년 1월 1일자.
692) "북한 통일전선부 출신 탈북자가 증언한 '대남공작부서의 모든 것'", 『신동아』 574호(2007.7.1); 장철현, '북한의 통일전선 사업부 해부』 『북한 조사연구』(서울: 국가안보전략연구소, 2007 6)
693) 김충남, 앞의 책. p.296.

로 만들었으며 핵무기와 장거리미사일을 개발하였다. 이처럼 '남조선 혁명'은 결코 포기할 수 없는 북한 정권의 최고 가치이며 존재 이유이다. 김정은 시대에 이르러서도 북한의 대남 적화전략은 근본적으로 변화하기 어렵다. 북한의 세습독재체제는 오로지 남조선 혁명이라는 목표를 달성한다는 것이 정당성의 명분이 되어 왔기 때문에 그 목표를 포기한다는 것은 불가능하다 할 수 있다.

4. 사이버 전략

최근 2013년 3월 20일 북한은 사이버 테러를 저질렀다. 제3차 핵실험 이후 위기를 고조시키면서 매년 실시해 오는 한미 연례합동 군사훈련인 '키리졸브' 훈련시 북한은 정전협정을 전면 무효화 선언하고 긴장을 고조시키면서 주요언론사와 농협 등 금융기관 전산망을 마비시켰다. 또한 카톡 등 일부 사이버 매체에서는 "전쟁 발발 시나리오" "전국 초·중·고 휴교령 발동"등 유언비어 메시지가 횡행하였다. 그러나 국민 대부분은 북한의 상투적이고 반복적인 전쟁위협 공세에 동요하지 않았다.

이렇듯 북한의 사이버 공간을 이용한 대남공작 활동은 한국의 군사안보는 물론 정치사회적 안보를 크게 위협하고 있다. 그간 남조선 혁명을 위한 북한의 대남활동은 간첩남파, 지하당 구축, 삐라 등 인쇄물이나 대남방송을 이용한 선전선동, 친북단체의 조종 등에 주력해 왔으나 한국에 세계최고인 사이버 공간이 구축된 이후에는 이 공간을 적극 활용하여 '사이버 전쟁' 공작을 수행하고 있다. 북한은 이 공간을 대남전략 수행을 위한 '해방공간'으로 본다. 남한의 국가보안법이 미치지 않는 법적으로 자유로운 활동 공간이며 추적이 어려워 행위주도를 은폐하기 쉬워 남조선 국민들에 대한 의식화 작업이 용이하고 비용이 저렴하기 때문이다.

북한의 사이버 위협에는 사이버 심리전, 사이버 정보수집, 디도스DDoS 공격을 포함한 사이버 테러, 사이버 통일전선 등이 있으며 이를 활용한 전자사회망 전략은 다음과 같다.

첫째, 사이버 심리전이다. 북한은 사이버 공간을 통해 자유민주주의 체제를 뿌리채 흔들기 위해 각종 악성 루머와 유언비어를 퍼트리는 등 여론 조작을 한다. 여론 조작을 통해 한국의 국론을 분열시키려는 것이다. 한국사회는 현재 세계역사상 초유의 급속한 경제성장과 민주화 달성[694]으로 인해 진보와 보수의 이념대립, 세대 간 대립, 지역 간 갈등, 노사문제와 환경관련 계층 간 대립 등이 심화되어있다. 이것은 북한의 심리전 영향이 크다. 북한은 우리 국민의 마음

---

694) 한국은 6. 25전쟁의 참화를 극복하고 60여년 만에 서구에서 300~350여년에 걸쳐 이룩한 산업화와 민주화를 동시에 일구어 선진국가가 된 세계역사상 최초이며 유일한 국가이다.

을 공략해 나라 전체를 분열과 혼란으로 몰아넣으려 하고 있다. 북한은 해외에 서버를 둔 친북 인터넷사이트 100여개 망을 구축해 놓고 대남심리전을 펼치고 있다.

둘째, 사이버 정보수집이다. 과거에는 북한이 간첩을 통해 얻을 수 있었던 정보를 평양이나 해외 거점의 책상에 앉아서 한국의 주요국가 기관망, 공공망, 포털망 등을 해킹함으로서 신속하고 손쉽게 수집할 수 있게 되었다. 특히 우리 군에 대한 해킹 건수는 2008년 2,800만 건, 2009년 3,400만 건, 2010년 상반기에만 7,600만 건이 넘었고 해킹을 통해 유출된 군사기밀도 1,700여 건에 달하는 등 군에 대한 사이버 위협은 날로 높아가고 있다.

셋째, 디도스$_{DDoS}$ 공격 등 사이버 테러 문제는 북한은 2009년 국내 35개 주요 전산망을 공격한 이른바 '7.7 사이버 대란'을 일으켰고, 2011년 3월 국내 40여개 공공전산망에 대해 디도스 공격을 감행한 바 있다. 2011년 4월에는 농협전산망을 마비시킴으로써 그것을 복구시키는데 18일이나 소요된 적도 있다. 현재까지 발생한 사이버 테러는 공격진원지의 IP주소를 파악한 결과 북한군 해킹요원들이 한 짓으로 판명이 났지만 중국내 주소를 사용했기 때문에 북한의 소행이라고 단정 짓기가 어렵다. 북한은 사이버 테러와 동시에 위성위치정보시스템$_{GPS}$ 교란을 통한 전자전도 감행했다. 그들은 2008년 8월 을지훈련동안 GPS 신호교란을 시도했고, 2011년 키 리졸브 훈련 동안에도 교란신호를 송출했다. 2010년 11월 연평도 포격당시 우리군의 대포병 레이더가 제대로 작동하지 않은 것도 그들의 GPS 교란 때문인 것으로 알려지고 있다.

마지막으로 사이버 통일전선 활동이다. 그 대표적인 것은 <구국전선>으로서 사이버 통일전선을 주도하고 있다. <구국전선>은 대남공작 전위조직인 반제반민전(반제민족민주전선)이 운용하는 사이트이다. 반제민전은 <구국전선>을 통해 매년 신년 초 대남투쟁방향이 포함된 '신년 메시지'를 발표하고 주요 기념일이나 주요사태 발생 시 대남투쟁 지침을 발표한다. 한국의 친북 인터넷 사이트들은 이 같은 북한의 투쟁 지침을 게시하고 확산시킨다. 대남투쟁 지침은 북한의 3대 투쟁 목표인 반미자주, 반파쇼민주화, 조국통일과 선군정치지지 옹호 및 민족민주운동 역량 강화가 주된 내용을 이룬다. 그들은 반미 자주전선을 위해 친북 반미투쟁을 선동하고, 반파쇼민주화 투쟁을 위해 반보수대연합, 진보세력 대연합을 주장하며 조국통일전선을 위해 6.15남북공동선언 실천투쟁을 독려한다. 국내 친북 좌파세력들은 친북 인터넷 사이트로부터 자료를 얻거나 사이트 간 상호 링크를 통해 북한의 투쟁지침을 하달 받아 투쟁지침을 서로 공유, 활용하고 있다. 실제로 '전국연합(민주주의민족통일 전국연합),' '실천연대(6.15 남북공동선언실천연대),' '범민련남측본부,' 민주노동당(통합진보당) 등의 홈페이지 자유게시판에는 당일 발표되는 <구국전선>의 자료들이 게시되어 있다.[695]

---

695) 유동렬, 앞의 책, p. 46.

우리 사회의 사이버 공간에서 북한의 심리전 공작이 추진됨에 따라 북한에 대한 우호적 게시물이 범람하게 되었고 이는 북한에 대한 경각심을 마비시키고 있으며 이러한 북한의 사이버 심리전 공작은 사이버 테러와 함께 한국의 국가안보에 대한 중대한 도전이며 현실적으로 사이버전을 수행하고 있다고 말할 수 있다.

제2절

국방/군사차원: 우연성과 개연성의 요소

1. 북한 핵 무장/위협에 대한 대책

(1) 국가 핵전략 정립

2013년 2월 12일 제3차 핵실험은 그동안 우려에 그쳤던 북한의 핵무장위협이 현실화되는 순간이었다. 전 세계는 심지어 중국까지도 당혹한 모습을 감추지 못했다. 그동안 북한의 핵보유 주장에 대하여 미국과 국제사회는 이를 인정하지 않았다 그러나 북한은 2012년 4월 개정 헌법에서 '핵 보유국'임을 명기한 것으로 밝혀졌다.696)

2012년 말 기습적인 은하3호 발사 성공과 2013년 유엔 추가제제에 반발한 2013년 2월 12일 제3차 핵실험 등 위협은 북한이 사실상 핵무기 실전배치 단계로 진입하고 있는 단계로 판단되고 이것은 이제 한반도 비핵화 수준을 넘어서는 새로운 대안의 모색이 필요함 보여주고 있다. 이제 북한은 협상력 제고를 위하여 오만한 군사 도발을 더욱 빈번하게 할 것이고 우리에게 많은 양보를 요구하게 될 것이다. 따라서 이제는 두가지 차원의 대책이 요구되게 되었다. 그 첫째는 핵을 가진 북한에 대한 억제력을 확보하는 것과 또 하나는 북 핵 폐기에 대한 지속적인 노력이다.

이 시점에서 국가핵전략의 정립이 시급히 요구된다. 북한이 언급한 바와 같이 북한의 핵실험은 미국에 군사적 위협을 가하기 위한 의도를 가지고 있다. 북한의 핵능력이 미 본토에 위협을 주지 못할 경우 대미 억지력과 협상력에 한계가 있기 때문이다. 소형화한 핵탄두를 장거리 탄도미사일에 장착해 미 본토를 공격할 수 있을 때 미국에 대한 북한 핵무기의 전략적 가치는

---

696) 북한의 인터넷 사이트 <내나라>에 실린 북한의 헌법 서문을 보면, "(김정일 동지는) 우리 조국을 불패의 정치사상 강국, '핵 보유국', 무적의 군사강국으로 전변시켰으며, 강성국가 건설의 휘황한 대통로를 열어놓았다"고 밝혔다. '핵 보유국'이라는 표현은 2010년 개정한 헌법을 포함해 이전 헌법에서는 찾아볼 수 없다. 북한이 '핵 보유국'을 명기한 것은 핵무기 보유를 공식화함으로써 이를 국제사회에서 인정받으려는 의도로 보인다. 2012. 5. 31. 한겨레.

크게 증가할 것이다. 미국은 아직 북한의 핵기술 수준으로부터 심각하게 위협을 인식하지 않는 것으로 관찰된다. 미국은 오히려 북한의 핵무기 사용에 따른 직접적 위협보다는 북한의 핵확산 가능성에 주목하고 있다.

북한은 핵을 가지고 있으면 누구도 자신들을 공격할 수 없을 것이라고 여기고 있다. 북한은 이번 핵실험을 통해 핵 억지력을 질적으로 향상시킨 것으로 보인다. 북한은 전략적 억지를 목적으로 핵무기를 보유한다고 주장하고 있으나 한국은 지리적 근접성으로 인해 북한의 핵위협에 직접적으로 노출돼 있다. 핵이 없는 한국이 북한의 핵위협에 효과적으로 대처할 수 있는 방안을 강구하기란 쉽지 않다. 북한의 3차 핵실험을 계기로 '핵을 보유한' 북한을 전제로 전략적 대응방안을 심각히 고민해야 할 때다. 결론적으로 정부가 가능한 한 빨리 '국가 핵전략'을 수립, 대응해야 한다. 주요 내용은 다음과 같은 것들이다.[697]

① 국제사회에 핵 비보유 원칙 천명

한국은 핵을 보유하지 않는다는 원칙을 재확인한다. 보수 일각에서 우리도 핵무장하는 것이 가장 확실한 해법이라는 제안들이 있다. 그러나 그것은 바람직하지 않다. 부정의를 막기 위해 부정의의 길을 가는 것과 같다. 한반도의 비핵화를 위한 노력을 병행하여야 한다. 비핵화 방법은 (제한적)동북아비핵지대화 또는 평화지대화 하는 방안 등이 포함된다. 이같은 방안은 기존의 동북아 세력균형에 커다란 변화를 초래하는 것이기 때문에 6자회담을 통항 거시적 접근이 요구된다.

② 범정부적 접근방법추진

북한의 핵무장 및 위협에 따른 대책은 군사·외교·경제 등 모든 부문의 정부부처가 협조해 총체적으로 대처하는 것이 필요하다. 군사적 대응만으로는 한계가 있고 올바른 대처가 아니다. 잘 알고 있다시피 북한의 고슴도치 전략에는 정치·경제·군사·통일문제 등이 종합적으로 얽혀 있다. 체계적인 접근을 위해 종합 컨트롤타워가 필요하다. 새 정부의 청와대 안보실이 적임이다.

③ 군사적·비군사적 수단 총 동원

정부가 가용한 군사적·비군사적 모든 수단을 동원해야 한다. 군사적 조치는 북 핵 개발의

---

697) 이석수, "국가핵전략 시급하다." 조선일보 시론, 2013. 2. 14. 이석수 교수의 제안에 더하여 저자가 보완 및 추고하였음.

진전 상황에 상응하는 억지력 확보라는 안보차원의 대응이 우선되어야 한다. 현실적으로 북핵 폐기의 과정은 단기간에 완료되기 어려우며, 이 과정에서 북한이 지속적인 핵실험과 미사일 발사 등으로 핵공격 능력 확보를 시도할 가능성이 높다는 점에서도 억제력 확보 노력이 병행될 필요가 있다. 북 핵을 감시할 수 있는 독자적인 정보획득 자산과 아울러 다양한 안보적 억제수단 확보에 대한 검토가 필요하다.[698]

④ 미국과 긴밀한 협조 및 확장억제력 확보

미국과 긴밀한 협조를 통해 대북 핵 억지력을 강화해야 한다. 핵억제력 확보 방법은 1) 남한의 핵무기 개발 보유 2) 둘째, 미국의 전술핵무기 재배치 3) 한국에 대한 미국의 확장억제력 제공 등을 상정해 볼 수 있다.[699]

첫 번째로 한국의 핵무기 개발방안은 보수 일각에서 아주 큰 목소리로 제기되고 있지만 현실성이 매우 낮다. 남한의 핵무기 보유 추진은 북한의 핵무기를 전략적으로 상쇄하는 효과를 거둘 수 있고, 중국의 북 핵 정책을 변화하도록 하는 압박받는 요인이 될 수 있다. 하지만 남한의 핵무기 보유는 기존의 국제질서에 대한 전면도전이 된다.[700] NPT 가입국으로서 국제사회의 제재를 넘어서 자유무역체제와 연동된 한국경제는 핵개발이 가져올 전방위적 국제재재를 견디어 낼 수 없다. 국가생존 자체가 불가능하다. 특히 '핵무기 없는 세계'를 내걸어 노벨평화상을 받은 오바마 미 대통령의 구상과 정면으로 배치된다. 남한의 핵무장은 연속으로 일본과 대만의 핵무장을 불러일으킬 것이라는 점에서 동북아지역의 핵 군비경쟁을 촉진시키게 될 것이다.

두 번째, 미국의 전술핵무기를 한반도에 재배치하는 방안 또한 보수진영에서 강력히 제기하고 있는 대안이다. 미 하원에서도 2012년 5월 한국에 대한 전술핵 재배치 권고안을 가결해 행정부에 통보한바 있다.[701] 그러나 이 또한 실현 가능성이 낮다. 왜냐하면 중국의 강력한 반발을 초래하게 되고 미국의 기존 핵정책에 위배되기 때문이다. 또한 부시 미대통령의 전술핵무기 한반도 철수 발표(1992.9.27), 노태우 대통령의 「한반도비핵화선언」(1992.11.8), 12월 31일 남북한의 「한반도 비핵화 공동선언」 등 일련의 한반도 비핵화 프로세스와 전면으로 역행하는 것이기 때문이다. 무엇보다 2010년 봄에 발표한 핵태세보고서$_{NPR}$에서 미국은 핵에 대한 의존을 점

---

698) 김현준, "신정부 대북정책 수립시 고려사항," On line Service, C0 13-03, 통일연구원, 2013.
699) 조성렬, 『뉴한반도 비전』(서울, 백산서당, 2012), pp. 110~111.
700) 미 합동군사령부는 남한과 일본은 첨단기술력을 갖고 있어 하고자 한다면 언제라도 빠르게 핵무기를 제조할 수 있다고 평가하고 있다. U.S. Joint Forces Command(2010), *op. cit.*, p.45.
701) 미 하원 군사위원회는 2012년 5월 9일(현지시간) 전체회의에서 서태평양 지역에 전술핵무기를 재배치하는 내용이 포함된 2013 국방수권법 수정안을 찬성 32 대 반대 26으로 가결했다. 공화당의 트렌트 프랭크스 하원의원이 발의한 수정안에는 랜드 포브스 의원을 제외한 공화당 소속 의원 전원이 찬성했으며, 민주당 의원 2명도 찬성표를 던졌다. 중앙일보, 2012. 5. 10.

차 감소시켜 나갈 것임을 강조한 바 있다.702) 따라서 미국은 핵무기에 의존치 않는 대북억제력 제공에 치중하고 있어 주한 미군이 전술핵무기를 재반입 할 가능성은 거의 없는 것으로 보인다.

세 번째, 남한에 대한 미국의 확장억제력 확보이다. 확장억제란 미사일방어체계를 강화하고 선제공격능력을 갖춤으로써 재래식 전력으로 북한의 핵공격을 무력화 하는 한편 핵으로 반격해 궤멸시키는 개념이다. 미국 측은 기본적으로 재래식 전력과 미사일 방어(MD)에 기초한 확장억제를 추구하고 있고, 상황관리 및 통제에 중점을 두고 있다. 보다 구체적인 방안은 이미 한·미 양국이 합의한 사항이다. 2010년 10월 제42차 한·미 연례안보회의에서는 핵우산 뿐 만 아니라 재래식 타격전력과 탄도미사일 방어MD 능력까지 상시적으로 논의·협력하기로 하였다. 또한 확장억제력 제공을 추진하기 위해 국장급의 '확장억제력 정책위원회'EDPC: Extended Deterrence Policy Committee를 신설하였다. 또한 한미는 2013년 3월 22일 한반도 '국지전'때도 미군의 초기 개입을 명문화한 '공동 국지도발대비계획'에 합의 서명하였다. 이 계획의 핵심은 한국군이 주도하는 평시 국지전에도 한국군의 요청이 있으면 미군이 초기부터 개입할 수 있게 된다는 점이다.703)

(2) 군사태세 완비 및 도발 시 보복의지 명확히 전달

북한 핵에 대한 군의 대비태세를 최대한 강화하고 북 도발에 대한 철저한 보복준비를 해야 한다. 현 단계에서 한국은 ① 군사력을 확충하고 ② 전투준비를 완비하며 ③ 북한이 도발할 경우 한국이 보복조치를 취할 것임을 북한에 명확히 전달하고 ④ 충돌이 일어날 경우 미국이나 중국 등 관련국들로부터 국제적 지원을 확보할 수 있도록 대책을 강구해 나가야 한다.704)

그리고 이에 걸 맞는 군사력 정비 및 작전교리를 발전시켜야 한다. 군사력 정비의 핵심은 대북정보능력, 정밀타격능력, 미사일능력 등을 강화하는 것이다. 대북정보능력 확대는 2011년 추진하다 중단된 일본과의 정보교류 협력체제 구축 등 정보획득체계를 강화하며 북한 전역을 타격할 수 있는 미사일 배치, 해공군력 강화를 통한 종심타격능력 확대 등이다. 특히 해·공군력 강화는 국방개혁과 관련하여 특별법을 제정하여 핵을 보유한 북한에 대하여 한국군이 재래식 억제를 할 수 있는 핵심전력으로서 조기 육성 및 강화가 요구된다.

---

702) DoD, *Ballastic Missile Defense Review Report*, February 2010, pp.4-6.
703) 한겨레신문, 2013. 3. 22.
704) 자칭궈(賈慶國) 중국 전국인민정치협상회의(정협) 상무위원, 2013년 4월 29일 외교부와 동아시아연구원(EAI, 이사장 하영선)이 주최한 세미나에서 "현 단계에서 한국의 결정과 의지를 효과적으로 전달해야 한다"며 이같이 말했다. 조선일보, 2013년 4월 30일자.

(3) 군사대책 발전

① 군사대책 방향

북한의 현재의 핵능력과 미사일 능력을 고려 시 북한 핵무기 위협 전망과 이에 대한 군사대책 방향은 다음과 같다.[705)]

북 핵무장/위협 군사대책

구분	북한 WMD전략	한·미 대응 대책	
		확장억제 대응	무력도발 대응
제1유형	한반도 및 미 본토 일부 위협	• 강력한 확장억제 • 실전기반 억제	• 보복 및 거부 • 제한전(수도방어, 전격전 및 신속결전) • 한미 연합 및 협동
제2유형	한반도 및 미 본토 위협	• 강력한 핵+재래식 억제 • 실전기반 억제 • 중·러/다자안보협력 유도	• 대응, 보복 • 제한전 수행(전술적 핵반격/전략핵 선제대응) • 한미 협동 유엔 및 다자개입 선제/예방공격

또한 한국형 미사일방어체제 구축을 앞당겨 추진하고 미국의 MD계획에 참여 하는 문제를 중국에 레버러지로 활용하여 상응한 대책을 발전시켜 나간다.

② 대북 핵 억제 대책

1 군사전략, 교리의 발전: 공세적 방어 및 선제적 억제로 전환

천안함 폭침 및 연평도 피격사태 이후 2011년 10월 이명박 대통령은 전략 개념을 적극적 방어 개념으로 전환한다고 선언하였다. 매우 늦은 감이 있지만 가장 현명한 선택이었다. 그동안 우리 한국군 군사전략의 문제점은 바로 이 전략 개념에 있었다. 수동적 방어적 개념으로서 아무런 생산적, 진취적, 발전성이 없는 소모적 전략이었다. 그 개념은 이렇다. 공격과 방어가 있다. 이들은 각각 공세적 전략과 방어적 전략을 구사할 수 있다. 즉 공격을 공세적으로 또는 방어적으로 할 수 있으며, 방어도 마찬가지이다. 방어를 방어적으로 한다는 것은 그냥 수동적으로 일렬로 서서 손과 손을 잡고 휴전선을 지킨다는 소모적인 개념이다. 그러나 방어를 공세적(또는 적극적)으로 한다는 것은 전혀 다른 의미가 된다. 방어를 위해 최선의 방책을 강구하는 적극적인 개념이며, 능동적으로 기동하면서 작전적 융통성을 극대화 하는 것이다. 이렇게 할 경우 그

---

705) 이것은 전호원, 박창희의 구상을 기초로 필자가 발전시킨 것이다. 전호원, "북한 핵무기 보유기 군사전략의 변화 가능성", 김재장·류재갑 편, 『북한 어디로 가나』(서울: 선한약속, 2012), p.349 ; 박창희 앞의 책, p.170.

시너지 효과는 엄청나다. 그동안 한국군은 한미연합작전체제에 안주해 오며 방어를 위한 방어의 소극적 군사전략을 운용해왔다. 모든 상황과 대응책 강구에 있어 축소 및 회피 지향적으로 일관되어 왔던 것이 사실이다. 어떤 예비역 해군 제독은 잡지의 기고문을 통해 우리 군이 이러한 전략과 작전개념으로 전환하면 북한 해군은 하나도 무서울 것 없다고 일갈하며 구체적인 방법론을 제시한 바 있다.

클라우제비츠의 이론을 빌어 설명할 것이 있다. 절대전적 개념으로 군인들은 전쟁을 준비한다. 필승의 신념 고양과 백전백승의 전술전기를 연마한다. 군인은 필승의 신념과 불굴의 용기와 희생정신으로 산다. 전투가 벌어지면 기필코 승리해야 한다. 사기와 명예가 생명이다. 현실전 개념으로 절대전이 극단으로 치닫지 못하게 하는 것은 정치이다. 정치가는 협상을 통해서 전쟁이 극단으로 치닫지 않게 협상해야 하고 평화로 가는 방법을 강구해야 한다. 분별지의 균형을 이루어 인류의 이념을 실천하는 것이 정치가의 임무이다. 군인이 전투에서 승리를 해야 협상력이 생기고 억제력이 생긴다. 그 승리를 가지고 정치가는 협상을 하고 효과를 극대화해야 한다. 그것이 정상적인 전쟁과 정치의 관계이며 군과 정치권이 구분해야 할 일이다. 그러나 대단히 유감스럽게도 우리나라 정치가들은 자기들의 책임을 현장의 군인들에게 책임을 떠넘기고는 군인들을 미운 오리새끼 취급을 하고 국민들은 정치가들이 안보를 가지고 놀음을 하고 있다며 자작극이라고 하는 기막힌 일들이 벌어지고 있다. 분명한 것은 이제부터는 어떠한 정권이 들어서더라도(진보/보수) 안보문제가지고 장난질해서는 안 되고 자작극이라고 해서도 안 되며 군인들은 전투에서 반드시 승리할 수 있도록 전술전기연마와 대비태세에 만전을 기해야 하며 이러한 것들이 법적 제도적으로 보장이 이루어져야 한다. 바로 이러한 규칙이 우리 내부에서 정립되고 남·북간에 행위의 규칙Rules of Engagement으로 서로 받아들이게 될 때 남북문제는 해결될 수 있다.

이와 관련하여 2012년 4월 1일 국방부는 북한이 서울을 비롯한 수도권을 타격하면 우리 군이 단독으로 평양을 공격한다는 계획을 수립하였다고 보도되었다. 또 북한이 도발하면 사격량의 3배나 10배 등을 계산하지 말고 모든 전력을 동원, 응징하라는 지침이 예하 부대에 하달된 것으로 알려졌다. 군 고위관계자는 "최근 '상응표적 공격계획'을 수립했다"며 "북한이 수도권을 향해 무력도발을 감행한다면 가용전력으로 상응하는 평양 등 북의 핵심표적을 보복 타격할 것"이라고 밝혔다. 드디어 공세적 방어전략으로 전환하고 교전규칙을 보완한 것이다.

이는 북한이 도발할 경우 '도발원점'과 주변 '지원세력'에 보복대응을 하는 차원에서 더 나아가 우리에게 피해를 준 지역과 규모에 해당하는 북한지역에 대해 응징하겠다는 의미다. 북한이 청와대 등에 '물리적 타격'을 가하겠다고 협박한 데 대한 강력한 경고이다. 이 관계자는 특히 "그간 정전협정을 준수·유지해야 하는 유엔사 입장 등을 고려해 우리가 공격을 받고도 자제할 수밖에 없었으나 이제는 자위권 차원에서 즉각 응징하기로 했다"고 말했다. 북한이 정전협정을 위배한 연평도 포격 도발 이후 상황이 완전히 달라졌다는 설명이다. 과거에는 정전협정교전규칙에 따라 한미연합사령관의 승인이 필요했다. 다른 군 관계자는 "지금은 적극적 억제 개념과 자위권 차원에서 한국군 단독으로 사용할 수 있다"고 말했다.706) 늦은 감이 있지만 다행이라 할 수 있다. 말로만이 아닌 정교한 세부 대책이 발전되어야 할 것이다. 그 구체적인 것들은 다음과 같다.707)

① 대응수단의 강화: 화력과 기동력, 전장탐지, 감시 등 정보역량 강화, 도서 방어체제의 영구 요새화, 지휘·통제체제의 통합운용(서해도서 통합사령부 설치), 미국과의 작전연계성 개선 등이다.

② 의지와 목적과 전략: 목적과 목표의 분명한 설정(대북 전력우위 자신감에 기초한 '확전위협'을 통한 억제 달성), 교전규칙강화와 자위권 행사, '선제타격' 또는 '예방적 선제타격' 전략 채택 등이다.

따라서 구체적으로 한국의 군사전략은 새로운 개념으로 재정립되어야 한다. 그 발전 방향은 과거 북한의 재래식 도발을 '억제'하는 전략에서 '전쟁 수행'에 초점을 맞춘 거부적 억제 전략을 추구해야한다. 바로 한국형 '실전기반 억제'이다.708) 여기서 실전기반 억제라 함은 적의 공격을 단순히 방어하고 격퇴하는데 그치지 않고 적과의 '전쟁 수행'에 주안을 두어 보다 적극적이고 공세적으로 적을 응징하고 비싼 대가를 강요하며 경우에 따라서는 체제붕괴를 야기할 정도로 전격적인 작전을 수행하는 것을 의미한다. 국지도발과 전면전, 그리고 핵위협에 대비한 '실전기반억제'라는 한국의 새로운 전략은 한미연합군의 대북한 전력우세를 반영한 것으로 이러한 전략의 발전은 적이 도발할 경우 효율적인 군사작전을 가능케 함은 물론, 궁극적으로 북한의 도발을 억제하는데 기여할 수 있게 될 것이다.709)

---

706) 한국의 유도탄사령부는 대화력전 본부로 '에이테킴스(ATACMS)' 전술지대지 미사일과 사거리 300㎞인 탄도미사일, 현무 3-B 등 사거리 1000㎞ 이상의 크루즈미사일이 배치돼 있는 것으로 전해졌다. 사거리가 1500㎞인 현무 3-C는 북한의 양강도 영저리, 함남 허천군 상남리, 자강도 용림군 등 지하에 건설된 노동 및 스커드 미사일 기지까지 공격이 가능한 것으로 전해졌다. 중앙일보, 2012. 4. 1.
707) 홍관희, "'민족공동체' 통일방안과 대북정책 기본방향," "김재창·류재갑 편, 『북한 어디로 가나』, (서울: 선한약속, 2011), pp.405-415
708) 박창희, " 한국의 군사전략: '신 군사전략' 개념을 중심으로," 국방대학교 안보문제연구소 엮음, 『전환기 한국의 국가안보전략』(서울: 2011. 사회평론), pp.160-161.
709) 박창희 앞의 글.

한국의 신 군사전략: '전쟁수행' 중심의 '실전기반 억제'

구분	군사전략	중심개념	목적
국지도발 대비	응징적 억제	보복 및 거부	추가도발 방지
전면전 대비	방어적 공세	수도방어, 전격전 및 신속 결전	정권붕괴 및 통일 추구
핵위협 대비	선제적 억제	전술적 핵반격/전략핵 선제대응	전략핵 억제, 대응, 보복

이에 대한 반론도 있다. 능동적 억제가 문민통제를 훼손할 우려가 있다는 것이다. 논지는 다음과 같다.

최근 선언한 '능동적 억제' 개념과 이에 기초한 전력증강 방향은 문민통제의 부담이 되고 있어 재검토가 불가피하다. 이 개념은 천안함과 연평도 사태 이후 북한의 군사도발의 악순환을 끊기 위해서 도발행위 자체보다 도발의지를 분쇄하기 위해 만들어진 이상적 개념으로 북한의 공격의지가 보이면 공격 거점을 선제 타격할 의지와 능력을 갖춰야 함을 강조하고 있다.

억제는 상대가 보복위협을 인식해야 성공한다. 6.25 전쟁 이후 잇따른 국지도발에 보복 면죄부를 받아온 그리고 최근에는 핵 보유를 자처하는 북한이 정치적 필요가 있을 때 국지도발을 자제할 지 의문이다. 문민의 정책결정에 큰 부담은 억제가 깨질 증후가 있거나 실제 깨졌을 때 선제타격의 실행 여부를 결정하는 문제이다. 정보 판단의 정확성도 중요하지만 확전의 위험성, 경제에 미칠 악영향, 그리고 동맹국 미국과의 협의 등 다양한 정책의 불확실성을 안고 결정을 아주 단 시간에 내려야 한다.

이 능동적 억제의 구현을 위해 우리의 육해공군은 경쟁적으로 전략무기의 획득에 치중하고 있다. 또 보복 전력의 강화 때문에 북한이 노리는 국지도발의 허점을 보완하는 기반 전력이나 신속 대응전력의 개선은 뒤로 밀리고 있다. 북한 전력의 강점은 대량살상과 전략무기에 있지만 실제 전투에 사용될 수 있는 재래식 전력은 우리에 비해 열세이다. 북한은 선군정치 하에서 전략무기와 재래식무기의 확충을 동시에 추진하거나 전쟁지속 능력 및 군사훈련의 강도를 높일 수 있는 여건을 조성할 수 없다. 우리는 북한 방위태세의 약점을 우리의 강점으로 만들어 새로운 전략개념에 반영하는 데 지혜를 모아야 한다.[710]

2013년 2월 현재 한·미간에는 2015년 전시작전통제권이 한국군으로 환수된 뒤 북한 급변 사태가 발생하면 적용하게 될 한·미 양국의 군사 작전계획(작계 5015) 협의에 있어 상호이견으

710) 황병무, <주간동아> 871호, 2013.1.14

로 대립하고 있다.711) 미국은 1993년 북핵 위기 발발 직후 외과적 수술surgical strike을 주장하는 등 북 핵에 강력한 대응을 요구해 왔다 그러나 20년이 지난 지금은 한·미간의 입장이 바뀌었다. 작계 5015는 현재의 작계 5027을 대체하기 위해 양국이 2010년부터 논의해 온 것이다. 작계 5027은 미군의 신속억제전력 배치(1단계) 북한전략목표 파괴(2단계) 북진 및 대규모 상륙작전(3단계) 점령지 군사통제확립(4단계) 한국 정부 주도하 한반도 통일(5단계) 등으로 구성돼 있다.

전시전작권 환수 이후에는 한국군이 작전을 주도하고 미군이 지원하는 개념으로 작계 5027 대신 새로운 작계 5015를 협의해 왔으며 "작계 5015에 북한의 급변사태 대비계획인 개념계획 5029를 포함하고 69만 명의 미군 투입 병력을 증원키로 합의하는 등 논의에 속도를 내 왔으나 최근 들어 협의가 잠정 중단되었다. 개념계획 5029는 실제 행동계획이 아닌 ① 북한 대량살상무기 탈취 위협 ② 북한 정권교체 ③ 북한 내전 상황 ④ 북한 주민 대량 탈북 ⑤ 대규모 자연재해에 대한 인도주의적 지원작전 ⑥ 북한 내 한국인 인질 사태 등 6가지 경우에 대비한 시나리오를 말한다.712)

간의 작계 5015 협의가 잠정 중단된 것은 2012년 말 북한의 장거리 로켓 발사와 핵실험 이후 한·미 양군의 대응 방식에 이견이 노출되었기 때문이다. 우리 군은 천안함 폭침 사건과 연평도 포격전 이후 작계 5015에 북한 핵시설에 대한 선제타격 개념 및 국지도발에 대비한 계획을 포함시킬 것을 요구했으며 미군은 이를 수용하기 어렵다는 입장을 보여 왔다. 미국은 북한의 국지도발 발생 시 중국군의 개입에 대비하려면 확전 방지에 방점을 둬야 한다는 입장을 보이고 있다.713)

2 신속타격순환체계(킬체인, Kill Chain: F2T2EA) 조기 구축: 항공우주력의 중요성

북한의 핵은 현존 위협으로 국가안보를 위해 즉각적인 억제력 확보가 요구되는 사항이다. 핵을 보유한 북한이 핵을 사용할 명백한 징후가 있을 경우 선제 타격을 통해 피해를 줄일 수 있는 대책이 요구된다. 북한의 핵보유에 대한 억제개념으로 국방부는 신속타격순환체계Kill Chain와 한국형미사일방어체계KAMD를 기반으로 하는 선제타격 개념을 제시하였다. 우리 군은 북한이 전방에서 재래식 무기로 국지도발을 할 경우 자주포와 공군력을 동원해 응징하고, 북한 후방에 배치된 미사일의 발사 움직임을 포착하면 육·해·공군의 순항미사일과 장거리 공대지 미사일

---

711) 조선일보, 2013, 2. 19일자.
712) 작계나 개념계획의 '50'은 미 국방부의 작전암호상 한반도를, 뒤의 두 자리는 상황에 따른 세부계획을 뜻한다.
713) 2012년 1월 말 미군 순양함이나 핵추진 잠수함 샌프란시스코함의 동해 연합훈련 때도 우리 군은 대북 강경 대응 차원에서 강력한 홍보를 원했지만 미군은 연합사 고위 관계자가 나서 만류했다. 2012. 2. 19일부터 24일까지 해군 함정 10여 척과 P-3C 초계기와 미 측의 P-3 대잠초계기를 동원해 동해에서 실시하는 한·미 연합 대잠(對潛)훈련도 한국의 입장과 달리 미군은 언론 공개를 거부했다.

등을 활용해 저지한다는 계획이다. 군은 '탐지-분석-결심-타격'으로 이어지는 타격순환체계kill chain를 조기에 구축하고, 한국형 미사일방어KAMD 체제도 발전시켜 나가기로 했다. 2017년을 목표로 킬 체인을 구축할 예정이었으나 북한 핵실험으로 킬 체인 구축 일정을 앞당기기로 한 것이다.714)

Kill Chain에 의한 선제타격 개념도

출처: 조선일보 2013.2.13

신속타격순환체계Kill Chain는 미 공군에서 이동표적을 공격하기 위해 고안된 역동적 표적선정 과정으로 네트워크 중심전의 주요 개념의 하나로서 신속한 의사결정 및 타격체계이다. 표적탐지Find-표적식별/분류Fix-목표추적Track-타격결정Target-교전Engage-분석평가Access로　순환F2T2EA되는 6단계 35분이 소요되는 체계이다.

현재 우리 한국군의 신속타격순환체계Kill Chain는 정보획득ISR자산 부족, 효과적인 공격자산 부재 등으로 미군과 같은 신속타격순환체계 형태를 갖추기에는 너무 미흡한 부분이 많다.

---

714) 중앙일보 2013.2.20.

한국군[715]			미공군[716]		
단계	전력		단계	전력	
탐지 (1분)	아리랑 위성, 금강백두 정찰기, 전술정찰기, 무인정찰기, 피스아이 조기경보통제기, 이지스 구축함 레이더		탐지 (5분)	KH-12 정찰위성, 글로벌 호크, 무인정찰기, U-2정찰기, MC-130, CV-22, MH-47, HUMINT 등	
식별 (1분)			식별 (1분)		
–	금강(제한)		추적 (1분)	RC-7, JSTARS, RC-135, P-2, EP-3, GLOBAL HAWK(BLOCK 30이상급), U-2 등	
결심 (3분)	C2체계		무기선정 (3분)	C2체계	
타격 (25분)	F-15K, KF-16, F-4E, ATACMS, 지대지·함대지·잠대지 순항미사일, 탄도미사일		교전 (5분)	B-1, B-2, B-52, F-22, F-15, F-16, F-18, A-10, AC-130, ATACMS, 지대지·함대지·잠대지 순항미사일, 탄도미사일, 전술핵 등	
–	아리랑 위성, 금강정찰기, 전술정찰기 (RF-16, RF-4)		평가	KH-12 정찰위성, RC-7, JSTARS, GLOBAL HAWK (BLOCK 30이상급), U-2, HUMINT 등	

한국군의 신속타격순환체계Kill Chain가 북한 핵에 대한 억지체계로써 능력을 발휘하려면, 눈의 역할을 하는 ISR 자산 확충, TEL과 같은 이동표적 공격능력 확보 등이 급선무다. 이에 대한 해답으로 F-X/KF-X의 적기 전력화, 스텔스 무인공격기 개발, 통합위성체계의 확립, 맞춤형 확장억지의 연장선으로의 전술핵 도입 등, 현재의 공군을 '항공우주력을 기반으로 하는 전략공군'으로 발전시키는 방안이 가장 바람직한 대북억지 전략이라 할 수 있다. 현 단계에서 북한에 비해 비대칭 우위에 있는 북한이 두려워하고 억지력을 발휘할 수 있는 전력은 공군력이다. 최근 미군의 군사전략개념이 공지전투Air-Land Battle에서 공해전투Air-Sea Battle로 변경되는 등 패러다임이 바뀌고 있지만 그것의 근간은 항공력이다. 국방부에서도 이를 인식하고 Kill Chain 조기 구축을 위한 정찰위성, 중고고도 무인기 도입을 위해 수천억 원 규모의 추경예산 편성을 추진하고 있다.[717] 즉, 국가차원에서 항공우주력의 필요성이 절실하게 된 것이다. Kill Chain 체계를 중심으로 한 대북억지 방안은 미래 한반도 안보위협에 대한 유일한 군사적 해결방안으로 공군력의 역할 및 발전이 필수적이다. 그동안 공군에서 항공우주력의 육성을 주장해 왔는데 이제야

---

715) 전현석, "北이동미사일 100% 탐지 어려워…'핵공격 선재타격' 사실상 불가능" 『조선일보』(2013. 2. 13.)
716) Joint Publication 3-60 "Find, Fix, Target, Engage, and Assess", (2010). ; 김학준, "긴급표적처리 체계의 발전 (Time-Sensitive Targeting)", 합참 제22호, (2004).
717) 홍장기. "'연합사' 유지한 뒤 지휘구조 개편," 『내일신문』(2013. 3. 26)

그 필요성이 증명된 셈이다. 북한 핵 보유에 대한 실제적 억제를 위한 전력으로서 공군력의 발전 방향은 다음과 같다.[718]

첫째, 국방부의 예측과 같이 2015년까지 북핵을 억지할 수준의 Kill Chain을 구축하기 위해서는 부족한 ISR 자산 및 무기체계 R&D의 집중투자가 필요하다. 탐지Find, 식별Fix, 추적Tracking, 평가Assess를 담당할 수 있는 Global Hawk나 중고도 무인기와 같은 감시·정찰 자산을 우선적으로 도입하여 Kill Chain의 형태를 갖추는 것이 시급한 과제이다. 아울러, 장기적인 목적을 가지고 결심Target 및 타격Engage이 가능하도록 한국 독자적인 위성체계 구비와 Kill Chain 경과시간을 최소화 할 수 있는 무기체계 발전에 대한 R&D 투자도 절실하다.

둘째, 미국의 군사전략의 변화는 한반도 안보를 위해 한국의 역할을 증가시키는 방향으로 추진하고 있어, 독자적인 Kill Chain 구축 및 주변국에 대응할 수 있는 첨단 항공력 확보가 필요하다. 한국은 장기적으로 미국의 지원이 제한 혹은 감소될 것을 고려해야 하고, 북핵, 영토분쟁 등 다양한 미래 위협에 대비할 수 있도록 단독임무가 가능한 Kill Chain 체계를 구축해야 한다. 이를 위한 교두보가 감시정찰 자산 확충, 고슴도치 전략을 수행할 수 있는 첨단 공군력, 장거리 유도무기, 순항·탄도 미사일 등과 같은 전략공격자산의 확보가 선결조건일 것이다.

셋째, 최근 진행되는 있는 미국 연방정부의 재정지출 자동 삭감Sequester or Sequestration[719] 조치는 전·평시 미 증원전력TPFDD 감소를 유발할 수 있어, Kill Chain 구축 및 한국공군작전에 부정적 영향을 미칠 수 있다.

한국은 현실주의 측면에서 미국 의존 위주 방위 전략을 검토하여 유사시 미 증원 감소를 대비할 필요가 있고, 방위비 분담금 협상에 있어 미측의 인상요구(대략 50% 수준으로 예측)에도 현명하게 대처 할 수 있어야 한다. 또한, 한국공군은 미국의 자동예산감축에 의한 미 공군전력 감축에 대비하여 지속적으로 공군력 강화에 힘쓰고, 미 공군 비행소티 감소로 인한 한·미 공군간 연합훈련의 최소화맥스썬더, PenORE 등 및 참가 전력의 감축도 예측·감안하여 독자적인 훈련 계획도 마련해야 할 것이다.

넷째, 미국의 타 지역 전쟁개입은 한반도 미 증원전력에 심각한 타격을 줄 수 있어, 유사시 한국군 단독작전이 가능한 전력구조가 될 수 있도록 균형발전 시켜야 한다. 한국은 한미동맹에 대한 지나친 의존 및 공해전투Air-Sea Battle 개념 확장해석에 의한 한국 지상군 증강보다는, 3군의 균형발전을 통한 자주국방 능력 구비에 힘써야 한다. 따라서, 점차 가속화 되는 저출산·고령화

---

718) 김홍철, 「대북억지를 위한 한국 공군력의 역할 및 발전방향: Kill Chain 개념 및 문제점 분석 중심으로」, 공군 발전협회 세미나 발표논문(2013.4.24, 공군회관).

719) 시퀘스터(Sequester or Sequestration)는 백악관과 미국의회가 "재정절벽(Fiscal cliff)" 해결을 위한 합의에 실패할 경우 정부예산을 강제로 삭감하는 법적장치를 말한다.

추세에 대비하여 상대적으로 짧은 훈련기간을 요구하고 인프라가 잘 구축되어 있는 육군은 정예화 및 동원능력 체계화에 집중하고, 전문적인 기술 습득을 위해 많은 시간이 필요하고 고비용이 소요되는 해·공군은 장기적이고 전략적인 투자로 강력한 억지전력 및 전시 치명적인 전투력으로 사용될 수 있도록 준비시켜야 한다.[720]

다섯째, 미군의 순환배치 방식 적용으로 전시 미 증원전력의 감소에 대비하여야 한다. 따라서 미군의 전쟁수행양상이 한국군에 있어 좋을 것이라는 장미 빛 환상을 경계하고, 현실적인 분석을 통해 한국군에 꼭 필요한 전력에 대해서 우선순위를 정하고 준비해야 할 것이다. 그래서 Kill Chain 완성에 있어서도 미 공군전력을 포함한 개념이 아닌, 미군의 지원이 제한될 시 한국군 단독으로 북한을 억지한다는 목표로 적극적인 전력발전을 추진해야 한다.

2. 군사동맹과 전시작전권 환수

전시작전통제권은 1950년 7월 17일 '작전지휘권'이란 명칭으로 유엔군 사령관에게 이양된 이래 1994년 평시(정전시) 작전통제권이 환수되었고 2015년 12월 1일에는 전시작전통제권이 환수될 예정이다.

이제 한미 군사동맹은 한국군의 작전권 환수를 통하여 새로운 차원으로 진입하게 되었다. 한미동맹은 그동안 일방적 수혜관계의 동맹이었다고 할 수 있다. 따라서 만성적 의존의식 아래서 수동적 소극적 군사태세를 유지하여왔고 이러한 결과로 한국군의 군 구조 및 군사전략은 비정상적으로 발전해 왔으며 주한 미군에 전적으로 기대는 의존적 군사태세를 유지하여 왔다.

2008년 한미정상회담에서 양국은 21세기 전략동맹 강화 의지를 천명하였다. 자유민주주의와 시장경제의 가치를 공유하는 가치동맹, 포괄적 분야에서 상호이익을 확대하는 신뢰동맹, 한반도 긴장완화, 동북아 안정, 세계평화를 위해 공조하는 평화구축동맹을 지향하고 있다. 한미 FTA체결, 최근 금융위기와 관련하여 긴급시 통화 스와프로 300억 달러와 이에 상응하는 원화 맞교환 합의는 21세기를 지향해서 군사동맹을 넘어서 가치동맹과 신뢰동맹으로 발전하는 좋은 사례라 할 수 있다. 일부 좌파 및 종북주의자들은 한미동맹을 폐기하고 새롭게 패권국으로 대체되고 있는 중국과의 관계를 강화하라고 하면서 가치동맹, 신뢰동맹, 평화구축동맹의 정의에 반론을 제시하고 있다. 그러나 중국과 북한의 '조·중 우호동맹' 러시아와의 '조·러 우호동맹'에 대해서는 한마디도 없다. 오직 평화통일을 위해서 미국이 철수해야 한다는 북한의 입장만 일방적으로 대변함으로써 정의正義를 빙자한 대단히 부정의不正義한 행태를 보이고 있다.

전시작전권이 환수되면 한미연합방위체제는 "신연합방위체제"로서 공동방위체제로 그 성

---

720) 조한승, 김홍철 (2012), pp.108-110.

격이 바뀌게 된다. 공동방위체제에서는 기존의 연합사를 대신하여 주한 미한국사령부가 주둔하게 되고 주한미한국사와 한국합동군사 간에 동맹군사협조본부$_{AMCC}$가 설치될 예정이다. 전시작전통제권이 한국군에 전환됨으로 국방/군사 문제에 관한 한국군의 주도성이 강화되고 한국군의 군사력 건설에 있어서 군별, 기능별 불균형이 해소되어 나갈 것으로 보인다. 최근 박근혜 정부는 연합사 해체 후 한국군이 지휘하는 단일전구사령부를 유지하겠다는 방침을 세운 것으로 알려졌다. 한반도 전구의 작전권을 이양 받은 한국군이 전시에 미군을 작전지휘하게 되며 그 지휘범위가 최대 관심사로 떠오르고 있다.

북 핵무장의 현실화 이후 보수 일각에서 북핵문제 해결 시까지 작전권 환수를 유예하자는 주장들이 제기되고 있으나 작전권 환수는 예정대로 추진되는 것이 바람직하다. 작전권 환수 시 장점은 다음과 같다.

첫째, 정보 전력과 해·공군 전력을 포함한 군사력의 균형발전을 통해 한국군의 경쟁력이 증대됨과 동시에 자주국방역량이 강화된다.

둘째, 한국군 고유의 군사사상과 국방정책을 발전시켜 국군의 위상을 높일 수 있다. 장병들은 국군의 주인으로서 긍지와 자부심을 가질 수 있다.

셋째, 안보·통일정책과 관련하여 미국을 포함하여 세계 각국과의 관계에서 한국군 스스로 협상의 주도권을 장악하고 주도적이고 능동적인 협상을 해나갈 수 있다. 특히 북한이 한국의 자주성과 정치·군사적 권위를 인정하여 대남 협상 자세의 변화가 예상된다. 그러면 북한군이 한국군을 두려워하게 된다.

넷째, 대한민국의 자주성과 정치 및 군사적인 권위를 확보하여 국가주권이 회복됨으로써 주변국들과 보다 독자적인 군사외교의 추구가 가능하다. 다섯째, 국민들이 대한민국은 스스로 지켜야 한다는 자주국방의식을 지니고, 국군에 대한 보다 강한 긍지와 신뢰를 가질 수 있다.[721]

이와 더불어 한미 연합작전 태세는 지속적으로 발전시켜야하며 그 방향은 다음과 같이 제시할 수 있다.

첫째, 국방부는 대한민국의 핵심이익을 구현하기 위한 국방전략을 수립해야 한다. 한국군은 한미연합방위체제의 부작용의 하나로 전시 군사력 운용에 중점을 두는 군사전략을 수립하였다. 이제는 국방전략을 자체적으로 수립하고 운용할 시점에 서 있다.

둘째, 국방부와 합동참모본부의 편성과 기능을 보강해 연합작전 수행체제의 효율성을 보장해야 한다. 상부구조개편 등을 포함한 국방개혁은 지속적이고 합리적으로 추진되어야 한다.

셋째, 감시 및 정보능력을 강화해야 한다. 감시자산을 활용하여 북한 전 지역에 대한 감시

---

721) 하정렬, "전시작전권 환원은 계획대로 추진되어야 한다," 「주간동아」(2013. 3. 29), pp.14~15.

활동을 통해 북한의 군사활동과 기도를 파악해야 한다.

넷째, 한·미간 연합전력을 지속적으로 증강시켜야 한다. 북한의 핵과 대량살상무기의 위협에 대비하기 위해 억제 및 보복능력을 증강시켜야 한다.

다섯째, 한미 연합훈련 및 연습을 더욱 활성화시켜야 한다. 미 증원전력의 적시적인 전개 보장, 작전계획 시행태세 검증, 연합위기관리능력 향상, 연합지휘체제 정립 등 연합작전 수행능력을 향상시켜야 한다.

여섯째, 한·미간 연합 위기관리Crisis Management 능력을 강화시켜야 한다.

이러한 조치들은 전시작전통제권을 인수하는 과정에서는 물론이요, 그 이후에도 한국군 주도 미국군 지원의 형식으로 보완해나갈 수 있을 것이다.

한편 북한은 2013년 3월 정례적인 한·미 연합훈련인 '키 리졸브' 훈련에 즈음하여 '북침전쟁연습'이라고 주장하며 '정전협정 무효화'를 주장한 가운데 서울과 워싱턴을 불바다로 만들겠다고 위협하고 사상 유례 없는 방식으로 보복하겠다고 폭언한 이후 북한 소행으로 추정되는 사이버 테러가 실제로 발생하였다. 또한 3.월 21일에는 북한 주민들을 상대로 동원령을 선포하는 등 고강도 위협을 하였다. 앞으로도 통상적인 한미 합동훈련을 상대로 트집을 잡는 일이 빈번할 것으로 예상된다. 이러한 북한의 행태는 북한의 핵무장 현실화와 이를 통한 군사우위를 과시하고 협상력을 극대화 하려는 전략일 뿐이다. 한 미 양국의 연합 및 합동 방위태세는 굳건하며 국민들은 그러한 공갈 협박에 흔들려서는 안 된다.

■ 참고

연합·합동연습 및 훈련현황

한·미 연합 연습

구분	형태	목적	내용
을지프리덤 가디언(UFG)	군사지휘소 및 정부연습	• 현재 또는 미래의 연합방위체제하 전구작전 지휘 및 수행절차 연습 • 전시작전통제권 전환에 대비 한국합참주한 미군사령부의 전구작전 지휘 및 수행절차 연습 • 충무계획 및 전쟁수행 예규 수행절차 숙달	• 위기관리 절차 연습 • 전시전환 절차 연습 • 작전계획 시행절차 연습 • 주요 지휘관 세미나 • 군사협조기구 운영연습
키리졸브/ 독수리 연습	지휘소 연습 및 야외 기동훈련	• 현재의 연합방위체제하 전구작전 지휘 및 수행절차 연습 • 미 증원전력 한반도 전개 보장 및 한국군 전쟁지속 능력 유지	• 위기관리 절차 연습 • 전시전환 절차 연습 • 작전계획 시행절차 연습 • 연합작전지역 내 수용, 대기, 전방이동 및 통합절차 숙달 • 주요 지휘관 세미나

키리졸브(Key Resolve) 훈련의 역사와 내용

키리졸브 훈련은 방어훈련으로서 북한의 남침 공격시 이를 저지하고 방어하는 훈련이다. 북한은 이를 북침전쟁연습이라고 주장하며 이를 빌미로 핵개발 및 선군정치 명분으로 내세우고 있고 종북 및 좌파진영은 이를 그대로 대변하여 북침을 위한 전쟁연습이라고 호도하고 있다.

키리졸브 훈련 명칭의 변천

- 포커스 레티나Focus Retina(1969~1971): '망막의 초점'이라는 뜻. 북이 남침하면 미군 증원전력을 최단시간 내에 한반도에 증원시킨다는 의미
- 프리덤 볼트Feedom Valt(1971~1976): 한국의 자유를 수호한다는 뜻으로 도약의 의미를 함께 포함하고 있다.
- 팀스피리트Team Spirit(1976~1993): '협동정신' 의미, 20만 병력이 참가했던 한미 간 강력한 혈맹국으로서 협력정신을 발휘하자는 뜻에서 나온 명칭
- RSOI 연습(1994~2007): 유사시 한국에 전개되는 미 증원전력을 수용(REception)하고 대기(Staging)시킨 뒤, 전방으로 이동(Onward Movement)하여 통합(Integration)한다는 구체적인 내용을 함축적으로 내포
- 키리졸브Key Resolve(2008~현재): '중요한 결의'라는 뜻

키리졸브 훈련과 독수리 훈련

- 키리졸브 훈련: 한반도 국지전 및 전면전을 대비한 지휘소 훈련(약 10일 정도)
- 독수리 훈련: 한반도 국지전 및 전면전을 대비한 실제 기동훈련(약 2개월)

한국군 합동 연습 및 훈련

구분	형태	목적	내용
태극연습	전구급 지휘소 연습	• 합참의 전구작전 수행 능력 구비	• 합참의 위기관리, 전시전환, 작전 수행절차 연습 • 합동임무 필수과제 및 관련 참모부 지원과제 연습 • 전시작전통제권 전환대비 작전수행체계구축 및 능력 향상
호국훈련	전구 및 작전사급 대부대 합동훈련	• 합동성 중심의 작전 수행 능력제고	• 전구작전계획 개념하 지·해·공 동시 통합훈련 • 작전사별 합동성이 요구되는 핵심훈련과업 숙달 • 합동작전 수행능력 숙달
화랑훈련	후방지역 종합훈련	• 전·평시 후방지역에 대한 작전수행능력 제고	• 전·평시 연계된 작계시행 절차 숙달 • 지역주민의 안보의식고취 • 민·관군·경 합동방위태세확인

연합훈련

구분	시기	참가국	내용
연합상륙훈련	연1회	한국, 미국	• 탑재/선견부대 작전, 입체적 상륙 돌격 • 해상기동, 해상 화력지원훈련 • 육상작전(해안교두보 확보/방어) • 통합화력운용
연합대잠훈련 (ASWEX)	연2회	한국, 미국	• 잠수함 추적, 공격훈련, 어뢰 발사 모의훈련 • 대잠자유공방전 훈련
코부라 골드훈련 (Cobra Gold)	연1회	한국, 미국, 태국	• 연합 상륙작전, 지휘소 훈련 • 전술기동훈련, 해상공수 • 안정화 작전
환태평양 훈련 (RIMPAC)	격년제 (짝수년도 6~8월)	한국, 미국, 호주, 칠레, 영국, 일본, 캐나다, 페루 등	• 해상공방전, 해상교통로 보호 • 해상차단 및 항공강습, 함포사격훈련 • 유도탄 및 어뢰 발사훈련
서태평양 잠수함 탈출 및 구조훈련 (Pacipic Reach)	3년제	한국, 미국, 호주, 일본, 싱가폴 등	• 잠수함 승조원 탈출 및 구조훈련
한미 잠수함 훈련 (Guamex)	격년제 (홀수년도)	한국, 미국	• 잠수함 대 잠수함 훈련 • 공격기뢰 부설
연합대잠해양탐색 훈련(SHAREX)	연1회	한국, 미국	• 대잠환경자료 수집 및 탐지장비 성능 측정 • 대잠자유공방전
한일 수색 및 구조 훈련(SAREX)	격년제 (홀수년도)	한국, 일본	• 기본전술훈련 • 조난항공기·선박 수색 및 구조훈련
한반도 작전준비태 세연습(PENORE)	연2회	한국, 미국	• 긴급 항공차단작전/근접항공지원작전 • 대화력전 훈련
연합공격편대군훈 련(CLFE)	연2회	한국, 미국	• 공격편대군 전력 중고도 침투 및 요격 훈련 • 침투 간 생존 및 임무수행 능력 향상 • 유사목표물 임의 선정, 실전적 공격 절차 숙달
대규모 항공전역종 합훈련 (Max Thunder)	연2회	한국, 미국	• 공격편대군 전력 중고도 침투 및 요격 훈련 • 유사목표물 임의 선정 실전적 공격 절차 숙달
쌍매훈련 (Buddy Wing)	연7회	한국, 미국	• 한미 공군 전투비행대대간 상호교환방문 훈련 • 신전술 습득, 연합작전 능력 향상
태평양 공군 연합전술훈련(RED FLAG-Alaska)	격년제	한국, 일본, 싱가포 르, 호주, 영국, 프 랑스 등	• 저고도 침투 및 화물투하훈련 • 비포장활주로 전술강습훈련 • 조종사 및 승무원 공중침투훈련
연합대테러훈련 (Vector knife)	연1회	한국, 미국, 러시아	• 레펠/등반훈련, 대테러 특공사격 • 내부소탕훈련(건물, 열차, 항공기등) • 사제폭발물 처리, 종합 모의훈련
연합 비정규전훈련 (Balance Knife)	연1회	한국, 미국	• 한미 비정규전 작전 수행능력 배양 • 비정규전 교리 발전

3. 국방개혁(3군 균형발전)과 적정 국방비 확보

국방부는 2011년 3월 8일 "다기능·고효율의 선진국방 구현"이라는 슬로건으로 "국방개혁 307 계획"을 발표하면서 그 핵심사항으로 군 상부지휘구조의 개편 계획을 제시하였다. 군사작전에 관한 지시를 하달하는 군령권만 보유하고 있는 합참의장에게 인사와 군수를 포함한 군사력관리에 관한 군정권의 일부를 추가하고, 대신에 군정권만 보유하고 있는 각군 참모총장에게 군령권을 추가함으로써 군령과 군정의 통합성을 강화한다는 내용이었다. 그러나 이의 법제화를 추진하는 과정에서 국회에서 입법화되지 못하였다. 어떤 문제가 있는 것인가?

첫째는 개편명분의 불투명성이다. 명분으로 제시한 천안함 연평도 사건에서 나타난 지휘체계의 문제점을 개선 한다는 초기 논리가 나중에는 작전권 환수에 따른 시대적 필요성으로 변질되면서 그 초점이 흐려졌다. 작전권 환수에 따른 보완조치를 강조하였는데 이것은 최근 미측의 한미연합사 존속제의에서 보는 바와 같이 작전권 환수 이후의 대북 억제력 확보 및 한미 군사관계 발전에 대한 충분한 검토 없이 이루어진 것이었다. 전시작전권이 환수되면 어떠한 문제가 야기되고 그것을 해결하기 위해서는 어떤 방법들이 있는지 충분히 검토되지 못했고 개편안이 현재의 제도보다 어떤 우월성이 있는지, 현재의 제도를 보완 발전시키면 될 수 있지 않은지에 대한 검토 없이 기다렸다는 듯이 통합군형 개편안을 제시하고 일방적으로 추진되었다. 육해공군 예비역들이 공통적으로 지적하는 사항이다.

둘째, 개편안 내용이 내재하고 있는 문제점이다. 이번에 제시된 개편안은 3군병립제 형식에 통합군제 내용을 가미한 절충형(합참의장의 인사권 강화와 각군 참모총장의 작전지휘 보장)으로서 태생적으로 제한사항을 내포할 수밖에 없었다.[722] 인사권 일부를 합참의장에게 부여한다는 의도는 좋지만 그 범위와 한계가 문제되며, 각 군 참모총장에게 작전권을 부여한다는 문제에 있어서도 장점도 있지만 단점도 있는 것이 사실이고 이 경우 '각 군 본부와 작전사령부는 서류상으로만 합쳐지는 것이고, 실제로는 2개 지역에 분산되어 있어 통합의 효과를 거둘 수 없으며[723] 추진하는 입장에서는 작전본부 체제로도 상황처리에 문제가 없다고 했지만 이것은 타당화 논리일 뿐인 것이다.

세 번째는, 절차준수 및 국민공감대 형성 부족이다. 연평도 포격이후 갑자기 불거진 이 구상이 군 내에서 제대로 조율되지 않은 상태에서 2011년 3월 계획 발표 이후 계속 여론 수렴이 아닌 개편안의 설명에 치중하였고 군 내부 및 예비역, 그리고 전문가들의 여론 수렴과정도 없었고, 법률개정을 위한 절차(합동참모회의 의결)도 제대로 거치지 않았다.[724]

---

722) 박휘락, 『평화와 국방』(서울: 한국학술정보, 2012), p. 329.
723) 이한호, "군 상부지휘구조 개편: 해공군은 이렇게 본다," 『월간조선』, 2011. 8월호

이명박 정부가 추진한 상부지휘구조 개편은 그 의도에 비해 결과가 좋지 못하였다. 한국군의 상부지휘구조 발전방향은 한국군은 합동군 유형의 군구조를 추구해야 한다. 이는 국가의 정서 및 문화적 측면에서뿐만 아니라 한미 연합작전에서 미군으로부터 제대로 지원받고자 하는 경우에도 필수적인 부분이다. 지상군 중심의 군 구조, 즉 단일군을 운용하면서 합참이 군정과 군령을 동시에 수행하는 경우 업무 폭증으로 이들 중 어느 것도 제대로 수행할 수 없게 될 것이다. 또한 단일군이란 잘못된 구조로 인해 군의 정치화 가능성 등 국가안보 측면에서 적지 않은 문제가 발생하게 될 것이며,[725] 더 나아가 지상군중심의 단일군 구조는 과거 한·미군사동맹체제의 문제점으로 비판되었던 해·공군이 미군에게 종속되는 구조(한국군은 지상군위주로 운영)가 계속되는 결과를 초래하게 될 것이다.

오늘날에는 전시군사력 운용 이상으로 평시군사력 건설, 특히 첨단지휘통제체계 건설이 대단히 중요한 의미가 있다. 그런데 이들 지휘통제체계와 같은 군의 신경조직이 항공기 및 탱크와 같은 군의 근육과 상호 연결되고 있다. 이스라엘의 군사이론가인 반 크레벨트Martin Van Creveld가 말한 것처럼 군의 지휘통제체계는 군이 하는 모든 행위, 즉 전략, 군구조, 교리 등과 밀접한 관계가 있다. 다시 말해 이들이 잘못 정립되는 경우 지휘통제체계를 포함한 오늘날의 첨단 군사력을 제대로 건설할 수 없다. 합동군 개념의 신경조직 구축과 강화가 정답이다.

미국은 2012년 1월 15일 신 국방계획을 발표하였다. 유럽 미군의 감축과 아시아 중시 전략으로의 전환이 핵심이다. 또한 북한의 장거리 미사일 발사계획(광명성 3호)과 관련하여 이를 동맹국과 미국에 대한 심각한 위협으로 받아들이고 주한 미군 강화 등 적극적 대응을 천명하고 있다. 미 연합사령관이 제시한 작전권 환수 이후 연합사 해체 유보 및 사실상 존속안을 제안한 것도 이러한 배경에서이다. 따라서 우린 군도 이러한 위협에 대응한 전략적 대응과 국방개혁 방향을 재정립해야 한다.

한반도 유사시 어느 특정 군 위주의 전쟁수행 개념은 시대착오적인 것이며 각 군의 장점을 최대한 부각시킬 수 있는 합동작전이 필요하고 군 전력 증강도 이러한 요구에 맞추어야 한다. 한국군이 지향해야 할 군사력 구조는 육·해·공군의 균형이다.[726] 국방부 합참 조직은 통합군이 아닌 합동성 강화에 초점을 맞추어 합동군으로 발전시켜야 하며 균형 잡힌 조직으로의

---

724) 한성주, 『위헌적 모험 국방개혁 307 계획』(서울: 세창미디어, 2011)

725) '데이비드 츄터(David Chuter)'는 국방혁신을 추진하는 대부분의 국가들이 직면하는 가장 어려운 문제는 군 자체의 문제보다 군과 정치과정과의 관련성이라고 말하고 있다. 군의 정치개입의 명분은 군이 국가의 수호자라고 인식하는 것과 군이 충성할 대상이 불분명할 때, 즉 정부의 합법성에 문제가 있을 때이나 어떠한 경우에도 군이 정치에 개입할 의무나 권리는 없다고 말하고 있다. 디이비드 츄터, 『국방개혁 어떻게 추진할 것인가?』(서울, 국방부, 2004). pp. 63-84.

726) 이춘근, 박상봉, 배정호, 『차기정부 정책과제』 외교·안보(서울: 한국경제연구원, 2012). p.286).

발전될 수 있도록 군의 진급·보직관리 체제가 전면 수정·보완되어야 한다. 이러한 노력을 통하여 미군의 병력 감소 및 전력조정, 전시작전권 환수, 급변하는 동북아 정세, 북한의 강성대국 완성 책동, 우리 내부의 남남 갈등 속에서 우리의 안보를 든든히 해 나갈 수 있을 것이다.

특히 해양 및 항공력은 핵 대치 상황에서 근해 작전 및 정밀타격으로 억제력을 극대화 할 수 있다는 점에서 적극 육성되어야 한다. 당장의 북한의 핵보유 현실화 및 통일 과정과 통일 이후의 한반도 안보의 공고화를 위하여 이러한 개념과 발전방향을 명시한 '해·공군 육성 특별법(가칭)'을 제정하여 확고한 태세를 발전시킬 필요가 있다.[727]

국방개혁과 대북 억제력 구비를 위한 기반안보 군사력 건설을 위해서는 적정 국방비 확보가 시급하다. 정부는 GDP 대비 세계 평균인 3.5% 이상, 그리고 한국과 처지가 유사한 국가들의 수준인 5% 이내의 범위에서 결정되어야 한다. 경제적 논리와 고려가 아닌 전략적 논리와 고려에 의해 결정되어야 함은 물론이다.[728]

4. 영토문제(NLL)

남북문제의 이중성으로서 영토문제는 잠정적 특수 관계로, 우리 헌법에서 규정하고 있는 영토와 남북공동선언에서 합의한 영토의 범위가 상충되고 있다. 북방한계선NLL 문제가 남북 간에 해결해야 할 과제이다. 논란의 핵심은 다음과 같다.

북방한계선이 생기게 된 배경은 정전협정 합의의 실패로 생기게 된 것이다. 남북 간의 해상경계선 설정과 관련하여 협상과정에서 유엔사측은 관례에 따라 3해리를 주장하였고 북한측은 해상봉쇄를 우려하여 12해리를 주장하였다. 따라서 합의는 불가하였고 협상이 결렬되었다. 유엔사측에서는 1953년 8월 8일 정전협정의 안정적 관리를 위하여 한국공군과 해군의 초계활동을 제한하기 위하여 임의의 선을 그어 북방한계선Northern Limit Line: NLL으로 정하였다.

이 선이 남북 간에 지난 57년 동안 지켜온 실질적인 해상 경계선 역할을 하였다. 북한도 이 선을 경계선으로 인정하여 왔다. 1963년 연평도 일대에서 간첩선과 교전 및 격침 시 북한은 이 선을 기준으로 월선하지 않았고, 1984년 9월 29일 북한 적십자사가 수해물자를 남측에 인도하였으며, 1993년 5월에는 국제민간항공기구ICAO 간행물 "항공항행계획"ANP에 이 선을 상정시켜 공인화 하였으며 2002년 6월과 12월 그리고 03년 11월 북한의 조난선박을 북측에 인도했다.

---

727) 2013.2.21. 공군발전협회 연구위원 간담회 토의결과.
728) 한국의 안보상황 고려시 국방비가 GDP에서 차지하는 비율 2.7%(2009년 기준)은 상당히 낮은 수준이다. 미국 4.68%, 러시아 3.10%, 인도 3.11%, 싱가포르 4.29%, 이스라엘 6.91%, 사우디아라비아 10.91%, NATO평균 3.04% 동아시아와 호주 평균 5.09%이다. IISS, The Military Balance 2011(London: Routleedge, 2010).

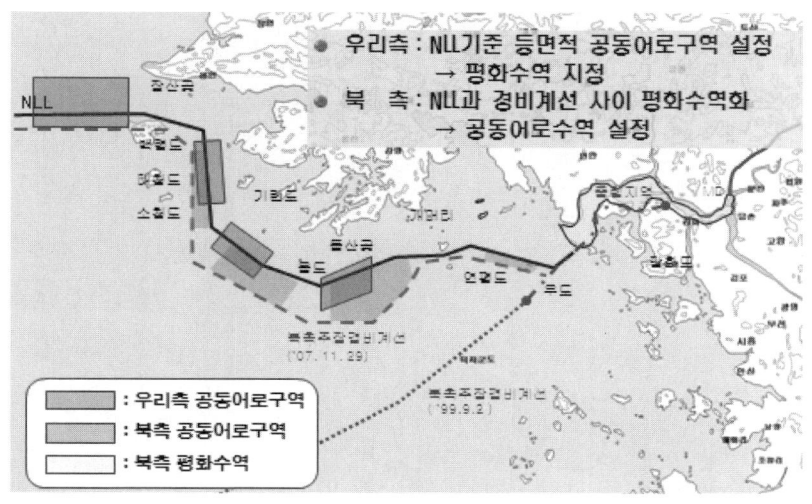

북한이 입장을 변화하여 최초로 이것에 이의를 제기한 것은 1973년 10월 23일 서해도서 주변해역 관할권(경기-황해도 계선)을 주장하면서 NLL을 침범하였다. 그리고 1999년 9월 2일 '조선 서해 해상군사분계선'(우도-굴업도-서격렬비도)을 선포하였고, 2000년 3월 '서해통항질서'를 공표하였으며, 2004년 12월 15일 북측 '5개 좌표 경비계선'을 통보하였고, 2007년 제2차 남북국방장관 회담 시 우리 NLL 하방으로 5개 도서에 이르는 '경비계선'을 제시하였다.

우리 측의 기본 입장은 NLL을 기준으로 등면적을 공동어로구역으로 설정하여 평화수역을 지정하자는 입장이고 북측은 NLL과 경지계선 사이를 평화수역화 하여 공동어로수역으로 설정하자는 입장이다. 북방한계선은 군사적인 것이고, 군사적인 한계선은 '유엔해양법협약'과도 무관하며, 따라서 일방적 해양경계선과도 무관한 것이다. 영해에 관해 남북 간 별도의 합의가 없는 현재 북방한계선은 남북 간 실질적 해상경계선으로 유효하게 기능하고 있으며, '남북기본합의서'에서 관할구역에 관한 현상유지원칙이 천명된 이상 북방한계선을 무시하는 북한의 행위는 위법한 도발행위라 할 것이다. 우리가 북한과 "영해경계협정" 교섭을 한다고 해서 그것이 북한을 국가로 인정하는 것은 아니며, 해양경계획정 합의서는 '남북기본합의서'의 부속서 형태로 처리하면 된다.729)

2012년 대선에서 이 문제가 핫이슈가 되었다. 문제의 본질을 벗어나 정치적 공방으로 온 국민의 이목을 집중시켰으나 해법이 제시되거나 발전된 것은 하나 없이 그저 철통같은 국토사수라는 구호만이 남았다. 그간 제시되었던 방안은 다음과 같다. 이를 토대로 북한을 설득하고 계속 발전시켜나가야 할 것이다.

---

729) 이상철, 『NLL 북방한계선 기원·위기·사수』(서울: 선인, 2012). p.372~373.

서해 해상경계선 획정을 위한 3단계 로드맵

	포괄적 접근방안	서해 NLL 문제
1단계	○ 시범사업 - 공동어로구역 시범사업, 민간선박의 해주직항로 운항 시범사업 등 ○ 남북협력사업 공동연구(사업범위, 방법, 일정 등), 한강하구 공동이용방안 마련 및 사전환경영향 평가.	○ 개별적 군사보장조치 - 해당 협력사업별로 군사보장 조치를 취하며, 사업기간 중 NLL불거론, 묵시적으로 인정 - 통항규칙에 대한 합의
2단계	○ 본사업 Ⅰ - 해주 및 주변해역에 서해평화협력특별지대 설치 - 공동어로수역과 평화수역 설정, 수산물 가공단지, 수산연구원 설립지원 등 해주경제특구 건설 - 해주항 개보수 및 민간선박의 해주직항로 허용 - 한강하구 공동이용 추진	○ 포괄적 군사보장조치 - 서해평화협력특별지대 전체에 대해 포괄적 군사보장조치를 취하고 NLL을 묵시적으로 인정
3단계	○ 본사업 Ⅱ - 서해평하협력특별지대 완성 - 인천-해주-개성 삼각지대, 강화-개풍 연륙교 건설 및 '북부수도권 남북경제협력벨트' 건설	○ NLL의 해상경계선 공인 - 한반도평화협정 체결 시 NLL을 남북 해상경계선으로 공식적으로 인정

〈출전〉조성렬, 『뉴한반도 비전』(서울: 백산서당, 2012). p.218. 이 방안은 2007년 8월 18일 청와대에서 열린 2차남북정상회담 대책회의에서 제시했던 것을 현 상황에 맞게 조성렬이 추가로 보완한 것이다.

5. 정전협정과 교전규칙의 문제점

(1) 북한의 군사도발 역사

2013년은 한국전쟁 정전협정(停戰協定)을 맺은 지 60주년이 되는 해이다. 하지만 지난 60여년 동안 북한의 도발은 끊이지 않고 이어져 왔다. 무장공비 침투, 암살, 테러, 해상도발, 폭격 등 다양한 방법으로 도발하였는데 육상침투 626회, 해상침투 727회, 영공침범 17회, 총격도발 84회 등 총 1821회의 도발이 있었고 310여명의 사망과 3811명의 납치가 있었다(2009년 통일백서). 대통령에 대한 암살 시도가 4차례 있었으며, 한국전쟁 후 5년간을 제외하고는 북한의 도발은 계속되었다.

전후 복구시기인 1960~70년대 북한은 '폭력혁명 추진' 전략에 따라 무장공비로 후방지역을 교란하고 남한 반공정권 요인 암살을 노렸다. 박정희 전 대통령을 노린 68년 1·21 청와대 무장공비 침투사건과 70년 국립묘지 현충문 폭파사건, 74년 육영수 여사 저격사건이 대표적이다. 76년 발생한 판문점 도끼만행 사건(76. 8. 18) 등에서 보듯이 북한은 호전적으로 도발을 일삼았다.

80년대 들어서면서 북한은 앞으로는 평화공세를 펴면서 뒤로는 대형 테러를 감행하였다. 80년대 말 남북고위급회담을 추진하는 동시에 아웅산폭파사건(83. 10. 9)과 KAL 858기 폭파사건(87. 11. 29)을 일으켰다. 전두환 전 대통령을 노린 83년 미얀마 아웅산 테러로 서석준 부총리 등 17명이 사망하였고 87년 KAL기 폭파로 승객과 승무원 등 115명이 사망했다.

1990년대에 이르러 북한은 핵·미사일 등 비대칭 무기 개발에 박차를 가하면서 잠수함 도발을 감행하였다. 94년 북한이 국제원자력기구_AEA_를 탈퇴하며 1차 북핵 위기가 발생하였을 당시 미국이 영변 폭격까지 검토하며 한반도는 준 전시상태까지 갔다.

북·미간 제네바 합의로 북핵문제가 임시 봉합되었지만 북한은 도발을 포기하지 않았다. 1996년에는 강원도 전국체전에 참석할 주요 인사들을 암살할 목적으로 강릉 잠수함 무장공비 사건(96.9.17)을 일으켜 군과 민간인 15명이 희생당했다. 98년 속초 앞바다에서 발견된 북한 잠수함에선 공작원 9명의 시신이 발견되기도 하였다.

2000년대에는 주로 해상도발이 이어졌다. 1999년 6월 북한은 서해 북방한계선_NLL_을 트집 잡아 휴전 후 최초의 정규전인 1차 연평해전을 일으켰다. 1차 연평해전에서 완패한 북한은 한·일 월드컵 결승전이 열리던 2002년 6월 제2차 연평해전(서해교전)을 벌였다. 이 전투에서 우리 군은 고속정 1척이 침몰되고 해군 6명이 전사했다. 이후 북한은 2006년 1차 핵실험, 2009년 2차 핵실험을 실시하며 긴장국면을 이어갔고 2009년 핵실험 직후에는 대청해전(99.02, 09)을 도발하였다.

2010년대에는 폭침과 포격이 이루어졌다. 2009년 후계자로 지명된 김정은은 대남도발을 통해 권력을 다져나갔다. 북한은 2010년 3월 백령도 인근 해상에서 어뢰를 통해 천안함을 폭침(10.3.26)시켰다. 해군 40여명이 사망하고 6명이 실종되었다. 같은 해 11월에는 장사정포로 연평도를 포격(10.11.23)해 해병대 2명이 전사하고 민간인 2명이 사망하였다. 2012년 12월에는 은하 3호 미사일 발사, 2013년 2월 12일에는 제3차 핵실험을 실시하고 유엔제재와 한미 키리졸브 훈련에 반발하여 3월 11일에는 정전협정의 무력화를 선언하였다.

이러한 북한의 도발은 무력적화 통일을 위한 통일전선전술의 일환이며 동시에 체제결속 및 대남 협상을 위한 위협전술이라고 평가된다. 이렇듯 북한이 대남도발을 서슴지 않고 행해온 이면에는 북한의 인식이 남조선은 정전협정과 한미동맹조약에 갇혀 독자적으로 아무것도 할 수 없는 허수아비 정부라고 인식해온 결과이다.

2010년 3월과 11월에 있었던 천안함 격침과 연평도 주민에 대한 포격은 북한의 군사도발 역사에 있어서 일획을 긋는 사건이었다. 그것은 지금까지의 도발과는 전혀 다른 차원의 도발이었는데 그것은 군에 대한 정면 공격과 민간인을 상대로 한 무차별 공격이었다. 이 사건은 우리 국민들에게 큰 충격을 주었고 우리 국방태세의 문제점을 극명하게 드러내 보였다. 가장 큰 문제점은 남남갈등으로서 외부 적에 의한 공격의 주체 문제에 있어서 우리 군과 정부의 발표를 일부 국민들이 수긍하지 못하고 북한의 주장에 동조 및 묵인하는 태도였으며, 두 번째로는 그렇게 허약해 보이는 우리의 방위태세였다. 서북도서 방어에 대한 취약점이 노출되었으며 우리의 국방태세(지휘구조, 전력구조, 대비태세)에 대한 문제점을 직시할 수 있는 계기가 되었다. 이에 따라 강도 높은 국방개혁을 추진하는 계기가 되었고 젊은 세대들이 해병대 자원입대 비율이 오히려 더 높아지는 등 국민들의 안보의식이 제고되는 계기가 되었다.

(2) 교전규칙(Rules of Engagement: ROE)의 문제점

천안함, 연평도 포격 사건을 계기로 한국군의 교전규칙의 문제점이 대두되었다. 당시 지휘계선상에 있었던 지휘관 중에서 교전규칙과 이의 적용 기준에 대하여 알고 있었던 사람은 아무도 없었다. 교전규칙이 언제 어느 곳에 적용되는지 솔직히 한국군에서 교전규칙 문제로 고민해 본적이 없었기 때문이다.

군은 11월 25일 연평도 피격에 대하여 대응한 "비례적 대응 원칙"이 소극적 대응이라는 국민들의 비판이 일자 공격을 받으면 2배로 응징할 수 있도록 "교전규칙을 적극적인 개념으로 적극 개정하겠다."고 밝혔지만 적절성 논란이 일었다. 교전규칙 강화가 능사가 아니며 안보 포퓰리즘이 아니냐 하는 비판도 제기되었다.

교전규칙은 전시교전규칙Wartime Rules of Engagement: WROE과 평시 교전규칙으로 나누어진다. 우리군은 한반도가 정전(停戰)상태에 있으므로 평시에는 유엔사령부(한미연합사)에서 정한 정전교전규칙Armistic Rules of Engagement: AROE이 적용되며, 아군이 무력을 사용할 수 있는 경우로 ① 적성이 선포된 경우 ② 자위권 행사를 위한 경우 두 가지로 제한되어 있다. 특히 지휘관이 자위권을 행사할 때는 '필요성'(필요한 만큼만의 무력사용)과 '비례성'(적대행위 정도에 비례한 무력사용)이라는 두 가지 원칙을 준수해야 한다.730) 전시 교전규칙은 무력의 사용은 최후의 수단으로서 최소한으로 한정한다는 '확전방지 원칙'을 명시하고 있다. 우리정부는 1994년 평시작전권을 환수하며 한반도 정전체제 위기관리 책임을 한미연합사령관(유엔군사령관 겸임)에게 위임했다(CODA 한미연합 권한위임사항 1항). 따라서 교전규칙의 수정은 유엔사령부에 그 수정권한이 있으며 우리는 교전규칙에 따른 작전지침 및 작전예규만 손볼 수 있다. 육해공군은 교전규칙 범위 내에서 각 군의 특성에 맞는 작전예규를 운영하고 있다.731)

---

730) 경향신문, 2010.11.24.
731) 우리군의 교전규칙은 미군이 주관해 만들고 이를 우리말로 번역하는 과정에서 적절한 용어의 부족, 교전규칙

미국 측에서는 한반도 사태에 있어 '연합위기관리' 사태를 선포하는데 있어 신중하다. 프에블로호 납치나, 판문점 도끼만행 사건 등 미군과 관련된 사태 때에는 신속히 선포되기도 했다. 그러나 남북 간의 군사충돌 시에는 그와는 다르다. 북한의 도발을 국지도발로 규정하고 있기 때문이며 연평도 피격 시에도 한·미간에 연합위기관리 사태 선포를 검토한 바 있다.

전시작전권 환수 이전까지 한·미간에 긴밀한 협의를 통해서 충분한 대응이 될 수 있도록 교전규칙을 보완해 나가야 하며 그 방향은 첫째, 국방장관은 평시작전권을 행사하는 합참의장의 권한과 책임을 보장하고, 현장 지휘관 재량을 강화하여 제대별 책임과 권한에 부합한 적시적 대응이 가능하도록 해야 하며 둘째, 민간인(시설) 공격과 군인(시설) 공격을 구분해서 대응 수준을 차별화 하여야 하며 셋째, 합참의장이 교전규칙 범위를 넘어서는 문제에 대한 지휘 권한을 유엔군사령부에서 인정하도록 교전규칙에 명문화가 필요하다.

그동안 한국군이 눈앞에서 북한이 도발하는 것을 보고도 적절한 조치를 할 수 없었던 것은 이렇듯 교전규칙의 애매함과 대통령, 장관으로부터 최우선적으로 확전되지 않도록 하라는 지침으로 인하여 현장 지휘관을 비롯한 각계선 지휘관들이 자율적 판단을 못하고 상부 지침만 기다리는데 익숙해져 있었기 때문이다. 실례로 김대중 정부 시절 1, 2차 연평해전 시 대통령이 내렸던 4대 교전수칙은 첫째, NLL을 지켜라. 둘째, 우리가 먼저 발사하지 마라. 셋째, 상대가 발사하면 교전규칙에 따라 격퇴하라. 넷째, 전쟁으로 확대시키지 마라였다. 이러한 지침 하에서는 북한함정으로부터 치명타를 당할 때까지 기다려야 하고 얻어맞고는 전쟁확대가 두려워 제대로 보복도 못하는 결과가 초래될 수밖에 없는 것이다.[732]

정상적인 해군 교전규칙에 의하면 적이 먼저 적대행위를 할 것 같은 뚜렷한 징후가 보이는 경우 자위권 확보 차원에서 선제공격이 가능하고 5단계 교전규칙인 차단기동과 경고사격에도 불구하고 북한 경비정이 퇴각하지 않을 경우 함대사령관이 '적성敵性선포권'을 발동하여 공격명령을 할 수 있다. 이러한 재량권을 발동한 결과가 1999년 연평해전이었고 아군의 피해 없이 북한 함정 6척을 침몰 및 대파시킬 수 있었다. 그러나 4대 교전 수칙과 대북 유화정책의 결과로 2002년 6월 29일 해전에서는 결과가 전혀 딴판이 되었다. 우리 함정 1척이 격침되고 24명의 전상자가 난데 반해 북한 함정은 한척도 침몰되지 않았다. 이제 전시작전권이 환수되어 독자적인 전쟁계획 수립과 작전이 가능하게 되면 우리의 고유한 안보철학과 국가가치관에 입각하여 우리 나름의 교전규칙을 개발 발전시켜 나가야 한다.

에 대한 이해의 부족으로 어렵게 사용되어왔다. 공군은 2011년 8월 『승리를 위한 전쟁법 핸드북』이란 소책자를 만들어 배포하며 교전규칙과 전쟁법에 대한 장병 교육에 나섰다.

732) 정용석, '김대통령 4대 교전수칙부터 폐기해야 이 달의 쟁점: 교전수칙 어떻게 볼 것인가, 『통일한국』(2002. 8), p.28.

정부차원: 지적요소

1. 이성적 자아통제 능력의 확보

국가차원에서의 고려되어야할 것은 이성적 자아통제능력의 증진과 공공선(정의)의 실현이다. 우선, 국가적 차원에서 조화통일을 위한 이성적 자아통제능력 증진을 위해서는 자신감과 융통성이 요구된다.

(1) 국민통합과 자신감 확보

국가차원에서의 고려되어야할 것은 이성적 자아통제능력의 증진과 공공선(정의)의 실현이다. 우선, 국가적 차원에서 조화통일을 위한 이성적 자아통제능력 증진을 위해서는 국민 통합과 자신감과 그리고 융통성이 요구된다.

2013년 체제의 첫해를 맞으면서 우리 국민들이 가장 많이 접한 말이 국민통합이다. 국민통합은 요즈음 우리사회의 중요한 의제로 대두되었다. 2012년 대권 경쟁에서 이 국민통합의 화두는 핵심적인 것이었다. 그러나 그것의 의미와 구체적인 내용은 그 어디에도 적시된바 없다. 백인백색으로 구호만 난무할 뿐 구체적인 비전과 실천방안은 제시되지 못하고 있는 것이 현실이다. 박근혜정부에서 국민통합위원회를 설치하여 운영할 예정으로 있어 활동이 기대된다.

국민통합이란 가장 간단하게 정의하면 '상이한 이해관계와 정서를 달리하는 국민들에 대해 동료시민으로서의 우정에 입각한 관용을 실천하는 것'이다. 이때의 관용은 이해관계와 정서가 다른 사람들이 서로의 차이를 인정하면서 그 차이가 국민공동체의 존속과 발전을 위해 필요한 일들을 국민들이 협력해서 실행하는데 방해되지 않는 다는 관점을 가지는 것을 의미한다. 국민통합에 필요한 관용은 일정 규범에 입각한 관용이어야 하고 이것은 일정 수준의 사상적 합의를 전제로 한다.733)

---

733) 양동안, '국민통합의 핵심과제, 네이버 블블로그 검색. 2013. 4. 15.

한국에서는 건국 후부터 1980년대 초반까지 사상적 합의가 형성되어 있었다. 그것은 첫째, 자유민주주의 정치체제와 자본주의 시장경제체제. 둘째, 공산주의와 북한정권에 반대. 셋째, 계급을 초월하여 전 국민이 단결하여 국가의 안전 확보와 발전. 넷째, 한미동맹의 공고화 등이다. 이러한 한국사회의 사상적 합의는 1980년대 중반 대학생과 노동자들의 '민족해방 민중민주주의 혁명'투쟁이 본격화 되면서 붕괴되어 현재까지 이르고 있고 우리사회 여러 분야에서 그에 동조하는 세력들이 민주화의 바람과 함께 확대되며 여러 가지 갈등요소로 부각되고 있다.

우리는 한반도 조화통일의 주인공으로서 자신감을 가져야 한다. 우리는 그동안 너무 우리를 과소평가해 왔다. 자기 자신을 낮추는 겸양지도謙讓至道가 아니라 역사적 지리 환경적 여건아래서 우리 스스로 우리 역사를 결정해 본적이 없다. 그러나 우리는 이제 과거와는 다른 위상을 정립하였다. 서구가 300여년이 넘어 달성한 산업화와 민주화 과정을 60여년 만에 이룩하고 G20 선진국이 되었다. 국제사회에서 원조를 받아오던 나라에서 원조를 하는 나라로 발전하였다. 대북관계에 있어서도 이제는 자신감을 가져야 할 때이다.

우선 군사적으로 구분해야 할 것이 북한의 군사적 위협과 이를 빌미로 한 군사주의의 구별이다. 일반적으로 많은 국가에서 군은 국방예산의 확보를 위해 적의 위협을 과장하는 경향이 있다. 소위 군산복합체의 폐해이다. 북한의 대량살상무기 위협과, 노농적위대, 그리고 서울을 사정권으로 한 장사정포 능력과 (최근에는 평택까지 사거리를 연장했다는 정보도 있음) 기습공격 능력 등은 분명히 심각한 위협이다. 그러나 통상 위협만 강조되지 우리의 대응 능력은 간과되고 무시되고 은폐된다. 그러다보니 우리는 은연중 패배주의에 빠져있다. 우리 국민들은 북한과 싸우면 이길 수 있다는 자신감이 없다. 정치가들이 의도적으로 패배주의를 조장하여 왔던 것이 과거의 역사이다. 과연 그런가? 그동안 투자된 막대한 국방예산은 다 어디에 썼느냐 하면 할 말이 없다. 위협과 위험 요소에 대해서는 대비책을 강구하고 대비하면 될 일이다. 침소봉대하거나 그것이 전부인양 호도해서는 안 된다. 또한 당연히 해야 할 제주해군기지 건설을 비합리적인 이유를 들어 반대하는 일부 편향된 종북 좌파들과 위장 평화주의자 및 정치인들의 태도들은 정의롭지 못하다. 도대체 무엇을, 누구를 위한 반대인가? 이제는 시대가 달라졌다. 각 분야에서 맡은 일을 각자가 열심히 하면 된다. 대북협상에 있어서도 이러한 자신감을 바탕으로 통 큰 협상을 할 수 있어야 한다. 남북관계가 갖고 있는 이중성을 극복하기 위한 제일 첫 번째 관건은 이러한 자신감이라 할 수 있다.

---

http://blog.naver.com/ PostView.nhn?blogId

(2) 융통성

이중성 극복을 위한 두 번째 관건은 자신감을 바탕으로 한 융통성이다. 한·미 동맹을 근간으로 하되 나머지 문제에 있어서 유연한 접근을 할 필요가 있다. 미·북 협상문제나, 6자회담, 핵문제 등에 있어서 정치적 융통성이 요구된다.

미·북 협상과 남북협상의 우선순위나 의제 등은 전술적인 것으로서 큰 문제가 되는 것들이 아니다. 다만 정책적 차원에서 고려사항일 따름이다. 사실 남북문제는 사안 하나하나가 분리될 수 있는 성질의 것이 아니라 일괄 타결되어야 할 성질의 것들이다. 북한이 원하는 것과 추구하는 전술을 우리는 훤히 알고 있다. 또 북한도 우리의 약점과 행동방법을 훤히 꾀 뚫고 있다. 솔직히 남북문제에 있어 이제 남은 것은 얼마나 포기하고 양보하느냐 하는 문제만 남아 있다할 수 있다.

우리의 치명적인 약점은 서울이 방사포 사거리에 위치한 군사적 취약점과 남남갈등의 정치적 분열이다. 5년 단임 대통령 중심제인 우리의 정치제도는 선거를 위해서 대북정책이 조삼모사朝三暮四하며 일관성이 유지되지 못하며, 따라서 진보와 보수간 정치적 음모와 술수가 난무한다. 자신감을 바탕으로 과감한 양보와 실리를 챙길 수 있는 실천적 지혜가 가장 요구된다 할수 있다.

이를 위해서는 다양한 시나리오를 상정, 현실적인 대비책을 마련해 두어야 한다. 그러나 북한체제를 붕괴시키겠다는 흡수통일론적 접근 시각에는 문제가 있다. 악순환구조惡循環構造일 뿐인 것으로서 이명박 정부의 실패에서 우리는 더 이상의 교훈이 필요 없게 되었다. 교류와 협력의 선순환구조善循環構造로의 전환이 시급하다. 현실적인 대북정책은 북한을 대상으로 견제와 대비를 하면서도 한편으로는 협상을 통해 일정한 성과를 주고받는 식의 상호주의적 접근이 요구되며 통상적인 정치교섭 혹은 외교수준을 뛰어넘는 것이어서는 곤란하다.

북한의 사회적 변화보다도 더 중요하고 시급한 것은 북한의 남한에 대한 태도를 바꾸는 것이다. 소위 북한의 막무가내 주장이 통하지 않도록 하는 일이다. 최소한 북한이 약속한 것만이라도 확실하게 지키도록 만드는 것으로서 이를 위해서는 정교한 전략과 다양한 전술이 구사되어야 할 것이다. 따라서 어떤 특정 방법은 배제한다는 제한적인 접근방법으로는 한계가 있다. 그런 점에서 '채찍'을 제외한다거나 전쟁은 배제해야 한다는 공언을 하는 것은 협상력을 약화시키며 문제 해결을 어렵게 하는 우매한 일이다.

(3) 일관성 있는 대북정책 추진 ─ 대북정책 국민합의기반 구축: '통일국민협약' 체결 모색

북한이 자신들의 이해관계를 일방적으로 관철시키는 대남정책을 추진하는 동안 한국 사회는 소모적인 남남 갈등과 대북정책의 정쟁화구도 속에서 대북정책의 고비용 구조를 형성해 왔다. 남남갈등은 과도한 사회적 비용을 발생시키고 있음은 물론 제반 사회갈등으로 확산되는 구조를 형성하고 있다는 점에서 문제의 심각성이 있다. 성공적인 대북정책의 추진을 위해서는 남남갈등 구조의 해소와 국민적 합의기반 형성이 필요하다. 이를 위한 하나의 방법으로 '통일국민협약' 체결을 고려해 볼 수 있다.

통일국민협약은 통일문제의 정쟁화를 방지하고 생산적 정책협력 구도의 형성을 위한 사회협약으로서의 성격을 가진다. 통일국민협약은 여야 및 보혁 진영의 이해관계 및 관점의 차이를 인정하는 기초위에서 최소주의적 합의의 형식을 통해 민족문제에 대한 기본적인 행위규범을 형성하는 것이다. 통일국민협약의 가장 중요한 내용은 '통일에 대한 국민적 동의' '합의에 기반한 정책추진' '통일문제에 대한 정쟁화 방지' 등이며, 이를 사회협약으로 구체화 하는 것이라고 할 수 있다. 후속 조치로 민족 문제에 대한 초당적인 실질적 협력체제를 상설화하여 대북정책의 부담을 분산시키는 것이 필요하다. 통일국민협약을 통해 대북정책의 정쟁화 구도의 해소와 국민적 합의기반의 구축이 가능할 것이다.[734] 이재호는 통일부 대신 남북관계위원회 설치를 제안하고 있다. 지금과 같은 통일부체제로는 정권이 바뀔 때마다 대 숙청작업이 이루어지고 5년마다 대북정책이 큰 진폭으로 왔다 갔다 하여 혼란과 분열이 불가피하기 때문이다. 특히 새 정권이 전 정권의 대북합의나 약속을 무시할 경우 남북관계는 경색되고 이로 인한 긴장고조는 무력도발이나 충돌로까지 이어질 수 있기 때문이다. 여야와 학계, 시민단체 인사 등을 망라해 적정비율로 남북관계위원회를 구성하고, 정치적 중립성을 보장함으로써 정권교체에도 크게 영향을 받지 않는 대북정책을 수립하고 이행하여야 할 것이다.[735]

2. 남북 상호주의 접근

북한의 3차 핵실험의 전략적 함의는 1,2차 핵실험 때와는 전혀 다른 차원이다. 이는 1994년 미북 제네바 합의 이후 20년 동안 지속되어 온 한반도 비핵화 시도의 종말을 뜻한다. 그동안 협상으로 일거에 북핵문제를 타결하려한 모든 합리적 노력이 북한의 집요한 핵보유 의지 앞에 파탄을 맞은 것이다. 단기적 성과에 대한 집착 때문에 북의 지연전술에 말려든 협상 패턴은 총체적으로 실패하게 된 것이다. 개정 헌법에 핵 보유를 김정일의 최대 업적으로 명기한 북한이 2013년 1월 외무성 이름으로 "비핵화 논의 자체를 거부한다"고 선언한 것은 당연한 절차이다.

이에 대한 해법은 '당근과 채찍의 상호주의'를 엄격히 적용해 북한의 핵보유 의지를 약화

---

734) 조한범, "신정부 대북정책 수립의 고려사항," Online Series CO 13-03, 통일연구원 2013.1.
735) 이재호, 『사회통합형 대북주의』(서울, 나남, 2013), 책 소개.

시키는 길이 최선이다. 유엔안보리 대북제재결의(1718호, 1874호, 2087호)로 압축되는 한국과 국제사회의 경제적 압박조치는 핵보유가 오히려 북한체제를 균열시킨다는 사실을 북한 지도부가 실감하도록 만들어야 한다. 박근혜 대통령이 취임사에서 밝혔듯이 북한이 스스로가 핵무장의 최대 피해자임을 실감하게 만드는 것이 북한의 태도 변화를 유도할 수 있는 유일한 가장 효과적인 방법이다. 북한이 경제난에서 비롯된 체제위기 극복과 핵보유의 선택 사이에서 양자택일해야 하는 국면에서만 비핵화를 위한 진짜 협상이 가능하다는 것이 지난 20년의 통절한 교훈이다.

3차 핵실험으로 핵과 관련된 북의 진정한 의도를 둘러싼 논쟁에도 종지부가 찍혔다. 북이 핵개발을 포기하는 대가로 대규모 경제 지원을 원한다는 해석은 소망사고所望思考에서 나온 미몽迷夢으로 판명됐다. 한반도 정전협정이 평화협정으로 바뀔 때 핵을 폐기하겠다는 북의 공언公言도 책략적 허언虛言으로 드러났다. 핵이라는 절대무기의 존재와 김 씨 일가一家의 유일 지배체제의 보위保衛가 서로 뗄 수 없이 얽혀 있다는 북한문제의 진실이 폭로된 것이다. 유일 지배체제가 해체되지 않는 한 북핵 문제 해결은 불가능에 가깝다는 게 투명한 사실로 입증되었다. 그 결과 호혜互惠와 상호 신뢰의 기초 위에 남북관계를 재출발시키려 한 박근혜 당선인의 '한반도 신뢰 프로세스'도 중대한 암초에 부딪혔다. 그러나 엄정한 사실 판단에 입각하지 않은 가치 판단과 당위론적 희망은 허망한 결과로 이어진다. 국민의 안전과 나라의 안보에 관한 한 더욱 그렇다.[736]

핵 보유 자체가 북한 세습체제의 근간이자 대미·대남 전략의 핵심이라는 냉정한 사실 인식이 북한 이해의 출발점이다. 그러나 지금까지와는 달리 시간은 더 이상 북한 편이 아니다. 천안함 폭침과 연평도 폭격, 험악한 막말의 행진 등 북한의 화급한 반응이 그걸 증명한다. '전쟁이냐, 평화냐'의 수사적修辭的 이분법을 넘어 진정한 비핵화로 가는 길은 냉철한 대북對北 상호주의뿐이다. 남북 정상회담 같은 이벤트로 북한문제를 쾌도난마快刀亂麻하려는 유혹을 참는 것, 바로 거기서 박근혜 정부의 대북정책이 시작해야 한다.[737]

(1) 상호주의 개념과 남북관계에의 적용

상호주의란 국제법상 상호호혜주의를 말한다. 상대국이 우호적이면 역시 우호적으로 대응하고, 비우호적이면 역시 비우호적으로 대응한다. 상대방이 국제법 몇 조 몇 항을 위반해 도발하면, 그에 상응하는 국제법 조항의 준수를 거부하여 대응조치를 취한다.[738] 남북관계에 있어

---

736) 윤창중, '핵보유한 북한 다루기', 조선일보, 2013.2.26.
737) 위의 글.

서 상호주의란 남측에서 하나를 주면 북측도 어떠한 형태로든 상응한 것으로 되돌려 주는 것을 말한다. 남북관계에서 북한에 대한 지원은 이에 대한 상응한 결과가 있어야 세금을 부담하는 국민정서에도 부합된다. 남북한 간 교류협력 과정에서 북한에 대한 지원은 많은 논란을 낳았다. 소위 퍼주기와 논란이다. 국민들의 정서는 성의 없는 북한의 태도에 상호주의를 적용하기를 원했고 이명박 정부는 인도주의적 지원까지 차단함으로써 대북관계의 단절을 초래하였다.

이제 남북관계에 있어서 새로운 접근이 요구된다. 그것은 엄격한 상호주의의 적용이다. 더욱 강력한 당근과 채찍으로서 상생할 수 있는 해법을 모색해 나가야 한다. 그 방향은 남과 북이 서로 필요로 하는 목표를 제시하고 수용함으로써 상호이익을 증진하는 '호혜성 원칙'에 따라야 할 것이다.739) 즉 상호간에 약속한 사항을 실천함으로써 신뢰구축과 안정적인 관계발전을 도모하는 방향이 되어야 한다.

지금도 상호불신이 상존하는 남북관계에서는 서로 '주고받는' 관계를 정착시키는 것이 불필요한 명분경쟁을 지양하고 상호 이익을 추구하는 효율적인 접근방법이 될 수 있다. 하지만, 비대칭적인 남북한의 위상을 생각하면, '철저하고 비탄력적 상호주의'가 되어서는 곤란하다.

특히 실질적인 통합을 추구해야 하는 남북한 '특수관계'에서는 '통합이론'統合理論, unification theory의 적절한 활용이 요구된다.740) 남북교류협력 분야에서 기능주의적 접근이든 신기능주의적 접근이든 비정부 부문의 행위자들은 정부의 부족한 역할수행을 다양한 방면에서 보완하고 보충할 수 있다. 남북 정부 간 관계는 필연적으로 이념적·정치적 문제에 직면하게 되며, 이로 인해 작금의 상황에서처럼 때에 따라서는 대립과 대결 구도로 나타나서 남북관계는 침체되거나 중단될 수도 있기 때문이다. 이럴 경우라도 비정부 부문의 행위자들은 정치적 문제를 배제하고 사회문화교류를 할 수 있으며, 남북 주민 및 단체 간 교류에서 이념적 갈등을 완화시킬 수 있다는 것이다. 즉, 남북정부간 첨예한 대립으로 공식적 통로가 중단된 상황에서도 이러한 비정부 부문의 행위자들을 통해서 접촉할 통로를 열어놓을 수 있다. 이러한 비공식 통로는 대립적

---

738) 브리테니카 백과사전. 상호주의 이론은 액셀로드 교수의 '수인의 게임'(Prisoner's Dilemma Game: PDG)에 기반한 협력이론에서 발전된 것으로 일명 '맞대응 전략(Tit-for-Tat: TFT)'의 개념으로 국제정치와 국제경제 분야에서 활용되고 있다.

739) 윤영관, 이장로 엮음, 『남북경제협력 정책과 실천과제』, 한반도평화연구원총서(서울: 한울, 2009), p.95.

740) 통합이론은 비교적 동질적인 국가들이 평화적인 방법에 의해 하나로 결합되는 양상, 방법을 설명하기 위해 개발된 이론이다. 따라서 남북한같이 이념적으로는 물론 체제의 성격이 근본적으로 다른 두 개의 체제로 분단되어 군사적 대치상태에 있는 분단국의 통일문제를 설명하기에는 한계가 있다. 그러나 통합이론은 통합방법과 전략의 측면에서 일정한 유용성을 가지고 있다. 또한 통합이론은 국가 간 분쟁의 평화적인 해결 제도 확립과 상호협조를 통한 공영체제의 수립이라는 적극적 평화개념에서 출발하고 있다는 점에서 남북정치공동체의 형성방안을 마련하기 위한 이론적 준거로서 어느 정도의 타당성을 발견할 수 있다. 더욱이 통합이론은 통합의 방법론적 측면에서 평화적·단계적 접근을 제시하고 있으며, 인간들의 구체적인 집단적 행위를 중시하기 때문에 남북한 문제를 다루는데 있어서 유용성을 가질 수 있다.

관계의 완충역할을 할 수도 있다. 즉 사안에 따라 정부와 민간부문이 서로 보완적으로 업무를 추진하는 신축적인 상호주의 전략이 요구된다.

남북한 관계와 남북한의 교류협력문제는 남북한 간의 협력과 갈등문제에 국한되는 것이 아니다. 이 문제는 바로 주변4국과 연결되며, 남한사회 내에서의 갈등문제에도 중요한 영향을 줄 수 있다. 이미 남남갈등의 문제가 대북통일 전략에서 남한사회의 통합을 저해하는 요소가 되고 있다는 것은 새삼스러운 일이 아니다. 즉 남한 내에서도 이념적 갈등과 방법론적 관점의 차이가 극명하게 드러나고 있다는 것이다. 따라서 각각 보수와 진보 한 쪽을 대변하는 비탄력적 상호주의와 포괄적인 상호주의만으로는 이 문제를 해결할 수 없다. 신축적 상호주의가 필요한 또 다른 이유이다.

이재호는 상호주의라는 말 대신 '호혜주의'라는 말을 쓰자고 제안한다. 현실적으로 남북관계에서 1대1의 엄격한 상호주의는 존재할 수 없는데도 햇볕론자들은 반햇볕론자들을 '상호주의자'로 낙인찍고, 반햇볕론자들은 햇볕론자들을 '상호주의 원칙을 무시하는 사람들'로 매도하여 실익도 없는 상호주의 논쟁만 가열시켰다는 것이다. 따라서 아예 상호주의라는 말을 호혜주의로 바꾸자는 것이다. 북한도 상호주의라는 말을 극도로 싫어하기 때문에 일석이조라고 말하고 있다.[741]

남북한 문제는 국제적으로 핵문제, 동북아의 평화체제 및 북한 내부문제에 대한 처리 등 다양한 이슈영역을 내포하고 있다. 따라서 이러한 문제들을 둘러싸고 있는 행위자 역시 다양하며, 이들은 북한을 대상으로 복잡한 활동을 전개하고 있다. 이와 같은 복잡하고 다변화하는 환경 속에서 통일정책의 수요는 급증하고 있지만, 기존의 비탄력적 상호주의 또는 포괄적 상호주의 전략만으로 이 문제를 해결하기에는 어려움이 있다. 즉 행위자의 복잡성과 문제의 다양성과 같은 조건에서 기존의 전략으로는 효율성과 효과성을 기대하기 어렵게 만든다. 맞대응전략에 기반을 둔 비탄력적 상호주의나 포용과 양보를 위주로 한 포괄적 상호주의만으로 북한 측의 협력을 유도할 수 없다.

이러한 복잡한 상황에서는 신축적인 상호주의를 적용하여 문제를 점진적·단계적으로 해결해 나가는 것이 최선일 것이다. 따라서 남북한이 교류협력을 증진시켜 평화통일을 달성코자 한다면, 관련 사안과 참가국들의 입장을 고려하여 호혜성에 바탕을 둔 신축적 상호주의가 주된 전략으로 자리 잡아야 할 것이다. 남북한 교류협력에서 상호주의 적용모형은 다음 그림에서 보는 바와 같다.

---

741) 이재호, 『사회통합형 대북주의』(서울, 나남, 2013), 책 소개. 북한은 남한의 상호주의를 북한의 개혁과 개방을 촉진하려는 일종의 덫(trap)으로 인식하고 있다. 즉 상호주의를 수용하면, 향후 체제문제와 관련된 양보를 해야 한다는 선례를 남기게 될 것으로 인식하고 있다.

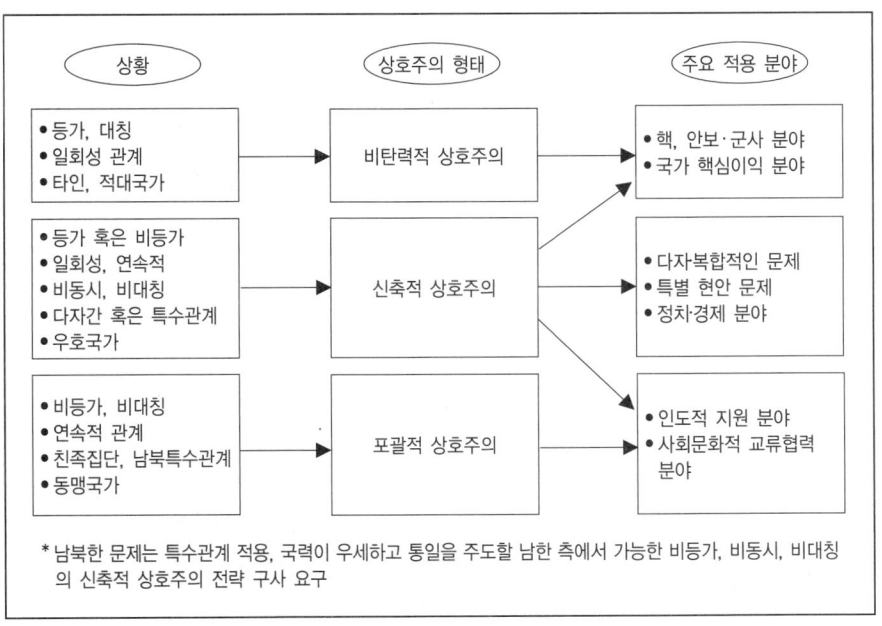

상황	상호주의 형태	주요 적용 분야
• 등가, 대칭 • 일회성 관계 • 타인, 적대국가	비탄력적 상호주의	• 핵, 안보·군사 분야 • 국가 핵심이익 분야
• 등가 혹은 비등가 • 일회성, 연속적 • 비동시, 비대칭 • 다자간 혹은 특수관계 • 우호국가	신축적 상호주의	• 다자복합적인 문제 • 특별 현안 문제 • 정치·경제 분야
• 비등가, 비대칭 • 연속적 관계 • 친족집단, 남북특수관계 • 동맹국가	포괄적 상호주의	• 인도적 지원 분야 • 사회문화적 교류협력 분야

* 남북한 문제는 특수관계 적용, 국력이 우세하고 통일을 주도할 남한 측에서 가능한 비등가, 비동시, 비대칭의 신축적 상호주의 전략 구사 요구

(2) 상호주의 적용의 성공전략742)

남북한 간의 교류협력이 상호주의 차원에서 성공하기 위해서는 다음과 같은 전략이 필요하다.

첫째, 핵문제와 안보문제 등의 해결과정에서 상호주의를 적용할 때에는 남북한 및 주변국이 호혜적 차원에서 서로 이익을 주고받을 수 있도록 좀 더 정교한 내용으로 구성해야 한다. 핵과 안보문제 해결과정에서 통상 비탄력적 상호주의를 적용해야 하는데, 이 경우에는 남북교류협력이 지속될 수 있는 대책을 함께 수립해야 한다. 무엇보다도 북한 핵문제 해결과 남북 간 교류협력을 선후의 문제가 아닌 함께 해결해야 할 문제로 인식해야 한다. 남북 간 교류협력은 핵문제 해결과 연계된 북미관계의 개선과 6자회담의 진전을 추동하는 역할을 할 수 있을 것이다. 핵문제가 남북교류협력에 상관없이 북미 간에 해결되리라는 기대를 하기는 어려운 것이 현실이다. 상호주의가 비핵화 과정에 효율적으로 적용될 수 있도록 비핵화 과정을 여러 단계로 구분하고, 각 단계를 남북 간의 교류협력과 연계해서 추진해야 한다. 핵 불능화 조치와 신고, 핵 폐기 과정의 초·중·후기 등의 비핵화의 단계에 맞추어 신축적 상호주의 전략을 활용하여 인도적 지원과 경제교류협력을 적절하게 연계해야 할 것이다.

둘째, 남북한 교류협력의 과정에서 상호주의를 적용 시는 북한에 요구하는 개혁과 개방에

---

742) 하정렬, 「남북 상호주의 접근」, 동북아연구 세미나, 국회의원회관 세미나실, 2012.12.5.

대한 개념과 범위, 내용과 수준 등을 더욱 명확히 제시하고, 이에 대한 반대급부 차원의 대가를 제시할 필요가 있다. 왜냐하면 북한은 개방을 통해 극한 상황에 처해있는 주민을 살리고 남한으로부터 주민의 삶의 질 향상이라는 큰 경제적 이익을 얻을 수 있다 하더라도 그것이 내부체제의 불안정을 초래한다면 개방에 쉽게 응하지 않을 것이기 때문이다. 북한의 의지가 담보되어 핵문제가 잠정적으로 해결되었다고 하더라도 남한이 원하는 북한의 실질적인 대외개방은 결코 쉽지 않을 것이다. 즉 남한이 비탄력적 상호주의를 적용하며, 북한의 내부적인 체제개혁과 민주화를 요구하면 북한이 이를 적극적으로 받아들이지 못할 것이 분명하다. 따라서 포괄적이고 신축적인 상호주의 전략에 따라 국제공조를 유지하며, 사안별로 신축적으로 대응해야 한다.

셋째, 남북한의 경제교류협력은 신축적인 상호주의전략을 적용하여 통행·통신·통관 등 3통 문제를 해결하는 것으로부터 시작되어야 할 것이다. 남북 경제교류협력 추진을 위한 3통 문제가 북한 전역에서 자유롭게 이루어질 경우 북한의 개방은 거의 이루어진 것이나 다름없다. 따라서 남북교류협력을 통한 북한의 개방은 남북교류협력에서의 3통 문제해결과 연결되는 경협사업을 추진하는 것이 중요하다.

넷째, 동서독관계에서나 남북관계에서 정부와 지도자의 역할은 통상적인 대내외정책에 관한 정치적 결정과정과는 상당히 다른 성격을 가지고 있었다. 남북관계와 마찬가지로 동서독관계에서도 성공적인 협상은 양측 정부 간의 비밀채널을 통해 그 기초가 마련되는 경우가 많았다. 또한 동서독의 경험에서 보면, 양측 간의 성공적인 상호주의적 거래는 그 거래의 사실과 그 내역이 공개되지 않을 때만 성공할 수 있었다. 거래 당사자 중 약자인 동독 정권의 체면 때문이었다. 이 모든 것이 의미하는 것은 정책에 대한 초당적 합의와 정부, 여당과 야당 및 국민 사이의 두터운 신뢰관계의 형성 없이는 북한에 대한 정책을 능동적으로 풀어 나가기 어렵다는 것이다.

'상호주의전략'은 자기 성공의 발판을 파괴하지는 않는다. 그 역으로, 다른 성공적인 전략들하고 어울려 상승작용을 함으로써 번성한다. 상호주의전략에 구현된 '호혜주의'는 국제정치의 이론으로도 좋은 원칙이다. 남북한 관계에서 현재와 비교해 미래가 충분히 중요하다고 남북한이 느끼게 되면, 상호주의 전략은 총체적으로 안정적이다. 달리 표현하자면, "상대방이 상호주의 전략을 구사하며 또한 상대방과의 상호작용이 충분히 오래 지속될 것이라고 확신한다면, 당신도 상호주의 전략을 쓰라"743)고 엑셀로드는 강조하고 있다. 왜냐하면 상호주의 전략의 호혜성의 진짜 가치는, 다양한 전략들이 뒤섞인 어떤 환경에서도 좋은 성과를 낸다는데 있다. 북한은 남북 특수관계를 이유로 상호주의를 부정하였으나, 앞에서 살펴본 대로 미국과 북한 간의 핵협상은 물론이고, 남북한 간의 교류협력에도 상호주의를 적용하고 있다. 특히 김대중 정부와

---

743) 로버트 엑셀로드 저, 이경식 옮김, 『협력의 진화 - 이기적인 인간의 팃포탯 전략』(서울: 시스테마, 2009), p.146.

노무현정부의 포괄적 상호주의에는 큰 반발 없이 순응하였다는 점은 많은 것을 시사하고 있다.

남북한 쌍방은 김대중 정부와 노무현 정부에서 실시되었던 당국 간 장관급회담을 포함한 각종 회담을 정례화해야 한다. 남북한의 정치·군사적 긴장완화와 상호주의의 핵심요소인 상호 신뢰 부족 등은 포괄적인 남북한 관계의 불안정 요인으로 작용하고 있다. 남북경협의 경제외적 제약요인은 남북 당사자 간 화해협력 분위기 조성과 같은 노력을 통해 상당 부분은 해소될 수 있다. 남북 당국 간 회담의 정례화를 통해 포괄적인 남북관계의 개선과 이를 통한 남북경협의 발전을 기대 할 수 있을 것이다.

서로 만나서 이야기해야만 상호주의가 작동할 수 있는 기반인 이해와 신뢰를 구축할 수 있다. 즉 상호주의 적용의 핵심요소인 '미래의 잔영'을 길게 가져갈 수 있는 것이다. 남측이 해결하고자 하는 북한의 핵, 인권과 안보불안에 대한 해결책은 단·중기적으로는 상호주의를 효율적으로 적용해야 모색될 수 있으며, 장기적으로는 평화통일이 되어야 완전히 해결될 수 있다.

3. 국가위기관리 체제의 발전

(1) 국가위기관리 체제

국가위기란 '국가주권 또는 정치·경제·사회·문화 등 국가기능의 핵심요소나 가치에 위해가 가해질 가능성이 있거나 가해지고 있는 상황'을 위기라 하고, 이런 '위기 사태를 수습함으로써 원상회복 또는 상황개선을 추구하는 행위'를 위기관리라고 한다. 전통적인 위기관리는 무력도발로 인하여 전쟁으로 발전할 수 있는 위기상황을 관리하여 전쟁발발을 방지하는 것을 의미하였다. 그러나 현대에 와서 사이버 공격, 대형 재난, 테러, 불법이민, 난민, 마약, 지진, 쓰나미, 전염병 등과 같은 인간의 삶을 위협하는 새로운 종류의 위협까지 위기로 규정하고 국가 위기관리 범위가 확장되었다.

따라서 이에 다른 대책이 시급하게 요구되는데 그동안 현시대 상황에 부응한 관련법규의 미비로 혼선을 초래하였다. 따라서 국가위기 시 국가차원의 통합조정 및 대응을 위한 법 정비가 요구된다. 이를 위해서 "국가위기관리기본지침" 기본법을 중심으로 관련법령의 중복부분을 개정하여 분야별 법령의 중복·혼선을 방지하고 사각지대를 해소하며, 용어·개념의 혼란을 해소하여야 한다. 또 평시법령과 전시법령을 일원화하고 연계되도록 하여야 한다.

조직체계는 분야별로 분산되어 있는 국가위기관리 기능을 통합관리하고, 자원관리 및 활용을 일원화하며, 종합조정기능을 강화하여야 한다. 국가위기관리 전담조직은 국무총리실에 국가위기관리처를 편성하는 것이 최선의 방안이다.[744] 또한 개별 법령에 의해 각기 운영되고 있는 협의기구들을 통합하여 '국가위기관리위원회'로 운영하는 것이 바람직하다. 그동안 국가위기관리체제 발전을 위하여 수많은 논의가 있었지만 부처이기주의 등으로 인해 실행되지 못했으나 이제 과감한 수술이 필요한 시점이다.

⑵ 대통령 안보리더십 강화

2015년 전시작전권이 환수되면 한국안보는 스스로 책임져야 한다. 그러나 천안함 폭침, 연평도 폭격 사태에서 보듯이 정부와 군의 대응태세는 실망스러웠다. 그것은 우리의 안보를 미국에 의존하며 우리 스스로 대응태세가 안되어 있었기 때문이다. 더욱이 북한의 핵무장이 현실화된 상황에서 대통령의 안보리더십은 매우 중요하게 부각되었다.

그간 헌법에 규정된 '국가안전보장회의'는 정상적으로 운영되지 못했다. 안보문제에 대한 대통령을 자문하는 본래의 취지와는 달리 상임위원회를 두어 외교안보장관회의로 전락하여 대통령은 여기에 위임을 하고 거리를 두었으며 실질적인 안보정책은 소수의 측근으로 하여금 주도하게 함으로써 안보관련 부서의 의견이 제대로 반영되지 않기도 하였다.

노무현 정부에서는 국가안보회의 사무처가 정책의 조정통제권을 보유하도록 하여 조직을 획기적으로 개편하고 많은 성과를 이룩하였다.[745] 그러나 한편으로, 월권 또는 헌법과 법률을 위반했다는 비판을 받기도 하였다. 미국의 국가안보회의NSC의 설립 취지는 대통령과 그가 임명한 국방장관에 의한 문민통제Civillian Control가 국가안보의 전문성을 침해할 우려가 있어 이를 방지하기 위한 것이었다.

이명박 정부는 청와대 외교안보수석실을 부활시켜 이를 담당케 하였는데 두 차례의 안보위기와 여러 국가 재난사태 발생 시 효과적인 위기관리를 하지 못하였다. 그 이유는 외교안보수석, 안보특보, 위기관리실 등 3두체제로 기능이 분산되어 있어 위기 시 대통령을 신속하고 효과적으로 보좌할 수 없었기 때문이다. 박근혜 정부는 청와대에 장관급 국가안보실을 신설해 외교, 국방, 통일정책을 총괄하는 컨트롤 타워로 삼는 정부 조직을 개편하였다. 이명박 정부의 외교 안보 수석실보다 향상된 구조와 기능을 갖는 조직이다.

이번 신설 운영되는 국가안보실은 대통령에 대한 보좌기관으로 외교, 국방, 통일 등 분야별 안보정책의 유기적 연계성과 국가차원의 총괄적 정책 기능의 발휘를 위해 무엇보다도 운영

---

744) 2012년 12월 28일 한국안보통일연구단체연합회에서 주최한 세미나에서 차기정부에서 추진해야 할 안보·국방 과제 토의에서 숭실사이버대학 이채언 교수의 논문 「국가 위기체제 발전」 토의결과.

745) '참여정부'는 국가안전보장회의를 획기적으로 개편하였는데 그것은 국민에게 안보정책 구상을 알리는 백서를 처음으로 발간하고 국가위기관리센터를 두고, 정보기능을 통합하는 등 안전보장회의 구조개혁과 확대를 통해 국가의 총체적 위기를 다루는 대통령 직속 국가안보 최고의사결정기구로 탈바꿈하였다. 2005년 11월 안전보장회의(NSC) 사무처는 안보분야 외에 국민생활과 밀접한 위기를 포함 한 33개 유형의 표준 매뉴얼과 278개 실무 매뉴얼을 만들었다.

의 묘를 살려야 한다. 안보정책에 대한 중·장기 정책기획과 현안 안보정책의 조정기능, 위기관리, 및 정책감독 기능을 수행할 수 있는 부서가 있어야 할 것이다. 정책기획 부서는 대통령의 안보철학을 비롯한 안보전략의 기조와 전통과 비전통 안보를 포괄하는 안보정책과 대북전략의 지침과 방향을 제시하는 가칭 '안보전략서'를 조속히 발간함이 바람직하다. 30명 내외의 전문 인력을 확보하되 정부 부서로부터 파견된 인원을 최소화 하고 대통령의 눈과 귀의 역할을 충실히 수행할 수 있는 이른바 대통령의 사람으로 구성해야 한다.

위기관리의 요체는 신속 정확한 상황 인식이다. 무엇보다도 정보실패가 있어서는 아니 된다. 안보정보는 그 실체가 적시에 생산, 컨트롤 타워에 전달되기 위해서는 안보실 산하에 정보팀을 갖춰야 한다. 또 지난 연평도 사태 때 교훈의 하나를 잊어서는 안된다. 청와대는 전쟁 지휘의 최고 사령탑이다. 유사 시 명확한 지침을 신속하게 내려야 한다. 지침이 '단호한 대응'과 '확전 방지' 사이에서 오락가락 한다면 현장 지휘관의 작전에 혼란을 가져온다. 군령軍令 관련 민, 군 오해 가능 영역을 문민통제를 위해서 숙지해야 한다.746)

몇 가지 주요 사례를 들어 보자면, 유사시 군사력 운용의 목적이나 목적달성의 주요 수단(핵 또는 전략 무기 등)의 결정은 정치적 결정으로 문민의 몫이다. 수단의 활용을 위한 부대의 지휘는 지휘관의 영역이다. 북방한계선을 넘어 온 북한 함정의 격퇴는 작전분야이지만 한계선을 넘어 추격, 응징하는 작전은 정치적 결정에 따라야 한다. 무력시위나 군사제재 방안은 정책분야이며 그 실시는 작전분야에 속한다. 북한 급변 사태 시 관련 군사조치는 사전에 대통령의 승인을 얻어야 한다.

---

746) 황병무, "박근혜 정부에 바라는 안보정책", 『주간동아』 871호, 2013.1.14

제4절
국민적 차원: 인적요소

1. 북한의 통일전선전술(기만전략) 차단 및 대응

(1) 통일전선전술

　　2012년 4.11 총선과 대선 이후 종북파 논란이 뜨거웠다. 우리나라 민주통일과정에서 예상되었던 당연한 수순이기는 하나 대다수의 국민들은 그동안 잠수해 있던 종북파들의 실체와 민낯을 보면서 당혹해 하였으며 그들의 시대착오적 역사인식과 왜곡된 이념논리에 황당해 하였다. 대부분의 국민들은 군사정권 시절에 횡행하였던 종속이론, 미 제국주의와 식민주의 착취 그리고 그에 따른 반미·반제투쟁을 반 독재투쟁과 구분하지 못했다. 그리고 97년 이후 민주화 이후 민주주의의 제도화가 완료된 이 시점에서 그 시절의 논리가 재연되는, 그리하여 남조선 사회에 통일전선을 구축, 김일성 세습왕조에 의한 공산사회주의 통일을 추구하는 북한의 이념노선을 추종하며 통일이 그 어떤 가치보다 우선한다는 통일지상주의를 내세우며 '우리끼리'의 논리를 관철시키려는 그들을 보면서 국민들은 참담한 마음을 금할 수 없다.

　　진보와 보수는 동전의 앞뒷면과 같은 것으로서 역사를 발전시켜 나가는 두 수래 바퀴 이다. 헤겔의 정반합의 역사발전법칙인 것이다. 진보의 이념은 평등 이념과 분배와 복지에 가치를 둔 새로운 법, 제도, 질서를 창출하여 보다 발전된 민생을 도모하고자 하는 것이다. 그러나 우리나라가 발전해야 할 방향이 북한이 추구하는 통일과 북한식 사회주의 건설인 것은 분명 아니다. 그 헐벗고 굶주리는 사회 건설이, 이미 역사적으로 검증이 끝난 공산사회주의 건설이 우리의 이상이 될 수 없다.

　　또한 우리를 위협하는 핵개발과 미사일 개발 그리고 6.25 남침에 대한 부정문제, 북한 국민에 대한 인권 탄압 문제 등에 대한 부정 등은 우리에게 용납될 수 없다. 북한 김일성은 1975년 제2의 남침을 위하여 중국에게 군사적 지원을 요청했고 모택동은 대화하라면서 이를 거부했다는 사실이 최근(2012년 5월) 당시 동독 외교관 문서에서 확인되었다.[747] 종북파는 진보가 아니다. 다만 위선적 가면을 썼을 뿐이다.

따라서 분명히 해야 한다. 우리는 북한이라는 정치이념과 체제에 대하여 국민들은 그것을 추종하지 않는다. 그리고 통일이 모든 것에 우선하는, 자유민주주의를 넘어서 추구해야 하는 절대적 가치가 될 수 없다. '우리끼리'라는 용어 속에 숨겨진 반미투쟁 논리에 현혹되지 않는다. 국민들은 정확히 이러한 북한 정권의 기만전술과 시대착오적인 적화통일 전략전술을 이해하여야 한다. 다행인 것은 우리 국민들의 의식 수준이 높아졌다는 것이다. G20 선진 부국 대열에 들어선 국민들의 눈높이는 세계 최고의 독재 세습왕조국가로서 극빈국가인 북한의 이념과 논리에 흔들리지 않는다는 점이며 그러한 것이 2012년 대선과정에서 여실히 증명되었다.

이러한 이해는 통일과정에서 우리의 확고한 자세를 견지하는데 대단히 중요한 것이며 통일과정에서 혼란을 최소화하고 단합된 의지로 필요한 조치들을 신속히 처리해 나갈 수 있다. 이를 위해서는 북한의 통일전선전술을 정확히 이해하는 것이 필요하다.

① 통일전선전술의 기원

'통일전선'은 '국제공산주의 운동'에 그 뿌리를 두고 있다. 국제공산주의 운동은 러시아혁명이 1917년 볼셰비키 혁명 이후 고양기를 지나면서 1921년 제3차 코민테른 회의에서 처음 배척했던 '사회민주주의 세력'과 힘을 합쳐 혁명을 추구하는 '통일전선 전술'을 제시한 것이 그 시원이다. 북한의 통일전선전략은 특히 한국전쟁으로 '반공'이 강한 남한의 국민에게 '평화'라는 정치용어를 통하여 그 세력을 형성하여 북한에게 동조하게 하는 것을 말한다. '통일전선의 원리'는 '행동통일' 또는 '행동통일의 전술'을 의미한다. 이것은 1952년-1953년 사이에 '국제공산주의운동의 전선활동조직' 결의에 의해서 결정된 것으로서 '평화투쟁(평화운동)'에서 나온 것이다. 북한이 말하는 평화란 엄격히 '평화투쟁'을 의미한다. 평화투쟁과 평화운동은 국제공산당에서 동의어로 사용했던 것으로서 전쟁을 목적으로 하는 공산주의의 기본이론이다.

② 적화통일을 추구하는 '통일전선전술'

북한의 통일전선전술은 한반도 평화통일과는 전혀 관련이 없는 북한의 적화통일을 위한 전술이다. 이 용어는 반공교육으로 빈번하게 사용되어 왔던 용어이지만 이 시대에 있어 정확이 용어를 설명하거나 이의 실상을 소개하는 글들은 보기 힘들다. 그 이유는 국민들이 피로감으로 물들어 식상해 하는 경향이 있기 때문이다. 그러나 이러한 결과는 용어혼란전술을 통한 북한의 통일전선 전술이 노린 결과의 한 단면이라 할 수 있다.

---

747) 2012. 5 20. 조선일보

오늘날 남북관계는 남한 정부와 북한 통일전선사업부와의 관계라고 말할 수 있다. 그 이유는 우리 남한 같은 경우 분야별, 혹은 기능별로 대화주체가 달라지지만 북한은 유일독재의 획일적 구조로 통일전선부가 총괄지휘하기 때문이다. 더욱이 통일전선사업부는 대남공작부서들 중 대남정책을 기획하는 두뇌 부서로서 선두역할을 한다. 당 통전부가 대남권한을 독점한 것은 권력의 집중화를 통해 조직 관리를 최대한 단순화하고 실용화하는 북한식 특유의 유일독재 방식이기도 하다. 때문에 우리는 북한을 알기에 앞서 통일전선사업부의 속성과 조직구성, 전략전술을 파악해야 한다.

통일전선사업부 신설 배경은 김일성이 1970년대 초 고려연방제를 내놓으면서부터 대외적으로나마 군의 강경 대남주도권을 일부 약화, 혹은 유화시켜야 할 필요성이 제기되었다. 고려연방제란 그 본질에 있어서 북한이 체제자신감을 바탕으로 남한 내 대중혁명을 적화통일로 유도하는 정책이다. 통일전선사업부는 명칭 그대로 김일성이 제안한 고려연방제를 중심으로 북한, 남한, 해외를 비롯한 광범위한 통일전선체 형성이 주요 목적이다. 이러한 사명으로 출범한 통일전선사업부는 이른바 김일성을 구심점으로 하는 민족통일전선체 형성을 위한 대남정책 및 전략전술을 총괄하는 부서로 부각되었다. 통일전선사업부의 주요 사업내용을 보면 햇볕정책을 역이용하여 전략을 구사해 왔는데 대표적으로 NLL전술, 이산가족 상봉, 민간교류 역이용, 금강산관광을 통한 남북 중립지대 구축, 개선공단의 준군사화 및 정치화, 각종 위원회 등 위장조직을 통한 적화교류 추진 등 여러 형태가 있다.

③ 남조선 혁명역량 강화전략 및 실태

김일성은 1964년 적화통일을 실현하기 위해서는 '3대 혁명역량'을 강화해야 한다고 선언하였다. 3대혁명역량이란 북한의 혁명역량, 남한의 혁명역량, 국제적 혁명역량을 말한다. 그는 남조선 혁명의 기본임무를 "남조선에서의 미 제국주의; 침략을 내쫓고 그 식민지 통치를 없애며 군사파쇼독재를 뒤집어엎고 선진적인 사회제도(공산주의)를 세움으로써 남조선 사회의 인민민주주의적 발전(공산화)을 이룩하는 것"으로 규정하였다. 이에 따라 북한은 '남조선인'들의 혁명투쟁을 지원하여 '남조선 혁명'을 완수케 함으로써 궁극적으로 통일을 실현하고자 했다.[748]

남한 내에서의 혁명역량 강화는 ①남한 내 민주주의 운동 지원 ②남한 인민의 정치사상적 각성 ③혁명당과 혁명의 주력군 강화 및 통일전선 형성 ④반혁명역량 약화 등으로 집약된다.[749] 남한 내의 민주주의 운동 지원이란 남한 내 용공세력, 친북세력, 반정부세력 등의 투쟁

---

748) 허종호, 『주체사상에 기초한 남조선 혁명이론과 조국통일 리론』(평양, 사회과학출판사, 1975), pp.25~26.

을 선동·고무 지원하는 것을 뜻한다. 이를 위해 북한은 간첩을 남파하여 투쟁자금을 지원하는 등 좌파 운동권과의 연계를 강화했을 뿐 아니라 유언비어 유포, 선전선동 등으로 사회혼란을 조성하고자 노력해 왔다. 남한 인민의 정치사상적 각성이란 남한 주민들에게 반反대한민국, 반정부의식, 반미의식을 조장하고 김일성 우상화와 북한체제의 미화, 주체사상 확산 등을 통해 그들의 대남 공산혁명 노선에 동조하도록 하는 '의식화' 공작을 말한다.

혁명당과 혁명의 주력군 강화 및 통일전선united front의 형성이란 남한 내 친북 조직을 지원하는공작활동을 말한다. 이를 위해 남조선 혁명을 이끌어 나갈 지하당을 구축하고 혁명의 주력군인 노동자, 농민, 청년학생 및 진보적 인텔리의 투쟁을 지원한다는 것이다. 통일전선 전술은 공산당이 주적을 타도하는데 있어 그들의 힘만으로 부족하다고 판단할 경우 동조세력을 끌어들여 그들과의 잠정적 제휴를 통해 투쟁하는 전술이다. 그러나 공산세력은 주적 타도라는 목적이 달성된 후에는 비 공산세력들을 하나하나씩 고립시켜 제거함으로써 궁극적으로 공산당 독제를 완성한다.

반혁명역량의 약화란 남한의 무장력인 국군을 무력화 시켜 결정적 시기에 공산혁명군으로 활용하자는 것이다. 이를 위해 북한은 우리 군 내에 간첩을 침투시켜 장교 등을 포섭하여 동조세력을 구축하고 남한의 정치, 경제, 사회 등 각 분야를 약화시켜 분열과 혼란을 조성코자 했다. 북한은 특히 그들의 대남공작에 대응 활동하는 한국의 대공수사기관을 무력화시키고 공산주의 활동을 규제하는 국가보안법 철폐운동을 벌이는 등 그들의 대남전략에 대응하기 위한 우리의 법적 제도적 장치를 분쇄하려고 갖은 공작을 일삼아 왔다.[750]

북한의 통일전선 조직체로 1949년 6월 '조국통일민주주의전선'을 결성했다. 이후 반미구국통일전선, 반파쇼민주연합전선 결성을 주도했으며, 1980년대에는 한국민족민주주의전선을 위장 출범시켰다. 1990년대에는 해외동포까지 포함하는 통일전선을 형성한다면서 조국통일범민족연합(범민련), 조국통일범민족청년연합(범청학련) 등을 결성하여 한국 뿐 만이 아니라 해외에서도 활동하게 했다. 한국 내 통일전선전술을 실천하기 위해 북한은 ①남한 내 각계각층을 '각성'시켜 주요타격대상(남한정부와 보수세력)을 고립시키고 ②각계각층 세력과 잠정적 제휴로 '진보적 정권'(용공정권)을 수립한 후 ③남한의 '진보적 정권'과 북한정권과의 합작형식을 통해 통일(적화통일)을 이룩하며 ④최종적으로 '사회주의 혁명'에 방해가 되는 각계각층의 민주세력을 제거하는 순으로 그 실천 내용을 규정하고 있다.[751]

---

749) 위의 책, pp.272~284.
750) 유동열, 『북한의 대남전략』(서울: 통일교육원, 2009).
751) 강수산, 「북한의 대남 적화통일전략의 실상」, 이대우 편, 『탈북자와 함께 본 북한사회』(서울: 세종연구소, 2012), p.34.

북한의 대남 통일전선전략은 대남 선전선동 등 정치심리적 차원과 남파간첩(직파 및 고정)에 의한 한국 내 지하조직망 구축 등 공작차원으로 이루어진다. 통일전선전략을 수행하는 조직은 김정일(김정은)의 직접관장 하에 있는 노동당 통일선전부, 내각 소속인 225국(구 노동당 대외연락부), 인민국 정찰총국 산하 대외정보국(구 노동당 35호실)과 작전국(구 노동당 작전부) 등으로 구성되어 있다. 이 가운데 대남 통일전선 주무기구는 통일선전부이며 그 산하에 외곽조직으로 조평통(조국통일위원회), 조국전선(조국통일민주주의전선), 반제민전(반제민족주의전선), 아태평화위(조선아세아태평양위원회) 등을 두고 있다. 또한 2000년대에 들어 북한은 남북한 각계인사들로 구성된 민화협(민족화해협의회)를 결성하였다.

통일선전부는 1978년에 만들어졌다. 설립의 주된 목적은 남한의 민주화운동을 공산혁명운동으로 발전시키기 위한 남한 내 '민주화 역량(공산혁명 역량)'을 지휘 조종할 수 있는 부서의 존재 필요성 때문이었다.

남한 내 혁명역량 강화를 위한 공격적인 통일전선 실천방안으로는 1980년대부터 추진 중인 '대남 5대 포위공세'를 꼽을 수 있다. (표 참조). '5대 포위공세' 전략은 1978년 김정일에 의해 정립된 것으로 향후 대남공작의 기본방향을 규정한 것이다. 주요 내용은 주공세(정치적 평화공세, 사상적 공세, 조직적 공세)와 보조적 공세(외부적 공세, 내부적 공세)로 구분된다. '5대 포위전략'은 평상시 주 공세를 위주로 대남전략을 추진하다가 남한 내 혁명역량이 축적되고 결정적 시기가 도래하면 이를 바탕으로 보조공세인 외부적 공세와 군사적 공세를 결합하여 적화통일을 이룩한다는 전략이다.

5대 집중포위공세 전략

주공세	정치평화 공세	남북 정당연석회의/대화 요구, 3자회담, 청년학생 등 분야별회담 개최 요구, 고려연방제 선전
	사상적 공세	자본주의의 모순 확대, 학원소요 선동, 노사분규 확산, 반정부 투쟁 종용
	조직적 공세	지하당 조직세력 강화, 반정부 투쟁 및 사회혼란 조성
보조공세	외부적 공세	국제적 지지세력 확보, 해외 친북조직 활용 반한반미선전에 주력
	군사적 공세	군사력 증강 계속, 결정적시기 조성시 무력 도발

평화공세 → 안보의식 약화와해, 군 이간 반미자주화 선동→ 미군철수, 통일우선론 주입

▼

민주화 선동→ 학생 등 분야별 소요, 반정부 투쟁 빈부격차 자극→노사분규, 민중폭동 유발

▼

민주화 약체정부 수립→진보 대립구도 형성 종북세력 강화→우익 축출, 용공정권 수립

▼

친북성향 정권 등장→남북 고려연방제 통일 또는 남한 혁명세력 지원 명분하 군사적 공세로 통일달성

출처: 이대우, 앞의 책, p.37.

(2) 용어혼란전술

용어혼란전술이란 공산주의자들이 혁명과정에서 대중들의 지지와 협조를 얻기 위해 특정 용어를 실제 용도와 의미와는 달리 대중들이 호감이 가도록 그럴듯하게 포장하여 구사하는 전술을 말한다. 대남공산화 선전선동전술이자 문화공작인 것이다. 용어혼란전술은 선전선동전술의 하나며 언어를 통한 영향력공작Influencial Operation 성격의 대남심리전이다. 즉 대중들이 선호하고 긍정적으로 받아들이는 용어를 사용, 널리 전파함으로써 자연스럽게 적화혁명에 우호적이거나 부정적 의식을 희석화 시키려는 영향공작의 또 다른 수단이다

북한은 대남심리전수단으로 용어혼란전술을 사용해 왔으며 한국의 신문 방송과 인터넷 등 언론매체들은 무비판적으로 이를 수용하여 대남혁명역량을 간접지원 하고 있는 형국이다.

북한의 용어혼란전술은 첫째는 자기들의 필요에 따라 새로운 용어를 만들어 내며. 둘째로 기존의 용어들 가운데 대중적 이미지가 좋은 '민족'과 '우리민족끼리' 같은 용어를 선점해서 사용하고, 셋째로 그들은 연방제통일(고려연방제 공산통일방안)같은 기존의 용어들을 자기들 나름대로 새로이 정의하여 사용하는 것이다.

그 대표적인 것으로 연방제, 민주, 민족, 자주, 평화, 통일 등 약 30여개 이상의 용어들이 우리의 개념과 다른 뜻을 가지고 있으며, 국내에서 종북주의자 및 친북좌파세력들이 용어전술적 차원에서 가장 널리 북한의 용어를 차용하여 사용함으로써 혼란을 일으키고 있는 것이 '진보세력'과 '민주화세력'이다. '진보세력'은 80년대 민족민주운동, 다시 말해 마르크스-레닌주의

와 볼세비즘, 그리고 김일성 주체사상을 계승한 민족해방 민중민주주의혁명운동세력과 사실상 동의어라고 할 수 있다. '진보세력'은 친북반미좌파세력이며 이들의 운동을 '진보운동'이라 한다. '민주세력'도 '진보세력'과 같은 범주에 속한다. 친북반미 좌파들이 실제로는 수구공산주의를 지향하면서도 '진보'와 '민주' 용어를 선점해 선전선동 용어혼란전술을 쓰고 있으며 신문과 방송들은 알게 모르게 이런 '긍정적' 용어들을 따름으로써 사상과 이념 및 헌법정신과 국가정체성을 훼손하고 있는 것이 현실이다.

이리하여 한국사회에서 공산혁명 운동이 사회변혁운동으로, 대남혁명투쟁 3대과제가 자주, 민주, 통일이란 용어로, 적화통일 목표가 자주, 평화, 민족대단결로, 용공정권을 민족자주정권으로 각각 미화되고 선전·선동되고 있다. 그들은 또 용공체제를 인민민주주의로, 국가보안법 위반자를 양심수로, 적화통일지지자를 통일애국세력으로, 김정일 추종세력을 평화세력으로, 자유 민주세력을 전쟁세력 등으로, 용어를 노골적으로 왜곡 확산시키고 있으며, 노동해방과 계급해방, 인간해방을 공산주의 위장선전구호로, 공산주의 지향의 반국가사범들을 민주화세력으로 각각 미화, 왜곡하고 있다.

따라서 순수 진보와 종북주의는 엄밀히 구분되어야 하며 종북주의자들이 사용하는 '자주' '민주' '민족'은 각각 '반미투쟁' '반파쇼투쟁' '프롤레타리아 계급'으로 사용해야 올바른 표현이다. 전형적인 대남 심리전 용어인 양심수(비전향 장기수 또는 공산주의 사상범), 우리민족끼리, 통일애국인사 등은 사용하지 말아야 한다. 또한 민족, 민주, 정의 등이 들어간 용어 사용시는 구체적으로 그 의미와 뜻을 병기하여 사용하는 것이 용어혼란전술을 극복하는 길이다.

앞으로 북한이 평화공세를 취하면서 내세울 민족끼리, 민주주의 실현 및 외세를 배격한 자주적으로 통일 등의 말은 우리민족끼리라는 말은 주한미군 철수를 겨냥하고 있으며 민주주의는 인민민주주의를 그리고 자주적으로 라는 말은 김일성 주체사상을 의미하는 것임을 명심해야 한다.

2. 인도주의적 지원 및 교류확대

(1) 국민일체감(Identity) 회복

남북문제 접근에 있어 막대한 예산과 시간을 들여 통일에 대한 연구와 정책 개발을 하고 있다. 그러나 분단극복에 가장 우선되어야 할 국민간의 일체감 형성을 위한 노력과 연구는 별로 진전이 없다. 국가가치 정립을 역사, 문화, 언어에 대한 공동연구나 국제협력 같은 것이 좋은 예가 될 것이다.

통일독일의 예와는 다르게 우리는 이념적으로 다른 역사관을 가지고 있다. 유물론적 계급 사관으로 역사를 인식하고 있어 여기로부터 자본, 식민지배, 주한미군 철수 등을 외치고 있다. 다행히 공산이념은 역사 속에서 실패한 이념으로 판명이 났고, 중국 등 일부 국가만이 공산 사회주의 이념에 자본 시장경제 체제를 도입하여 국가자본주의를 운영하여 성공하고 있다.

남북 주민들이 한민족으로서 국민 일체감을 회복하는 일은 중요하다. 통일독일의 예처럼 우리는 남북 축구 등 문화교류를 해본 경험이 있다. 한류의 세계적인 확산과 더불어 남북교류를 통한 일체감의 회복과 확대를 해나가야 한다. 저자가 국가가치로 제시하고 있는 단군정신인 '성통광명, 재세이화, 홍익인간'을 철학적 기반으로 하여 한민족韓民族으로서의 정통성과 일체감을 형성해 나갈 수 있는 적극적인 노력이 필요하다.

(2) 식량지원

북한의 식량지원에 대해서는 여러 가지 의견이 대립하고 있다. 인도주의적 관점에서 조건 없이 지원해야 한다는 의견과, 북한에 대한 식량지원은 북한의 독재체제를 강화하기 때문에 하지 말거나 악용되지 않도록 하는 조건 하에서 지원되어야 한다고 하는 주장이 대립된다.

한 사회가 문제에 부딪혔을 때 선택은 두 가지다. 개혁을 통해 잘못된 부분을 고쳐 발전을 모색하든지 아니면 개혁을 회피하며 문제를 더욱 키우는 것이다. 북한은 지난 10여 년간 식량 문제와 관련해서 근본적인 개혁을 회피하고 외부 지원으로 버티는 하루살이를 지속해왔다. 주민들의 불만을 딴 데로 돌리고 식량 지원을 얻어내기 위해 지속적으로 국제 안보 위기를 조성한 다음 미소작전으로 나가 외부에 대화를 요구하고 지원을 얻어내는 식이었다. 이때 중요한 것은 한국과 서방의 태도다. 북한 주민들이 아사餓死하면 인도주의 관점에서 지원에 대한 심리적 압박감을 느끼고, 계속되는 긴장 상태가 또 다른 한반도 위기로 발전할까 우려한다. 북한의 제3차 핵실험에 대한 대응책으로 미국은 인도주의 차원의 식량 지원도 중단을 고려하고 있다. 한국도 북한의 태도 변화가 없으면 식량지원이 어렵다. 그러나 우리로서는 북한과 신뢰구축을 위해서 인도적 차원의 대북지원은 계속되어야 할 것이다. 그러나 대북 식량 지원을 재개할 때 가장 중요하게 북측에 요구해야 할 것은 지원식량 분배에 관해 철저한 모니터링을 보장받는 일이다. 이것은 그동안의 북한 행태를 볼 때 실현 가능성이 낮은 핵 문제 등, 정치 문제와 연계하는 것보다도 더 중요하다.

(3) 이산가족 문제

남북한에는 6·25전쟁 이후 약 1,000만 명의 이산가족들이 있었다. 2011년 11월 30일 기준,

통일부에서 운영하고 있는 이산가족정보통합시스템에 등록된 이산가족 찾기 신청자는 총 12만 8,653명이다. 이중 4만 9,395명이 사망했고 7만 9,258명만이 생존해 있다. 매해 상봉 신청자 중 3~4천명 사망하고 있다. 대부분 70세를 넘긴 이산가족들에게 냉랭한 남북관계가 회복되기를 기다리기엔 남은 시간이 그리 많지 않다. 금강산피격사건 후 중단되면서 현재에 이르고 있다.

이산가족문제를 근원적으로 해결해 나가기 위해서는 순수하게 인도적 차원에서 접근해야 한다. 즉 철저하게 탈정치화해야 한다. 그리고 지금 북한이 이산가족문제 해결에 매우 신중한 태도를 가지고 있음에 비추어 북한을 너무 몰아세우거나 또는 우리 입장을 일방적으로 관철시키려할 경우, 이산가족문제 해결에 돌파구를 마련하기 어려운 게 현실이다. 그런 점에서 북한의 입장을 헤아리면서 가능한 것, 쉬운 것부터 추진하는 실사구시적인 자세와 노력이 필요하다. 우선 우리는 이산가족교류가 북한체제에 부담을 주지 않고도 얼마든지 실시될 수 있다는 믿음을 북한 측에 주도록 해야 한다. 또 이산가족 상봉에 대한 대가로 경제난에 허덕이는 북한 측에게 적절한 실리를 제공함으로써 적극적인 호응을 유도해야 한다.[752] 식량지원 등과 연계시키는 방법도 좋을 것이다.

(4) 탈북자문제

탈북자 문제는 인권문제임과 동시에 통일정책, 혹은 대북정책에 큰 영향을 미칠 수 있는 중요한 사안이다. 중국이나 러시아에서 인간이하의 생활을 영위하는 탈북자들의 운명을 그대로 방치해 둘 수 없는 상황이다.

현재 러시아와 중국 동북부지방 일대에서 진전하고 있는 탈북자들은 수천, 수만 명에 이를 것으로 추정된다. 통일부는 중국에 있는 북한이탈주민의 체류유형을 ① 식량 획득을 목적으로 입국한 후 수일 내지 수주정도 체류하다 자발적으로 귀환하는 단순월경자, ② 조선족 친척방문 등의 이유로 월경한 후 장기체류하는 자, ③ 일정한 거처 없이 장기간 은신생활을 하는 자 ④ 남한으로 탈출하기 위하여 탈북 한 경우 등 네 가지 유형으로 분류하고 있다. 따라서 탈북자의 규모는 탈북·체류 유형에 따라 그 규모가 크게 달라질 수 있다.

이처럼 탈북자 숫자가 증대하고 그 양상이 적극적인 데에는 몇 가지 요인들이 함께 작용하고 있다.[753] 첫 번째는 북한의 지속적인 식량난이다. 굶주림은 북한 주민들을 무작정 식량을 찾아 나서게 한다. 둘째는 소위 '기획탈북'의 역할이다. 2004년 7월 말 노무현 정부는 탈북자 468명을 무더기 입국시켰다. 중국의 단속을 피해 동남아 지역으로 몰려든 탈북자를 더 이상 외면할

---

752) 제성호, 2002.6.22.
753) 동북아평화연구소, 뉴스레터 26호(2002).

수 없었기 때문이다. 북한은 '계획적인 납치 유인' 및 '6.15 공동선언 위반'이라고까지 비난하였다. 이에 통일부는 '탈북자'라는 용어에 문제가 있다며 '새터민'으로 바꾸었다. '북한을 탈출했다'는 정치적 의미는 탈색되었고 '새터전에 자리 잡은 사람'이란 뜻만 남았는데 이 용어도 단순히 경제적 이유만으로 북한을 떠난 것이라는 이미지를 주고, 한국에 입국하지 못한 제3국 체류 중인 북한출신 주민들까지 다 포용할 수 있는 용어가 못 된다는 문제제기에 따라 2008년 11월 통일부는 그간 법률적 용어로 사용해 오던 '북한이탈주민'으로 통일하여 사용하고 있다.

근년에 들어 중국 동북부지방에서 한국과 서방의 종교인들이 사회복지사업 혹은 취업의 형태로 탈북자들을 돕는 일은 널리 알려져 있다. 최근 탈북자들의 중국의 한국공관 진입과 같은 새로운 유형의 행동에는 이들의 역할이 컸다. 중국당국이 주목하는 것도 이 대목이다. 중국은 이들이 탈북을 부추길 경우, 중국이 탈북자들의 망명 경유지가 될 뿐만 아니라 동북부지역의 치안 약화와 북한과의 외교적 마찰을 우려하고 있다

셋째, 식량부족과 함께 북한 주민들의 생활실태가 크게 개선되지 않은 것이 탈북 행렬을 줄지 않게 하고 있다. 2002년 국제사면위원회가 내놓은 북한인권보고서는 탈북자들의 증가와 중국당국의 감시 강화를 지적하고 있는데 이 보고서는 중국에 탈북한 북한인들 가운데 3/4이 여성으로 이들은 강간과 매춘에 노출되어 있다고 지적하고, 중국 공안기관이 탈북자를 신고하는 사람에게 2천 위안(240달러)를 주는 등 이들에 대한 감시와 색출작업을 강화하고 있다고 말하고 있다. 구체적으로 보고서는 2002년 6월 말 현재 이틀에 한번 꼴로 50명 규모의 탈북자들이 북한에 강제 송환되고, 수백 명의 탈북자들이 길림성과 요동성에 있는 시설에 구금되어 송환을 기다리고 있다고 한다. 2011년 북한이탈주민 입국인원은 총 2,737명으로서 누계 인원은 총 23,100명이며 평균 65%가 여성이다.754)

탈북자 문제에 가장 민감한 나라는 중국이다. 중국의 공식 입장은 탈북자들을 국내법과 국제법, 인도주의적 원칙에 따라 처리한다는 것이다. 그러나 탈북자들의 잇따른 외국공관 진입 등 탈북 양상이 적극화되면서 강도 높은 대책을 강구하기 시작하였다. 중국 외교부는 탈북자들을 '불법입국자'로, 이들의 외국 외교공관 경내 진입을 '위법행위'로 규정하였다. 중국정부는 자국에 체류하고 있는 북한이탈 주민들을, 식량 등을 구할 일시적인 목적으로 밀입국한 불법체류자로 간주하고 난민협약상의 난민으로는 볼 수 없다는 입장이다. 그러므로 이들에 대한 처리는 자국의 주권사항으로서 제3국이 간여할 문제가 아니라는 입장을 견지하고 있다.755)

중국은 1986년 북한과의 양자협정에 따라 북한 출신자를 난민으로 인정하길 거부해왔다.

---

754) 통일부, 통일백서, '2011년 북한이탈주민 입국동향'
755) 이러한 입장은 2012년 3월 1일 유엔안보리 인권위원회의에서 북한 탈북자 송환에 대한 우리측의 의제 상정에 대한 중국대표의 발언에서도 재확인되었다.

그리고 자국에 입국한 북한 난민들을 무더기로 체포해 익명으로 강제 송환(르풀망)하는 작업을 적극적으로 벌여 왔다. 그러나 북송된 송환자들이 대부분 수감되고 고문과 처형되는 등 비인도적 처우사실이 노출되었다.

중국은 1951년 '난민지위에 관한 협약(유엔난민협약)'과 이를 승계한 67년 '난민의 지위에 관한 의정서(유엔난민의정서)' 가입국으로서 당연히 정치적 박해를 피해 자국으로 피난한 정치적 난민들을 인정해야 하고 송황금지의 원칙을 지켜야 한다.

그동안 우리 정부는 남북관계와 한·중 관계 사이에서 중국과의 외교적 협상과 상호이해를 통해 이들의 보호·지원문제 해결과 유엔난민기구UNHCR와도 긴밀한 협조관계를 유지해 왔다. 언론에서 표현하는 '조용한 외교'가 그것이다. 유엔난민기구UNHCR는 난민으로 간주한 개인들의 권리를 지켜주고 생계수단을 제공하며, 신변을 보호해주는 기관이다.

그러나 이러한 조용한 외교의 한계에 직면한 정부는 2012년 2월 중국의 탈북자 송환에 따른 문제를 유엔인권위원회에 상정하였다. 국제 인도법에 호소하기로 한 것이다. 2013년 2월 말 유엔인권위는 결의안을 채택하고 별도의 북한 인권실태를 감시하는 기구를 설립하기로 결의하였다. 늦었지만 잘한 조치라 할 수 있다. 정부와 시민사회는 남북한 사회의 통합적 발전과정에서 다양하게 제기될 이 같은 문제를 인권의식과 동포애에 입각하여 해결해 가기 위한 방안을 적극 모색해야 할 것이다.

정부는 무엇보다도 재외 탈북자의 인권 문제에 관심을 가져야 한다. 특히 이 문제를 무시하려는 북한 당국이나 중국정부에 대하여 탈북자의 실상을 올바로 전달하고 이에 대한 대안을 제시하고 외교적 협상을 벌여가는 것이 타당하다. 탈북자 송환에 있어 익명성을 해결하기 위하여 한국 여권을 주어 실명화 하고 국제사회에 탈북자 신원을 알리고 지원을 호소하는 등 적극적 대안 강구가 요구되며, 더 이상 탈북자 문제를 안보차원에서뿐만 아니라 인권차원에서 다루는 정책전환이 필요하다.

(5) 북한주민정책 강화

북한은 1990년대 중반 대규모 아사사태를 경험했으며, 현재도 취약계층을 중심으로 식량위기에 대한 아사위협이 상시화 되어 있다. 의료체제 붕괴로 인한 피해 및 보건위생 분야에도 심각한 문제들이 지속적으로 관찰되고 있다. 인권문제 역시 심각한 수준을 넘어서고 있다. 이 같은 상황은 북한 주민들의 인도적 위기 해소가 대북정책의 주요한 목표가 되어야 함을 의미한다.

헌법상 북한주민들은 잠재적인 대한민국의 국민이며, 따라서 한국정부는 이들의 인간안보적 위기에 대한 책임에서 자유롭지 않다. 이명박 정부의 '원칙 있는 대북정책'의 추진에서 발생한 주요한 문제점은 북한 주민과 북한 정권을 분리하지 않은 정책적 기조라고 할 수 있다. 남북 교류의 급격한 축소과정은 인도지원 분야에도 반영되었으며, 북한주민들은 그 피해를 감수해야 했다. 북한의 위기가 상존하는 한 인도적 지원이 지속되는 구조를 정착시킬 필요가 있다. 분배 투명성 확보 등 북한이 국제적인 인도지원 규범을 준수하도록 노력하는 한편 북한 인권문제에 대해서도 보다 적극적인 대응이 필요하다. 북한 인권 침해상황에 대한 관심제고 및 관련 자료의 체계적 수집 등 직간접 차원에서 다양한 방안들이 강구되어야 할 것이다.

동서독 통일의 가장 큰 교훈은 동독주민들이 서독에 강한 신뢰감을 가지고 있었다는 점이다. 지속적인 동·서독간 교류와 아울러 동독주민들의 고통경감에 대한 서독의 다양한 노력들은 동독주민들의 내면에서부터 서독에 대한 신뢰감을 형성시켰으며, 이는 결정적인 순간에 통일의 원동력으로 작용했다. 이는 남북통일에 있어서도 북한 주민의 한국에 대한 신뢰가 무엇보다 중요하며, 이를 위한 다양한 정책적 노력이 필요함을 의미한다. 지속적인 대북 인도적 지원과 아울러 '맞춤형 대북한 주민정책'의 개발에 주력할 필요가 있다.[756]

---

756) 조한범, "신정부 대북정책 수립의 고려사항," Online Series CO 13-03, 통일연구원 2013.1.

남북 상생안보 협력

상생안보의 개념과 필요성

북한이 3차 핵실험을 하고 계속해서 핵실험을 예고하고 나서면서 기존의 북한 문제를 해결하고자 했던 모든 노력들이 물거품이 되었다. 북한의 핵무장이 현실화된 것이다. 지금까지의 북한문제 관련 정책들은 핵개발을 저지하는 비핵화를 전제로 했었기 때문이다. 이제는 완성된 핵무기와 핵프로그램을 상대로 해야 하기 때문에 근본적으로 과거와는 다른 접근이 요구된다. 이제는 북한이 변할 것이라는 막연한 기대와 낙관적 가정은 금물이다. 구체적인 위협으로 대두된 핵무기와 핵개발 프로그램을 해제시키기 위한 구체적인 방안의 강구가 필요하게 된 것이다.

상호 안보교환은 이제 북한에게 경제지원뿐만이 아니라 북한의 안전에 필요한 조치들을 단계적으로 지원해 주면서 단계적으로 남북한 양측이 서로 안전해지는 상호안보, 상생의 안보를 추구해 나가는 것이다. 우선적으로 남북 간 신뢰구축이 먼저 이루어져야 한다. 북한이 미국과 대화를 먼저 하겠다면 하도록 주선해 준다. 다만 어떤 결과의 도출은 반드시 한·미간 상호협조 하에 이루어진다는 점을 기본조건으로 한다. 신뢰구축을 기초로 낮은 수준에서 높은 수준의 안보-안보 교환을 해 나감으로써 통일에 접근을 하여 나간다.

한반도의 비핵화와 평화체제구축 그리고 통일에의 접근은 3가지가 각기이면서 서로 분리될 수 없는 기묘한 3위일체를 이룬다. 전쟁과 평화 양 극단이 존재하고, 이상과 현실세계의 상호 모순과 여러 가지 이중성이 존재한다. 이의 해결을 위해서는 현명한 실천적 지혜, 즉 프르던스 Prudence 가 요구된다. 클라우제비츠에게 해법을 묻는 이유이다.

조화 안보·통일 전략은 5개의 3위일체 체제로 구성된다. 상생안보는 하위 3개 차원의 3위일체 체제의 완성을 전제로 하여 그 실천의 결과로 이루어질 수 있다.

제2절
남북문제 경과 및 기존의 대안 평가

1. 노태우·김영삼 정부: 남북대화 토대마련:
한반도 비핵화 공동선언과 남북기본합의

노태우 대통령은 1988년 7월 7일 '민족자존과 통일번영을 위한 특별선언(7.7선언)'을 통해 통일 정책의 기본방향을 국민들에게 제시하였다. 남과 북이 그동안의 불신과 증오를 씻어버리고, 서로의 동질감을 회복하는 것, 경제협력과 한반도의 평화를 정착시킬 여건을 조성하는 것 등이다. '7.7 선언'은 이듬해 9월 11일, '한민족공동체 통일방안'으로 구체화되었다. 국회에서 '자주', '평화', 그리고 '민주'의 3원칙을 바탕으로 남북연합의 '중간과정'을 거쳐 통일로 가자고 제안하였다. '화해와 협력', '남·북연합' 그리고 '통일국가 완성'으로 이어지는 통일의 과정을 최초로 제시하였고 그 기조는 지금까지 이어지고 있다

1993년 출범한 김영삼 대통령은 노태우 정부의 통일방안을 계승하였다. 1994년 8월 15일 광복절 경축사에서 김 대통령은 '민족공동체 통일방안'(한민족공동체 건설을 위한 3단계 통일방안)을 제시하였다. 전체적인 틀은 노태우 대통령의 '한민족공동체 통일방안'을 종합한 것이었지만, 내용에 있어서는 더욱 구체화 되었다.

2. 김대중 정부(국민의 정부): 관계개선 기초 마련

김대중 정부는 햇볕정책이라고 통칭되는 포용정책을 추진하였다. 김대중 정부는 적극적으로 대북정책을 추진하였다. 햇볕정책은 DJ의 독창적 산물이라기보다는 역대정권의 화해 협력정책의 발전 결과이다. 박정희의 7.4남북공동성명, 노태우의 북방정책과 남북기본합의서, 김영삼의 남북정상회담 추진과 북핵동결 노력(제네바 기본합의)이 없었다면 햇볕정책이 성립될 수 없었다.757) 국민의 정부는 한반도에 평화의 토대를 확고히 한 가운데 교류와 협력을 꾸준히 활성화

시켜 남북 상호 이해의 폭을 넓히고 민족 동질성을 회복, 사실상의 통일 상황이라는 단계를 거쳐 완전한 통일로 나아가는 것을 목표로 하였다. 반세기 이상 서로 상이한 이념과 제도를 갖고 적대적 관계를 지속해 온 남북한이 당장 법적, 제도적, 정치적 통일을 실현하기는 어렵다는 현실을 인정하고, 우선 평화를 확고히 정착시킨 가운데 교류와 협력을 통해 남북 주민들이 자연스럽게 오가고 서로 도우면서 이해의 폭을 넓히고 동질성을 회복하는 단계를 실현하자는 것이었다. 김대중 정부는 통일을 당장의 실현 목표로 보지 않고, 통일을 달성해 나가는 과정을 중시하며, 그 과정은 통일로 가기 위해 거쳐야 할 필수적인 단계라는 점을 전제로 하였다.

2000년 6.15 남북 정상회담 이후 남북관계는 그 이전시기와 비교할 때 양적, 질적으로 발전하였다. 2000년 이후 남북한은 당국과 민간 양차원에서 그리고 다양한 분야에서 교류협력을 확대해오면서 대결과 불신의 남북관계를 화해·협력의 관계로 전환하였다. 남북 간 상호 인식의 변화와 구체적인 교류협력의 실천이 결정적인 요인이었다. 그러나 제 2차 북핵위기의 발생으로 남북관계는 양적 변화에도 불구하고 군사적 불안정을 해소하지 못했다는 한계를 안고 있으며 대북 화해협력정책의 실행 과정에서 '퍼주기'와 '북한에 끌려 다닌다'는 논란이 야기되었다.

3. 노무현 정부(참여정부): 포괄적 해법(선불제)

노무현 정부가 출범 초부터 직면한 최대 안보현안은 바로 북핵문제였다. 2차 북핵 위기는 이미 김대중 정부 5년차에 발생했지만, 그 해결의 과제는 전적으로 노무현 정부에게 이관되었다. 노무현 정부는 북핵 문제의 해결을 국정과제의 맨 앞에 두어 해결하고자 했지만, 북핵문제가 기대만큼 진전되지 않으면서 이를 전제로 설계되었던 동북아시대 구상이 커다란 차질을 빚게 되었다. 북핵문제의 장기화는 한반도 평화체제 구축과 동북아 다자안보 형성 같은 여타 핵심과제의 추진을 어렵게 했다.[758]

6자회담이 본격화되면서 노무현 정부가 내세웠던 북핵 접근 전략은 '포괄적 해법' comprehensive solution이었다. 북핵문제와 같은 핵심 안보 현안을 풀기 위해 에너지 및 경제 지원 외에 북·미, 북·일 관계 정상화, 한반도 평화체제 구축 같은 다양한 경제·비경제 인센티브를 제공하겠다는 것이었다. 이러한 노무현 정부의 구상은 '9.19 공동성명'에 잘 반영되어 있다. 하지만 노무현 정부의 북핵전략은 '포괄적 해법' 구상과는 달리 실제로는 '경제-안보 교환' economy-security trade-off의 한도를 넘어서지 못했다.[759]

---

757) 이재호, 『사회통합형 대북정책』(서울: 나남, 2013). 서문.
758) 조성렬, "특집: 노무현 정부 5년을 말한다 —낙관했던 북핵에 발목 잡혀 '우선순위 함정'에 빠지다," 『신동아』 2008년 2월호.

그 이유는 남한 정부가 '9.19 공동성명'의 틀 속에서 북한에게 제공할 수 있는 안보적 인센티브가 지극히 제한적이었기 때문이다. 남한 정부의 차원에서는 북·미 수교나 북·일 수교에까지 관여할 수는 없었던 것이고, 한반도 평화 포럼을 통한 영구적인 평화체제 구축과 같은 대북 안전보장 제공의 논의도 '9.19 공동선언'의 제1,2단계인 '2.13 합의'와 '10.3 합의'의 이행이 완료되기 전까지는 추진할 수 없는 과제였다. 실제로 남한이 참여한 것은 중유 20만 톤 제공뿐이었다.

4. 이명박 정부: '비핵·개방 3000,' '그랜드 바겐'(후불제)

2007년 대선에 즈음하여 이명박 후보는 대북정책의 핵심공약으로 '비핵·개방·3000 구상'을 제시하였다. 처음에 이 구상이 제시되었을 때에는 '비핵'을 전제로 하여 '개방·3000'을 추진한다는 의미였다. 그러나 이명박 정부 출범 이후 대북 전문가들의 비판이 잇달아 제기되면서 이것을 병행 추진하는 것으로 정리되었다. 그러나 실제 정책 추진에 있어서는 여전히 '비핵'을 전제로 남북관계를 풀어간다는 원래의 자세를 유지하였다. 이명박 정부의 '비핵·개방·3000'이 총괄적인 대북정책 구상이라면, 북핵문제 해결을 위한 맞춤형 해법으로 제시된 것이 바로 '그랜드 바겐'이라 불리는 일괄타결 방안이다. 2009년 6월 16일 백악관에서 가진 한·미 정상회담에서 이명박 대통령은 '그랜드 바겐' 방안에 관해 타진했고, 6자회담 재개를 위한 물밑대화가 한창이던 2009년 9월 공식적으로 새로운 북핵 해법으로 '그랜드 바겐' 방안을 제안하였다. '그랜드 바겐'이란 "추출된 플루토늄의 해외반출, 원자로의 시멘트 봉입 등 북핵 프로그램의 핵심부분을 폐기하면, 동시에 북한에게 확실한 안전보장을 제공하고 국제지원을 본격화하는 일괄타결"을 의미한다.[760] '그랜드 바겐' 방안에는 국제지원과 같은 인센티브 외에 안전보장 제공과 같은 안보적 인센티브도 언급되었다. 하지만 안보적 인센티브의 구체적 내용에 대해서는 언급되지 않았다.

5. 박근혜 정부: 한반도 신뢰프로세스

박근혜 정부는 당선자 시절 한반도 신뢰프로세스를 제시했다. 이것은 이미 2012년 2월 당 비상대책위원장 자격으로 핵안보정상회의 기조연설에서 밝힌 내용이었다. 북한의 개혁 개방 비핵화를 위해서는 주변국들과 함께 대북 불신의 악순환을 끝내고 대화와 교류를 통해 신뢰를 쌓아가

759) 조성렬, 『뉴 한반도 비전』(서울: 백산서당, 2012), p.115.
760) 전봉근, "'그랜드 바겐' 구상의 배경과 추진 전략," *IFANS FOCUS*, 2009.10.13. p.1.

야 한다면서 북한의 비핵화를 유도하기 위해서 다음의 세 가지 원칙을 제시했다.761)

첫째, 서로 약속을 지키는데서 부터 신뢰를 쌓아야 한다. 지금까지 남북한 간에 합의한 기존 약속들인 <7.4남북공동성명>, <남북기본합의서>, <6.15공동선언>, <10.4 공동선언> 등을 꿰뚫는 기본정신을 서로 인정하고 기본적으로 존중되어야한다.

둘째, 인도적 문제나 호혜적 교류 사업은 지속적으로 이루어져야 한다. 인도적 차원의 대북식량지원, 이산가족 상봉문제 등을 지속하기 위해서 대화의 창구를 상설하고 대화에 의한 호혜적 교류 사업으로 상호신뢰를 구축해야 한다.

셋째, 남·북간에 신뢰가 진전되면 다양한 경제협력 사업과 북한의 인프라 사업으로 확대한다. 예컨대 개성공단과 같은 경제협력 사업을 확대할 수도 있고 대규모 경제협력 사업으로 한반도 경제공동체의 기틀을 마련하는 것 등이다. 요약하자면 "북핵 폐기를 유도하기 위해서는 우리의 신뢰성을 보여주기 위해서 상술한바와 같은 기존의 남·북간의 협약들을 존중하는 의미에서 약속 이행에 성실성을 보여줘야 하며, 인도적 대북지원도 지속하고 광범위한 대북경제협력으로 북한경제에 활력을 불어넣어 주어야한다"라고 말할 수 있을 것이다.

현재까지 파악된 것으로 한반도 신뢰프로세스의 개념은 기본적으로 튼튼한 안보를 기본으로 신뢰와 균형을 전제로 한다. 그 목표로는 남북관계의 정상화와 지속 가능한 평화의 추구 그리고 통일의 초석을 마련하는데 있다. 기본구도는 신뢰구축을 전제로 신뢰모색 - 신뢰구축 - 신뢰제도화의 단계적으로 접근한다는 것이다. 아직 구체적 세부 내용이 발전되지 않고 있으나 장기적 공존을 전제로 한 접근이라 할 수 있다.

---

761) 2012년 2월 28일 "세계 핵안보정상회의 국제학술회의" 기조연설.

조화적 안보 · 통일 접근: 상생안보(포괄적 안보-안보교환)

1. 조화 안보 · 통일 프로세스

조화 안보·통일 프로세스는 5차원 3원전략 접근으로서 확실한 안보태세를 확립하고 더욱 적극적인 대북 상생안보를 추구해 나가는 것으로서 조성렬의 상생안보 구상과 일치하는 개념이다. 조성렬이 제시하고 있는 새로운 협상대안 '화해·상생 통일프로세스'는 기존의 통일접근 대안들이 모두 실패했음을 전제로 하여 새로운 시각에서 출발하고 있다. 조성렬은 한반도 문제를 비핵화 문제, 평화체제 구축 문제 통일문제 3가지로 구분하고 비핵문제는 포괄적 안보-안보교환을 통해서, 평화체제 구축은 3단계 국면 프로세스를 통해서, 통일문제는 화해·상승 단계적 접근을 통해서 달성해야한다고 제안하며 안보문제의 개념을 협상적 안보로서 상생안보 개념을 도입, 포괄적 안보 – 안보접근의 새로운 패러다임을 제시하고 있다.

통일의 필요조건으로서 화해는 ① 사회적 화해 ② 정치적 화해 ③ 군사적 화해가 이루어져야 하며 통일의 충분조건으로서 상생의 조건은 ① 인도적 지원과 사회개발 협력 ② 남북경제공동체의 건설이다.

새로운 패러다임은 그동안 보수 일각의 정서에서 거부되고 있던 북한의 안전을 보장해 준다는, 이제는 북한의 핵 보유를 인정하고 이에 따른 대안을 제시해야 하는 시기가 되었다는 측면에서 구체적으로 북한의 핵개발 의혹이 아닌 현실화(現實化)된 핵을 대상으로 협상한다는 발상의 전환을 의미한다고 할 수 있다. '포괄적 안보-안보교환 접근법'이란 북한으로 하여금 핵두기 및 핵프로그램이라는 안보자산을 포기토록 하기 위해 직접 이해당사국들이 적절한 안보적 인센티브를 제공하는 방식을 가르친다.[762]

이를 위한 필요조건으로는 북한 지도부가 핵무기가 없어도 안전하다고 확신할 수 있도록 하는 것이다. 이를 위해서는 ①정치적 안정 ②군사적 자위능력 ③경제회생이 보장되어야 한다.

---

762) 조성렬, 앞의 책, p.123

또한 충분조건으로는 첫째, 핵심당사자인 남북한 간의 합의가 선행되어야 하며 둘째, 미국과 중국이 추진하는 북핵 전략의 목표와 방법 간의 괴리가 극복되어야 한다.

이를 추진하기 위한 3대원칙은 첫째, 상호 체제의 인정과 존중 둘째, 상호 조율된 안보조치 셋째, 민족 자결에 기초한 국제협력을 들고 있다. 또한 이 구상이 성공하기위한 조건으로는 첫째, 남북한의 주도권과 강대국 이익간의 조화 둘째, 북한 지도부가 수용할 수 있는 한반도 평화 번영의 비전 공유 셋째, 새로운 한반도 정책에 대한 남한 주민들의 공감과 지지이다. 통일은 단계적인 접근을 통해 가능하다.

따라서 우선 남북이 주도적으로 낮은 수준의 안보-안보교환에 의한 안보의 틀을 만든 뒤 이러한 토대 위에서 교류·협력을 심화 발전시키고, 이것을 통해 만들어진 경제 경제공동체의 성과를 보장하기 위해 보다 높은 수준의 안보 틀이 만들어졌을 때 평화적으로 달성될 수 있다.

북한이 지금은 군사적 위협을 극대화시켜 벼랑 끝 전술을 구사하고 있지만 이제는 상황이 과거와는 많이 변화되었고 시간은 북한 편이 아니다. 한·미동맹체제를 기반으로 확고한 안보태세를 유지해 나가는 가운데 북한에게 남북 화해협력체제로의 복귀할 수 있는 출구를 제공하여 평화체제로 유도하는 것이 필요하다.

2. 전략적(구조적) 전술적(협상적) 접근방안

따라서 우선 예비적인 조치로 긴장국면을 완화시키고 대화국면으로의 전환이 필요하다. 우선 미국과의 대화를 원하고 있는 북한을 고려하여 한국이 주도하여 대화를 주선하고 3자회담을 추진한다. 이 과정에서 북한의 요구사항을 청취하고 우선순위와 가능한 사항을 선별하여 추진해 나간다. 추가 핵실험 및 미사일 발사를 중지하고 군사적 도발을 중지하며 비핵화 의지를 확인한다. 그리고 파격적인 인도적 지원과 개성공단 확대 등 경제협력 프로그램을 조건 없이 제공한다. 이러한 출구전략을 통하여 북한이 당면한 국내외적 위기를 극복하고 대화국면으로 전환할 수 있도록 우리가 주도적인 역할을 해야 할 것이다. 그리고 난 후에 화해·상생 통일프로세스를 적용, 진행시켜 나간다.

화해·상생 통일프로세스의 첫 단계는 앞서 검토한 4개 차원(단계)의 안보역량 구축 및 확보를 토대로 하여 북한의 중앙계획경제 유지여부와 상관없이 경협확대를 통해 남북공동체를 심화·발전시키고 한반도 평화체제를 구축하는 과정이다. 평화체제 구축 이후 북한이 시장경제를 받아들여 본격적으로 개혁·개방에 나선다면 남북경제공동체가 성숙되어 '사실상의 통일'인 남북연합이 이루어질 수 있을 것이다. 단계별 접근방법은 다음과 같다.[763]

① 전략적(구조적) 접근방법

구분	1단계 남북한신뢰관계 복원	2단계 저(底) 단계 안보교환	3단계 고(高) 단계 안보교환
평화구조 접근전략	가) 정치적·군사적 신뢰관계 복원 나) 군비통제협상의 착수 다) 남북고위급회담의 개최와 '기본협정 협의'	가) 남북 '기본협정' 체결 이후 핵심쟁점의 협의 나) 재래식 무기분야 군비통제 다) 북한 대량살상무기 통제와 포괄적 안전보장 협의 라) 북·미, 북·일 관계 개선 및 대북 제재 해제	가) 한반도 비핵화 등 군비통제의 이행 나) 한반도 평화협정 체결 다) 북·미, 북·일 관계정상화
비핵구조 접근전략	●북핵 포기, 대북 포괄적 안전보장 협상	●북-미 불가침조약 체결, ●한반도평화협정 체결 ●남북평화협정체결 또는 남북 기본합의서 복귀	●동북아 안보기구창설 및 비핵지대화
통일구조 접근전략	●화해·협력 조치	●남북연합 추진	●남북연합 완성 및 통일촉진

② 전술적(협상적) 접근방법

구분	내용	비고
대화국면 조성 및 예비조치	가) 추가 핵실험, 미사일 발사 중지 나) 군사적 도발 중지 다) 비핵화의지 확인 라) 미-북대화 주선 및 3자회담(미국, 한국, 북한), 4자회담 추진 및 확대 마) 상징적 대북한 파격적 인도적 지원(의료, 식량, 구호물품) 바) 개성공단 재개 및 확대(북한희망 대기업 참여) 사) 북한의 요구사항 청취 및 향후 신뢰회복 및 단계적 관계개선 기반 마련(상생안보)	북한에 대한 출구전략 제시 필요. 미국, 한국주도 희망 표명
전면 일괄 타결방식	북한의 비핵화를 전제로 북한이 요구하는 평화협정체결, 경제적 지원, 미·북수교 및 북·일수교 동시 해결	이상적. 그러나 실제 이행은 단계적 접근 불가피. 살라미 전술 대상
남북기본합의 이행	노태우 대통령시 1992년 2월 19일 6차 남북 고위급회담(평양)에서 남북총리 간 서명, 채택. 「남북 사이의 화해와 불가침 및 교류·협력에 관한합의서」(약칭: 남북 기본합의서)와 「남북 고위급회담 분과위원회 구성·운영에 관한합의서」를 발효시켰다. 남북 기본합의서는 서문과 함께 제1장 남북화해, 제2장 남북불가침, 제3장 남북교류·협력, 제4장 수정 및 발효 등 4장 25개조로 구성	즉시 적용 가능 안전보장 우선 요구 가능성

---

763) 조성렬, 앞의 책, pp. 213~225. 예비단계는 현 상황을 고려하여 필자가 추가·발전시켰다.

구분	내용	비고
6.15선언 이행	김대중 대통령과 김정일 국방위원장이 2000년 6월 15일 선언. 통일문제의 자주적 해결, 1국가 2체제의 통일방안 협의, 이산가족 문제의 조속한 해결, 경제협력 등을 비롯한 남북 간 교류의 활성화 등 합의	북핵 개발 완료로 상황 변화 살라미 전술 대상
10.4선언 이행	노무현 대통령과 김정일 국방위원장이 2007년 10월 4일 공동으로 서명. '6.15선언'의 계승구현, 남북관계의 상호 존중과 신뢰구축, 군사적 긴장관계의 완화, 항구적 평화체제 구축, 경제협력사업 확대발전, 사회문화 분야의 교류와 협력발전), 동포애에 따른 상부상조, 이산가족의 상봉확대 등 8개항.	북핵 개발 완료로 상황 변화 살라미 전술 대상
신뢰구축 서울프로세스	튼튼한 안보를 기반으로 대화와 협력을 병행, 신뢰의 조화(남북 간, 국민적, 국제적), 북한의 비핵화, 분단관리와 통일의 조화, 균형적인 포괄적 접근. 신뢰모색, 신뢰구축, 신뢰 제도화 단계적 추진.	북한 안전보장방안의 구체적 제시가 과제. 장기적 접근, 흡수통일 전략과 구분 모호
단계별 안보교환접근	신뢰구축-저-중-고급수준 안보 교환추진	북한 안전보장 접근으로 호응 예상
혼합전략	3단계로 구분, 단계별, 안전보장 및 구조별 일괄타결, 남북 기본합의 이행 추진	대북 안전보장 제공시 실현 가능

■ 참고
_____

화해 · 상생 통일프로세스 세부내용(요약)[764]

① 한반도 비핵화: 포괄적 안보-안보교환

(1) 북핵-평화체제 병행 논의

북핵의 폐기 대가로 한반도 평화체제 구축을 통한 체제보장뿐만이 아니라 안보 및 경제적 인센티브를 제공

(2) 4자포럼의 중심적 역할

6자회담 이전에 남·북·미·중의 4자포럼을 운영 핵심적인 안보 교환사항을 사전 조율

(3) 북핵문제와 비안보적 현안의 분리적 접근

대북 인도적 지원과 경제·교류협력 같은 비안보 현안들은 북핵문제와 분리하여 접근

_____

764) 조성렬, 앞의 책.

2 한반도 평화체제 구축

(가) 제1국면: 남북한 신뢰관계의 복원

군비통제	○ 6자회담 재개를 위한 사전조치
	  −우라늄 농축활동 중단
	  −해외 이전 및 추가 핵실험 금지 약속 준수
	  −한반도 비핵화의지 확인(추가핵실험 및 미사일발사 중지)
	○ 중장거리 탄도미사일의 시험발사 유예
	○ 우발적 충돌 예방조치 착수: 남북 장성급 회담
	○ 한미연합훈련과 북한군 훈련의 축소·재조정 협의

국제관계	○ 한반도 비핵화 6자회담 재개 ○ 북미, 북일 양자대화 재개 ○ 수교환경 조성: 대북제재 유예, 식량지원
법·제도	○ 우발적 군사충돌방지 합의서: 남북장성급회담 ○ 상호방문자 신변안전보장 합의서: 남북장관급회담 ○ 남북관계기본협정 협의 착수: 남북장관급회담, 총리회담 ※ 대북 인도적 지원법 제정

(나) 제2국면: 낮은 수준의 안보-안보 교환

군비통제	○ 비핵화 조치 협상: 핵시설(플루토늄, 우라늄), 기폭장치, 핵물질 북한지역 보관 ○ 중거리 탄도미사일 폐기협상 ○ 군사적 신뢰구축 조치: 군사훈련 축소 재조정 ※ 한국군 전시작전권 환수
국제관계	○ 유엔안보리 대북제재 유예(1718호, 1874호) ○ 북−미 연락사무소(평양−워싱턴) ○ 북−일 연락사무소(평양−도쿄): 식민지 배상, 일인 납치문제 진전
법·제도	○ 남북관계기본협정 체결: 남북연락사무소 설치(서울−평양) ○ 한반도평화협정 논의 착수(남북 및 4자) ○ 대량살상무기 확산방지 국제레짐 비준 완료(NPT, MTCR, CWC, BWC, AG 등) ○ 동북아 안보협력회의(CSC−NEA) 논의 본격화 ※ 북한주민 인권개선법 제정

(다) 제3국면: 높은 수준의 안보-안보 교환

군비통제	○ 북한핵프로그램 폐기 완료 ○ 남북한 재래식 군비통제 − 군사적 신뢰구축 및 운용적군비통제, 제한적인 구조적 군비통제
국제관계	○ 유엔안보리 대북제재 전면해제(1718호, 1874호) ○ 교차승인 완성: 북−미 수교, 북−일 수교(납치자문제 해결)
법·제도	○ 대량살상무기 확산방지 국제레짐(NPT, MTCR, CWC, BWC, AG 등) 비준, 이행. 생산물질 폐기. ○ 한반도평화협정 체결 ○ 동북아안보협의회(CSC−NEA) 창설, 발족.

③ 화해 상생 통일론

(1) 통일의 필요조건: 화해

 ① 사회적 화해 ② 정치적 화해 ③ 군사적 화해

(2) 통일의 충분조건: 상생

 ① 인도적 지원과 사회개발 협력 ② 남북경제공동체의 건설

(3) 화해·상생 통일경로

 (가) 통일경로

  ① 민족공동체 통일방안: 남북연합 - 통일국가

  ② 남북 간 합의 또는 북한 급변사태 시 등장한 개혁정부 간: 남북연방 - 통일국가

  ③ 과도기 없이 통일단계 진입: 북한이 남한에 편입 통일(가장 가능성이 크며 이에 따른 준비 필요)

 (나) 과도기 남북관계의 관리규범

  지금껏 남북 간에 체결되었던 각종 남북합의서를 종합하여 통일과정에 맞추어 기본규범으로 정립

 (다) 국제사회의 동의 확보

  남북 간에 합의된 '남북관계기본협정'이나 '한반도평화협정' 등에 대해 국내법적인 동의절차를 거친 뒤 유엔 사무국에 기탁deposit하는 절차를 거쳐 국제법적인 근거 확보

제3부

천재를 기다리며:

통일한국 지도자론

서론

최근 대통령에게 요구되는 리더십 역량은 무엇인가 하는데 국민적 관심이 고조되고 있다. 대통령에게 요구되는 것은 일반적인 리더십 역량과는 다르다는 것이 공통적인 인식이다. 일반조직 또는 CEO에게 요구되는 역량과는 다르다.

일반적으로 리더십이란 영향력을 말하며 조직차원 인적자원차원 그리고 관리차원으로 그 영역이 구분된다. 조직차원은 기본적인 조직 성원과 리더간의 상호 교호작용을 통한 영향력 행사를 말하며 공적, 개인적 일반적인 조직이 그 예이고, 관리차원은 조직경영 관리차원의 조직목표 달성을 위한 권력Power과 영향력관계로서 기업경영 차원에서 CEO의 예를 들 수 있고, 인적차원에서는 순수 인간관계 차원에서 이루어지는 일반적인 리더십과 법과 제도로 보장되는 군 리더십이 대표적인 예이다.

정치적 리더십은 일반적인 리더십과 또 구분된다. 정치란 정치사회를 구성하는 성원에게 공통되는 여러 가지 문제들을 해결하기 위한 과정으로서 적절한 정책을 입안하여 결정하는 일이 정치의 중심적 기능이다. 따라서 정치지도자의 과제는 정치사회가 놓여 있는 현재의 상황을 분석하고 추구해야 할 목표 가치를 식별하여 문제를 해결할 수 있는 대안을 일반대중에게 뚜렷이 제시할 수 있어야 한다. 이에 따라 정치적 리더에게 요구되는 리더십역량이 식별될 수 있다.

그러나 대통령의 국가통치역량Statecraft은 이러한 일반적인 리더십과 정치적 리더십과는 차원이 다르다. 물론 대통령이 정치적 충원과정을 통하여 선출되기는 하지만 일반 정치적 리더와는 구분되는 특별한 영역의 역량이 별도로 요구되며 이를 구분해야 할 필요가 있다.

우선 국가란 일반적인 조직 개념으로 볼 수 없다. 국가란 영토·국민·주권을 기반으로 하는 정치공동체로서 역사성, 정통성 그리고 집합적 특성을 가지고 있으며 공공성을 핵심가치로 하고 있다. 이러한 국가통치역량은 국가가 독점하고 있는 물리력의 유지와 행사를 원만하게 관리하면서 여러 종류의 크고 작은 국가행위자agent들을 유지·감독하는 일을 시작으로, 각종 제도들을 유지 발전시키고 외적 환경을 관리하는 것이라 할 수 있으며 특히 근대 국민국가에 이르러서는 이에 더하여 주권자를 이루는 구성원들의 인간적 품성과 시민적 덕성을 관리하고 또 이들을 형성하는 제諸 세력들의 힘의 분포를 관리하면서 일반의지를 도출해 내는 과제를 안고 있다. 따라서 국가통치역량은 다음과 같은 역량을 요구하고 있다. 첫째, 총체적-거시적 관점과 시각, 둘째, 구체적이고 현실적인 측면, 특히 상황적 맥락의 중시, 셋째, 국정운영에 있어 직면하게 되는 상황들의 딜레마적 성격과 이에 따른 결단과 선택, 시공간상의 환경중시 및 개방성이며 이를 한마디로 요약하자면 국가를 유지 발전시켜나가는데 필요한 실천지實踐智로서 제도가 갖는 특성과 더불어 외부 환경적 요인이라는 제약 속에서 딜레마적 선택에 따르는 유·불리를 저울질하여 총체적으로 '상대적으로 덜 나쁜 것'을 받아들이는 것을 핵심 내용으로 하고 있다.

대통령의 책무와 관해서는 헌법 제66조에 국가의 독립, 영토의 보전, 국가의 계속성, 조국의 평화적 통일 등의 의무를, 헌법 제 74조에서는 국군통수권을 규정하는 등, 국가안보와 한반도의 평화적 통일에 관한 막중한 책임을 명시하고 있다. 한반도에서 안보가 지켜지지 않을 경우 한반도의 평화도 민족의통일도 기대할 수 없다.

선거에 의해 교체되는 정권과 지도자이 성향에 따라 한국의 안보상황도 예측할 수 없는 상황으로 변할 수 있다는 사실을 경험하였다. 특히 대북관계, 이념갈등, 북한 핵과 무력도발간리 등에서 지도자에 따라 상황이 바뀌고 있다. 국가 최고결정권자의 가치관, 신념체계, 경륜, 개성뿐만이 아니라 국가에 대한 인식과 판단이 국가안보에 관련된 중요한 결정을 내리는데 크게 영향을 미친다.

2013년에 임기를 시작하는 대통령은 대한민국의 산업화시대와 민주화시대를 넘어선 통합과 통일의 새로운 시대를 여는 첫 대통령이라는 역사적 의의가 있다. 눈앞에 산적한 과제가 있다. 크게 우선적으로 북한의 핵무장과 미사일위협의 극복, 동북아 신 냉전체제의 효과적 대응, 국민생활 안정과 경제발전 그리고 통일의 추진 등이다. 앞에서 한반도평화프로세스와 이에 따른 안보전략 발전 방향을 검토해 보았다. 본고는 이러한 임무를 추진해 나갈 수 있는 안보지도자들에게 요구되는 리더십 역량은 무엇인가 하는 것을 검토해 보기로 한다. 기본 개념은 일반적인 리더에게 요구되는 역량과 그리고 정치인들에게 요구되는 정치적 역량을 기초로 특별히 한국적 상황에 맞는 통치역량이 별도로 요구된다.

조화 안보·통일 리더십:
과제와 요구되는 역량

논의 개요
▶▶

국가안보는 국가의 사활적 이익survival interests을 수호하는 것으로 국가의 최우선적 책무이며 따라서 안보리더십은 대통령 리더십의 핵심이라 할 수 있다. 더구나 헌법은 대통령에게 국가보위의 책임(66조 및 69조)과 국군통수권(74조)을 부여하고 있다.

한국은 분단, 전쟁, 계속된 남북대결로 심각한 안보위협에 직면해 왔다. 지난 60여 년 간 북한의 최우선적 국가목표는 대한민국의 파괴를 통한 적화통일이며, 한국의심장부인 즉각 전쟁에 휩싸일 수 있고, 분단된 민족이기 때문에 적대세력이 쉽게 침투할 수 있는 약점도 있다. 또한 한국은 강대국들의 중간에 위치하여 강대국들의 경쟁적 침탈 대상이 되었던 지정학적 취약성을 가지고 있다. 따라서 한국에서는 어느 나라보다 외교안보리더십이 중요하다.

그럼에도 한국대통령의 안보리더십은 국민들의 초점의 대상이 되지 못했다. 그 이유는 첫째, 안보를 경시해온 조선조의 국교였던 유교의 숭문천무 전통이 잔존해 있기 때문이다. 둘째, 조선시대에 안보를 중국에 의존하였듯이 해방이후에는 우리의 안보를 미국에 의지하여 기대심리에 의한 안보의타심이 있기 때문이며 셋째, 민주화 과정에서 안보를 빌미로 한 군부통치에 대한 반발로 안보혐오증이 있기 때문이며 마지막으로 북한의 통일전선전술로서 민족주의 또는 민주주의 개념의 기만적 용어혼란전술의 결과로서 안보는 그러한 가치에 대비되는 개념으로 혼동되었기 때문이다.

한국 대통령의 안보리더십을 평가하는 요소로는 첫째, 국가안보의 최고 지도자로서 필요한 자질을 가지고 있느냐 둘째, 남북한이 첨예한 체제경쟁을 벌이고 있는 현실에서 대통령이 어떤 국가관과 역사관을 가지고 있느냐 셋째, 안보정세에 대한 상황판단으로서 한국이 대외적으로 어떤 위협에 처해 있으며, 우리의 대처능력이 적절한가에 대한 판단능력이며 넷째, 국가안보 전략 및 정책의 우선순위를 설정할 수 있는 능력 다섯째, 안보전책의 결정 및 집행능력 마지막으로 한국의 안보여건을 고려할 때, 안보외교가 중요하며 따라서 동맹외교(한미동맹)를 효과적으로 할 수 있는 능력을 들 수 있다.[765]

그렇다면 이러한 막중한 임무를 수행해야 하는 대통령에게 요구되는 역량은 무엇이며 대

---

765) 김충남, "한국 역대 대통령의 안보리더십 평가,"『한국군사』 2012 겨울호, pp. 51~52.

통령을 꿈꾸는 정치지도자 및 정치가들에게 요구되는 역량과 어떤 차이가 있는가? 있다면 그것은 무엇인가? 일반적인 공공리더, 정치가, 안보·통일 리더의 차이점과 요구되는 역량을 살펴보기로 한다.

제1절
리더십 컨피던시와 공공 지도자(Public Leadership) 역량

1. 리더십과 리더십 역량의 개념

요즈음 한국사회는 리더십 홍수시대이다. 초등학교부터 대학교 그리고 직장 및 가정, 그리고 교회 등 공적으로나 사적으로나 전반적인 일상생활에서 우리는 리더십이야기를 듣는다. 언제부터 이렇게 리더십의 중요성이 대두되었을까. 그것은 현대사회에 들어서면서 경제·사회·문화적 전 분야에서 인간 사고의 패러다임이 바뀌었기 때문이다. 그것은 변혁과 혁신으로 대변될 수 있다.

모든 부분에서 과거와는 다른 조직과 집단의 환경과 사고 그리고 새로운 개념의 행복 추구 및 신기술과 네트워크가 형성되고 이것이 삶의 근간을 이루어가고 있으며 이에 따라 소위 조직효과성 달성을 위해서는 관리차원을 넘어 시너지를 창출할 수 있는 새로운 리더십이 요구되며, 최근에는 변혁적·윤리적 리더십을 넘어서는 오센틱Authentic 리더십으로 발전하였다.

그러한 리더십을 발휘 할 수 있는 리더의 자질과 역량은 무엇인가? 최근 이러한 의문에 대한 하나의 접근법으로서 리더십 컨피던시 모델이 제시되었다. 역량Confidency이라는 개념은 1970년대에 하버드 대학 심리학과의 사회심리학자인 맥클리랜드McClelland, 1973가 미 국무성 해외 주재원 선발연구를 수행하면서 당시 널리 받아들여지던 지능과는 다른 새로운 개념으로 제시한 것이다. 이 연구에서 그는 과거의 지적 능력중심의 선발의 문제점을 실증적 자료를 바탕으로 비판하고, 우수한 직무수행자와 평범한 직무수행자를 구분 짓는 변별적 행동 특성에 초점을 맞추어 보다 유용한 선발기준을 제시하면서 그것이 역량이라고 주장했다. 그 이유는 비록 지능이 업무수행에 영향을 미치지만, 개인의 동기나 자기이미지self-image와 같은 개인적 특성이 성공적인 업무수행과 비성공적인 업무수행을 구별해 주고 직무역할을 포함한 수많은 삶의 역할 수행에 더 많은 영향을 미친다고 보았기 때문이다. 이러한 관점에서 맥클리랜드는 '조직이 추구하는 가치나 비전을 달성할 수 있도록 업무를 성공적으로 수행해 낼 수 있는 조직원의 행동특성'으로 역량을 정의하였다.

　이러한 역량은 연구자의 기본철학, 전공분야, 연구목적 등에 따라 다양하게 정의되고 있지만 다음과 같은 공통점을 갖고 있다.

　첫째, 업무성과와의 연계성을 갖고 있다. 즉, 역량은 반드시 성과를 산출할 수 있는 업무수행 능력과 직결된다는 것이다.

　둘째, 연구자에 따라 차이는 있지만 통상적으로 역량은 객관적으로 습득되는 지식의 영역, 업무의 테크닉과 절차를 다루는 기술영역, 개인적 특성과 동기와 관련된 태도영역의 집합체이다.

　셋째, 관찰과 측정이 가능하도록 표현되고, 주로 성과나 행동 등의 개념으로 규정되고 있다.

　조직행동론에서 발전된 이 직무에 따른 컨피던시 모델은 리더십의 역량모델로 자리매김되었으며 통상 리더십 역량과 자질을 컨피던시라 부르고 있다.

2. 한국사회의 공공리더십

서울대 리더십센터는 2009년 10월 정치인, 관료, 기업인, 지식인, 비정부기구NGO 활동가 등 5개 그룹 30명을 대상으로 "공공 리더십지수"Public Leadership Index: LPI를 활용한 연구 결과를 발표했다. 공공리더십 지수란 리더십센터가 자체 개발한 리더십 평가방법으로 상황맥락지능, 정책수립능력, 집행력, 미래지향성 등 모두 120여개 항목의 설문을 통해 공직적합성을 분석하는 일종의 리더십 계량화 모형이다.

　리더십센터의 연구결과는 두 가지 측면에서 일반적인 통념과 사뭇 달랐다. 우선 대학교수, 변호사, 회계사, 언론인으로 구성된 지식인 그룹의 '리더십 지수'가 가장 낮게 나타난 점을 들 수 있다. 지식인 그룹의 리더십 지수는 942점 만점에 310.70으로 5개 그룹 가운데 최하위를 기록했다. 교수와 변호사, 언론인들이 공공 부문의 리더로 다수 발탁되는 현실에서 다소 의외의 결과다.

　더욱 놀라운 것은 조사 대상 5개 그룹 모두 리더십 지수가 형편없다는 사실이다. 가장 높은 점수를 받은 전·현직 장차관으로 구성된 관료 그룹의 지수가 고작 384.30으로 40.7%에 지나지 않았다. 시민단체 대표(382.25점), 기업 최고경영자(371.29점), 정치인(319.99점) 등 우리나라를 이끌어가고 있는 지도층의 리더십 점수라고 하기에는 너무 보잘 것이 없었다. 일반의 기대치와는 거리가 먼 낙제수준이다.

왜 그럴까. 리더십 센터 상임고문인 김광웅 교수는 '창조! 리더십'766)에서 그 이유를 한국 사회의 리더십 교육과 훈련의 부재에서 찾았다. 김 교수는 "우리나라 리더들 대부분은 리더십 교육과 훈련을 제대로 받지 않은 채 높은 자리에 올라 중요한 정책을 결정 한다"는 것이다. 대통령이 그렇고 장관들, 공공 부문 기관장들 또한 거의 그렇다. 기업의 최고경영자들도 비슷하다.

김광웅 교수는 2012년 초 발간한 그의 저서에서 리더십의 기본은 정의正義이며 정의는 제도만으로 해결할 수 없다고 말하면서 아름답고 큰 리더로서 그린리더십, 융합리더십, 창조리더십, 여유로운 다THE 리더십을 제시하고 있다.767)

그린 리더십에서 가장 주목해야 할 것은 생명체에 대한 인식으로서 리더라면 생명의 세계에 대한 지식과 인식이 있어야 하며 '생명의 정치'를 해야 한다고 강조한다.

디지털 시대의 리더십은 융합이며 21세기 양자패러다임 시대에는 인간을 조직으로만 묶을 수 없다. 융합적 사고는 환원주의로부터의 탈피에서 시작되며 융합적 사고의 6가지 조건으로 ① 전일주의holism적 사고 ② 이분법의 극복 ③ 이성을 넘어선 감성의 중요성 인식 ④ 관계(상호성)의 내면화 ⑤ 신비Noetic Science의 인정 ⑥ 디지그노(designo, 미학적 감수성: 인미認美, 리더가 세상을 아름답게 꾸며야 한다는 뜻의 조어)를 들고 있다.

창조리더십은 이익이나 이해를 넘어 나를 버리는 아름다운 창조를 지향하는 것이다. 21세기는 종합적 지식이 필요한 뇌본사회腦本社會이고 창조사회이다. 따라서 리더십 역시 창조적이어야 한다.

다THE 리더십은 최고의 리더십을 의미하는 용어로서768) 김 교수는 아름다운 리더십을 제시한다. 아름다운 리더를 양성하기 위해서는 "넓게, 깊게, 길게, 크게, 다르게, 바르게"보고 실천할 수 있는 여유롭고 의심하며 비울 줄 아는, 가치를 넘어, 인간을 넘어서는 진정한Authentic 리더십을 말한다.

---

766) 김광웅, 『창조 리더십』(서울: 생각의나무, 2009), p.15.
767) 김광웅, 『서울대 리더십』(서울: 21세기북스, 2011), pp.285-308.
768) 서양에서는 오로지 유일하고 최고인 것을 'THE'로 표현한다. THE 레스토랑이라고 하면 최고의 레스토랑을 의미하며 THE Open하면 영국 최고 골프 챔피언십을 말한다.

정치·안보 리더들의 과제

1. 정치지도자들의 임무

한나라의 정치지도자로서 가져야 할 임무인식은 ① 정치사회가 현재 놓여 있는 상황은 어떠한 가? ② 추구해야 할 목표 가치는 어떤 것이 되어야 하는가? ③ 현재 수행해야 할 과제는 대체 무엇인가? 하는 것일 것이다. 마찬가지로 전쟁지도자로서 가져야 할 임무인식은 ① 국가가 현재 놓여있는 위협 및 위험 상황은 어떠한가? ② 전쟁을 하게 되면 추구해야 할 목표 가치는 어떤 것이 되어야 하는가? ③ 현재 수행해야 할 과제는 무엇인가(전략 및 대안모색)? 일 것이다.

나라의 운명을 뒤바꾼 역사적 순간 뒤에는 항상 대통령의 결단이 있었다. 대통령 리더십의 첫째 항목은 결단력이다. 한 나라와 그 국민들을 이끄는 대통령이 역사적 순간에 어떠한 결정을 내리느냐에 따라 나라의 운명이 크게 뒤바뀔 수도 있다. 그만큼 대통령의 결단력은 절체절명으로 중요하며, 대통령에게 요구되는 리더십과 자격요건 중 가장 중요한 부분이다.[769]

일본에 원자폭탄 투하를 명령한 미국 대통령 해리 트루먼은 "모든 책임은 내가 진다"The Buck Stops Here고 말했다. 또 조지 W. 부시 미국 대통령은 눌변이었지만 "미국이라는 국가 체제에서는 내가 이 나라의 결정권자이다. 모든 이의 목소리를 듣고, 모든 이의 의견을 읽고, 그 후에 결정은 내가 한다."고 말했다. 미국 대통령이 내린 중대한 28가지 결정 중에는 노예 해방선언, 루이지애나 매입, 노인 의료보험제 실시, 국립공원 지정, 제대군인 원호법, 파나마 운하 건설, 원자폭탄 투하 명령, 닉슨의 중국 방문, 필리핀 점령, 쿠바 미사일 위기 해결, 피그스만 침공 실패, 전국을 가로지르는 고속도로 건설 등이 포함돼 있다.[770] 대통령의 결정 중에는 오판으로 정당의 몰락을 초래한 것도 있고, 편법을 통해 실행한 것도 있으며, 극심한 반대에 부딪쳤지만 신념과 용기로 밀고 나갔던 결정도 있다. 정당에 대한 충성심 때문에 내린 결정도 있었지만 대

---

769) 닉 레곤 저, 함규진 역 「대통령의 결단」(서울: 미래의 창, 2012)
770) 토머스 J. 크라우프웰, 에드윈 키에스터 공저, 엄자현 역 「모든 것은 내가 책임진다」(서울: 이오북스, 2011)

부분의 결정은 더 나은 국가, 더 공평한 세계를 만들겠다는 고귀한 이상을 지향하고 있다.

미국 대통령 트루먼은 '대통령직 수행 중 가장 힘들었던 결정은 무엇이냐?'는 질문에 "한국전쟁 참전 결정이었다."고 답했다. 질문자들은 한국전쟁 참여가 아니라 원자폭탄 투하 결정이 더 어려울 것이라고 생각했다. 그러나 트루먼은 "사실 원자폭탄 투하는 그리 대단한 결정은 아니었습니다. 그것은 단순히 '정의'라는 무기고에 들어 있던 또 하나의 강력한 무기였을 뿐입니다. 원자폭탄 투하를 통해 전쟁을 마무리했고, 엄청나게 많은 사람들의 목숨을 구할 수 있었습니다. 그 결정은 그저 순수한 군사적 결정이었습니다."라고 답했다.

트루먼은 1950년 6월 27일 북한군이 서울을 점령한 뒤 연설문을 발표했다. '그들의 남한에 대한 공격은 공산주의 세력이 한 자주 국가를 파괴시킨 행위임을 명백하게 보여주고 있습니다.' 트루먼은 자신이 한 행동이 옳은 것이었다고 믿어 의심치 않았다. 그는 그의 일기장에 이렇게 적었다. '그 순간에 대해 평가할 수 있는 것은 여론이나 대중의 의견이 아니다. 그것은 옳고 그름_{정의, 正義}과 리더십이 판단하는 것이다. 불굴의 용기와 정직, 옳은 일에 대한 신념이 있는 자가 역사에 한 획을 그을 것이다.'771)라고 말하며 정치지도자의 역사적 과제를 한마디로 일갈하고 있다.

2. 한국 정치지도자들의 과제

우리의 현실은 세계 그 어느 나라의 경우와 비교 할 수 없는 특별한 상황에 처해 있으며 그 과제는 실로 막중하다. 전 세계를 상대로 한 북한의 핵위협의 해소와 통일을 이룩해야 하는 역사적 과업을 안고 있다. 국내적으로는 정치, 경제, 사회적으로 양극화를 극복해야 하고 군사적으로 북한의 핵무장에 대한 억제력을 확보해야 하고 G2시대의 도래에 따른 국가대전략을 수립해야 하고 일본의 우경화에 따른 대비책을 강구해야 한다. 세대 간의 가치관 충돌, 높은 사회갈등비용, 공직자의 도덕적 해이, 중산층 몰락, 국민들의 무관심과 개인주의 등이 복합되어 저출산 고령화 문제와 함께 경제발전을 저해하고 있다.

국가 안전보장의 확보, 지속적인 경제발전 방안 강구, 그리고 사회 통합과 통일, 이 네 가지 문제가 한국의 정치·안보 리더들에게 주어진 숙제라 할 수 있다.

---

771) 앞의 책, p. 400.

정치적 리더에게 요구되는 역량

1. 정치적 리더십 역량

정치적 리더에게 요구되는 역량, 즉 리더십 컨피던시[772]는 무엇인가? 정치적 리더에 대한 자질이 무엇인가 하는 것은 역사상 오랜 연구의 과제중의 하나였다. 제왕학帝王學이나 현대의 대통령학大統領學은 물론 현대 리더십 연구의 뿌리는 모두 훌륭한 왕과 장군의 자질연구로부터 시작되었다. 플라톤은 이데아와 현실 세계에 대한 앎을 가진 최고의 지혜를 가진 철인왕哲人王을 상정하였고, 마키아벨리는 교활함과 힘을 가진 사람을, 사회주의 정치학자로서 '과두제의 철칙'으로 유명한 로버트 미헬스Robert Michels는 웅변, 열정, 지력, 체력, 도덕성 등을 역량으로 들었다. 또한 정치학의 종합적 연구를 주창한 미국의 정치학자 메리엄Merriam은 고도의 사회적 감수성, 친근성, 단체교섭 능력, 표현능력, 정책/전략 및 이데올로기 창안능력, 고도의 용기 등을, 독일의 사회학자이자 정치학자로서 "프로테스탄트 윤리"에 대한 테제로 유명한 막스 베버Max Weber는 정열, 책임감, 판단력을 들었고, 미국의 민주주의 운동가 로버트 다알Robet Alan Dahl은 윤리적 능력과 기술적 및 수단적 능력을 들었다.

동양에서 제왕학의 교재 중에서 가장 유명하고 대표적인 것이 『정관정요』貞觀政要이다. 이는 '정관貞觀의 치治'라는 중국역사상 최고의 태평성대를 이끌었다고 평가받고 있는 당태종唐太宗, 이세민李世民의 통치철학을 오긍吳兢이 정리한 것이다. 이것은 지난 1천년 이상 제왕학의 대표작으로 간주되어 왔으며, 우리의 고려와 조선시대 중반까지 경연經筵[773)]의 중요한 텍스트로 받아들여졌다. 나아가 오늘의 민주정치 시대에도 정치지도자의 덕목으로 요청되는 내용들을 대부분 포함

---

772) 리더십 컨피던시(Leadership Confedency) 이론은 현대리더십 이론으로서 역량을 의미한다. 컨피던시 이론은 직무별로 요구되는 직무역량 연구로부터 출발했고 그 결과 그것이 바로 리더십 역량이라는 것이 밝혀진 이후 리더십 역량으로 개념화되었다.

773) 고려와 조선 시대, 임금의 학문 수양을 위해 신하들이 임금에게 유교의 경서와 역사를 가르치는 일을 이르던 말 또는 그런 자리를 이르던 말.

하고 있다. 이 책의 뛰어난 관점은 태평성대냐 난세냐 하는 것은 운수소관이 아니라 철저히 인간, 특히 군주가 하기 나름이라고 보고 있으며 국운의 번창은 군주의 덕행에 달려있다고 보는데 있다. 정관정요는 창업과 수성守成을 구분하고 있으며, 대도大道를 강조하고 있다. 제왕학의 기본은 용인술이다. 그리고 법과 제도의 공정한 운용, 백성의 윤리적 덕목의 진작과 풍속의 교정, 화이질서華夷秩序(중국을 중심으로 주변국들을 오랑캐로 보는 천하관)의 대외관계(안보)를 공통적인 특징으로 하고 있다.774)

우리나라에서는 조선 후기에 성리학이 조선왕조의 공식적인 국가 이데올로기가 되었고 국정운영, 나아가 사회생활 전체의 기본원리이자 지침으로 작용하는 등 크나큰 영향을 미쳤다. 성리학의 국정운영과 구체적인 방법론은 전통적 제왕학과 적지 않은 차이가 있는데 그 특징은 다음과 같다.775)

첫째, 천지의 원리인 리理와 기氣로 만물을 설명하는 등 인간과 우주의 본성에 관한 심오한 형이상학을 토대로 전개되는 고도의 사변철학思辨哲學이다.

둘째, 치국의 요체로서 '수신제가치국'修身齊家治國 중에서도 특히 자기를 다스린 연후에 남을 다스린다는 '수기치인지도'修己治人之道를 강조한다. 수기란 인간 속에 내재하는 하늘의 원리를 발현시키기 위해 마음을 닦고居敬 이치를 탐구하는窮理 것으로, 이를 통해서만 올바른 통치자聖人가 될 수 있다는 것이다. 그리고 이러한 성인은 다른 사람들을 깨우쳐 덕을 갖추도록 하여明明德於天下 새로운 백성新民으로 거듭나게 만들어야 한다는 것이다. 그리고 이를 위한 구체적인 방법론으로 격물格物, 치지致知, 성의誠意, 정심正心을 중심으로 공부하는 강학講學, 그리고 구체적인 방향과 계획을 세우는 정계定計, 끝으로 어진仁이를 임명하여 맡기는 임현任賢을 핵심과제로 제시하였다.

셋째, 원래 하늘은 이러한 확고한 원리를 인간세계에 전해주어繼天立極 공자孔子와 맹자孟子에게서 완성을 보았으나 이후 그것이 전해지는데道統之傳는 단절이 있었다는 것이다. 정관정요 같은 전통적인 제왕학에서는 그러한 원리는 천명天命을 받은 황제에 의해서 밝혀지고 실현 될 수 있다고 보았던 반면, 주자朱子의 성리학은 그러한 입장을 패도覇道로 보았다.776) 즉 시간과 공간상

---

774) 윤여준 앞의 책, pp. 59-71.

775) 윤여준 위의 책, p. 73.

776) 왕도와 패도의 개념으로 정치를 설명한 것은 맹자(孟子)에서 비롯되는데, 그는 "힘으로 인(仁)을 가장하는 것을 패라 하고, 덕(德)으로 인을 행하는 것을 왕이라 한다"고 했다. 맹자의 이러한 설명은 고대의 제왕들이 덕에 의한 정치를 실현한 데 반해 후대의 제후들이 힘으로 신하와 백성들을 통치하는 것을 비판하는 것이었다. 맹자는 패도를 행한 대표적인 제후로 제(齊)의 환공(桓公), 진(晉)의 문공(文公), 송(宋)의 양공(襄公), 진(秦)의 목공(穆公), 초(楚)의 장공(莊公)을 들었는데, 이들을 춘추5패(春秋五覇)라 한다. 맹자의 왕도사상을 계승한 유교정치이념에서 패도는 항상 부정적인 정치를 가리키는 개념으로 사용되었으며, 주로 법적 강제를 통한 통치, 부국강병을 목표로 하는 정치가 패도로 비난받았다. 그러나 법가의 경우에는 오히려 실정법에 의해 국가를 통치할 것을 주장하여 법률·형벌을 중시하고 부국강병을 제창했다. 법가의 사상은 진(秦)나라의 정치이념으로 채택되기도 했으나 한대(漢代)에 유교가 국교화됨으로써 표면적으로는 사라졌다. 그러나 법가의 사상은

의 보편적인 원리로서 하늘이 명령한 인성人性이 존재하며, 그것을 찾아내고 닦는 수기修己야 말로 진정한 왕도王道라고 본 것이다. 특히 이러한 수기통치학修己統治學은 황제 한사람의 몫이 아니라 황제를 중심으로 하되 당시 대두되고 있던 사대부 층의 몫이라고 보면서, 국가운영에서 지배층 특히 관료집단의 역할을 중시하였다.

2. 정치적 리더의 자질

정치적 리더의 자질문제는 단지 개인의 자질이나 능력으로써만 파악될 것이 아니라, 집단의 기능이나 상황과 관련시켜 생각되어야 한다. 정치가들에게 요구되는 가장 우선적인 것은 도덕성이다. 현대 리더십 분야의 권위자인 미국정치학자 제임스 번즈는James M. Burns는 일찍이 정치지도자들의 도덕성 여부를 판단하는 세 가지 차원들, 즉 목적가치end-value, 행동양식가치modal -values, 그리고 자유로운 의사토론free discussion을 제시함으로써 정치에서 도덕의 문제를 사적私的차원과 함께 공적·정책적公的·政策的 차원에서도 분석평가 할 수 있게 하였다. 즉, 앞서 소개한 세 가지는 번즈가 강조해 마지않는 "도덕적 리더십"moral leadership의 세 가지 조건들, 혹은 정치지도자들의 도덕성 여부를 판단하는 조건들인바 이를 풀어 소개하면 다음과 같다. 첫째, 정치지도자가 자유, 정의, 평등 혹은 민주주의 같은 "목적가치"들을 추구하고 있는가? 둘째, 정치지도자는 정직, 책임감, 성실함, 공정함, 공약의 준수, 준법 등과 같은 "행동양식 가치"들을 실천하고 있는가? 셋째, 정치지도자는 자유로운 의사소통을 통한 상호비판과 평가를 가능하게 하고 있는가? 하는 것이다.

이 점에 있어서 한국학 중앙연구소 정윤재 교수는 우리의 정치와 정치인들에 대한 평가가 여전히 부정적이고 냉소적인 이유에 대하여 우리나라 정치인들은 대체로 '목적가치'end-values에 경도된 나머지 '행동양식 가치'modal values의 실천에 소홀했다고 지적하고 있다. 시기마다 정치인들은 반공건국, 조국 근대화, 그리고 정치 민주화라는 목표 달성에 집착한 나머지 각자의 행동을 제대로 다스리는 데는 소홀했다. 즉, 성실, 준법, 정직, 공평, 약속 지킴, 일관됨 등과 같은 주요한 행동양식 가치들을 실천하는 노력이 부족했다. 그래서 대부분의 정치인은 부정, 비리, 불법에서 자유롭지 못했고 국민들의 신망을 얻는 데 실패했다고 평가하였다. 이 외에도 정치지도자의 리더십의 질, 시민교육의 부재 등을 들고 있다.777)

유교국가의 현실 정치 속에서 명맥을 유지하면서 유교정치이념에도 영향을 미쳤다. 흔히 공리주의(功利主義)라고 일컬어지는 송대의 이구(李覯)·왕안석(王安石)·진량(陳亮)·섭적(葉適) 등의 사상은 유교정치이념뿐만 아니라 법가의 사상도 적극적으로 채택했다. 다음 백과사전.

777) 동아일보, 동아광장, "정치의 質은 정치인의 질에서 나온다" 2006.07.13.

따라서 한국 대통령에게 요구되는 자질로 (1) 분명한 이념과 노선으로 국가경영의 비전을 제시할 수 있는 사람 (2) 여러 행동양식가치들이 몸에 배어 있을 뿐 아니라 "말 잘하는 사람" (3) 그간 여러 고질적인 문제를 해결하기 위하여 노력해온 사람을 들고 있다.[778]

최평길 교수는 2007년의 저술『대통령학』에서 대통령과 리더십을 다루면서 일반적인 리더십의 요소로서 ① 비전 제시와 목표의 명확화 ② 위기관리와 문제해결 능력 ③ 조직원과의 인간관계 발전 역량 ④ 정치협상과 조정력 ⑤ 자신감, 결단력, 긍정적·낙관적 사고 ⑥ 전문지식과 강인한 체력 ⑦ 도덕성을 들고 이 일곱 가지 덕목과 대통령의 국정수행을 연계시켜 능력과 자질, 업적, 개혁과 참신성을 추가하여 대통령의 리더십 덕목으로 열 가지를 들고 있다.[779]

『대통령 리더십 총론』을 저술한 대통령리더십 연구소 소장인 박진은 바람직한 대통령의 리더십 방향으로 21세기 리더십에서 반드시 지향해야 할 요소로 비전Vision 리더십, 변화Change 리더십, 화합Harmony의 리더십 3가지를 들고 있다.[780]

또, 서울대 리더십 센터 김광웅 교수는 대통령 리더십 평가문제를 다루면서 여러 예를 들고 있는데 미 CNN은 ① 대중설득 ② 위기관리 리더십 ③ 경제 관리능력 ④ 윤리적 권위 ⑤ 국제적 관계 ⑥ 행정능력 ⑦ 의회와의 관계 ⑧ 비전과 의제설정 ⑨ 만민을 위한 평등한 정의 추구 ⑩ 시의에 맞는 성과를 기준으로 역대 대통령을 평가 하였고 '그린슈타인'Greenstein은 ① 정치적 소통: 의사소통 능력 ② 조직적 능력 ③ 정치적 기술 ④ 비전 ⑤ 인지 스타일: 쏟아지는 정보와 조언 처리 능력 ⑥ 감성지능 ⑦ 창조력 ⑧ 실행력 ⑨ 윤리성과 도덕성을 들었으며[781] 그리고 미국의 비영리 케이블 TV의 공중통신망인 C-Span이 발표한 대통령 평가기준으로서 ① 대중설득 ② 위기대처 ③ 경제 관리 ④ 도덕적 권위 ⑤ 국제관계 ⑥ 관리기술 ⑦ 의회와의 관계 ⑧ 비전 제시 ⑨ 공정성 추구 ⑩ 임기 내의 업적 등을 들었다.[782] 이 같은 평가기준은 바로 대통령에게 요구되는 역량이라 할 수 있다. 통상 직위나 직책이 요구하는 역량을 '컨피던시'Confedency라고 하고 그것은 현대 리더십이론에서 리더십역량으로 개념화되었다.

이상과 같은 검토를 기초로 정치적 리더에게 요구되는 자질(역량, 컨피던시)을 종합해보면 일반적인 리더로서의 역량, 정치지도자로서 가져야 할 역량, 그리고 고도의 통치행위를 할 수 있는 실천지實踐智차원의 역량으로 나누어 볼 수 있으며 일반적인 정치 지도자로서 요구되는 능

778) 정윤재, 『정치 리더십과 한국의 민주주의』(서울, 나남출판, 2003), pp.557-563.
779) 최평길, 『대통령학』(서울: 박영사, 2007), pp.33-36.
780) 최진, 『대통령 리더십 총론』(서울: 법문사, 2007). pp.679-680.
781) 프레드 그린슈타인, 김기휘 역, 『위대한 대통령은 무엇이 다른가』(서울: 프리덤하우스, 2000).
782) 2009년 C-Span의 대통령 평가는 1. 링컨, 2. 워싱턴, 3. 프랭클린 루즈벨트, 4. 시어도어 루즈벨트, 5. 트루먼, 6. 케네디, 7. 제퍼슨, 8. 아이젠하워, 9. 윌슨, 10, 레이건의 순이다. 김광웅, 『창조 리더십』(서울: 생각의 나무, 2009), pp.209-213.

력은 다음과 같이 요약, 정리될 수 있다.

1. 공정성(정의성)과 도덕성

2. 올바른 역사관과 사명감

3. 비전과 통찰력

4. 커뮤니케이션 능력

5. 이슈창출[783] 및 조직관리 능력

6. 건강과 폭넓은 식견

7. 책임감과 국민에 대한 진솔한 애정 등이다.

---

783) 이슈 창출 능력이란 백기복 교수가 『이슈리더십』에서 제시한 개념으로서, 리더는 이슈를 창출하고 이를 관리
함으로써 조직목표달성 및 효과성을 제고한다는 개념이다.

안보·통일 리더들에게 요구되는 역량: 통치역량

1. 통치역량의 필요성과 개념

정치적 리더들에게 요구되는 일반적 역량 이외에 전쟁수행 여부를 심각히 고민하고 크게 결심 great decission해야 하는 안보리더로서 별도의 역량이 요구된다. 클라우제비츠는 지도자에게 요구 되는 능력으로 인간의 원초적 폭력, 증오 같은 반이성적 영역, 도박성이나 개연성이 지배하는 전술 전략의 영역, 그리고 국가적 정책 목표를 이루려는 이성적 영역의 3요소가 종합된 전쟁의 정치성을 정확히 이해하고 전쟁의 계획을 수립하고 신중하게 수행 할 것을, 그러한 능력을 가진 자를 요구하고 있다. 통일문제·대북문제와 관련한 지도자의 철학과 통찰력이 부족하면 사건이 생길 때마다 그 사건이 정세를 지배하면서 큰 흐름을 놓치는 우를 범하게 된다. 북핵문제를 해 결하기 위해서는 단순히 남북관계 차원을 넘어 동아시아 차원과 핵 비확산 차원의 국제적인 차원에서 대북전략을 마련해야 한다.

이러한 것은 바로 고도의 분별지分別智의 균형均衡이 요구되는 실천지實踐智 능력이다. 크게는 정치적 역량 속에 포함될 수도 있지만 구태여 구분하는 것은 우리나라가 갖고 있는 특수한 안 보환경 때문이다. 앞에서 살펴본 바와 같이 정전상태停戰狀態의 분단국으로서 통일을 과업으로 둔 이중성의 갈등 속에 있는 만큼 이러한 특수한 여건을 고려할 때 일반적인 정치지도자로서의 요구되는 역량만으로는 부족한 또 다른 요소들이 요구되기 때문이다.

오랫동안 현실정치에 간여해 왔던 윤여준 지방발전연구원 이사장은 2011년 말 출판한 저 서 『대통령의 자격』에서 대통령에게 요구되는 역량으로 실천지實踐智, prudence로서 "스테이트크래 프트"statecraft라는 개념을 제시하고 있다. 국가를 운영하는 통치술과 통치학 혹은 치국경륜의 의 미를 갖는 이 개념은 단순한 기예技藝나 이론적 지식만은 아니다. 집단의 명운과 흥망성쇠를 책 임지어야 할 사람이 갖추어야 할 특수한 통치능력으로서 이로정연理路整然한 지식이라기보다는 역사·전통·문화와 같은 여러 경로의 비합리적 출처를 갖고 있는 관습과 규범, 세계에 관한 다양하고 상호 모순적이기까지 한 경험적 지식이다. 그런 점에서 일종의 암묵지暗默知, tacit knowledgy라고 할 수 있다. 또 그것은 고대로부터 통치자의 덕목으로 간주되어온 이론과 실천의 합일을 특징으로 하는 실천지prudence라고도 할 수 있다. 이 개념은 본서가 서론에서부터 제시해온 기본개념이기도 하다.

일반적 의미의 스테이트크래프트란 국가가 독점하고 있는 물리력의 유지와 행사를 원만하게 관리하면서 여러 종류의 크고 작은 국가행위자agent들을 육성·감독하는 일을 시작으로, 각종 제도들을 유지·발전시키고 외적 환경을 관리하는 것이라 할 수 있다. 나아가 근대국가의 스테이트크래프트란 여기에 더하여 주권자를 이루는 구성원들의 인간품성과 시민적 덕성을 관리하고 또 이들이 형성하는 제諸세력들의 힘의 분포를 관리하면서 일반의지를 도출해 내는 과제를 안고 있는 것이다. 이러한 스테이트크래프트의 특징으로 윤여준은 4가지를 들고 있다. 이것들은 제2부의 클라우제비츠 분석에서 제시하였던 천재의 역할로서 모순과 이중성을 극복하는 분별지의 균형을 의미한다.

첫째, 국가란 특정목표를 위한 도구가 아니라 각기 목표를 추구하는 개인과 집단을 위한 필수불가결의 터전을 제공한다는 점에서 총체적 거시적 관점을 핵심으로 한다고 볼 수 있다. 특정 목표가 아니라 여러 목표들 간의 균형, 나아가 현재와 미래 목표 간의 균형을 중시한다.

둘째, 스테이트크래프트는 구체적이고 현실적인 측면 특히 상황적 맥락을 중시한다. 국가의 운영이란 특정이론을 적용해 보는 것일 수 없다. 이론은 고도의 추상성을 갖고 있는 것이기 때문에 그것이 현실에서 제대로 작동되려면 구체적이고 비논리적인 상황에 대한 성찰을 통해 걸러져야만 한다.

셋째, 스테이트크래프트는 국정운영에서 직면하게 되는 각종 선택을 기본으로 딜레마적인 것으로 인식한다는 특징을 갖고 있다. 현실, 특히 정치세계는 모든 것이 양면성, 나아가 다면성을 갖고 있을 뿐 아니라 비합리적이고 상극적인 요소들로 가득 차 있으며 변화무쌍하게 물극반전物極反轉이 일어나는 세계인 것이다. 따라서 스테이트크래프트란 국정운영상의 결정이 갖고 있는 이러한 양면성 혹은 다면성을 충분히 고려하되, 무엇보다 선택에 위험을 무릅쓰고 적시에 과감한 결정을 내리고 이에 대한 책임을 지는 것을 요체로 한다.

넷째, 스테이트크래프트는 시공간상의 환경을 중시한다. 모든 문명과 국가는 상호교류 속에서 발전해 왔다. 국제환경을 외면한 자족적 폐쇄주의로는 살아남기 어렵다는 것은 가깝게는 공산권의 몰락과 북한이 처한 상황이 웅변해 주고 있다.

결국 스테이트크래프트란 국가를 유지·발전시켜 나가는데 필요한 실천지로서, 제도가 갖는 특성과 더불어 외부환경적 요인이라는 제약에서 딜레마적 선택에 따른 유·불리를 저울질하여 총체적으로 '상대적으로 덜 나쁜 것'을 받아들이는 것을 핵심내용으로 하고 있다.

따라서 스테이트크래프트는 구체적으로 헌법적 기본원리를 포함한 국가제도의 관리, 국민적 일체감 형성 및 통합의 유지, 대내외 각종 현안에 대응할 수 있는 올바른 정책의 수립 및 실행, 그리고 여러 정치세력 및 인물관리 등 '국가라는 법인체의 행위자로서 요구되는 각종 능력'이라고도 설명할 수 있으며 국가의 흥망성쇠에는 여러 가지 요인이 작용하겠지만 궁극적으로는 이 같은 제반요인들을 관리하고 통제하면서 중요한 결정을 내리며 나아가 결정과정 자체를 관리하는 정치지도자, 특히 우리의 경우 최고정치지도자인 대통령의 스테이트크래프트, 즉 국가를 운영하는 자질과 능력이 관건이다. 그런 점에서 그동안 대한민국이 성공한 부분은 물론 오늘날 대한민국이 겪고 있는 적지 않은 혼란과 갈등, 그리고 정체와 답보에는 역대대통령들의 스테이트 크래프트가 결정적인 영향을 미쳤으며, 앞으로 나라의 운명 나아가 민족의 운명 역시 바로 여기에 달려 있다고 강조하고 있다.

그는 대통령에게 요구되는 스테이트크래프트의 덕목으로서 다음과 같은 5가지를 제시한다.

첫째, 인간에 대한 깊은 이해: 인간에 대한 믿음과 이를 바탕으로 자아의 완성과 사회의 발전을 위해 노력하려는 자기철학의 정립이다. 무엇보다도 인간의 유한성에 대한 철저한 자각과 겸허한 태도가 요구된다. 인간의 불완전성에 대한 자각을 바탕으로 특히 인간 이성의 영역을 넘어서는 것에 대한 경외심과 더불어 타인과 사회에 대한 겸손한 자세가 요청된다. 대통령으로서 자질과 능력 보유 여부를 판단할 수 있는 기준은 다음과 같다

① 언어구사 능력
② 언어의 일관성 여부
③ 언행의 일치
④ 금도禁度의 준수 여부

둘째, 건전한 사회관

사회에 대한 이해 혹은 사회관 내지 시민관도 중요한 요소이다. 올바른 사회관을 식별하기 위해서 몇 가지 유념할 사항이 있다.

① 가부장적, 남성중심, 전체를 위해 부분적 희생 강요하는 유기체적 전통적 사회관과 가치관은 이제 통하지 않으며, 디지털 정보화시대를 맞이하여 급격한 문화변동에 따른 시행착오와 부작용을 해소할 수 있어야 한다.

② 인간의 사회적·공동체적 성격을 무시 혹은 경시하는 경향은 오늘날 시대정신과 맞지

않는다. 경제적 효율성이나 법치주의만 앞세우며 약자에 대한 배려를 소홀히 하는 정치세력은 민주주의에 역행한다는 강력한 비판을 받게 된다.

③ 사회영역과 국가영역의 구분이 중요하다. 사회는 연대성과 공동체를 생명으로 하지만 자율성 위에서 확보되어야 한다. 그렇지 않고 국가의 공권력, 즉 강제력을 통해서 공동체성이나 연대성을 제고시키려 해서는 안 된다.

셋째, 균형 잡힌 국가관

국가관이야말로 스테이트 크래프트의 핵심요소라 할 수 있다. 무엇보다도 '헌법적 가치'가 존중되어야 한다. 최근 교과서 기술상 민주주의가 적합한가 아니면 자유민주주의가 적합한가를 놓고 논쟁이 전개된 끝에 '자유민주적 기본질서'라는데 대체적으로 합의가 이루어지긴 했지만 그것이 무엇인가에 관해서는 여전히 상반된 시각이 존재하고 있다. 우리의 헌법적, 제도적 가치를 특정 이념의 입장에서 접근하는 것은 바람직하지 않다.

넷째, 통일관: 견제와 대비, 협상의 대북관

우리의 경우, 국가관에서 짚고 넘어가지 않을 수 없는 특수한 과제, 즉 대북정책 혹은 민족문제가 자리하고 있다. 여기서는 무엇보다도 국가와 민족에 대한 기본입장이 중요하다. 민족통일은 우리가 지향하는 가치이지만, 우리의 현실은 국가를 뛰어 넘을 수 없다는 데 대한 철저한 자각이 필요하다. 또한 북한 동포와 북한 당국을 엄격히 구분해야 한다.

다섯째, 고도의 식견: 암묵지

국정운영의 전문성은 특정분야의 기술자적 전문성을 가리키는 것이 아니라 한 분야에 정통해 지는 과정에서 획득한 국가사회에 대한 총체적인 이해와 그 운영능력을 의미한다. 그것은 이론가적 관찰자적 지식이 아니라, 인간사회의 본질과 조직체의 운영원리에 대한 경험과 추체험에 의해 체득된 일종의 암묵지를 지칭하는 것이다. 정책결정과정에 있어 문제에 대한 정통한 이해와 올바른 정책방향을 결정할 수 있는 고도의 식견이 필요하다. 가장 대표적인 것이 경제와 안보분야 문제이다.

이에 부가적인 일반적인 요건으로서 조직의 관리능력과 경력 및 도덕성을 든다.

1) 조직의 관리능력: 전문성과 더불어 중요한 자질이 사람과 조직의 관리능력이다. 두 가지에 유의할 필요가 있다. 하나는 조직의 크기에 관련된 것으로서 많은 부하를 거느리는 장수와 그러한 소수의 장수를 다스리는 군주에게 요구되는 자질은 다르다. 개인이 직접 관리할 수 없는

규모의 조직은 시스템관리가 필요하다. 두 번째는 조직의 질 및 성격의 차이이다. 공권력은 강제력을 동반한다. 따라서 일반적인 리더십과 공공리더십은 다르며 차이가 존재한다. 국가의 공공성을 충분히 이해하지 못하고 일반적인 관리능력으로 이를 감당할 수 있다고 믿는 지도자를 국정의 책임자로 선출하는 것은 위험한 선택이 될 수 있다.

2) 경력과 도덕성: 흔히 비전이 중요하다고 하지만 지도자의 비전이라는 것은 어떤 정책 프로그램을 발표하거나 책자를 내놓는 것이 전부가 아니다. 그보다는 지도자의 경력을 포함한 전 생애를 통해 구현된 가치체계가 비전이라 할 수 있다. 비도덕적 수단으로 지도자가 되면 국가운영에서도 부도덕한 짓을 일삼고 각종 물의를 야기하며 국민정서와 기풍을 타락시킨다.

윤여준 이사장이 제시한 이러한 스테이트크래프트의 덕목은 미래 통일한국의 지도자를 선출하는데 적용해야 할 기준이라고 할 수 있다. 이러한 덕목 중에서 인간에 대한 깊은 이해나, 건전한 사회관, 조직의 관리능력, 경제에 관한 식견 등은 일반 정치지도자 역량에 속하는 것들이며 건전한 국가관, 통일관, 안보관 등은 안보·통일에 관련된 역량이라 할 수 있다.

2. 조화 안보·통일 지도자 역량

이상의 검토를 기초로 안보·통일 전략가에게 요구되는 통치역량을 정리해보면 전쟁철학과 평화에 대한 고도의 식견을 바탕으로 건전한 국가관과 안보·통일철학, 정의의 실현의지, 도덕성과 노블레스 오블리주, 분별지의 균형 및 실천 역량 등을 들 수 있다. 구체적으로 살펴보자.

(1) 건전한 국가관과 안보·통일철학

① 국가관

국가관이야말로 스테이트 크래프트의 핵심요소라 할 수 있다. 국가는 합법적 폭력을 독점하는 등 강제력을 특징으로 가지고 있으며 따라서 공공성을 생명으로 하고 있다. 건전한 균형잡힌 국가관이 중요한 이유는 특정시대 특정한 사람들이 갖고 있는 인간과 사회에 대한 이해와 가치관이 공적영역으로 승화되고 나아가 강제력을 동반하여 현실에 시행되는 기재이기 때문이다. 이런 점에서 우리가 기준으로 삼아야할 균형 잡힌 건강한 국가관이란 무엇보다도 '헌법적 가치'가 존중되는 국가관이어야 한다.

최근 교과서 기술상 민주주의가 적합한가 아니면 자유민주주의가 적합한가를 놓고 논쟁이 전개된 끝에 '자유민주적 기본질서'라는데 대체적으로 합의가 이루어지긴 했지만 그것이 무엇인가에 관해서는 여전히 상반된 시각이 존재하고 있다. 오늘날 우리가 수호·발전시키려는

'자유민주적 기본질서'란 서구의 경우 주로 자유주의와 그것의 외연이 확장된 자유민주주의의 실현과정에서 획득되었다는 역사적 사실을 부인할 수 없다. 나아가 오늘날 자유민주주의 이념은 그러한 가치를 현실적으로 가장 잘 그리고 대표적으로 합리화 하고 있는 사상체계로서 사회민주주의까지를 포괄하는 것인 만큼 애써 이를 부정하려는 것은 오늘의 국제적 상식에서 벗어난 태도라 할 수 있다.

우리 헌정사에서 이와 같은 자유민주주의가 독재를 옹호했기 때문에 배척되어야 한다는 주장은 사실관계에 있어서 잘못된 것이다. 실제로는 이와 반대로 독재가 스스로를 자유민주주의라고 강변해 왔다는 것이 사실에 가깝다고 할 수 있다. 결국 헌법적 가치가 자유민주적 기본질서라는 점 그리고 이를 이끌어 온 주류 이념으로서의 자유민주주의를 애써 부인하려는 것은 본말本末이 전도된 사고방식이라 하지 않을 수 없다. 우리의 헌법적, 제도적 가치를 특정 이념의 입장에서 접근하는 것은 바람직하지 않다.

국가운영에서 이념의 중요성은 결코 경시될 수 없다. 그것이 없다면 방대한 영역에 걸친 다양한 정책의 전반적인 일관성과 통일성을 확보하기 어렵다. 그렇지만 세심한 주의가 필요하다. 국가운영에서 이념적·추상적·일반론적 잣대를 기계적으로 적용한다면 올바른 정책을 수립하기가 어렵게 된다. 물론 극단적인 이념체계는 배척되어야 마땅하다. 중요한 것은 이념적 정체성이 아니라 다양한 이념적 연원을 갖는 정책들을 현실 속에서 어떻게 배열하느냐 하는 것이다. 여기서 요구되는 기준은 '국민생활'을 염두에 둔 '균형과 합리'라고 할 수 있다. 당대적으로는 복지와 생산성 간에, 통시적 차원에서는 특히 연금체계, 그리고 교육투자에서 고도의 균형이 확보되어야 한다. 이러한 시공간적 균형과 합리성이 무시될 때, 이른바 포퓰리즘이 대두될 수 있다.

② 안보, 외교관

안보는 국가의 기본이라는 점을 집권자는 명심해야 한다. 안보에 공짜는 없으며 또한 여기에서는 어떠한 시행착오도 용납될 수 없다. 만반의 태세를 갖추고 만일의 사태에는 확실하게 국민의 생명과 재산을 보호해낼 수 있어야 한다. 안보리더에게 있어 가장 우선적이고 중요한 일은 국가를 수호하고자 하는 국민적 의지를 북돋고 결집시키는 일이다. 모든 국민들이 나와 나의 가족이 행복하게 살 수 있는 나라, 나의 꿈을 펼칠 수 있는 나라, 그리하여 지킬 가치가 있는 나라라는 의식을 가질 수 있도록 하는 것이 기본이다. 두 번째로는 국가가 나의 생명과 재산을 지켜줄 수 있는 의지와 능력을 가졌다는 것을 보여주는 것이 중요하다. 그래야 국민들이 정부를 신뢰하고 의지를 결집할 수 있는 것이다. 셋째로, 정부가 정권 차원이 아니라 국가차원에서 초당적이고 합리적으로 안보정책을 수립하고 또한 전문성과 중립성을 바탕으로 군을 통솔한다는 것을 보여줄 수 있어야 한다.

국가안보와 직결된 외교안보 분야의 능력도 매우 중요하다. 여기서 중요한 것은 민주적 통제력이 강하게 작동되는 국내정치와 무정부 상태속의 권력정치power politics, 즉 '레알 폴리틱스'real politics가 아직도 기본적인 특성을 이루고 있는 국제정치의 개념과 현실을 이상과 혼동하지 않아야 한다. 따라서 앞으로 국가 최고지도자가 되려고 하면 앞장에서 검토한 현실주의적 전쟁관과 평화관에 기초한 안보전략가로서의 식견이 요구된다.

특히 북한의 계속되는 핵위협을 극복하며 통일을 지향하고 다자안보체제 구축 등 동북아 평화체제 구축을 위해서는 확고한 외교관이 정립되어야 하는데 그것은 확실한 우방국의 확보 유지와 더불어 모든 관련국들과의 원만한 관계유지가 중요하다. 새로운 우방을 위해서 기존의 우방과의 관계를 소원하게 하는 일은 없어야 한다. 더욱이 정권교체에 따라 대외정책이 일관성을 잃고 표류함으로써 모든 우방을 잃는 우매함을 범해서는 안 된다. 중국과의 관계를 긴밀히 하는 것도 중요하지만 미국과의 관계가 손상을 받아서는 안 될 것이다. 역으로 그간 소원해 졌던 미국과의 관계를 개선시키는 일도 시급하지만, 그렇다고 중국과의 관계에 손상을 주는 방식으로 추진되어서는 곤란하다. 특히 장기적으로 한미동맹과 한중관계가 충돌하는 사태가 발생하지 않도록 용의주도하고 세련된 외교를 전개해 나가야 한다. 여기에서 핵심적인 요소가 북한이며, 대북정책과 북한 관리의 중요성을 절감하지 않을 수 없다.

③ 통일관

올해로 분단 66년째를 맞고 있고 분단고통 해소를 위해 통일을 염원하고 있지만 빠른 시일 내에 통일을 기대하기란 어려운 현실이다. 각종 여론조사를 보면 우리 국민은 통일과정에서 불안정한 정세가 조성되거나 경제적으로 어려운 상황에 직면하지 않을까에 대한 우려가 크다. 그래서 통일기금조성 논의가 이루어지고 있다. 급변사태 등 갑작스런 흡수 통일 시 우리국민이 지게 될 짐이 너무 무거울 것이라는 것은 명약관화明若觀火하다. 따라서 정부는 남북한이 교류와 협력을 통해 신뢰를 쌓고, 협의와 합의를 통해 점진적이고 평화적으로 통일을 이루어 나가고자 한다. 이러한 배경 하에서 '민족공동체 통일방안'이 마련되었고 이를 보다 더 현실적으로 접근하기 위해서 '3대 공동체 통일구상'이 나오게 된 것이다.

남북한은 하나의 체제로 통일되어야 하고, 현재 남북한 상황을 감안해 볼 때, 남북한 간의 체제경쟁은 끝났다. 이는 통일한국이 자유민주주의와 자본주의 시장경제체제를 기본으로 하여 통일되어야 함을 의미한다. 따라서 통일이 연착륙되기 위해서는 북한이 체제를 전환하고 남북한이 협의를 통해 점진적으로 통일과정을 밟아나가야 한다.

통일을 향한 여정에 있어서 짚고 넘어가야할 것이 있다. 대북정책에 있어 민족끼리의 문제이다. 여기에서는 무엇보다 국가와 민족에 대한 기본입장이 중요하다. 민족통일은 우리가 지향하는 가치이지만, 우리의 현실은 국가를 뛰어 넘을 수 없다는 데에 대한 철저한 자각이 필요하다. 민족이 국가를 넘어설 수 없다. 민족주의 이데올로기는 이미 낡은 이념으로써 국제화시대 다문화시대에서 그 의미는 상당부문 퇴색 된지 오래다. 따라서 '우리민족끼리'라는 용어는 선뜻 받아들이기 어렵게 되었다. 두 번째로는 북한 동포와 북한 당국을 엄격히 구분하는 자세가 필요하다. 북한 동포에 대해서는 깊은 애정을 갖고 있어야 하며 특히 인류보편의 가치관에 입각하여 그들의 어려운 처지를 개선해 주기 위한 휴머니즘이 필요하다. 그러나 북한 체제에 대해서는 이를 수용하거나 인정할 수 없다는 비판적 입장을 확실히 견지해야 한다. 다만 북한 당국에 대해서는 그들이 우리의 공식적인 상대이니만큼 특히 정부 당국자는 법도에 맞추어 그들을 대하는 자세가 필요하다.[784]

(2) 정의의 실현 의지

2010~11년 마이클 샌델의 저술『정의란 무엇인가』가 120만부가 넘게 팔리면서 모두들 깜짝 놀랐다. 그만큼 한국인들이 정의에 목말라하고 있었던 것이다. 한국 사회에 있어서 당대적當代的 시공적時空的으로 요구되는 정의란 무엇인가? 분석가들은 그것을 사회적, 경제적, 이념적 차원에서의 불균형을 제시하고 있다. 즉 사회 내부의 부패(특히 정치인을 비롯한 지도층), 중산층의 몰락으로 인한 빈부격차의 심화, 북한 핵문제 등 북한의 위협과 통일문제와 관련한 남남갈등 등이다.

지금 한국 사회에 세워야 할 '큰 바람'이란 어떤 것일까? 2012년 새해 벽두에 진보진영의 이론가인 백낙청 교수가『2013년 체제 만들기』[785]라는 책을 내고 과감히 이슈를 제시하고 나섰다.

백 교수에 따르면, 민주화, 자유화, 건강한 남북관계 지향 등 남한 사회를 도약시켰던 1987년 체제는 초기 동력들이 소진되면서 참여정부 중반에 말기 국면으로 접어들었고 "87년 체제를 나름대로 극복하고 새로운 선진화 체제를 만들겠다고 나타난 이명박 정부가 선진화는커녕 온갖 역행현상을 보이다보니 그 말기 국면의 혼란이 더욱 극대화된 상황"이라고 평가하면서 이에 따라 "우리 국민 대다수가 '어떻든 이렇게는 못살겠다, 확 달라져야 한다'는 정서적 공감이 있

---

784) 윤여준, 앞의 책, pp.151-152.
785) 백낙청,『2013년 체제 만들기』(서울: 창작과 비평, 2012)

고, 식자들 간에는 그것은 87년 체제에 필적하는 2013년 체제라는 새로운 시대를 건설하는 것이라는 공감으로 자리 잡고 있다'고 백 교수는 진단하고 있다.

87년 체제가 53년 체제라는 토대 위에 세워진 탓에 민주화를 위한 그 긍정적인 동력도 제대로 발휘하지 못하고 교착. 혼란. 퇴행상태를 겪게 된 만큼, 결국 53년 체제를 혁파하여 분단체제를 좀 더 획기적으로 바꿔나가야 한다[786]는 것이다. 따라서 새로운 2013년 체제는 무엇보다 87년 민주항쟁에 비견될 정도의 '크게 바뀌는 세상'을 전제한다. 그리고 그것의 가치는 '공정, 공평, 정의, 평화, 연대'와 같은 키워드들로 채워지고, 그것의 접근에 의한 '새로운 사회'로서 2013년 체제는 '민주, 평화, 복지사회'를 지향한다. 물론, 그것이 확정된 '3대 과제'도 아니고, 그것의 실현도 여타의 과제들—예컨대 생활양식을 생태적으로 전환하는 환경문제 등—과 정교히 결합되어야 한다고 백 교수 스스로도 밝히고 있지만, 굳이 2013년 체제론이 아니더라도 이는 감각적으로 감지할 수 있는 시대흐름에 따른 향후 세계의 상像이 아닐 수 없다.

백 교수는 포용정책 2.0 버전을 제시한다. 장래의 포용정책은 단순한 대북정책·통일정책이 아니라 한국사회의 총체적 개혁을 수반하는, 그리고 이런 개혁과 조율된 정책이 되어야 하고, 남쪽과 북쪽이 함께 변함으로써 한반도의 분단체제가 변혁되는 것을 지향해야 한다고 강조한다. 종전의 햇볕정책·평화번영정책의 범위를 넘어 남한사회 개혁을 수반하는 범 한반도적 분단체제변혁 전략이란 뜻으로 '2.0버전'이라는 표현을 쓴 것이라고 설명하고 있다.

아울러, 2013년 체제의 중요한 숙제중의 하나로 백 교수는 '본격적 사회통합'을 제기한다. 사회통합은 단순히 보수와 진보의 이분법을 뛰어넘어 '든든한 중도'의 결집으로 비로소 합리적 진보와 합리적 보수가 소통하고 경쟁하는 '정상의 사회'를 지향해야 한다는 것이다. 향후 전개될 2013년 체제에서 중도통합, 나아가 사회통합이 사회정의 실현의 중요한 숙제임이 분명하다.

백낙청 교수가 진보진영의 이론가라면 윤여준 이사장은 중도 보수진영 이론가이다(본인은 진보적 보수주의자임을 자처한다). 윤여준도 87년 체제의 극복과 올바른 변화를 강조한다. 그는 2011년 12월에 출간한 그의 저서 『대통령의 자격』에서 변화의 시기는 이미 도래하였다고 선언하면서 오늘의 시대적 과제는 기존 정치의 카르텔 구조를 타파, 87년 민주화 이후 꾸준히 성장해온 시민사회의 새로운 동력을 토대로 정치풍토를 개선하고 선진적 정치질서를 수립하는 데 있다며 2013년 체제의 의미를 부여하고 있다. 오늘의 과제는 바로 어디에서 변화의 동력을 찾아, 어떤 방향을 향해, 어떤 방법으로 변화할 것인가에 있으며, 변화가 중요하지만 더욱 중요한 것은 '올바른 변화'라고 강조하면서 선진국으로 도약하는 데는 창조적이고 주체적인 사고와 발상, 그리고 국민들의 의식과 체질상의 변화 없이는 불가능하다고 말하고 있다. 민주화 이후

---

786) 앞의 책, P. 163.

20년간 이어온 정체와 답보의 시대를 마무리하고 시대변화에 걸맞은 국가 건설을 위한 새로운 출발의 계기를 만들어야 한다고 말한다.[787]

(3) 도덕성과 노블레스 오블리주

'노블리스 오블리주'Noblesse Oblige란 '귀한 신분에는 책임이 따른다.'라는 뜻의 프랑스어다. 명예Noblesse만큼 그 의무Oblige를 다해야 한다는 뜻으로 사회지도층의 도덕적 의무를 말하고 있다. "높은 신분에 따르는 사회지도층의 정신적, 윤리적, 도덕적 의무와 리더십"에 깊은 의미를 두고 있는 것이다. 따라서 사회지도층의 책임의식, 즉 사회적인 지위가 있는 사람들은 그만큼 사회에 대한 의무를 다해야 한다는 뜻이기도 하다.

노블리스 오블리주의 미덕은 중세와 근대사회에서 조직을 이끄는 리더십의 표본으로 간주하여 왔다. 아리스토크라시Aristocracy: 귀족제의 역사가 긴 유럽사회에서 귀족층이 전장에 나가 목숨을 바쳐 공동체의 안전을 지키고 그에 대한 대가로 농노들에게 세금과 복종을 요구한데서 유래하였다. 로마와 카르타고가 벌인 포에니전쟁(BC 3~BC 2세기에 걸쳐 일어난 로마와 카르타고의 3차례 전쟁. 포에니는 페니키아인의 후손인 카르타고인을 가리킨다)에서 당시 귀족들은 전쟁비용을 대고, 평민보다 먼저 전쟁터에 나가 목숨을 바치는 것을 영광으로 여겼다.

영국의 명문 고등학교 이튼칼리지 출신자 2천여 명이 제1차, 제2차 세계대전 때 참전해 전사했고, 한국전쟁 당시 미군 장성의 아들 중 142명이 참전, 35명이 목숨을 잃거나 부상을 당했다. 또한 중국의 마오쩌둥毛澤東은 한국전쟁에 참전한 아들의 전사 소식을 듣고도 시신 수습을 포기하도록 지시했다. 포클랜드 전쟁(1982년 4월~6월, 아르헨티나와 영국이 포클랜드 제도와 주변 속령들의 영유권을 주장하기 위해 벌인 단기간의 전쟁)이 발발했을 때, 영국의 엘리자베스 여왕의 차남 앤드루 왕자는 공군 조종사로 자원 참전해 목숨을 걸고 싸움으로써, 국민의 신뢰를 얻어 전쟁을 승리로 이끈 큰 원동력이 되었던 것이다.

그렇다면 과연 우리나라 정치인들은 '노블리스 오블리주'를 실현할 만큼 사회지도층으로서의 리더십이 존재하고 있을까? 국가의 위기가 닥쳤을 때 제일 먼저 그들은 무엇부터 하려 할까? 사회지도층인 정치인들의 극심한 도덕적 해이가 사회 통합을 가로막고 있는 가장 큰 원인이 되고 있다는 것을 알고는 있을까? 2013년 5월 7일 박근혜 대통령의 미국 국빈방문 기간에 발생했던 청와대 대변인의 성추행 사건은 전 국민을 경악하게 했으며 국제사회에서 국격을 떨어트린 사상 유례 없는 사건으로 기록되었다.

사회지도층이 '명예(노블리스)'만큼 '의무(오블리주)'를 다했을 때 그 사회가 발전한다. 노

---

787) 윤여준, 『대통령의 자격』(서울: 메디치, 2011), pp. 525-526.

블리스(높은 신분을 가진 자)들은 그렇지 못한 사람들보다 오블리주(사회적 의무)를 모범적으로 수행해야 할 필요가 있으며 국민도 그것을 간절히 바라고 있다. 그러나 우리 사회의 정치인들은 특권을 당연한 듯 누리는데 익숙하지만, 역할을 하는 데는 거의 무지 상태라고 해도 과언이 아니다. 특권을 누리는 데는 앞장서면서도, 올바른 역할에는 좀처럼 나서지도 책임을 지려하지도 않는 모럴 해저드Moral Hazard: 도덕적 해이의 만연은 이제 위험수위를 넘고 있다. 그 대표적인 것이 병역의무의 회피이다. 이 나라 안보문제를 책임지고 있는 고위직들 중 많은 사람들이 본인 자신은 물론 자식들의 병역 회피 사례가 그렇게 많은 것은 무엇을 의미하는가? 안보문제에 대한 전문성이 없다는 것이다. 미국 대통령은 "모든 것은 책임은 내가 진다."는 자세로 중대한 결정을 했던 반면 우리나라 대통령은 "전쟁이 일어나지 않도록 잘 알아서 하시오"라고 책임을 장관에게 미루었다. 장관은 또 합참의장에게, 의장은 사령관에게 사령관은 현장 지휘관에게 책임이 전가되고 최일선의 병사는 방아쇠 한 번 제대로 당길 수 없는 허수아비가 되어 "쏠까요? 말까요?"하고 상관에게 묻는 비정상적인 군이 되었던 것이다. 전쟁의 결심은 대통령이 하는 것이다. 군에게는 어떤 경우에서라도 싸워서 이겨야 한다고 단호하게 명령하고 그렇지 못할 경우 책임을 물어야 한다. 그래야 강군이 되며 전투에서의 승리로 억제력을 확보하게 되며 이 힘을 가지고 적과 협상하여 전쟁으로 확대되지 않도록 할 수 있는 것이다. 그것은 대통령의 책임이다. 그런 결심을 할 수 있는 전문성이 있어야 한다.788) 따라서 사회지도층이라 할 수 있는 정치인들과 안보지도자들에게 있어 노블리스 오블리주는 무엇보다 우선해야 할 덕목이라 할 수 있다.789) 다행히 새로운 행정부에서는 총리가 병역미필자에 대한 장관임명 제청을 하지 않겠다고 한다. 매우 늦은 감이 없지 않지만 다행이다. 이제라도 제대로 해나가야 한다.

(4) 분별지의 균형 및 실천

분별지는 분별적 지혜를 말하는 것으로, 실천적 지혜를 말한다. 그것은 조화와 균형 그리고 실천력으로 구성된다. 안보통일 리더가 가져야 할 핵심능력으로써 분별지는 과거와 현재, 그리고 미래를 분별할 수 있어야 하며, 이상과 현실의 조화 그리고 안전하고 평화로운 통일을

---

788) 2013년 4월 1일 박근혜 대통령은 국방부 초도 업무보고 자리에서 "대한민국에 대해 어떤 도발이 발생한다면 일체 정치적 고려를 하지 말고 강력 대응하라"고 지시하였다. 참으로 만시지탄감이 없지 않은 대통령의 군에 대한 확실한 임무 부여이다.

789) 우리나라 정치지도자들의 병역의무 이행여부를 살펴보면 극명하게 대비된다. 이명박 정부의 예를 보건, 대통령이 군대 면제자이고 김황식 국무총리도 면제자였다. 국가안보의 핵심기관인 원세훈 국정원장도 군대 면제자였고, 김성환 외교통상부장관도 마찬가지로 군면제자였다. 이들 군대 면제자들 중에는 편법적으로 병역기피를 한 흔적이 있는 인물도 포함돼 있다. 남북이 대치하고 있는 나라에서 국가안전보장회의 주요멤버들이 군면제자들이라는 사실이 우리나라 안보 리더십의 현실을 극단적으로 보여주고 있다.

이루어 낼 수 있는 실천력이 있어야 한다.

　　그러한 리더를 오센틱 리더라 부른다. 오센틱이란 '진정한', '진짜의'라는 의미로 오센틱 리더십은 최근의 변혁적 리더십이론과 윤리적 리더십 이론의 개념을 포괄하는 종합적 개념이다. 따라서 안보통일 리더로서 오센틱 리더십은 다른 모든 리더십 개념을 아우르는, 포괄적이고 광범위한 의미를 가지고 있다. 이를 위해서는 고도의 식견과 조직의 관리능력 그리고 경력과 도덕성 등이 요구된다.

제5절
지도자 육성/훈련체계

1. 일본의 사례

일본에 '마쓰시타정경숙'이라는 정치지도자를 양성하는 정치사관학교가 있다. 실업가로서 성공을 이룬 마쓰시타 코노스케가 만년에 차세대 국가지도자를 육성하기 위해 만든 것으로 사비 70억 엔을 들여 가나가와 현 치가사키 시에 공익재단법인인 마쓰시타정경숙을 세웠다.

입학 자격은 학생으로 재학 중이거나 또는 직업인으로서 취직 상태가 아닌 22세부터 35세 이하의 청년으로 소정의 선발시험에 합격한 사람에 한하여 입학이 허용된다. 입학 후에는 학교 내 기숙사에서 집단생활을 보내며, 4년간에 걸쳐 연수, 실천 활동을 실행하게 된다. 재학 중에는 매월 20만 엔의 연수자금이 지급되며, 각자의 활동계획에 기초하여 활동자금이 별도 지급된다. 연수 커리큘럼은 정치학, 경제학, 재정학 등의 전문적인 것에서부터, 차도, 서도(서예), 좌선, 이세진구(신사)참배 등 일본의 전통에 대한 교육, 더불어 자위대체험 입대, 무도, 매일아침 3km의 조깅, 100km 보행훈련 등 폭넓게 준비되어 있다. 그 중에는 파나소닉공장에서 제조에 참가하거나, 점포에서 영업판매 등 마쓰시타 산업에 관한 것도 있다.

교육 내용 및 방법 중에는 수정자본주의를 지향하는 마쓰시타 고노스케의 의향으로 설립된 것도 있어, 졸업생의 대부분이 사상적으로는 민족주의와 공동체주의를, 경제적으로는 국가자본주의/중상주의 내지 실용적인 사회자유주의적 정책을 지향하는 경향이 있다. 어떤 졸업생도 행정 개혁, 지방분권 추진의 자세는 공통점이 있다. 단, 정경숙 재학 중에 특정의 정치사상이나 입장에서 교육하거나, 특정 사상을 배제하는 것은 아니다. 졸업생의 43 %가 정치의 길을 걷고 있으며, 현직 정치인인 졸업생은 2010년 8월 30일 현재 중의원 의원 31명, 참의원 의원 7명, 지방자치단체장 10명, 지방 의원 24명, 총 72명에 달한다. 그들의 대부분은 양대 정당인 민주당 자민당 중 하나에 속하지만, 현재는 특히 민주당에 많은 졸업생이 소속되어 있으며, 같은 당내에서는 우파세력으로서 일정한 영향을 미치고 있다. 한때 다당제의 시대에는 민사당과 일본사회당에 소속된 지방의원도 있었으며 지금도 공명당에 소속된 지방의원이 있다.

마스씨타정경숙이 우리의 이상적인 모델이 될 수는 없다. 다만 그러한 시스템이 일본에 발달해 있다는 것이 부러움이 있을 따름이다. 서구 민주주의는 프랑스 대혁명 이후 300여년을 거쳐 발달해 온 제도이다. 서구 제국은 각국에 맞는 엘리트 충원 시스템을 발전시켜 왔다. 우리 나라의 민주주의 역사는 일천하다. 해방과 건국 이후 바로 전쟁이 일어났으므로 종전 이후를 정상적인 국가운영으로 볼 때, 60년이 채 못 되었다고 할 수 있다. 따라서 아직 민주주의 시스템 이 완성되었다고 볼 수 없으며, 따라서 좋은 시스템을 발전시켜 나가야 한다는 점에서 정치지도 자의 육성시스템 구축은 이 시대의 과업 중 하나라 할 수 있다.

2. 영국과 미국의 사례

영국에서는 '국립정부학교'National School of Government가 고위공무원 리더십 워크숍을 담당한다. 그 명칭은 'Leading Edge and Senior Manager Workshop'이다. 30년 전통을 가진 이 기관은 고위직 에게 지적이고 실천적으로 뭔가 다른 것을 가르쳐 조직을 바꾸어 나가도록 하겠다는 취지로 설립되었다. 리더십을 개발하는 워크숍과 자신이 개발하는 워크숍으로 나누어 운영된다.

미국은 고위공무원교육원이 있다. 여기서 고위직 공무원 훈련프로그램이 운영되고 있다. 리더십과정은 결과 지향적 리더십, 아스펜 세미나, 고성과 창출조직 만들기, 전략적 관리기법, 360도 리더십, 관리자의 코칭기법, 정부 내 변화 만들기 세미나, 리더를 육성하는 리더, 조직성 공 촉매로서의 리더, 관리자 커뮤니케이션 기법, 소용돌이 속의 리더십 등의 교과로 편성되고 2-3일씩 여러 달에 걸쳐 실시된다.790)

3. 한국

우리나라에는 아직 정치지도자의 육성 및 훈련시스템이 없다. 그간 우리나라는 해방과 더불어 6.25를 거쳐 산업화과정에서 군사정권의 군 엘리트들이 안보지도자 역할을 해왔다. 그러나 민 주화 이후 민간인 대통령이 뒤를 이으면서 상대적으로 안보전략적 차원의 역량이 많이 쇠퇴한 것이 사실이며 일부 급진 좌파 및 종북주의자들에게 있어 아예 안보전략은 타도대상이 되고 있다.

우리나라의 중앙공무원 교육원에서는 고위공직자와 5급 이상 중견공무원을 위한 리더십

---

790) 박수영, 「미국연방고위공무원 리더십 교육 연구」(2003. 5)

프로그램이 있다. 5급 이상 4급 이하 공무원과 공공기관 직원을 대상으로 하는 리더십 개발방향은 (1) 섬기는 정부의 공직자 자세 및 역할 정립 (2) 리더십 역량 개발 및 실습을 통한 관리능력 배양이다.

통일지도자 양성을 위하여 통일부에서 2012년 3월부터 국가고위직과 대학총장, 기업대표 등을 상대로 한 고위급 리더십 프로그램으로 '통일정책 최고위과정'을 설치, 운영을 시작했다. 통일시대를 맞이하여 매우 늦은 감이 없지 않지만 다행이라 할 수 있다.

조화통일 오센틱 리더십 컨피던시 종합

이상에서 우리는 우리의 미래사회를 이끌어갈 지도자가 갖추어야 할 여러 가지 차원의 리더십을 살펴보았다. 리더십이란 여러 가지 차원이 존재하고 각 분야별, 직종별, 직급별로 요구되는 역량(또는 컨피던시가)이 각기 다르다. 더 나아가 국가를 대표하여 역사를 이루어 나가야 할 통치자에게 요구되는 역량은 또 다르다. 더욱이 우리가 당면해 있는 전쟁상태를 종결하고 평화상태를 창출하며 남북통일을 이룩해내야 하는 지난한 과제를 감당해내야 하는 한국대통령의 과제는 막중하기만 하다.

이러한 과제를 수행해야 하는 대통령에게 요구되는 역량은 일반 지도자 역량과는 다른 특수한 역량이 요구되는 것은 자명하다. 공공리더십은 강제력을 수반하기 때문에 일반 리더십과는 구분된다. 또한 사익을 추구하는 것이 아니기 때문에 일반 기업 CEO와의 리더십과도 구분된다. 또한 정치적 리더십은 이러한 것들과 구별된다. 정의성과 공공성이 요구되며 더 나아가 안보 통일리더에게는 고도의 통치행위가 요구되는 실천지로서 분별지의 균형이 요구된다.

클라우제비츠는 전쟁의 이중성을 극복하고 삼위일체의 조화를 이룰 수 있는 분별지의 균형 모델로서 천재를 상정하고 있는데 그것은 나폴레옹을 염두에 둔 것이었다. 극한의 상황에서 긴박하고 절실한 순간에 분별지의 균형을 이루는 리더십을 실천할 수 있는 천재의 역할이 필요하다.

이러한 역할의 롤 모델 사례로, 반공주의자 닉슨의 중국방문을 통한 핑퐁 외교로 죽의 장막을 개방시킨 혁신적 역사인식 사례와 3차 세계대전, 핵전쟁의 기로에서 평화적 해결을 한 케네디의 쿠바미사일 위기 극복 사례 등을 들 수 있고 우리나라의 예로 세종대왕과 이순신 장군을 들 수 있다.

그것은 '나폴레옹의 나의사전에는 불가능이란 없다'는 도전정신과 '신에게는 아직 12척의 전함이 있습니다.'라고 하는 자신감과 불굴의 정신, 그리고 훈민정음을 창제한 대왕 세종의 창조정신, 닉슨과 케네디의 정의에 대한 신념 등이라고 할 수 있다.

따라서 일반적으로 논의되는 리더십 이론으로 우리가 당면해 있는 지난한 과제, 북한 핵문제 해결과 통일을 이끌어갈 지도자에게 요구되는 역량의 식별은 부족한 면이 있다. 우리는 짧은 60여년의 역사를 통하여 군사독재 지도자, 민주화 정치지도자 그리고 CEO 출신의 지도자들을 경험하여 보았고 이들 지도자들의 장단점을 확인할 수 있었다. 2013년 체제를 맞으면서 우리에게 주어진 당대적 사명과 정의를 실현할 수 있는 진정한 지도자가 요구되고 있다 할 수 있다.

이상과 같은 검토를 기초로 조화통일 미래를 이끌어갈 리더에게 요구되는 오센틱 리더십 컨피던시를 요약·정리하면 다음과 같다.

미래 통일한국 지도자	조화통일 오센틱 리더	
	• 공공리더십 역량 • 정치적 리더십 역량 • 안보/통일 리더십 역량	
정치·안보 지도자	정치적 리더	안보·통일 리더
	• 공공성(정의성)과 도덕성 • 올바른 역사관과 사명감 • 국가 비전과 통찰력 • 이슈 창출 능력 • 커뮤니케이션 능력과 조직력 • 건강과 폭넓은 식견 • 책임감과 국민에 대한 진솔한 애정	• 건전한 전쟁철학과 평화관 • 건전한 국가관/통일관 • 정의의 실현 의지 • 노블레스 오블리주 • 전략적 비전
공공 지도자	공공 리더	
	• 그린green 리더십 역량 • 창조creative리더십 역량 • 융합fusion리더십 역량 • THE리더십 역량	
지도자 교육/훈련 시스템		

밀리터리 리더십 컨피던시*

논의 개요 ▶▶

혼히 장교단의 가장 바람직한 상은 '사고하는 군인'Thinking Soldier으로 내세우는데 그 이유는 어디서 오는 것인가? 이 '사고하는 군인' 상은 '야전성 군인'에게 어떠한 의미를 주는 것인가? 다시 말하면 왜 야전지휘관이 사고하는 군인이어야 하는가?

사고하는 군인자질은 야전지휘관이 아닌 다른 일단의 주특자主特者, 專門家들에게나 필요한 것이며 지휘관은 이들을 적절히 활용하고 부리기만 하면 될 것이 아닌가? 특히, 현대에는 군대도 업무별로 전문화가 되어 있으니까 '생각하는 군인' 따로 '지휘하는 군인' 따로 해도 상관없는 일이 아니겠는가? 이러한 질문(경우에 따라서는 우문)은 여전히 우리 군대 내에 만연되어 있음을 부인할 수 없는 실정이다.

역사적으로 다른 세계의 군대가 그러하였던 것처럼 군대의 직업교육의 특성적 요구에 입각해서 이 문제가 역사적 성찰을 통해 회고되어야 할 것이다. 따라서 여기서는 현대전 수행에 있어서 요구되는 장교의 자질면에서 왜 전략 이론의 학습이 필요한가 하는 점을 제시하고자 한다. 왜냐하면 이 문제는 역사적으로 프레데릭, 나폴레옹, 삭스, 몰트케, 핸더슨, 클라우제비츠, 마한 등 서양의 대전략가들의 핵심적 관심사였기 때문이다.

---

* 류재갑, "군인(장교단)들에게 요구되는 자질"『군사전략·전술 이론과 실제』(대전: 공군대학, 1999), pp. 21-31. 저자의 양해를 득하여 전재.

군사전문직업상 요구되는 자질

미국의 군대는 군직업상 요구되는 자질요건으로 통찰력insight, 전문지식Knowledge 및 직업윤리ethics를 요구하고 있다. 통찰력이란 군인에 있어서는 특히 필요한 자질이다. 왜냐하면 전장은 항상 불확실한 안개 속에 싸여 있고 우연성이 지배하며 위험성이 본질적으로 내재되어 있기 때문에 클라우제비츠가 지적한 것처럼 사물을 꿰뚫어 볼 수 있는 혜안coup d'eil이 요구되기 때문이다.

이 혜안은 반드시 정신적인 용기를 수반해야 한다는 뜻에서 의지적인 특성을 지닌다. 왜냐하면 전장 환경에서 얻어지는 성공의 결과는 항상 값을 치르고서 달성되기 때문에 지휘관의 결정은 선택의 문제이며, 이 선택의 결과는 늘 손익의 양면성을 지니는 상쇄적 효과trade-off를 나타내기 때문에 선택의 결심은 반드시 정신적 용기를 필요로 하기 때문이다. 그래서 이 혜안은 클라우제비츠에 의하면 '마음의 눈'mind's eyes이 열려 있을 때에 가능하게 되는 것이다. 어떠한 위험한 상황에서도 '마음의 눈'이 열려 혜안을 발휘할 수 있는 상태가 바로 가장 이상적인 통찰력을 발휘하는 상태일 것이다.

그래서 이 통찰력에 근거하여 손익의 상반적 상황, 값을 요구하는 위험한 상황에서 상황을 판별判別하고 우선순위를 결정할 수 있는 상황적 시각을 지닐 수 있게 되는 것이다. 따라서 장교단에 요구되는 가장 중요한 자질은 통찰력인 것이다.

두 번째, 지적자질知的資質은 자칫하면 야전 군인에게 생길 수 있는 지성의 결핍 또는 극단적인 경우에 나타나는 전군적인 반지성적 풍토에 의해서 생기는 비합리성과 불합리성 또는 몰지성적 경향을 타파해 나갈 수 있는 일반적인 지식과 교양 및 전문지식을 의미한다. 이러한 자질은 군장교단의 계층적 차이 또는 분과별 차이에 따르는 전문지식뿐만 아니라 한나라의 청년들을 교육·훈련시키는 교관으로서 또한 지도자로서의 리더십을 발휘할 수 있는 자긍심과 자존심을 세울 수 있는 수준의 지식을 의미한다.

특히, 현대의 군대는 과학기술과 관리방법 및 사회교양에 있어서 그 어느 때보다도 고등교육의 자질을 요구하며 국민 교육의 평균수준이 향상됨에 따라 병사들의 교육수준이 대체로 고등교육수준(대학수준)이므로 장교단에 요구되는 지적 자질은 종래에 비해서 훨씬 높다.

세 번째, 장교단에 요구되는 자질적 특성은 직업적 윤리관이다. 이 자질은 헌팅톤S. Huntington이 제시하는 세 가지 전문직업인의 특성의 책임성responsibility과 전문성expertise 및 내적 단결성corporateness 중 책임성과 내적 단결성을 망라하는 개념이다.

즉, 장교단의 직업적 윤리는 밖으로는 그가 속해 있는 국가사회에 대한 충성심(책임감)과 헌신 봉사의 정신, 안으로는 자신이 몸담고 있는 군대에 대한 헌신과 봉사 및 일체감의 정신을 뜻한다. 특히, 장교단이 다른 직업에 비해 가장 이상적인 전문직업이라고 헌팅톤이 지적하고 있는 바와 같이 자신의 소속의식에서 나오는 책임감과 모사회와 국가에 대한 봉공의 정신이 두드러져야 하는 것이 장교단이다. 장교단이 한나라의 젊은이들에 대한 훈육관이며 지도자인 이유는 바로 장교단이 갖는 직업적 윤리성의 공공성 때문이다.

문제는 여기서 이러한 윤리적 또는 도덕적 자질이 어떻게 형성되는가 하는 점이다. 대체로 경험적으로 볼 때 이러한 규범적이고 당위적인 요구자질이 자연적으로 생기거나 상급자나 상급부서의 강조나 독립적인 정신교육에 의해 형성되는 것이기 보다는 지적인 자질의 향상과 비례관계에 있다는 점이다. 그래서 영국의 저명한 전략가 리델 하트B. Liddel Hart는 군사교육의 목적을 '문제에 대한 과학적 접근방법을 가르치기보다는 실천기술을 발전시키고 충성의 정신을 함양하기 위한 것'이라고 설파한바 있다. 결과적으로 이러한 장교단의 기본적인 자질은 제도적으로 설정된 교육과정과 자학자습을 통해서 총합적으로 형성되는 것이다. 즉, 통찰력과 지식과 직업적 윤리는 별개의 분리된 방법이나 수단에 의해서 형성되는 것이 아니라 이 세 가지 자질이 교육과 자습의 과정을 통해서 총괄적으로 형성되는 것이다.

이러한 자질을 계급별로 구분해 본다면 보다 실천적 의미를 지니게 될 것이다.

장교단의 계급별 요구자질

장교단에게 요구되는 일반적인 공통적 자질은 위에서 제시한 세 가지로 요약될 수 있겠으나 장교단의 업무영역이 계급별로 그 범위와 수준이 차이가 나기 때문에 적용상 강조점이 서계적_{庶系的}으로 발전된다고 볼 수 있다. 대체로 대별하면 위관급, 영관급, 장관급으로 구분할 수 있을 것이다.

미국의 경우 이 3대 계층은 중대장급company grade, 대대장급field grade 및 고급장교senior officer grade로 구분되며 중대장급은 우리나라의 위관급, 대대장급은 소·중령, 고급장교는 대령 이상 장관급에 해당된다. 이 구분에 있어서 우리나라와의 근본적인 차이는 대령을 고급장교단으로 분류한다는 점이다. 왜냐하면 정책이나 전략의 기획업무는 대령급 장교에서부터 본격적으로 시작되기 때문이다.

어쨌든 장교단의 계급별 요구자질을 분류한다면 미국육군이 제시하고 있는 바와 같이 위관장교들에게는 부하들에 대한 직접적인 지휘능력, 즉 접촉을 통한 지휘기술human skill이 다른 어느 계급에 있어서 보다도 요구되며, 영관장교에게는 하나의 조직을 단위로 관리하는 관리기술management skill이 요구되고, 대령급 이상의 고급장교에게는 기획가 또는 정책설계 입안자로서의 개념화, 즉 목표와 수단 및 방법을 연결시키는 개념창출의 능력conceptualization skill이 요구된다.

문제는 이러한 자질이 각 해당계급에 가서야 특별히 강조되고 적용되는 것이기는 하지만, 해당계급에 이르러서야 그 자질을 양성하는 것이 아니라 최초의 장교임관 교육과정에서부터 지속적으로 함양해 나간다는데 있다. 다시 말하면 제도화된 전교육과정과 오랜 자학의 과정을 통해서 미리 그러한 자질의 기본이 형성된 후에 경험과 경륜을 통해서 적용이 가능한 실질적인 차원의 자질이 된다는 점이다.

실제적으로도 소련이나 미국이 장교교육에 얼마나 많은 관심을 제도적으로 기울이고 있는가 하는 점에서도 개념화의 능력이 초급장교시절에서부터 함양되어야 함을 알 수 있다. 소련은 장교근무기간 중 총 교육기간이 10여 년에 이르고 있고, 미국은 8~9년에 이르고 있는 실정이다. 이 양국에 있어서 장교단의 평균적 자질은 민간대학교 석사와 박사수준의 중간쯤의 수준에 이르고 있는 실정이다.

북한의 경우에 우리나라에 비해 훨씬 장기간의 지적 교육을 수행하고 있다는 점을 주시해야 할 것이다. 그렇다면 전략에 대한 이론적인 자학자습이 어떤 의미를 지니며 자질 향상에 어떻게 기여하는가?

제3절
자학자습의 필요성

왜 스스로 공부할 필요가 있는가? 소련의 '생각하는 장교'인 로모프Lomov 중장은 1970년대 중반에 이미 교육의 중요성을 설파한 적이 있다. 그는 적어도 전략의 기획이나 수행에 있어서 상급자가 시키는 대로 무조건 따라가는 '예스 맨'yes man보다는 '노'no라고 말할 수 있는 용기 있는 지성을 갖춘 참모진이 필요하다고 역설하면서, 참으로 행복한 상급자는 용기와 자신을 갖고 합리적으로 비판할 수 있는 '노 맨'no-man의 참모들로부터 비판적 견해를 듣고 '아침이슬에 피어나는 장미꽃' 같은 미소를 띨 수 있는 흐뭇함을 가질 수 있는 경우라고 지적하고 있다. 합리적인 비판적 통찰력을 지니는 지적 용기야말로 '생각하는 장교'의 이상적인 상이 될 것이다.

제도적 교육이나 자기학습 없이 어떻게 그것이 가능하겠는가? 교육의 결과가 비판적 통찰력을 부여해 주는 이유는 앞에서 지적한 바와 같이 '마음의 눈'을 열어주기 때문이다. '마음의 눈'이 열리게 되면 클라우제비츠가 설파하는 바와 같이 불확실하게 안개 속에서도 한 올의 실마리를 찾아내는 지적 혜안이 생기고 난관을 극복할 수 있는 지적 용기가 생겨나게 된다는 것이다.

그렇다면 이론이 실천가에게 그러한 역할을 제공하는가? 실천가에 있어서 이론 그 자체는 거의 유용성이 없는 경우가 많다. 그러나 핸더슨이 지적하고 있는 바와 같이 누구에게나 전쟁의 실질적인 경험은 극히 부족할 뿐만 아니라 이 실질적 경험도 성찰의 기반을 제공하지 못하거나 다른 사람의 경험과 비교·평가되지 않으면 그 가치가 반감되는 것이다. 그래서 실질적인 경험으로부터 값진 것을 이끌어내려면 성찰과 비교가 필요하게 된다.

그러나 이 성찰과 비교는 두뇌가 생각할 수 있도록 훈련되어 있지 않거나 그의 마음이 과거의 지식으로 충만되어 있지 아니할 경우에는 불가능하다. 특히, 전략이나 작전수준의 전략, 또는 독립적 지휘술에 있어서는 한 개인의 과거 초급장교 시절의 전술적 경험은 오히려 그의 시각을 좁혀 주는 역작용을 하게 되기도 한다. 따라서 과거의 명장들의 지휘술에 충고를 받지 않으려고 하는 사람에게는 이론은 무용지물이 된다.

맥도갈M'cDougall이 피력하고 있는 바와 같이 학습이 우둔한 자를 영특하게 만들지는 못하며, 본성적으로 우유부단하고 어리석은 자를 과단성 있고 신속히 결심하게 만들지는 못한다. 그러나 재빨리 행동하고 과감하게 결단성 있게 행동하는 기질은 천성에 크게 좌우된다 할지라도 올바로 행동하는 자질은 실제에서 요구되는 전술의 학습에 비례한다.

찰스 나피에르 경Sir Charles Napier은 끊임없는 학습을 통한 자기연마를 다음과 같이 설파했다.

독서를 통해서 사람은 특출하게 될 것이다. 독서를 하지 않고서는 능력이란 소용없게 된다. 사람이란 보다 상위의 직위를 제공되는 계속적인 학습을 하지 않고서는 직업적 자질을 배울 수 없는 것이다. 책임 있는 지위에 있을 동안에는 읽을 시간이 없다. 그리고 텅 빈 머리통으로 그러한 상위의 직위에 오르게 되면 그것을 채우기에는 너무 늦었음을 깨닫게 된다. 그래서 많은 사람들은 그 자신을 타인의 추종을 불허하는 특출한 능력자로 만들지 못하게 되어 자신은 운이 없다고 말한다. 그러나 그것은 진실이 아니다. 다만 그들 자신의 과거의 게으름이 결국 가까이 오는 행운을 잡을 기회를 놓치게 하는 것이다.

그러므로 상당수준의 독서와 연구는 야전에서 부대를 지휘하고자 하는 사람에게는 절대적으로 필요하다. 다만 독서는 웰셀리 경Lord Wolseley이 지적하는 바와 같이 생각 없이 건성으로 하는 것을 의미하지 않고 조금 읽더라도 심사숙고하면서 읽는 것을 의미한다. 따라서 심사숙고하면서 하는 독서는 작전수준의 전쟁과 작전술(야전군의 지휘)을 이해하는데 있어서 본질적인 요소이다.

심사숙고하는 독서 없이는 '훈련받은 눈'trained eyes을 가질 수 없게 되어 소로킨P. A. Sorokin이 '지키는 자 자신을 누가 지키는가'하는 질문에 대한 논의에서 제기한 '훈련받은 무능'trained incapacity에 빠지고 말 것이다. 이는 창의력을 발휘하지 못하고 훈련받은 바를 기계적으로 적용하는 축구선수와 비슷하게 될 것임을 의미한다. 그래서 나피에르 경Sir Charles Napier은 "과거의 경험에 입각해서 그 자신을 교육시키지 못하고 그의 지휘 하에 수많은 부하들의 생명을 책임지게 되면 그 장교는 어떠한 살인자보다도 더 위험한 범죄를 범하는 것"이라고 지적했다.

전쟁은 분명히 특정 소수에게만 승리를 가져다 줄뿐 대체로 재앙을 안겨주는 사건이다. 전략적 사고와 교리는 부분적으로 전투의 결과에 대한 알려지지 않은 안개와 복잡성, 마찰 등이 불확실성을 줄여준다. 그러나 '전쟁의 원칙'과 같은 경구나 격언은 그것이 아무리 오래되고 유명해도 투철한 사고와 심사숙고한 선택을 대체할 수는 없는 것이다. 따라서 심오한 전략적 사고 없이는 좋은 전략은 없는 것이다. 왜냐하면 전략은 무엇보다도 지적 창조물이기 때문이다. 체계적인 전략적 사고의 습성은 평상시의 독서와 학습을 통해서만 가능한 것이다.

삭스Marshal de Saxe, 1669-1750 장군이 지적하고 있는 바와 같이 부대원들의 일상적인 교련식 훈련에만 열중하는 장교는 전쟁의 본질문제를 심사숙고하지 않고 이런 식의 훈련만이 군사술 military art의 유일한 분야인 것으로 착각한다. 그래서 그들의 고급부대 지휘관이 되었을 때에는 전체적으로 무지하게 되어 해야 할 일이 무엇인지를 알지 못한 채 그들이 알고 있는 일만 하게 되는 폐단에 빠지게 된다. 나폴레옹이 임종에서도 역술한 바와 같이 위대한 장수들의 전투에 대해 읽고 또 읽어라. 그것이 전쟁술을 올바로 배우는 유일한 방법이다.

그렇다면 전략의 이론은 실전지휘관들에게 어떤 '배움'을 주는가?

전략이론의 역할과 한계

무엇보다도 먼저 전략의 이론은 앞에서 제시한 바와 같이 '마음의 눈'을 열게 하는 가장 근본적인 지적 도구이다. 그래서 이론은 전장으로 가지고 다니기 위한 만병통치약의 핸드북이나 매뉴얼이 아니라 코르벳Julian Corbett이 말한 바와 같이 사람의 마음을 교육시키는 수단, 즉 자기 자신을 교육시키는 수단이며 척도이다. 이론의 으뜸 목적은 자아학습self-education의 도구이며 밑받침이다.

그래서 이론은 궁극적으로 전쟁수행을 위한 원칙이나 지침 그 자체가 될 수는 없고, 효과적인 힘을 증대시키는 것 이상의 역할을 하기는 어렵다. 나피에르가 지적한 것처럼 이론은 우둔한 자를 영특하게 만들지는 못한다. 다만 발전의 가능성이 있는 자를 더욱 유능하게 만들 수 있을 뿐이다. 그래서 이론의 실절적인 가치는 유능한 사람이 보다 광범하고 시의적절한 시각을 얻을 수 있도록 도와줌으로써 갑자기 전개되는 상황에서 모든 가변적인 요소를 신속히, 보다 확실성 있게 포착하고 모든 국면을 포괄하는 계획을 세울 수 있도록 하는데 있다(Corbett).

이론 없이는 자아학습self-education은 있을 수 없는 것이다. 심프킨Richard Simpkin 장군에 의하면 "전략이론의 가치는 전쟁수행의 청사진을 만들어내는데 있는 것이 아니라 전쟁이라는 현상의 이해를 증진시키고 전쟁에 관한 토의의 도구를 제공하며 전쟁을 보다 효과적으로 수행하거나 예방할 수 있도록 마음을 훈련시키기 위한 수단을 제공하는 것이다."

전쟁의 현상을 세 개의 극pole 또는 경향, 즉 인간(전투원)의 맹목적 본능(제1극)과 전장환경의 불확실성과 우연성 및 이로부터 나타나는 적과 아我 사이의 2차원적 예측 불허성(제2극) 및 전쟁을 수행할 제도적 책임을 지는 국가의 지적경향(제3극)의 균형점에서 각각의 경향이 각자의 본성적 힘을 정지한 채 한 점에서 수렴되어 있는 상태인 삼위일체trinity로 파악하고 있는 클라우제비츠는 전쟁이론의 핵심적인 인식주체를 완전히 자유로운 상태의 인간, 그러나 불확실성과 비결정성을 지닌 인간으로 파악했기 때문에 전쟁이라고 하는 대상을 객관적으로 존재하는 객체로 파악하는 원칙주의적 과학관과 일차원적인 객관주의적 인식방법을 거부하고 현상

(전쟁)을 행위자의 마음을 통해서 파악하려 했던 것이다.

따라서 전쟁은 물질적인 것에 국한되지 않고 심리적인 힘과 그 효과와 결합되어 있으며 두 적재자간의 끊임없는 2차원적 상호작용의 영역에 속하게 된다.

그런데 정신적 요소의 가치는 클라우제비츠가 제시하고 있는 바와 같이 정신적 요소와 가치는 다만 각인에 따라서 상이한 내적인 눈inner eyes에 의해서만 인지될 수 있다. 이 내적인 눈은 동일한 사람에게도 시간에 따라 다르다. 전쟁수행의 술이 이 '내적인 눈'에 의해서만 습득될 수 있는 것이라면 원칙이나 격언식의 핸드북이나 매뉴얼은 가치가 없게 된다. 따라서 이론의 기능은 관계되는 모든 요소(물질적, 정신적, 환경적 요소)를 명백히 하고 포괄적으로 체계적 순서로 통합 정리하여 각각의 행위의 합당하고 직접적인 원인을 밝히는 것이다. 우리가 이 모든 것을 심사숙고할 때에 비로소 고리타분한 탁상공론과 하찮은 개념의 바닥으로 빠져들게 되는 두려움을 극복할 수 있다.

그러므로 행위에 관계되는 사고의 법칙화는 전쟁수행에는 효과가 없고 다만 이론은 문제 해결을 위한 공식을 마음속에 갖추어 줄 수는 없고 현상전체와 이 현상의 내적 관계를 꿰뚫는 통찰력을 마음에 심어 줄 수 있고, 보다 고차적인 행동영역으로 오를 수 있도록 마음을 자유롭게 만들어 주는 역할을 한다.

이렇게 볼 때 이론은 전쟁터에 동반하고 다닐 지침서가 아니라 자아학습을 위한 도구로서 장차 지휘자의 마음을 교육하는 수단이고 결국 순전히 교육적 도구로서 인간 마음의 세련도를 향상시키고 보다 성숙된 판단의 기초를 제공하는 수단이 된다. 그러나 이론은 결코 그 자체가 곧바로 자동적으로 필요한 힘이 되는 것이 아니라, 그 이론이 완전히 사람의 마음과 생활에 동화될 때에만 매일 매일의 생활의 결정과 행동을 통해 실천적인 힘으로 전환되는 것이다. 결국 이론의 실천적 가치는 유능한 잠재능력이 있는 사람이 보다 광범하고 분별력 있는 안목을 가질 수 있도록 자아학습으로 유도하는 교육적 길잡이가 되는 것이다.

루트와크Edward Luttwak가 피력하고 있는 바와 같이 클라우제비츠의 전쟁론이 아직도 유용한 이유는 그 책이 전쟁수행의 비법을 제공하는 매뉴얼이기 때문이 아니고 일반적으로 전쟁의 본질을 규명하고 이해하기 위한 길잡이가 되며 그의 사상의 직접적인 목적이 전쟁수행의 기발한 방법을 발전시키기 위해서보다는 전쟁에 대한 이해를 증가시키는 방법을 발전시키고자 한 것이었기 때문이다.

'마음의 눈'을 열게 하는 것 중에서도 가장 중요한 것은 복합적이고 위험에 가득차고 불확실한 전장상황에서 사태의 수준과 차원 및 행동의 우선순위를 분별하게 하는 지적용기에 입각한 눈이 가장 으뜸이다. 전장에서의 지휘관의 국가전략결정에 있어서 민·군지도자들이 당면하는 가장 중요한 고려사항은 전쟁의 본질이 복합적이고 다차원적이라는 점이며, 이런 상황에서 목적과 수단 및 방법을 개념적으로 연결시키고 실천적으로 우선순위화해야 한다는 점이다. 이 경우 전쟁술의 다섯 가지 차원─정치적, 전략적, 작전적, 전술적, 기술적 차원─이 상호의존적이라는 점을 인식하는 것이다.

전략기획가는 이 전쟁의 차원별 구분을 할 수 있어야 한다. 어떠한 사태에 당면하게 되든지 간에 이 차원별 구별의 눈과 '열린 용기'가 없으면 성공적인 지휘자, 전략기획가가 될 수 없는 것이다.

지휘의 술art of command 또는 장수의 술art of generalship에 해당되는 작전술은 19세기의 시각에서는 대전술grand tactics과 유사한데 이 작전술 이상 수준의 지휘술은 전략이론에 대한 자아학습을 통해서만 터득될 수 있는 것이다.

'마음의 눈'이 '교육받은 눈'으로 열려질 때에 비로소 전체로서의 장교단의 사고의 지평이 표준화되어 의사소통이 평준화되고 정신적 결속mental solidarity의 토대가 생겨 하나의 '전문직업집단'으로서의 윤리가 정착되는 것이다. 그리고 자율성과 창의적 솔선수범의 발전적이고 진취적 기상이 상무의 정신과 융화되게 되는 것이다. 나아가서는 실천적 차원에서 현대전쟁수행상 필수 불가결한 통합전략의 수립과 수행의 공통적 사고영성을 마련할 수 있게 된다. 아울러 사고의 과학적 습성scientific habit을 함양케 되어 교리의 낭만화를 방지할 수 있게 되고 목과 어깨에만 힘이 들어가게 되는 육체의 물리적 경직성과 사고의 획일성과 폐쇄성을 극복할 수 있게 되는 것이다.

참으로 한 나라의 장교단이 거룩하고 숭고한 애국애족의 충정에 가득 찬 전문 직업조직이 되기 위해서는 반지성주의anti-intellectualism 의식과 태도를 극복할 수 있는 사고의 훈련이 요구된다 하겠다. 독서讀書에 의한 자기학습自己學習만이 제도적 교육의 불충분함을 보완해 나가는 길이 될 것이다.[791]

---

791) 최근 '평화와 국방'이라는 책을 펴낸 박휘락 교수는 군 간부들이 군사이론과 교리에 무지하다며 '제발 공부 좀 하자'며 당부하고 있다. 박휘락 『전쟁과 평화』(서울: 한국학술정보, 2012). p.360.

CHAPTER

3

결론

미국의 유명한 국제정치학자요 카터 정권시 미국 국가안보 보좌관을 역임한 브레진스키_Zbigniew Brzezinski 박사가 가까운 미래에 중국과 인도가 부상하고 미국이 쇠퇴하면서 '지정학적 위험'에 빠질 대표적인 나라로 한국을 꼽았다.[792] 그가 최신 저서에서 세계 패권국가의 질서 변화에 따른 영향을 가장 먼저, 그리고 직접적으로 받을 나라로 한국보다 앞서 든 나라는 구舊 소련에 속해 있던 인구 460만 명의 소국小國 조지아와 대만臺灣뿐이다.

브레진스키는 "미국의 쇠퇴는 한국이 고통스러운 선택에 직면하도록 할 것"이라면서 한국 앞에 놓인 길로 '중국의 지역적 패권을 받아들여 중국에 더 기대는 방안'과 '역사적 반감에도 불구하고 일본과 관계를 더 강화하는 방안'을 거론했다. 그는 그러나 "미국의 강력한 지원이 없을 경우 일본이 중국에 맞설 수 있는가는 회의적"이라면서 "한국과 일본 등은 미국의 쇠퇴로 미국이 제공해온 핵우산에 대한 신뢰 위기가 닥쳐올 경우 (미국이 아닌) 새로운 핵우산을 찾거나 스스로 핵무장을 해야 할 상황에 처할 수도 있다"고 말했다. 그는 또 "중국이 한반도 통일 문제에도 결정적인 역할을 할 수 있다"면서 "이 경우 한국은 '중국이 지원하는 통일'과 '한·미 동맹 축소'를 주고받기하는 상황이 될 수 있다"고 했다.

브레진스키 박사의 이번 저술은 특히 한국과 관련된 중요한 전략적 질문을 던지고 있다는 점에서 우리의 관심을 끌지 않을 수 없다. 최근 국제정치학의 가장 큰 관심 주제는 미국은 과연 패권적 지위를 성공적으로 유지할 수 있을 것인가, 중국은 미국을 뒤이은 차세대 세계 패권국이 될 수 있을 것인가의 문제다. 어느 나라가 최후의 승자가 될 것이냐에 대해서는 다양한 견해가 존재한다. 전문 학자들 사이에서는 21세기 동안에도 미국의 패권이 유지될 것이라고 보는 견해가 오히려 더 우세하다.

우리나라 언론들은 브레진스키 교수가 마치 미국의 쇠퇴를 부정할 수 없는 현실로 받아들이고 있는 듯 소개하고 있지만 그렇지는 않다. 사실 브레진스키는 미국의 쇠퇴가 돌이킬 수 없는 것이 아니며 미국은 어떤 전략을 택하느냐에 따라 세계 제1의 지위를 향유할 수 있다고 주장한다. 사실 2004년 간행했던, 부시의 외교정책을 격하게 비판하는 저서 『선택』The Choice에서 브레진스키는 "일본은 미국과의 경쟁에서 탈락했고, 유럽이 미국과 경쟁하기 위해서는 정치적으로 통일을 이룩해야 할 것이며, 중국이 미국과 대결하기 위해서는 우선 두세대 동안 경제 발전에 힘써야 할 것"이라고 주장하고, 향후 60년 이상 미국의 패권에 도전할 국가는 없다고 단언하며 미국의 국력에 대해 신뢰했었다.[793]

이번 저서에서도 브레진스키는 비록 미국이 현재와 같은 지위를 잃는 경우, 미국을 뒤이어

---

792) Zbigniew Brzezinski, *Strategic Vision: America and the Crisis of Global Power* (New York: Basic Books, 2012)
793) 이춘근, 국제정세 해설, 한국경제연구원, 2012. 2. 15.

세계를 주도할 나라는 나오지 않을 것이라고 주장한다. 미국 이후의 세계가 중국China의 세계가 되기보다는 혼돈Chaotic의 세계가 될 것이라고 주장한다. 그는 미국이 패권을 잃을지도 모를 2025년의 국제상황을 "만약"IF이라는 가정법으로 풀어나가고 있다.

브레진스키의 가설이 등장하자마자 이에 대한 반론들이 꼬리를 물고 일어난다. 기우에 불과하다는 것이다. 중국이 부상하는 것은 맞지만 유리천장glass ceil이 존재하고 유럽과 인도권의 부상이 그 못지않다는 것이다. 따라서 중국이 미국을 대신하여 패권을 행사한다는 것은 어불성설이라고 말들을 하고 있다.

여기서 우리에게 중요한 것은 미·중 패권 경쟁의 결과에 관한 브레진스키의 가정이 맞느냐 그르냐가 아니다. 우리의 고민은 미국의 국력이 상대적으로 약해졌다고 가정할 경우, 대한민국의 국가전략은 어떤 것이 되어야 할 것이냐에 관한 것이어야 한다. 미국이 지금과 같은 패권적 지위를 유지하고, 우리나라와 동맹을 잘 유지해서 한반도 안정에 기여해 준다면 좋겠지만 그 같은 상황이 영원히 지속된다고 가정 할 수는 없는 일이며, 가정해서도 안 된다. 우리의 운명은 1차적으로 우리가 책임지고 개척해 나가야 할 것이기 때문이다.

한국의 미래 대통령이 되겠다는 인물들과 정치·안보지도자들은 이 같은 질문에 답변해야 한다. 그는 한국이 붙들고 주저앉으려 해도 미국이 한반도에서 발을 빼려 하는 시대가 한발 한발 다가오고 있다고 했다. 그러면서 '그 상황에서 한국은 중국에 기댈 것이냐 일본과 손잡을 것이냐'고 묻고 있다. 중국에 기댄다는 말은 중국의 패권적 국제질서 속에서 지난 과거의 역사처럼 중국의 속국으로서 부속품처럼 굴종屈從하고 연명延命하면서 중국의 압도적 영향 아래 살아간다는 뜻이다. 일본과 손잡을 것이냐의 의미는 구태여 설명할 필요가 없다. 여與든 야野든, 좌左든 우右든 한국 정치 세력은 이 상황에서 5000만 국민을 어디로 이끌고 갈 것인지를 대답해야 한다. 그렇다고 당장 종북파의 주장처럼 한미동맹을 파기하고 주한미군을 철수시켜야 한다고 주장하는 것은 체계적 과학적 사고가 아닌 억지에 불과하다.

한국 정치 세력들은 브레진스키가 한국이 통일 과정에서 결정적 영향력을 행사할 가능성이 있는 중국과 '한·미 동맹의 축소'와 '중국의 통일 지원'을 맞바꿀 가능성이 있다고 한 지적에 담긴 의미가 무엇인지도 되새겨 봐야 한다. 미국은 기회 있을 때마다 한국과 미국은 함께 피를 흘린 혈맹血盟임을 강조해왔다. 그러면서도 미국은 한국이 현재와 미래에 국익 앞에서 어떤 선택을 할 것인가를 주시注視하고 그에 따른 대응책을 숙고해 왔다.

브레진스키 마지막 질문에도 한국 정치 세력은 답변을 준비해야 한다. 핵우산을 제공할 미국이 아닌 다른 강대국을 찾을 것이냐, 아니면 한국이 독자적으로 핵무기를 개발할 것이냐다. 이 문제 역시 한국의 안보적 진로에 결정적 영향을 미칠 것이다. 세계 '동맹의 역사'에는 강대국으로 부상하는 이웃 국가에 흡수(吸收)되거나 끌려 다니지 않으려고 그 강대국의 영향력을 상쇄해줄 다른 동맹 상대를 찾으려는 중간(中間) 국가들의 고심(苦心)이 배어있다. 지난 60년 간 미국이 그 역할을 해온 한국에도 결정적 국면이 다가오고 있다.[794]

때를 맞추어 중국동북아에 영토분쟁이 고조되고 있다. 현명한 대처가 필요한 때이다. 따라서 '전략적 비전'을 가진 사람이 우리나라의 지도자가 되어야 한다. "일본 침략 시대가 마감된 이래 한민족의 운명에 지대한 영향력을 행사했던 미국의 영향력이 옅어지면 또 다시 중국에 사대하는 시대로 되돌아가야 하는가? 주변 4대 강국의 어느 일방에도 휘둘리지 않는 강력한 국가로 거듭날 수 있는 방법은 정녕 없는 것인가!"

북한의 핵 무장화로 이제는 남북문제 접근에 있어서 패러다임 시프트가 요구된다. 저자는 이를 위해 확실한 안전보장체제 구축을 전제로 하는 조화 안보·통일 전략 프레임웍을 제시하였다. 통일문제 접근을 위해서는 빛깔 좋은 통일방안만으로는 불가능하다. 지금까지의 실패는 통일과 안보에 있어서 어느 한쪽으로만 치우친 정책으로 실패를 거듭했다고 볼 수 있다. 북한이 핵을 포기할 것이라는 또는 북한이 붕괴될 것이라는 막연한 기대만으로는 미래를 보장할 수 없다. 이제 북한의 핵무장이 확실해진 현실에서는 새로운 접근이 필요하며 안보의 중요성은 더욱 절실해 졌다. 따라서 튼튼한 기반안보 대책을 바탕으로 북한과 상생안보를 위한 협상전략을 강구해 나가야한다. 그러자면 앞으로의 과제는 남북사이의 정치·사상전이 첨예하게 대두될 일만 남았다.

이를 위해서는 국가가치와 건전한 전쟁철학과 국가안보철학을 정립하고 이를 바탕으로 북한의 주체사상과 통일전선전술에 대처해야 한다. 이러한 정치·사상의 무장을 통해 인민사회주의 건설을 위한 북한의 대남전략을 극복하고 자유민주주의 시장경제체제를 근간으로 하는 통일을 이루어낼 수 있을 것이다. 이러한 문제의식과 자질을 갖춘 지도자가 하루 빨리 나와 대업을 이룰 수 있기를 기도해 본다.

---

794) 조선일보 사설. 2012. 02.11.

참고문헌

□ 국내저술과 논문

강대석, 『누구를 위한 정의인가 -정의로운 전쟁은 없다』(서울: 중원문화사, 2011)

강성학. 『시베리아 횡단열차와 사무라이: 러일전쟁의 외교와 군사전략』(서울: 고려대학교 출판부, 1999)

강진석, 『전략의 철학』(서울: 평단문화사, 2005)

_____, 『한국의 안보전략과 국방개혁』(서울: 평단문화사, 2005)

_____ 외, 『핵문제 100문 100답』(서울: 국방부, 2003)

고 원, 『대한민국 정의론』(서울: 한울, 2012)

고유환, 『로동신문을 통해본 북한 변화』(서울: 선인, 2006)

구영록, 『인간과 전쟁』(서울: 법문사, 1988)

국가안전보장회의, 『평화번영과 국가안보』(서울: 국가안전보장회의, 2004)

국방대학교안보문제연구소 엮음, 『전환기 한국의 국가안보전략』(서울: 사회평론, 2011)

국방부, 『한반도 군비통제』, 2000-2006(서울: 국방부)

권태영. 『21세기 군사혁신과 미래전: 이론과 실상, 그리고 우리의 선택』(서울: 법문사. 2008).

김근식, 『대북포용정책의 진화를 위하여』(서울: 한울, 2011)

김열수, 『국가안보: 위협과 취약성의 딜레마』(서울: 법문사, 2010)

김재창·류재갑 편, 『북한 어디로 가나: 북한정권의 속성과 대남정책의 실상』(서울: 선한약속, 2011)

김철환, 『대량살상무기』, 국방대학교 참고서지(울: 국방대학교, 2004)

김춘태·이대희 공저, 『윤리학이란 무엇인가』(서울: 형설출판사, 2000)

김충남·문순보, 『민주시대 한국안보의 재조명』(서울: 오름, 2012)

김태우·김재우, 『미국의 핵전략, 우리도 알아야 한다』(서울: 살림, 2003)

김태현, 「정전론 연구: 그 역사적 배경과 현대적 전개를 중심으로」, 서울대학교 대학원 정치학 석사학위 논문(1983).

김홍철, 『전쟁론』(서울: 민음사, 1991)

_____, 『전쟁과 평화의 연구: 현대전쟁유형의 이론과 실제』(서울: 박영사, 1987)

나갑수 역, 『군비통제의 이론과 실제』(서울: 국방대학원, 1991)

남만권, 『군비통제 이론과 실제』(서울: 한국구방연구원, 2004)

닉 래곤, 함규진 옮김, 『대통령의 결단』(서울:미래의 창, 2012)

데이비드 존스턴, 정명진 역, 『정의의 역사』(서울: 부글, 2011)

도거티(J E.)·팔츠그라프(R L.) 공저, 최창윤 역, 『국제정치론』(서울: 박영사, 1984)

라이더(Julian Lider), 국방대학교 역, 『군사이론』(서울: 국방대학교, 1985)

로버트 엑셀로드 저, 이경식 옮김, 『협력의 진화 – 이기적 인간의 팃포탯 전략』(서울: 시스테마, 2009.)

류광철 외, 『군축과 비확산의 세계』(서울: 평민사, 2005)

류재갑, 『현대 군사전략·전술: 이론과 실제』(대전, 공군대학, 1999)

류재갑·강진석, 『전쟁과 정치』(서울: 한원출판사, 1989)

마이클 샌델, 이양수 역, 『정의의 한계』(*Liberalism and the Limit of Justice*) (서울: 멜론, 2012)

_____, 이창신 옮김, 『정의란 무엇인가』(서울: 김영사, 2010)

_____, 안진한·이수경 옮김, 『왜 도덕인가』(서울: 한국경제신문, 2010)

마이클 왈쩌, 권영근 외 역, 『마르스의 두얼굴 – 정당한 전쟁·부당한 전쟁』(서울: 연경문화사, 2007)

_____, 유홍림 외 공역, 『전쟁과 정의』(서울: 인간사랑, 2009)

마이클 한델, 박창희 역, 『클라우제비츠, 손자 & 조미니』(서울: 평단문화사, 2000)

메츄(Lloyd J. Matthews)·브라운(Dale E. Brpwn), 국방대학원 역, 『군대윤리』(서울: 국방대학원, 1988)

문시영, 「집단행동의 사회윤리적 과제: 의로운 전쟁론에서 본 의사파업」, 『한국기독교 신학논총』, pp.135-159.

박균열 외, 『국가안보와 군대윤리』(서울: 한국학술정보, 2009)

박정순, 「마이클 왈쩌의 공동체주의」, 마이클 왈쩌 저, 김용환 외 역, 『자유주의를 넘어서』(서울, 철학과 현실사, 2001)

_____, 「공동체주의적 사회비판의 가능성: 마이클 왈쩌를 중심으로」, 『범한철학』 제30집. 2003 가을호. pp. 211-247.

박종철 외, 『2020 선진 한국의 국가전략(I): 안보전략』(서울: 통일연구원, 2007)

박형중, 『"불량국가" 대응 전략』(서울: 통일연구원, 2002)

백종천, 『한반도평화안보론』(성남: 세종연구소, 2006)

박채용·정태일, 『평화사상 연구』(서울: 세계아기선교출판국, 2008)

_____, 『평화사상과 영구평화론』(서울: 세계아기선교출판국, 2008)

박휘락, 『전쟁, 전략, 군사입문』(파주: 법문사, 2005)

_____, 『평화와 전쟁』(서울: 한국학술정보(주), 2012)

박희권, 『한반도의 비핵화』(서울: 경세원, 1992)

백경남, 『한반도 평화론』(서울: 한울아카데미, 2006)

백종천, 『한반도 평화안보론』(서울: 세종연구소, 2006)

베르너 바이덴펠트 외 엮음, 임종헌 외 옮김, 『독일통일백서』(서울: 한겨레신문사, 1999)

브라운(Seymon Brown), 국방대학원 역, 『전쟁의 원인과 예방』(서울: 국방대학원, 1993)

빌 조지, Authentic Leadership, 정성묵 역, 『진실의 리더십』(서울: 윈윈북스, 2004)

송대성, 『한반도 평화체제 구축과 군비통제: 2000년대 초 장애요소와 극복방안』(서울: 세종연구소, 2001)

_____, 『한반도 군비통제: 이론과 실제 그리고 대책』(서울: 신태양사, 1996)

_____, 『남북한 신뢰구축: 정상회담 이후 근본문제점 및 해결방안』(성남: 세종연구소, 2001)

송종환, 『북한협상행태의 이해』(서울: 도서출판 오름, 2007)

스티브 툴리우·토마스 슈말버거 공저, 신동익·이충면 역, 『군비통제, 군축 및 신뢰구축』, Steve Tulliu and Thomas Schmalberger, *Armscontrol, Arms Reduction and Confidence Building*, United Nations Publication, ISBN 2-9045-156-4, UNIDIR/2003/30,

신원하, 『전쟁과 정치: 정의와 평화를 향한 기독교 윤리』(서울: 대한기독교서회, 2003)

신종대외, 『남북한 관계론』(서울: 한울, 2005)

씨베리(Paul Seabury)·코데빌라(Angelo Codevilla), 국방대학원 역, 『전쟁의 목적과 수단』(서울: 국방대학원, 1994)

안경전 역주, 『환단고기』(서울: 상생출판, 2012)

앤드류 볼즈 편, 박한식·박균열 역, 『국제정치에 윤리가 적용될 수 있는가』(서울: 철학과 현실사, 2004);『국제관계와 윤리 -이론과 실제』 안보총서 97(서울: 국방대학교 안보문제연구소, 2003)

양현모 외, 『남북교류협력 효율화를 위한 거버넌스 모형 구축』(서울: 통일연구원, 2008)

에드워드 할렛 카(E. H. Carr) 저, 김태현 편역, 『20년의 위기: 1919-1939』(서울: 녹문당, 2005)

온창일, 『전쟁론』(서울: 집문당, 2007)

_____, 『한민족 전쟁사』(서울: 집문당, 2001)

유시민, 『국가란 무엇인가』(서울: 돌베개, 2011)

윤여준, 『대통령의 자격』(서울: 메디치, 2011)

윤영관 외, 『남북경제협력 정책과 실천과제』(서울: 한울, 2009)

이규호 역, 임마뉴엘 칸트, 『도덕형이상학 원론/영구평화론』(서울: 박영사, 1974)

이노구치 구니코 저, 김진호·김순임 역, 『전쟁과 평화』(서울: 대왕사, 2009)

이무성 외 공저, 『국제정치의 신 패러다임』(서울: 높이 깊이, 2008)

이민룡. 「미래의 전쟁양상과 전쟁원칙」, 『군사논단』 52호 (2007).

이민수, 『전쟁과 윤리: 도덕적 딜레마와 해결방안 모색』(서울: 철학과 현실사, 1998)

이상철, 『NLL 북방한계선 기원·위기·사수』(서울: 선인, 2012)

이상현, 「2008 미 국방전략보고서 분석」, 『정세와 정책』(2008년 9월)

이선호, 『핵무기와 핵정책』(서울:법문사, 1982)

이성연, 이월형, 채은동, 최종철. 『미래전에 대비한 군사혁신론』(서울: 공학사 2008).

이수윤, 『정치철학: 인식과 실천의 통일』(서울: 법문사, 1995)

이재평 외 공저, 『군사학 개론』(서울: Gl0bal, 2010)

이종석, 『현대북한의 이해』, 서울: 역사비평사, 2005.

이효원, 『남북교류협력의 규범체제』, 서울: 경인문화사, 2006.

이종학, 『클라우제비츠와 전쟁론』(서울: 주류성, 2002)

이택광 외 10인 공저, 『무엇이 정의인가?』(서울: 마티, 2011)

이헌경, 『미국의 4자회담 전략과 한국의 대응』(서울: 민족통일연구원, 1999)

이호제, 『한반도 군축론』(서울: 법문사, 1989)

임강택, 『새로운 남북협력모델의 모색: 지속적으로 발전 가능한 협력모델』(서울: 통일연구원, 2002)

임동원, 『피스메이커: 남북관계와 북핵문제 20년』(서울: 중앙books, 2008)

임덕규, 「국제법상의 정전론」, 서울대학교 대학원 법학박사 논문(1985)

장성민, 『전쟁과 평화』(서울: 김영사, 2009)

장준익, 『북한 핵·미사일 전쟁』(서울: 서문당, 1999)

전성훈, 『군비통제 검증연구: 이론 및 역사와 사례를 중심으로』(서울: 민족통일연구원, 1996)

_____, 『북한 핵사찰과 군비통제 검증』(서울, 군사·사회연구소, 1994)

_____, 『한반도의 군사적 투명성 제고전략: 점진적 포괄적 구상』(서울: 민족통일연구원, 1999)

정규수, 『ICBM, 그리고 한반도』(서울: 지성사, 2012)

정태욱, 「마이클 왈쩌의 정전론에 대한 소고」, 『법철학 연구』, 제6권 1호. pp.157-184.

제임스 레이첼, 『도덕철학의 기초』 노혜련·김기덕·박소영 역(서울: 나눔의 집: 2006)

장운용, 『군사학 원론』(서울: 민서각, 2010)

장호근, 『예방외교』(서울: 플래닛미디어, 2007)

조갑제, 『우리는 왜 핵폭탄을 가져야 하는가』(서울: 조갑제 닷컴, 2011)

조성렬, 『뉴한반도비전』(서울: 백산서당, 2012)

조은석 외, 『남북한교류·협력 활성화를 위한 법·제도적 개선방안 연구』(서울: 통일연구원, 2000)

조한승. 「전쟁의 삼위일체에 대한 4세대 전쟁 주창자들의 비판 고찰」. 『대한정치학회보』 17집. 3호 (2010).

존 키건, 유병진 역, 『세계전쟁사』(서울: 까치, 1996)

차영구·황병무, 『국방정책의 이론과 실제』(서울: 오름, 2002)

철학연구회 편, 『정의로운 전쟁은 가능한가』(서울: 철학과 현실사, 2006)

최수영 외, 『남북한 경제교류·협력 제도화방안』(서울: 통일연구원, 2001)

최종철, 이민룡. 「한국의 저강도 분쟁 전략」. 『국방연구』 42권 2호 (1999)

최 진, 『대통령 리더십 총론』(서울: 법문사, 2007)

최평길, 『대통령학』(서울: 박영사, 2007)

피터싱어 엮음, 김성한 외 공역, 『응용윤리』(서울: 철학과 현실사, 2005)

피터 W. 싱어, 권영근 역, 『하이테크 전쟁: 로봇혁명과 21세기 전투』(서울: 지아, 2011)

코너리(Robert H. Connery)· 칼레이(Demelrios Caraley), 『국가안보와 핵전략』(서울: 국방대학교, 1985)

클라우제비츠, 류재승 역, 『전쟁론』(서울: 책세상, 2009)

클레벨트(마르틴 벤), 『전쟁의 역사적 변화』(서울, 국방대학원, 1994)

토머스 J. 크라우프웰, 에드윈 키에스터 공저, 엄자현 옮김, 『모든 책임은 내가 진다』(서울: 이오북스, 2011)

파레트(Peter Paret) 외 공편, 류재갑 외 공역, 현대전략사상가: 마키아벨리부터 핵시대까지(上·中·下)(서울: 국방대학원, 1989)

하영선·남궁곤 편저, 『변환의 국제정치』(서울: 을유문화사, 2009)

하정열, 『한반도의 평화통일전략』(서울: 박영사, 2004)

_____, 『국가전략론』(서울: 박영사, 2009)

한용섭, 『한반도 평화와 군비통제』(서울: 박영사, 2005)

함메스(Thomas X. Hammes), 하광희 외 공역, 『21세기 전쟁: 비대칭의 4세대 전쟁』(서울: 국방연구원, 2010)

핸델(Michael I. Handel), 국방대학원 역, 『클라우제비츠와 현대 군사전략』(서울: 국방대학원, 1991)

허문영 외, 『평화번영정책 추진성과와 향후과제』(서울: 통일연구원, 2007)

현인택·최강, 「한반도 군비통제의 새로운 접근」, 『전략연구』 제9권 2호(서울: 한국 전략문제연구소, 2002)

황진환, 『협력안보 시대에 한국의 안보와 군비통제』(서울: 봉명, 1998)

히로세 다카시 저, 위정훈 역, 『왜 인간은 전쟁을 하는가』(서울: 프로메테우스 출판사, 2011)

□ 국외저술과 논문

Anatol Lieven, *American Right or Wrong: An Anatomy of American Nationalism* (Oxford: Oxford University Press, 2004)

Anreas Herberg-Rothe, *Clausewitz Puzzle: The Political Theory of War* (Oxford: Oxford University Press, 2007)

Angstrom, Jan. 2005. "Debating the nature of modern war." in Isabelle Duyvesteyn and Jan Angstrom. eds. *Rethinking the Nature of War*. London: Frank Cass.

Anreas Herberg-Rothe, "Clausewitz and a New Containment: the Limitation of War and Violence." in Hew Strachan and Andreas Herberg-Rothe, eds., *Clausewitz in the Twenty-First Century* (Oxford: Oxford University Press, 2007), p. 307.

_____, *Clausewitz's Puzzle: The Political Theory of War* (Oxford University Press, 2007)

Antonio J. Echevarria H. "Clausewitz and Nature of the War on Terror," in Hew Strachan and Andreas Herberg-Rothe. *op. cit.*, p. 205.

Aron, Raymond, *Peace and War: A Theory of International Relations*, Trans, by Michael Howard and Annette Baker Fox (New York: Praeger, 1968).

_____, *On War: Atomic Weapons and Global Diplomacy*(London: Seeker and Sarburg, 1958).

_____, *The Great Debate: Theoris of Nuclear Strategy*, trans. by Ernest Pawel (Garden City, New

York: Doubleday & Company, Inc., 1965).

_____, *Peace and War* (Garden City: Double Day & Co., Inc., 1966).

_____, *Limited War Revisited* (Boulder, Colorado: Westview Press, 1979).

_____, *Clausewitz, Philosopher of War*, Trans, by Christine Booker and Norman Stone (New York, A Touchstone Book, Simon & Schuster, Inc., 1986).

Barry R. Posen, *The Source of Military Doctrin* (Ithaca and London: Cornell University Press, 1984)

Baylis, Jo, Ken Booth, John Garnet, and Phil Williams, *Contemporary Strategy Theories and Politics*, 5th ed., (New York: Holmes and Meier Pub. Inc, 1982).

Beaufre, Andre, *An Introduction to Strategy*, Trans, by R.H. Barry (New York and Washington: Frederich A. Praeger, 1965).

Beitz, Charles R., and Theodore Herman, *Peace and War* (Sanfransisco: W.H. Freman and Company, 1973).

Berdal , Mats ed., *Studies in International Relations: Essays by Philip Winsor* (Brighton: Sussex Academic Press, 2002)

Bernard Brodie, *War and Politics* (New York: Macmillan, 1973)

Beyerchen, Alan. 1992/93. "Clausewitz, Nonlinearity and the Unpredictability of War." *International Security*. Vol. 17, No. 3.

B. H. Liddel Hart, "Foreward" in Sun Tzu, *The Art of War* trans. by Samuel B. Griffith(London: Oxford University Press, 1963), p.VII.

Bobbit, Philip. Terror and Consent: The Wars for Twenty-First Century (New York: Alfred A. Knopf, 2008)

Bond, Brian and Ian Roy (eds.), *War and Society: A Year Book of Military History* (London:Crown Helm, 1977).

Brodie, Bernard, *Strategy in the Missile Age* (Princeton, N.J.: 1959).

_____, *War and Politics* (New York: Macmillan, 1973).

Bronowski, J, *Science and Human Values* (New York: Harper and Row, 1965).

Bülow, Dietrich Adam Heinrich, *The Spirit of the Modern System of War* (London: C. Mercier & Co., 1806).

_____, *International Relations between the Two World Wars, 1919-1939* (London: Macmillan & Co. Ltd. 1959)

_____, *Twenty Years Crisis, 1919-1939: An Introduction to Study of International Relations* (new York: Harper and Row Publishers, 1964).

Chen-Ya Tien, "Military Thought of Mao Zedong," in Chen-Ya Tien, *Chinese Military Theory: Ancient and Modern* (Oakvill, Ontario, Canada: Mosaic Press, 1992)

Churchill, Winston, *The World Crisis* (New York: Scriber's, 1981).

Clausewitz, Carl von, *On War* ed. and trans. by Michael Howard and Peter Paret (N. J.: Princeton University Press, 1976), p.593.

Clausewitz, Carl von, *On War*, ed., and abridged by Anatol Rapport (Hammond Sworth: Penguin, 1967)

_____, *On War*, trans. by J.J. Graham (First Edtion 1873) New and Revised Edition with a Introduction and Notes by Colonel F.N. Maude,C.B. (Late R. E.) Nineth Impress-ion. 2 Vol. (London, 1968).

_____, *On War* ed. and trans. by Michael Howard and Peter Paret (N. J.: Princeton University Press, 1976).

Clausewitz, Karl von, *Vom kriege: Hinterl- assenes Werk*, Achzhnte Auflage mit Erweitorter Historisch Kritischer Wllmulergung von Professor Dr. Werner Halweg (Bonn: Derd Dllmulers Verlag, 1973).

Collins, Edward M., (trans. & ed.), *Karl Von Clausewitz, War Politics and Power* (Chicago: Henry Regnery Co., a gate way ed., 1962).

Collins, John M., *Grand Strategy: Principles and Practices* (Annapolis, Maryland: Naval Institute Press, 1973).

Connell, John, *Wavell: Scholar and Soldier*, 2 Vols. (London: Collins).

Corbett, Julian S., *Some Principles of Maritime Strategy* (London: Longmans, Green and Co., 1918).

Creveld, Martin van. *The Transformation of War* (New York: Free Press, 1991)

Creveld, Martin van. "It will continue to conquer and spread." in Terry Terriff, Aaron Karp and Regina Karp. eds. *Global Insurgency and the Future of Armed Conflict: Debating fourth-generation warfare.* (London: Routledge, 2008)

David Frum and Richard Perle, *An End to Evil: How to Win the War on Terror* (New York: Ballantine Books, 2004)

Deutch, Karl, *The Analysis of international relations* (Englewood Cliffs, N.J.: Prentice-Hall Inc.,

1968),

Dougherty, James E., and Robert L. Pfaltzgraff, Jr., *Contending Theories of International Relations* (New York: J.B. Lippincott Company, 1971).

Donald J. Reed, "Beyond the War on terror: Into the Fifth Generation of War and Conflict," *Studies in Conflict & Terrorism*, 31:8(2008).

Douse, George Hunt, "A Comparative Study of Conflict Theory," Unpublished Ph. D. Dissertation (University of Maryland, 1974).

Earl, Edwward M. (eds.), *Makers of Modern Strategy: Military Though from Machiavelli to Hittler* (Princeton: Princeton Universtity Press, 1943).

Echevarria II, Antulio J. *Fourth-Generation War and Other Myths*. Carlisle (PA: Strategic Studies Institute, 2005)

Francis Fukuyama, *The End of History and The Last Man* (New York: The Free Press, 1992)

Freeman, Laurence David, *The Euolution of Nuclear Strategy* (London: Macmillan Press Ltd., 1981).

Fuller, J.F.C. *The Foundation of Science of War* (London: Hutchinson & Co., 1926).

_____, *Memoirs of an Uticonventional Soldier* (London: Ivor Nicholson & Watson. 1936).

_____, *The Conduct of War: 1789-1961* (New Brunswick, N.J.: Rutgers University Press, 1961).

Garbriel, Jurg Martin, "Clausewitz Revisited: A Study of blis Writings and of the Debate over Their Relevance to Deterrence Theory," Unpublished Ph. D. Dissertation (The American University. 1971).

Gallois, Pierre, *Strategie de Láge Nucleaire* (Paris: Calman-Levy, 1960).

General Rupert Smith, *The Utility of Force: The Art of War in the Modern Times* (New York: Vintage Books, 2007)

General Tao Hanzhang, *Sun Tzu's Art of War, trans. by Yuan Shibing* (New York: Sterling, 2007)

Ginsberg, Robert(ed.), *The Critique of War: Contemporary Philosophical Explorations* (Chicago: Regenery, 1969),

Goltz, Colmar Baron von der, *The Conduct of War: A Brief Study of Its Most Important Problems and Forms*, trans. by Joseph T. Dickman (Kansas City, MO.: The Hudson Kimberly Pub., 1896).

Goltz, G. Vonder, *Das Volk in Waffen* (Berlin: Decker, 1883)

Gourgaud, General, *Sainte Hélène, Journal Inédit 1815-1818*, 2 vols. (Paris: E. Flammarion, 1899).

Hahlweg, Werner, *Carl von Clausewitz, Soldatpolitikerdenker* (Goettingen: Must-er Schmidt Verlag, 1957).

Hammes, Thomas X. 2004. *The Sling and the Stone: On War in the 21st Century*. St. Paul: Zenith Press.

Hammes, Thomas X. 2005. "Insurgency: Modern Warfare Evolves into Fourth Generation." *Strategic Forum*. No. 214.

Hammes, Thomas X. 2008. "Response." in Terry Terriff, Aaron

Handerson, *The Battle of Spicheren: A Study in Practical Tactics and Traininq*, 2nd Td. (London: Gale & Pol-den, 1906).

Harkabi, Y., *Nuclear War and Nuclear Peace*(Jerusalem; Israel Program for Scientific Translation, 1966).

Hegel, Georg Wilhelm Friedrich. 1956. *The Philosophy of History*. trans by J. Sibree. New York: Dover Publications.

Helperin, Morton H., *Limited War in the Nuclear Age* (NewYork, 1963).

Holsti, K.J. 1996. *The State, War, and the State of War*. Cambridge: Cambridge University Press.

Holt, George, and Walter R. Milliken, *Strategy a Reader* (National Defense University, Washington, D.C., 1980).

Howard, Michael, Forward to Roger Parkinson, *Clausewitz: A Biography* (New York: Stein and Day, A Scarborough Book, 1979).

_____, *War and the Liberal Comcience* (London: Temple Smith, 1978).

_____, *Clausewitz* (OxloTd: Oxford University Press, 1983).

Hugh Smith, *On Clausewitz: A Study of Military and Political Ideas* (New York: Palgrave. 2005)

Huntington, Samuel P., *Political Order in Changing Societies* (Haven and London: Yale University Press, 1968).

Jaap de Wide, "Friction Rules(States Win): The Power Politics of Institutional Cooperation," in Gert de Nooy ed., *The Clausewitzian Dictum and Future of Western Military Strategy* (The Hague, Netherlandss: Kluwer Law International, 1977)

John Keegan, *A History of Warfare* (New York: Alfred A. Knopf, 1993)

Jolles, .J. Matthijs., *Karl von Clausewitz: On War*, Translation, (New York: The Modern Library, 1943)

Jomini, B. Henry de, *Summary of the Art of War* (Philadelphia: Lippincott & Co., 1862).

Jordan, Armos A., & William J. Tailor, Sr., *American National Security Policy and Progress* (Baltimore & London: The Johns Hopkins University Press, 1981).

Kahn Herman, *On Thermonuclear War* (Princeton: Princeton University Press, I960).

_____, *Thingking about Unthinkable* (NewYork: The Hearst Cooperation, 1962).

Keegan, John. 1993. *A History of Warfare*. New York: Alfred A. Knopf.

Kenneth W. Thompson, Toynbee's Philosophy of World History and Politics (Baton Rouge and London: Lousiana State University Press, 1985),

Kissinger, Henry A., *Nuclear Weapon and Foreign Policy* (New York: Harper and Brothers, 1957).

_____, *The Necessity for Choice: Prospects of American Foreign Policy* (New York; Harper, 1960).

_____, *A World Restorted-Europe After Napoleon: The Politics of Conversation in a Revolutionary Age* (New York: Grosset and Dunlap, Universal Library, 1964).

_____, Abridged(ed), *Nuclear Weapons and Foreign Policy* (New York: W.W. Norton and Co., 1969).

_____, *American Foreign Pollicy* (New York: W.W. Norton, 1969).

Karp and Regina Karp. eds. *Global Insurgency and the Future of Armed Conflict: Debating fourth-generation warfare*. London: Routledge.

Koen Koch, "State, Security and Armed Forces at the Turn of Millennium." in Gert de Nooy, *The Clausewitzian Dictum and the Future of western Military Strategy*, The Hague, Netherlands: Kluwer Law International

Leonard, Roger A.(ed.). *A Short Guide to Clausewitz ; On War* (New York; Capricon Books, 1968).

Liddel Hart, B.H., *The Ghost of Napoleon* (London, 1933).

_____ , *Strategy: The Indirect Approach* (London: Faber and Faber, 1941).

Lider, Jullian, *Military Theory* (England: Gower Pub. Company Ltd., 1983).

Lind, William S. 1997. "Fourth Generation War." in Winslow T. Wheeler and Lawrence J. Korb. *Military Reform*. Restport, CT: Praeger Security International.

Lind, William S., Keith Nightengale, John F. Schimitt, Joseph W. Sutton, and Gary I. Wilson. 1989. "The Changing Face of War: Into the Fourth Generation." *Marine Corps Gazette* (October).

Lind, William S., John F. Schmitt, and Gary I. Wilson. 1994. "Fourth Generation Warfare: Another Look." *Marine Corps Gazette*. Vol. 78. No. 12.

Ludendorf, Erich, *Der Total Criege* (Munhen: Ludendorfs Verlag, 1935).

Luvaas Jay, ed. trans., *Frederick the Great on the Art of War* (New York: Free Press, 1966).

Macdougall, P. L., *The Theory of War: Illustrated by Numerous Examples from Military History* (London; Longman, Brown, Green, Longman & Roberts, 1856).

Martin van Creveld, *The Transformation of War* (New York: The Free Press, 1991)

Mark McNeilly, *Sun Tzu and the Art of Modern Warfare* (Oxford: Oxford University Press, 2001), p. 214.

Maurice, Frederich, *Principles of Strategy* (New York: R.R. Smith, 1930).

Michael I. Handel, *Masters of War: Classical Strategic Thought*, 3rd revised and expended edition (London: Frank Cass, 2001)

_____, ed. *Clausewitz and Modern Strategy* (London: Frank Cass, 1986)

Michael Scheuer, "Al-Qaeda's Insurgency Doctrine: Aiming for a Long War" in *Terrorism Focus*, The Jamestown Foundation 3. no. 8. February 28, 2006; http://www.jamestown.org

Mill, John Stuart. 1909. *Autobiography*. New York: P.F. Collier & Son.

Murray, S. I,, *The Reality of War* (London: Hugh Ree's. 1906).

Münkler, Herfried. 2003. "The Wars of the 21st Century." *International Review of the Red Cross*(IRRC). Vol. 85, No. 849. March.

Obrien, William V., *The Conduct of Just and Limited War* (New York Praeger, 1981).

Osgood, Robert E., *Limited War: The Challenge to American Strategy* (Chicago, 1957).

Paret, Peter, *Clausewitz and the State* (Oxford University Press, Inc., 1976).

Paret, Peter. 1985. *Clausewitz and the State: The Man, His Theories and His Times*. Princeton: Princeton University Press.

Paret, Peter. 1992. *Understanding War: Essays on Clausewitz and the History of Military Power*. Princeton: Princeton University Press.

Paul J. Smith, "Transnational Terrorism and the Al Qaeda Model: Confronting New Realities," *Parameters*, vol. 32 No. 2 (Summer 2002)

Philip Windsor, "The Clock, the Context and Clausewitz," in Mats Berdal, ed., *Studies in Imternational Relations: Essays by Philip Windsor* (Brighon: Sussex Academic Press, 2002)

Philip Windsor, "The Enigma of a Gifted Soul: Aron and Clausewitz," in Mats Berdal, ed., *Studies in Imternational Relations: Essays by Philip Windsor* (Brighon: Sussex Academic Press, 2002)

Polany, Michael, *Personal Knowledge: Toward a Postcritical Philosophy* (New York: Harper and Row, 1958).

Popper, Karl R., *The Open Society and Its Enimies* (New York: Harper and Row, 1962).

Rapport, Anatol, *Fights, Games and Debates* (Ann Arbor; Michigan University Press, 1960).

_____, *Strategy and Conscience* (NewYork: Harper and Row, 1964).

_____, (ed.),' *Carl von Clausewitz: On War* (Baltimore: Penguin Book, 1968).

Philip Bobbitt, *Terror and Consent: The Wars for Twenty-First Century* (New York: Alfred A. Knopf, 2008),

Richards, Chester W. 2001. *A Swift Elusive Sword: What if Sun Tzu and John Boyd Did a National Defense Review?* Washington, DC: Center for Defense Information.

Richards, Chet. 2007. "The 'generations of war' model." http://www.dni.net/richards/evolutionof_conflict.ppt (검색일: 2009.4.3.)

Richard Ned Lebow, *A Cultural Theory of International Relations* (Cambridge: Cambridge University Press, 2008)

Ritter, Gehard, *Staatskunst und kriegshandweerk* (Muenhen; Verlag R. Qldenbourg, 1959)

Robert Kagan, *The Return of History and the End of Dreams* (New York: Alfred A. Knopf, 2008)

Rupert Smith, *The Utility of Force: The Art of War in The Modern World* (New York: Vintage Books, 2007)

Rustow, W., *Feldberrnkunst Des Neumebnten Jabrbuttdert* (Leipzig: F. Schwtheiss, 1867)

Samuel P. Huntington, *The Clash of Civilization and The Remaking of World Order* (New York: Simon & Schuster, 1996)

Schelling, Thomas, *Strategy, Tactics and Non-Zero-Sum in Theory of Gams*, A. Mensch (ed.) (London; The English University Press Ltd.,1964). Schleiermacher, *Hemenentik und Kritik* (Frankfrut: Hrsg. und Eingel. vom Frank, M., A.M., 1973).

Schuartz, Karl, Leben des General's, *Carl von Clausewitz und der Faau Marle von Clausewitz* (Berlin; Fred. Dummlers Vertag, 1878).

Schering, Walter M., *Die Kriegsphilosophie von Clausewitz* (Hamburg: Hanseatische Verlagsanstalt, 1935).

Singer, P.W. 2005. "Outsourcing War." *Foreign Affairs*. Vol. 84. No. 2. pp.119-133.

Smith, M.L.R. 2005. "Strategy in an Age of 'Low-Intensity' Warfare: Why Clausewitz is still more relevant than his critics." in Isabelle Duyvesteyn and Jan Angstrom. eds. *Rethinking the Nature of War*. London: Frank Cass.

Stewart, John P., and Arthur F. Lykke, (trans.) *Military Strategy: Theory and Application* (U.S. Army War College, 1982).

Summers Jr., Harry G., *On Strategy: The Vietmati War in Context* (U.S. Army War College, 1982).

Sun Tzu, *The Art of War*, trans. by Samuel B. Griffith (London: Oxford University Press, 1963), p.77.

Tao Hanzhang, *Sun Tzu's Art of War*. Trans. by Yuan Shibing (New York and London: Sterling Publishing, 2007)

Terriff, Terry, Aaron Karp and Regina Karp. eds. 2008. *Global Insurgency and the Future of Armed Conflict: Debating Fourth-generation warfare*. London: Routledge.

Thomas J. Knock, *To End All Wars: Woodrow Wilson and Questfor a New World Order* (New York and Oxford University Press, 1992)

Trout, B. Thomas and Games E. Hart, (eds.). *National Security Affairs; Theoretical Perspectives and Contemporary Issues* (New Brunswick and London: Transaction Book, 1982).

U.S. Air Force, (trans.), *Maxism, Leninism on War and Army* (Moscow: Progress Pub., 1972/U.S. 0P0., 1973).

U.S. Government, National Strategy for Combating Terrorism (Washington, DC: February 2003)

Vagts, Alfred, *A History of Militarism: Civilian and Military*, rev. ed. (New York; Free Press, 1959).

Werner Hahlweg, "Clausewitz and Guerrilla Warfare," in Michael I. Handel, ed., *Clausewitz and Modern Strategy* (London: Frank Cass, 1986)

Wilkinson, Spenser, *The Brain of an Army: A Popular Account of the German General Staff* (London: Macmillan and Co., 1890).

Wylie, J.C., *Military Strategy: A General Theory of Power Control* (New Brunswick, N.J.: Ruters University Press, 1967).

Wright, Quincy, *The Study of War*, Summaried Louise Leonard Wright (Chicago: The University of Chicago Press, 1964).

Ye Lang and Zhu Liangzhi, *Insight into Chinese Culture*, trans. by Zhang Siying and Chen Haiyan (Beijing: Foreign Language Teaching and Research Press, 2008)

Zigler, Devid W, *War, Peace and International Politics* (Boston: Little Brown Company, 1977).

지은이 강진석姜塡錫

공군사관학교
국방대학교 안전보장학(국제관계) 석사
충남대학교 대학원(외교안보), 정치학 박사
공군 전투기조종사(F-5E/F, 예비역 대령)
공군본부 전발단 교리 발전처장
공군대학 정책전략처장(대령급 Air War College 과정장, 겸직교수)
국방부 정책실(군비통제, 핵정책 담당), 군비검증단 검증과장
오스트리아 빈 CTBTO 고위과정
독일 NATO 스쿨 고위정책과정
KAIST 지식경영최고관리자(KCEO) 과정
뉴욕 UN 제1위원회(안보·군축) 한국 대표단(3회)
공군발전협회 연구위원 겸 『국가안보와 항공력』 편집위원장
한국국방개혁연구소 상임고문
(사)안보통일연구원 안보문제연구소 부소장
조화 안보·통일 리더십연구소(Korea HUBL Center) 대표
서울과학기술대학교 교수

주요 저술   『전쟁과 정치』(공저, 1986, 한원)
          『전략의 철학』(1989, 평단)
          『핵문제 백문 백답』(공저, 1992, 국방부)
          『한국의 안보전략과 국방개혁』(2005, 평단)
          『현대전쟁의 논리와 철학』(2012, 동인)

상훈   보국훈장 삼일장, 대통령 표창, 장관표창(4회)

클라우제비츠와 한반도, 평화와 전쟁

초판 발행일 2013년 5월 20일

지은이 강진석
발행인 이성모
발행처 도서출판 동인
주 소 서울시 종로구 명륜2가 237 아남주상복합아파트 118호
등 록 제1-1599호
TEL (02) 765-7145 / FAX: (02) 765-7165
E-mail dongin60@chol.com
ISBN 978-89-5506-506-0
정가 32,000원